半導體元件

Solid State Electronic Devices
Sixth Edition

原著　Ben G. Streetman、Sanjay Kumar Banerjee

譯者　吳孟奇、洪勝富、連振炘、龔正、吳忠義

東華書局

PEARSON 台灣培生教育出版股份有限公司
Pearson Education Taiwan Ltd.

國家圖書館出版品預行編目資料

半導體元件 / Ben G. Streetman, Sanjay Kumar
　Banerjee 原著；吳孟奇等譯. -- 臺北市：
　臺灣培生教育出版：臺灣東華發行, 2007.08
　656面；公分
　譯自: Solid state electronic devices, 6th ed.
　ISBN 978-986-154-588-2 (平裝)

　1. 半導體

448.65   96014014

半導體元件
Solid State Electronic Devices, Sixth Edition

原　著	Ben G. Streetman, Sanjay Kumar Banerjee
譯　者	吳孟奇、洪勝富、連振炘、龔正、吳忠義
出 版 者	台灣培生教育出版股份有限公司
	地址／231新北市新店區北新路三段219號11樓D室
	電話／02-2918-8368
	傳真／02-2913-3258
	網址／www.Pearson.com.tw
	E-mail／Hed.srv.TW@Pearson.com
	台灣東華書局股份有限公司
	地址／台北市重慶南路一段147號3樓
	電話／02-2311-4027
	傳真／02-2311-6615
	網址／www.tunghua.com.tw
	E-mail／service@tunghua.com.tw
總 經 銷	台灣東華書局股份有限公司
出 版 日 期	2016 年 10 月初版七刷
I S B N	978-986-154-588-2

版權所有・翻印必究

Authorized translation from the English language edition, entitled Solid State Electronic Devices, Six Edition, by Ben G. Streetman, Sanjay Kumar Banerjee., published by Pearson Education, Inc, publishing as Addison-Wesley, Copyright © 2007 Pearson Education, Inc.

All rights reserved. No part of this book may be reproduced or transmitted in any form or by any means, electronic or mechanical, including photocopying, recording or by any information storage retrieval system, without permission from Pearson Education, Inc. CHINESE TRADITIONAL language edition published by PEARSON EDUCATION TAIWAN, and TUNG HUA BOOK COMPANY LTD Copyright ©2007.

前 言

　　本書可做為大學部電子工程學系或其他有興趣之學生之教科書使用並可做為工程師或科學家瞭解現今電子需求之用。閱讀本書前需先修畢兩學期之物理課程。本書架構乃是在幫助讀者能夠閱讀更多之近期相關於新元件及其應用之文獻。

目　標

　　一個電子元件之大學課程應包含兩個基本目標：(1) 提供學生有效地瞭解現存的元件使之能有意義地研究電子電路及系統；及 (2) 發展成一個基本工具使他們能藉以學習現今發展之元件及應用。可能在最後，第二個目標會變得比較重要。很明顯的，工程師與科學家在處理電子學的同時還要持續去學習在未來所發展的元件與製程。針對這個原因，我們試著引入基本的半導體材料及在固態中的傳輸過程，而這也是當新元件在解釋其作用時常常會在文章中重複的被採用。而這些觀念中，有些觀念常常會被認為對於瞭解基本的接面與電晶體是不必要知道瞭解而在導論的課程中被省略掉。我們相信這個觀點亦抹殺了學生在閱讀現今文章所介紹新元件所需具備的重要目標。因此，在本書中，許多常見且常用的半導體名詞及觀念將會介紹，並舉其相關之範圍之元件予以說明。

閱讀書目

　　當學生研究本書時，可以很方便地找到在每一章的最後所列出的閱讀書目，而這些閱讀書目主要是為了幫助學生發展獨立研究的技巧。我們並不預期學生會去閱讀我們所推薦的閱讀書目；儘管有規律地去接觸可幫助建立現今一定的生涯規劃及自我教育。我們在每個章節的最後附上重要觀念的總結。

問　題

要能成功地瞭解材料的方法便是去做問題以練習觀念的瞭解。在每一章節之最後的問題都是為了幫助學生方便學習材料而設計的。非常少量問題是"插上插頭"般簡單之題目，取而代之的是選擇加強或延伸本章所出現的材料。另外，我們也加入了"自我測試"的題目，藉以瞭解學生對觀念理解了多少。

單　位

為了保持上述的目標，書中的例子與問題之單位名稱均以同於半導體相關文章所用之單位為主。基本的單位系統為 MKS 制，即便 cm 較常當作長度單位。同樣地，電子伏特 (eV) 亦較焦耳 (J) 常用來測量電子之能量。不同的單位量值列於附錄 I 與附錄 II。

提　示

就大學部程度而言只有少數會被預期來表示材料的例子，例如會使用如下的句子"這可由…來證明"，這通常令人感到失望，換句話說研究固態元件的部分包含統計力學，量子效應理論，以及其他更高階背景等所需之條件都會延後至研究所才會來研讀。像這樣延後方式可能在某些主題以精緻的手法來處理，但是這也會阻礙了學生由研究某些較具興趣的元件所引發的研究動機。

本書討論包含矽與化合物半導體，以反應化合物半導體在光電及高速元件持續發展的重要性。這些主題包括了如異質接面、三元及四元化合物之晶格匹配、由於固態組成的變化產生的能帶變化，以及加入某些深度的量子井性質。不僅是化合物半導體、矽為基礎元件亦持續且快速的進步著。FET 結構，及 Si 積體電路的討論則反映這些進步。我們的主題並非要完全含蓋，可由期刊或研討會中所介紹最新的元件，取而代之的是討論某些元件並廣泛地討論其性質。

本書前四章提供以半導體及固態中傳導過程之特性為背景。這包含簡單地介紹量子觀念 (第二章) 使某些未曾研讀過相關課程的同學能夠瞭解。第五章則描述 pn 接面及其應用。第六、七章則是處理電晶體相關之運作。第八章為光電元件，第九章討論積體電路。第十章應用接面及傳導過程理論來探討微波及功率元件。所有的元件在現今都相當重要，進一步來說學習這些元件可以引發一個有興趣且相對回應的體驗。我們希望這本書能夠提供這些體驗給讀者。

感　謝

第六版加入了某些學生和老師所提供的意見及建議，使其較前五版更為完善。本書的讀者亦不吝提供珍貴的建議使本版本得以出爐。我們依然感謝前五版所提到協助完成本書的人士。Nick Holonyak 對所有六個版本持續提供相關資訊及鼓舞，另外我要感謝在德州大學奧斯汀分校的同事，他們提供了相關的支援，特別是 Joe Campbell, Leonard Frank Register, Ray Chen, Archie Holmes, Dim-Lee Kwong, Jack Lee, 和 Dean Neikirk。Lisa Weltzer 負責幫忙習題解答打字。我們亦要感謝慷慨提供圖片及照片並提供元件及製程過程的公司及機構。Freescale 的 Bill Dunnigan, Naras Iyengar 和 Pradipto Mukherjee。TI 的 Peter Rickert 和 Puneet Kohli。Micron 的 Chandra Mouli 和 Dan Spangler。Applied Materials 的 Majeed Foad 以及 MEMC 的 Tim Sater。最後，我們回憶並感謝一個珍貴的同事及朋友，已故的 Al Tasch。

Ben G. Streetman
Sanjay Kumar Banerjee

目　次

前　言　iii

第一章　晶體性質與半導體成長　1

1.1　半導體材料　1
1.2　晶體晶格　4
　　1.2.1　週期性結構　4
　　1.2.2　立方晶格　6
　　1.2.3　晶面與晶向　8
　　1.2.4　鑽石結構　12
1.3　厚材晶體成長　15
　　1.3.1　起始材料　15
　　1.3.2　單晶晶棒成長　16
　　1.3.3　晶　圓　17
　　1.3.4　摻　雜　19
1.4　磊晶成長　21
　　1.4.1　磊晶成長中之晶格匹配　21
　　1.4.2　氣相磊晶　24
　　1.4.3　分子束磊晶　28

第二章　原子與電子　37

2.1　物理模型簡介　38
2.2　實驗觀察　39
　　2.2.1　光電效應　40
　　2.2.2　原子光譜　42
2.3　波爾模型　43
2.4　量子力學　47
　　2.4.1　機率與測不準原理　47
　　2.4.2　薛丁格波動方程　49
　　2.4.3　位能井問題　52
　　2.4.4　穿隧效應　55
2.5　原子結構與週期表　56
　　2.5.1　氫原子　57
　　2.5.2　元素週期表　60

第三章　半導體的能隙與載子　71

3.1 固體的鍵結力及能帶　71
　3.1.1　固體的鍵結力　72
　3.1.2　能　帶　75
　3.1.3　金屬、半導體與絕緣體　79
　3.1.4　直接與間接能隙半導體　80
　3.1.5　半導體組成比例所造成的能隙改變　83

3.2 半導體中的帶電載子　85
　3.2.1　電子與電洞　85
　3.2.2　等效質量　90
　3.2.3　本質材料　94
　3.2.4　外質材料　96
　3.2.5　量子井中的電子與電洞　100

3.3 載子濃度　102
　3.3.1　費米能階　102
　3.3.2　平衡狀態下的電子與電洞濃度　106
　3.3.3　載子濃度隨溫度變化的關係　111
　3.3.4　雜質補償與電中性原則　114

3.4 電場與磁場中的載子漂移　115
　3.4.1　導電率及遷移率　116
　3.4.2　電場遷移與電阻　121
　3.4.3　溫度及摻雜對遷移率的影響　122
　3.4.4　高電場效應　125
　3.4.5　霍爾效應　126

3.5 平衡時各處費米能階之均等性　129

第四章　半導體內的過量載電粒子　137

4.1 光吸收　138

4.2 激光現象　141
　4.2.1　光激發光　142
　4.2.2　電激發光　145

4.3 載子生命期及光導電率　145
　4.3.1　電子和電洞的直接復合　145
　4.3.2　間接復合；捕捉　148
　4.3.3　穩態載子的產生；準費米能階　152
　4.3.4　光電導元件　155

4.4 載子的擴散　156
　4.4.1　擴散過程　157
　4.4.2　載子的擴散與漂移；內建電場　160
　4.4.3　擴散與復合；連續方程式　163
　4.4.4　穩態載子注入；擴散長度　165
　4.4.5　海恩斯-蕭克萊實驗　169
　4.4.6　準費米能階梯度　173

第五章 接面 179

5.1 p-n 接面的製作 179
- 5.1.1 熱氧化 180
- 5.1.2 擴散 182
- 5.1.3 快速熱處理 184
- 5.1.4 離子佈植 185
- 5.1.5 化學氣相沉積 (CVD) 188
- 5.1.6 光微影技術 189
- 5.1.7 蝕刻 194
- 5.1.8 金屬化製程 195

5.2 平衡條件 196
- 5.2.1 接觸電位 198
- 5.2.2 平衡時之費米能階 203
- 5-2-3 接面的空間電荷 204

5.3 順偏及反偏接面；穩定狀態 209
- 5.3.1 接面電流的定性分析 209
- 5.3.2 載子注入 214
- 5.3.3 反向偏壓 223

5.4 反向偏壓-崩潰 227
- 5.4.1 齊納崩潰 228
- 5.4.2 累增崩潰 229
- 5.4.3 整流器 232
- 5.4.4 崩潰二極體 236

5.5 暫態和交流條件 237
- 5.5.1 貯存電荷的時間變化 238
- 5.5.2 反向恢復暫態 241
- 5.5.3 切換二極體 245
- 5.5.4 p-n 接面電容 246
- 5.5.5 變電容二極體 250

5.6 簡單理論所產生的偏差 252
- 5.6.1 載子注入對接面電位的影響 253
- 5.6.2 過渡區的復合與產生 255
- 5.6.3 歐姆損失 258
- 5.6.4 梯形接面 260

5.7 金屬-半導體接面 262
- 5.7.1 蕭特基能障 262
- 5.7.2 整流接觸 265
- 5.7.3 歐姆接面 266
- 5.7.4 典型的蕭特基能障 267

5.8 異質接面 270

第六章 場效應電晶體 285

6.1 電晶體操作原理 287
- 6.1.1 負載線 287
- 6.1.2 放大與切換 289

6.2 接面場效應電晶體 289
- 6.2.1 夾止及飽和 291
- 6.2.2 閘極控制 292
- 6.2.3 電流-電壓特性曲線 295

6.3 金屬-半導體場效應電晶體 297
- 6.3.1 GaAs 金屬-半導體場效應電晶體 297
- 6.3.2 高電子遷移率電晶體 299
- 6.3.3 短通道效應 301

6.4 金屬-絕緣層-半導體場效應電晶體 303
- 6.4.1 基本操作原理和製作 303
- 6.4.2 理想的 MOS 電容 308
- 6.4.3 實際表面效應 321
- 6.4.4 臨界電壓 324
- 6.4.5 MOS C-V 分析 327
- 6.4.6 與時間有關的電容量測 332
- 6.4.7 MOS 閘極氧化層的電流-電壓特性 332

6.5 金氧半場效應電晶體 336
- 6.5.1 輸出特性曲線 337
- 6.5.2 轉換特性曲線 341
- 6.5.3 遷移率的模型 344
- 6.5.4 短通道 MOSFET 的 I-V 特性曲線 346
- 6.5.5 臨界電壓控制 348
- 6.5.6 基極偏壓效應 354
- 6.5.7 次臨界特性 356
- 6.5.8 MOSFET 的等效電路 359
- 6.5.9 MOSFET 的尺寸縮小和熱電子效應 362
- 6.5.10 汲極引發的能障下降 365
- 6.5.11 短通道和寬度窄化效應 369
- 6.5.12 閘極引發的汲極漏電流 371

第七章 雙載子接面電晶體 381

7.1 雙載子接面電晶體操作原理 382

7.2 利用雙載子接面電晶體作放大 386

7.3 雙載子接面電晶體製作 390

7.4 少數載子分佈與端電流 394
- 7.4.1 基極區域中擴散方程式的解法 395
- 7.4.2 端電流的估計 399
- 7.4.3 端電流的近似法 401
- 7.4.4 電流轉移比 403

7.5 一般性偏壓 405
- 7.5.1 耦合二極體模型 405
- 7.5.2 電荷控制分析 412

7.6 切換 414
- 7.6.1 截止 416
- 7.6.2 飽和 417
- 7.6.3 切換週期 418

目 次　xi

　　7.6.4　電晶體切換的規格　420
7.7　**其他重要效應**　**420**
　　7.7.1　基極區的漂移　421
　　7.7.2　基極窄化　423
　　7.7.3　累積崩潰　424
　　7.7.4　注入程度；熱效應　426
　　7.7.5　基極電阻和射極電流擁擠　427
　　7.7.6　嘉莫-普恩模型　429

　　7.7.7　克爾克效應　435
7.8　**電晶體的頻率限制**　**437**
　　7.8.1　電容與充電時間　437
　　7.8.2　過渡時間效應　440
　　7.8.3　韋伯斯特效應　441
　　7.8.4　高頻電晶體　442
7.9　**異質接面雙載子電晶體**　**444**

第八章　光電元件　453

8.1　**光二極體**　**453**
　　8.1.1　受照接面中的電流與電壓　454
　　8.1.2　太陽電池　458
　　8.1.3　光檢測器　461
　　8.1.4　光二極體的增益，頻寬和信號對雜訊的比率　465
8.2　**發光二極體**　**468**
　　8.2.1　發光材料　469
　　8.2.2　光纖通信　472

8.3　**雷射**　**476**
8.4　**半導體雷射**　**481**
　　8.4.1　接面的分佈反轉　481
　　8.4.2　p-n 接面雷射的發射頻譜　484
　　8.4.3　基本半導體雷射　485
　　8.4.4　異質接面雷射　486
　　8.4.5　半導體雷射的材料　490

第九章　積體電路　499

9.1　**背景**　**500**
　　9.1.1　積體化的優點　500
　　9.1.2　積體電路的類型　503
9.2　**積體電路的發展**　**505**
9.3　**單石電路元件**　**507**
　　9.3.1　CMOS 製程整合　508
　　9.3.2　矽在絕緣體上 (SOI)　525

　　9.3.3　其他電路基本元件的整合　527
9.4　**電荷轉移元件**　**533**
　　9.4.1　MOS 電容的動態效應　534
　　9.4.2　基本 CCD　535
　　9.4.3　基本結構的改良　536

9.4.4　CCD 的應用　538
9.5　超大型積體電路 (ULSI)　538
　9.5.1　邏輯元件　543
　9.5.2　半導體記憶體　553
9.6　測試、接合及封裝　569
　9.6.1　測　試　568
　9.6.2　打線接合　571
　9.6.3　正向黏合晶片技術　573
　9.6.4　封　裝　575

第十章　高功率微波元件　583

10.1　穿隧二極體　581
　10.1.1　退化半導體　582
10.2　碰撞累增穿越延遲二極體　586
10.3　剛恩二極體　590
　10.3.1　轉移電子機制　590
　10.3.2　空間電荷區域之行程與漂移　593
10.4　P-N-P-N 二極體　596
　10.4.1　基本結構　596
　10.4.2　二個電晶體之近似　598
　10.4.3　隨注入效應而變化之 α　599
　10.4.4　順向阻斷狀態　600
　10.4.5　傳導狀態　601
　10.4.6　觸發機制　602
10.5　半導體控制整流器　604
　10.5.1　SCR 的關閉　605
10.6　絕緣閘雙極性電晶體　607

附錄 I　常用符號之定義　615
附錄 II　物理常數及常用因數　621
附錄 III　半導體材料之性質　622
附錄 IV　導帶之能態密度公式的推導　623
附錄 V　推導費米-迪拉克統計律　629
附錄 VI　在 Si(100) 上成長乾式及濕式氧化層厚度相對於時間及溫度之函數　634
附錄 VII　矽中雜質之固溶率　636
附錄 VIII　Si 與 SiO_2 中摻雜質之擴散係數　637
附錄 IX　矽中投影範圍及散落相對於佈植能量之函數　639

第一章
晶體性質與半導體成長

學習目標
1. 描述何為半導體
2. 完成關於晶體的簡單計算
3. 瞭解柴氏長晶法和薄膜磊晶生長
4. 學習關於晶體缺陷的理論

　　固體的電特性是研究固態電子學所最主要討論的部分。我們將在後面的幾章看到，固體的電特性，亦即，電荷在金屬或半導體中的傳播特性，不只與電子本身的特性有關，與固體中原子的排列方式也有關係。在第一章中我們將討論並比較半導體與其他固體材料一些物理特性、各種材料中原子的排列方式，以及成長半導體材料的一些方法。晶體結構與晶體成長方法等一般皆須專書的篇幅方足以深入探討；因此我們只能探討幾個與半導體電子特性及元件製程相關的基本且重要的觀念。

1.1　半導體材料

　　半導體是指導電率介於金屬與絕緣體之間的材料。值得注意的是，半導體的導電率可由改變溫度、照光激發，及摻雜等方法而達到數個數量級的大幅度改變。因為半導體電特性的可改變性，使半導體材料自然的成為電子元件研究的首選目標。

表 1-1　常見的半導體材料：(a) 元素週期表中半導體發生的區域；(b) 元素型與化合物半導體。

(a)	II	III	IV	V	VI
		B	C	N	
		Al	Si	P	S
	Zn	Ga	Ge	As	Se
	Cd	In		Sb	Te

(b)	元素型	IV 化合物	二元 III-V 化合物	二元 II-VI 化合物
	Si	SiC	AlP	ZnS
	Ge	SiGe	AlAs	ZnSe
			AlSb	ZnTe
			GaN	CdS
			GaP	CdSe
			GaAs	CdTe
			GaSb	
			InP	
			InAs	
			InSb	

半導體材料在元素週期表中佔據在第四族及其附近的位置 (表 1-1)。第四族元素所構成的半導體，矽與鍺，可稱為元素型半導體 (elemental semiconductors)，因為它們是由單一種元素所構成。除了元素型材料外，由第三族元素及第五族元素，以及第二族元素與第六族及第四族元素的一些組合，也構成了所謂的化合物半導體 (compound semiconductors)。

如表 1-1 所示，是有許多不同種類的半導體材料。我們底下將見到，這些不同種類的半導體所展現的不同電子及光特性使得元件工程師在設計電子及光電元件時，具有相當大的彈性。鍺這種元素型半導體在半導體發展的初期是廣泛用於電晶體及二極體的製作。矽則是目前製作大部分整流元件 (及二極體等)、電晶體，以及積體電路最重要的材料。化合物半導體則廣泛用於高速元件，及發光或具光吸收特性元件的製作。二元 (binary，由兩元素組成) 的 III-V 化合物材料，如 GaN、GaP 及 GaAs 等則是發光二極體 (light-emitting diode, LED) 常用的材料。如下在第 1.2.4 節中所將提及，三元 (tenary) 及四元 (quaternary) 化合物材料，如

InGaAsP 等，可在材料特性選擇時提供更大的彈性。

電視螢幕中常用的螢光材料通常是如 ZnS 等這種 II-VI 族元素所構成的化合物半導體。光偵測器則常用 InSb、CdSe，或其他化合物如 PbTe、HgCdTe 等來製作。矽及鍺亦常用於紅外及核輻射之偵測器。重要微波元件之一的 Gunn 二極體則常使用 GaAs 或 InP。半導體雷射則常使用 GaAs、AlGaAs，及其他三元或四元化合物來製作。

半導體有別於金屬與絕緣體之重要特性之一是半導體的能隙 (energy band gap)，將在第三章中予於討論。能隙決定了半導體材料諸如可吸收的光波長，可發出的光波長，以及其他的許多特性。比如說，GaAs 的能隙約為 1.43 eV (電子伏特，及電子通過一伏特所改變之能量)，此能量相對於近紅外 (near infrared) 區的光波長。反過來說 GaP 的能隙則為 2.3 eV，此能量則相對於可見光譜中綠光的波長[1]。各種半導體材料的能隙以及其他各種特性列於本書的附錄 III。由於不同半導體具有各種不同大小的能隙，使用這些半導體可製作出如波長涵蓋紅外光區及可見光區的發光二極體及雷射。

半導體的電子特性及光特性與半導體中所含有的雜質種類與量有極大的關係，後者 (雜質) 可在準確控制的方式下加入半導體中。加入半導體中的雜質可以大幅度的改變半導體的導電率，甚至使負責導電機制的載子 (carrier) 由負電性的電子改為正電性的電洞 (hole)。比如說，將百萬分之一左右的雜質加入矽中，將使這半導體由電流的劣導體轉變為良導體。這種以控制方式將雜質加入半導體的方法稱為摻雜 (doping)。摻雜將於下列章節中再詳細討論。

欲研究半導體的各種有用特性，必須先瞭解半導體中的原子排列。因為半導體材料的電特性等可因其純度的細微改變而產生劇烈變化，顯然半導體中的原子種類及其排列方式，必然十分重要。因此，我們對半

---

[1] 光子能量 (eV) 與光的波長 λ (μm) 之轉換關係是 λ＝1.24/E。例如以 GaAs 能隙之能量 E 為例，λ＝1.24/1.43＝0.87 μm。

導體的研究將由介紹晶體結構開始。

1.2 晶體晶格

在此節中,我們將討論各種固體中的原子排列方式。我們將單晶及材料的其他型態區分開來探討晶體晶格中的週期性。在此節中我們將會定義描述晶體結構的一些重要名詞,並以基本立方結構為參考結構,說明這些名詞的定義。這些名詞可以使我們易於標示晶格中的晶面與方向。最後,我們將研究鑽石結構;因為大部分用於電子元件的半導體材料都具有鑽石結構,或與其相關或類似的變形結構。

1.2.1 週期性結構

結晶固體與其他固體不同處在於其中構成的原子以週期性的方式排列。亦即,整個晶體由某一些原子所構成的基本單位重複出現排列而成。整個晶體由這些構成的基本單位上的等同點看來,是完全一樣的,因此我們可定義出晶體結構的基本週期結構。但注意,並非每一種固體皆以晶體的型態存在(如圖1-1所示):有些根本無週期性結構,這稱為非晶型固體(amorphous),有一些則由許多小的單晶區域所構成(此稱為多晶固體polycrystalline)。在第六章中圖6-33所示的高解析度顯微照片即一電晶體通道中的單晶矽之週期性原子排列與非晶型氧化層中原子排列的比較。

週期性排列的晶體,根據空間中對稱的點將之定義為晶格(lattice)。在排列時,我們可以把原子加在每一個晶格點上,稱之為基底(basis)。一個原子或一群原子在空間中擁有相同的排列方式稱為晶體(crystal)[譯者註1](以下以 [1] 表示)。但每一晶格皆可找到一小體積,稱為晶胞(unit cell),使用這些晶胞,可以規則地重複排列出整個晶格。圖1-2 所畫為二

(a) 晶體　　　　　　(b) 非晶態　　　　　　(c) 多晶態

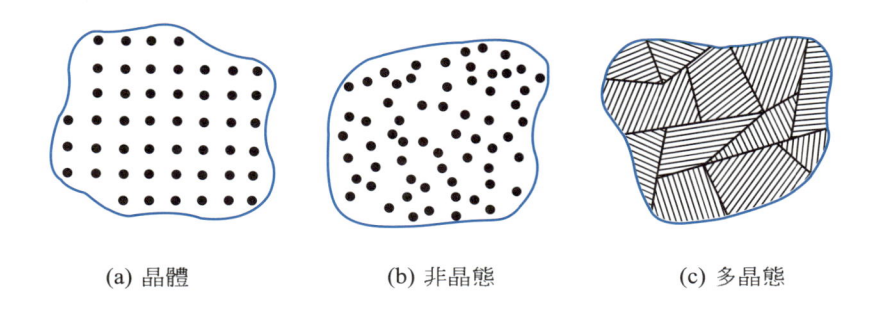

圖 1-1　由原子排列而分類的三種固體狀態：(a) 晶體；(b) 非晶態，此兩者皆由原子微觀的排列狀態來決定；及 (c) 多晶態。多晶態是由較巨觀的觀點來看，是由許多單晶的小區域所構成。

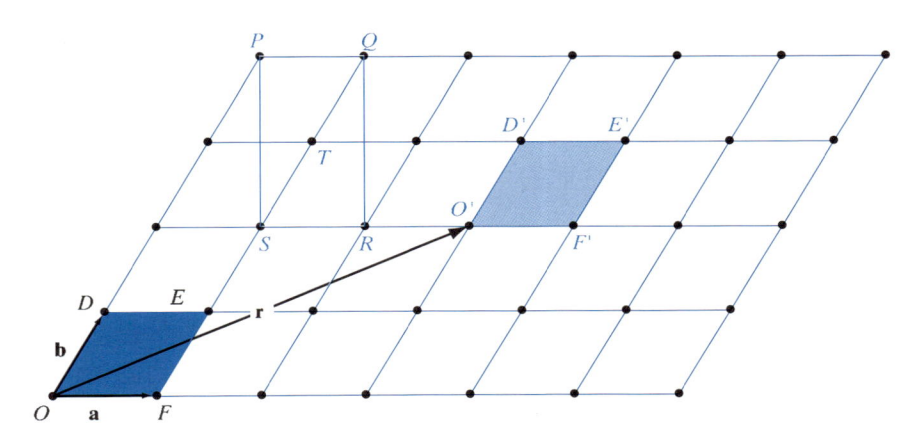

圖 1-2　二維晶體之一例。圖中所畫為晶胞及其經平移 $\mathbf{r}=3\mathbf{a}+2\mathbf{b}$ 後的晶胞。

維晶格排列的一例，稱之為菱形晶格，其基本晶胞 ODEF 是一個最小的晶胞。如圖 1-2 所示，構成晶格的任一個晶胞，如圖中之 O'D'E'F'，顯然都可由另一個晶胞，如 ODEF，經過由兩個向量 **a** 及 **b** 的整數倍和之平移而得。在此因為是二維晶格，因此兩向量已足，在三維的情形，則需要三個向量 **a**、**b** 及 **c**。這些向量，稱為此晶格的**基本向量** (primitive vectors)。晶格中由它的基底向量所組成的這些點，稱為**晶格點** (lattice points)，其中 p、q、s 為整數。所有這些晶格點都是相等的。

$$\mathbf{r} = p\mathbf{a} + q\mathbf{b} + s\mathbf{c} \tag{1-1}$$

一個基本晶胞其晶格點只存在於晶胞的角落,它是獨一無二的,但是一般都是選擇最小的基本向量。注意,基本晶胞的角落晶格點是與鄰近的晶胞共用的;因此,基本晶胞有效晶格點的數目通常是"1"。因為在一個容積裡面排列原子有很多方法,所以原子間的距離和方位有很多種類型。但是,決定晶格的是**對稱性**,而不是晶格點間距離的大小。

很多種類的晶格,其基本晶胞在實用上並非最便利的,例如,在圖 1-2,菱形排列的晶格點也可以看成是長方形 (PQRS),T 是晶格點的中心 (也就是所謂的**長方形晶格的中心**)。[要注意,並非所有的菱形晶格都適用]。無疑地,處理長方形要比菱形容易。因此,我們選擇處理較大的長方形單位晶胞 PQRS,而不是最小的基本晶胞 ODEF。單位晶胞不僅允許晶格點在角落,而且也可以在面心 (face center)(在 3D 時的體心 (body center))。如果它可以比對稱的晶格更好的話,有時候可以被用來代替基本晶格 (例如 2D 晶格中長方形的中心)。它可以藉由變化**基底向量**的整數倍來複製晶格。

晶胞的重要性在於它是晶體的代表性構成單位,藉由分析這些晶胞,我們即可瞭解晶體的許多特性。比如說,由晶胞,在計算原子間的力時,我們可以知道原子間的最短距離、次短距離等;我們亦可由晶胞中原子所佔的體積比例而推測出晶體的密度。更重要的,如我們在下面所將發現,晶體中原子排列的週期性決定了其中參與傳導的電子之能量。因此晶格結構不但只決定了晶體的機械特性,也決定了它的電特性。

1.2.2 立方晶格

圖 1-3 所示是三維晶格結構中最簡單的一種,即所謂的**立方結構** (cubic)。若在立方結構的單位晶胞之每一角落各放一原子 [3],此稱為簡**單立方** (simple cubic,簡記作 sc) 結構。若除了這些簡單立方結構的原子

第一章　晶體性質與半導體成長　　**7**

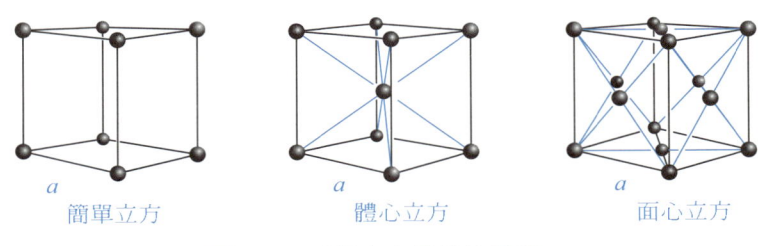

簡單立方　　體心立方　　面心立方

圖 1-3　三種立方晶格的晶胞。

(亦即，單位晶胞的八個角落的原子) 外，在晶胞的中心再加上一原子，這樣構成的晶格稱為**體心立方** (body-centered cubic, bcc)。而所謂**面心立方** (face-centered cubic, fcc) 則是在簡單立方結構的原子外，在晶胞的六個面的中心各加一原子而得。這三種結構有著不同的基本晶胞，但是有相同的立方單位晶胞。我們注重的通常是單位晶胞。

　　當原子以上面所述的這些晶格的方式排列時，原子與原子間的距離主要由原子間的吸引力與排斥力之平衡而決定。我們在 3.1.1 節中將討論這些原子間的吸引力與排斥力。在此我們可以計算，若將原子近似為圓球時，在各種晶格之晶胞中原子所能佔據的最大體積比例。以圖 1-4 為

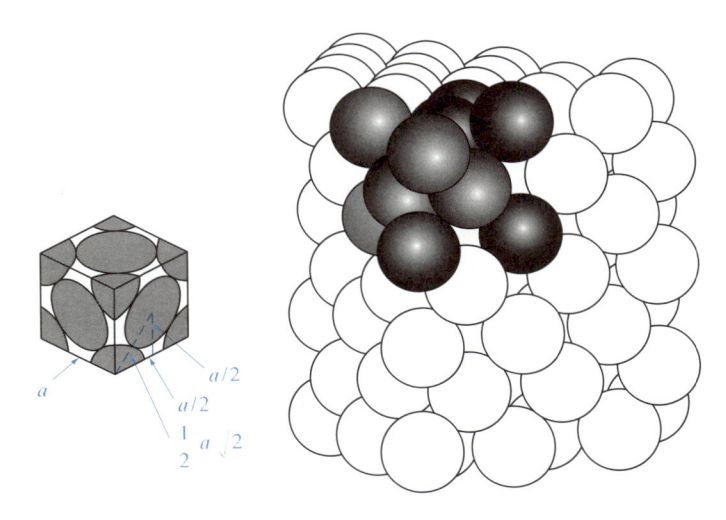

圖 1-4　以堅硬相鄰球體堆積成 fcc 晶格的情形。

例，所顯示的為圓球相接堆積所成的面心立方晶格的晶胞。晶胞的邊長 a 稱為**晶格常數** (lattice constant)。對面心立方晶格而言，原子間最小相鄰距離發生於晶胞面之中心與晶胞之角落，此距離為 $\frac{1}{2}(a\sqrt{2})$。因此，若晶胞面中心的原子與角落的原子相接觸，則原子的半徑必為 $\frac{1}{4}(a\sqrt{2})$。

例題 1-1　考慮一個體心立方晶格，由單一種原子組成，其晶格常數為 5Å，計算最大佔據比例，原子半徑是與最近的球相接觸的距離，在此原子被當成是堅硬的球體。

解　立方單位晶胞的角落之每一個原子皆是本晶胞與其他相鄰七個晶胞所共有，因此只有 1/8 的圓球體積在此晶胞內，因有八個角，因此共有一個圓球的體積。體心立方晶胞的中心包含了一個原子。因此我們有

$$\text{與最近原子間的距離} = \frac{1}{2} \times \sqrt{5^2 + 5^2 + 5^2} = 4.330 \text{ Å}$$

$$\text{每個原子半徑} = \frac{1}{2} \times 4.330 \text{ Å} = 2.165 \text{ Å}$$

$$\text{每個原子的體積} = \frac{4}{3}\pi(2.165)^3 = 42.5 \text{ Å}^3$$

$$\text{每一立方體所包含的原子數} = 1 + 8 \times \frac{1}{8} = 2$$

$$\text{佔據比例} = \frac{42.5 \times 2}{(5)^3} = 68\%$$

因此若 bcc 中的原子以最密方式堆積，亦即這些緊鄰原子間皆相接觸而無空隙，則有 68% 的體積被填充。與其他晶格比較起來，這是相當高的填充比例。

1.2.3 晶面與晶向

討論晶體的種種特性時，時常需要指明晶格中的某些平面與方向。

一般使用三個整數來標示晶格中的平面與方向。首先給定一個 xyz 的座標系，其原點可以在任意一個晶格點上 (不必去在意哪一個晶格點當原點，因為它們全部都是等效的)，將這些座標軸和單位立方晶胞的邊緣排列在一起。標示平面的三個整數是經由下列方法而得：

1. 找出此平面在晶軸上的截距，並以基底向量的整數倍表示所求的截距 (平行的移動此平面使其遠離或靠近座標原點，直到平面相交晶軸為整數截距)。
2. 取步驟 1 所求出的三個整數數字的倒數，並化為最小整數比 h，k 和 l，此整數組與三個倒數，此兩組數字具有相同的比例關係。
3. 這些平行的平面即以 (hkl) 來標示。

例題 1-2　圖 1-5 所示的晶面與三軸的截距為 $2\mathbf{a}$，$4\mathbf{b}$ 與 $1\mathbf{c}$。這些倍數的倒數比為 $\frac{1}{2}$，$\frac{1}{4}$，1。將此三者以 2, 4, 1 之最小公倍數乘之，可得 2，1，4 (倒數比中每一項均乘上 4 可得)。因此此晶面被標示為 (214) 晶面。唯一的例外是如果截距是晶格常數 a 的倍數，則無法將它用最小的整數組代替。例如在圖 1-3，平面平行於立方體的表面，但是通過在體心立方晶格中間的體心原子是 (200) 而不是 (100)。

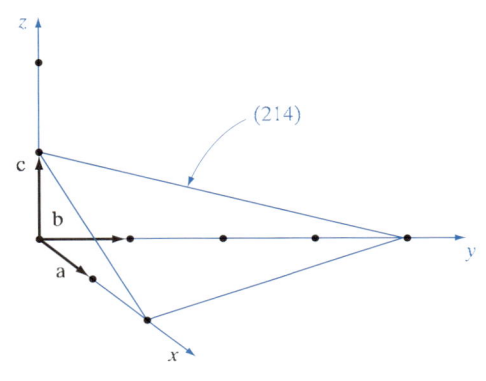

圖 1-5　一 (214) 晶面的圖示。

前面所得的這些整數標示稱為此晶格面的米勒標示 (Miller indices)。一組米勒標示其實標示著所有這些平行的晶格面組。在米勒標示體系中使用截距倒數的目的在於避免無窮截距的產生：當一組晶面平行於某一座標軸時，此晶格面與此軸的截距是無窮大 [4]，因此它的相對於此軸的米勒標示即為 0。若平面包含其中一個晶軸且平行於此晶軸，則此平面的倒數截距為零。若平面通過原點，可將此平面平行移動，以利求出米勒標示。當然，截距亦可能是負的，此時一般的標示方法是在負的數上加一橫槓，如 $(h\bar{k}l)$ 代表的即是 $(h-k\,l)$。

從結晶學的觀點來看，因為晶體的對稱性 [5]，晶格中的許多晶格面 (或晶體中的許多晶面)，其實皆是等同的。這些等同的米勒標示就以 $\{hkl\}$ 表示。如圖 1-6 立方晶格的六個晶面其實皆為等同，因為原所取晶胞可以旋轉使得座標軸的選擇互相輪換，而晶面的特性皆完全一致。此六個等同的晶面就集體標示為 $\{100\}$。

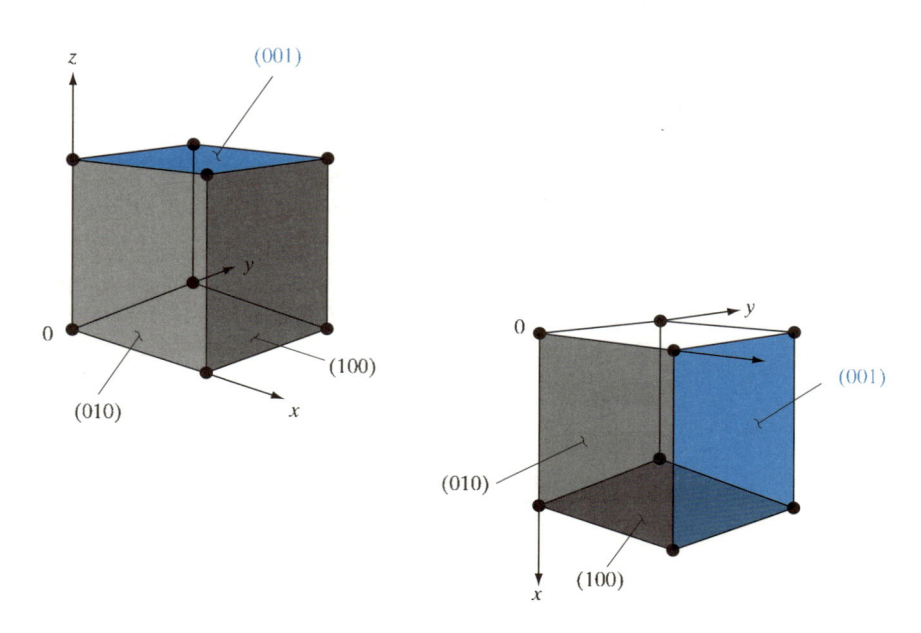

圖 1-6 立方晶格中由單位晶胞旋轉所造成的等同 ($\{100\}$ 晶面)。

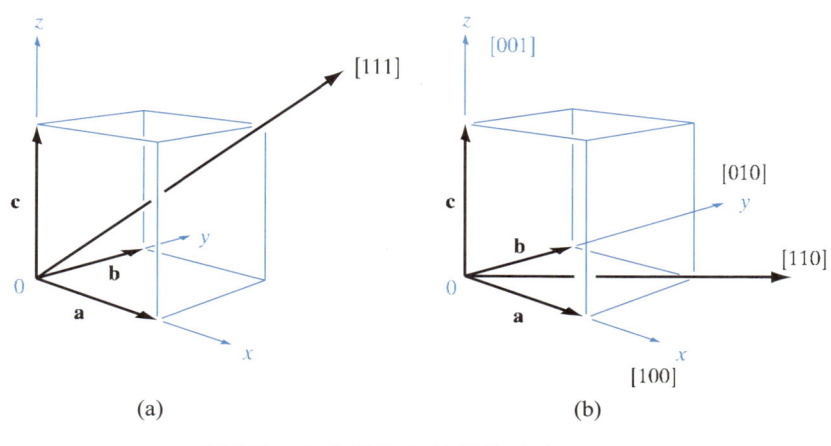

圖 1-7　立方晶格中的晶格方向。

　　晶格中的方向一樣的是用三個整數來表示。這些表示方向的整數取法就是將沿此方向的向量以所取的基底向量之線性組合表示時，三個基底向量的係數；慣例上一般均將這些整數約分至最小整數。如圖 1-7a 中所畫，立方晶格中指向體心的方向為 1**a**，1**b**，1**c**；因此，此體心對角的方向就標示為 [111] 方向。注意，標示方向採用的是方括號 [ ]。與晶格面的情形類似，晶格中許多的方向其實都是等同的，因此可以集體的標示，此時所用的符號是三角括弧 〈 〉。如圖 1-7b 所示，在立方晶格中，[100]，[010]，[001] 等方向均等同，因此就常用 〈100〉 來表示。

　　我們可以用米勒標示來表示平面間的距離與方向的角度這兩個有用的關係式，標示為 (hkl) 相鄰的兩個平面，其距離為 d，可以用晶格常數 a 表示為

$$d = a/(h^2 + k^2 + l^2)^{1/2} \quad (1\text{-}2a)$$

兩個不同米勒標示的方向，其夾角 θ 可以表示為

$$\cos\theta = h_1 h_2 + k_1 k_2 + l_1 l_2 / \{(h_1^2 + k_1^2 + l_1^2)^{1/2}(h_2^2 + k_2^2 + l_2^2)^{1/2}\} \quad (1\text{-}2b)$$

　　由圖 1-6 及圖 1-7 可看出，在立方晶格中，[hkl] 方向與 (hkl) 面是垂直的。這在分析立方晶格時是很方便的，但必須注意，這僅在立方晶格

中方才必為正確,在非立方晶格裡,此關係不必成立。

1.2.4 鑽石結構 [6]

很多重要的半導體的基本晶體結構是面心立方晶格,其結構中包含兩個原子,構成了鑽石 (diamond) 結構,矽、鍺和碳都是由鑽石結構形成的。許多化合物半導體亦結晶成類似鑽石結構,但在相鄰位置是不同的原子,此稱為閃鋅 (zinc blende) 結構,這是 III-V 半導體最典型的結晶型態。建構鑽石結構最簡單的方法是:

由鑽石結構開始,在每一晶格點及此點位置再加上
$\mathbf{a}/4 + \mathbf{b}/4 + \mathbf{c}/4$ 處各放一個相同原子。

圖 1-8a 所示即是由 fcc 晶胞去建構鑽石結構的過程。圖 1-8 中所畫的向量分量為立方晶胞在各方向晶格邊長的 1/4 長度,且同一單位晶胞內僅有圖中 4 點符合。此四點外的其他晶格點所外加入的原子都將位於其他晶胞內。由這種建構方法亦可看出,鑽石結構其實可視為是由兩個相對位移為 $\frac{1}{4}, \frac{1}{4}, \frac{1}{4}$ 的 fcc 次晶格 (sublattice) 互相交錯而成。這由晶胞的上

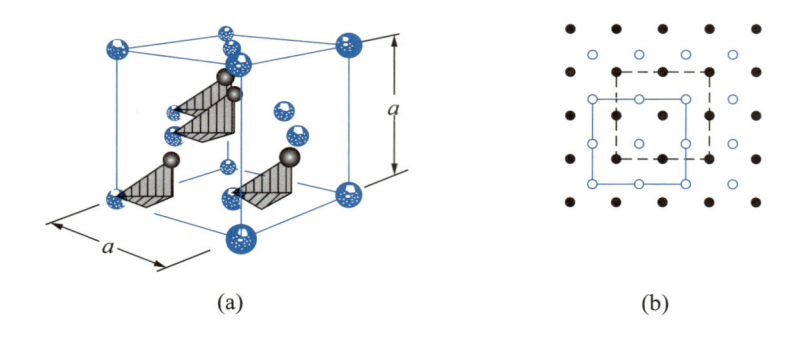

(a)　　　　　　　　　　(b)

圖 1-8　鑽石結構中之 (a) 在 fcc 之每一晶格點及其相對其 (1/4,1/4,1/4) 處各加上一原子所建構成的鑽石結構單位晶胞;(b) 沿 〈100〉 所看到的結構圖。空圓點與黑圓點各表示兩交錯在一起的 fcc 次晶格。

視圖 (沿著任一〈100〉方向) 可以更清楚的看出。如圖 1-8b 所示，原屬於一 fcc 次晶格者以空心圓表示，而屬於另一 fcc 次晶格者則以實心圓表示。在鑽石結構內，這兩個次晶格其實是由相同種類的原子所構成。如果這兩個 fcc 次晶格分別由不同種類的原子所構成，則所組成的晶體即是閃鋅結構。如在 GaAs 晶體，一個 fcc 次晶格是由 Ga 所構成，另一者則由 As 所構成。大部分化合物半導體皆具有這種閃鋅結構，但有一部分 II-VI [8] 是結晶成稍微不同的纖維鋅 (wurtzite) 結構。因為大部分半導體皆具有鑽石或閃鋅結構，因此在此我們將只限於這兩種結構的討論。

例題 1-3 計算矽原子的體積密度 (原子數/立方公分)，矽的晶格常數為 5.43 Å。計算在 (100) 平面上的平面密度 (原子數/平方公分)。

解 (100) 平面上，在角落有四個原子，在平面中心有一個原子。

$$(100) \text{ 平面}: \frac{4 \times \frac{1}{4} + 1}{(5.43 \times 10^{-8})(5.43 \times 10^{-8})} = 6.8 \times 10^{14} \text{ cm}^{-2}$$

對於矽，在角落有 8 個晶格點，6 個平面中心點和 2 個原子。

$$\text{每個立方體包含的原子數} = \left(8 \times \frac{1}{8} + \frac{1}{2} \times 6\right) \times 2 = 8$$

$$\text{體積密度} = \frac{8}{(5.43 \times 10^{-8})^3} = 5.00 \times 10^{22} \text{ cm}^{-3}$$

III-V 半導體一項非常有趣且有用的性質是可以使用不同元素之混成來建構這兩個 fcc 次晶格。比如說，在三元化合物 AlGaAs 中，我們可以選擇以不同比例的 Al 及 Ga 去建構三族元素的 fcc 次晶格。通常我們使用下標來標示這些元素間的比例。例如，$Al_xGa_{1-x}As$ 被視為三元化合物，並為閃鋅結構的三元次晶格，且內含鋁原子與鎵原子的含量比例為 x 和 1

14 半導體元件

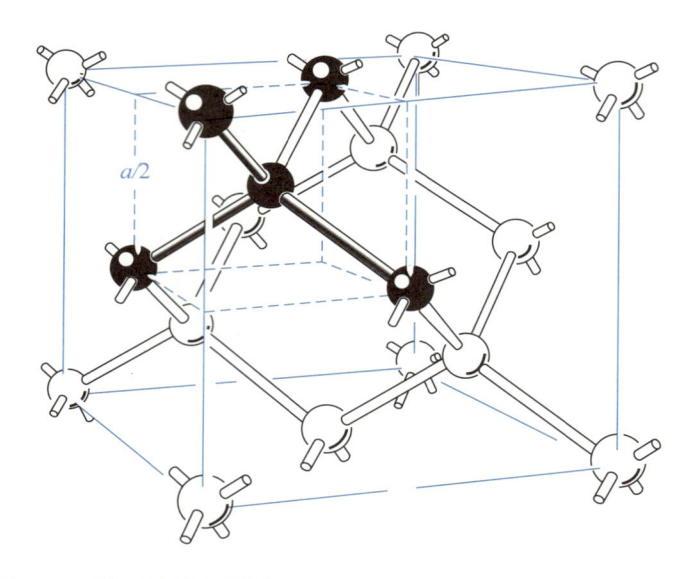

圖 1-9 鑽石結構之單位晶胞，圖中所示為一原子與其四個相緊鄰原子之結構。[此圖原在由 W. Shockley 所著之 *Electrons and Holes in Semiconductors* 書中，Litton Education Publishing Co., Inc., 1950.]

$-x$。$Al_{0.3}Ga_{0.7}As$ 代表三族元素的 fcc 次晶格是由 30% 的 Al 與 70% 比例的 Ga 所構成，而五族 As 的次晶格則維持不變。能夠依照所需的比例來成長三元化合物半導體是十分有用的，以 $Al_xGa_{1-x}As$ 為例，三族元素組成，以及與之相對應的這些三元化合物半導體的電子與光特性，也可以由 $x=0$ (GaAs) 連續改變到 $x=1$ (AlAs)。為使這些特性改變的範圍更大，五族元素也可採用不同元素組成，所得者就是像 $In_xGa_{1-x}As_yP_{1-y}$ 這樣的四元化合物。

應注意，不管在鑽石結構或閃鋅結構，每一個原子都有四個最近相鄰的原子 (圖 1-9)，這在考慮電子結構時很重要。在以下 3.1.1 節中我們將討論到晶格中原子間的鍵結力時，我們就會看到這個的重要性。

晶體中的原子排列的情形與材料的機械、冶金、化學等性質有很大的關係。比如說，晶體常沿著某些晶面十分平整的劈裂開來。如在珠寶製作中劈裂鑽石，沿著不同晶向，會得到三角形、六角形或四角形等形狀的面。具有鑽石結構與閃鋅結構的半導體具有類似的劈裂面 [9]。化學反應，如化學蝕刻，也與晶向有關，在某些方向常有優先蝕刻 (preferential etching) 的現象。這些與晶向相關的性質，皆是晶格對稱性的有趣表現，更重要的，它們在半導體元件的製作中，也具有相當重要的角色。

1.3 厚材晶體成長

自電晶體在 1948 年被發明後，固態元件科技的進步不但與元件物理觀念的進步有關，與材料的改善也有極大的關係。舉例來說，今日積體電路的製作全因在 1950 年代左右，高純度單晶 Si 成長的突破。成長可用以製作元件，所謂電子級的半導體晶體之條件遠較其他材料成長來得更嚴苛。在這些電子級半導體不但須具有足夠的尺寸，它的純度更必須極端準確。舉例來說，現在用於元件成長的單晶矽中，大部分的雜質濃度必須控制在百億分之一以下。要達成如此高的純度要求，在製程中的每一步驟，材料的處理等皆須十分的仔細。

1.3.1 起始材料

用以成長單晶矽的原始材料是二氧化矽 (SiO_2)。這些二氧化矽在極高溫 (～1800°C) 的電弧爐 (arc furnace) 與焦炭 (coke，碳的一種型式) 反應，使二氧化矽如下反應式般的還原：

$$SiO_2 + 2C \rightarrow Si + 2CO \qquad (1\text{-}3)$$

以上反應所得的冶金級矽 (metallurgical grade Si, MGS) 中的雜質，如鐵、鋁，以及重金屬，濃度大約在數百至數千 ppm (part per million，百萬分之一) 的程度。在前面例 1-3 中我們提及，1 ppm 的雜質相當於 $5 \times 10^{16} cm^{-3}$ 的程度。因此，雖然冶金級矽的純度對使用矽於不鏽鋼之製作上已經足夠，對於電子元件的製作上，它仍是不夠純的，而且它也不是單晶。

冶金級矽必須進一步的純化才能得到**半導體級** (semiconductor grade) 或**電子級** (electronic grade) 的**矽** (EGS)。在元件級矽中，雜質量必須被降低至十億分之一的等級 (part per billion, ppb。1 ppb＝5×10^{13} cm^{-3})。欲達到這樣的純度，冶金級矽須與 HCl 反應成三氯矽烷，化學反應式如下：

$$Si + 3HCl \rightarrow SiHCl_3 + H_2 \tag{1-4}$$

三氯矽烷為沸點在 32 °C 的液體。

在三氯矽烷合成的過程中，雜質的氯化物，如氯化鐵也會形成。這些雜質氯化物的沸點與三氯矽烷不同，因此可以使用所謂**部分蒸餾** (fractional distillation) 的技術來分離。亦即，加熱這些三氯矽烷與雜質矽化物，然後在不同溫度的蒸餾塔中使之凝結。使用這樣的技術，即可獲得高純度的三氯矽烷。這些三氯矽烷再與氫反應以還原成高純度的電子級矽。其化學反應式如下：

$$2SiHCl_3 + 2H_2 \rightarrow 2Si + 6HCl \tag{1-5}$$

1.3.2 單晶晶棒成長

上面所得電子級矽雖然具有高純度，但仍是多晶狀態。欲使用於電子元件的製作，它們更必須被轉化成單晶矽棒 (ingot)。這常以所謂**柴氏法** (Czochralski method) 來達成。在柴氏法中，多晶的電子級矽在石墨坩鍋中加熱至融解 (1412°C) 狀態。

將用於使單晶成長用的**矽種晶** (seed crystal) 放入此矽融鎔液中，然後慢慢的拉起，此時融鎔液中的矽會慢慢的成長於這種晶上 (圖 1-10)。一般來說，在這拉晶的過程中，常會慢慢的轉動矽單晶棒，如此可輕輕的攪拌融鎔液，以平緩融液中可能造成不均勻固化的溫度差異。柴氏法常用於矽、鍺，以及一些化合物半導體的成長。

(a)　(b)

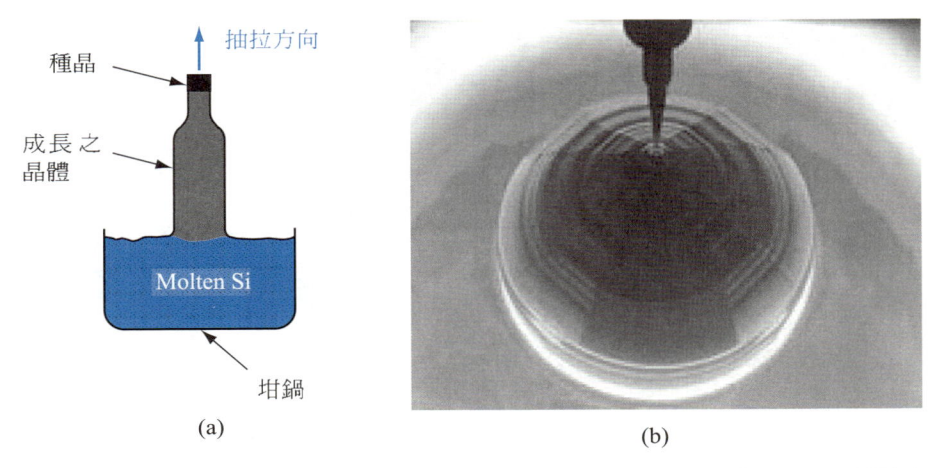

圖 1-10　由矽融鎔液中拉晶 (柴氏法)：(a) 晶體成長過程之示意圖；(b) 所拉出之 8 吋直徑〈100〉之矽晶。(照片由 MEMC Electronics 公司所提供)

在化合物半導體，如 GaAs 的拉晶中，常須避免揮發性元素 (如 As) 的汽化散失。常用的方法之一是使用一層 B_2O_3 覆蓋於融鎔液上。這層融解的 B_2O_3 具有很高的密度與粘滯性，因此可避免 As 的汽化散失。此法稱為液態覆蓋柴氏(liquid-encapsulated Czochralski, LEC) 晶體成長法。

在柴氏法單晶成長中，晶棒的形狀是由達到晶格結構多邊形截面與表面張力等因素所共同決定，因此成長成的晶棒截面常為圓形。如圖 1-10b 所示，在種晶附近可看出晶面結構的多邊形結構，但當離開種晶遠一些的較大截面處，晶棒截面就幾乎變成的圓形 (圖 1-11)。

在矽積體電路的製作中 (第九章) 我們將見到，使用較大面積的矽晶圓 (wafer) 來製作大量的積體電路晶片較為經濟。因此，如何成長更大截面積矽晶棒的方法是許多的研究與發展的重要課題。圖 1-11 所示為 12 吋直徑 1.0 m 長，重 140 kg 的矽晶棒。

1.3.3　晶　圓

單晶晶棒長成後，必須進一步的製成晶圓。第一步是使用機械研磨

圖 1-11 以柴氏法所成長之矽晶體。此大尺寸的矽晶體可提供切割以製成 300 mm (12 吋) 直徑之矽晶圓。兩端直徑漸變區域除外，此晶棒有 1.0 m 長，重 140 kg。(照片由 MEMC Electronics 公司所提供)

的方式將原先大約是圓柱型的晶棒研磨成準確直徑的圓柱型。這是因為在積體電路製造中，製程工具及晶圓處理設備等均需要精確半徑大小的晶圓。其次，利用 X 光晶體繞射等方法來確定晶棒中的晶面方向。在 6.4.3 節中我們將談及，大部分的矽晶棒皆沿〈100〉方向成長 (圖 1-10)。對於此種晶棒，在晶棒的一側會磨出一個小平面以標示晶格的 {110} 晶面。此因在〈100〉向的 Si 晶圓上，{110} 晶面彼此垂直，而使用這 [110] 面去標示晶圓可使製作的積體電路沿著這些 {110} 方向排列，因此在晶片切割時較為容易，可避免晶格劈裂造成的損失。

經過晶面標定後，利用鑽石刀鋸或帶鋸將晶棒切成厚度約為 775 μm 的晶圓 (圖 1-12a)。切割出的晶圓再雙面機械研磨成平面並除去切開時所造成的機械缺陷。此點是重要的，因為機械缺陷對元件等有極重要的影響。晶圓的平坦度亦甚重要，因為若平坦度不夠，則在以下第五章所談及之微影製程時，因為設備的"聚焦深度"限制，光罩的影像將無法清晰的投影到晶圓上。其次，晶圓尖銳的邊沿必須再加以磨圓，以避免製程中意外切割的可能性。最後，晶圓在含極細 SiO_2 顆粒的 NaOH 鹼性溶液中進行化學機械研磨，使前表面成鏡面光滑。如此得到的晶圓已經可

(a)

(b)

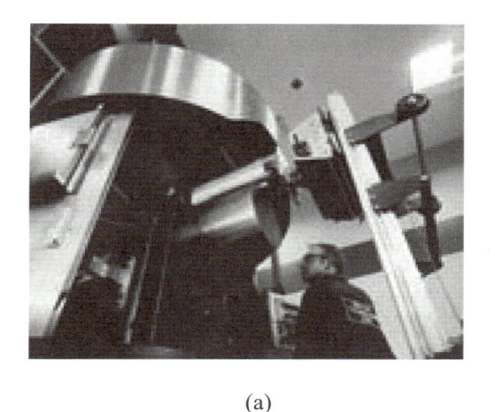

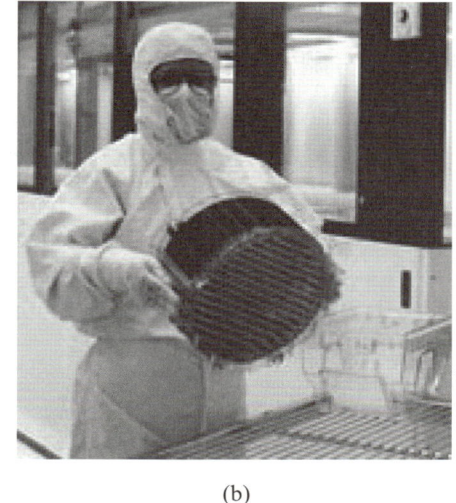

圖 1-12 矽晶圓之製程：(a) 300 mm 圓柱形之矽棒，在其一側磨有一切面以標示晶向，正放入一線鋸以切格成矽晶圓；(b) 工程人員所拿著的即為所製成的 12 吋矽晶圓。(照片由 MEMC Electronics 公司所提供)

以用於積體電路的製作 (圖 1-12b)。以上這些由製程所帶來的附加經濟價值是十分可觀的：由價值甚低的矽 (二氧化矽) 開始，所製的矽晶圓價格在數百美元左右，在這些矽晶圓上，我們更可進一步的製作上百個積體電路，如微處理器，每個微處理器的價格更高達數百美元。

1.3.4 摻 雜

如前所提，在融解 EGS 中含有一些雜質。我們也可以故意加入某些雜質以改變它的電子特性。在融鎔液與固化的單晶界面，雜質在固體及液體兩相，會具有不同的濃度分佈。用以描述這種分佈的參數稱為**分佈係數** (distribution coefficient) k_d。分佈係數定義為平衡時存在於固相中的雜質濃度 C_S 與存在液相中的雜質濃度 C_L 的比值：

$$k_d = \frac{C_S}{C_L} \tag{1-6}$$

分佈係數與材料的種類、雜質種類、固液相界面的溫度，以及成長速率等皆有關係。對具有 0.5 分佈係數的雜質而言，在矽融鎔液中的雜質濃度為在所成長單晶中的雜質濃度之兩倍。因此，晶棒接近種晶開始處的雜質濃度為最初融鎔液中雜質濃度 C_0 的一半。下面的例子指出分佈係數在柴氏成長中的重要性。

例題 1-4 使用柴氏法來成長矽單晶，且希望矽晶棒含有 10^{16} P 原子/cm^3 的摻雜。

(a) 已知在 Si 中 P 的 $k_d = 0.35$，在矽融鎔液中應有多少濃度的 P 原子，才能在最初成長的晶體中具有所需要的摻雜濃度？

(b) 已知 P 的原子量為 31，如果坩鍋中有 5 kg 的 Si，問應加入多少克的 P？

解 (a) 假設在成長過程中 $C_S = k_d C_L$，則融鎔液中應含有的 P 濃度為

$$\frac{10^{16}}{0.35} = 2.86 \times 10^{16} \, \text{cm}^{-3}$$

(b) 因為所加的雜質量很少，因此總體融鎔液的體積可全由 Si 來決定。由附錄 III 可知，Si 的密度為 2.33 g/cm^3。忽略矽融鎔液與固體間的密度差，我們可得融鎔液的體積為

$$\frac{5000 \text{ g of Si}}{2.33 \text{ g/cm}^3} = 2146 \text{ cm}^3 \text{ of Si}$$

$$2.86 \times 10^{16} \, \text{cm}^{-3} \times 2146 \, \text{cm}^3 = 6.14 \times 10^{19} \text{ 個 P 原子}$$

$$\frac{6.14 \times 10^{19} \text{ 原子} \times 31 \text{ g/mole}}{6.02 \times 10^{23} \text{ 原子/mole}} = 3.16 \times 10^{-3} \text{ g of P}$$

P 是矽半導體中所常用的雜質之一。但是 P 的分佈係數大約只有三分之一，所成長晶體中的 P 濃度僅為融鎔液中的三分

之一。因此，融鎔液中矽的消耗量遠大於 P，P 濃度會越來越大，所以較晚拉晶的晶棒後段，P 濃度會比前段靠近種晶處的部分大很多。這裡是假設分佈係數不隨著拉晶的過程改變。現代的柴氏拉晶系統皆使用電腦控制以改變溫度、拉晶速率，以及其他成長參數等以求得較均勻雜質濃度分佈的晶棒。

1.4 磊晶成長

在適當晶格結構的晶圓上成長一層晶體薄膜是元件製程中最重要且功用最多的晶體成長方法。這些晶圓基座 (substrate) 與其上成長的晶體薄膜可以是同樣材料，也可以是不同材料但具有類似晶格結構。在這種成長中，基座即扮演種晶的角色。基座上成長的晶體薄膜延續了基座的晶格結構與晶向。這種在晶圓基座上成長特定晶向的晶體薄膜的方法，稱為*磊晶成長* (epitaxial growth 或 epitaxy)。如我們將在此節中所見，磊晶成長所需的溫度遠較基座材料的熔點來得低。隨著提供成長原子到表面的方法不同，磊晶成長也可分成許多不同的型式，最常見的包括*化學氣相沉積* (chemical vapor deposition, CVD)[2]、*液相磊晶* (liquid-phase epitaxy, LPE)、*分子束磊晶* (molecular beam epitaxy, MBE) 等。使用這些不同的磊晶成長方法，我們可以成長具有特定所需性質的晶體，以製作各種電子及光電元件。

1.4.1 磊晶成長中之晶格匹配

在矽晶圓上成長矽磊晶層，磊晶層的晶格與基座的晶格結構一致，晶格的匹配良好，因此常可獲得高品質的單晶層。但在元件應用中，常

---

[2] 化學氣相沉積一詞也包含生長之薄膜為多晶或非晶形的情況。當我們要指明所成長材料薄膜是單晶之情況，較明確的說法是氣相磊晶 (vapor-phase epitaxy, VPE)。

須在基座上成長與基座材料不同的磊晶層，此稱為異質磊晶 (heteroepitaxy)。在異質磊晶的情況下，如果磊晶層與基座的晶格與晶格常數相匹配，則高品質的磊晶層較容易達成。舉例來說，GaAs 與 AlAs 皆具有相同的閃鋅結構且晶格常數十分相近 (5.65 Å)，因此三元化合物 AlGaAs 磊晶層當成長於 GaAs 基座上時具有很小的晶格失配 (mismatch)，在適當的成長條件下，很容易獲得高品質的磊晶層。同理，GaAs 也可成長於 Ge 基座上 (見附錄 III)。

因為 AlAs 與 GaAs 具有相近的晶格常數，因此組成成分介於 AlAs 和 GaAs 的三元化合物 AlGaAs 亦具有相同的晶格常數。在應用上可改變三元化合物 $Al_xGa_{1-x}As$ 的組成比例 x，以符合特定元件的需求，且可將其成長於 GaAs 晶圓上，所成長的三元化合物磊晶層將與 GaAs 基板的晶格相匹配。

圖 1-13 所示為一些 III-V 化合物半導體能隙 E_g 與晶格常數 a 的關係。舉例來說，如三元化合物 InGaAs 的系統中，如果我們改變 III 族元素由 InAs 變化到 GaAs，則能隙將由 0.36 改變到 1.43 eV，而晶格常數將由 InAs 6.06 Å 改變到 GaAs 的 5.65 Å。很明顯的，我們無法將這整個範圍內具有任意 In 組成比例的三元化合物 InGaAs 都成長在一具有固定晶格常數的基座上，但如圖 1-13 所示，我們卻可成長一特定組成的 InGaAs 於 InP 基座上。我們由圖 1-13 上代表 InP 的點上畫一垂直線到代表三元化合物 InGaAs 的曲線上，我們可以看到在 In 組成比例約一半時 (事實上是 $In_{0.53}Ga_{0.47}As$)，磊晶層就可以晶格匹配的成長於 InP。同理，三元化合物 InGaP，當選取 Ga 組成與 In 各約為一半時，三元化合物就可晶格匹配的成長於 GaAs 基座上。欲達到更寬廣的元素比例組成以成長到一特定的基座上，我們更可以使用四元化合物如 InGaAsP。在四元化合物中 III 族元素與 V 族元素的組成比例都可以改變，因此在固定其晶格常數，以匹配的成長於 GaAs 或 InP 基座上，而改變其能隙的選擇上，提供了更多的彈性。

在 GaAsP 的情況，隨著不同 P 的比例組成，它的晶格常數介於 GaAs

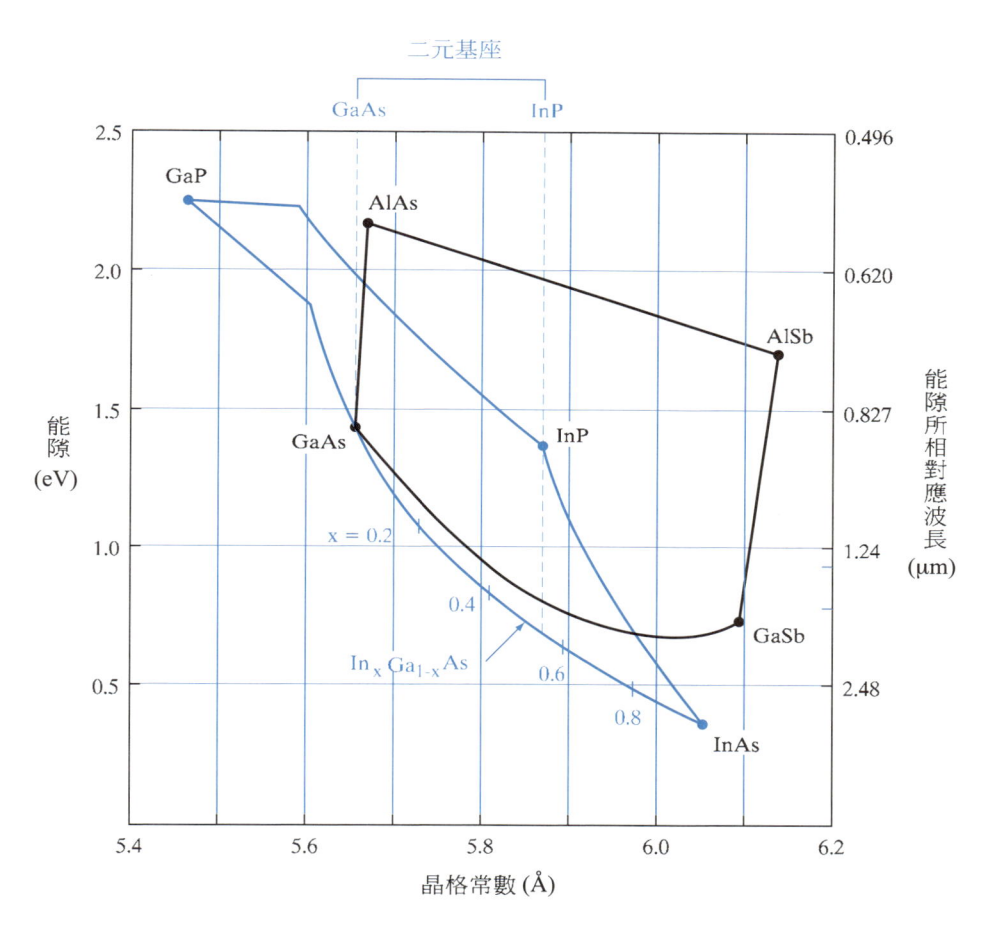

圖 1-13　InGaAsP 及 AlGaAsSb 化合物半導體能隙與晶格常數之間的關係。虛線所畫為常用的 GaAs 及 InP 基座之晶格常數。圖中所標示為可成長於 InP 的例子，此處 $x=0.53$。對四元化合物而言，三族與五族元素組成可同時改變，以得到可匹配於現有基座的晶格常數。例如，$In_xGa_{1-x}As_yP_{1-y}$ 可成長於 InP 上，而在此條件下能隙仍可由 0.75 eV 改變至 1.35 eV。在使用此圖時，可假設晶格常數與元素組成比例成線性關係 [11]。

與 GaP 中間。舉例來說，用於紅光 LED 的 GaAsP 使用了 40% 的 P 與 60% 的 As 於 V 族元素的次晶格上，因為這樣的 GaAsP 三元化合物晶格常數與 GaAs 或 GaP 等皆不相同，無法直接成長於這些常用的基座上，因此必須逐漸的改變磊晶層的晶格常數。我們可以使用 GaAs 或 Ge 晶圓當基座，開始成長時由比較接近 GaAs 的比例組成開始，一邊成長一邊慢慢增加 P 的比例組成。大概成長 25 μm 後，所需要的 P 及 As 比例組成即可達到，元件所需要約為 100 μm 厚度的固定組成磊晶層，即可成長於此漸變組成的磊晶層上。用這樣的方式，磊晶層一直都成長在具有相近的晶格常數的晶體上，雖然由於晶格應變 (strain) 的關係，晶體會產生差排 (dislocation)，但用這樣的方式所成長的高品質晶體，已可以使用於 LED 製作上。

除了常用的晶格匹配的磊晶層外，比較先進的磊晶技術，如下節中所談，也可以長出比較薄 (100 Å 左右) 的晶格失配晶體。如果晶格失配只有幾個百分比，且磊晶層很薄時，則磊晶層成長時將會以基座或種子晶體的晶格常數成長 (圖 1-14)。成長的磊晶層在成長面上的晶格常數被壓縮或拉長，因為它必須適應基座或種子晶體晶格常數的大小 (圖 1-14)。如此所成長的磊晶層稱為假形 (pseudomorphic，或稱為應變層，strained layer)，因為此磊晶層具有應變，而並非晶格匹配於基座。在應變層磊晶層的情形，如果磊晶層的厚度超過所謂的臨界厚度 t_c 時，則應變的累積能量將會使晶體產生失配差排 (misfit dislocation)。臨界厚度與晶格失配程度有關。利用具有少許晶格失配的晶體層，我們可以成長相鄰磊晶層分別為在受壓縮及拉長情況的應變超晶格 (strained-layer superlattice, SLS)。在這樣的 SLS 磊晶層中，總體晶格常數為構成相鄰磊晶層的厚材材料晶格常數的平均。(因此，如果選擇得宜，總體晶格常數與基座的晶格失配可以很小，即可獲得高品質的 SLS 磊晶層。)

1.4.2 氣相磊晶

低溫及高純度磊晶成長的優點可以藉著氣相沉積的方式來達成。我們由半導體材料或含有這些材料的化學氣體混成物，我們即可在種子晶體或基座上長出晶格層。氣相磊晶 (vapor-phase epitaxy, VPE) 是使用於元

$t < t_c$　　　　　　　　　$t > t_c$
(a)　　　　　　　　　　　(b)

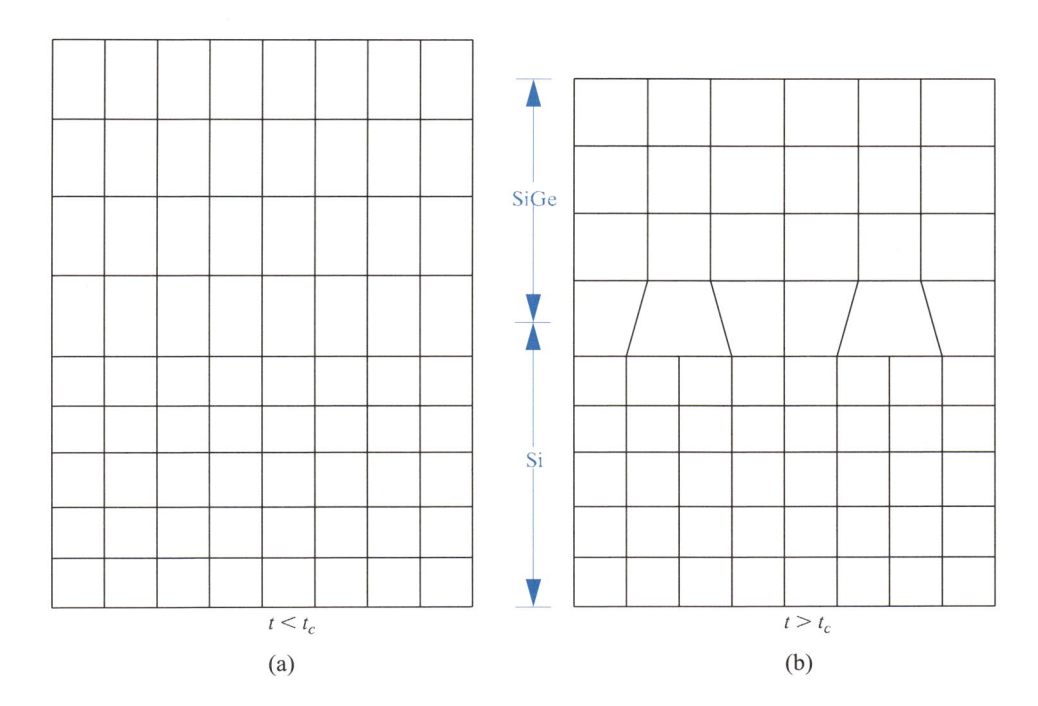

圖 1-14 異質磊晶與失配差排。例如 SiGe 成長於 Si 上，由於 SiGe 與 Si 之晶格失配導致 SiGe 晶格在成長面上受壓縮 (具有壓縮的應變)。應變的大小與 Ge 的組成比例有關：(a) 當磊晶層厚度小於臨界厚度，磊晶層為假晶 (應變磊晶層)；(b) 當磊晶層厚度超過臨界厚度，則在界面處產生失配差排，這些差排將降低這些磊晶層於元件製作上的可用性。

件製作上的半導體材料相當重要的成長技術。如 GaAs 等一些化合物半導體，使用氣相磊晶可以長得比其他成長方法具有更高的純度與完美度。此外，化學氣相磊晶技術提供實際元件製造中十分大的彈性。當磊晶層長於基座時，使用化學氣相磊晶，我們可以很容易的得到明顯分界改變的雜質摻雜分佈與磊晶材料變化。這改變雜質分佈的優點在以下章節中將會提及。我們在這裡要指出 (如在第九章中將述及)，一般積體電路都製作在 VPE 成長的矽晶圓上。

在矽基座上成長的磊晶層通常是使用含有矽的化學蒸氣，然後以受控制的方式，將矽沉積矽基座上。常用的一種方式是使用 $SiCl_4$ 氣體，使它與氫反應就可以得到矽與無水 HCl，反應式如下：

$$SiCl_4 + 2H_2 \rightleftharpoons Si + 4HCl \tag{1-7}$$

如果這反應發生在加熱的矽晶體表面上，反應產生的矽原子就會以磊晶層的方式，沉積到矽晶面上。在此反應溫度，HCl 維持為氣體狀態，且並不會干擾晶體的成長，如反應式所示，此化學反應式可逆的，這點很重要，因為它表示如果我們調整反應的參數，我們可使反應趨向左邊而得到矽的蝕刻而非沉積。利用這樣的蝕刻，我們可以在成長前得到原子級乾淨的表面，在此表面上沉積即可得到很好的磊晶層。

使用氣相磊晶技術，我們需要一個可以放入氣體並加熱矽晶圓封閉的腔體。因為化學反應在此腔體中產生，因此此腔體稱為反應腔 (reaction chamber) 或反應器 (reactor)。以氫氣通過一個加熱含有 $SiCl_4$ 的容器，然後將這兩種氣體通入反應器中之基座晶體上。如果需要摻雜的話，可以同時將含有摻雜雜質的氣體通入。在反應腔中矽晶片放於石墨或其他材料製成的感應加熱器 (susceptor) 上，此感應加熱器可藉著 RF (射頻，radio-frequency) 感應或鹵素燈加熱等方式將樣品溫度提升到反應的溫度。氣相磊晶成長技術可修改成具備有同時多晶片成長的能力，且在每一片晶片上雜質的摻雜分佈都可精準的控制 (圖 1-15)。

以氫還原 $SiCl_4$ 反應所需的溫度大約是 1150°C－1250°C 左右。如果使用其他反應氣體則可以降低反應溫度，如使用 (SiH_2CL_2) 反應溫度大約是 1000°C－1100°C，若使用熱解 (SiH_4)，則溫度可降至 500°C－1000°C。矽烷的熱解反應如下：

$$SiH_4 \rightarrow Si + 2H_2 \tag{1-8}$$

使用低反應溫度有許多優點，其中包含在低溫度環境可減少雜質由基座擴散到磊晶層上。

在許多應用中我們需要在絕緣的基座上成長矽晶體，例如我們可使用 VPE 在藍寶石上成長 1 μm 左右的矽薄膜。在 9.3.2 節中我們將再討論

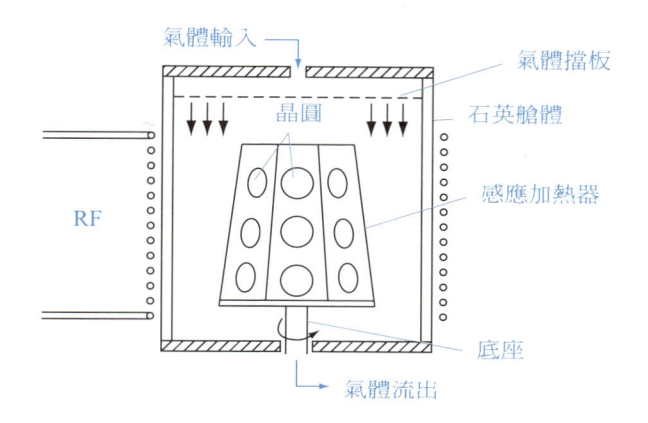

圖 1-15 Si VPE 的一種桶型反應腔。這些是常壓系統(亦即，操作時成長腔內為一大氣壓，並非真空)。Si 晶圓是放置於鍍 SiC 的石磨感應加熱器上。這些晶圓朝反應器底部方向突出，以增加反應氣體流圖於晶圓表面的均勻度。

VPE 的應用。

VPE 對 III-V 化合物半導體如 GaAs、GaP，或三元化合物 GaAsP 等也很重要。這些化合物通常用於 LED 的製作。在這種情況，晶圓在樣品座上被加熱到 800°C，磷化氫、砷化氫、氯化鎵等氣體混合物通入此晶圓上。氯化鎵是由 HCl 與融解的鎵反應而成。GaAsP 的組成比例可由控制磷化氫與砷化氫的氣體比例來達成。

另一種成長 III-V 化合物半導體的方法是所謂的**金屬有機氣相磊晶**(metal-organic vapor-phase epitaxy, MOVPE) 或**有機金屬氣相磊晶**(organometallic vapor-phase epitaxy, OMVPE)。有機金屬化合物如三甲基鎵 (TEGA, trimethyl-gallium) 可以與砷化氫反應以形成 GaAs 及甲烷，反應式如下：

$$(CH_3)_3Ga + AsH_3 \rightarrow GaAs + 3CH_4 \qquad (1\text{-}9)$$

這反應發生在 700°C 左右，由此反應我們可以得到很高品質的 GaAs

磊晶層。其他的化合物半導體也可以由此方法成長。比如加入三甲基鋁，我們即可以成長 AlGaAs 三元化合物。這種成長的方式廣泛的用於許多元件的製作上，包括太陽電池或雷射元件等。這些氣體的混合物的混合比例可輕易的改變，因此可如下分子束磊晶技術一般，成長多薄層的半導體樣品。

1.4.3 分子束磊晶

在眾多磊晶技術中最具多功能性的是**分子束磊晶技術** (molecular-beam epitaxy, MBE)。在 MBE 中基座放於一超高真空系統中，含有磊晶層成長所需元素的分子束則加入於樣品表面 (如圖 1-16a)。例如在 GaAs 上成長 AlGaAs 時，Al, Ga, As 以及摻雜元素在個別的圓柱型容器中 [10] 加熱，產生的原子或分子束則入射到樣品表面而在樣品表面成長為極高品質的磊晶層。比起其他磊晶技術，在 MBE 中樣品通常放於較低的溫度 (如 GaAs 大約 600°C)。摻雜分佈或材料等均可以藉由個別分子束隔斷器 (shutter) 阻隔分子束等來做極快的切換。在 MBE 中使用低成長速率 (≤ 1 μm/h)，因此只要控制分子束隔斷器的運動，我們就可以在原子層間距的尺度上改變磊晶層的材料組成。圖 1-16b 為使用 MBE 來成長 GaAs 及 AlGaAs 交錯堆疊層的一部分，每一半導體層都僅有四個原子層厚度。在分子束磊晶技術中，因為需要超高真空系統及各種精準控制，因此常需要相當複雜精密的設備 (圖 1-17)。但雖然如此，因為 MBE 的功能多變性，它在許多元件應用中非常具有吸引力。

隨著 MBE 成長技術的發展，將圖 1-16 中所用的固體源換為氣體化學蒸氣源越來愈普遍。這種方法就稱為**化學束磊晶技術** (chemical beam epitaxy)，或氣源分子束磊晶 (gas-source MBE)，它同時具有 MBE 及 VPE 的許多優點。

(a)

(b)

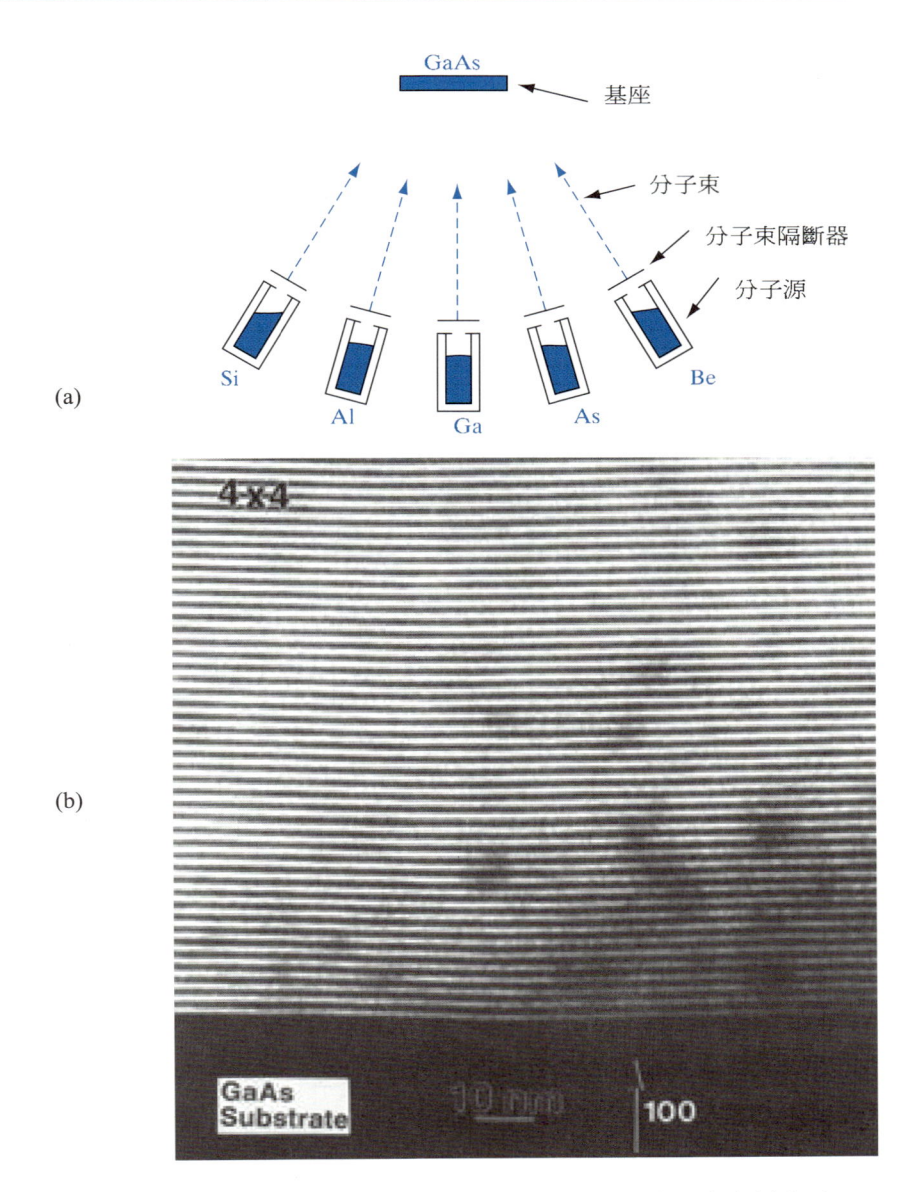

圖 1-16 分子束磊晶成長 (MBE)：(a) 超高眞空系統中方向射束爲 Al、Ga、As 的蒸鍍胞，入射摻雜到 GaAs 基座；(b) 使用 MBE 所成長 GaAs 及 AlGaAs 交錯堆疊層樣品的掃描式電子束顯微鏡照片，圖中黑線所示爲 GaAs，而淺線所示者爲 AlGaAs。每一半導體層都僅有四個原子層厚度 $(4 \times a/2 = 11.3 \text{ Å})$。(照片由 Bell Laboratories 提供)

圖 1-17 美國德州奧斯汀 (Austin) 大學微電子研究中心的分子束磊晶系統設備。

總　結

1.1 半導體元件是資訊技術的核心。元素型半導體，例如在元素週期表第 IV 行的矽。化合物半導體，例如砷化鎵，都是由圍繞在第 IV 族且與第 IV 族相對稱的元素所組成。更複雜的合金半導體通常是利用它的光電特性。

1.2 為了得到最好的特性，這些元件通常以單晶材料製造。單晶材料有大範圍排列整齊的原子，多晶材料只有小範圍的整齊排列而非晶材料則無任何秩序可言。

1.3 晶格是由對稱性來決定的，在 3D 中，稱為布拉維 (Bravais) 晶格。當我們放置基礎的原子在晶格點上，可以得到晶體。通常都是面心立方對稱的，由於有相同或不相同的兩種基礎原子，因此分別可以產生鑽石晶格或閃鋅晶格。

1.4 晶格的基礎構成方塊是**基本晶胞**，其晶格點在晶胞的角落。有時候它可以很容易用較大的單位晶胞來描述，其晶格點不僅會在角落，而且也會在體心或面心。

1.5 利用變化基礎向量的整數倍，可以複製單位晶胞的晶格。在晶格裡的平面和方向可以由米勒標示來定義。

1.6 真正的晶格會有 0D、1D、2D 和 3D 的缺陷，其中有一些是有益處的，但大部分對於元件的操作都是有害的。

1.7 半導體基座晶體是利用柴氏法來生長，一開始生長時只是一個晶種 (seed) 而已。單晶磊晶層可以有多種方法成長於半導體晶片的最頂層，例如氣相磊晶、MOCVD、以及 MBE。因此，可以於元件製造時，將摻雜和能帶結構最佳化。

練習題

1.1 參考附錄 III，請指出表 1-1 所列的半導體中，何者具有最大的能隙？何者具有最小的能隙？如果以這些能隙所相對的能量發光，這些光子的波長為何？III-V 化合物半導體能隙與第 III 族元素間，是否有什麼規律？

1.2 在 sc, bcc, fcc 的單位晶胞中各具有多少原子？由各原子的中心算起，在這三種晶格中，相緊鄰原子間的距離各為多少？

1.3 求圖 P1-3 中的晶面之米勒標示。

1.4 如圖 1-7 般畫出一個立方體以及其上的四個等同 {111} 面。重複此題但改為 {110}。

1.5 試求在 sc、bcc、fcc 三種晶格之單位晶胞中，可被堅硬圓球所填充的最大體積比例。

1.6 圖 1-8b 是鑽石結構 (圖 1-8a) 的頂視圖，請在圖 (a) 指定這四個平面每個平面上原子的名稱。在圖 (b) 標示出在兩個正方形裡的每個原

(a)　　　　　　　　　　(b)

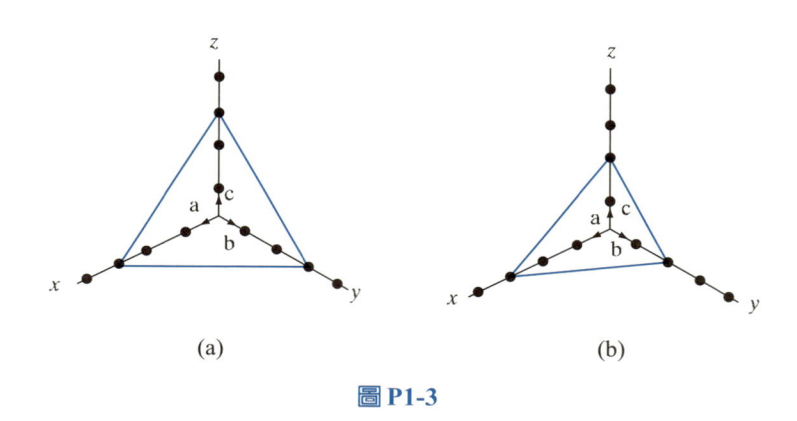

圖 P1-3

　　子，並指出它是屬於哪一個平面的原子。

1.7 由 fcc 晶格開始，在每一個 fcc 晶格點之 (1/4，1/4，1/4) 位置加上另一晶格點來建構鑽石結構。由此證明在圖 1-8a 中每一個鑽石結構的晶胞中只能加入四個新的晶格點。

1.8 由附錄 III 之晶格常數、原子量，以及亞伏加爵羅數 (Avogadro's number，亦即一摩爾體積內有多少的原子/分子)，求 Ge 及 GaP 的密度。將你計算所得的結果與附錄 III 的數值相比較。

1.9 (a) 求矽晶圓上 (100) 面每 cm^2 之原子密度。
　　(b) 求在砷化鎵晶格中的鎵原子之間的距離。

1.10 由摻硼融熔的矽中拉拔矽晶體。已知硼在矽中的 $k_d = 0.80$。如果矽的質量為 10 kg，試問，需加入多少克的硼才能在拉晶初期的矽晶體中達到 5×10^{16} cm^{-3} 的摻雜濃度？

1.11 假設在三元化合物的晶格常數與組成比例成線性關係 [11] (例如圖 1-15 中的 InGaAs)，試估計，怎樣的 $AlSb_xAs_{1-x}$ 組成方能與 InP 晶格匹配？同上，怎樣的 $In_xGa_{1-x}P$ 組成方能與 GaAs 晶格匹配？在以上兩種匹配的情形，三元化合物的能隙各為多少？

參考書目

Ashcroft, N. W., and N. D. Mermin. *Solid State Physics.* Philadelphia: W.B. Saunders, 1976.

Denbaars, S. P. "Gallium–Nitride-Based Materials for Blue to Ultraviolet Optoelectronic Devices," *Proc. IEEE* 85(11) (November 1997): 1740–1749.

Kittel, C. *Introduction to Solid State Physics*, 7th ed. New York: Wiley, 1996.

Plummer, J. D., M. D. Deal, and P. B. Griffin, *Silicon VLSI Technology*. Upper Saddle River, NJ: Prentice Hall, 2000.

Stringfellow, G. B. *Organometallic Vapor-Phase Epitaxy.* New York: Academic Press, 1989.

Swaminathan, V., and A. T. Macrander. *Material Aspects of GaAs and InP Based Structures.* Englewood Cliffs, NJ: Prentice Hall, 1991.

譯者註

[1] 在較嚴謹的結晶學術語來說，晶體 (crystal) 與晶格 (lattice) 是不同的。晶體可視為在晶格上的每一晶格點放上一些原子，這些放上的原子稱為基底 (basis) 所構成。所以晶體是原子週期排列的一種物質結構，而晶格是數學上一些抽象的點週期排列所構成的集合。晶格或嚴格的說，Bravais 晶格必須滿足一條件，即任一晶格點皆必須能由其他晶格點經由 $\mathbf{r}=p\mathbf{a}+q\mathbf{b}+s\mathbf{c}$ 平移而得，其中 p、q、s 為整數，而 $\mathbf{a}$、$\mathbf{b}$ 及 $\mathbf{c}$ 為基底向量，同時，任一晶格點經由上述 $\mathbf{r}$ 的平移後，亦必須得到另一晶格點，此兩條件必須同時滿足，才能稱為晶格。亦即，若置一晶格點在原點，則晶格中所有晶格點之集合即為 $\mathbf{r}=p\mathbf{a}+q\mathbf{b}+s\mathbf{c}$ 的點所成的集合。讀者可自己思考，在這樣的條件下，蜂巢結構的端點並不形成晶格，因為六角形中心的點並非晶格點。具蜂巢結構的晶體必須視為是一三角晶格 (triangular lattice)，在每一晶格放上由兩原子構成之基底所成。本書原書中，並未對晶體與晶格做出太嚴格的區分，比如 1.1.2 節文中所提及簡單立方之晶體等，嚴格的說，即是指在簡單立方晶格之晶格點放入一單原子基底所成。

讀者對晶體與晶格兩者應仔細分析。

[2] 即使是基本晶胞，亦有無窮種選擇方式，因此基本向量的選擇也有許多方式。又，若將相鄰晶胞所共有的晶格點等分給各個晶胞，每一基本晶胞必僅含一的晶格點。

[3] 嚴格說，此節中所提的原子，其實應是指晶格點。

[4] 在前面我們的做法已經避開了此面通過原點的可能性。因為，對任一晶格面而言，必有無窮個平行的晶格面，因為只要取不在此面上之任一晶格點，必然可找到通過此一晶格點而平行原平面之另一晶格面，若不如此，則違反了前面所說所有晶格中的晶格點皆是等同的事實。因此步驟1中所求得之截距必然都不為零。

[5] 這裡的對稱性，一般指旋轉或鏡射等，原書中所提平移，因為一米勒標示本已用以指定所有平行的晶面(或晶格面)，平移本身並不製造任何新的等同的晶格面(晶面)。比如在簡單立方晶格中，因互相垂直的三基本向量皆是等同的，取三的基本向量之何者為 a，何者為 b，其實是人為的，指定前者為 b，後者為 a，對立方晶格而言，這些晶格面(晶面)之任何物理特性(如化學鍵的密度、晶面間間距等)皆是相同的。但對非立方晶系之晶體而言，上述說法即不一定正確。

[6] 本書原文的標題是鑽石晶格(diamond lattice)。嚴格來說，鑽石結構其實並不是晶格，因為並無法找到三個基本向量，使每一晶格點都是它們的整數倍之和。因此譯者將標題改為鑽石結構。鑽石結構可視為是於面心立方晶格(fcc)加上位於原點及 $\mathbf{a}/4+\mathbf{b}/4+\mathbf{c}/4$ 處之兩相同原子的基底所構成，亦即，在面心立方晶體的每一晶格點上放上這樣的兩個原子，即構成一個鑽石結構。閃鋅結構一樣是由面心立方與前面的兩原子基底所構成，不同的是此兩原子是不同種類的原子。

[7] 這其實甚簡單，因為 fcc 晶胞角落之晶格點與相鄰七個晶胞共用，面

心之晶格點則與相鄰晶胞共用，因此若算實際專屬於此晶胞晶格點的數目，則只有四個，而我們加入基底的過程，即是每一晶格點放兩原子，因此放入基底後，晶胞內只能有八的原子，亦即，只能再多放四個原子。

[8] 氮化物 III-V 也有一些，如 GaN。
[9] 鑽石結構的自然劈裂面常是 (111)，而閃鋅結構則常為 (110)。
[10] 這稱為 crucible，通常由熱解 BN，或所謂 PBN 所製作。
[11] 這稱為魏加氏 (Vegard) 定律。

第二章
原子與電子

> **學習目標**
> 1. 瞭解量子力學中波-粒子雙重性的本質
> 2. 學習波爾原子模型
> 3. 應用薛丁格方程式求解一些簡單的問題
> 4. 瞭解原子的電子結構和元素週期表
> 5. 瞭解如何判斷半導體的特性

因為本書主要所將探討的是固態電子元件,因此似乎不宜多花時間去討論原子理論、量子力學,或電子模型等而延誤了正題的介紹。然而,如我們以下所將見到,固態電子元件的行為其實與上述這些看似遙遠的課題息息相關。舉例來說,若不瞭解電子及電子與晶格之交互作用,就無法瞭解電子在半導體元件中的傳播特性。因此,在本章中我們將探討電子的一些重要特性,尤其著重在下列兩方面:(1) 原子的電子結構,(2) 原子及電子與外界的交互作用,如與電磁場交互作用所表現的光吸收與發光現象等。藉由原子中電子能量的研究,我們即可進一步的瞭解晶格對參與電流傳播之電子的影響。我們關於光和電子交互作用的討論,也將是後面章節中照光激發改變半導體導電率,光敏元件及雷射等探討的基礎。

首先,我們將探討導致現代原子觀念的一些實驗觀測,然後我們將對量子力學的理論做個簡短的描述。在這簡述中,我們將看到幾個很重要的觀念:原子中的電子只能具有由"量子化"規則所限制的幾個能量；原子的電子結構由這些量子條件所決定；且這些"量子化"決定了電子在特定能階間躍遷所吸收的能量及所放出的能量。

2.1 物理模型簡介

　　科學研究最主要的目的是希望能以最完整與精簡的方式來描述在自然界發生的各種現象。在物理的研究，這過程包含觀察自然現象，使用過去所提出理論來描述，最後並建立一物理模型。舉例來說，我們可解釋以彈簧相連的質點在最初被移開平衡位置後上下週期性的運動，因為描述這種簡諧運動的微分方程式已經被牛頓的古典力學所建立。

　　當新的物理現象被觀察到後，嘗試以舊有的模型及物理"定律"去解釋這些新現象是十分的必要。在大部分的情況，新問題通常只是現有已知模型的推廣而已。事實上，在實驗未真正進行前即可以用現有理論或模型去預測實驗結果是很普遍的事。科學之美即在於自然界的現象並非個別獨立的現象，而是可由少數物理定律來解釋。然而有時也會發生實驗的結果以現有理論是無法解釋的情況，在這種情形下，必須建立新的物理模型。這些新的物理模型最好能包含舊有的物理定律，且含有由新觀察現象所得的新內容。提出新物理原理是十分嚴謹小心的事，這只當現有理論已經完全無法解釋新觀測結果時才能為之。當新的物理模型(即假設) 建立時，提出它們的合理性建立在於下列問題的解答上："這建立的模型是否可以準確的描述所觀察到的現象？是否可利用這建立的模型去預測新的實驗結果？"物理模型的好壞就在於上述問題的解答為是或否。

　　在 1920 年代，對於原子尺度的現象，人們發現必須去建立全新的理論方能解釋所觀察到的實驗事實。許多仔細的實驗觀察清楚的顯示，牽涉到電子與原子的許多現象並不遵守古典力學的定律。因此必須發展新的力學定律以描述粒子在微觀尺度下的運動。這些新的理論稱為**量子力**

學 (quantum mechanics)。量子力學可以良好的描述原子的運動以及電子在固體中的行為——這正是我們最感興趣的部分。許多年以來，量子力學非常成功的解釋許多現象，因此已被視為對自然界描述的可靠理論。

初學量子力學的學生會產生一些特殊的問題，覺得量子的觀念似乎僅有大量的數學運算，卻缺少與古典力學"常識"般的物理直覺。一開始，初學者會覺得量子觀念的困難，不僅因為數學多，且量子力學的觀念與直覺的現實似乎"脫節"了。這是合理的反應，因為我們所直覺覺得正確的事物常是築基於我們日常的觀察。因為我們在日常生活中即可看到物體的運動，因此古典物理中的運動定律十分易於瞭解。反之，我們只能間接的觀察原子與電子的效應，因此對於原子尺度的現象我們不太有直接的感覺。因此在量子力學的發展中，對新實驗結果的預測遠較用類似於古典粒子一般的類比來描述這些原子與電子的非古典現象來得重要。

我們在本章中所採取的步驟是去探討導致量子力學的一些重要實驗，以及量子力學如何來解釋這些實驗。在這麼短的篇幅中，量子理論的討論顯然大部分都只能是定性的，且在此我們也只談及固態物理中最重要的一些課題。本章末列了一些可供進一步深入研究的很好的參考書目。

2.2 實驗觀察

導致量子理論發展的是一些與光的本質，考慮光與物質間的相互作用。換句話說，惠更斯 (Huygens) 提出了干涉或繞射等現象清楚的指出光具有波的特性。而牛頓則提出光具有粒子性或*微粒子性*的觀點。但是從另一個角度來看，在 20 世紀的今天，很多實驗都顯示，我們需要一個關於光的新理論。

2.2.1 光電效應

普朗克發現到一項重要的實驗觀察，即黑體輻射，當受熱樣品所發射出的輻射是以不連續的能量單位呈現，此能量單位即所謂的**量子** (quanta)，可表示為 hv，其中 v 為輻射頻率，h 為普朗克常數 ($h = 6.63 \times 10^{-34}$ J-s)。緊接著普朗克假設之後，愛因斯坦提出一項重要的實驗說明，可清楚的證實光的不連續性 (量子化) 特性，此實驗涉及金屬中電子吸收光能量及所吸收的能量與光頻率之間的相互關係 (圖 2-1)。假設單色光入射到真空中金屬板表面，入射光提供金屬板中的電子吸收能量，當部分電子吸收到足夠能量將脫離金屬板表面而進入真空中，此現象稱為**光電效應** (photoelectric effect)。若量測脫逃電子的能量，可得出脫逃電子的最大動能與入射光頻率的關係圖 (圖 2-1b)。

量測這些光電子最大能量的最簡單方法是在照光金屬的上方放一加負偏壓的收集電極。調整這些負偏壓，當再收不到光電子之時，由所加的負偏壓即可找出光電子的最大能量 E_m。由實驗的結果可發現，光電子的最大能量 E_m 與光頻率 v 的關係是線性的，且其斜率為普郎克常數 h。這線性關係是

$$E_m = hv - q\Phi \tag{2-1}$$

其中 q 為電子電荷的大小。式中的 Φ 與實驗所用受激發金屬的種類有關，不同種類的金屬所得的 Φ 不同。以 q 乘以 Φ 即可得一具能量單位的物理量，它代表了電子逃脫金屬所必須具有的最小能量。此能量 Φ 稱為金屬的**功函數** (work function)。此結果顯示電子由光接受了 hv 的能量，但在逃離金屬的過程中需花費 $q\Phi$ 的能量。

光電效應實驗清楚的顯示普郎克的光量子假說是正確的，亦即，單頻光的光能量並非連續的，而是以離散的能量為單位存在。除光電效應實驗外，其他的實驗 [1] 亦清楚的指出，光除具有可以產生干涉現象的波動性外，由它所具有的離散能量，光可視為是由離散能量及特定位置的能量單位，稱為**光子** (photons) 所組成。(有趣的是，這些是由牛頓的東西

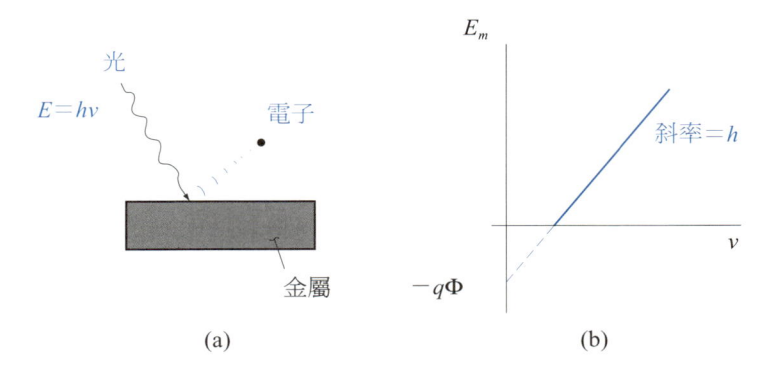

圖 2-1 光電效應：(a) 眞空中的金屬表面照射頻率爲 v 的光而放射出電子；(b) 所量得的電子之最大動能與所照射光頻率的關係。

發展而來的) 我們可以得到普朗克關係式

$$E = hv \qquad \text{(2-2a)}$$

某些實驗的結果顯示，光具有波動性，另一些實驗結果則證明光也具有粒子性。這種光的**波-粒二重性** (wave-particle duality) 爲量子力學的基本特徵，這在量子理論中可被清楚的描述，而並非是理論的模糊。基於光的波-粒二重性，路易斯德布洛依 (Louis de Broglie) 提出粒子是物質 (就像電子一樣)，並在某些實驗中證明了波的特性。這個觀測結果被戴維生 (Davisson) 和葛馬德布洛依 (Germer. De Broglie) 證實，他們觀察到在晶體中週期性排列的原子，所產生的電子繞射現象。葛馬德-布洛依主張，粒子的動量 $p=mv$ 具有一個波長

$$\lambda = h/p = h/mv \qquad \text{(2-2b)}$$

　　普朗克和德布洛依關係式是量子物理的基礎，且對於任何狀態和物體都是有效的，包含光子和電子。他們校正波的描述 (頻率和波長)，變成粒子的描述 (能量和動量)。

　　頻率和波長間的關係，就是我們所熟知的**色散關係** (dispersion relationship)，然而，並不是對所有的物體都是相同的。例如光子，其波長 (λ) 與頻率的關係是 $\lambda=c/v$，在此 c 爲光速。對於電子，有不同的關係

式,也就是能帶結構,這個將在第三章討論。

2.2.2 原子光譜

近代物理中最重要的實驗之一是原子吸收與發光等現象的分析。舉例來說,我們可在氣體中產生放電,在這過程中原子即會發射具有與此原子相關之特徵波長的光。我們在霓虹燈中即可看到這種現象,霓虹燈管其實僅是充氖氣與其他氣體混合物的玻璃管,其兩端有加壓的電極以產生放電現象。如果我們測量從這些放電管中發射的光之波長與強度,我們會發現這些光含有一系列特定波長 (線譜),而這些波長並不是連續分佈的。早在 1900 年代初期,一些原子的特徵譜線即已廣為人知。圖 2-2 所示為由氫原子所量得的部分發射光譜,圖中的垂直線代表在橫軸所示波長所量到的發射光。光子能量 $h\nu$ 將藉由色散關係式 $\lambda = c/\nu$ 和波長聯結起來。

圖 2-2 所示的線可區分為幾個線系,如萊曼線系 (Lyman)、巴爾末線系 (Balmer)、巴斯克線系 (Paschen) 等。這些是以它們的發現者來命名。科學家發現這些氫原子光譜線系有幾個有趣的關係。如

$$\text{萊曼線系:} \quad \nu = cR\left(\frac{1}{1^2} - \frac{1}{n^2}\right), \quad n = 2, 3, 4, \ldots \tag{2-3a}$$

$$\text{巴爾末線系:} \quad \nu = cR\left(\frac{1}{2^2} - \frac{1}{n^2}\right), \quad n = 3, 4, 5, \ldots \tag{2-3b}$$

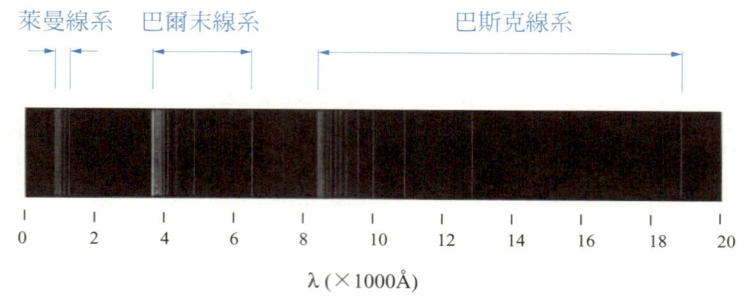

圖 2-2　氫原子發射光譜中的一些重要譜線。

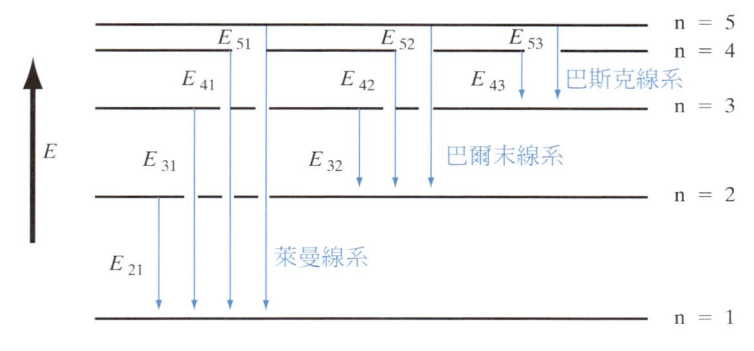

圖 2-3　氫原子能之發射光子能量之間的關係。

$$\text{巴斯克線系}: \nu = cR\left(\frac{1}{3^2} - \frac{1}{\mathbf{n}^2}\right), \quad \mathbf{n} = 4, 5, 6, \ldots \tag{2-3c}$$

其中 R 稱為雷德堡常數 ($R = 109{,}678$ cm^{-1})。如果將這些發射光譜的光子能量 $h\nu$ 對整數 $\mathbf{n}$ 來畫圖，則可發現這些不同線系的譜線能量都可寫成其他譜線能量的和與差 (圖 2-3)。舉例來說，巴爾末線系的 E_{42} 可寫為萊曼線系中 E_{41} 與 E_{21} 的差。這種不同線系間譜線的組合關係稱為**里茲組合原理** (Ritz combination principle)。自然的，這種有趣的實驗觀察引起人們想要簡要去解釋這些原子所發射光子機制的理論。

2.3　波爾模型

由發射光譜實驗的結果，波爾建構了類似行星運動的原子模型。如果氫原子中的電子具有幾個行星運動般的軌道 [2]，則電子可被激發至外層高能量的軌道，然後再放出相當於光譜線能量的光子而回到較低能量的內層軌道。這些能量的關係如圖 2-3 所示。波爾在這樣的觀念下作了一些假設而發展出所謂的波爾模型：

1. 電子僅能存在於以原子核為中心的幾個穩定軌道上。波爾此假設是指當電子存在於這些軌道時，並不會如古典物理所預測般的發出電磁波。注意，在古典物理中，一圓周運動的帶電粒子受到加速運動，即會放出電磁能量，而最終如螺旋線般的墜入原子核。

2. 當電子在這些軌道間躍遷時，就會吸收或放出相當於不同軌道之能量差的光子。

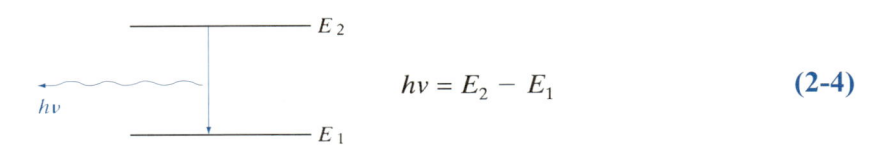

$$hv = E_2 - E_1 \tag{2-4}$$

3. 這些軌道上的電子之角動量 ρ_θ 皆為普郎克常數除以 2π ($h/2\pi$ 常記為 $\hbar$) 之整數倍。由此假設即可得到前面圖 2-3 的結果。

$$\mathbf{\rho}_\theta = \mathbf{n}\hbar, \quad \mathbf{n} = 1, 2, 3, 4, \ldots \tag{2-5}$$

雖然波爾提出了 *ad hoc* 關係式，可以簡單的解釋這些資料，我們發現有個等效的德布洛依 (de Broglie) 波長的整數倍對應於電子軌道的周長，稱之為 **導波** (pilot waves)，引導電子圍繞著原子核運行。德布洛依波的概念量子力學上激發出薛丁格波動方程式的形成，這將在 2.4 節討論。

在上面的模型中，電子之運動為繞原子核而半徑為 r 的圓周運動，因此電子所受到的向心力即為電子與原子核的電磁力：

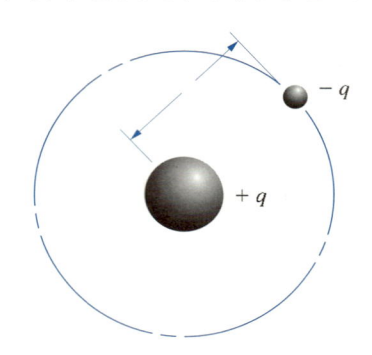

$$-\frac{q^2}{Kr^2} = -\frac{mv^2}{r} \tag{2-6}$$

其中在 MKS 制中 $K = 4\pi\epsilon_0$，m 為電子質量，v 則為電子的速度。由假設 3 我們可得

$$p_\theta = mvr = \mathbf{n}\hbar \tag{2-7}$$

因為 **n** 取整數值，r 應記為 r_n，以標示它為第 **n** 個軌域。(2-7) 式因此可寫為

$$m^2v^2 = \frac{\mathbf{n}^2\hbar^2}{r_n^2} \tag{2-8}$$

將 (2-8) 式代入 (2-6) 式中，我們可得

$$\frac{q^2}{Kr_n^2} = \frac{1}{mr_n} \approx \frac{\mathbf{n}^2\hbar^2}{r_n^2} \tag{2-9}$$

$$r_n = \frac{K\mathbf{n}^2\hbar^2}{mq^2} \tag{2-10}$$

上式為電子第 **n** 個軌域的半徑大小，接著我們推導在此軌域的電子總能量，即可算出不同軌域間所需的躍遷能量。

由 (2-7) 式與 (2-10) 式我們有

$$v = \frac{\mathbf{n}\hbar}{mr_n} \tag{2-11}$$

$$v = \frac{\mathbf{n}\hbar q^2}{K\mathbf{n}^2\hbar^2} = \frac{q^2}{K\mathbf{n}\hbar} \tag{2-12}$$

因此，電子的動能為

$$\text{K. E.} = \frac{1}{2}mv^2 = \frac{mq^4}{2K^2\mathbf{n}^2\hbar^2} \tag{2-13}$$

電子的位能則為

$$\text{P. E.} = -\frac{q^2}{Kr_n} = -\frac{mq^4}{K^2\mathbf{n}^2\hbar^2} \tag{2-14}$$

因此第 n 軌道中電子的總能為

$$E_n = \text{K. E.} + \text{P. E.} = -\frac{mq^4}{2K^2\mathbf{n}^2\hbar^2} \tag{2-15}$$

檢驗波爾模型最重要的一項測試是所觀察的氫原子光譜能量是否可表為這些軌道能量的差。圖 2-4 所示為萊曼線系、巴爾末線系、巴斯克線系等相對的軌道躍遷圖。由前面公式可知軌域 $\mathbf{n}_1$ 與軌域 $\mathbf{n}_2$ 之能量差為

$$E_{n2} - E_{n1} = \frac{mq^4}{2K^2\hbar^2}\left(\frac{1}{\mathbf{n}_1^2} - \frac{1}{\mathbf{n}_2^2}\right) \tag{2-16}$$

因此躍遷時發射的光子波長可寫為

$$v_{21} = \left[\frac{mq^4}{2K^2\hbar^2 h}\right]\left(\frac{1}{\mathbf{n}_1^2} - \frac{1}{\mathbf{n}_2^2}\right) \tag{2-17}$$

方括弧內的因子即為雷德堡常數與光速的乘積。將 (2-17) 式與前面實驗結果之 (2-3) 式相比較，可見波爾模型簡潔而成功的解釋早期氫原子光譜的這些實驗事實。

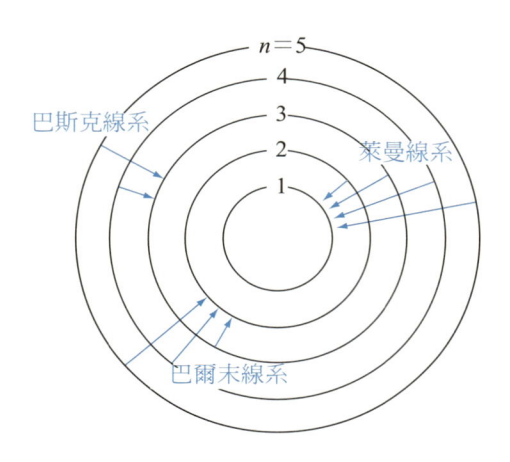

圖 2-4 氫原子波爾模型中之電子軌道與躍遷所造成之譜線。圖示之軌道間之間距並非照比例所畫。

但波爾模型雖然可以解釋氫原子光譜中的主要譜線，有許多細微的部分卻無法由波爾模型來描述。例如，實驗上顯示除了波爾模型所預測的這些譜線外，尚有許多分裂的細譜線存在。除此外，波爾模型在推廣到較氫複雜的原子時亦遭到極大的困難。當時雖然有許多工作企圖將波爾模型推廣到更一般的情形，但很快的大家即瞭解到必須發展更一般的理論。然而不管如何，波爾模型的部分成功是往量子力學發展非常重要的一步。由波爾模型，人們才確實建立了電子只穩定存在於某些量化的能階以及發射光子能量與能階躍遷的關係等等之觀念。

2.4 量子力學

歷史上量子力學的原理是同時 (1920 年代晚期) 由兩種不同的觀點所發展出來。其中之一是由海森堡利用矩陣數學所發展出來，這稱為**矩陣力學** (matrix mechanics)。另一獨立的觀點則是由薛丁格由波動方程式的方法所推展而出，這稱為**波動力學** (wave mechanics)。這兩者看起來似乎甚為不同，但更仔細的研究這兩步驟的內在物理內涵，卻可發現兩者其實是一致的。我們可以證明經由一些數學操作，即可將矩陣力學轉化為波動力學。在此我們將主要討論波動力學，因為由波動力學，一些簡單的問題，不經過太多數學討論，即可容易的得到結果。

2.4.1 機率與測不準原理

對於原子尺度的粒子，我們無法對發生的物理事件做絕對精確的描述。我們只能處理這些物理量，如動量、位置、能量等的平均值，即所謂的**期望值** (expectation values)。但必須注意的是，這些不確定性並非是量子力學理論本身的缺陷。事實上，量子力學理論最優異的地方即是這種以機率的觀點來處理物理事件的方法。事實是，例如原子的位置或動量等物理量，不可能同時無限精確的被量得。這種內建的不準確定性即是所謂的*海森堡測不準原理* (Heisenberg uncertainty principle)[1] [3]：

在任何粒子的位置與動量量測中，兩物理量的不準度的乘積由下例關係

$$(\Delta x)(\Delta p_x) \geq \hbar/2 \tag{2-18}$$

類似的，任何能量量測的不準度與時間量測的不準度有下列的關係：

$$(\Delta E)(\Delta t) \geq \hbar/2 \tag{2-19}$$

測不準原理所顯示的是，同時量測粒子的位置及動量，或能量與時間，是有其先天的不準確度的。當然，普郎克常數 h 是一個很小的數字 (6.63×10^{-34} J-s)，因此，在量測巨觀物體，如卡車的動量 P_x 與位置 x 時，這種準確度的限制，是完全不必予以考慮的，但對微觀物體，如原子或電子而言，這種限制就十分重要。

測不準原理的引申意義是，某一電子的確切位置等這種觀念不再是合宜的，相反的，我們應該探討的是，在某處發現電子的"機率"。在量子力學中我們可以找出這種描述物理系統狀態的*機率密度函數* (probability density function)，並且藉由這機率密度函數，我們即可計算預測各種物理量，如位置、動量或能量等的期望值。我們對隨機事件的可能結果 (或者說，樣本空間的元素) 是有限數目的情況比較熟悉，比如日常生活中，我們從一付牌中抽出某一張牌的機率是 1/52，或者丟銅板得到正面的機率是 1/2。但是對樣本空間是連續的情況，我們就比較不熟悉。在這種情況，以前面粒子位置的情形為例，我們常考慮的是在某一位置附近一體積內發現粒子的機率，這機率除以考慮中的體積，即是所謂的機率密度函數。例如在一維問題的情況，給定一機率密度函數 $P(x)$，則在 x 至 $x+$

---

[1] 也常稱為不確定原理。

dx 區間發現粒子的機率為 $P(x)dx$。因為粒子必然存在於**空間某處**，若適當的選擇 $P(x)$ 函數，則可得到：

$$\int_{-\infty}^{\infty} P(x)dx = 1 \tag{2-20}$$

方程式 (2-20) $P(x)$ 為**正規化** (normalized) 函數 (其積分值為 1)。

欲求得某 x 之函數的平均值，僅需將此函數乘上 dx 區間發現粒子的機率，並對整個空間積分，因此 $f(x)$ 函數的平均值為：

$$\langle f(x) \rangle = \int_{-\infty}^{\infty} f(x)P(x)dx \tag{2-21a}$$

如果機率密度函數並未被正規化，亦即，對整個空間的積分並不等於一，則應使用下式來計算期望值

$$\langle f(x) \rangle = \frac{\int_{-\infty}^{\infty} f(x)P(x)dx}{\int_{-\infty}^{\infty} P(x)dx} \tag{2-21b}$$

2.4.2 薛丁格波動方程

有許多種應用量子的觀念到古典物理以發展波動方程式的方法，最簡單的一種就是採用以下幾個基本的假設，來導出波動方程式，然後利用這方程式所推展出的結果與實驗的符合性來檢驗這些假設本身。在較深入討論的書中這些假設是可以用比在此更令人信服的方式來提出。

基本假設

1. 物理系統中的每一粒子皆由一波函數 $\Psi(x, y, z, t)$ 所描述，此波函數與其對空間的導函數 $(\partial\Psi/\partial x + \partial\Psi/\partial y + \partial\Psi/\partial z)$ 都是連續、有限、且單值的函數。

2. 古典物理中的各種物理量，如能量、動量等，在量子力學中皆有對應的量子力學算子，這些算子以下列方式定義：

古典物理量	相對應的量子力學算子
x	x
$f(x)$	$f(x)$
$\mathsf{p}(x)$	$\dfrac{\hbar}{j}\dfrac{\partial}{\partial x}$
E	$-\dfrac{\hbar}{j}\dfrac{\partial}{\partial t}$

在此以 x 方向之物理量為例，對另二個 y，z 方向亦同。

3. 在體積 $dx\ dy\ dz$ 區域內發現粒子波函數 Ψ 之機率為 $\Psi^*\Psi\ dx\ dy\ dz$。[2] $\Psi^*\Psi$ 的乘積依照 (2-20) 式亦為正規化，所以

$$\int_{-\infty}^{\infty}\Psi^*\Psi\ dx\ dy\ dz = 1$$

且對任何變量 Q 之平均值 $\langle Q \rangle$，可利用假設 2 算符形式 Q_{op} 波函數加以計算得到，

$$\langle Q \rangle = \int_{-\infty}^{\infty}\Psi^* Q_{op} \Psi\ dx\ dy\ dz$$

其中 Q 為在上述第二假設中所建造出的量子力學算子。

當我們求得波函數 Ψ 之後，我們即可計算位置、能量、定量等各種物理量的期望值。因此在量子力學中，最主要的工作即是在物理系統給定的條件下，求得物理系統之波函數 $\Psi^*\Psi$ 或 $|\Psi|^2$。由假設 3 可知 $\Psi^*\Psi$ 或 $|\Psi|^2$ 為機率密度函數。

---

[2] Ψ^* 是 Ψ 的共軛複數函數，可將 Ψ 函數中的每個 j 變號得到。因此，$(e^{jx})^* = e^{-jx}$。

在古典物理中，粒子的能量可寫為

$$\text{動能} + \text{位能} = \text{總能}$$
$$\frac{1}{2m}\mathsf{p}^2 + \mathsf{V} = E \tag{2-22}$$

由前面的假設 2，在量子力學中我們用算子來代表總能，且這些算子是運算於波函數之上。以一維的情形為例，在量子力學中，上面的等式 (2-22) 式寫成 [3]

$$-\frac{\hbar^2}{2m}\frac{\partial^2 \Psi(x,t)}{\partial x^2} + \mathsf{V}(x)\Psi(x,t) = -\frac{\hbar}{j}\frac{\partial \Psi(x,t)}{\partial t} \tag{2-23}$$

這即是薛丁格波動方程式。在三維的情形，方程式變為

$$-\frac{\hbar^2}{2m}\nabla^2\Psi + \mathsf{V}\Psi = -\frac{\hbar}{j}\frac{\partial \Psi}{\partial t} \tag{2-24}$$

其中 $\nabla^2\Psi$ 是

$$\frac{\partial^2 \Psi}{\partial x^2} + \frac{\partial^2 \Psi}{\partial y^2} + \frac{\partial^2 \Psi}{\partial z^2}$$

(2-23) 式及 (2-24) 式中的波函數包含空間與時間變數。通常我們可以把波函數中時間與空間兩部分分開來計算，最後再合併起來。更有甚者，許多問題根本上與時間無關，因此只需計算其空間的關係就可以。因此，我們可以使用分離變數的方法將前述的薛丁格方程式化為兩個方程式。令 $\Psi(x,t) = \psi(x)\phi(t)$，將此乘積代入 (2-23) 式我們可得

$$-\frac{\hbar^2}{2m}\frac{\partial^2 \psi(x)}{\partial x^2}\phi(t) + \mathsf{V}(x)\psi(x)\phi(t) = -\frac{\hbar}{j}\psi(x)\frac{\partial \phi(t)}{\partial t} \tag{2-25}$$

---

[3] 在算子理論中 $(\partial/\partial x)^2$ 即視為 $\partial^2/\partial x^2$，而 j^2 為 -1。

現在利用變數分離得到一維時間相關方程式，

$$\boxed{\frac{d\phi(t)}{dt} + \frac{jE}{\hbar}\phi(t) = 0} \qquad (2\text{-}26)$$

和時間無關方程式，

$$\boxed{\frac{d^2\psi(x)}{dx^2} + \frac{2m}{\hbar^2}[E - V(x)]\psi(x) = 0} \qquad (2\text{-}27)$$

當特解被得到後，可證明分離常數 E 對應到粒子的能量，即波函數 ψ_n (特徵函數) 與粒子能量 E_n (特徵值) 相對應。

這些方程式是波動力學的基本方程式。由這些方程式我們即可決定在各種物理系統中粒子所必須具有的波函數。在與電子相關的問題中，位能 $V(x)$ 一般皆由靜電場或磁場而來。

2.4.3 位能井問題

對大部分實際的位能函數，要解出薛丁格方程式通常都相當困難。例如對氫原子問題，我們仍可解得它的波函數，但是對具有兩個或兩個以上電子這些更複雜的原子，它們的波函數的求解卻極為困難。幸好仍有許多波函數可以很容易求得的簡易但卻重要的問題，這些問題雖然簡單，卻可對量子理論及物理系統的許多特徵給出很好的展示。這些問題中最簡單的就是無窮位能井問題。我們假設一粒子被一能量井捕獲，此能量井在 $x=0$ 與 $x=L$ 中間位能 $V(x)$ 為 0，在此區間之外，包括端點處，位能則為無窮大 (圖 2-5a)。

$$V(x) = 0, \quad 0 < x < L \qquad (2\text{-}28)$$
$$V(x) = \infty, \quad x = 0, L$$

在位能井中位能為 0，因此 (2-27) 式變為

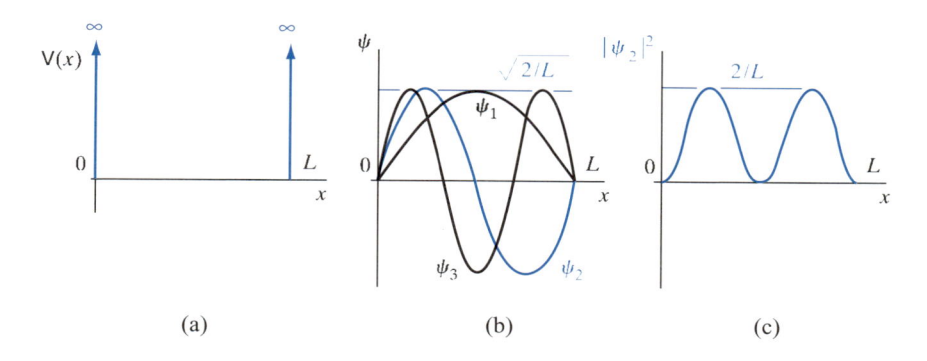

圖 2-5 位能井中粒子之問題：(a) 位能井之圖示；(b) 前三個量子態之波函數圖示；(c) 第二能階之機率分佈函數。

$$\frac{d^2\psi(x)}{dx^2} + \frac{2m}{\hbar^2}E\psi(x) = 0, \quad 0 < x < L \tag{2-29}$$

上式為自由粒子的波動方程式，應用到位能井問題中位能為零之區域。

(2-29) 式的解可能為 $\sin kx$ 和 $\cos kx$，式中 $k = \sqrt{2mE}/\hbar$。由邊界條件可確認正確解。在位能井之邊界處可被允許波函數值僅能為零，否則將使位能井外 $|\psi|^2$ 值為非零值，此現象不可能發生，因為粒子無法穿透無窮大的位障到達位能井外。因此僅能選擇 $\sin kx$ 為其解，且由 $x = L$ 時，$\sin kx = 0$ 可決定出 k 值：

$$\psi = A \sin kx, \quad k = \frac{\sqrt{2mE}}{\hbar} \tag{2-30}$$

常數 A 是波函數的振幅，應用正規化的條件來決定。如果波函數在 $x = L$ 為零，則 k 應為 π/L 的整數倍，

$$k = \frac{n\pi}{L}, \quad n = 1, 2, 3, \ldots \tag{2-31}$$

由 (2-30) 式及 (2-31) 式我們可求得相對每一個 **n** 值的總能 E_n

$$\frac{\sqrt{2mE_n}}{\hbar} = \frac{\mathbf{n}\pi}{L} \qquad (2\text{-}32)$$

$$E_n = \frac{\mathbf{n}^2\pi^2\hbar^2}{2mL^2} \qquad (2\text{-}33)$$

因此對每個可容許的粒子能量 E_n 由 (2-33) 式所描述。我們應注意到這些能量是量化 (energy is quantized) 不連續的，亦即，只有某些能量是容許的。整數 **n** 稱為量子數 (quantum number)。波函數 ψ_n 與其相對的能量 E_n 描述了粒子所存在的量子態 (quantum state)。

由 (2-33) 式所描述的量化能量在一些半導體微小結構中可被發現。我們在以後的討論中會回到這位能井的問題。

常數 A 由假設 3 所提的正規化條件決定。

$$\int_{-\infty}^{\infty} \psi^* \psi \, dx = \int_{0}^{L} A^2 \left(\sin \frac{\mathbf{n}\pi}{L} x \right)^2 dx = A^2 \frac{L}{2} \qquad (2\text{-}34)$$

令 (2-34) 式等於 1，我們即得

$$A = \sqrt{\frac{2}{L}}, \quad \psi_n = \sqrt{\frac{2}{L}} \sin \frac{\mathbf{n}\pi}{L} x \qquad (2\text{-}35)$$

圖 2-5b 所示為由上面所求得的前三個波函數 ψ_1, ψ_2, ψ_3。這些波函數相對應的機率密度函數 $\psi^*\psi$ 或 $|\psi|^2$，畫出 ψ_2 波函數的機率密度大小。圖 2-5c。

例題 2-1 給定一個平面波 $\psi = A \exp(jk_x x)$，在 x 分量上的動量 p_x 的值是多少？

解

$$\langle p_x \rangle = \frac{\int_{-\infty}^{\infty} A^* e^{-jk_x x} \left(\frac{\hbar}{j} \frac{\partial}{\partial x} \right) A e^{jk_x x} \, dx}{\int_{-\infty}^{\infty} |A|^2 e^{-jk_x x} e^{jk_x x} \, dx} = (\hbar k_x) \text{ 正規化之後}$$

如果我們直接去估計這些整數，會遇到一個問題，亦即分子和分母會趨近於無限大，因爲一個理想的平面波不會被嚴格限制在正規化的波函數中。訣竅就在於將積分區間選擇在 $-L/2$ 和 $+L/2$ 之間，其長度爲 L。L 這個係數會在分子和分母中互相消去。然後我們考慮當 L 接近無窮大時，這個波函數是正規化的，此數學"技巧"並不常常被使用。

2.4.4 穿隧效應

因爲邊界條件的要求，使得無限深位能井邊界處的波函數爲零，簡化了波函數求解過程，對於固態元件中量子力學穿越有限高度和厚度的位障問題則有些許的不同。首先考慮圖 2-26 所示之位障，若位障爲有限大則邊界條件並未要求波函數在邊界處爲零，相對地，使用位障邊界處的波函數 ψ 和波函數對位置的導函數 $d\psi/dx$ 均爲連續之條件 (假設 1)，因此波函數在位障內外均有非零解，在位障外波函數 ψ 的非零解，意味著在位障外找到粒子存在的機率爲 $\psi^*\psi$。粒子穿透位障的機制稱爲穿隧效應 (tunneling)。但須注意在古典物理描述下，當粒子能量小於位障高度 V_0 時，此粒子不能穿透位障。量子力學穿隧效應與測不準原理息息相關，若位障夠窄，則無法確定粒子只出現於位障的一側。圖 2-6 描述因穿透位障，使粒子波函數振幅減少。加大位障，另一側出現 ψ 的機率減少，但加大位障厚度 W，穿隧效應 W 可忽略。故僅對極薄位障厚度時穿隧效應才具有重要性，因此穿隧效應對固體中電子的傳導有重要影響，

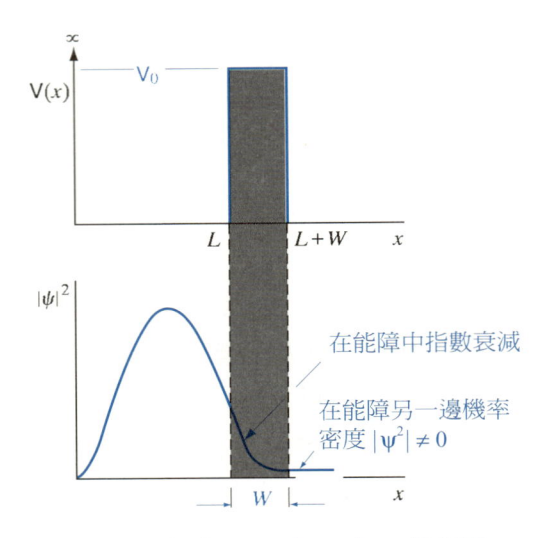

圖 2-6　量子穿隧效應：(a) 高 V_0 寬 W 的能障；(b) 具有 $E < V_0$ 之電子的機率密度函數，由圖顯示在能障後面電子具有非零的機率。

如第五、六和十章內容所述。

　　近來一種稱為共振穿隧二極體的電晶體被發展出來。在此類元件中，電子利用位能井中的能態來穿隧過能障，如 2.4.3 節所述。

2.5　原子結構與週期表

　　薛丁格方程式可準確地描述粒子與位能場之交互作用，比如原子中的電子等。事實上，對於原子的瞭解就是來自於波動方程式與海森堡的矩陣力學。但是我們必須知道，直接去解具有兩個或兩個以上電子的原子之薛丁格方程式是十分困難的。其實，在所有原子問題中，只有氫原子的問題有解析解，原子序較氫為大的原子之問題，通常須以各種近似的方法來求得近似解。許多原子，如鹼金族 (Li、Na，等等)，若只求其外圍價電子的能階，則可視為是由一原子核及外在軌道中的一電子所構成，因此很容易的由氫原子模型推廣求得其特性。氫原子問題的解在決定各能態的量子數之選擇以及各能階間躍遷的選擇律時，亦甚有用。由氫原子問題解出之能階與實驗之結果一致，當然與波爾模型的預測也相同，但由波動方程式所解出者更可準確決定出實驗上所觀測到的一些微細結構。在本節中，雖然限於篇幅，我們將不會描述所有數學的細節，但我們仍將簡述如何由波動方程式去決定氫原子問題的能階與解。

2.5.1 氫原子

欲求氫原子問題的波動方程式，我們必須去解具有三維庫倫位能的薛丁格方程式。因為這問題本身具有球對稱性，因此使用球座標最為自然的選擇 (圖 2-7)。在 (2-24) 式中的 V (x, y, z) 必須以 V (r, θ, φ) 來取代。注意電子在原子核附近所感受到的庫倫位能只與 r 有關，而有下列形式：

$$V(r, \theta, \phi) = V(r) = -(4\pi\epsilon_0)^{-1}\frac{q^2}{r} \tag{2-36}$$

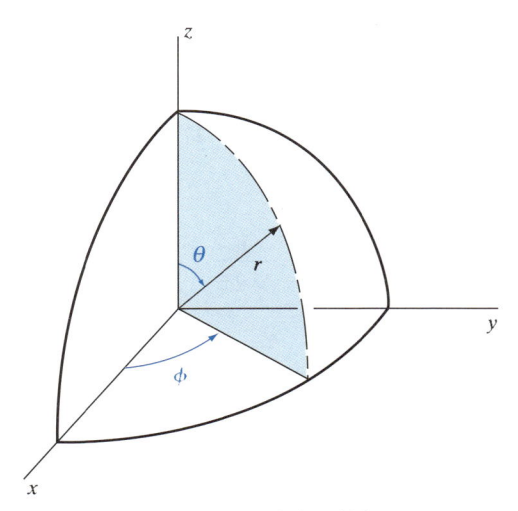

圖 2-7 球座標系統。

使用如 (2-14) 式的分離變數法，與時間無關的波函數可寫為

$$\psi(r, \theta, \phi) = R(r)\Theta(\theta)\Phi(\phi) \tag{2-37}$$

代入此波函數於波動方程中，可將原來的薛丁格方程式分解為三個：一個為與 r 相關的方程式，一個為與 θ 相關的方程式，另一個為與 ϕ 相關的方程式。當三個方程式解出後，它們解的乘積即可得到波函數 ψ。

就如同在前面位能井的問題中一樣，上面三個氫原子方程式，因為它們的邊界條件關係，皆會給出量化的解。因此，我們應可預期每一方程式的解皆會含有一個量子數來標示。例如，與 ϕ 相關的方程式中如下

$$\frac{d^2\Phi}{d\phi^2} + \mathbf{m}^2\Phi = 0 \tag{2-38}$$

其中 **m** 就是一個量子數。此方程式的解為

$$\Phi_m(\phi) = Ae^{j\mathbf{m}\phi} \tag{2-39}$$

其中 A 必須由正規化的條件來決定：

$$\int_0^{2\pi} \Phi_m^*(\phi)\Phi_m(\phi)d\phi = 1 \tag{2-40}$$

$$A^2 \int_0^{2\pi} e^{-j\mathbf{m}\phi} e^{j\mathbf{m}\phi} d\phi = A^2 \int_0^{2\pi} d\phi = 2\pi A^2 \tag{2-41}$$

因此

$$A = \frac{1}{\sqrt{2\pi}} \tag{2-42}$$

而與 ϕ 相關的波函數解即為

$$\Phi_m(\phi) = \frac{1}{\sqrt{2\pi}} e^{j\mathbf{m}\phi} \tag{2-43}$$

此方程式所需適合的邊界條件是在球座標中，當 ϕ 改變 2π，Φ_m 必

須回復原來的值。因此 **m** 必須是整數。因此 φ 相關方程式的解是量化的，而其量子數為

$$\mathbf{m} = \ldots, -3, -2, -1, 0, +1, +2, +3, \ldots \tag{2-44}$$

利用類似的處理，$R(r)$ 及 $\Theta(\theta)$ 皆可求得，且皆有其自己的量子數選擇方法。對 r 相關的方程式而言，量子數 **n** 可為非零的正整數，對 θ 相關的方程式，量子數 ***l*** 可為零或正整數，但是對單一波函數 ψ_{nlm} 而言，因為方程式間的相互關係，將影響及限制這些量子數：

$$\psi_{nlm}(r, \theta, \phi) = R_n(r)\Theta_l(\theta)\Phi_m(\phi) \tag{2-45}$$

但要注意這些量子數並非個別獨立不相關的，仔細去研究數學的細節可以發現，它們的範圍選擇彼此之間有一些限制的關係：

$$\mathbf{n} = 1, 2, 3, \ldots \tag{2-46a}$$
$$\boldsymbol{l} = 0, 1, 2, \ldots, (\mathbf{n}-1) \tag{2-46b}$$
$$\mathbf{m} = -\boldsymbol{l}, \ldots, -2, -1, 0, +1, +2, \ldots, +\boldsymbol{l} \tag{2-46c}$$

除了上述三個量子數外，另有一與電子"自旋"[4] 相關的量子數。研究自旋的特性需要談及相對論量子力學，遠超過本書所能描述的範圍。因此在此我們只提及它的結果，亦即電子本身會有一本質的角動量稱為自旋，它常以 **s** 表示，具有的角動量大小為

$$\mathbf{s} = \pm \frac{\hbar}{2} \tag{2-47}$$

自旋是以 $\hbar$ 為單位，並具有 1/2 的量子數。習慣上我們稱具 +1/2 自旋量子數之電子為"上旋"或具 −1/2 者為"下旋"。總結此部分的討論，我們須記住的是，氫原子的能階可由四個量子數 **n**, ***l***, **m** 及 **s** 唯一決定。[4]

---

[4] 在許多書本中，我們用 **m** 及 **s** 來表示的量子數記作 $\mathbf{m}_l$ 及 $\mathbf{m}_s$。

利用這四個量子數，我們即可唯一決定電子存在於氫原子的那一能階。量子數 n 稱為**主量子數**，近似的以波爾模型的觀點來說，它決定電子存在於第幾個軌道。在此要說明的是，其實軌道的觀念，在量子力學中應該以機率密度函數來表示，所謂軌道半徑只不過是電子距原子核距離的某種期望值而已。習慣上常以**層殼**來稱呼主量子數。

主量子數外其他量子數則決定了細微分裂線譜，或者所謂的精細結構。比如在 n＝1 時我們只能有 *l*＝0 及 m＝0，但除此外我們尚有兩個自旋態。在 n＝2 時，*l* 則可為 0、1，m 可為 －1、0、1。表 2-1 註明前幾個這些量子數的選擇方式。由此表可知，電子可激發到許多的激發態上，這些激發態間的能量差準確的決定了實驗所觀察到的譜線。

2.5.2　元素週期表

在前節所談到的各量子數等皆由解氫原子問題的薛丁格方程式而得。因此由其所得的能階皆僅適用於氫原子，若不加以修正，是無法推廣到更一般的原子。然而，前面所提到的量子數，以及其選擇方式對一般的原子卻皆是正確的。因此利用這些量子數的選擇方式，我們即可瞭解週期表上的各種化學元素之原子結構。若沒有這些量子數的選擇規則，我們即很難瞭解何以波爾第一軌道只能放入兩電子，而第二軌道允許八個電子等等。上述關於量子數的簡短討論，使我們在此已經可以回答這些類似的問題。

在討論週期表前，我們必須知道量子力學中所謂的**庖立不相容原理** (Pauli exclusion principle)。此原理陳述在任一交互作用的系統內[5]，沒有任何兩個電子能有一組完全相同的量子數 n、*l*、m、s。換言之，兩電子最多僅能有三個相同的量子數 n、*l*、m 和相反的自旋量子數 s。在此我們強調此原理的重要性，此原理是週期表中所有原子的電子結構的基

---

[5] 不相容原理中所謂的多電子交互作用系統，是指電子之波函數重疊的系統，在此即指具有兩個或兩個以上電子之原子。

礎，舉例應用，如列出不同的量子數組合，可決定複雜原子每個電子所在的層殼及層殼所能容納的電子數目。

在第一個層殼 ($n=1$)，l 必須為零，因為 l 的最大值為 $n-1$，相似地 m 亦為零，因 m 值範圍從 $-l$ 到 l。對 ψ_{100} 能態可允許具有相反自旋量子數的 2 個電子，因此第一層殼最多容納 2 個電子。對基態氦原子 (原子序為 2) 的 2 個電子皆位於第一波爾軌道 ($n=1$)，兩電子皆為 $l=0$，$m=0$，但具有相反的自旋量子數。氦原子的任一個電子或兩個電子都可以被激發到表 2-1 所列的高能量態，然後發射氦原子所獨有的特徵能量譜線而回到基態。

如表 (2-1) 所示，$l=0$ 層殼可以有兩個電子，$l=1$ 層殼可以有六個電子，而 $l=2$ 層殼可以有十個電子。週期表中的元素的電子組態可以由此

表 2-1 氫原子中到 $n=3$ 層殼之所有容許態之量子數：前四行所示為 (2-46) 式所表示的量子數選擇法；後兩行所示為不同 n、l、m 及 s 的可容許態之數目。

n	l	m	s/ℏ	次層殼中的容許能量態數	層殼中的完整能態數
1	0	0	$\pm\frac{1}{2}$	2	2
2	0	0	$\pm\frac{1}{2}$	2	8
	1	−1	$\pm\frac{1}{2}$	6	
		0	$\pm\frac{1}{2}$		
		1	$\pm\frac{1}{2}$		
3	0	0	$\pm\frac{1}{2}$	2	18
	1	−1	$\pm\frac{1}{2}$	6	
		0	$\pm\frac{1}{2}$		
		1	$\pm\frac{1}{2}$		
	2	−2	$\pm\frac{1}{2}$	10	
		−1	$\pm\frac{1}{2}$		
		0	$\pm\frac{1}{2}$		
		1	$\pm\frac{1}{2}$		
		2	$\pm\frac{1}{2}$		

表所列的量子態推論而得。表 2-2 所示為原子序較小的原子在基態時的電子結構。在表 2-2 中我們使用了一般常用的符號，亦即，相對使用

$$l = 0, 1, 2, 3, 4, ...$$
$$s, p, d, f, g, ...$$

等符號。

這種用文字符號來標記不同 l 能態的習慣來自於早期研究原子光譜的學者，它們以 *s*harp (銳細)，*p*rincipal (主要)，*d*iffuse (模糊)，*f*undamental (基礎) 等來指稱前四個譜線。超過 f 後，則以英文字母 g,h,…等等標示。利用這些符號，我們可以標記電子的能態如下：

$$(\mathbf{n}=3)\ 3p^6\ (l=1)\quad 3p\ 次層殼中的 6 個電子$$

舉矽為例，在 Si($z=14$) 基態之電子結構為

$$1s^2 2s^2 2p^6 3s^2 3p^2$$

我們看到上述 Si 的電子結構是由有 Ne 的電子結構 (見表 2-2) 外加四個填於 $\mathbf{n}=3$ 層殼的外圍電子所構成。此外圍的四個電子就是矽的四個價電子，其中兩個填於 s 軌域，另外兩個填於 p 軌域。因此矽的電子結構可以簡寫成。[Ne]$3s^2 3p^2$，此因為 Ne 之電子結構即為 $1s^2 2s^2 2p^6$，具有鈍氣元素所具有的封閉層殼結構。

圖 2-8a 所示為矽原子的模型。矽原子核具有 14 個質子以及其他中子，其外則有 10 個核電子 ($\mathbf{n}=1, 2$) 與 4 個價電子。這 4 個價電子分別填入 $3s$ 及 $3p$ 的軌域。圖 2-8b 所示為這些電子在原子核庫侖位能井中的能量。不同於異性電荷間的相吸，帶負電的電子與帶正電的原子核間存有吸引位能，如 (2-36) 式所示，取 Si 原子核為例，其庫侖位能隨距電荷的距離是 $\frac{1}{r}$ 關係的變化，當 r 趨於無窮遠時，位能趨於零。正如先前 2.4.3 節中 (2.33) 式，這些位能井內的電子有如"盒子粒子" 的能態，此時

表 2-2　原子基態時之電子組態

原子序 (Z)	元素	$n=1$, $l=0$	$n=2$	$n=3$	$n=4$	簡寫標示
		$1s$	$2s\ 2p$	$3s\ 3p\ 3d$	$4s\ 4p$	
1	H	1				$1s^1$
2	He	2				$1s^2$
3	Li	He 原子核 2 電子	1			$1s^2\ 2s^1$
4	Be		2			$1s^2\ 2s^2$
5	B		2　1			$1s^2\ 2s^2\ 2p^1$
6	C		2　2			$1s^2\ 2s^2\ 2p^2$
7	N		2　3			$1s^2\ 2s^2\ 2p^3$
8	O		2　4			$1s^2\ 2s^2\ 2p^4$
9	F		2　5			$1s^2\ 2s^2\ 2p^5$
10	Ne		2　6			$1s^2\ 2s^2\ 2p^6$
11	Na	Ne 原子核 10 電子		1		[Ne] $3s^1$
12	Mg			2		$3s^2$
13	Al			2　1		$3s^2\ 3p^1$
14	Si			2　2		$3s^2\ 3p^2$
15	P			2　3		$3s^2\ 3p^3$
16	S			2　4		$3s^2\ 3p^4$
17	Cl			2　5		$3s^2\ 3p^5$
18	Ar			2　6		$3s^2\ 3p^6$
19	K	Ar 原子核 18 電子			1	[Ar] $4s^1$
20	Ca				2	$4s^2$
21	Sc			1	2	$3d^1\ 4s^2$
22	Ti			2	2	$3d^2\ 4s^2$
23	V			3	2	$3d^3\ 4s^2$
24	Cr			5	1	$3d^5\ 4s^1$
25	Mn			5	2	$3d^5\ 4s^2$
26	Fe			6	2	$3d^6\ 4s^2$
27	Co			7	2	$3d^7\ 4s^2$
28	Ni			8	2	$3d^8\ 4s^2$
29	Cu			10	1	$3d^{10}\ 4s^1$
30	Zn			10	2	$3d^{10}\ 4s^2$
31	Ga			10	2　1	$3d^{10}\ 4s^2\ 4p^1$
32	Ge			10	2　2	$3d^{10}\ 4s^2\ 4p^2$
33	As			10	2　3	$3d^{10}\ 4s^2\ 4p^3$
34	Se			10	2　4	$3d^{10}\ 4s^2\ 4p^4$
35	Br			10	2　5	$3d^{10}\ 4s^2\ 4p^5$
36	Kr			10	2　6	$3d^{10}\ 4s^2\ 4p^6$

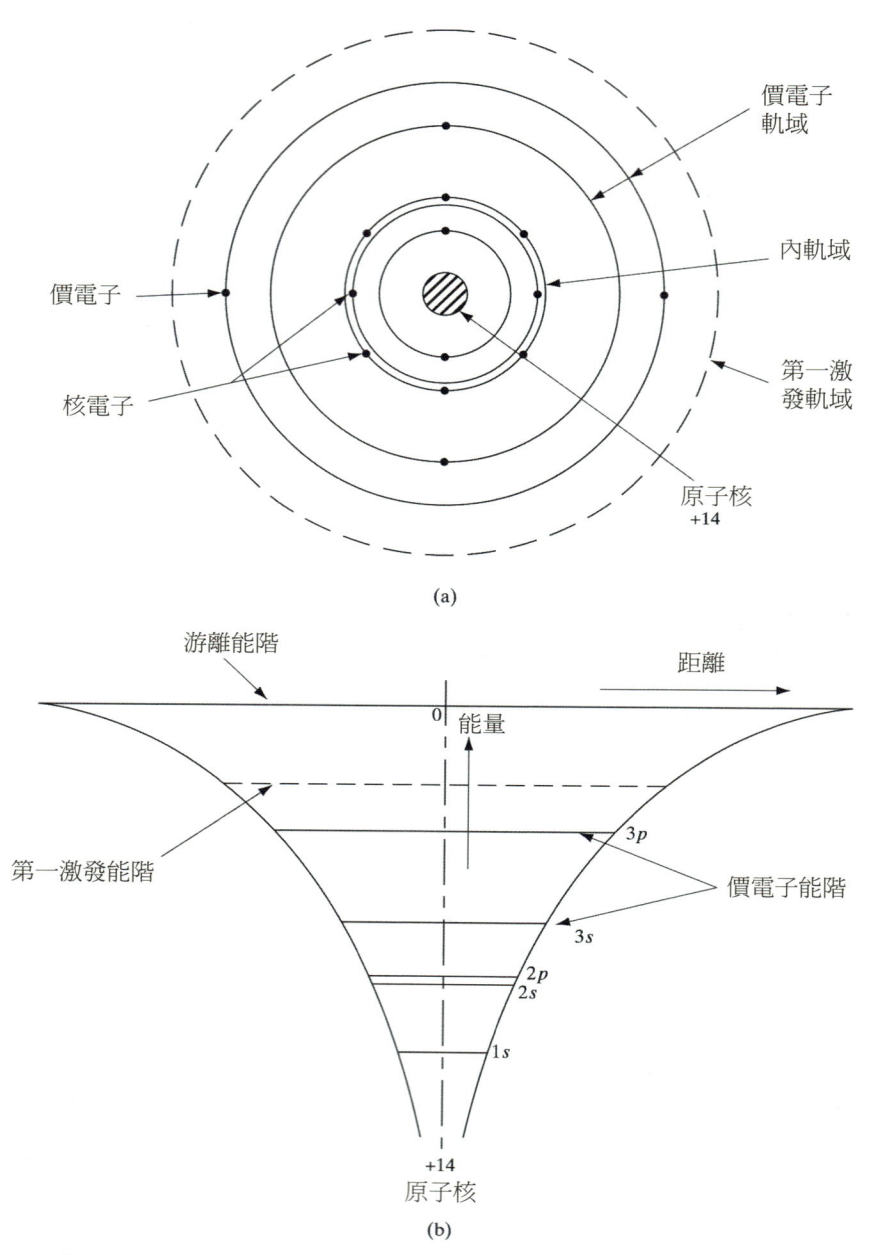

圖 2-8 矽原子中的電子結構與能階：(a) 矽原子之軌道模型，圖中所示為 10 個核電子 (**n**＝1,2) 與 4 個價電子 (**n**＝3)；(b) 原子核庫倫位能中的能階示意圖。

位能井形狀並非如圖 2-5a 所示為長方形，而是如圖 2-8b 所示為庫侖位能。因此此例的能階與 (2-33) 式不同，而是較相似於 (2-15) 式的氫原子能階。

如果我們如前面 2.5.1 節解氫原子問題一般的去解矽原子的薛丁格方程式，我們可以得到這些波函數"軌域"的徑向及角度函數。我們現在只考慮填於 $3s$ 及 $3p$ 的四個價電子。$3s$ 軌域具有球對稱的空間部分，根據褒立不相容原理可以容納具有相反自旋的兩個電子。$3p$ 軌域則具有三個互相垂直的軌域，這些軌域具有啞鈴型的空間分佈，且在原子核對稱形狀的兩邊，波函數符號相反，並可填入六個電子。矽原子之 $3p$ 軌域內只填入兩個電子。當矽原子相互間距離縮小到一定程度時，這四個價電子軌域彼此重疊，而形成混合的 sp^3 軌域。此時 p 軌域具負波函數的一半與 s 軌域波函數相抵銷，而另一邊具正符號的 p 軌域與 s 軌域相加成。因此所產生的 sp^3 軌域之空間分佈不再以原子核為中心兩邊對稱，而是形成具有沿著指兩原子間化學鍵方向的空間分佈。如圖 2-9 所示，對每一原子而言，這四個混成 (或稱為原子軌域線性組合 LCAO) 的 sp^3 軌域指向空間中 4 個對稱方向。在第三章我們將看到這四個空間中對成的 sp^3 軌域正是形成半導體鑽石及閃鋅結構的主要原因。這些在瞭解半導體內能帶的形成及電子傳導等也是十分重要。

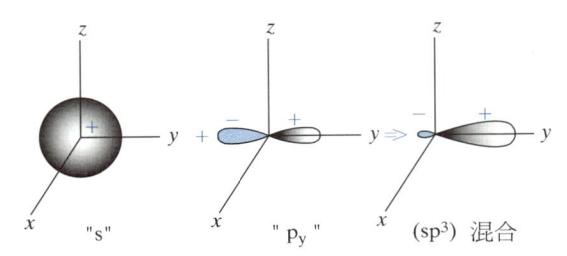

圖 2-9　矽原子的軌域：圓對稱者為"s"型波函數，注意它在空間各處皆為正；三個互相垂直的"p"型軌域 (p_x, p_y, p_z，圖中僅示 p_y)。注意，這些"p"型軌域為啞鈴型，且原點的兩邊一為正一為負；以及由 s 軌域與 p 軌域所混合而成的四個 sp^3 軌域 (圖中僅示出一個)，這四個 sp^3 軌域在空間中對成分佈，為構成矽鑽石結構的化學鍵。

第四族半導體 Ge ($Z=32$) 具有與矽的電子結構十分類似，但 Ge 的價電子填入 $n=3$ 外的層殼。Ge 的電子結構為 [Ar] $3d^{10}4s^2p^2$。在表 2-2 中有幾個並不符合直覺由小而大填入量子數的情形，如在 K ($Z=19$) 及 Ca ($Z=20$) 原子中，$4s$ 軌域比 $3d$ 軌域更早填入，但在 Cr ($Z=24$) 及 Cu ($Z=29$) 又有電子回填到 $3d$ 軌域。這些軌域的填法主要受到系統達到最低能量的需求所致。有興趣的讀者可參考原子物理的書籍。

總 結

2.1 在**古典物理**，**物質** (包括電子) 都被牛頓力學描述為粒子，但是光被描述為波，與光的干涉和繞射的現象一致。

2.2 黑體輻射與光電效應使普朗克和愛因斯坦引入了光 (光子) 具有粒子性，波爾與德布洛依 (de Broglie) 分析原子的頻譜提出了**在原子內的粒子** (例如電子) **具有波的特性**。以上的發現衍生出海森堡和薛丁格對於波與粒子雙重性與量子力學性質的說明。

2.3 瞭解電子在半導體元件中如何移動，對於光的反應為何。我們需要去知道一個複雜的電子波函數，這個波函數具有數學的形式，且**波函數的平方在空間與時間的機率密度的解釋一致**。

2.4 透過求解與時間相關的薛丁格偏微分方程式可以得到波函數。加上**邊界條件** (位能條件)，使的得某些特徵方程式變為擁有**特徵能量** (eigenenergies) 的有效解，此能量是由容許的**量子數**所決定。因此物理的量測結果**不再是決定論** (古典力學)，而是**機率論**，同時利用平均的方式給定波函數一個預期的值，使用適當的量子力學運算符號相對應於物理上的量。

2.5 應用這些原理於最簡單的氫原子，引入 4 個量子數──**n、l、m** 和 **s**，提出這些量子數，可以和量子力學規則相對應。推廣這些概念於更複雜的矽原子，可以得到電子結構的觀念和**元素週期表**。如果運用**裹立不相容原理**，我們可以得到一組電子的最大量子數。

練習題

2.1 若相對於 B 點，A 點具有 +1V 的電位。有一電子一開始靜止於 B 點。試問，當此電子抵達 A 點時，它具有多少的能量 (分別以 J 及 eV 來表示)。在 A 點，此電子的速度 (m/s) 為何？

2.2 概略地敘述一個實驗裝置。將二個銀 (功函數為 4.73 eV) 電極密封於真空的艙體中，在兩者之間加上偏壓，量測其光電效應。如果使用的光，其波長為 2164 Å，要加上多少偏壓才可以使兩電極間的光電流為零？如果將外加偏壓關掉，則電子由銀表面射到真空的最大速度 (m/s) 為何？

2.3 計算在 $n=1$，2 和 3 時的波爾半徑 (Å) 和能量 (eV)。

2.4 證明 (2-17) 式的中括號內的常數是 Rydberg 常數乘以光速。

2.5 計算 $n=5$ 之萊曼線系之波長、$n=7$ 之巴耳末線系之波長，以及 $n=10$ 之巴斯克線系之波長。並如圖 2-2 所示畫出所得之結果。此三線系之波長極限為何？

2.6 微觀粒子，如電子的德布洛依波長 $\lambda=h/mv$ 代表著這粒子的波粒二重性。試求一個具有 150 eV 能量的電子之德布洛依波長，以 Å 表示之。又，具有 10 keV 能量的電子之德布洛依波長為多少？上述後項能量的電子為一般電子顯微鏡中所常用者，試比較電子與一般可見光的波長，由此討論，相較於一般光學顯微鏡，電子顯微鏡的優點。

2.7 證明 (2-19) 式相當於在 (2-18) 式中，速度為 v 的粒子。

2.8 將 (2-25) 式中的變數分開，可以得到 (2-26) 式和 (2-27) 式。(2-26) 式的解為何？假設 $\psi(x)$ 中有一個與時間相關的特殊值 $\psi_n(x)$，利用基本假設 3 證明相對應的能等於分離的常數 E_n。

2.9 計算一寬為 10 Å 能障為無限高的能井內電子之前三個能階。

2.10 證明 (2-44) 式對於 m 的選擇是適當的。

2-11 試探討 Li、Na、K 等三者有何共同點。F、Cl、Br 三者又有何共同點？游離的 Na 與 Cl 之電子組態為何？

參考書目

Ashcroft, N. W., and N. D. Mermin. *Solid State Physics.* Philadelphia: W.B. Saunders, 1976.
Capasso, F., and S. Datta. "Quantum Electron Devices." *Physics Today* 43 (February 1990): 74–82.
Cassidy, D. C. "Heisenberg: Uncertainty and the Quantum Revolution." *Scientific American* 266 (May 1992): 106–12.
Chang, L. L., and L. Esaki. "Semiconductor Quantum Heterostructures." *Physics Today* 45 (October 1992): 36–43.
Cohen-Tannouoji, C., B. Diu, and F. Laloe. *Quantum Mechanics.* New York: Wiley, 1977.
Datta, S. *Modular Series on Solid State Devices: Vol. 8. Quantum Phenomena.* Reading, MA: Addison-Wesley, 1989.
Feynman, R. P. *The Feynman Lectures on Physics, Vol. 3. Quantum Mechanics.* Reading, MA: Addison-Wesley, 1965.
Kroemer, H. *Quantum Mechanics.* Englewood Cliffs, NJ: Prentice Hall, 1994.
Singh, J. *Semiconductor Devices.* New York: McGraw-Hill, 1994.

譯者註

[1] 如康普頓 (Compton) 散射的實驗，請參照近代物理的書。

[2] 在此我們將波爾模型中的 orbit 譯為軌道，這與下面所談由量子力學之薛丁格方程式所解出的能態不同。後者我們將譯為軌域 (orbital)。

[3] 任何物理量測必有其有限的有效準確數字，不可能絕對準確，這在古典力學中亦然，但在古典物理的觀念中，藉著量測技術的更精準化，這種不準確度是可以一直無限度的改善。這種因為量測技術的不夠精準與量子力學中所提的不準度之極限無關，事實上對單一種的物理量的量測，量子力學並不限制這種準確度的無限改善。測不準原理並不限制單一種物理量測的量測準確度。測不準原理所描述者是，在量子

力學中，即使你能對某一種物理量，例如位置，絕對精準的量測，你的量測動作本身必然干擾這系統，而且這種干擾對與這物理量相共軛的共軛動量所造成的改變是無法確切決定的，因而接下來你就無法絕對精確的確定這量完後物理系統的共軛動量。位置與動量，角度與相對的角動量等皆是互相共軛互相影響的物理量。因此在量子力學中，原則上我們是可以對某一物理量的量測精度一直做改善的，只是無法同時改善此物理量和與此物理量相對應的共軛動量兩者之量測精準度。這一點與量子力學為何使用機率的描述其實是一體兩面的。有興趣的學者應參考量子力學的討論。

[4] 所謂自旋只是一種圖像上的比喻語言，事實上所謂電子自旋等特性其實皆由其波函數的對稱性所推導而得，並非電子真的在旋轉！

第三章
半導體的能隙與載子

學習目標
1. 瞭解導帶和價帶,與能隙如何形成
2. 瞭解半導體摻雜的概念
3. 運用狀態密度和費米-迪拉克統計計算載子濃度
4. 利用在某一電場下的載子遷移率計算漂移電流,並瞭解散射如何影響遷移率
5. 討論等效質量的概念

在本章中,我們將開始討論固體中電流流動的機制。仔細的探索這些電流流動的機制,我們將瞭解何以有些固體是電流的良導體,而另一些則否。我們將看到半導體的導電率可因溫度與摻雜而改變。這些電荷流動的基本觀念將是我們在後面章節中討論固態元件的基礎。

3.1 固體的鍵結力及能帶

在第二章中,我們已經看到原子中的電子只能具有一些離散的 (可容許) 能階,在這些能階外其他的能量,電子是不能存在的。與原子中的電子相類似,電子在固體中也只能具有某些特定的能量,但與原子中的情形最大的不同在於固體中的電子,其容許的能量形成一個相鄰能量區域 (range),或者所謂的能帶 (band),而不是離散的能階。這是因為當原子接近時,它們的波函數互相重疊。此時電子就不再屬於某特定的原子,因

此外圍電子就會感受到其他相鄰原子的影響，因而它的波函數就會改變，這就會造成薛丁格方程式中位能項與邊界條件的改變，因此就會得到不同的能量，所以電子的可容許能量由獨立原子的離散能階分裂分散開來。這種由鄰近原子所導致的改變，可以視為很小的微擾，所以原先離散的能階就會有微小的移動與分裂，最後就會形成能帶。

3.1.1 固體的鍵結力

固體中相鄰原子間電子的交互作用是維繫晶體中原子在一起而不分散的主要原因。舉例來說，鹼金族氯化物，如 NaCl 圍典型的**離子鍵結** (ionic bonding)，在 NaCl 中每一個 Na 原子都會被六個 Cl 原子所包圍，反過來說，每一個 Cl 原子也都被六個 Na 原子所包圍。圖 3-1a 所示為上述情況的二維表示方式，在這圖中每一個原子都有四個緊鄰的原子。Na ($Z=11$) 原子的電子組態是 $[Ne]3s^1$，除了外圍 $3s$ 電子外，就具有鈍氣 Ne 的穩定組態。Cl ($Z=17$) 原子的電子組態是 $[Ne]3s^23p^5$，與鈍氣原子 Ar 的穩定組態也只差一原子。在晶格中每一個 Na 原子都會將它的 $3s$ 電子貢獻出來給 Cl 原子，因此整個晶格都是由具有鈍氣 Ne 組態的 Na 離子與 Ar 組態的 Cl 離子所構成 (Ar 原子的電子組態是 $[Ne]3s^23p^6$，但是經過電子交換後，離子狀態具有淨電荷)。Na^+ 離子因為失去一個電子，因此具有一個正電荷，Cl^- 離子因為獲得一個電子，因此具有一個負電荷。

每一個 Na^+ 離子會給相鄰的 Cl^- 離子庫倫吸引力，反之，每一個 Cl^- 離子也會吸引相鄰的 Na^+ 離子。這些吸引力就會使離子間的距離拉近，一直到離子間的排斥力與這些吸引力相等為止。我們可以假設這些離子為互相吸引的堅硬圓球，利用這樣簡單的模型，就可以相當準確的估計這些離子間的距離 (例題 1-1)。

關於 NaCl 晶體一重要的特性是所有的電子皆緊密的束縛在離子內。當 Na 原子與 Cl 原子作電荷交換形成 Na^+ 離子與 Cl^- 離子後，它們最外圍的層殼都填滿，因此所有離子都具有與鈍氣一般全填滿的穩定層殼，

(a)

(b)

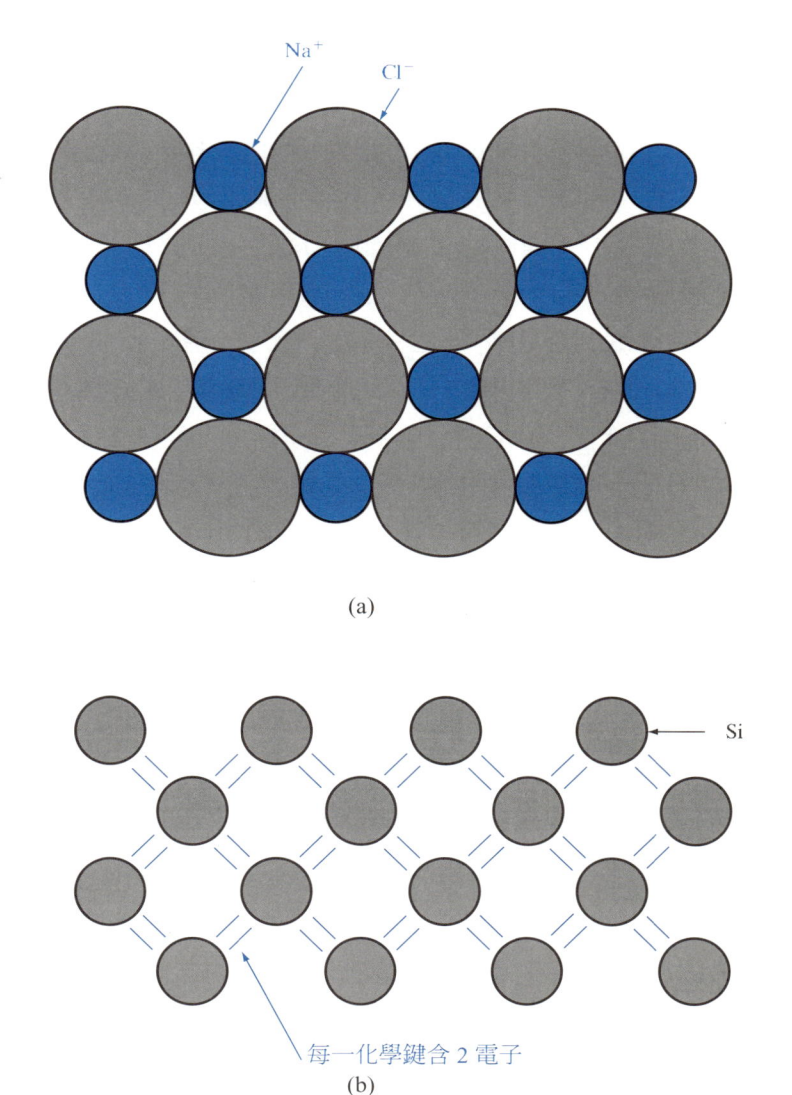

每一化學鍵含 2 電子

圖 3-1 固體的不同化學鍵結型式:(a) NaCl,典型的離子鍵結;(b) Si,典型的共價鍵結。在 (b) 中所畫為沿著 ⟨100⟩ 方向所看而得,請參考圖 1-8 及圖 1-9。

所有電子都緊密的束縛在這些層殼中。因此這些離子都不具有比較鬆弛可以參加電荷流動的電子,所以 NaCl 為一良好的絕緣體。

在金屬原子中這些外圍層殼只有部分被填滿,且通常由三個或三個以下的電子所填充。例如鹼金族元素最外圍層殼只有一個電子,這電子所受的束縛很小,在形成離子時很容易失去。這解釋鹼金族元素的化學活性與很高的導電率。在鹼金族金屬中,每一個鹼金族原子都會貢獻給晶格一個電子而形成離子,因此此金屬固體可視為是沉浸於自由電子海中具鈍氣元素全滿層殼之離子所構成。這些維繫金屬固體的力即是由於帶正電的離子與帶負電的自由電子之間的吸引力,這是典型**金屬鍵結** (metallic bonding)的一種。很明顯的,不同金屬鍵結的方式必然有許多不同,因為不同的金屬它們的熔點等特性皆很不一樣 (汞熔點 234 K,鎢熔點 3643K),但每一種金屬都是由正離子沉浸於自由電子海的這一特性,卻都是相同的。因為這自由電子海,金屬在電場作用下,都有很大的電荷流動,亦即,金屬都具有很好的導電性。

第三種的鍵結方式就是我們前面所談的鑽石結構的半導體。我們記得每一個 Si、Ge 或 C 的原子都有四個相鄰的原子,每一原子都有四個外圍的價電子,如圖 3-1b 所示。在這些晶體中,每一個原子都與它的四個鄰居互相擁有它的價電子,圖 1-9 所示為鑽石結構中的原子與其相鄰原子的鍵結情形。在這些半導體中,原子之間的鍵結力是由於共享電子與原子之間的量子力學交互作用。這稱為**共價鍵結** (covalent bonding);每一對電子形成一個共價鍵。在共價鍵結中,那一個電子屬於那一個特定的原子已經不重要,因為其實這些電子皆形成一個共同的共價鍵,且除了自旋相反外,它們是不可辨認的。除了半導體外,許多分子,如 H_2 也是由共價鍵所形成。

如同在離子晶體一般,共價的電子緊密的屬於這些原子,因此並沒有自由電子 (圖 3-1b)。由這個觀點來看,Ge 與 Si 應為絕緣體,這在絕對零度時是正確的。在以下的章節中我們將看到,電子可因熱或光的作用而跳出共價鍵,因而可以參加電荷的流動。這是半導體很重要的一個特色。

如 GaAs 的化合物半導體，它們原子間的鍵結是一種混合式的鍵結，具有部分的共價鍵與部分的離子鍵。在 GaAs 中，因為 Ga 元素與 As 元素在元素週期表中分屬不同的族，因此離子性是可以預期的。當化合物半導體的構成元素屬於元素週期表更靠近兩端的元素族時，如 II-VI 化合物半導體，這種離子性就愈形重要。這種電子結構，如果最外層的價帶層填滿 8 個電子 (氖、氬、氪)，此為穩定的電子組態，這是大部分化學作用和很多半導體的特性。

3.1.2 能　帶

當個別獨立的原子靠近而形成固體時，包括前節所述的許多交互作用都會發生在原子之間。在適當的原子間距離時，原子核間的吸引力與斥力就會相等而達到平衡。這過程中電子的能階組態就會有很重要的改變，這些改變就會導致固體導電特性很大的不同。

在圖 2-8，我們畫出 Si 原子的電子軌域模型，以及其相對在庫倫能井內的電子能階。讓我們在此只考慮最外圍的價電子 (**n**＝3)，對 Si 而言，這些價電子包含兩個 3s 及兩個 3p 的電子。當原子互相靠近，這些價電子就會混成所謂的 sp^3 軌域。在圖 3-2，我們畫出當兩個 Si 原子間距很小時，在庫倫能井的位能圖以及電子的波函數的變化情形。如果我們真的去解這兩個交互作用的電子的波函數，我們可以發現這雙電子的波函數是由個別獨立的原子之電子波函數作**線性組合** (linear combinations) 而成，這就是所謂的 LCAO 波函數。這些組成的 LCAO 的波函數中，具有奇對稱的解稱為反鍵結軌域，而另一具有偶對稱的軌域稱為鍵結軌域。我們由圖可以看出，鍵結軌域在兩原子核之間中具有較大的電子機率密度，而反鍵結軌域者就較小，這些波函數就是共價鍵結的波函數。

當我們去計算鍵結軌域及反鍵結軌域的能量時，我們應該注意到兩原子核間的庫侖位能 $V(r)$，與個別獨立的原子來比較，是比較低的 (由圖 3-2 所示)。因為在這區域的電子被兩個原子核所吸引，而非只有一個。

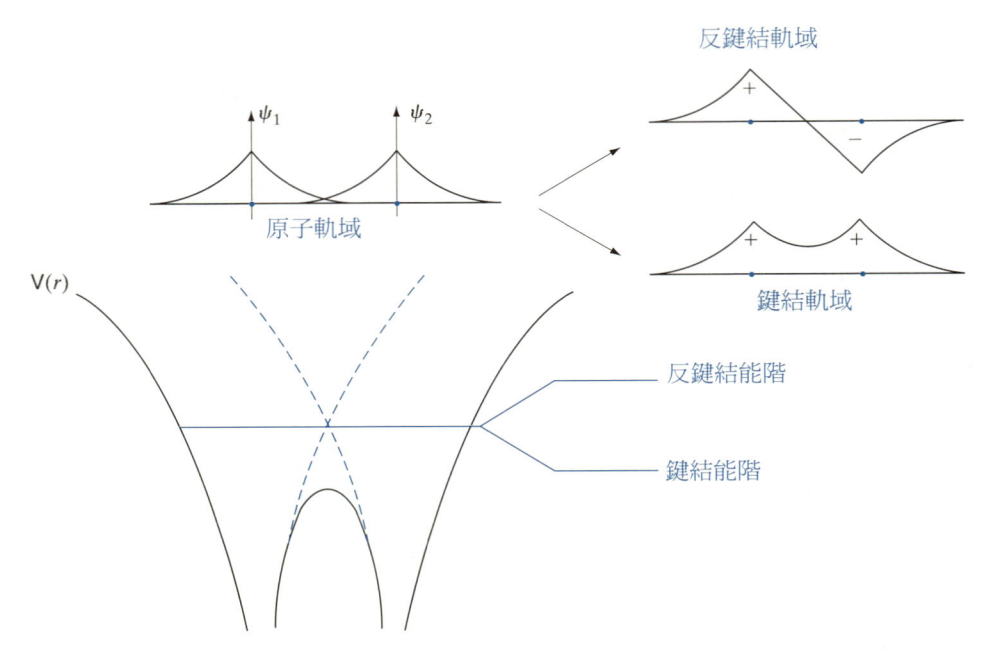

圖 3-2 原子軌域之線性組合 (LCAO)：當兩原子互相靠近時，由原兩電子之軌域可線性組合出兩個不同的雙原子波函數，其一為較高能量的反鍵結軌域，另一為具較低能量的鍵結軌域。請注意，鍵結軌域在兩離子間的電子機率密度較反鍵結軌域來得高，因此在鍵結軌域中鍵結能量較低，此導致晶體中原子間的鍵結，此亦為共價鍵結名稱之由來。推廣此想法，如果現在有 N 個原子互相靠近，則將有 N 個能量彼此接近的 LCAO 軌域產生，這些軌域即構成所謂的能帶。

對鍵結態而言，因為在原子核間位能比較低的區域中電子機率密度較高，因此具有較低的總能量。反過來說，反鍵結態因為在這原子核間的機率密度較低，所以其能量就比鍵結態來得高。由於這樣的緣故，原屬於個別獨立原子的能階就會分裂成兩者，一為較低能量的鍵結能階，一為能量較高的反鍵結能階。由於鍵結能階有比較低的能量，晶體間的原子才能維繫在一起。當原子間距離很小時，原子核間排斥力變大，電子與電子間也會有相互作用，因此兩個原子核就會有淨排斥力。因此在適當的原子間距離，兩者會相等而達到平衡。因為電子的機率密度函數由波函數的絕對值平方所給定，因此將整個波函數乘以 -1，我們並不會得到新的 LCAO 波函數。事實上，獨立 LCAO 的數目以及獨立能階的數目與原子的數目有關。這些所有 LCAO 能量最低者是完全對稱的 LCAO 波函數，而最高能量者的是完全反對稱的 LCAO 波函數。

定性上我們可以看出當原子接近時，褒立不相容原理就變得很重要。當兩原子距離很遠而互相隔絕時，我們可以看出電子的波函數完全不重疊，因此它們可以具有完全相同的電子組態。但是當原子間距離接近時，電子波函數重疊，褒立不相容原理就變得很重要，這就會導致任何兩電子皆不能具有相同組態。因為每個能態只能填入一個電子，因此這就會導致電子能階的分裂。注意，這些分裂的能階是屬於兩個交互作用的原子，而並非個別原子。

在固體中，許多的原子一起參與作用，因此分裂開來的能階就形成連續的能帶 (band)。圖 3-3 所示，這是由單獨 Si 原子形成 Si 晶體的示意圖。當單獨 Si 原子與其他原子隔離時，它的電子組態是 $1s^2 2s^2 2p^6 3s^2 3p^2$。每一個原子有兩個 $1s$，兩個 $2s$，六個 $2p$，兩個 $3s$，六個 $3p$，以及更高的電子能態 (見表 2-1 和 2-2)。現在假設有 N 個原子聚集在一起，我們將會有 $2N$ 個 $1s$、$2N$ 個 $2s$，$6N$ 個 $2p$、$2N$ 個 $3s$，以及 $6N$ 個 $3p$ 能態。當原子間距離變小，這些能態就會開始分裂成能帶，這種分裂由最外圍 ($n=3$) 的層殼電子開始。當這些 $3s$ 與 $3p$ 的能帶開始形成時，它們就會混合形成具有各種能階的能帶。這種混合的能帶具有 $8N$ 個容許能態，當原子間距越來越小而趨近於 Si 晶體中原子平衡間距時，就會形成兩個能帶，兩個能帶間有一大小為 E_g 的能帶間隙 (energy gap)。上面的能帶我們稱為導帶 (conduction band)，具有 $4N$ 個能態；下面的能帶，我們稱為價帶 (valence band)，也具有 $4N$ 個能態。若僅考慮價電子，Si 晶體之電子能態可視為由具有兩個以能帶間隙 E_g 分開的能帶所構成，在能帶間隙內沒有電子能態。這能帶間隙有時稱為禁止帶，因為在完美晶體中，電子不能具有這些能量而存在。

在這裡我們暫時停止下來，數數電子能態等的數目。最低的 "$1s$"

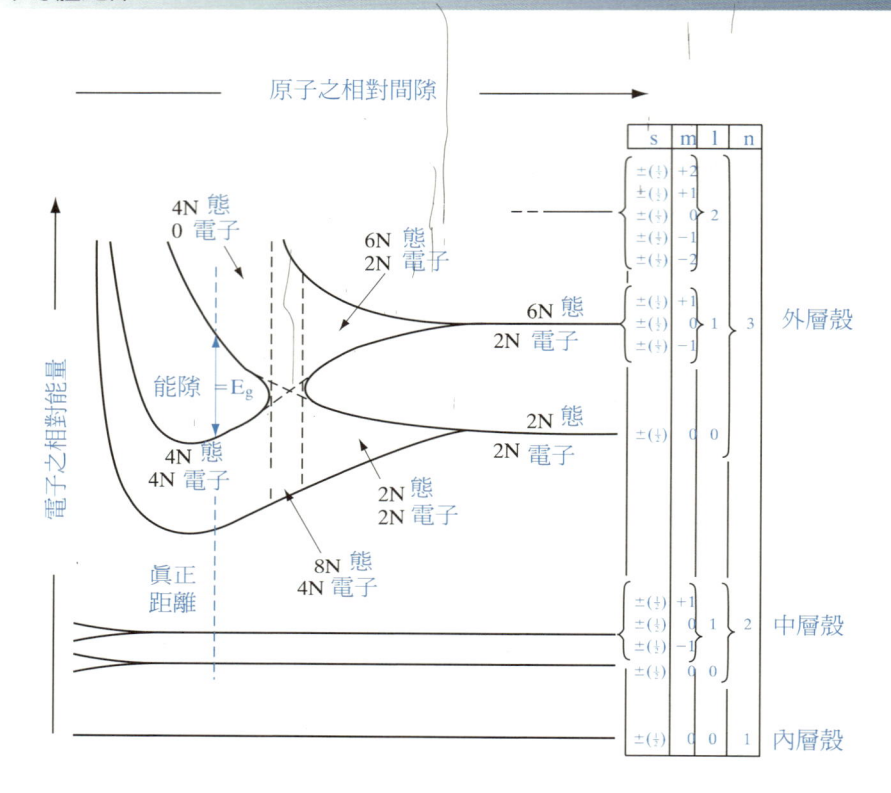

圖 3-3 不同原子間距下 Si 之電子能階。Si 之核心能階 ($n=1,2$) 完全被電子填滿。在 Si 晶體實際之原子間距時，原 Si 原子內 $2N$ 個 $3s$ 能階及 $2N$ 個 $3p$ 能階混成為 sp^3 軌域，而這 $4N$ 個能階即形成價帶之能階。在價帶上另有 $4N$ 個構成導帶的能階，它們與價帶之能階相隔能帶間隙之能量。

能帶 (由原先 $1s$ 態分裂形成的能帶) 可以填滿 $2N$ 個電子，這些電子原為獨立的 $1s$ 能階中的電子所構成。同理 $2s$ 與 $2p$ 能帶分別具有 $2N$ 及 $6N$ 個能態。原來這些獨立的 Si 原子共有 $4N$ 個存在於 $n=3$ 層殼的價電子，其中 $2N$ 個在 $3s$ 態，$2N$ 個在 $3p$ 態。這些電子必須佔據在價帶或導帶內。在絕對零度 (0 K) 時，電子必須填至所容許填入的最低能態上，因為價帶可填 $4N$ 個電子，因此在 0 K 時價帶全被填滿，而導帶全空。我們將看到這完全填滿的價帶與完全空的導帶之填充狀況對材料的導電性有很大的效應。

3.1.3 金屬、半導體與絕緣體

每一種固體皆有屬於它自己特徵的能帶結構。這種能帶結構之不同是各種材料電特性會有如此大差異的主因。舉例來說,由圖 3-3 所示的 Si 晶體能帶結構,就可以瞭解為何在 0 K 時,具有鑽石結構的矽晶體是很好的絕緣體。想要瞭解這一點,我們就先要瞭解一下完全填滿及一完全空的能帶在電流傳導中所扮演的角色。

在進一步討論電流傳導機制之前,我們可以在此觀察,電子在受到電場的作用下,會產生加速度,因此就會獲得能量而跳到新的能量態。但根據褒立不相容原理必須有空的未佔據電子能階,電子才可以移動。舉例來說,在一個幾乎全空的能帶中,因為有許多未被佔據的能階,因此電子可以移動。由前面的討論,在 0 K 時,Si 的價帶全滿,而導帶全空。當加上電場時,價帶的電子,因為無可去的能階,完全不能移動,而導帶並無電子,對電流也無貢獻。因此 0 K 時矽半導體有很高的電阻,這就是絕緣體的基本特性。

半導體材料在 0 K 時與一般絕緣體具有相同的特性,亦即,皆具有全滿的價帶及全空的導帶 (圖 3-4)。兩者主要的差別是能帶間隙 E_g 的大

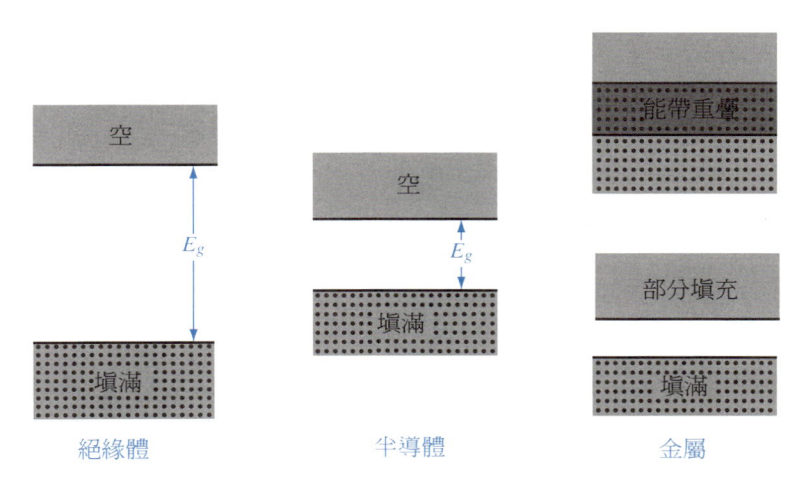

圖 3-4 0 K 時典型的能帶結構。

小。在半導體中能帶間隙較小，而絕緣體能帶間隙較大。舉例來說，在室溫時，Si 半導體中能帶間隙為 1.1 eV，而絕緣體鑽石則有 5 eV。半導體內因為較小的能帶間隙 (附錄 III)，可使電子較容易經由熱與光能量之吸收而跳躍到導帶。例如，在室溫時具有 1 eV 的半導體，就有相當多的電子因經由熱激發到導帶。但是一個有 10 eV 能帶間隙的絕緣體，在室溫時，導帶上的電子數目非常少。因此半導體與絕緣體最大的差別，就是經過光或熱能激發到導帶電子數目的多少，這些電子就可以參與電流的傳播。

在金屬中，能帶或者互相重疊，或者是部分塡滿，因此電子與未塡滿的能態互相混合在一起，所以在電場作用下，電子可以自由移動，由圖 3-4 所畫的金屬的能帶圖可看出，金屬必定具有很高的導電率。

3.1.4 直接與間接能隙半導體

第 3.1.2 節所談到由分開獨立的原子建構一固體的示意過程，對於指出能帶的存在與其特性很有用，但當需要定量的計算時，則必須用到其他的方法。在典型的能帶的計算中，電子可視為是在具有完美週期性的晶格中運動。在此種情況下可證明，電子的波函數具有沿著某方向，比如說在 x 方向的行進平面波[1]的形式，此平面波的波函數即含有一傳播常數 **k**，**k** 亦常稱為波向量 (wave vector)。此電子波函數的空間部分具有下列形式

$$\psi_\mathbf{k}(x) = U(\mathbf{k}_x, x)e^{j\mathbf{k}_x x} \tag{3-1}$$

其中 $U(\mathbf{k}_x, x)$ 為週期性晶格所造成電子波函數的變化，U 具有晶格的週期性。

在此類的計算中，所求得電子容許能量，為傳播常數 **k** 的函數，因此可以畫出 $(E, \mathbf{k})$ 即所謂能帶結構的函數圖。注意 **k** 是三維空間中的向

---

[1] 關於平面波之討論可見大學物理或電磁學等書。

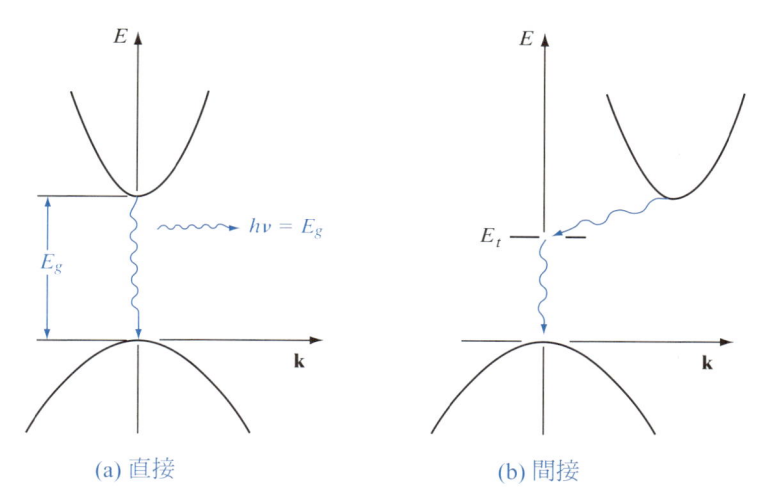

圖 3-5 半導體中的直接與間接電子躍遷：(a) 直接躍遷，此導致光子之發射；(b) 間接躍遷，此藉由晶格缺陷之作用，因此並未有光子之產生。

量，因此具有方向性，且因為大部分晶格的週期性在各個方向都不同，因此若欲完整的畫出 (E, **k**) 的函數圖，必須對所有方向來畫，所得 (E, **k**) 的關係圖為三維空間中是很複雜的曲面，在每一個 **k** 點皆有相對的 $E(\mathbf{k})$。

對於化合物半導體 GaAs 所具有的能帶結構，導帶最低點與價帶的最高點都在 **k**＝0 處。但在 Si 半導體的能帶結構中，雖然價帶的最高點發生在 **k**＝0，導帶的最低點卻發生在不同的 **k** 處。因此 GaAs 內的價帶最低點附近的電子，可以吸收一能帶間隙大小的能量，而直接躍遷到導帶，在這躍遷中 **k** 不必改變。在 Si 半導體中則不然，在 Si 中在價帶最高點的電子就須改變 **k** 才能躍遷導帶的最低點。這兩類半導體我們就分別稱之為**直接與間接** (direct and indirect) (圖 3-5) 能隙半導體。由以下例子，我們可以看出，間接躍遷，也就是 **k** 值須改變的躍遷，需要電子動量的改變。

例題 3-1 假設對自由電子而言，(3-1) 式中之 U 為常數，試證在晶體中電子動量的 x 分量為 $\langle \mathsf{p}_x \rangle = \hbar \mathbf{k}_x$。

解 由 (3-1) 式

$$\psi_\mathbf{k}(x) = Ue^{j\mathbf{k}_x x}$$

利用 (2-21b) 式以及動量算子，

$$\langle \mathsf{p}_x \rangle = \frac{\int_{-\infty}^{\infty} U^2 e^{-j\mathbf{k}_x x} \frac{\hbar}{j} \frac{\partial}{\partial x}(e^{j\mathbf{k}_x x})\, dx}{\int_{-\infty}^{\infty} U^2\, dx}$$

$$= \frac{\hbar \mathbf{k}_x \int_{-\infty}^{\infty} U^2\, dx}{\int_{-\infty}^{\infty} U^2\, dx} = \hbar \mathbf{k}_x$$

由於積分的範圍，因此分子和分母是無限大。這類的問題其最後結果，先在有限的範圍 $-L/2$ 和 $L/2$ 之間積分，然後假設 L 趨近於無限大。

此結果顯示圖 3-5 所示的 $(E, \mathbf{k})$ 圖可視為電子之能量與動量的關係圖。所差的只是 $\hbar$ 之因子而已。

附錄 III 裡我們標示所列舉的半導體為間接與直接半導體。在直接半導體如 GaAs 中，導帶最低點的電子可以直接掉入價帶最高點，並發出能量為能隙 (E_g) 的光子。反過來說，在間接能隙的半導體中，導帶最低點的電子，無法直接掉到價帶的最高點而發光，必須改變 $\mathbf{k}$ 或動量才能躍遷。動量的改變可藉由，舉例來說，能隙中的缺陷能態 (E_t) 等機制。我們將在 4.2.1 及 4.3.2 節中討論缺陷能態。這種需要改變動量的非直接躍遷，能量通常以熱的型式傳給晶體，而非以光的型式發射出來 [1]。這種間接與直接半導體的不同，對於使用半導體於發光元件的應用中十分重要。例如，雷射二極體或發光二極體等半導體發光元件，通常必須由直接能隙的材料來建構，如果使用間接能隙材料，則必須有提供可以垂直躍遷的缺陷態等才可。

圖 3-5 所示的能帶圖對分析元件來說十分繁瑣，而且它無法用於表示樣品中電子的能量對距離變化的關係。因此大部分的討論中，我們皆將使用圖 3-4 類型簡化的能帶結構，但我們應該注意，電子在能帶間的躍遷可以是直接或間接的躍遷。

3.1.5 半導體組成比例所造成的能隙改變

當 III-V 半導體之三元或四元化合物內的元素組成比例改變時，其能帶結構也會改變，請參考 1.2.4 及 1.4.1 節。例如圖 3-6 所示為 CaAs 與 AlAs 的能帶結構，以及這些能帶隨著 Al 組成比例改變時變化的情形。化合物半導體 GaAs 是直接能隙的材料，在室溫時它的能隙是 1.43 eV。通常我們標記直接躍遷 (k＝0) 的導帶最低點為 Γ 能谷 (valley)。除了 Γ 外，GaAs 之導帶還有另外兩個較高能量的非直接導帶低點，但一般情形下，此兩者能量皆較高，因此其上電子數很少 [在第十章我們將討論一種例外的情形，電子可因外加高電場的作用，而被激發到這些非直接導帶低點，這稱為剛恩 (Gunn) 效應]。我們稱這兩個非直接導帶低點為 X 及 L 能谷，在 AlAs 內導帶的直接低點 Γ 能谷之能量比間接低點 X 能谷還來得高，因此 AlAs 為間接半導體，其能隙在室溫為 2.16 eV。

在三元化合物半導體 $Al_xGa_{1-x}As$ 中，所有這些導帶最低點都會隨著 Al 的組成比例增加而向上移動，但是非直接導帶低點 X 能量增加的速率比較小，當 X 超過 0.38 時，X 就變成導帶上的最低點。因此，當 $X < 0.38$ 時 AlGaAs 為直接能隙半導體，而 X 超過 0.38 後，AlGaAs 就變成間接半導體。在圖 3-6c 中所示之藍線者為 AlGaAs 的能隙的變化情形。

三元化合物半導體 $GaAs_{1-x}P_x$ 之能帶變化情形與圖 3-6 所示 AlGaAs

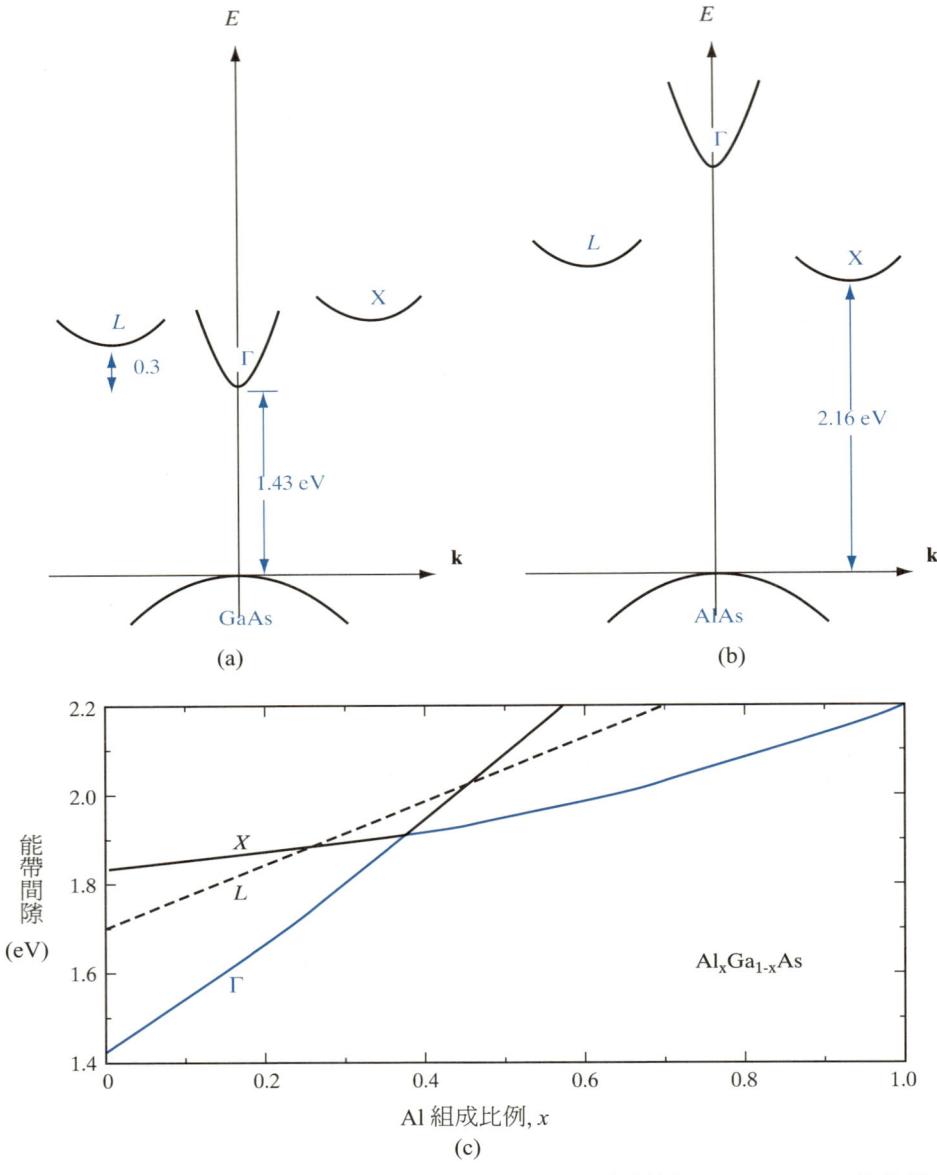

圖 3-6　AlGaAs 隨著組成不同時直接與間接導帶的改變情形：(a) GaAs 的能帶結構，由其 (E, **k**) 圖可見有三個導帶低點 (稱為能谷)；(b) AlAs 的能帶結構；(c) $Al_xGa_{1-x}As$ 的三個導帶的最低點位置隨組成比例 x 改變而變化。x 改變範圍由 GaAs ($x=0$) 到 AlAs ($x=1$) 之間。最小之能隙在 $x=0.38$ 時為直接能隙 (Γ)，而在超過 0.38 後變為間接能隙 (x)。

之能帶變化情形類似。當組成比例介於 GaAs 到 GaAs$_{0.55}$P$_{0.45}$ 之間，則 GaAsP 為直接半導體，反之，若組成比例介於 GaAs$_{0.55}$P$_{0.45}$ 到 GaP 時，則 GaAsP 為間接半導體 (圖 8-11)。GaAs 材料常使用於可見光 LED 中。

因為直接能隙半導體中電子無須改變動量即可由導帶返回價帶，因此發光較有效率。使用 GaAsP 製作 LED，所常用三元化合物一般都使用 $x < 0.45$ 的 P 元素組成。比如大多數的紅光 LED 都使用 $x = 0.4$ 的 GaAsP，此處 Γ 仍處於導帶最底端具最小值，由導帶直接躍遷到價帶所放出之光子位於光譜紅外線區 (約 1.9 eV)。在 8-2 節中，我們將談到如何使用外加雜質來增加間接材料的發光效率。

3.2 半導體中的帶電載子

在金屬中電荷流動的機制是相當容易想像的。因為金屬中的原子沉浸在幾乎自由的電子"海"中，因此在外加電場的作用下，電子很容易集體移動。把金屬中的電子視為自由電子當然是過度簡化的看法，但是這種簡單的看法即可得出許多金屬傳導的重要特性。反之，半導體中的電特性就不可以用這樣的模型來解釋。因為在 0 K 時，半導體具有全滿的價帶與全空的導帶，我們必須考慮導電電子隨溫度增高時而增加的情況，同時當電子被激發到導帶，在價帶所造成的空位也對傳導過程有所貢獻。更有甚者，當有外加雜質時能帶填充狀況的改變，會造成可移動載子數目的改變，這也會有很重要的效應。因此，半導體的電特性具有相當大控制的彈性。

3.2.1 電子與電洞

當半導體的溫度由 0 K 提高時，價帶中的部分電子會受到熱激發而躍遷到導帶去。這將導致在原來全空的導帶內具有電子，而原來全滿的

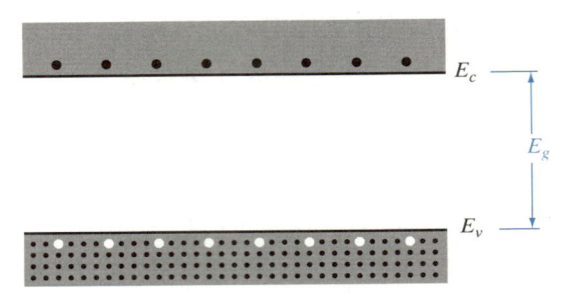

圖 3-7　半導體中的電子-電洞對。

價帶內，將會有未佔據的能態，如圖 3-7 所示。[2]為方便起見，價帶中的未佔據能態稱為**電洞** (hole)。如果導帶中的電子與價帶的電洞是由價帶的電子躍遷到導帶所造成，我們就稱這為**電子-電洞對** (electron-hole pair, EHP)。

　　此時價帶中的電子周圍有許多空的能帶，舉例來說，室溫下純 Si 半導體在平衡狀態下的電子-電洞對密度為 10^{10} EHP/cm^3，但 Si 晶體的原子的密度為 5×10^{22} atoms/cm^3。因此這些相對稀少的電子就可以經過這些空能態而到處移動。

　　相對的，在價帶中電荷傳播的情形就稍微複雜一點，但如我們在以下將所看到，就可以將在價帶中的電荷傳播看成完全由電洞來造成一般。

　　在完全填滿的能帶中，所有能態都被佔據。電子以等速移動時，在能帶內必然存在一個大小相等，方向相反的電子動量與其對應。如果施加一個電場，因電子 j 以速度 v_j 移動，而對應的電子 j' 以速度 $-v_j$ 移動，使得淨電流為零。圖 3-8 所示為價帶中電子的能量與波向量的關係，注意此圖對原點對稱。因為波向量 **k** 正比於電子的動量，由圖可清楚的看出，具有相反 **k** 的電子就具有相反的速度。能帶內單位體積電子密度為 N 電子/cm^3 時，利用電子速度總和乘上電子電荷量 ($-q$) 可得電流密度表示式。

---

[2] 於圖 3-7 及以下之討論的，我們記導帶之最低點為 E_c，而價帶的最高點為 E_v。

$$J = (-q)\sum_i^N \mathrm{v}_i = 0 \quad \text{(全滿能帶)} \tag{3-2a}$$

現在假設我們移走一電子而製造一未佔據能態，或稱為"空洞"，則價帶中淨電流密度將會是全部電子的貢獻，減掉被移除電子的貢獻。

$$J = (-q)\sum_i^N \mathrm{v}_i - (-q)\mathrm{v}_j \quad \text{(移去第 jth 個電子)} \tag{3-2b}$$

但是由 (3-2a) 式，第一項為零，因此淨電流將為 $+q\mathrm{v}_j$。換句話說，此"空洞"以後稱為電洞，對電流的貢獻可視為一個具有正電荷且具有未佔據態電子的速度 v_j 的粒子。當然，實際上電荷的傳輸是由於未佔據態電子 (j') 的移動，其電流貢獻為 $(-q)(-\mathrm{v}_j)$ 之乘積，此項恆等於正電荷粒子以速度 $+\mathrm{v}_j$ 移動。因此為了簡單起見，我們常把價帶中的未被電子佔據的能態視為是帶有正電荷正質量的帶電載子。

我們可以舉一個簡單的類比來說明電洞的行為，如果我們有兩個瓶子，一個用水完全填滿，一個則全空。我們可以問"當我們把這完全填滿及完全空的兩個瓶子傾斜，瓶內的水相對於瓶子本身是不是真有移

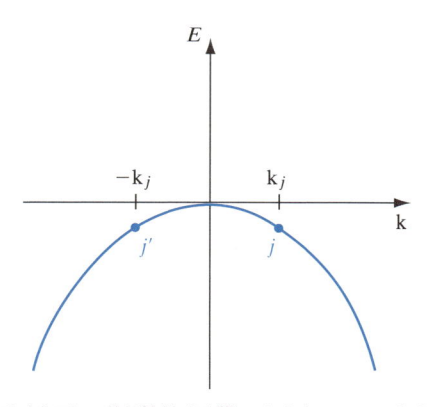

圖 3-8　完全被電子填滿的價帶。圖中 j，j' 為文中討論所提及之兩典型能態。第 j 個電子其波向量為 k_j 與第 j' 個電子其波向量為 $-\mathrm{k}_j$。能帶內除非將其中一個電子移走，否則淨電流為零，例如，移走第 j 個電子，則第 j' 個電子的運動將形成電流。

動?"答案是"沒有"。在這個情況下,空的瓶子當然沒有,而全滿的瓶子內,因為水灌滿,因此也沒有淨移動量。同理,一個完全空的導帶,因為完全沒有電子,或一個完全填滿的價帶,因為完全填滿,因此,兩者對於電流的貢獻都為零。

接下來,假設我們現在把一部分的水由全滿的瓶子移到全空的瓶子內,在原來全滿的瓶子就有了空隙。現在考慮相同的問題,當我們把瓶子傾斜,對於兩個瓶子而言,現在水就有了淨移動。因為在原來全空的瓶子中現在有了水,因此,水可以由高的地方流到低處去,而在原來全滿的瓶子中,現在有了空隙,這些空隙氣泡可以由低往高處移動。與此相同的類比,在原來全空的導帶現在有了電子,因此它們就可以在電場的作用下,往電場所加的負方向移動,而在原來全滿價帶中的空隙(電洞)就可以往電場方向移動。這種氣泡的類比,並非完美,但它可以給我們一個簡單的物理感覺,告訴我們為什麼電洞的電荷和質量(因為往相反方向移動,下面對質量會有更深入的探討。)與電子具有相反的符號。

在以下的討論,我們將集中在導帶中的電子,與價帶中的電洞。我們可以利用這兩種帶電粒子的移動來解釋半導體中的電流流動。如圖 3-8 所示,我們可以在能量座標上畫出價帶及導帶的能帶圖,但我們應該記住,在價帶中電洞的能量與電子的能量相反,因為電洞與電子的電荷符號相反,在圖中電洞的能量越往下越大,所以具有最低能量的電洞是處於價帶的**最高點** (top)。與此對照的,具有最低能量的電子是在導帶中的最低點。

比較 $(E, \mathbf{k})$ 能帶圖,與前面所看到的"簡化"能帶圖等兩者,是十分有用的。後者如圖3-9,常用於元件的分析中。在前面例題 3-1 與 3-2 所討論 $(E, \mathbf{k})$ 圖是總電子能量(位能加動能)對晶向相關的電子波函數(與電子的動量和速度成正比的空間位置關係圖)。因此在導帶的最低點,即動量等於 0 的能態,因此它的能量所代表的就是在那一點位能的大小。對電洞而言,相對應的就是價帶的最高點,即動量為零的能態。對於簡化的能帶圖,我們通常畫導帶的最低點與價帶的最高點對位置的關

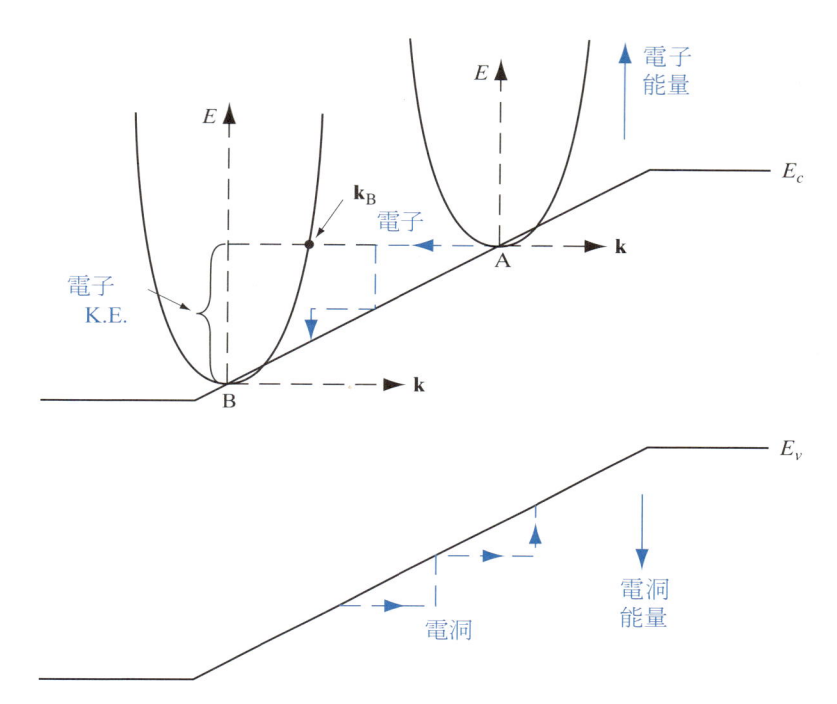

圖 **3-9** 電場下半導體能量與位置關係圖。在此圖中,我們將簡化的 $(E, \mathbf{k})$ (內未考慮其他能谷) 疊加於 E-x 圖上。注意,電子的能量往圖上方增加,但電洞的能量越往圖下方越大。同理電子與電洞的波向量反向,因此在電場作用下,兩者運動方向相反。

係,高於能帶端點的能量代表著載子額外的動能,同時因為這些能帶的端點代表電子在該處的位能,所以這些能帶端點對位置的改變就代表電場的存在。在以下 4.4.2 節中我們將會再探討這個關係。

在圖 3-9 中,A 位置電子受到能帶邊緣斜率 (位能) 所引起的電場作用得到動能 (位能減少) 而移動到 B 點。相對應於上面的情形,在 $(E, \mathbf{k})$ 的圖中,電子由 $k=0$ 出發,然後移到波向量 $\mathbf{k}=\mathbf{k}_B$ 的能態,也因此具有相對應的動能。在 $\mathbf{k}=\mathbf{k}_B$ 的電子,由於散射機制的影響,會損耗它的動能而回到在 B 點處的能帶端點。我們將在 3.4.3 節中討論這些散射機制。實際上電子一般是經由一連串,如圖 3-9 虛線所畫的,散射機制而損耗它的動能。

3.2.2 等效質量

電子在晶體中並不是完全自由，相反的它們與晶格中的週期性位能有交互作用，因此電子在固體中的運動與真正自由電子並不一樣。可以證明，我們可以將電子運動方程式運用到固體中的電子，但必須作一些修正，此一修正就是改變電子的質量。我們可以證明，當我們這樣做時就已經把晶格對電子的整體作用放入。改變電子的質量後，我們就可以視這些電子或電洞為自由粒子，等效質量的計算則必須考慮三維 **k** 空間中的能帶的形狀，因此我們必須對各個能帶來做平均。

例題 3-2 求自由電子之 $(E, \mathbf{k})$ 關係，並討論它與電子質量的關係。

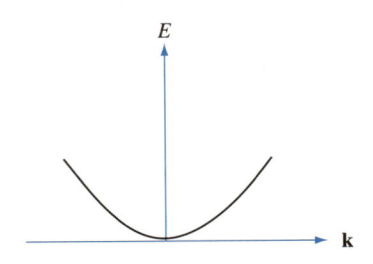

解　　由例 3-1，電子之動量為 $\mathrm{p} = m\mathrm{v} = \hbar\mathbf{k}$，故

$$E = \frac{1}{2}m\mathrm{v}^2 = \frac{1}{2}\frac{\mathrm{p}^2}{m} = \frac{\hbar^2}{2m}\mathbf{k}^2$$

因此電子能量與波向量 **k** 之平方成正比。電子之質量與 $(E, \mathbf{k})$ 關係之曲率 (二次導函數) 成反比，此因

$$\frac{d^2 E}{d\mathbf{k}^2} = \frac{\hbar^2}{m}$$

雖然在固體中，電子並非自由電子，但在能帶最底點 (導

帶) 或最高點 (價帶) 附近，(E, k) 關係大約皆是平方關係。因此，我們用這些關係來定義各能帶上的等效質量。

在一個 (E, k) 關係中電子的等效質量，由例 3-2，可由下式計算

$$m^* = \frac{\hbar^2}{d^2E/d\mathbf{k}^2} \tag{3-3}$$

因此能帶的曲率就決定了電子等效質量的大小。例如圖 3-6a，GaAs 中直接 Γ 導帶 (強曲率) 的電子等效質量明顯小於 L 或 X 的最低點 (弱曲率，(3-3) 式 m^* 公式中具有較小的分母)。

圖 3-5 及 3-6 內一有趣的特徵是，在導帶的最低點曲率 $d^2E/d\mathbf{k}^2$ 為正，但在價帶的最高點附近，此曲率為負。因此在價帶最高點，根據 (3-3) 式，電子具有負電荷及**負等效質量** (negative effective mass)。價帶帶負質量負電荷的電子在電場中的運動，就與帶有正電荷正等效質量的電洞一樣。這就如我們在 3.2.1 節中所討論的，價帶對電流的貢獻可以完全使用電洞的圖像來考慮，在這一點上，我們可以看到，這裡的結論與前面是完全符合的。

在 k＝0 為中心的能帶中，如 GaAs 之 Γ 點附近，在能帶最低點附近 (E, k) 的關係具有下列拋物線的型式 (parabolic)：

$$E = \frac{\hbar^2}{2m^*}\mathbf{k}^2 + E_c \tag{3-4}$$

將此關係與 (3-3) 式比較，此拋物線型式的能帶關係的等效質量 m^* 是一常數。反過來說，許多固體之導帶能帶結構隨著電子傳播方向的不同，而具有很複雜的 (E, k) 關係。在這種情況下等效質量就會與方向有關，而變為一張量。但即使如此，在大多數情況我們仍可用適當平均的純量質量來表示它。

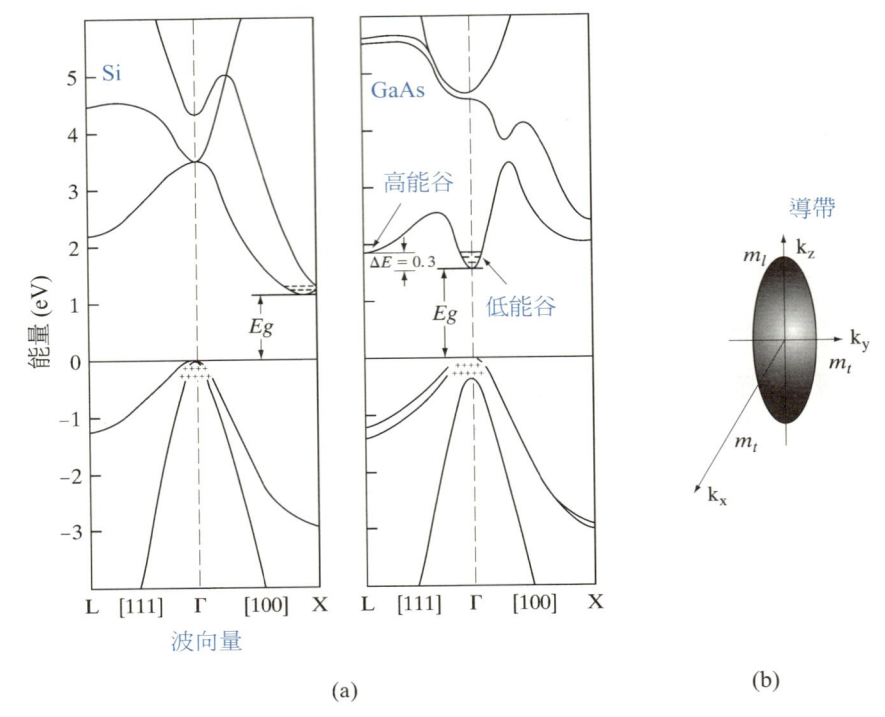

圖 3-10 實際半導體的能帶結構：(a) Si 及 GaAs 沿 [111] 及 [100] 方向之價帶與導帶；(b) Si 沿 X 方向導帶最低點附近的 6 個橢球等值面。(資料來源：Chelikowsky and Cohen, Phys. Rev. B14, 556, 1976.)

圖 3-10a 所示為 Si 及 GaAs 沿這兩個主要方向所看到的能帶結構圖。由圖 3-5 及例 3-2，我們看到在能帶端點附近，能帶的形狀是拋物線型式，但在較高能量時，則會偏離拋物線關係。在圖中我們所畫的 **k** 是沿著 [100] 及 [111] 來畫的。k＝0 處如前般標記為 Γ。當我們沿著 [100] 方向，我們就會達到 X 附近的能帶低點，而沿著 [111] 就會達到 L (注意在圖 3-10 中，因為能帶圖左右乃沿著不同方向畫，所以看起來並不對稱)。大部分半導體價帶最高點都在 Γ 點，它有三個分支，一為重電洞能帶 (heavy hole band, hhb)，具有最小的曲率；一為輕電洞能帶 (light hole band, lhb)，具有較大的曲率。另一為**自旋分離能帶** (split-off band)，它具

有不同的能量。我們注意到對 GaAs 而言，它導帶的最低點與價帶的最高點都發生在 k＝0 處 (即 Γ 點)，因此它稱為直接半導體；反過來說，Si 沿著等同的六個 ⟨100⟩ 方向就具有 6 個導帶最低點，這些最低點都發生在 k 不為 0 處，所以 Si 為非直接能隙材料。

圖 3-10b 所示為 Si 半導體導帶電子在六個導帶最低點附近所具有的等能量面。像圖 3-10a 所示這種把能帶結構標示成一曲面的方式，是考慮給定一固定能量，在三維 k 空間中將具有此能量的所有 k 點連起所構成。我們發現對 Si 而言，導帶會有六個雪茄形的等能量面，這些都發生在六個等同的導帶 X 能谷附近。這些等能量面沿主軸在徑向具有 m_l 的等效質量，而沿短軸則有兩個橫向的 m_t。對 GaAs 而言，導帶最低點附近的等能量面幾乎是球形的。但對價帶來說，則為一變形的球面。我們將在 3.3.2 節及 3.4.1 節中再來討論這些面的重要性，那時我們就會考慮各種不同的等效質量。

在與載子質量有關之任何計算中，我們應該用此種材料載子之等效質量。在以下的討論中，我們將記電子的等效質量為 m_n^*，而電洞的等效質量為 m_p^*。下標 n 是因為電子帶負電，而下標 p 則因為電洞帶正電。

等效質量的觀念並不神秘，且不同半導體中等效質量不同亦不令人感到意外。其實電子之真正質量，不管在 Si 或 GaAs 或真空中都相同，欲瞭解為何在材料中，電子的等效質量與其真正質量不同，我們可以考慮牛頓第二運動方程式，動量的時變率就是力：

$$dp/dt = d(m\mathbf{v})/dt = 力 \quad (3\text{-}5a)$$

在晶格中的電子所感受的總力是 $F_{int}+F_{ext}$，其中 F_{int} 是由週期性晶格所造成，而 F_{ext} 是外加的力。如果每次要計算元件特性等問題時，我們都把晶格對電子的複雜的週期性位能或力放入計算中，此位能或力當然隨著材料不同而不同，那麼我們就會花費很大的功夫才能得到結果。這樣的研究顯然是十分無效率的。顯然，較好的辦法是對各種材料只去解一次含有晶格複雜週期性位能的問題，這所得的結果就是能帶結構 (E, $\mathbf{k}$)，其曲率給出等效質量 m_n^*。當電子受外力影響，可將 m_n^* 代入牛頓定律得出：

$$d(m_n^*\mathbf{v})/dt = F_{ext} \tag{3-5b}$$

這顯然是對於考慮問題的一個大簡化，顯然的，針對某一特殊半導體，它的晶格位能都不同，因此等效質量也不同。

當我們決定了各個 $\mathbf{k}$ 方向等效質量的分量後，我們在實際計算問題中就必須針對問題的本質，來做適當的平均。如我們在 3.3.2 節中將看到，當我們欲計算能帶中的電子數目時，我們就需應用所謂的**能態密度等效質量** (density-of-state effective mass)，此質量是由這些各個方向能帶曲率等效質量之幾何平均值再加上考慮等同能帶低點的數目而得。反過來說，在 3.4.1 節中我們將看到，當考慮載子的運動，我們必須使用的是各曲率等效質量的調和平均值。這就是所謂的導電率質量。

3.2.3　本質材料

一個完全沒有摻雜或晶格缺陷的半導體晶體，稱為**本質** (intrinsic) 半導體。本質半導體在 0 K 時是完全沒有載子的，因為此時價帶全滿而導帶全空。在高一點的溫度，因熱擾動而激發至導帶因而產生電子-電洞對，這些 EHP 為本質半導體中唯一存在的載子。

電子-電洞對的產生可視為晶體內共價鍵的斷裂所產生，如圖 3-11 所示。如 Si 的某一共價鍵被打斷，其上的電子就變成可自由移動，而留下一個斷裂的鍵亦即電洞，打斷一個鍵所需要的能量就是能隙 E_g，但是能量帶的模型對於定量的計算較有幫助。這種打斷鍵結的模型最主要的困難是電子看起來似乎是定域性的，但事實上這些電子的機率密度函數是佈滿整個空間的，比較正確的處理應使用量子力學中的機率分佈 (請參見 2.4 節)。

第三章　半導體的能隙與載子

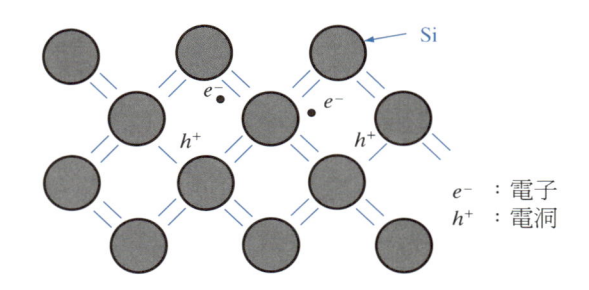

e^-：電子
h^+：電洞

圖 3-11　Si 共價鍵模型中的電子-電洞對。

因為電子與電洞是成對的產生，因此導電中的電子濃度 n (每單位體積內的電子數) 等於價帶中的電洞濃度 p (每單位體積內的電洞數)。這些本質載子的濃度，常被記為 n_i，因此對**本質材料** (intrinsic material) 而言

$$n = p = n_i \qquad (3\text{-}6)$$

本質半導體在固定的溫度時具有特定的電子-電洞對濃度 (n_i)。明顯的，為達到此一穩定的載子濃度，必須有一與電子-電洞對產生率一樣大小的載子**復合率** (recombination)。所謂復合是指導帶中的電子掉落在價帶的電洞中，從而消滅了一對電子-電洞。如果我們記電子-電洞對的產生率為 g_i (EHP/cm^3-s)，電子-電洞對的復合率為 r_i (EHP/cm^3-s)，則平衡時必有

$$r_i = g_i \qquad (3\text{-}7a)$$

產生率與復合率皆與溫度有關。舉例來說，當溫度增加時，產生率會增加，此時載子濃度亦會增加，從而使復合率隨著增加。當產生率與復合率達到相等時，新的 (但較大的) 平衡載子濃度即可維持。在各個溫度時，我們皆可預測載子的復合率 r_i 是正比於電子濃度 n_0 與電洞濃度 p_0 之乘積：

$$r_i = \alpha_r n_0 p_0 = \alpha_r n_i^2 = g_i \qquad (3\text{-}7b)$$

上式中的比例常數 α_r 是與造成載子復合特定機制有關的比例常數。我們

將在 3.3.3 節中討論如何去計算不同溫度時本質濃度的大小。載子復合的機制則將在第四章中再予以討論。

3.2.4 外質材料

除了經由熱擾動以產生本質載子外，我們也可以故意的在半導體中加入雜質以產生載子，這種過程稱為**摻雜** (doping)。摻雜是利用以改變半導體導電率最常見的方式。利用摻雜我們可使導體中的載子濃度大幅度改變，摻雜的半導體中通常電子電洞兩種載子中的一種，其濃度會極大量的超過另一種。因此，有兩種半導體摻雜方式：其一種為 n 型，使半導體內具有極大量的電子及少數的電洞；另一種稱為 p 型，使半導體內具有極大量的電洞及少數的電子。具有雜質摻雜的半導體，其電子與電洞濃度皆不是前面所提的本質濃度，我們稱這種半導體為**外質** (extrinsic) 材料。

當雜質或晶格缺陷被引入完美晶格時，能帶結構就會加入新的能階，通常這些能階是處於能隙中。舉例來說，當我們將週期表中的五族元素 (P, As, Sb) 加入 Ge 及 Si 半導體中，我們將會在靠近導帶的地方加入新的能階。在 0 K 時，這些能階是為電子所填滿的，但只需要很小的熱能即可以將這些電子激發到導帶中 (圖 3-12a)。因此，大約在 50 到 100 K 時，幾乎所有能階上的電子皆會被"捐獻"給導帶。因此對 Ge 及 Si 半導體而言，這些五族元素常被稱為**施體雜質** (donor)。由圖 3-12a 所示，這些具有施體雜質摻雜的半導體，即使在平衡本質濃度相當低的低溫時，導帶中仍具有很高濃度的電子。因此，在室溫中，摻雜施體雜質的半導體中將具有 $n_0 \gg (n_i, p_0)$。這種半導體即前面所說的 n 型材料。

反過來說，當我們將週期表中的 III 族元素 (B, Al, Ga, In) 加入 Ge 或 Si 半導體中，我們將會在靠近價帶的地方加入新的能階。在 0 K 時，這些能階上是沒有電子的 (亦即，為電洞所佔據)，但只需要很小的熱能即可以將價帶上的電子激發到這些能階中 (圖3-12b)。因為這些能階接受了

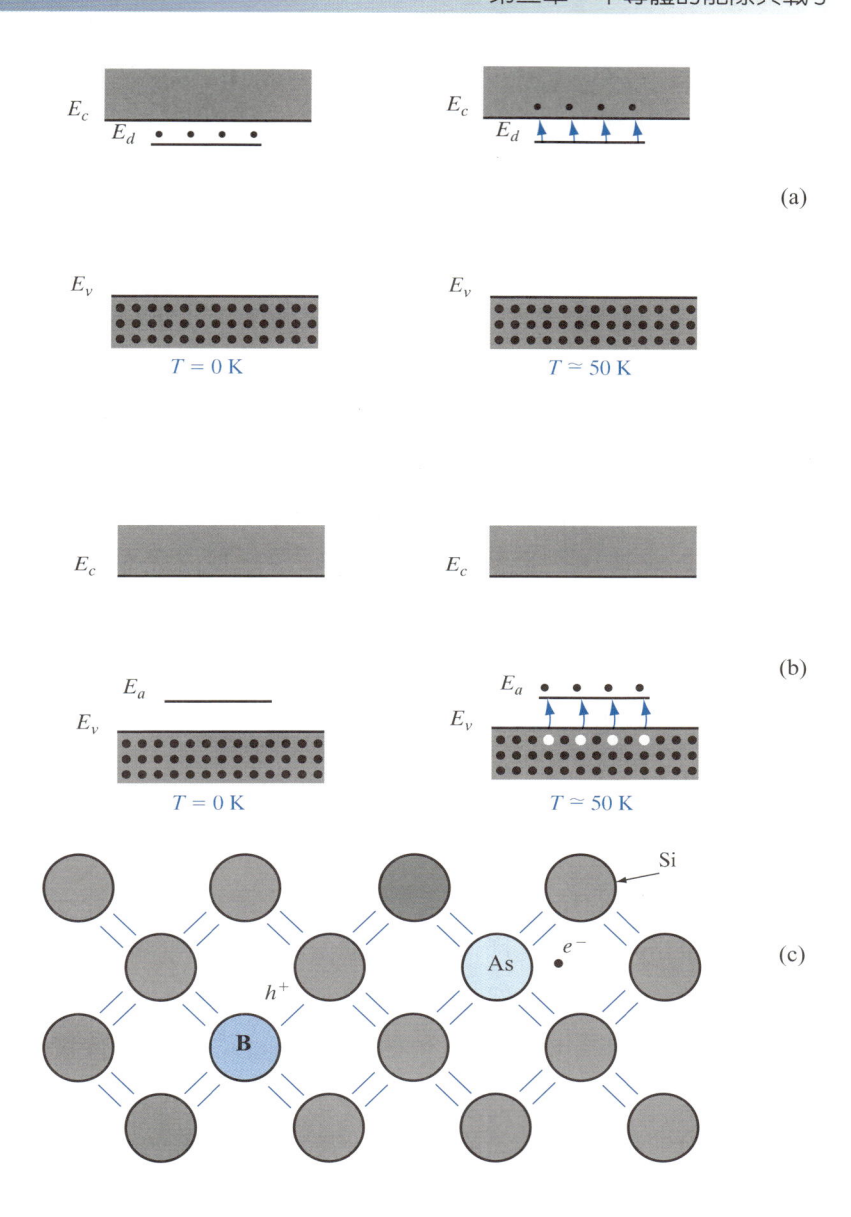

圖 3-12　半導體摻雜的能帶模型與化學鍵模型：(a) 電子之由施體雜質轉移至導帶；(b) 受體自價帶獲得電子並在價帶中產生電洞；(c) Si 共價模型中的施體與受體原子。

價帶的電子,因此對 Ge 及 Si 半導體而言,這些 III 族元素常被稱為**受體雜質** (acceptor)。由圖 3-12b 所示,這些具有受體雜質摻雜的半導體,在室溫時將具有 $p_0 \gg (n_i, n_0)$。這種半導體即前面所說之 p 型材料。

在共價鍵結模型中,我們可將施體與受體摻雜的過程視如圖 3-12c。一個 As 原子 (V 族),在 Si 晶格中,具有與周圍 Si 原子互相鍵結的四個電子外,尚有一多餘的價電子 (因為 As 具有五價)。這個多餘的電子並無法被容納在 Si 晶格的鍵結結構中,因此與原 As 原子只能具有相當微弱的吸引力,因此很小的熱能即足以使電子克服此吸引力,而被"捐獻"給整個晶格;此一電子即可自由移動而參與電流的傳導。這即是施體雜質中的電子被熱能激發到導態的定性描述 (圖 3-12a)。同理,一個 B 原子 (III 族),在 Si 晶格中,因為只具有三個價電子,無法完全填滿與周圍 Si 原子的四個鍵,因此必然會留下一個空洞 (圖 3-12c),亦即,電洞。這個電洞只需很小的熱能即足以轉移到其他原子。圖 3-12c 這種電子或電洞由一化學鍵跳躍到另一化學鍵的圖像,可提供雜質摻雜過程之直觀物理瞭解,但注意,化學鍵的看法終究是一種方便的圖像而已,圖 3-12b 能帶/能階的描述,對物理過程的分析才更為正確,也是大多數的討論中所常採用的模型。

我們現在可以很簡略的估算施體雜質第五個價電子與原子之間的**束縛能** (binding energy) (亦即,所需以激發此電子至導帶的能量)。我們可將圖 3-12c 中的 As 原子核、其深層的核電子 (core electrons),與其滿足外圍鍵結的四個價電子視為一個整體,而第五個價電子,具有較低束縛能者,視為外圍的電子。如此一來,我們就有了一個與氫原子一般類似的系統。我們即可使用前面第二章所討論的波爾模型來估算這束縛能的大小。由 (2-15) 式氫原子的電子基態能量 (**n**=1) 為

$$E = \frac{mq^4}{2K^2\hbar^2} \tag{3-8}$$

上式中 K 值的大小需由自由空間介電常數改為材料的介電常數,如

下：

$$K = 4\pi\epsilon_0\epsilon_r \qquad (3\text{-}9)$$

此處 ϵ_r 為半導體材料的相對介電常數。除此外，我們亦應該將電子質量改為半導體材料的等效質量。如我們將在 3.4.1 節中討論，等效質量其實有許多種，我們這裡應該使用的是使用於導電率的等效質量 m_n^*。

例題 3-3 3.2 節中提到共價鍵模型所產生載子局部化的錯誤印象。計算在圖 3-12c 中，電子圍繞施體運行的軌道半徑。假設矽軌道的初始狀態與氫原子相似。並將此半徑與矽的晶格常數作比較。對於矽來說 $m_n^* = 0.26 m_0$。

解 利用 (2-10) 式，就矽而言取 $n=1$，$\epsilon_r = 11.8$

$$r = \frac{4\pi\epsilon_r\epsilon_0\hbar^2}{m_n^* q^2} = \frac{11.8(8.85\times 10^{-12})(6.63\times 10^{-34})^2}{\pi(0.26)(9.11\times 10^{-31})(1.6\times 10^{-19})^2}$$

$$r = 2.41\times 10^{-9} m = 24.1 \text{ Å}.$$

注意，大於 4 倍的晶格常數 $a = 5.43$ Å

一般而言，在 Ge 半導體中，V 價元素的施體雜質，其能階大約為導帶以下 0.01 eV 左右，而 III 價元素的受體雜質，其能階大約為價帶以上 0.01 eV。對 Si 半導體而言，V 價元素的施體雜質與 III 價元素的受體雜質，其束縛能大約為 0.03 至 0.06 eV。

在 III-V 半導體中，元素週期表中 VI 族的元素，若佔據 V 價元素的位置，則成為施體雜質。如 S, Se, Te 等在 GaAs 中即為施體雜質，因為它們佔據 As 的位置且提供了一個額外的電子。同理，II 族元素 (Be, Zn, Cd) 等，當取代了 III 族元素的位置，則形成受體雜質。比較易造成混淆的情形是 IV 族元素在 III-V 半導體中的角色。當 Si 或 Ge 等四價元素加如於

GaAs 等 III-V 半導體中，若這些四價元素佔據 Ga 的位置，則為施體，若取代 As，則形成受體，這稱為**雙性** (amphoteric) 雜質。一般在 GaAs 中常使用 Si 當作施體雜質，因為在一般成長狀態 Si 較易於取代 Ga。但是 GaAs 製程成長期間，過量的 As 位置空缺引起 Si 雜質佔據 As 位置，而成為受體。

摻雜的重要性在以下我們討論 n-型半導體與 p-型半導體接面形成之元件時，就會更明顯。摻雜對材料電特性的影響程度可由材料因摻雜所導致的電阻率與電阻改變來看出。以 Si 為例，室溫時本質載子濃度 n_i 約為 10^{10} cm^{-3}，而摻雜 10^{15} cm^{-3} 的 As 後，傳導電子的濃度增加五個數量級。相對於這摻雜的過程，此 Si 半導體的電阻率由 2×10^5 Ω-cm 降低至 5 Ω-cm。

當半導體摻雜成 n-型或 p-型時，電子或電洞中之一種載子數量會遠大於另一種。如上文中摻雜 As 的 Si 中，電子的濃度將比電洞大上許多數量級。我們以下會將摻雜材料中較大濃度的載子稱為**多數載子** (majority carriers)，而較少者稱為**少數載子** (minority carriers)。如上面 n-型半導體中，電子即為多數載子，電洞為少數載子。反之，在 p-型半導體中，電洞與電子分別為多數與少數載子。

3.2.5 量子井中的電子與電洞

我們前面已討論過由摻雜雜質在能帶間隙中所造成的具有**離散** (discrete) 能量的能階 (此有別於形成連續能量分佈的能帶)，以及電子能量可連續分佈的導帶與價帶的情形。除此二者外，電子與電洞亦可由於量子拘束的關係，造成離散能量的能階。

如我們在 1.4 節中所談及，分子束磊晶 (MBE) 及有機金屬氣相磊晶 (OMVPE) 等磊晶成長技術最重要的應用即是可以將能隙不同的材料成長在一起。舉例來說，我們可以如圖 3-13 所示，將一極薄且能隙較小的 GaAs 成長於能隙較大的 AlGaAs 半導體中。在此我們即得到所謂的**異質**

結構 (heterostructure)。關於異質結構的特性，我們會在 5.8 節中詳述。但在此處我們想說的是，將電子及電洞拘束於極薄的半導體層中，就會使得這些載子表現如 2.4.3 節中所描述的**量子井中的粒子** (particle in a potential well) 一般。如同在該節中所提及，這些載子將具有如 (2-33) 式所描述的離散能量，而非一般電子或電洞在能帶所具有的連續能量分佈。這其實是第二章中所討論量子力學的最清楚明證之一。由實際應用的觀點來看，在 GaAs 量子井中的電子由導帶離散能態，如圖 3-13 中的 E_1 能態，躍遷至價帶離散能態，如圖中的 E_h，所發出的光子能量將為 $E_g + E_1 + E_h$，將比 GaAs 的能隙 E_g 來得大。以 GaAs 為例，可將所發出光子能量由近紅外區推升至紅光區。我們在以下章節還會再見到其他量子井在半導體元件上的應用。

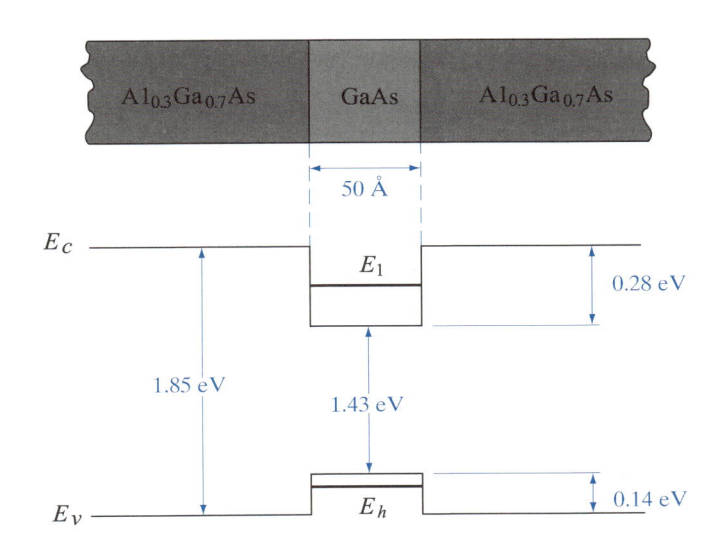

圖 3-13 薄 GaAs 夾於較高能隙的 AlGaAs 中之能帶圖。因 GaAs 很薄，在導帶及價帶上將會形成量子態。GaAs 導帶中的電子如同 "位能井內的電子" 能態，此處如 E_1 所示，而非一般的導帶能態。在量子井中的電洞亦具有不連續能階如 E_h 所示。

3.3 載子濃度

在計算半導體材料的電特性與分析元件的性質等時,我們常須知道材料中各種載子的濃度。在摻雜材料中多數載子的濃度一般是很容易知道的,因為每一摻雜雜質貢獻了一個多數載子,因此多數載子的濃度一般即為摻雜的濃度。但是少數載子的濃度就不如此明顯,同時,各種載子對溫度的關係,也需要更進一步探討。

欲求得載子濃度,我們需要先知道載子在相關能量範圍 (亦即,在導帶與價帶的能量範圍) 內的分佈機率。這樣的分佈函數並不難計算,但推導它需要統計物理上的一些基礎。因為在本書中我們所強調的主要是這些分佈函數在材料及元件上的應用,我們在此將不做推導,而是將它視為給定的結果。

3.3.1 費米能階

固體中的電子需遵守**費米-迪拉克分佈** (Fermi-Dirac statistic)[3]。費米-迪拉克分佈是由考慮粒子之不可辨認性及裹立不相容原理而得。此結果是說在平衡時,電子在某能態上的佔據機率為

$$f(E) = \frac{1}{1+e^{(E-E_F)/kT}} \qquad (3\text{-}10)$$

---

[3] 除費米-迪拉克分佈外,物理上尚有古典物理中的馬克斯威爾-波茲曼分佈及光子等所遵守的玻色-愛因斯坦分佈。對離散的能階 E_2 及 E_1 ($E_2 > E_1$),古典氣體遵守波茲曼分佈,亦即

$$\frac{n_2}{n_1} = \frac{N_2 e^{-E_2/kT}}{N_1 e^{-E_1/kT}} = \frac{N_2}{N_1} e^{-(E_2-E_1)/kT}$$

其中 n_2,n_1 為能態上粒子數;N_2,N_1 為能態數。此因子 $\exp(-\Delta E/kT)$ 又稱為波茲曼因子。此因子亦出現於費米-迪拉克分佈函數的分母項。我們在第八章中會再討論到波茲曼分佈。

其中 k 是波茲曼常數 ($k=8.62\times10^{-5}$ eV/K $=1.38\times10^{-23}$ J/K)，T 為絕對溫度。此函數 $f(E)$ 稱為費米-迪拉克分佈函數 (Fermi-Dirac distribution function)，描述電子在絕對溫度 T 時佔據能階 E 的機率大小。函數中的 E_F 稱為費米能階 (Fermi level)。我們將見到在半導體的分析中，費米能階十分重要。

$$f(E_F) = [1 + e^{(E_F - E_F)/kT}]^{-1} = \frac{1}{1+1} = \frac{1}{2} \qquad (3\text{-}11)$$

我們由上面的公式可知道，能量為費米能階的能態，被電子佔據的機率為 1/2。

更仔細的考察 $f(E)$ 函數之型式，我們可以發現，當溫度趨於 0 K 時，此分佈將變為如圖 3-14 中所示的階梯型，在 $T=0$ 的情形下，當指數項為負值 ($E < E_F$) 時，$f(E)$ 為 $1/(1+0)=1$；當指數項為正值 ($E > E_F$) 時，$f(E)$ 為 $1/(1+\infty)=0$。圖 3-14 中 0 K 階梯狀的分佈表示，在絕對零度時，能量小於 E_F 的所有能階皆被電子佔據，而能量大於 E_F 的能階，皆無電子佔據。

當溫度高於 0 K 時，有部分能量高於費米能階的能態可被電子佔據。例如圖 3-14 中的 $T=T_1$，能量大於 E_F 的能階具有 $f(E)$ 的電子佔據機

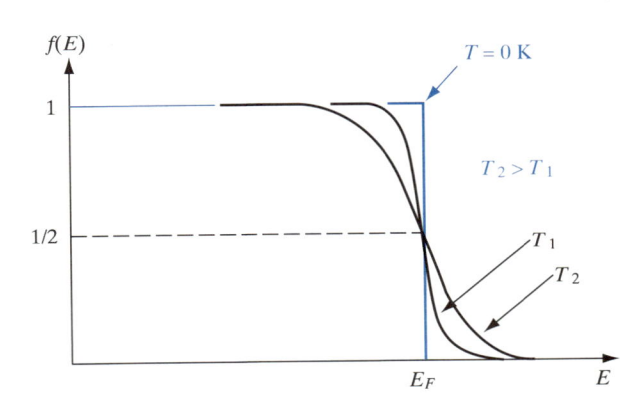

圖 3-14 費米-迪拉克分佈函數。

率，而能量小於 E_F 的能階有 $1-f(E)$ 的機率不被電子所佔據。在各溫度費米-迪拉克分佈都是以費米能階爲中心對能量"對稱"的，即 $E_F+\Delta E$ 能階被電子佔據機率 $f(E_F+\Delta E)$ 相等於 $E_F-\Delta E$ 能階不被電子佔據機率 $[1-f(E_F+\Delta E)]$。這種"對稱"性使得費米能階成爲計算電子與電洞濃度時一個自然的參考點。

　　欲使用費米-迪拉克分佈於半導體，我們應記住 $f(E)$ 是指具有能量 E 的單一個可容許 (available) 能態爲電子所佔據之機率。比如在能隙中，因爲其中本無任何可容許能態，因此，縱使費米-迪拉克分佈在該處的機率並不爲零，我們並不會在能隙中找到電子。爲了更清楚的描述這些關係，讓我們將費米-迪拉克分佈之能量改畫爲垂直軸，而將能帶圖畫於其上 (圖 3-15)。對於本質材料，因爲導帶中電子的數目必須等於價帶中電洞的機率，因此費米能階必須位於能隙的中間附近。[4]因爲對 E_F 而言，$f(E)$ 具有對稱性質，因此圖 3-15a 中擴伸到導帶內的 $f(E)$ 分佈的電子機率尾端亦對稱於價帶內 $[1-f(E)]$ 分佈的電洞機率尾端。這些分佈函數的數值大小均位於 E_v 與 E_c 之間的能隙內。但對 $f(E)$ 而言，若無電子佔據則無相對應的能態。

　　在圖 3-15 中爲了使圖更清楚，我們對 $f(E)$ 的尾端做了很大的放大。其實，對於本質材料而言，電子在 E_c 的分佈機率與電洞在 E_v 的分佈機率都是十分小的。舉例來說，對室溫的 Si 而言，$n_i=p_i\approx 10^{10}$ cm^{-3}，但是 E_v 與 E_c 的能帶密度則大約爲 10^{19} cm^{-3}。因此，電子在導帶的分佈機率 $f(E)$ 與電洞在價帶的分佈機率 $[1-f(E)]$ 都是十分小的。因爲價帶與導帶相當大的能態密度，因此 $f(E)$ 的小小變化就可造成很大的載子濃度改變。

　　在 n 型的半導體中，比較起價帶中的電洞濃度，導帶中有很高的電子濃度 (參照圖 3-12a)。於是 n 型材料分佈函數 $f(E)$ 高於其本質半導體能階的位置 (圖 3-15b)。當給定溫度，依 $f(E)$ 分佈行爲指出，n 型材料 E_c 內

---

[4] 事實上因導帶及價帶能態密度不同，E_F 與能隙眞正的中間點，其實有一小小的偏離，見 3.3.2 節。

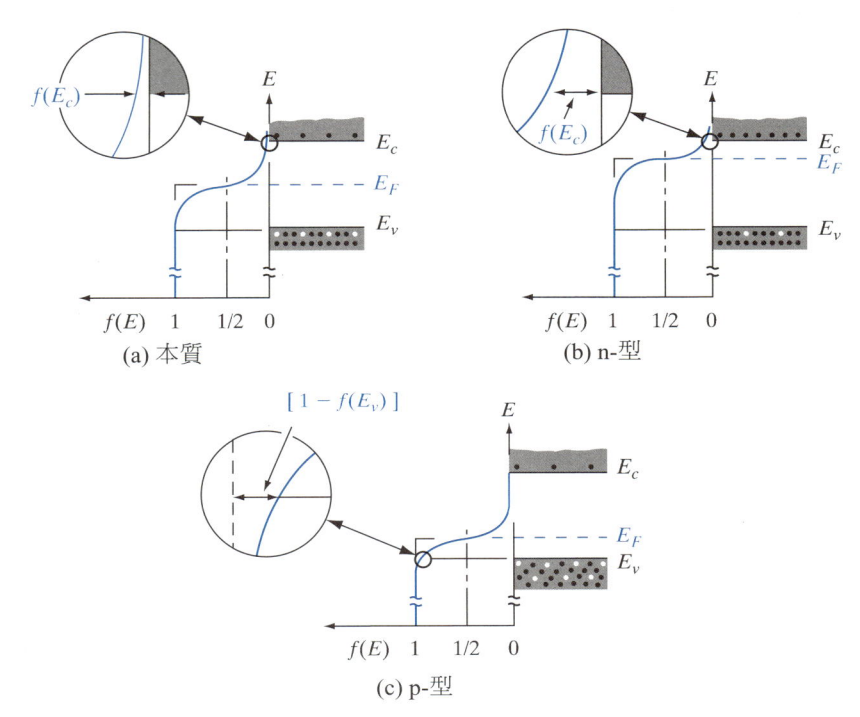

圖 3-15 半導體中的費米-迪拉克分佈函數：(a) 本質材料；(b) n 型材料；(c) p 型材料。

高濃度電子對應到 E_v 內低濃度電洞。此外亦須注意導帶內所有能階的 $f(E)$ 值隨 E_F 往 E_c 靠近而增加 (總電子濃度 n_0 亦同)。因此 $E_c - E_F$ 可以作為電子濃度大小的一種標示；我們在底下將會推導這兩者，n 與 $E_c - E_F$ 的關係。

圖 3-15c，對 p 型材料，費米能階靠近價帶，使得位於 E_v 下方的 $[1 - f(E)]$ 函數分佈的尾端大約位於 E_c 上方 $f(E)$ 函數分佈的尾端，而 ($E_F - E_v$) 差值的大小表示此材料被 p 型化的強烈程度。

在每一個能帶圖中都畫費米-迪拉克分佈是不方便的，因此一般能帶圖上都只標示費米能階在能量軸上的位置。這通常就已經足夠，因為在特定溫度時，只要知道費米能階的能量，通常就可決定該分佈的詳細狀況。

3.3.2 平衡狀態下的電子與電洞濃度

如果價帶與導帶上的可容許能態密度 [簡稱能態密度 (density of states)] 可知，則我們即可利用費米-迪拉克分佈來計算載子的濃度。例如，電子的濃度可如下計算

$$n_0 = \int_{E_c}^{\infty} f(E)N(E)dE \tag{3-12}$$

其中 $N(E)dE$ 為能量 dE 區間內的狀態密度 (cm^{-3})，電子和電洞濃度 (n_0, p_0) 中的下標 0 表示處於熱平衡時的濃度。在能量區間內單位體積電子數目為狀態密度與電子佔據機率函數 $f(E)$ 的乘積，於是總電子濃度可表示為對整個導帶的積分表示式如 (3-12) 式。[5]能態密度 $N(E)$ 可由量子力學等計算而得 (請參考附錄 IV)。

在附錄 IV 中我們證明了能帶密度與 $E^{1/2}$ 成正比，因此導帶的能帶密度隨著能量增大而變大。但是，費米迪拉克分佈隨著能量大於費米能階而變得非常小 (注意這是指數下降)，因此，兩者的乘積，$f(E)N(E)$，當能量超過於 E_c 而變大時，很快的變小，且遠離導帶邊緣上方處的能態被電子佔據的機率極小。相似地，小於 E_v 的價帶電洞分佈機率 $[1-f(E)]$ 則快速下降，大多數電洞分佈於價帶頂端，圖 3-16 說明此現象，圖中顯示狀態密度，費米能階和熱平衡時導帶和價帶能階的電子和電洞佔據數目。(假設除了熱能外，無其他激發源)。需注意，對電洞而言，能量增加代表的是能量軸往下。

(3-12) 式的積分結果如同導帶電子狀態以分佈於導帶底端 E_c 處的等效能態密度 N_c 來表示。因此導帶電子的濃度即可表為 N_c 與 E_c 處費米-迪拉克分佈函數的乘積[6]

---

[5] (3-12) 式積分上限為瑕積分，因為導帶能量不可能達到無窮能量，對計算 n_0 值而言，並無多大關係，因為當 E 愈大時 $f(E)$ 貢獻可忽略不計，且大多數電子在平衡態時位於導帶底部。

[6] (3-13) 式可由 (3-12) 式直接積分而得，如附錄 IV 中所示。(3-15) 式及 (3-19) 式已將導帶及價帶能態密度的效應含入。

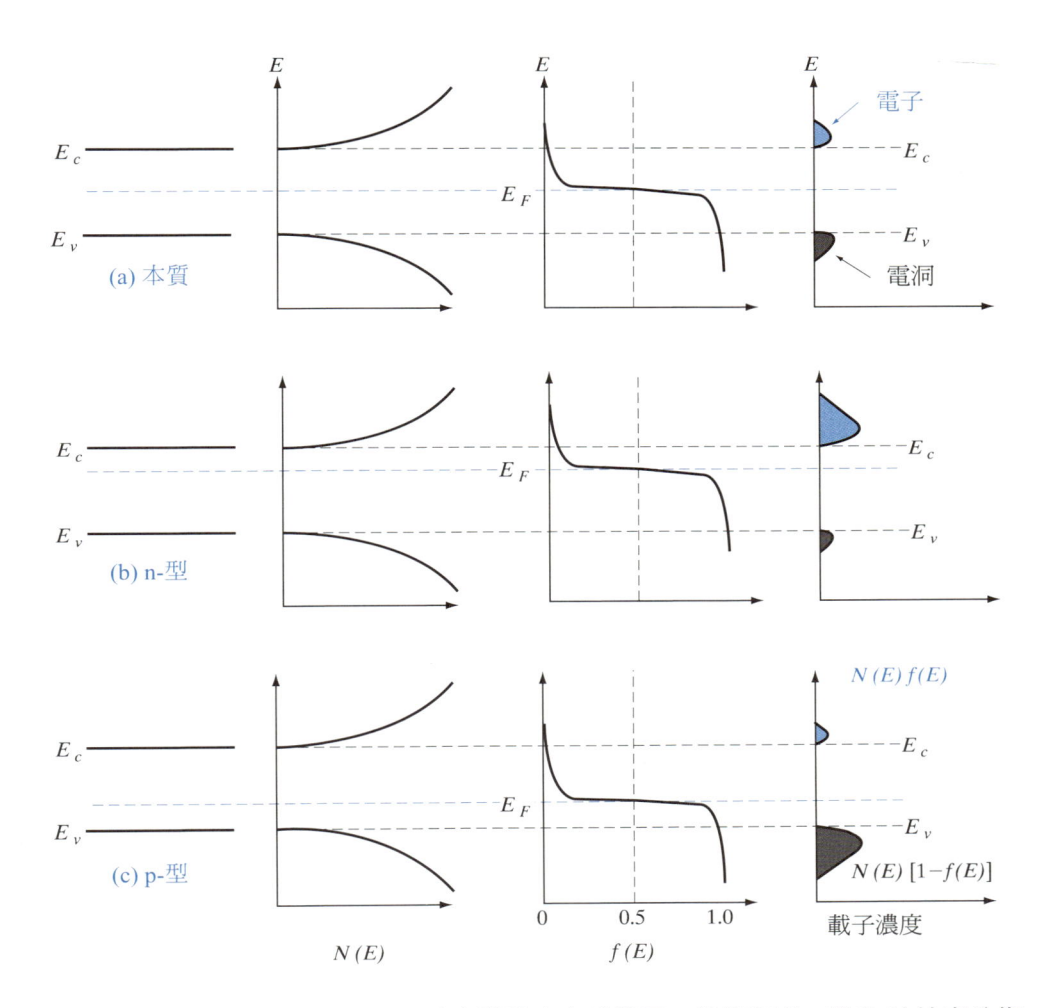

第三章　半導體的能隙與載子　**107**

圖 3-16　不同摻雜狀況下，平衡時半導體中之能帶圖、能態密度、費米-迪拉克分佈函數及載子濃度：(a) 本質材料；(b) n 型材料；(c) p 型材料。

$$n_0 = N_c f(E_c) \tag{3-13}$$

如果我們假設費米能階在 E_F 至少數 kT 以下，則 $f(E)$ 中分母的指數項遠比 1 大，因此可將 $f(E_c)$ 近似為

$$f(E_c) = \frac{1}{1 + e^{(E_c - E_F)/kT}} \simeq e^{-(E_c - E_F)/kT} \tag{3-14}$$

因為室溫時，$kT=0.026$ eV，因此上述的假設通常都是很好的近似。在這種情況下，我們可得導帶電子濃度為

$$n_0 = N_c e^{-(E_c - E_F)/kT} \tag{3-15}$$

在附錄 IV 中，我們可證明導帶的等效能態密度 N_c 為

$$N_c = 2\left(\frac{2\pi m_n^* kT}{h^2}\right)^{3/2} \tag{3-16a}$$

利用 (3-16a) 式我們可以計算不同溫度時的等效能態密度。如 (3-15) 式所顯示，電子濃度隨著 E_F 靠近 E_c 而變大，我們在討論圖 3-15b 時即已預測此一結果。

在 (3-16a) 式中，m_n^* 為電子的能態密度等效質量。現在我們考慮 3.2.2 節所提到由能帶曲率定義的等效質量與此能態密度等效質量的關係。以 Si 為例，觀察 Si 的能帶結構，可發現在其導帶上有六個沿 X 方向的導帶最低點。在每一個最低點附近畫等能量面，我們可得如圖 3-10b 所示的雪茄型 (或橢圓球型) 等能量面。因此，我們將有兩個曲率等效質量，其一為沿著橢圓球長軸的縱向等效質量，另外兩者為沿著橢圓兩相等長度短軸所對應的等效質量。因為在 (3-16a) 式中等效質量以 $(m_n^*)^{3/2}$ 的型式出現，且考慮各方向的等同性以及六個能量低點一起的貢獻，我們可得下列關係：

$$(m_n^*)^{3/2} = 6(m_l m_t^2)^{1/2} \tag{3-16b}$$

我們可輕易看出這即是曲率等效質量的幾何平均數。

例題 3-4 計算 Si 之能帶密度等效質量。

解   由附錄 III，對 Si 而言，$m_l = 0.98\ m_0$；$m_t = 0.19\ m_0$，因導帶有六等效 X 能谷，故

$$m_n^* = 6^{2/3}[0.98(0.19)^2]^{1/3} m_0 = 1.1\, m_0$$

注意：對 GaAs 而言，導帶之等能面為球面，因此只有一曲率等效質量，且因只有一能谷，故能態密度等效質量亦與之相同（$=0.067\, m_0$）。

與前面相同的推理，價帶中的電洞濃度可寫為

$$p_0 = N_v[1 - f(E_v)] \tag{3-17}$$

其中 N_v 代表價帶的等效能態密度，此能態密度可視為具有能量 E_v。由費米-迪拉克分佈，在能量 E_v 處發現電洞的機率為

$$1 - f(E_v) = 1 - \frac{1}{1 + e^{(E_v - E_F)/kT}} \simeq e^{-(E_F - E_v)/kT} \tag{3-18}$$

在這裡我們假設費米能階在 E_v 至少數 kT 以上。由這些方程式，我們可得價帶電洞的濃度為

$$\boxed{p_0 = N_v e^{-(E_F - E_v)/kT}} \tag{3-19}$$

在附錄 IV 中，我們可證明價帶的等效能態密度 N_v 為

$$N_v = 2\left(\frac{2\pi m_p^* kT}{h^2}\right)^{3/2} \tag{3-20}$$

如我們所預期的 (圖 3-15c)，電洞濃度隨著 E_F 靠近 E_v 而變大。

(3-15) 式及 (3-19) 式對於平衡時的本質及外質半導體都是正確的。因此，對於本質半導體，記其 E_F 為 E_i，(由前之討論，E_i 必處於能帶間隙之中心附近)，應用 (3-15) 式及 (3-19) 式，我們有

$$n_i = N_c e^{-(E_c - E_i)/kT}, \quad p_i = N_v e^{-(E_i - E_v)/kT} \tag{3-21}$$

又由前面 (3-15) 式及 (3-19) 式，我們可得，對特定半導體在特定溫

度，其電子與電洞濃度的乘積與摻雜無關：

$$n_0 p_0 = (N_c e^{-(E_c-E_F)/kT})(N_v e^{-(E_F-E_v)/kT}) = N_c N_v e^{-(E_c-E_v)/kT}$$
$$= N_c N_v e^{-E_g/kT} \tag{3-22a}$$

$$n_i p_i = (N_c e^{-(E_c-E_i)/kT})(N_v e^{-(E_i-E_v)/kT}) = N_c N_v e^{-E_g/kT} \tag{3-22b}$$

因為在本質材料中電子與電洞濃度相同 ($n_i = p_i$)，因此我們可將本質濃度寫為

$$n_i = \sqrt{N_c N_v}\, e^{-E_g/2kT} \tag{3-23}$$

應用這關係，前面 (3-22) 式即可寫成

$$\boxed{n_0 p_0 = n_i^2} \tag{3-24}$$

上面關係十分重要，我們在以下的各章節中將會一再的使用它。又，對 Si 在室溫而言，本質濃度大約是 $\bar{n}_i = 1.5 \times 10^{10}$ cm^{-3}。

比較 (3-21) 式及 (3-23) 式，我們可以發現只有當 $N_v = N_c$ 時，E_i 才會在能帶間隙的正中間 ($E_c - E_i = E_g/2$)。但對一般半導體而言，電子與電洞的等效能量常不相同，因此 N_v 與 N_c 也通常並不相同，如 (3-16) 式與 (3-20) 式所示。所以 E_i 通常會有少許的偏離能隙之正中心。比起 Ge 及 Si 來說，GaAs 有更大的偏離。

(3-15) 式及 (3-19) 式另一種方便的寫法如下：

$$\boxed{\begin{aligned} n_0 &= n_i e^{(E_F-E_i)/kT} \\ p_0 &= n_i e^{(E_i-E_F)/kT} \end{aligned}} \tag{3-25a}\tag{3-25b}$$

上面兩式指出當費米能階 E_F 等於本質能階 E_i 時，載子濃度即為 n_i。而當 E_F 由 E_i 往導帶移動時，電子濃度 n_0 呈指數增加。同理，E_F 由 E_i 往價帶移動時，電洞濃度 p_0 由初始值 n_i 值開始呈指數增加。因為此兩式直接表現出載子濃度的定性特性，故此兩式特別易於記憶使用。

例題 3-5 設有一摻雜 10^{17} cm^{-3} As 之 Si 樣品。試求平衡時 300 K 下之電洞濃度 p_0？此時 $E_F - E_i$ 為何？

解 因 $N_d \gg n_i$，我們可近似 $n_0 = N_d$，因此

$$p_0 = \frac{n_i^2}{n_0} = \frac{2.25 \times 10^{20}}{10^{17}} = 2.25 \times 10^3 \text{ cm}^{-3}$$

由 (3-25a) 式，我們可得

$$E_F - E_i = kT \ln \frac{n_0}{n_i} = 0.0259 \ln \frac{10^{17}}{1.5 \times 10^{10}} = 0.407 \text{ eV}$$

所得之能帶圖如下：

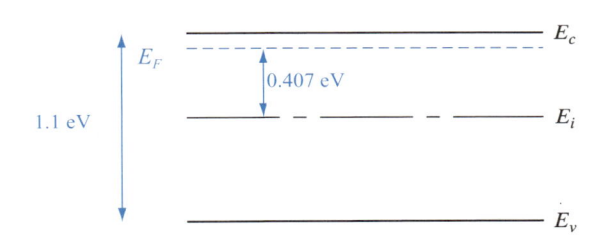

```
                                    ───────────────  E_c
           E_F  ─ ─ ─ ─ ─ ─ ─ ─ ─ ─ ─ ─ ─ ─ ─ ─ ─
                        ↕ 0.407 eV
    1.1 eV              ───── ─ ─ ─ ─ ─ ─ ─ ─  E_i


                                    ───────────────  E_v
```

3.3.3 載子濃度隨溫度變化的關係

載子濃度隨溫度的變化可使用 (3-25) 式來計算。方程式所示的載子濃度隨溫度的關係似乎相當簡單，但是，(3-25) 式中的本質濃度其實與溫度有相當強的關係，而且費米能階也會隨溫度而變。我們現在先仔細的考慮本質濃度。由 (3-23) 式、(3-16a) 式及 (3-20) 式，我們有

$$n_i(T) = 2\left(\frac{2\pi kT}{h^2}\right)^{3/2} (m_n^* m_p^*)^{3/4} e^{-E_g/2kT} \qquad \text{(3-26)}$$

$n_i(T)$ 中與溫度最主要的關係是式中的指數項，當我們畫 $\ln n_i$ 對 $10^3/T$

的關係圖,我們可得一直線 (圖 3-17)。[7]在這關係中,我們忽略了能態密度與溫度的 $T^{3/2}$ 關係,以及能帶間隙會隨著溫度而小幅度改變的兩項因

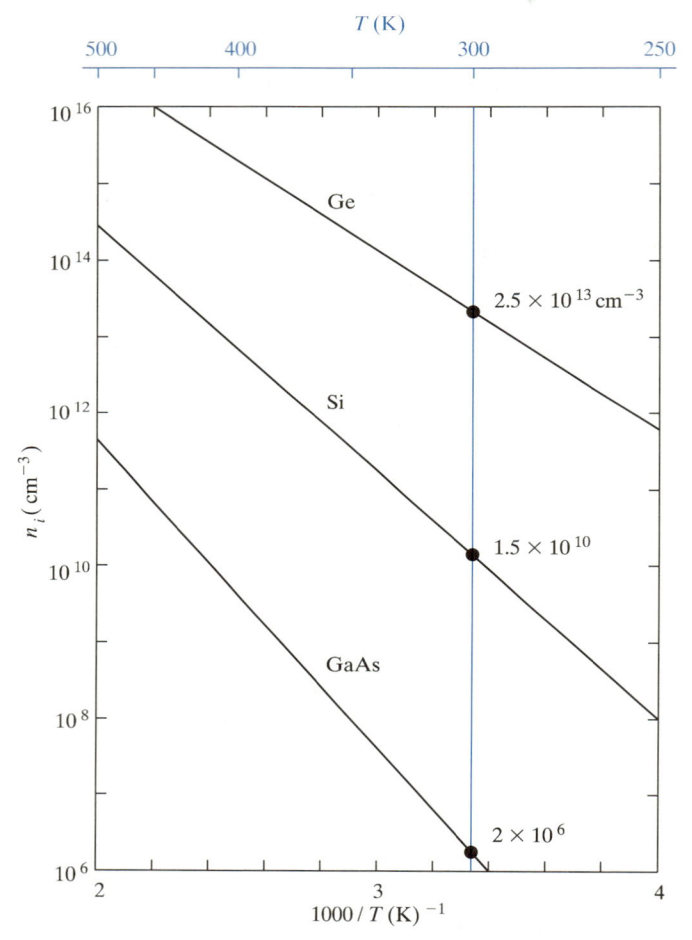

圖 3-17　不同溫度下 Ge,Si,GaAs 的本質載子濃度對溫度的變化情形。室溫的本質濃度值亦被標出以作為對照參考之用。

---

[7] 當繪製含有 Boltzmann 因子的物理量如載子濃度時,常使用溫度的倒數。因如此,含有 $1/T$ 之指數項在半對數圖中將呈現為直線關係。在看這些圖時,注意溫度由右至左而變大。

素。[8]對大多數常用的半導體而言,各溫度的本質濃度皆已被精確的量測過,因此我們可將本質濃度 n_i 視為已知,而直接利用 (3-25) 式來計算電子 n_0 與電洞 p_0 的濃度。[9]

當溫度 n_i 與本質濃度 T 為已知,則 (3-25) 式中未知的物理量僅有載子濃度與 E_F 相對於 E_i 的能量差。此兩者中之一者必先知道,另一者方能求得。比如在摻雜的半導體中,多數載子的濃度可由摻雜濃度決定,則費米能階可由 (3-25) 式求得。事實上,所量得摻雜半導體的載子濃度隨溫度的改變情形如圖 3-18 所示。在此例中,半導體是 n 型,而摻雜濃度 N_d 為 10^{15} cm^{-3}。在低溫時 (大 1/T),只有少數的電子電洞對產生,且因溫度甚低,施體雜質中的多餘電子仍束縛於施體雜質之上。當溫度上

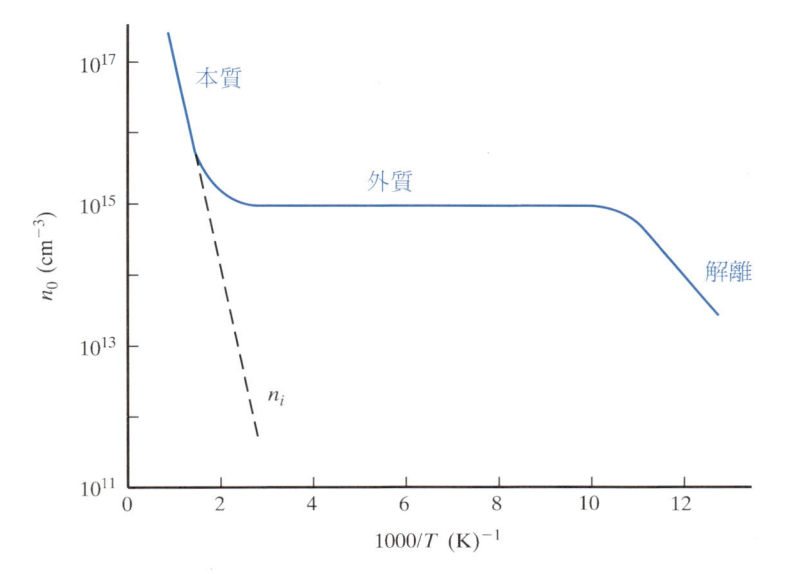

圖 3-18 摻雜 10^{15}cm^3 施體雜質的 Si 中載子濃度與溫度倒數的關係圖。

---

[8] 對 Si 而言,E_g 由 300 K 之 1.11 eV 變化到 0 K 之 1.16 eV。

[9] 在這些計算中應注意各量的單位。例如能量以 eV 為單位時,應乘以 $q(1.6×10^{-19}$ C) 才能變為焦耳 (J),此時 k 方可以使用 J/K (為單位) 之數值。反過來說,若能量以 eV 為單位,則 k 應用 eV/K 的單位。學者應記住 300 K 時 kT 為 0.0259 eV,此極有用。

升,施體雜質上的多餘電子開始解離,一直到大約 100 K 時 ($1000/T=$ 10),所有的施體雜質上的多餘電子皆已解離。此溫度區間稱為解離區 (ionization region)。當所有的施體雜質皆解離,導帶電子濃度為 n_0 . $N_d=$ 10^{15} cm^{-3},此處每個施體原子貢獻一個電子。當所有外質電子皆轉移到導帶時且本質載子濃度 n_i 與摻雜外質濃度 N_d 相當時,n_0 此時幾乎不隨溫度而改變。最後當溫度升高引起 $n_i > N_d$ 時,本質載子濃度變為主導電子電洞的主要來源。在一般元件操作中,我們常希望載子濃度是以摻雜來控制,而非以溫度來控制。因此,摻雜的濃度必須高到使元件預定的最高操作溫度仍在此外質區內。

3.3.4 雜質補償與電中性原則

前面在提及摻雜時,我們假設材料內只有施體 N_d 或只有受體雜質 N_a,故外質主要載子濃度對 n 型材料為 n_0 . N_d,或對 p 型材料為 p_0 . N_a。但事實上,半導體材料中常同時含有施體與受體雜質。如圖 3-19 所示為半導體中同時含有施體與受體雜質,但是施體雜質濃度 N_d 較受體雜質濃度 N_a 高。因為較多的施體雜質,因此半導體材料呈現 n 型,且費米能階

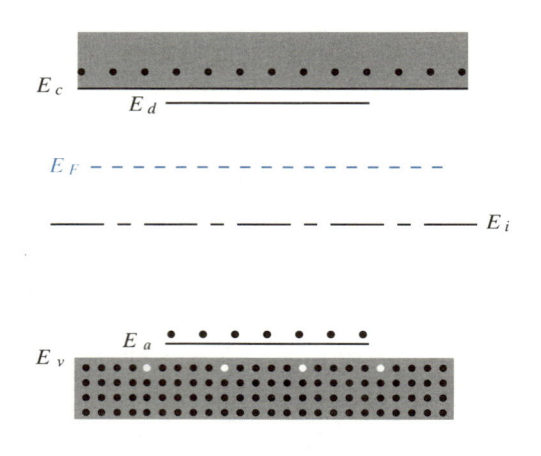

圖 3-19 n 型半導體中的雜質補償。圖中所畫為 $N_d > N_a$。

在本質能階 E_i 之上。因為費米能階遠在受體能階 E_a 之上,因此受體幾乎全為電子所填滿。但是當 E_F 高於 E_i 時,不能期望在價帶中的電洞濃度有如受體濃度的等量大小。實際上,填滿 E_a 能態的電子係來自於施體導帶。我們可如下看待此處發生的過程:受體能階接受了價帶的電子,而在價帶中形成電洞,但這些電洞隨即被導帶中的電子所復合。因此,我們預期導帶中的電子數為 N_d-N_a。我們稱這種過程為雜質**補償** (compensation)。對 n 型半導體經補償摻雜加入受體雜質使得 $N_a=N_d$ 時,則導帶內無施體電子,經由雜質補償,材料中仍有 $n_0=n_i=p_0$。當受體濃度 N_a 超過 N_d 時,此材料就變為 p 型,而電洞濃度即變為 N_a-N_d。

材料中電子、電洞、施體,與受體雜質等濃度之間的關係可由**電中性** (space charge neutrality) 原則求得。如果材料需維持電中性,則所有正電荷 (電洞與受體) 濃度須與所有負電荷 (電子與施體) 濃度相同:

$$p_0 + N_d^+ = n_0 + N_a^- \tag{3-27}$$

因此由圖 3-19,我們有

$$n_0 = p_0 + (N_d^+ - N_a^-) \tag{3-28}$$

如果材料被摻雜成 n 型,則 $n_0 \gg p_0$,且所有的雜質皆解離,因此 (3-28) 式可簡化為 $n_0 \cong N_d-N_a$。

未加入雜質前本質半導體本身之電子與電洞濃度相同,且因為我們所加入的雜質為電中性,因此在平衡時,材料必須遵守電中性原則 (3-27) 式。雜質加入後,(3-25) 式與 (3-27) 式皆須適合。由此兩方程式我們即可決定電子與電洞濃度。

3.4 電場與磁場中的載子漂移

在計算半導體在電場或磁場所產生的電流時,我們必須知道半導體中載子的濃度，但除此之外，我們也必須考慮這些載子與晶格及雜質等的碰撞等散射機制。這些機制影響電子與電洞流經晶體的容易與否，亦即，它們在晶體中的**移動率** (mobility)。如我們易於預期的，這些碰撞與散射等皆與溫度相關，因為溫度影響著晶格中原子的熱運動與載子的速度。

3.4.1　導電率及遷移率

固體中的帶電載子都是經常性的在運動著，即使在熱平衡中亦然。例如在室溫時，單一電子可視為與晶格原子振動、雜質、其他電子，或晶格缺陷等或許隨機散射 (圖 3-20a)。因為散射是隨機的，因此一群電子在一段時間的平均都不會有淨移動。但這對某一特定電子而言，當然不正確。如圖 3-20a 所示，電子在某段時間後，經由散射機制返回原處的機率是非常小的。但當考慮大量的電子 (10^{16} cm^{-3}) 一起時，則因為無任何優先特定的運動方向，因此平均淨位移及其所造成的淨電流均為零。

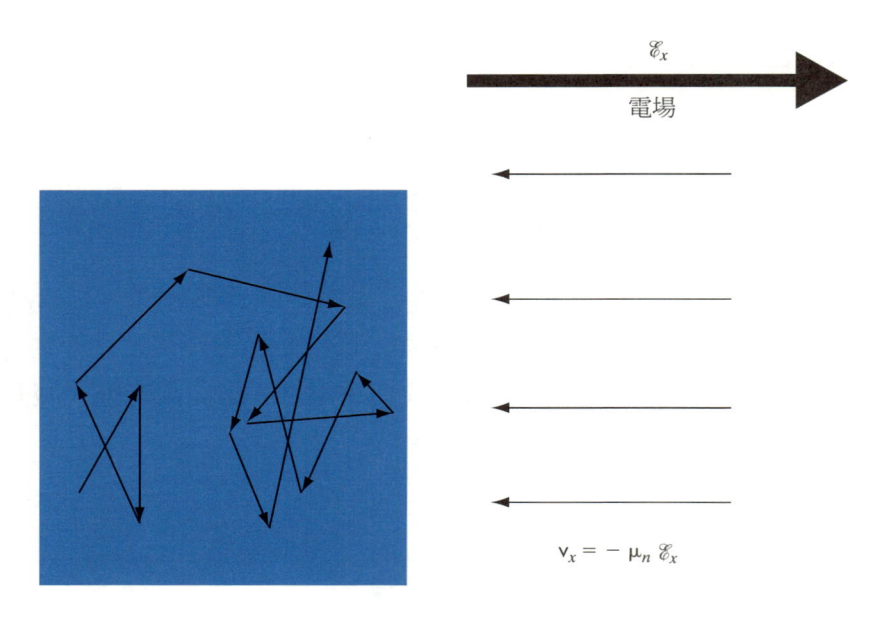

$\mathscr{E}_x$
電場

$v_x = -\mu_n \mathscr{E}_x$

圖 3-20　(a) 固體中電子的隨機熱運動。(b) 外加電場造成固定方向的漂移速度。

現在考慮有一 x 方向的外加電場 $\mathcal{E}_x$。在這電場中，每一電子都會感受到電場所施加的力 $-q\mathcal{E}_x$。此力可能無法大到顯著的改變個別電子隨機的運動路徑，但與前段相同的，若考慮一群 (n 電子/cm^3) 電子的平均運動，我們將發現這一群電子就具有在 $-x$ 方向的淨運動 (圖 3-20b)。如果記 p$_x$ 為這一群電子的總動量之 x 分量，則此一群電子的運動方程式為

$$-nq\mathcal{E}_x = \left.\frac{d\mathrm{p}_x}{dt}\right|_{\text{field}} \qquad (3\text{-}29)$$

(3-29) 式似乎表示這一群電子將沿著 $-x$ 方向做連續加速的運動，但事實上，因為碰撞 [或更廣泛的稱呼，散射 (scattering)] 所造成的減速，電子將會達到一不變的速度。因此，雖然電場 $\mathcal{E}_x$ 會造成這個別電子加速，但是在整體平均及電流維持穩態的情況下，這一群電子動量的改變率卻是 0。

為了研究由碰撞造成的動量改變率，我們必須進一步的研究碰撞率。如果碰撞確實是隨機的，我們將預期任何時間個別電子的碰撞機率皆相同。假設在 $t=0$ 時由 N_0 個電子開始，在時間 t 時，尚有 $N(t)$ 個電子尚未經歷到碰撞。因為每一電子在任何時間的碰撞機率皆相同，因此此一群電子的碰撞率將與尚未碰撞的電子數呈正比：

$$-\frac{dN(t)}{dt} = \frac{1}{\bar{t}} N(t) \qquad (3\text{-}30)$$

上式中 $N(t)$ 的係數 $\bar{t}^{-1}$ 僅是比例常數。

我們對 (3-30) 式求解可得下列指數函數

$$N(t) = N_0 e^{-t/\bar{t}} \qquad (3\text{-}31)$$

其中 $\bar{t}$ 代表了兩次碰撞間的平均時間，[10]因此常被稱為**平均自由期** (mean

---

[10] (3-30) 式及 (3-31) 式為隨機事件發生之典型。這些方程式亦常出現於物理和工程領域中，例如不穩定核子同位素的放射性衰變，N_0 個原子核在平均生命期 $\bar{t}$ 後呈現指數衰減。其他例子如半導體光吸收和過量電子電洞對的復合現象，將在本書後面內容提及。

free time)。任何一電子在 dt 內受到碰撞的機率為 $dt/\bar{t}$，因此在 dt 時間內，它在 x 方向動量的改變為

$$d\mathsf{p}_x = -\mathsf{p}_x \frac{dt}{\bar{t}} \tag{3-32}$$

因此由於碰撞造成的動量改變率為

$$\left.\frac{d\mathsf{p}_x}{dt}\right|_{碰撞} = -\frac{\mathsf{p}_x}{\bar{t}} \tag{3-33}$$

如前所述，在穩定電流時，由於電場造成的動量增加率必須與碰撞造成的動量改變(損失)率相等，因此由 (3-29) 式與 (3-33) 式，我們有

$$-\frac{\mathsf{p}_x}{\bar{t}} - nq\mathscr{E}_x = 0 \tag{3-34}$$

因此每一電子的平均動量為

$$\langle \mathsf{p}_x \rangle = \frac{\mathsf{p}_x}{n} = -q\bar{t}\mathscr{E}_x \tag{3-35}$$

上式中三角括弧代表的是一群電子平均而得的意思。由 (3-35) 式我們可以看出，**平均而言**，電子在 $-x$ 方向將有一淨速度：

$$\langle \mathsf{v}_x \rangle = \frac{\langle \mathsf{p}_x \rangle}{m_n^*} = -\frac{q\bar{t}}{m_n^*}\mathscr{E}_x \tag{3-36}$$

需注意上面的速度是平均而得的，個別電子仍是在各個方向做隨機的熱運動。但 (3-36) 式告訴我們，平均而言，這些電子將會具有一個由電場造成的平均速度。我們稱這個由電場造成的速度為**漂移速度** (drift velocity)。應注意，一般而言，漂移速度遠比個別電子熱運動 v_{th} 的速度小得多，但是前者對整群電子的平均不是零，後者平均後卻為零。

由淨漂移造成的電流密度正是指一群電子在單位時間通過單位截面積的數目 ($n\langle \mathsf{v}_x \rangle$) 與電子電荷量 ($-q$) 的乘積：

$$J_x = -qn\langle v_x\rangle$$
$$\frac{\text{安培}}{\text{cm}^2} = \frac{\text{庫侖}}{\text{電子}} \cdot \frac{\text{電子}}{\text{cm}^3} \cdot \frac{\text{cm}}{\text{s}}$$
(3-37)

由 (3-36) 式的平均速度,我們可得

$$J_x = \frac{nq^2\bar{t}}{m_n^*}\mathcal{E}_x \tag{3-38}$$

因此,如我們由歐姆定律所預期一般,電流密度與外加電場成正比:

$$J_x = \sigma\mathcal{E}_x \text{,其中 } \sigma \equiv \frac{nq^2\bar{t}}{m_n^*} \tag{3-39}$$

導電率 $\sigma(\Omega\text{-cm})^{-1}$ 可寫為

$$\sigma = qn\mu_n \text{,其中 } \mu_n \equiv \frac{q\bar{t}}{m_n^*} \tag{3-40a}$$

上式中的 μ_n 稱為**電子移動率** (electron mobility),它標示電子在材料中因應外加電場漂移的難易程度。電子移動率是分析材料與元件量測中十分重要的參數。

此處 m_n^* 為電子的導電率等效質量,這與前面在 (3-16b) 式所談的能態密度等效質量並不相同。我們使用能態密度等效質量來計算能帶中的電子數,但我們在計算導電率時必須使用**導電率等效質量** (conductivity effective mass)。導電率等效質量亦可由 3.2.2 節中所描述的 E-k 曲率等效質量推導出。以 Si 為例,觀察 Si 的導帶上六個沿 X 方向的導帶最低點。在每一個最低點附近畫等能量面,我們可得如圖 3-10b 所示的雪茄型 (或橢圓球型) 等能量面。因此,我們將有兩個曲率等效質量,其一為沿著橢圓球長軸的縱向等效質量 m_l,另外兩者為沿著橢圓兩相等長度短軸所對應的等效質量 m_t (圖 3-10b)。因為在 (3-40a) 式中等效質量以 $1/m_n^*$ 的型式出現,且考慮各方向的等同性以及六個能量低點一起的貢獻,我們可得

下列關係：

$$\frac{1}{m_n^*} = \frac{1}{3}\left(\frac{1}{m_l} + \frac{2}{m_t}\right) \quad \text{(3-40b)}$$

我們可輕易看出這即是曲率等效質量的調和平均數。

例題 3-6 計算 Si 之導電率等效質量。

解 由附錄 III，對 Si，$m_l = 0.98\, m_0$；$m_t = 0.19\, m_0$。
因導帶有 6 個相等 X 能谷，故

$$1/m_n^* = 1/3(1/m_x + 1/m_y + 1/m_z) = 1/3(1/m_l + 2/m_t)$$

$$1/m_n^* = \frac{1}{3}\left(\frac{1}{0.98\, m_0} + \frac{2}{0.19\, m_0}\right)$$

$$m_n^* = 0.26\, m_0$$

注意：對 GaAs 而言，導帶上等能面為球形，故只有一曲率等效質量，且能態密度等效質量與導電率等效質量與之皆同 ($0.067\, m_0$)。

由 (3-40a) 式所定義的電子移動率為單位電場強度下電子的平均漂移速度。比較 (3-36) 式與 (3-40a) 式，我們有

$$\mu_n = -\frac{\langle v_x \rangle}{\mathcal{E}_x} \quad \text{(3-41)}$$

如 (3-41) 式所示，電子移動率的單位為 (cm/s)/(V/cm) = cm^2/V-s。(3-41) 式中的負號是因為電子帶負電荷，因此電子漂移方向與電場相反，而我們一般定義移動率為正數的緣故。

利用移動率我們可將電流密度寫為

$$J_x = qn\mu_n \mathcal{E}_x \quad \text{(3-42)}$$

上面的推導中，我們假設傳導電流的載子皆為電子。若考慮電洞，則我們應將 n 改為 p，將 $-q$ 改為 q，將 μ_n 改為 μ_p，其中 $\mu_p = \langle v_x \rangle / \mathcal{E}_x$，為電洞的移動率。如果電子與電洞在傳導電流中皆有貢獻，則 (3-42) 式應修改如下：

$$J_x = q(n\mu_n + p\mu_p)\mathcal{E}_x = \sigma \mathcal{E}_x \quad (3\text{-}43)$$

附錄 III 中表列著許多常見的半導體中之電子與電洞移動率。由 (3-40) 式，決定移動率的參數為載子的等效質量 m^* 與平均自由期 $\bar{t}$。如 (3-3) 式所描述，等效質量是由物質的能帶結構所決定。於是可以預期在圖 3-6 中位於 GaAs 導帶中大曲率 Γ 能階的最低點的載子有較小的等效質量 m_n^*，且載子移動率 μ_n 值較高。在較平穩曲率能帶，則等效質量 m^* 值較大，由 (3-40) 式知將有較小的移動率。因此很合理的預期較輕粒子比較重粒子有較佳的移動率 (因為等效質量的觀感並未如此明顯易見)。決定移動率的另一因子為平均自由期，我們將在 3.4.3 節中看到，平均自由期主要與溫度及半導體中的雜質濃度有關。

3.4.2 電場遷移與電阻

在本節我們更仔細來探討電子與電洞的漂移。考慮如圖 3-21 所示的條狀半導體結構，假設其中同時含有電子與電洞，則此半導體的導電率由 (3-43) 式所給定。因此，此結構的電阻為

$$R = \frac{\rho L}{wt} = \frac{L}{wt}\frac{1}{\sigma} \quad (3\text{-}44)$$

其中 ρ 為電阻率 (resistivity) (Ω-cm)。由前面所討論載子漂移，我們知道整體電洞沿著電場方向漂移，而電子則反電場方向運動。在電場作用下，傳統電流定義的方向與電子流方向相反，但和電洞流方向相同。因為我們假設條狀結構的半導體是均勻的，因此由 (3-43) 式所示的電流密度在條狀結構中的任一點皆是不變。在半導體與金屬接面以及結構外線路中，電流也是由電子或電洞所傳導的。我們在這裡假設半導體與金屬

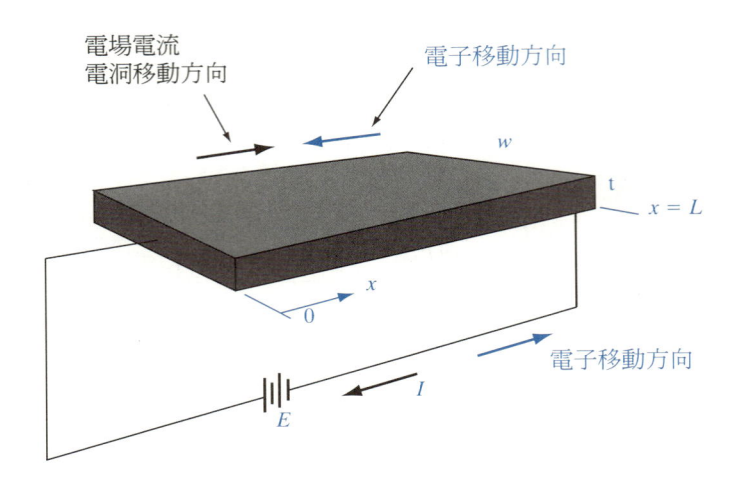

圖 3-21 半導體條狀結構中電子與電洞的漂移。

的接面 (圖 3-21) 是**歐姆 (ohmic)** 接面,亦即,這些接面是電子與電洞理想的源 (source) 及出處 (sink),且無特殊注入或聚集任何一種載子的傾向 [3]。

如果我們假設在外電路中電流只要是由電子所傳導,則我們可想像電子由條狀結構的一端流入半導體,而由另一端流出,其方向與電流方向相反。如圖 3-21 所示,在 $x=0$ 處每流出一電子,必然有一電子流入 $x=L$ 端,因此電子濃度始終保持固定。但電洞的傳播又如何?當一半導體中的電洞抵達 $x=L$ 處,它必須與一由外電路來的電子復合,此時在 $x=0$ 處必須有另一電洞產生以維持樣品的電中性。我們常可以將此一電洞來源想像為在 $x=0$ 處的電子電洞對產生,此產生的電洞進入半導體結構中,而電子則流入外線路中。

3.4.3 溫度及摻雜對遷移率的影響

影響移動率的兩個主要載子散射機制為**晶格散射 (lattice scattering)** (更精確的說法是聲子散射) 與**雜質散射 (impurity scattering)**。晶格散射是指載子在晶體中移動時,被由溫度所造成的晶格振動所散射。[11]晶格散射

---

[11] 原子在晶體中群體的振盪叫做聲子。因此,晶格散射又稱做聲子散射。

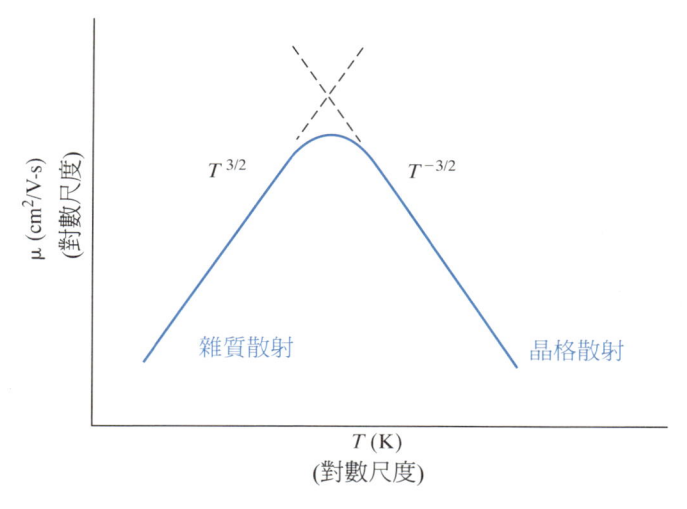

圖 3-22 半導體中移動率的近似溫度關係。圖中只考慮了晶格散射與雜質散射等兩機制。

的頻率隨溫度上升而增加，因為在高溫時晶格的熱擾動較大。因此當溫度上升時，載子的晶格散射將增加，因此高溫時載子移動率將降低。(圖 3-22) 反之，在低溫時，晶格散射率較小，載子移動率主要由晶格缺陷，如解離帶電的雜質等所決定。因為在低溫時載子速度較低，而較低速度(或較低動量) 的載子，較易為帶電雜質所散射，因此在低溫的一邊時，載子的移動率亦將降低。較深入的理論可以求得，如圖 3-22 所示的趨勢，載子移動率在高溫時，由於晶格散射，隨著 $T^{-3/2}$ 而下降，而在低溫時，因為雜質散射的關係，隨 $T^{3/2}$ 而改變。圖 3-22 所示的趨勢可如下理解：因為散射率與移動率之倒數成正比，且因獨立散射機制所造成的散射率可直接相加，因此，由多個散射機制所造成的整體移動率可寫為：

$$\frac{1}{\mu} = \frac{1}{\mu_1} + \frac{1}{\mu_2} + \ldots \tag{3-45}$$

因此，最大散射率，或最低移動率的機制就成為瓶頸限制的機制，如圖 3-22 所示。

當雜質缺陷的濃度增加時，在較高溫時雜質散射的重要性也會增加。舉例來說，在 300 K 時本質 Si 中的電子移動率為 1350 cm^2/V-s，但當摻雜增高至 10^{17}cm^{-3} 時，電子移動率則為 700 cm^2/V-s。因此可知這些雜質的確引入了相當重要的載子散射效應。圖 3-23 所示為室溫時載子移

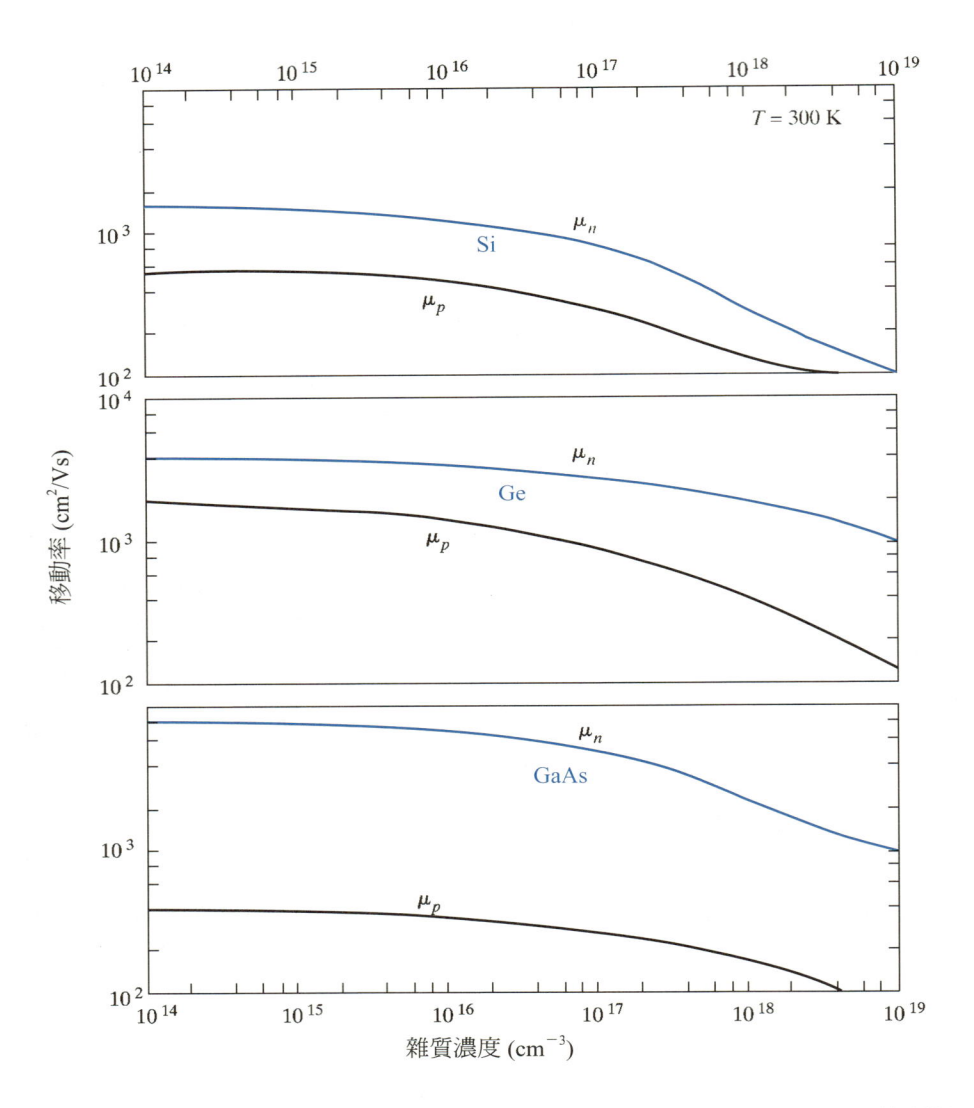

圖 3-23　300 K 時，Ge，Si 與 GaAs 載子移動率與總摻雜濃度 ($N_a + N_d$) 的關係。

動率隨雜質濃度增加而下降的情形。

例題 3-7 有一 0.1 公分長矽晶棒，截面積為 100 μm^2，摻雜濃度為 10^{17}cm^{-3} 的磷。計算在 300 K 時，外加偏壓 10 V 下的電流。

解 在這個外加偏壓下，電場夠低，因此仍舊在歐姆定理的適用範圍，由圖 3-23 得知在這個摻雜濃度下的遷移率 $\mu_n = 700$ cm^2/V-s。

$$\sigma = q\mu_n n_0 = 1.6 \times 10^{-19} \times 700 \times 10^{17} = 11.2(\Omega \cdot cm)^{-1} = \rho^{-1}$$
$$\rho = 0.0893 \, \Omega \cdot cm$$
$$R = \rho L/A = 0.0893 \times 0.1/10^{-6} = 8.93 \times 10^3 \Omega$$
$$I = V/R = 10/(8.93 \times 10^3) = \mathbf{1.12 \ mA}$$

3.4.4 高電場效應

推導 (3-39) 式的一個內在假設是歐姆定律對載子漂移過程皆可適用。亦即，我們假設了漂移電流 (σ) 與外加電場 ($\mathscr{E}$) 成正比，或者說，漂移電流與電場的比例常數與外加電場無關。此假設對相當大範圍的電場強度確實是可用的，但是在大電場 (> 10^3 V/cm) 的情形下，漂移速度和其所產生的電流 $J = -qn\mathrm{v}_d$ 顯現出電場次線性相關行為。這種效應是所謂熱載子 (hot carrier) 效應的一例，在此熱載子之意義是指，載子的漂移速度已與熱速度相當。

在許多情況下，我們可發現載子的漂移速度在高電場時會達到一極限 (圖 3-24)。此一極限速度大約相當於平均熱速度 ($\cong 10^7$ cm/s)。在達到此極限速度時，電場加於物理系統的能量將大部分傳遞給晶格，而不是加於載子之上。此一散射所造成極限速度 (scattering limited velocity) 之一重要結果是，在高電場時，電流將漸趨於不變。這種行為對 Si，Ge 及一些其他的半導體中皆是相當典型的。但是在其他的材料上亦有其他重要效應會產生，比如說對 GaAs 等半導體，我們將看到高電場時，電流反而

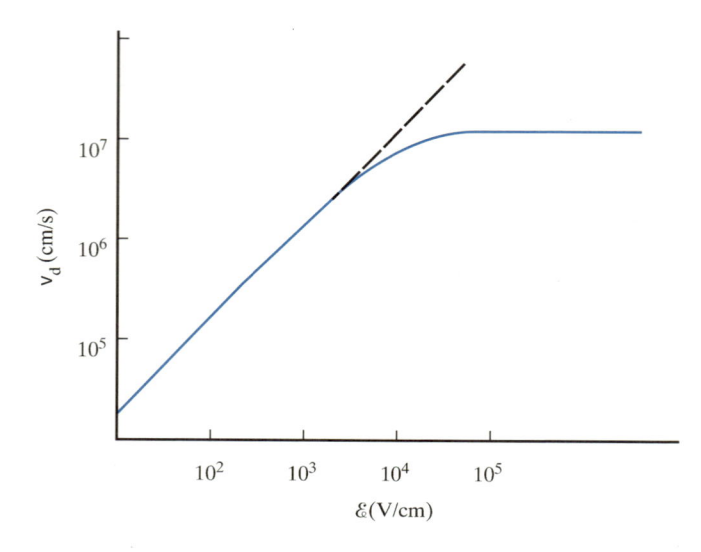

圖 3-24　Si 中高電場時，電子漂移速度的飽和效應。

會減少 (decrease)，因此將有一負導電率與電流不穩定現象產生，這些我們在第十章中將再討論。另一重要的高電場效應是累增效應，這一點我們將在第 5.4.2 節中討論。

3.4.5　霍爾效應

考慮一由 p 型半導體所製作的條型結構，在一垂直此條型結構的磁場下，電洞的運動路徑將會受此磁場的影響所彎曲 (圖 3-25)。使用向量的符號我們可以將加於單一電洞的電磁力 (即所謂勞倫茲力) 寫為

$$\mathbf{F} = q(\mathcal{E} + \mathbf{v} \times \mathcal{B}) \tag{3-46}$$

在 y 方向，此力的分量為

$$F_y = q(\mathcal{E}_y - v_x \mathcal{B}_z) \tag{3-47}$$

由上面 (3-47) 式可看出，除非有另一沿著條狀結構寬度方向的電場 $\mathcal{E}_y$ 被建立，否則電洞將受到在 y 方向的淨力 (即加速度)，淨力大小為 $qv_x\mathcal{B}_z$

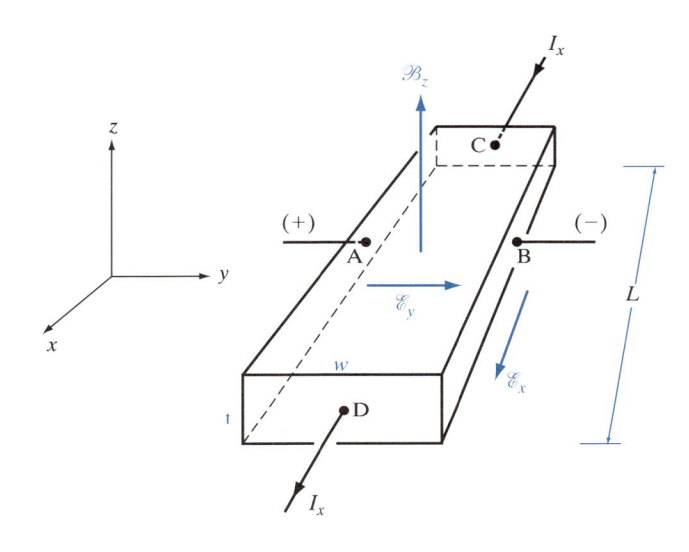

第三章 半導體的能隙與載子 **127**

圖 3-25 霍爾效應。

之乘積。因此，為了維持沿著條狀結構長度方向的穩定電洞流，須要求電場 $\mathcal{E}_y$ 等於 $v_x \mathcal{B}_z$ 之乘積：

$$\mathcal{E}_y = v_x \mathcal{B}_z \tag{3-48}$$

此時淨力為零。當此電場被建立以後，後續流動的電洞即不再受到 y 方向的淨力。一旦電場 $\mathcal{E}_y$ 等於 $v_x \mathcal{B}_z$ 後，沿著條狀結構移動的電洞將不再感受到縱向力。此磁場下感生之電場 $\mathcal{E}_y$，即稱為霍爾效應 (Hall effect)，所相對建立的電位差稱為霍爾電壓 (Hall voltage) $V_{AB} = \mathcal{E}_y w$。使用 (3-37) 式漂移速度的公式 (電洞電荷為 $+q$，濃度為 p_0)，則 $\mathcal{E}_y$ 可表示為：

$$\mathcal{E}_y = \frac{J_x}{qp_0}\mathcal{B}_z = R_H J_x \mathcal{B}_z, \quad R_H \equiv \frac{1}{qp_0} \tag{3-49}$$

因此，霍爾電場與電流密度及磁場之強度成正比。其比例常數 $R_H = (qp_0)^{-1}$ 稱為霍爾係數 (Hall coefficient)。由上面的討論可知，在特定的電流與磁場下量測霍爾電壓即可求出電洞濃度 p_0。

$$p_0 = \frac{1}{qR_H} = \frac{J_x \mathcal{B}_z}{q\mathcal{E}_y} = \frac{(I_x/wt)\mathcal{B}_z}{q(V_{AB}/w)} = \frac{I_x \mathcal{B}_z}{qtV_{AB}} \qquad (3\text{-}50)$$

因為上面 (3-50) 式右邊的物理量皆可由實驗量得，因此霍爾效應可用以決定樣品內載子的濃度。

對一條狀的樣品，只要電阻量得，樣品的電阻係數就可求出：

$$\rho(\Omega\text{-cm}) = \frac{Rwt}{L} = \frac{V_{CD}/I_x}{L/wt} \qquad (3\text{-}51)$$

因為導電率 $\sigma = 1/\rho = q\mu_p p_0$，因此移動率可以簡單的表示為霍爾係數與電阻係數之比值：

$$\mu_p = \frac{\sigma}{qp_0} = \frac{1/\rho}{q(1/qR_H)} = \frac{R_H}{\rho} \qquad (3\text{-}52)$$

在不同的溫度量測霍爾係數與電阻係數，我們即可求得樣品在這些溫度範圍內的多數載子濃度及移動率。這些量測對半導體材料的分析是十分重要的。在此我們要註明，雖然我們上面所談的皆以 p 型半導體為例，但改成 n 型半導體，上面的討論仍然適用。但因為電子帶的電荷為負，因此，所量得的霍爾係數 R_H 與霍爾電壓 V_{AB} 皆為負。事實上，量測霍爾電壓的正負，正是用以決定半導體材料內多數載子種類的常用技術。

例題 3-8 參考圖3-25，考慮一半導體棒，$w = 0.1$ mm，$t = 10$ μm，$L = 5$ mm。$\mathcal{B} = 10$ kg，方向如圖所示 (1 kG $= 10^{-5}$ Wb/cm^2)，電流為 1 mA，$V_{AB} = -2$ mV，$V_{CD} = 100$ mV。請判斷半導體多數載子的類型，濃度和遷移率。

解 $\mathcal{B}_z = 10^{-4}$ Wb/cm^2

由 V_{AB} 的正負號，可以判斷多數載子為電子

$$n_0 = \frac{I_x \mathcal{B}_z}{qt(-V_{AB})} = \frac{(10^{-3})(10^{-4})}{1.6 \times 10^{-19}(10^{-3})(2 \times 10^{-3})} = 3.125 \times 10^{17} \text{ cm}^{-3}$$

$$\rho = \frac{R}{L/wt} = \frac{V_{CD}/I_x}{L/wt} = \frac{0.1/10^{-3}}{0.5/0.01 \times 10^{-3}} = 0.002 \; \Omega \cdot \text{cm}$$

$$\mu_n = \frac{1}{\rho q n_0} = \frac{1}{(0.002)(1.6 \times 10^{-19})(3.125 \times 10^{17})} = \mathbf{10{,}000 \; cm^2 (V \cdot s)^{-1}}$$

3.5 平衡時各處費米能階之均等性

在本章中我們討論了同質半導體結構，這裡所謂同質即指由同一種半導體所組成，無摻雜濃度及型別 (p 型與 n 型) 的改變，亦不含不同材料接面等。在以下各章中，我們將會討論包含不同的摻雜濃度、不同的摻雜型別、不同半導體間或金屬與半導體間的接面等，所造成的結構特性。這些不同的結構在使用半導體以製作各種電子或光電元件是至為重

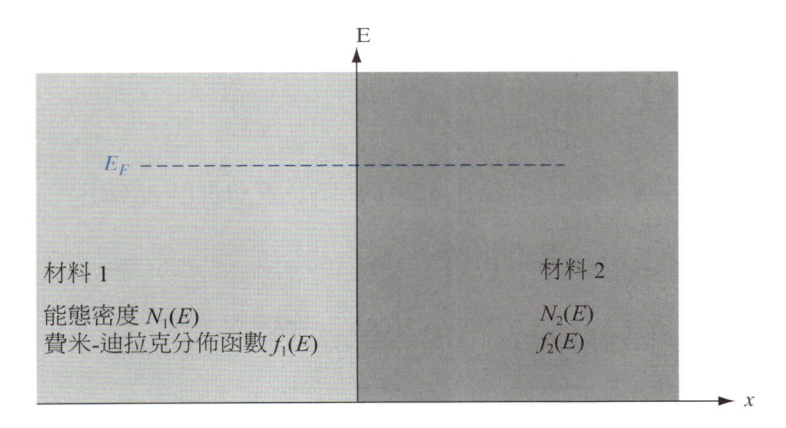

圖 3-26 平衡時兩緊鄰的材料。因為淨電子流為零，因此兩材料中的費米能階必須相等。

要的。在未討論這些不同的結構之前，我們將先討論由於平衡的條件所得到的一項重要觀念，亦即，在**平衡狀態時，在不同位置的費米能階皆須相同，而不能有不連續或斜率不為零的情況**。

為了說明上面這一點，讓我們想像有一個由兩種材料所構成的相連結構 (圖 3-26)，在此相連表示在其上的電子可自由穿過兩者的接面。這兩種材料可以是不同的半導體，或是不同型摻雜的同種半導體、金屬與半導體，或者是摻雜濃度不同的同種類半導體。這各種材料皆各具有一費米-迪拉克分佈與能態密度來描述其上電子的分佈。

在平衡時，因此結構上無電流流動，亦無能量流動。因此在圖 3-26 中的每一能量 E，由材料 1 流至材料 2 的電子數必然與由材料 2 流至材料 1 的電子數相等。我們記材料 1 中能量 E 的能態密度為 $N_1(E)$，而材料 2 中能量 E 的能態密度為 $N_2(E)$。由材料 1 流至材料 2 的電子流應正比於材料 1 中有電子佔據的能態數，與材料 2 中未被電子佔據的能態數，之乘積，亦即，

$$\text{由材料 1 至材料 2 之電子流} \propto N_1(E)f_1(E) \cdot N_2(E)[1 - f_2(E)] \tag{3-53}$$

此處 $f(E)$ 為材料內電子填滿至能量 E 的能態機率，即 (3-10) 式所表示的費米-迪拉克分佈函數。同理，

$$\text{由材料 2 至材料 1 之電子流} \propto N_2(E)f_2(E) \cdot N_1(E)[1 - f_1(E)] \tag{3-54}$$

在平衡時，兩者應相同

$$N_1(E)f_1(E) \cdot N_2(E)[1 - f_2(E)] = N_2(E)f_2(E) \cdot N_1(E)[1 - f_1(E)] \tag{3-55}$$

重組上面方程式，我們可得，

$$N_1 f_1 N_2 - N_1 f_1 N_2 f_2 = N_2 f_2 N_1 - N_2 f_2 N_1 f_1 \tag{3-56}$$

由上式我們可得

$$f_1(E) = f_2(E), \quad 亦即， \quad [1 + e^{(E-E_{F1})/kT}]^{-1} = [1 + e^{(E-E_{F2})/kT}]^{-1} \tag{3-57}$$

因此我們可得 $E_{F1}=E_{F2}$。因此平衡時費米能階彼此相同，更廣義的說法為可視兩種材料緊密接觸平衡後的費米能階為常數，亦可陳述為平衡時的費米能階皆不存在能量梯度。

$$\boxed{\frac{dE_F}{dx}=0} \tag{3-58}$$

我們以下各章中使用這一結果。

總　結

3.1 在鑽石晶格中，每個矽原子 (有 4 個價電子) 都被 4 個矽原子包圍，構成 4 個共用電子對的**共價鍵**，因此在價電層形成了 8 個電子為一組。在閃鋅結構 (例如砷化鎵) 中，部分的電子是共用的 (共價鍵)，部分的電子 (離子鍵) 是由鎵轉移到砷。

3.2 在晶體中，電子**波函數重疊**，可以得到各種原子軌域的線性組合 (LCAO)。共價層電子波函數的結合或對稱的組合，在 (幾乎) 填滿的**價帶**，(幾乎) 都會形成連續的允許能帶，由能隙隔開導帶和價帶，(幾乎) 是空的**導帶**具有較高能量狀態，與導帶相對應的是反鍵結或反對稱的線性組合。在價帶中，空的電子能態可以被視為正電荷載子 (電洞)，而在導帶中，被填滿的能態視為負電荷 (電子)。

3.3 如果能隙大，我們可以得到絕緣體; 如果能隙較小 (~1 eV)，可以得到半導體，如果能隙為零，那就是導體 (金屬)。

3.4 簡單的鍵結圖繪製出在導帶 (向上增加) 電子的能量是位置的函數。能帶的邊緣相對應於位能，與能帶邊緣的距離為動能。在價帶中的電洞，其能量越往下會越高。

3.5 載子的能量可以被畫成是波向量 **k** (正比於速度或動量) 的函數，而得到直接 (導帶的最小值剛好就在價帶最大值的上面) 或間接的 (E, **k**) 能帶結構。(E, **k**) 圖的曲率反比於載子的等效質量 m^*。m^* 是載子與週期晶格位能互動的結果。

3.6 在無摻雜的半導體中，有**本質**電子 (或電洞) 濃度 n_i，這是由於**熱能**在價帶和導帶間 (或斷鍵) 所產生-復合而來。如果我們將矽原子以具有五個價電子的**施體**雜質代替，可以貢獻出導帶電子 n ($=N_d^+$)；同樣的，**受體**可以創造出電洞 p。

3.7 電子數 n 是有效的**能態密度** (DOS) 和**費米-迪拉克** (FD) 分佈的乘積，接下來由導帶的底端積分到頂端所得到。拋物線的能帶結構可以得到拋物線的能態密度 (DOS)。費米-迪拉克 (FD) 方程式是電子能態的平均佔有機率。電子濃度表示為能帶邊緣的**等效能態密度**和在 E_c 處的費米-迪拉克佔有機率的乘積。相同的觀念亦可適用在電洞 p。np 的乘積在平衡時是一個常數 (n_i^2)。

3.8 電子在固體中進行隨機布朗 (random Brownian) 運動，擁有平均能量為 kT。電子在電場中**漂移** (隨機運動)，其速度為**遷移率**乘以電場，在低電場時速度以**歐姆**定律增加，而在高電場時速度會呈現**飽和**的狀態。漂移電流正比於載子濃度乘以速度。帶負電的電子漂移的方向與電場相反，而且電流與電子運動方向亦相反。帶正電的電洞漂移的方向與電場相同，而且電流與電洞運動方向相同。

3.9 載子的遷移率是由**散射**所控制，而散射是由於晶格振動 (聲子) 或離子化的雜質所形成的週期性晶格位能的影響造成。載子遷移率和濃度可以由霍爾效應和電阻率的量測得知。

練習題

3.1 鈉離子 (原子量 23) 和氯離子 (原子量 35.5) 的半徑分別為 1.0 Å 和 1.8 Å。將離子視為一硬殼圓球體，計算氯化鈉密度，並與量測到的密度 2.17 g/cm^3 作比較。

3.2 根據 (3.3) 式的描述，電子在導帶中的有效質量與隨著曲率的增加而變小。如圖 3-6，比較砷化鎵在 Γ 處和非直接能帶 X 或 L 處的電子有效質量。對於砷化鎵和磷化鎵，不同的等效質量如何反映在附錄III的電子遷移率上？由圖 3-6a，如果 Γ 處的電子在一電場中漂移，突然間被提升到 L 處的話，會發生什麼事情？

3.3 例題 3-3 敘述電子被施體束縛住，且類似氫原子軌道的方式運行。計算鍺的電子在基態 (ground-state) 時的軌道半徑，並與其單位晶胞大小作比較 ($m_n^* = 0.12\, m_0$)。

3.4 證明某一能態在費米能階 E_F 上面 ΔE 被填滿的機率，等於在費米能階 E_F 下面 ΔE 空著的機率。

3.5 根據 (3.21) 式與 (3.23) 式，證明 E_i 位於能帶中央下方 $kT \ln (m_n^*/m_p^*)^{3/4}$ 處。並證明對於矽而言，E_i 偏離能帶中央的量 (與 kT 比較) 是很小的，但是對於砷化鎵卻是不可忽視的量。

3.6 根據 (3.15) 式與 (3.19) 式，推導 (3.25) 式。$T = 300\, K$ 時，矽的 $n_0 = 10^{17}\, cm^{-3}$，E_F 與 E_i 的相對位置為何。換成 $p_0 = 10^{16}\, cm^{-3}$，重新計算此題。

3.7 給定 $m_n^* = 0.067\, m_0$，$m_p^* = 0.48\, m_0$，計算在 300 K 時，砷化鎵的等效能態密度 N_c 和 N_v (假設 m_n^* 和 m_p^* 不會隨溫度變化)。計算本質載子濃度，並與圖 3-17 中的值作比較。

3.8 參考圖 3-17 所畫 GaAs 之 n_i 對 $1000/T$ 之關係圖，利用 (3-23) 式計算 GaAs 的能隙。**提示**：圖 3-17 上所畫在半對數圖不能直接求斜率，你應取圖兩點之數值，再利用 (3-23) 式去計算。

3.9 某一 n 型半導體元件其操作溫度為 400 K，在此應用中，砷的摻雜濃度為 $10^{15}\, atoms/cm^3$ 是合適的嗎？將鍺摻雜 $10^{15}\, atoms/cm^{-3}$ 的銻是可行的嗎？

3.10 (a) 一個矽樣本摻雜 $10^{16}\, atoms/cm^3$ 的硼，在 300 K 時，電子濃度 n_0 是多少？

(b) 一個鍺樣本摻雜 $5 \times 10^{13}\, atoms/cm^3$ 的銻。利用空間電荷必須呈現電中性的概念，計算在 300 K 時，電子濃度 n_0 是多少？

3.11 證明 (3.31) 式中的 $\bar{t}$ 代表兩次散射間的平均時間。

3.12 假設矽的導帶電子 ($\mu_n = 1350\, cm^2/V\text{-}s$)，其能量為 kT，能量與平均

熱速度的關係為 $E_{th}=(m_0 v_{th}^2)/2$。此電子被放置於電場強度為 100 V/cm 的環境下。證明在此情形下電子的漂移速度小於它的熱速度。將電場改為 10^4 V/cm，使用相同的 μ_n，重新計算此題。請評論在較高電場下遷移率的效應。

3.13 若有一摻雜 5×10^{16} cm^{-3} 施體雜質以及 2×10^{16} cm^{-3} 受體雜質的 Si 樣品，試求溫度為 300 K 時其上費米能階相對於 E_i 的能量。又，此樣品所顯現的霍爾係數符號為正或負？

3.14 若在一本質 Si 樣品上加以 100 V/cm 的電場，試求電子在其上漂移 1 μm 所需之時間。又，若電場為 10^5 V/cm，結果又如何。

3.15 (a) 一個矽樣本摻雜 10^{16} atoms/cm^{-3} 的硼，另外還摻雜一些施體。在 300 K 時，費米能階位於 E_i 上面 0.36 eV 處，請計算摻雜施體 N_d 的濃度。

(b) 一個矽樣本摻雜 10^{16} atoms/cm^{-3} 的銦 (受體)，另外還摻雜一些施體。在 300 K 時，銦的受體能階位於 E_v 上方 0.16 eV 處，費米能階 E_F 位於 E_v 上方 0.26 eV 處，請計算有多少銦沒有離子化？

3.16 長度為 0.1 公分的矽晶棒，其截面積為 0.01 cm^2。

(a) 何種量測方式可以得知主要載子的類型和濃度？

(b) 如果在 (a) 小題所得到的結果是 n 型，多數載子濃度為 10^{17} cm^{-3}，而且測量到其電阻為 1 Ω，請計算電子的遷移率。

(c) 在 1 kV/cm 的電場下，電子平均要發花多少時間從晶棒的最左邊漂移到最右邊。

3.17 圖 3-25 中，這個鍺樣本有著適當的金屬接觸，並施以 5-kG 的磁場，電流是 2mA，$w=0.25$ mm，$t=50$ μm，$L=2.5$ mm。如果量測結果為：$V_{AB}=-1.25$ mV，$V_{CD}=85$ mV，則多數載子的類型與濃度為何？注意：1 kG $=10^{-5}$ Wb/cm^2。請評論遷移率的值。

參考書目

Blakemore, J. S. *Semiconductor Statistics*. New York: Dover Publications, 1987.
Hess, K. *Advanced Theory of Semiconductor Devices*, 2d ed. New York: IEEE Press, 2000.
Kittel, C. *Introduction to Solid State Physics*, 7th ed. New York: Wiley, 1996.
Neamen, D. A. *Semiconductor Physics and Devices: Basic Principles*. Homewood, IL: Irwin, 2003.
Pierret, R. F. *Semiconductor Device Fundamentals*. Reading, MA: Addison-Wesley, 1996.
Schubert, E. F. *Doping in III–V Semiconductors*. Cambridge: Cambridge University Press, 1993.
Singh, J. *Semiconductor Devices*. New York: McGraw-Hill, 1994.
Wang, S. *Fundamentals of Semiconductor Theory and Device Physics*. Englewood Cliffs, NJ: Prentice Hall, 1989.
Wolfe, C. M., G. E. Stillman, and N. Holonyak, Jr. *Physical Properties of Semiconductors*. Englewood Cliffs, NJ: Prentice Hall, 1989.

譯者註

[1] 可見光波長為 4000 至 8000 埃左右，比起一般晶格大約數埃的晶格常數大很多很多，因此光子的傳播常數 k，遠較晶格中的 k 小很多。量子力學中可證明，電子發射光子的躍遷必須符合動量，或 k，的守恆，因此可視為"垂直"，或不改 k，的躍遷。反之，改變 k 的躍遷，因不符合動量守恆，需藉由其他可改變 k 的機制，因此強度甚小。

[2] 上式可理解為，在單位時間，載子平均移動了 $<v_x>$ 的距離，因此在此體積內的載子皆通過所討論的單位截面積，亦即，通過單位截面積的電子為 $n<v_x>$，每一載子帶 $-q$ 的電荷，故電流密度為 $-qn<v_x>$。

[3] 理想歐姆接面的定義是，不論載子的種類，此接面皆可以注入或掃除

接面過少或過多的載子，因此在理想歐姆接面處，載子濃度皆為系統平衡時的載子濃度，亦即，在接面處無過多載子或載子空乏的現象。

第四章
半導體內的過量載電粒子

學習目標

1. 瞭解光如何與直接和間接能帶半導體相互作用
2. 瞭解過量載子的產生與復合,可能是經由陷阱進行
3. 介紹非平衡狀態下的準費米能階概念
4. 利用載子的濃度梯度與擴散率計算擴散電流
5. 利用連續方程式學習載子濃度隨時間的變化情形

　　大部分半導體元件是藉著產生較熱平衡時更多的帶電載子而進行運作。這些過量的或多餘的載子可以經由光照射半導體,或電子撞擊半導體而產生,也可以在 p-n 接合面加上順向偏壓把電子(電洞) 自 n 側 (p 側) 注入到 p 側 (n 側) 成為過量的少數載子。這些經由不同方法產生的過量載子就是主宰半導體材料各種導電機制的主因。在本章內,我們會討論半導體吸收光而產生過量載子的現象,以及因而導致的光激光和光導電率改變等特性。同時,我們會更詳盡的研究電子、電洞對復合以及載子捕捉等效應。最後,我們會探討因為載子濃度梯度而導致的過量載子擴散,和因為電場而導致的載子漂移所造成的電流傳導機制。

4.1 光吸收[1]

　　測量半導體能隙寬度的一個重要的技術是測此材料的光吸收特性。入射光子的能量若大於能隙的能量則此光子會被吸收，入射光子的能量若小於能隙的能量則此光子可以穿透。因此改變入射光子的能量 (也就是改變入射光的波長)，並且測量可以穿透半導體材料的光，就可以很精確的得到能隙寬度。

　　圖 4-1 明確的表示出若光子的能量 $hv \geq E_g$ 則會被半導體吸收，因為共價帶內有很多電子，而且傳導帶內有很多空著的能態可以讓電子填入。因此，電子吸收光子的能量 ($\geq E_g$) 後被激發到傳導帶的可能性很高，此即光吸收現象。除非半導體的摻雜濃度很高，幾乎所有的電子都處在傳導帶底部 E_c 附近的能態內。圖 4-1 指出因為吸收光的能量而被激發到傳導帶的電子，起初會具有較傳導帶內絕大部分電子都要高的能

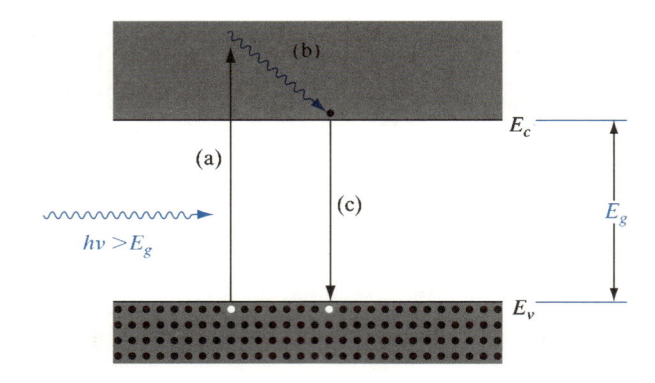

圖 4-1 光子的能量 $hv \geq E_g$ 會導致光吸收：(a) 在光吸收的過程中會產生電子-電洞對；(b) 被激發的電子會經由碰撞釋出能量；(c) 在傳導帶上的電子會和共價帶內的電洞復合。

---

[1] 本處所指的"光"吸收，並非僅意謂"可見光"的吸收。許多半導體可以吸收紅外光或其他的不可見光，這些都包含在這裡所討論的"光吸收"內。

量，其後經由與晶格原子的碰撞而釋出能量，直到與其他處於熱平衡狀態下的電子具有同樣的能量為止。經由此光吸收過程而產生的傳導帶上的電子，和留在共價帶上的電洞，就是**過量載子**(excess carriers)；因為它們是背離了周遭環境平衡狀態的產物，所以，最後它們終必會復合。但是在它們復合之前，仍停留在各自的能帶時，可以提高此材料的導電率。

　　光子的能量若小於 E_g 則無法將電子自共價帶激發到傳導帶，在一個純度極高的半導體內，若光子之能量 $hv < E_g$，則無光吸收現象，這說明了何以某些材料可以讓某些波長的光穿透。也就是我們發現某些絕緣體，例如純的 NaCl 結晶，是"透明"的原因。因為其能隙太寬，電子無法被激發到空的高能量能態內。能隙在 2 eV 左右的材料可以讓紅外光和可見光譜內的紅光穿透，能隙在 3 eV 左右的材料則可以讓紅外光和整個可見光譜穿透。

　　當一束能量 $hv > E_g$ 的光子照射在半導體上時，穿透光和入射光的比率可以由光波長和材料試樣的厚度加以計算。對穿透光和入射光強度的比率與光子波長和材料樣品厚度有關，為了計算此相關性，可假設光子束強度為 I_0 (光子/cm^2-s)，入射樣品厚度為 l (如圖 4-2)，圖中單色光產生

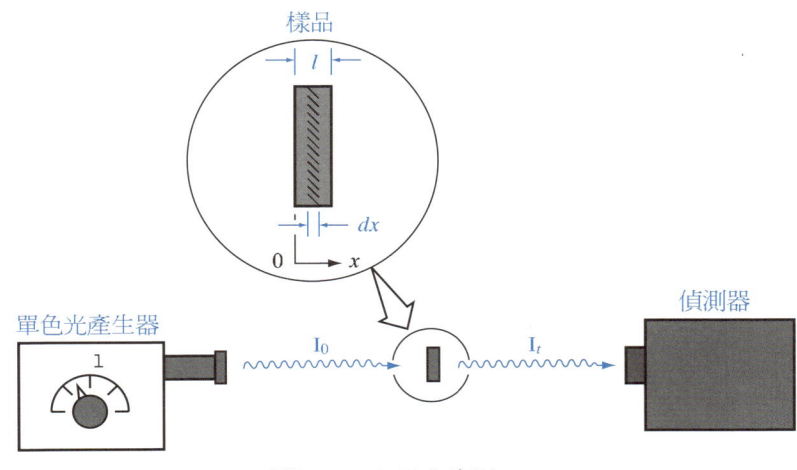

圖 4-2　光吸收實驗。

器提供波長為 λ 之入射光束，當光束行經樣品內距離樣品表面為 x 距離時，此光束強度可由增量 dx 區段內之光吸收機率加以計算，而未被吸收之光子則可視為與行經距離無關。假設在每段長度為 dx 的距離內光子被吸收的概率都是一樣的，那麼在 x 處 dx 範圍內光強度的減弱會正比於光在 x 處的強度。

$$-\frac{d\mathbf{I}(x)}{dx} = \alpha \mathbf{I}(x) \qquad (4\text{-}1)$$

此方程式的解是

$$\mathbf{I}(x) = \mathbf{I}_0 e^{-\alpha x} \qquad (4\text{-}2)$$

而能夠穿透厚度 l 的光強度是

$$\mathbf{I}_t = \mathbf{I}_0 e^{-\alpha l} \qquad (4\text{-}3)$$

(4-1) 式內的比例常數 α 叫做**吸收係數** (absorption coefficient)，其單位為 cm^{-1}。此係數會隨波長及材料而變。圖 4-3 為典型的 α 對波長圖，在長波長 (hv 小) 的範圍內幾乎沒有吸收現象，在能量大於 E_g 的範圍吸收量則相當可觀，由 (2-2) 式知，光子能量和波長間的關係是 $E = hc/\lambda$。若 E 的單位是電子伏特 (eV)，λ 的單位是微米 (μm)，則上式可以寫成 $E =$

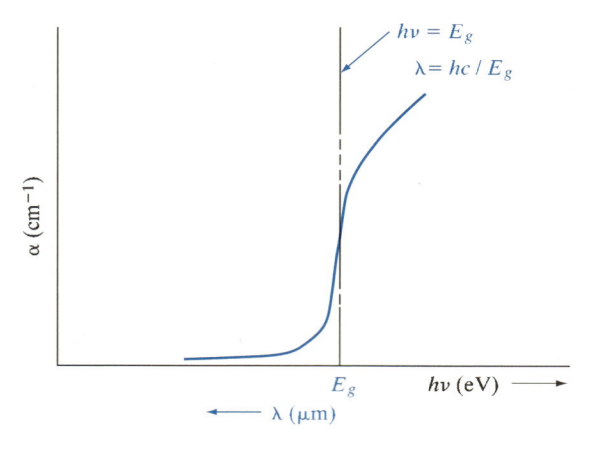

圖 4-3 半導體光吸收係數隨入射光波而變。

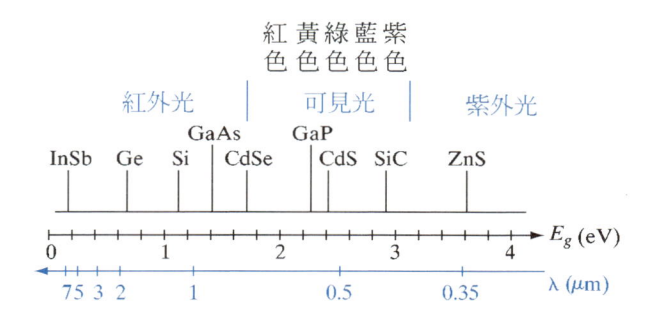

圖 4-4　常用半導體之能隙及對應的光波長與光譜。

$1.24/\lambda$。

圖 4-4 指出一些常用半導體的能隙寬度，以及對應的可見光，紅外光和紫外光光譜，由圖中可知 GaAs, Si, Ge 和 InSb 對應在紅外光區。其他半導體如 GaP, CdS 則具有較寬的能隙，可以讓可見光穿透。因為半導體會吸收能量較其能隙大的光子，因此，Si 會吸收波長短於 1 μm 的光，包含可見光譜在內。

4.2　激光現象

當電子從激發的高能量狀態回復到熱平衡的低能量狀態時，半導體材料會發光。很多半導體都適合做發光的用途，尤其是具有直接能隙的化合物半導體。這種常見的發光特性叫做激光 (luminescence)。[2] 激光現象可以由不同的電子激發機制分成下列幾類：因為吸收光產生電子-電洞對，又經由復合而發光叫做光激發光 (photoluminescence)；經由高能量電子撞擊而產生激發電子，並因而放光叫做陰極激光 (cathodoluminescence)；因為電流流入試樣而發光叫做電激發光 (electroluminescence)。雖

---

[2] 此處所討論的發光機制和熱熾輻射的白光不同，熱熾光隨溫度的上升而增強，這裡提到的發光現象，相對而言是較 "冷" 的過程，事實上溫度下降時，大部分激光現象的效率反而越高。

然還有其他的激光機制，但以上述三種最常見於半導體元件。

4.2.1 光激發光

　　半導體發射光最簡單的例子就是圖 3-5a 所示的電子-電洞對的直接激發和復合。如果復合的電子直接由傳導帶落至共價帶，中間未經過任何缺陷能階，則發光的波長會對應至能隙寬度的能量。達到穩定狀態時，電子-電洞對的激發速率等於復合速率，半導體每吸收一個光子就會放出一個光子。直接復合的過程很快，電子-電洞對的平均存活期通常在 10^{-8} 秒或更短。因此，當激發源關掉後約 10^{-8} 秒，光子發射也隨之終止。這麼快的發光機制通常稱做**螢光** (fluorescence)。某些材料在激發源關掉後，光子的發射還會持續至數秒或甚至數分鐘。這種緩慢的過程稱做**磷光** (phosphorescence)，這些材料叫做**磷質材料** (phosphors)。圖 4-5 所示者即為一種緩慢的放光過程。在材料的能隙內有缺陷能階的存在 (可能由雜質原子引入)，此一能階極易自傳導帶捕捉電子。圖 4-5 中闡釋的事件是：(a) 入射光子 ($hv_1 > E_g$) 被吸收，產生電子-電洞對；(b) 激發電子釋出部分能量給晶格原子後填入傳導帶底部附近的能階內；(c) 電子被雜質能階 E_t 捕捉並停留於其內；(d) E_t 上的電子可以由周圍環境吸收熱能，重新被激發到傳導帶上；(e) 直接復合發生，電子填入共價帶的空能階內，放

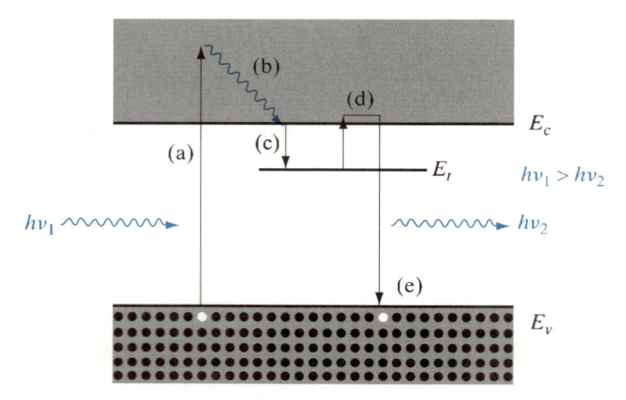

圖 4-5 含有捕捉電子能階的光激發光的激發和復合機制。

出對應於能隙的光 $h\nu_2$。在上述過程中，如果電子自 E_t 熱激發到 E_c [過程 (d)] 的概率很小則激發和復合間的時間延遲會較長。如果電子在復合之前被 E_t 重複捕捉數次，則延遲時間更長。若電子被補捉機率大於復合機率，此電子於復合效應發生前可多次往返缺陷能階與導帶。在這種材料內，當激發源去除之後，磷光仍會持續的發射相當長的時間。

磷質材料如硫化鋅(ZnS)發光的顏色主要由存在的雜質原子來決定。製造彩色電視螢幕時，不同顏色的擇定即是按照此一原理。

光激發光最常見的例子是日光燈。通常，日光燈管內含有混合氣體(氬氣及汞蒸汽)，管內壁則塗有螢光劑。當燈管內的電極之間引發放電現象時，被激發的氣體分子會放出光子，絕大部分在可見光和紫外光頻譜範圍內。這些光被塗佈的螢光劑吸收，再放出可見光。日光燈的效率比白熾燈泡高出許多，同時也可藉由螢光材料的選擇對發光波長做適當的調整。

例題 4-1 一束能量 $h\nu = 2$ eV 的單色光照射在厚度為 0.46 μm 的砷化鎵材料上，若吸收係數 $\alpha = 5 \times 10^4$ cm^{-1}，入射光的功率是 10 mW。

(a) 求砷化鎵試樣每秒吸收的能量 (J/s)。

(b) 求激發電子在復合前釋給晶格熱能量的速率 (J/s)。

(c) 若量子效率為 1 (一個吸收光子產生一個放出的光子) 求復合過程內每秒產生的光子數。

解 (a) 由 (4-3) 式，穿透試樣之光強度為

$$\mathbf{I}_t = \mathbf{I}_0 e^{-\alpha l} = 10^{-2} \exp(-5 \times 10^4 \times 0.46 \times 10^{-4})$$
$$= 10^{-2} e^{-2.3} = 10^{-3} \text{ W}$$

因此，被吸收的能量是

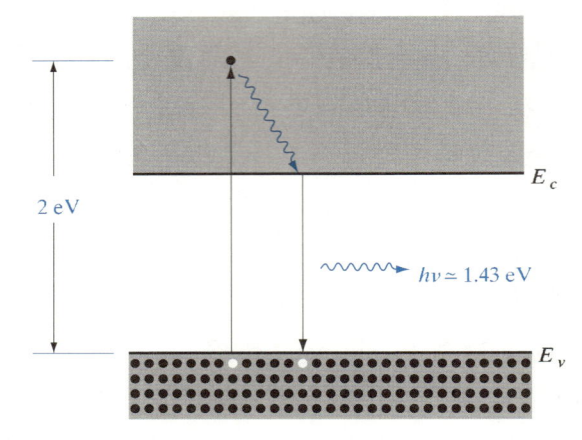

圖 4-6　引起光激發光的電子激發及能帶至能帶復合現象。

$$10 - 1 = 9 \text{ mW} = 9 \times 10^{-3} \text{ J/s}$$

(b) 每個光子釋給晶格熱能的百分比是

$$\frac{2 - 1.43}{2} = 0.285$$

被吸收的能量中，轉化為熱能的有

$$0.285 \times 9 \times 10^{-3} = 2.57 \times 10^{-3} \text{ J/s}$$

(c) 假設吸收一個光子產生一個放出光子(理想量子效率)

$$\frac{9 \times 10^{-3} \text{ J/s}}{1.6 \times 10^{-19} \text{ J/eV} \times 2 \text{ eV/photon}} = 2.81 \times 10^{16} \text{ 光子/秒}$$

另解：因復合而放出的光能量是 $9 - 2.57 = 6.43$ mW 放出光子的能量是 1.43 eV。

$$\frac{6.43 \times 10^{-3}}{1.6 \times 10^{-19} \times 1.43} = 2.81 \times 10^{16} \text{ 光子/秒}$$

4.2.2 電激發光

在固態材料內以電能產生光子發射的方法很多。發光二極體就是利用電流把少數載子注入晶體的特定區域，和該區域內的多數載子復合，導致發光現象。此一效應(**注入式電激發光** (injection electroluminescence))會在第八章裡詳細討論。

電激發光效應最早是在磷質材料加上交流電場時被發現的[戴斯特里奧效應 (Destriau effect)]。以塑膠夾著硫化鋅粉末，施以交流電場即可。當外加交流電場，磷質材料可放出光子，雖然這種方式的發光效率偏低且可靠度不佳，但仍可應用於發光面板。

4.3 載子生命期及光導電率

當半導體內有過量電子和電洞時，其導電率會對應地提高，如 (3-43) 式所示。若此過量載子是因為光照射而引起的，則對應的導電率提高稱做**光導電率** (photoconductivity)。這一效應對分析半導體的材料特性和好幾種元件的操作原理來說是非常重要的。在這一節內我們會檢視過量電子和電洞的復合機制並且將復合動力學引用到光電導元件的分析上。然而，我們也不僅止於討論由光照射引起的電子和電洞的復合。事實上，幾乎所有半導體元件的操作，多多少少都和過量電子及電洞的復合有關。因此，本節所討論的觀念會引用到往後數章二極體，電晶體，雷射和其他元件的分析上。

4.3.1 電子和電洞的直接復合

在 3.1.4 節中曾經指出半導體傳導帶上的電子可以直接地或間接地經由和共價帶內的電洞復合而回到共價帶上。直接復合發生時，過量電子和電洞的數目會因為電子自傳導帶落至共價帶的空能階上而減少。電子在傳輸過程中損失的能量會以光子的形式發出。直接復合是一種**自發性**(spontaneously) 的現象，電子和電洞復合的概率在任何時間都是固定的常數。因此，和載子散射的分析同樣地，此一常數概率可以推導出過量載子的減少會是時間的指數函數。在任何時間 t，電子減少的速率和當時存在的電子及電洞的數目成正比，此一復合之比例常數為 α_r。傳導帶上電子濃度的淨變化率是 (3-7) 式中的熱產生率 $\alpha_r n_i^2$ 減掉復合率

$$\frac{dn(t)}{dt} = \alpha_r n_i^2 - \alpha_r n(t)p(t) \tag{4-4}$$

假設在 $t=0$ 時，一道極短暫的閃光，產生了相等的過量電子和電洞[3]，其濃度 $\Delta n = \Delta p$。因為電子和電洞是成對復合的，所以瞬間濃度 $\delta n(t)$ 也等於 $\delta p(t)$。(4-4) 式中電子的總濃度 $n(t)$ 等於熱平衡濃度 n_0 與過量電子濃度 $\delta n(t)$ 之和，電洞亦然。利用 (3-24) 式，上式可寫成

$$\begin{aligned}\frac{d\delta n(t)}{dt} &= \alpha_r n_i^2 - \alpha_r [n_0 + \delta n(t)][p_0 + \delta p(t)] \\ &= -\alpha_r [(n_0 + p_0)\delta n(t) + \delta n^2(t)]\end{aligned} \tag{4-5}$$

此一非線性方程式之解並不易求。但是在低階注入情形下，上式可予以簡化。若過量載子濃度很低，δn^2 項可以略去不計。再者，若試樣為異質半導體，則少數載子之平衡濃度亦可略去不計。例如：對 p 型材料而言 ($p_0 \gg n_0$)，(4-5) 式可以化簡為

$$\frac{d\delta n(t)}{dt} = -\alpha_r p_0 \delta n(t) \tag{4-6}$$

上式之解為

$$\delta n(t) = \Delta n e^{-\alpha_r p_0 t} = \Delta n e^{-t/\tau_n} \tag{4-7}$$

---

[3] Δn 及 Δp 表示 $t=0$ 時過量載子的濃度，而 $\delta n(t)$ 及 $\delta p(t)$ 表示過量載子濃度在任意時間 t 的瞬時值。此一符號表示法也會用在空間分佈上，例如 $\delta n(x)$ 以及 $\Delta n(x=0)$。

由 (4-7) 式知 p 型半導體內過量電子復合衰減的時間常數 $\tau_n = (\alpha_r p_0)^{-1}$，叫做**復合生命期** (recombination lifetime)。由於此一分析是針對少數載子為之，因此，τ_n 也叫做**少數載子生命期** (minority carrier lifetime)。n 型半導體內，電洞衰減的時間常數是 $\tau_p = (\alpha_r n_0)^{-1}$。當直接復合發生時，過量多數載子的減少率和少數載子的減少率是完全相同的。

在例題 4-2 裡，少數載子的電子濃度百分比變動極大而多數載子的電

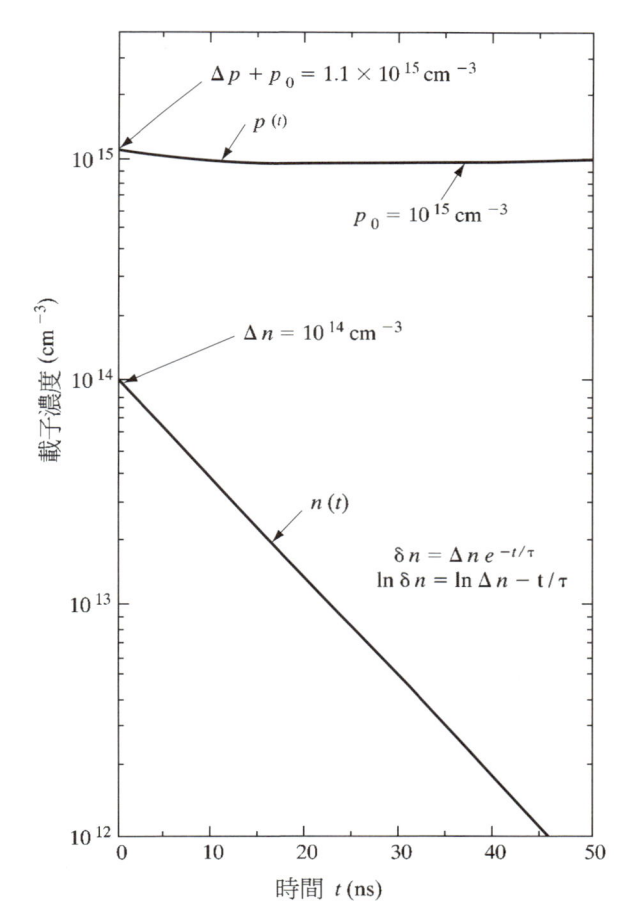

圖 4-7 當 $\Delta n = \Delta p = 0.1\, p_0$，$n$ 略去不計，以及 $\tau = 10$ ns (例題 4-2) 時，過量電子及電洞經由復合而減少的情形。$\delta n(t)$ 應呈指數衰減，但是在半對數圖裡呈現的是線性曲線。

洞濃度百分比變化很小。基本上，(4-4) 式中的 $n(t)$ 在外質半導體和低階注入的近似下，可由過量載子濃度 $\delta n(t)$ 及 $p(t)$ 表示，而此時 $p(t)$ 大約為熱平衡下的 p_0 值。圖 4-7 的結果也顯示對例題 4-2 而言，此近似分析法尚屬合理。載子生命期更常用的表示法是

$$\tau_n = \frac{1}{\alpha_r(n_0 + p_0)} \tag{4-8}$$

上式在低階注入情形下對 n 型及 p 型材料都適用。

例題 4-2 藉由數值運算的例子有助於瞭解直接復合分析時所作的近似，假設某砷化鎵試樣摻有 10^{15} 受體/cm^3，其本質載子濃度為 $10^6 cm^{-3}$，因此，此試樣之少數載子濃度 $n_0 = n_i^2/p_0 = 10^{-3} cm^{-3}$。在此例中，$p_0 \gg n_0$ 是有用的近似，若 $t=0$ 時有 10^{14} cm^{-3} 電子-電洞對產生，我們可以計算出這些載子隨時間的衰減程度，依圖 4-7 所示，可合理的假設 $\delta n \ll p_0$，圖中亦顯示出 $\tau_n = \tau_p = 10^{-8}$ s 時，過量載子隨時間衰減的情形。

4.3.2 間接復合；捕捉

元素週期表第 IV 族的半導體以及某些化合物半導體電子-電洞對直接復合的或然率很低 (見附錄 III)。矽和鍺也會發出一些直接復合的光，但是其強度很弱，只有極靈敏的偵測裝備才測量得到。在間接能隙材料內，絕大部分的復合事件是經由能隙內的**復合能階** (recombination levels) 發生的。復合過程中電子損失的能量通常是以熱能的形式釋出給晶格原子而不是放出光子。任何雜質原子或是晶格缺陷，只要有能力先捕捉一種載子，之後又可以再捕捉另一種載子，而造成電子-電洞對的消失，都可以擔任"復合中心"的工作。舉例而言，圖 4-8 中的復合能階 E_r 因為位於 E_F 下方，因此在熱平衡時它是填滿了電子的。當此材料內有過量電子和電洞產生時，電子和電洞在 E_r 的復合包含下述兩個步驟：(a) 電洞被

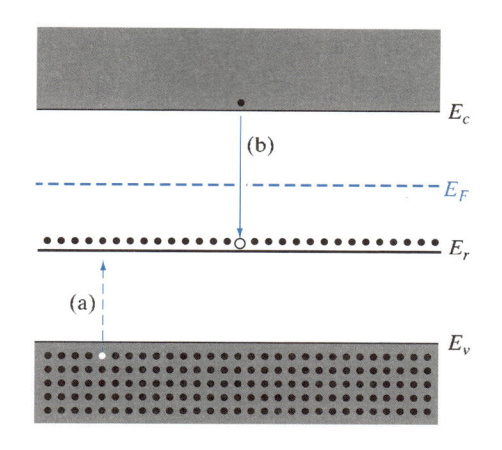

圖 4-8 一個復合能階的捕捉過程：(a) 電洞被一個填滿的復合中心捕捉；(b) 電子填入一個空的捕捉中心能態(捕捉電子)。

捕捉以及 (b) 電子被捕捉。

　　因為圖 4-8 裡的復合中心在熱平衡時是被填滿的，所以復合過程首先要是捕捉電洞。此一過程和一個電子自 E_r 落至共價帶而在復合能階留下一個空的能態是一樣的。因此，在電洞被 E_r 捕捉的同時，有熱能**釋出** (given up) 給晶格。同樣的，若電子自傳導帶落至 E_r 的空能態內，也會有能量釋出。當兩項事件都發生過後，復合中心又恢復到原來的狀態 (被一個電子填住)，但是一對電子和電洞卻消失了。電子-電洞對的復合已然發生，而復合中心也準備好捕捉下一個電洞，促成另一次的復合事件。

　　間接復合的載子生命期因為必須計入兩種不同的載子捕捉時間，因此比直接復合的載子生命期複雜許多。尤有甚者，若被捕捉的載子在復合之前被熱激發回原來的能帶，則復合將勢必延遲。舉例來說：若圖 4-8 中電洞被捕捉 (過程 (a) 發生) 之後，電子未立即被捕捉 (過程 (b) 未發生)，而電洞可能被熱激發回共價帶。此一過程相當於共價帶上的電子被激發到復合中心的空能態上，因此需要提供能量。因為在真正的復合發生之前，復合中心必要重新再捕捉一個電洞，所以復合會延後發生。

　　若一個載子被捕捉，而在復合之前又激發出去，則此過程稱做**暫時性捕捉** (temporary trapping)。若雜質原子或晶格缺陷提供的能階在捕捉某一類載子之後，下一個最可能發生的事件是該類載子的再激發，而非復合：則該能階常被稱做"**捕捉中心** (trapping center)"(或簡稱為電子或電洞的"**陷阱** (trap)")。該能階在捕捉某一類載子之後，下一個最可能發生的事件是捕捉另一類的載子使復合發生，則此能階稱做"復合中心"。復合過程的快慢視第一個載子被捕捉後，在復合前停留在復合中心內的平均時間而定。通常在能隙深處(中間附近)的能階較能隙淺處(接近傳導帶或共價帶邊緣)的能階，需要較長的時間才會釋放載子亦即深處的能階較慢。這是因為激發被深處能階捕捉的載子需要較多能量的緣故。

　　圖 4-9[4] 顯示不同雜質在矽裡面的能階位置。圖中元素上標的"＋"號表示它是施體原子，"－"號表示該元素是受體原子。某些雜質可以提供一個以上的能階；例如鋅在共價帶上方 0.31 eV 處，提供一個能階 (Zn^-)，而在能隙中央附近提供了第二個能階 ($Zn^=$)。每一個鋅雜質原子可以從半導體內接受兩個電子。

　　復合和捕捉的效應可以用光電導衰減的實驗來測量，其裝置如圖 4-10 所示。過量電子和電洞數目的衰減依特定復合過程的特性常數而定。衰減期間試樣的導電率是

$$\sigma(t) = q[n(t)\mu_n + p(t)\mu_p] \qquad (4\text{-}9)$$

因此，載子濃度隨時間的變化可以經由記錄試樣電阻的時間函數再推算而得到。圖 4-10 顯示實驗排列位置的圖解。在此實驗中，需要一個脈衝光源，以及一個示波器，用來顯示試樣電阻改變時的電壓變化。經由閃光氙氣燈管的電容放電可得到微秒脈衝光，如欲得到更短時間的脈衝光，則需使用特別的技術，如脈衝雷射的使用。

---

[4] 參考資料：S. M. Sze and J. C. Irvin, "Resistivity, Mobility, and Impurity Levels in GaAs, Ge and Si at 300 K," *Solid State Electronics*, vol. 11, pp. 599-602 (June 1968); E. Schibli and A. G. Milnes, "Deep Impurities in Silicon," *Materials Science and Engineering*, vol. 2, pp. 173-180 (1967).

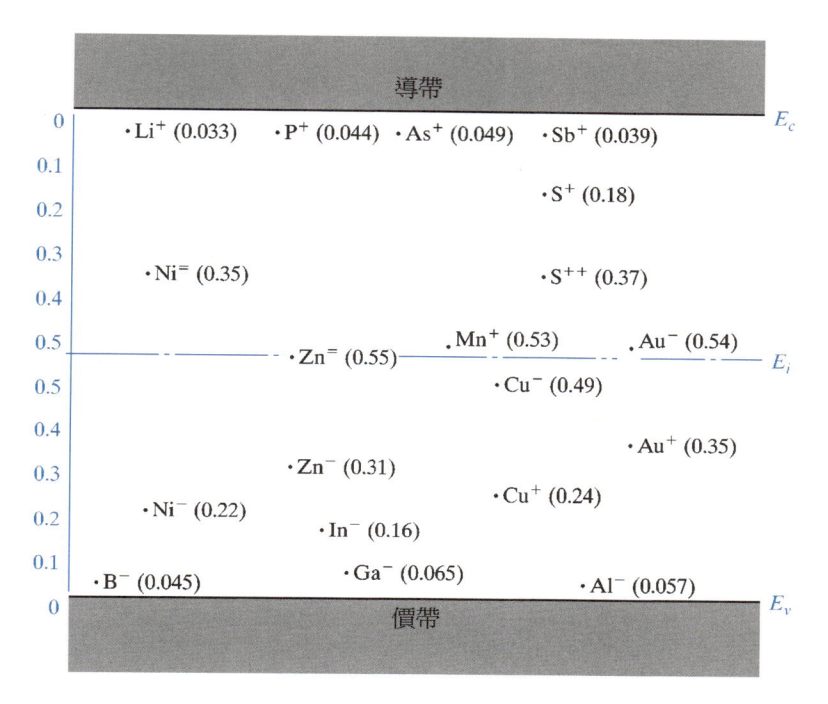

圖 4-9 雜質在矽內的能階。括號內的數字表示與較接近的能帶邊緣(E_c 或 E_v)之能量差。施體能階以"＋"號表示，受體能階以"－"號表示。

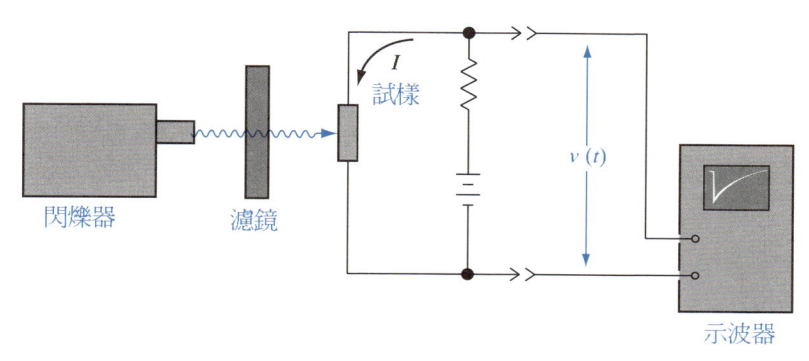

圖 4-10 光電導衰減測量的實驗配置圖，以及典型的示波器軌跡。

4.3.3 穩態載子的產生；準費米能階

在前面的討論　我們強調的是過量電子-電洞對暫態的衰減。但是，不同的復合機制對處在熱平衡狀態下的試樣或是對產生一復合達到平衡的穩態試樣也是非常重要的。[5] 例如：一個平衡狀態下的半導體其電子-電洞對的熱產生速率 $g(T)=g_i$ 會如 (3-7) 式所示。此一產生速率會被復合率平衡掉，因此載子維持在平衡時的濃度 n_0 及 p_0。

$$g(T) = \alpha_r n_i^2 = \alpha_r n_0 p_0 \qquad (4\text{-}10)$$

此一平衡時的速率包括了缺陷中心的產生速率以及能帶至能帶的產生速率。

當固定的光照射在試樣上時，載子的光產生率 g_{op} 會加到原有的熱產生率上，此時，載子濃度 n 及 p 會增加至新的穩態值。藉由平衡態載子濃度和增量載子濃度 δn 和 δp 的變化量，可寫下產生和復合的平衡穩態載子濃度值。

$$g(T) + g_{op} = \alpha_r np = \alpha_r(n_0 + \delta n)(p_0 + \delta p) \qquad (4\text{-}11)$$

若復合達到穩態且無捕捉現象，則 $\delta n = \delta p$；此時 (4-11) 式變成

$$g(T) + g_{op} = \alpha_r n_0 p_0 + \alpha_r[(n_0 + p_0)\delta n + \delta n^2] \qquad (4\text{-}12)$$

其中 $\alpha_r n_0 p_0$ 就是 $g(T)$。在低階注入條件下，δn^2 可予以忽略，(4-12) 式成為

$$g_{op} = \alpha_r(n_0 + p_0)\delta n = \frac{\delta n}{\tau_n} \qquad (4\text{-}13)$$

過量載子濃度可以寫成

---

[5] 平衡狀態 (equilibrium) 指的是除了溫度以外，沒有其他外來激發源的狀態，也沒有淨電荷的移動；亦即此試樣處於固定溫度下，沒有照光，也沒有外加電場。穩定狀態 (steady state)，簡稱穩態，指的是非平衡狀態，但是受激後的響應為一固定值；亦即試樣在外加電場下產生定值的電流或是受光照射後有定值之電子-電洞對產生率。

$$\delta n = \delta p = g_{op}\tau_n \tag{4-14}$$

在更通用的情況下 $\tau_n \neq \tau_p$，如 (4-16) 式所示。

例題 4-3 舉一個實際計算的例子，設某一矽試樣其 $n_0 = 10^{14}$ cm^{-3}，$\tau_n = \tau_p = 2$ μsec，受光照射後每微秒 (μsec) 的電子電洞光產生率為 10^{13} cm^{-3}。因此，(4-14) 式中過量電子 (或電洞) 的濃度是 2×10^{13} cm^{-3}，對多數載子而言此變化的百分率值很小，對少數載子而言其變化為自

$$p_0 = n_i^2/n_0 = (2.25 \times 10^{20})/10^{14} = 2.25 \times 10^6 \text{ cm}^{-3} \quad \text{(平衡濃度)}$$

增加至

$$p = 2 \times 10^{13} \text{ cm}^{-3} \quad \text{(穩態濃度)}$$

注意：$p_0 n_0 = n_i^2$ 僅適用於熱平衡時。若去掉下標的"$_0$"，亦即非熱平衡時 $np \neq n_i^2$，此公式不適用於有過量載子的場合。

在不同元件的能帶圖裡常會加入費米能階，而我們也經常用費米能階來表示電子和電洞的穩態濃度。(3-25) 式內用到的費米能階只在沒有過量載子的情形下才具有意義。當過量載子出現時，在穩態下我們可以用和 (3-25) 式一樣形式的式子來計算電子及電洞的濃度，此時對電子和電洞必須分別採用虛擬的一個能階 F_n 和 F_p，此即**準費米能階** (quasi-Fermi levels) 之來源及定義。[6]穩態載子濃度的公式是

$$\boxed{\begin{aligned} n &= n_i e^{(F_n - E_i)/kT} \\ p &= n_i e^{(E_i - F_p)/kT} \end{aligned}} \tag{4-15}$$

---

[6] 在某些教科書裡準費米能階被稱做為IMREF，也就是把費米 (FERMI) 倒過來拼寫。

例題 4-4 在例題 4-3 裡，電子的穩態濃度是

$$n = n_0 + \delta n = 1.2 \times 10^{14} = (1.5 \times 10^{10})e^{(F_n - E_i)/0.0259}$$

其中在室溫時 $kT \simeq 0.0259$ eV，因此，對電子而言

$$F_n - E_i = 0.0259 \ln(8 \times 10^3) = 0.233 \text{ eV}$$

亦即電子的準費米能階位於本質能階 0.233 eV 之上。類似的計算可以求出電洞的準費米能階位於本質能階之下 0.186 eV 處（見圖 4-11）。而在熱平衡時，平衡的費米能階是位於 E_i 之上 $0.0259 \ln (6.67 \times 10^3) = 0.228$ eV 處。

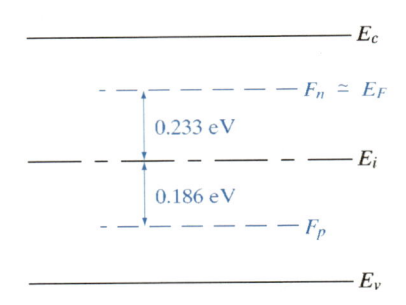

圖 4-11 矽試樣 $n_0 = 10^{14}$ cm^{-3}，$\tau_p = 2$ μs，在 $g_{op} = 10^{13}$ EHP/cm^3-μs (10^{19} EHP/cm^3-s) 時電子及電洞的準費米能階（例題 4-4）。

圖 4-11 顯示了受光激發後準費米能階大幅度的自平衡時費米能階偏移的情形；穩態的 F_n 只略高於平衡時的 E_F，但是 F_p 卻大幅地移到 E_F 下方。從這個結果就可以明顯的看出激發源對少數載子鉅幅的改變，以及對多數載子的電子濃度的小幅影響。

總而言之，穩態時，準費米能階 F_n 和 F_p 的角色與地位和平衡態時費米能階 E_F 的角色地位是相當的，對等的。過量載子出現時，F_n 和 F_p 自

E_F 偏離的量代表了電子和電洞與平衡濃度 n_0 及 p_0 間的差異。通常，少數載子準費米能階的偏移量會大於多數載子的偏移量。而兩個準費米能階之間的差距 $F_n - F_p$，直接反映了偏離自熱平衡的量(在熱平衡時 $F_n = F_p = E_F$)。在半導體元件內，若少數載子和多數載子的數目會隨位置或距離而變，那麼，利用準費米能階的觀念可以很容易而且清晰地表達出其結果。

4.3.4 光電導元件

　　光照射在電子元件上使電子元件電阻值改變的特性可以有很多應用場合。例如太陽光偵測器可以用來控制照明光源，使照明設備在黃昏時開啟，在黎明後關閉。類似的元件也可用在光強度的量測上，例如照相機的曝光表。有些系統會含有光偵測器以及一束直接照射於其上的光線，當光源和光偵測器之間出現任何阻擋光線被接收的物體時，系統即會發出信號。類似的系統適用於防盜裝置，以及移動物體計數裝置等。在光學信號系統裡，資訊的傳送是藉由發射光波來進行的，而光波的接收則是利用光偵測器或光電導元件。

　　就某一特定的應用場合選擇適用的光電導元件時應該考慮的項目有：工作的光波長範圍，時間響應，以及材料的光靈敏度。通常，半導體材料對於能量等於或略大於其能隙的光子，具有最高的靈敏度。能量小於能隙的光子不會被吸收。而能量 $hv \gg E_g$ 的光子，在半導體表面即被吸收，無法增加整體塊材的導電度。附錄 III 表內列出的能隙即對應到大部分半導體光偵測器作用的電子能量。例如，CdS ($E_g = 2.42$ eV) 通常用做可見光的光電導元件，窄能隙的材料如 Ge (0.67 eV) 和 InSb (0.18 eV) 則適用於紅外光的頻譜範圍。有些光電導元件可以吸收能隙內雜質能階激發的載子所產生的光，因此亦可測得能量小於其能隙的光子。

　　我們可以在光產生速率為 g_{op} 時經由測量穩態過量載子的濃度，來評估此時光電導元件的光靈敏度。若個別載子在其所處能帶上被捕捉前的

平均生命是 τ_n 及 τ_p，則

$$\delta n = \tau_n g_{op} \quad 及 \quad \delta p = \tau_p g_{op} \tag{4-16}$$

而光導電度的改變是

$$\Delta\sigma = qg_{op}(\tau_n\mu_n + \tau_p\mu_p) \tag{4-17}$$

對簡單的復合機制而言，τ_n 等於 τ_p，若存在有捕捉現象，則載子之一在其所處能帶上的平均生命期較另一種載子短。由 (4-17) 式可知，若希望光導電度大，則需要較高的載子移動率及較長的載子生命期。某些半導體即具有成為良好光電導元件的條件。例如 InSb 電子的移動率約為 10^5 cm^2/V-s。因此，在很多應用場合，它都被用做靈敏的紅外光偵測器。

光電導元件的時間響應受限於復合的時間常數，載子被捕捉的程度，以及載子漂移通過元件內的電場所需要的時間。通常，這些元件特性可以利用選擇適當的材料和正確的幾何形狀設計來調整。但是在某些狀況下改進時間響應會犧牲掉元件的靈敏度。例如：把元件設計的薄一些，可以減少載子的漂移時間，但同時也減少了元件對於光的反應區域，以及降低了不照光時元件的電阻值 (暗電阻值)。在實際設計元件時，通常必須在反應時間、靈敏度、暗電阻值，以及其他可能彼此抵觸的元件特性間，做最恰當的取捨。

4.4 載子的擴散

若過量載子在半導體內產生時不是均勻分佈的，則電子和電洞的濃度在試樣內會隨位置而變，任何類似的 n 及 p 在空間的變化(又叫做梯度 (gradient)) 會引發載子自高濃度區往低濃度區的移動。這一類型的載子移動叫做**擴散** (diffusion)，是半導體內一種很重要的電荷傳送過程。半導體內兩個基本的電流傳導過程是載子梯度引起的擴散和電場導致的載子漂

移。

4.4.1 擴散過程

在密閉房間的角落打開一瓶香水，其氣息很快的就會遍佈整個房間。如果屋內沒有空氣對流或其他的流動，那麼香水的氣味就是藉"擴散"在散播。擴散是個別分子**隨機運動** (random motion) 自然而然形成的結果。假設香水分子最初只存在一個沒有特定形狀的體積內，而此體積之外則是沒有氣味的空氣分子。由於所有分子都經歷隨機的熱運動，並且和其他分子相互碰撞。所以，每一個分子都可以朝任何方向運動，直到和另一個空氣分子碰撞為止，而在碰撞之後它又會朝另一個新方向移動。在完全隨機的情況下，某一體積邊緣的分子在碰撞後留在原體積內和移至原體積外的概率相等。(在分子尺度下，可假設分子碰撞後移動到體積內外時，並未感受到表面曲率的變化) 在一個平均自由時間 $\bar{t}$ 之後，邊緣部分半數的分子會移動到原體積之外。也就是說，含有香水分子的體積增大了。同樣的過程一直持續的進行，直到香水分子均勻地佈滿整個房間為止。此時流出某一特定體積的香水分子等於流入此體積內的香水分子。換言之，只要有濃度梯度存在，擴散就會持續的進行。

半導體內有載子梯度存在時，載子會藉隨機熱運動而擴散，並且會因為與晶格及雜質原子碰撞而導致散射。如圖 4-12 所示，若在時間 $t=0$ 位置 $x=0$ 處注入過量電子脈衝。剛開始時過量電子會集中在 $x=0$ 的地方，隨著時間的增加，電子會往濃度低的地方擴散，直到最後，$n(x)$ 會等於常數。

在圖 4-13a 裡，有一個電子濃度的分佈圖 $n(x)$，我們可以利用一維解析的方法求出電子擴散的速率。因為電子碰撞的平均自由路徑 $\bar{l}$ 是一個微量距離，我們可以把 x 分成很多個以 $\bar{l}$ 為寬度的區段，而 $n(x)$ 是每個區段中心的高度 (如圖 4-13b)。

圖 4-13b x_0 左邊區段 (1) 的電子向左移動和向右移動的機率相等，在

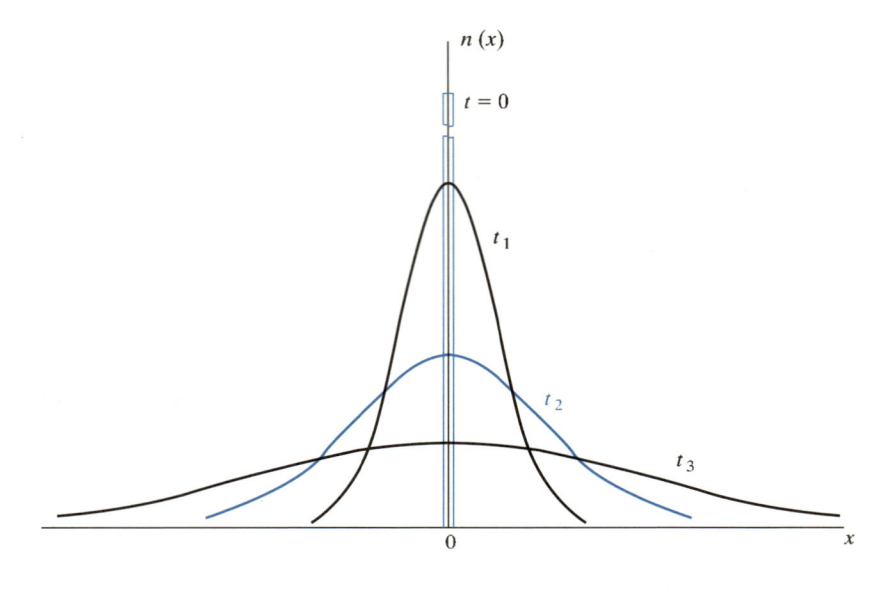

圖 4-12 電子脈衝會因為擴散作用而散播。

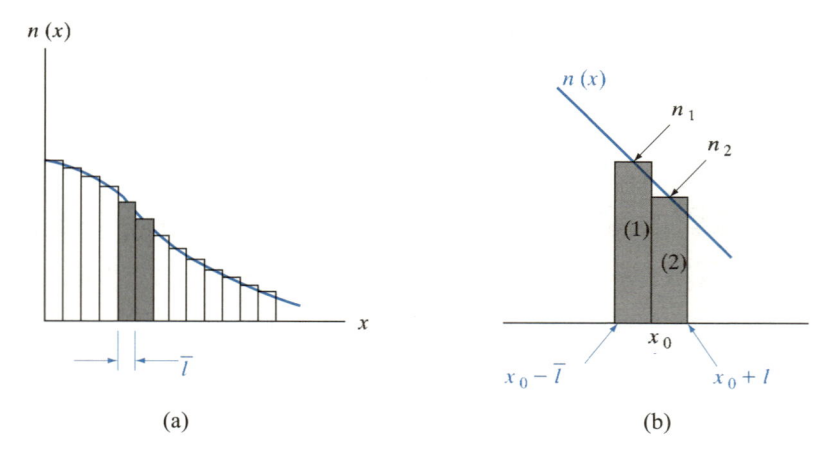

圖 4-13 一維的電子濃度梯度圖：(a) 以電子平均自由路徑 $\bar{l}$ 為單位時 $n(x)$ 分成小區段；(b) 以 x_0 為中心，相鄰兩個小區段的放大圖。

平均自由時間 $\bar{t}$ 內，一半的電子會移到區段 (2) 內。同樣的分析也適用於區段 (2)，在 $\bar{t}$ 時間內，一半的電子會往左移到區段 (1)。因此，在一個平均自由時間內，經過 x_0 由左向右流動的淨電子數是 $\frac{1}{2}(n_1\bar{l}A) - \frac{1}{2}(n_2\bar{l}A)$，

其中 A 是垂直於 x 的面積。單位時間單位面積內向 $+x$ 方向流動的電子數 (電子流量密度) 是

$$\phi_n(x_0) = \frac{\bar{l}}{2\bar{t}}(n_1 - n_2) \tag{4-18}$$

因為平均自由路徑 $\bar{l}$ 是一個微量距離，故電子濃度 $(n_1 - n_2)$ 之差值可表示為：

$$n_1 - n_2 = \frac{n(x) - n(x + \Delta x)}{\Delta x}\bar{l} \tag{4-19}$$

此處取 x 為區段 (1) 的中心點，且 $\Delta x = \bar{l}$，當 $\Delta x \to 0$ 時 (散射碰撞間之平均自由路徑 $\bar{l}$ 很小)，(4-18) 式可藉由載子梯度 $dn(x)/dx$ 表示為：

$$\phi_n(x) = \frac{\bar{l}^2}{2\bar{t}} \lim_{\Delta x \to 0} \frac{n(x) - n(x + \Delta x)}{\Delta x} = \frac{-\bar{l}^2}{2\bar{t}} \frac{dn(x)}{dx} \tag{4-20}$$

其中 $\bar{l}^2/2\bar{t}$ 叫做電子擴散係數 (electron diffusion coefficient)[7] D_n，其單位為 cm^2/s。(4-20) 式中的負號是來自微分的定義；它的物理意義是電子因擴散而引起的淨運動方向是朝向濃度減少的方向 (注意：電子受隨機熱運動影響，其瞬時運動方向未必是朝濃度減少的方向)。因為電子從濃度高的地方往濃度低處擴散，此結果與 (4-20) 式預估的一樣。同樣的分析可以得到電洞的擴散係數 D_p。因此

$$\phi_n(x) = -D_n \frac{dn(x)}{dx} \tag{4-21a}$$

$$\phi_p(x) = -D_p \frac{dp(x)}{dx} \tag{4-21b}$$

粒子通量密度乘以載子的電荷就是單位面積內擴散的電流 (電流密

---

[7] 若 x，y，z 三個方向的運動同時加入考慮時，x 方向的擴散會略小一些。事實上，擴散係數的計算應加入能量的分佈和散射機制。實際材料的擴散係數，通常是以實驗的方法求得，如 4.4.5 節中所述。

度)：

$$J_n(\text{diff.}) = -(-q)D_n\frac{dn(x)}{dx} = +qD_n\frac{dn(x)}{dx} \qquad \text{(4-22a)}$$

$$J_p(\text{diff.}) = -(+q)D_p\frac{dp(x)}{dx} = -qD_p\frac{dp(x)}{dx} \qquad \text{(4-22b)}$$

當電子和電洞流動的方向一樣時，所導致的電流方向是相反的。這是因為它們所帶的電荷符號相反的緣故。

4.4.2　載子的擴散與漂移；內建電場

若半導體內除了有載子梯度之外，還有電場存在，則電流密度同時包含了擴散成分和漂移成分

$$J_n(x) = q\mu_n n(x)\mathscr{E}(x) + qD_n\frac{dn(x)}{dx} \qquad \text{(4-23a)}$$

　　　　　　漂移　　　　　擴散

$$J_p(x) = q\mu_p p(x)\mathscr{E}(x) - qD_p\frac{dp(x)}{dx} \qquad \text{(4-23b)}$$

而總電流密度則是電子電流密度和電洞電流密度的和

$$J(x) = J_n(x) + J_p(x) \qquad \text{(4-24)}$$

(4-23) 式裡載子流動方向和電流流動方向之間的相互關係，清楚地在圖 4-14 中表示出來。圖中電場的方向是 $+x$ 的方向，載子濃度 $n(x)$ 及 $p(x)$ 則隨著 x 的增加而遞減。因此，(4-21) 式的微分是負的，而載子的擴散是往 $+x$ 方向移動。根據 (4-22) 式，電子和電洞的擴散電流密度 [J_n (diff.) 和 J_p (diff.)] 方向會相反。電洞的漂移和電場同向，電子因為帶了負電荷，其漂移的方向和電場的方向相反。不論電洞或電子，它們的漂移電流密度都是朝 $+x$ 的方向。對電洞而言，當電場方向和濃度遞減的方

第四章 半導體內的過量載電粒子

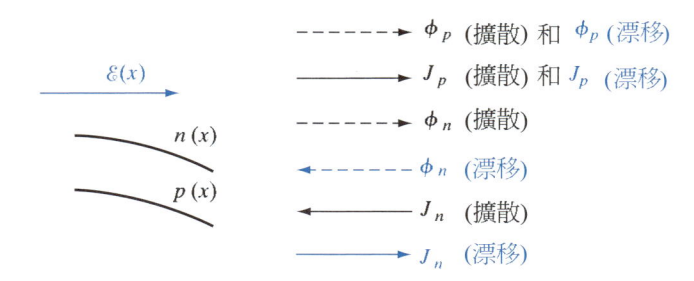

```
                    - - - - - - →  φ_p (擴散) 和  φ_p (漂移)
         ℰ(x)
      ────→         ─────────→     J_p (擴散) 和  J_p (漂移)

                    - - - - - - →  φ_n (擴散)
         n(x)
      ────            ← - - - - -   φ_n (漂移)
         p(x)
      ────           ←─────────     J_n (擴散)

                     ─────────→    J_n (漂移)
```

圖 4-14 電場和載子梯度同時存在時電子和電洞的擴散及漂移方向。虛線箭頭是粒子流動的方向，實線箭頭是電流流動的方向。

向一致時，擴散電流成分和漂移電流成份方向一致，應該加在一起。對電子而言，在同樣的情況下，兩種電流成份的方向相反，電流應相減。半導體內的總電流主要來源是電子電流或電洞電流由電場及載子梯度的大小及方向來決定。

(4-23) 式顯示的一個重要結果是，即使是少數載子也可以藉著擴散提供相當程度的電流。因為漂移電流直接和載子濃度成正比，所以少數載子無法提供太多的漂移電流。但是，擴散電流和濃度的梯度成正比，就不受限於濃度絕對值的大小了。舉例來說，在 n 型材料內，少數載子電洞的濃度 p 可能比多數載子電子的濃度 n 小好幾個數量級，但是電洞濃度的梯度 dp/dx 卻可能很大。其結果是，少數載子的擴散電流有時候會和多數載子電流差不多大。

在討論載子在電場內的運動時，也應該說明電場對能帶圖內電子能量的影響。假設有一電場 $\mathcal{E}(x)$ 在 x 方向，圖 4-15 畫出的半導體能帶圖就包含了電場對電子位能的改變。由正電荷和電子位能 $E(x)$ 來定義靜電位 $\mathcal{V}(x) = E(x)/(-q)$，因此靜電位 $\mathcal{V}(x)$ 大小的變化與 x 大小的變化呈反向趨勢。

從電場的定義

$$\mathcal{E}(x) = -\frac{dV(x)}{dx} \tag{4-25}$$

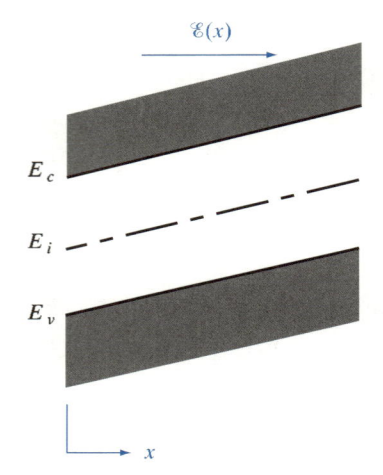

圖 4-15 半導體處於電場 $\mathcal{E}(x)$ 內的能帶圖。

針對靜電位變化，在能帶中選擇參考點，則可以找到 $\mathcal{E}(x)$ 與電子位能的關係，(4-25) 式中我們感興趣的是靜電位 $\mathcal{V}(x)$ 反空間變化的關係。若在能帶圖中選擇 E_i 做為電子位能變化的參考，可以導出電場如下

$$\mathcal{E}(x) = -\frac{d\mathcal{V}(x)}{dx} = -\frac{d}{dx}\left[\frac{E_i}{(-q)}\right] = \frac{1}{q}\frac{dE_i}{dx} \tag{4-26}$$

圖 4-15 為能帶能量隨電場 $\mathcal{E}(x)$ 的變化圖，圖中能帶傾斜的方向和電場方向間的相互關係可以用下述的方法來記憶：因為能帶圖顯示的是電子的能量，而電子往"下坡"運動較為方便。因此，電場的方向一定是朝"上坡"的方向。

在平衡時，半導體內沒有電流流動。因此，任何載子分佈的擾動若形成濃度梯度而引發擴散電流時，也一定伴隨著電場的形成，引發相反方向的漂移電流，使淨電流為零。因此對平衡要求的檢視，可找出擴散係數與載子移動率的關係。在平衡時，令 (4-23b) 式等於零可以得到

$$\mathcal{E}(x) = \frac{D_p}{\mu_p}\frac{1}{p(x)}\frac{dp(x)}{dx} \tag{4-27}$$

表 4-1　各種本質半導體在 300 K 時電子和電洞的擴散係數及移動率。
注意：對異質半導體應採用圖 3-23。

	D_n (cm^2/s)	D_p (cm^2/s)	μ_n (cm^2/V-s)	μ_p (cm^2/V-s)
Ge	100	50	3900	1900
Si	35	12.5	1350	480
GaAs	220	10	8500	400

把 (3-25b) 式的 $p(x)$ 代入，可以得到

$$\mathcal{E}(x) = \frac{D_p}{\mu_p} \frac{1}{kT} \left(\frac{dE_i}{dx} - \frac{dE_F}{dx} \right) \tag{4-28}$$

在平衡時費米能階不隨 x 而變，把 (4-26) 式 E_i 的微分代入 (4-28) 式，得到

$$\boxed{\frac{D}{\mu} = \frac{kT}{q}} \tag{4-29}$$

此一結果對電子和電洞都正確。這個重要的方程式叫做**愛因斯坦關係式** (Einstein relation)，它可以利用 D 或 μ 其中一個參數的測量數據，來計算另外的那個參數 (μ 或 D)。表 4-1 列出一些半導體在室溫下的 D 和 μ 值。從這些數值可以看出 $D/\mu \simeq 0.026$ V。

在熱平衡時漂移電流等於擴散電流導致一個重要的結果，就是 E_i 的梯度會伴隨內建電場的產生。熱平衡時 (費米能階 E_F 為常數) 由於化合物半導體的組成成分改變，使能隙大小發生變化，並伴隨能帶內 E_i 梯度的產生。通常非均勻摻雜所產生的摻雜梯度可導致內建電場的產生，例如內建電場平衡了施體分佈 $N_d(x)$ 所引起的電子濃度 $n_0(x)$ 的梯度。

4.4.3　擴散與復合；連續方程式

截至目前為止，在我們討論過量載子的擴散時，一直都忽略了一個重要的物理效應——復合。因為復合會改變載子濃度的分佈。因此，在分

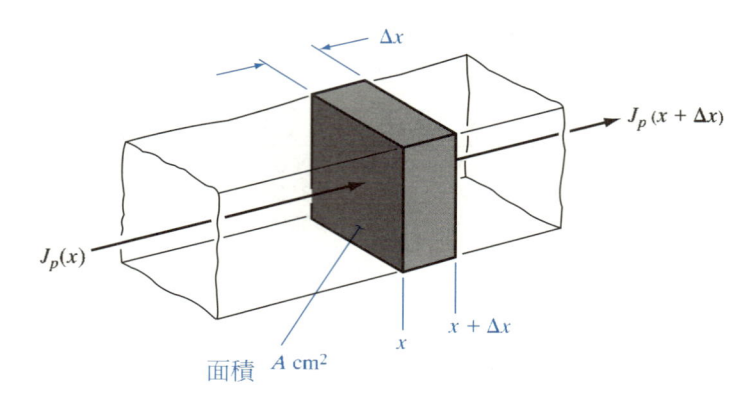

圖 4-16 流入及流出體積 ΔxA 的電流。

析載子的傳導時必須將此效應涵蓋在內。例如：如圖 4-16，半導體試樣，在 yz-平面上的截面積為 A，在 x 方向有一微量長度 Δx。流出體積 ΔxA 的電洞電流密度，$J_p(x+\Delta x)$，究竟是大於或小於流入此體積的電流密度，$J_p(x)$，端視在此體積內發生的載子產生和復合而定。單位時間內電洞濃度的淨增加量，$\partial p/\partial t$，是注入單位體積內的電洞通量減去流出的電洞通量再減去復合率。其中，電洞通量密度等於 J_p 除以 q。因為電流密度已經是每單位面積的量，所以把 $J_p(x)/q$ 再除以 Δx 就是單位時間內，進入單位體積 ΔxA 的粒子數目，而 $(1/q) J_p(x+\Delta x)/\Delta x$ 是單位時間內，離開單位體積 ΔxA 的粒子數：

$$\left.\frac{\partial p}{\partial t}\right|_{x \to x+\Delta x} = \frac{1}{q}\frac{J_p(x) - J_p(x+\Delta x)}{\Delta x} - \frac{\delta p}{\tau_p} \tag{4-30}$$

電洞累積的速率 = 單位時間內在 $A\Delta x$ 內增加的電洞濃度 − 復合速率

當 Δx 趨近於零，電流的變化可以寫成微分的形式：

$$\frac{\partial p(x,t)}{\partial t} = \frac{\partial \delta p}{\partial t} = -\frac{1}{q}\frac{\partial J_p}{\partial x} - \frac{\delta p}{\tau_p} \tag{4-31a}$$

上式即為電洞的**連續方程式** (continuity equation)。對電子而言則是

$$\frac{\partial \delta n}{\partial t} = \frac{1}{q}\frac{\partial J_n}{\partial x} - \frac{\delta n}{\tau_n} \qquad (4\text{-}31\text{b})$$

因為電子帶的是負電荷。

若電流只包含擴散成份 (漂移成份太小，可予以忽略)，則 (4-31) 式中的電流密度只需引用擴散電流密度。例如，就電子而言

$$J_n(\text{diff.}) = qD_n\frac{\partial \delta n}{\partial x} \qquad (4\text{-}32)$$

將上式代入 (4-31b) 式可得電子的**擴散方程式** (diffusion equation)

$$\frac{\partial \delta n}{\partial t} = D_n\frac{\partial^2 \delta n}{\partial x^2} - \frac{\delta n}{\tau_n} \qquad (4\text{-}33\text{a})$$

同樣地，對電洞而言，

$$\frac{\partial \delta p}{\partial t} = D_p\frac{\partial^2 \delta p}{\partial x^2} - \frac{\delta p}{\tau_n} \qquad (4\text{-}33\text{b})$$

擴散方程式在分析同時具有擴散和復合的暫態問題時非常有用。例如：圖 4-12 中半導體內的電子脈衝因擴散而往兩側散播，但在此同時，電子數目也因復合而減少。在分析任意時間，任意位置的電子濃度 $n(x, t)$ 時，就必須用到 (4-33a) 式。

4.4.4　穩態載子注入；擴散長度

在許多實際狀況下過量載子的分佈維持在穩定狀態，亦即 (4-33) 式的時間微分是零。在穩定狀態下擴散方程式變成

$$\frac{d^2\delta n}{dx^2} = \frac{\delta n}{D_n\tau_n} \equiv \frac{\delta n}{L_n^2} \qquad (4\text{-}34\text{a})$$

$$\frac{d^2\delta p}{dx^2} = \frac{\delta p}{D_p\tau_p} \equiv \frac{\delta p}{L_p^2} \qquad (4\text{-}34\text{b})$$

(穩定狀態)

166 半導體元件

$$p(x) = p_0 + \Delta p e^{-x/L_p}$$

$$J_p(x) = -qD_p \frac{dp(x)}{dx}$$

$$= q\frac{D_p}{L_p}\delta p(x)$$

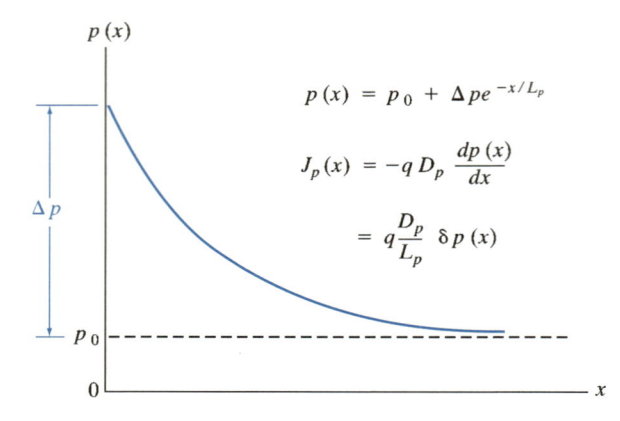

圖 4-17 在 $x=0$ 處有電洞注入，造成電洞濃度 $p(x)$ 的穩態分佈以及擴散電流密度 $J_p(x)$。

其中 $L_n \equiv \sqrt{D_n\tau_n}$ 叫做電子的**擴散長度** (diffusion length)，L_p 是電洞的擴散長度，因為在穩態下時間的微分是零，因此上式未採用偏微分的形式。

擴散長度的物理意義經由以下的說明會更加清楚。假設過量電洞經由適當的方法在 $x=0$ 處注入半無限大的半導體內，電洞的注入使過量電洞濃度在 $x=0$ 處維持穩態 $\delta p(x=0)=\Delta p$。注入的電洞沿 x 方向擴散，並且以生命期 τ_p 進行與電子之復合。因為復合機制的存在 (圖 4-17)，在 x 很大，距離 $x=0$ 很遠的地方，過量電洞會衰減到零。在這種情形下，用公式 (4-34b) 可以解得

$$\delta p(x) = C_1 e^{x/L_p} + C_2 e^{-x/L_p} \tag{4-35}$$

利用邊界條件可以求得 C_1 和 C_2 的值。因為 $x=\infty$ 時 $\delta p=0$，所以 $C_1=0$。又因為 $x=0$ 時 $\delta p=\Delta p$，所以 $C_2=\Delta p$。得到的全解是

$$\boxed{\delta p(x) = \Delta p e^{-x/L_p}} \tag{4-36}$$

注入的過量電洞濃度因為與電子復合，在 x 方向依指數函數衰減，

而擴散長度 L_p 代表的距離是濃度由注入處的值降低到 $1/e$ 的長度。我們也可以證明 L_p 是電洞復合前平均的擴散長度。為了要計算平均擴散長度，必須先知道電洞在一段距離 dx 內被復合的概率。電洞在 $x=0$ 處注入後，到距離為 x 處仍未被電子復合的概率是這兩個位置電洞濃度的比值，亦即 $\delta p(x)/\Delta p = \exp(-x/L_p)$。換言之，電洞在接下來的 dx 距離內，被**復合**(recombine) 的概率是

$$\frac{\delta p(x) - \delta p(x+dx)}{\delta p(x)} = \frac{-(d\delta p(x)/dx)dx}{\delta p(x)} = \frac{1}{L_p}dx \tag{4-37}$$

因此，一個電洞在 $x=0$ 處注入而在 x 到 $x+dx$ 之間被復合的概率是上述兩個概率的乘積

$$(e^{-x/L_p})\left(\frac{1}{L_p}dx\right) = \frac{1}{L_p}e^{-x/L_p}dx \tag{4-38}$$

利用 (2-21) 式提到的求平均值的技巧可知：電洞在復合前可以移動的平均距離是

$$\langle x \rangle = \int_0^\infty x \frac{e^{-x/L_p}}{L_p} dx = L_p \tag{4-39}$$

過量電洞的穩態分佈引發電洞的擴散，因而導致電洞電流往濃度低的方向流動。由 (4-22b) 式及 (4-36) 式可得

$$J_p(x) = -qD_p\frac{dp}{dx} = -qD_p\frac{d\delta p}{dx} = q\frac{D_p}{L_p}\Delta p e^{-x/L_p} = q\frac{D_p}{L_p}\delta p(x) \tag{4-40}$$

因為 $p(x) = p_0 + \delta p(x)$ 中只有過量電洞濃度 $\delta p(x)$ 與空間位置變化有關，因 $\delta p(x)$ 為指數函數分佈且與本身的導函數 $\delta p(x)/dx$ 成正比，因此在任意位置 x 處之擴散電流亦於在該處的過量電洞濃度 $\delta p(x)$ 成正比。

上面討論的情形似乎是限制在 $\delta p(x)$ 為指數函數才正確，但在第五章討論 p-n 接面時，這項結果非常有用。穿越過一個半導體接面的少數載子通常是如 (4-36) 式的函數分佈函數，因而會導致如 (4-40) 式的擴散電流。

例題 4-5 一個很長的 p 型矽晶棒，其截面積為 0.5 cm^2，$N_a = 10^{17}$ cm^{-3}，我們將 5×10^{16} cm^{-3} 的電洞注入在 $x = 0$ 的地方。穩態時，在 $x = 1000$ Å 處，F_p 將會與 E_c 分開多少距離？此處的電洞電流是多少？儲存多少的過量電洞？假設 $\mu_p = 500$ cm^2/V-s，$\tau_p = 10^{-10}$ s。

解

$$D_p = \frac{kT}{q}\mu_p = 0.0259 \times 500 = 12.95 \text{ cm/s}$$

$$L_p = \sqrt{D_p \tau_p} = \sqrt{12.95 \times 10^{-10}} = 3.6 \times 10^{-5} \text{ cm}$$

$$p = p_0 + \Delta p e^{-\frac{x}{L_p}} = 10^{17} + 5 \times 10^{16} e^{-\frac{10^{-5}}{3.6 \times 10^{-5}}}$$

$$= 1.379 \times 10^{17} = n_i e^{(E_i - F_p)/kT} = (1.5 \times 10^{10} \text{ cm}^{-3}) e^{(E_i - F_p)/kT}$$

$$E_i - F_p = \left(\ln \frac{1.379 \times 10^{17}}{1.5 \times 10^{10}}\right) \cdot 0.0259 = 0.415 \text{ eV}$$

$$E_c - F_p = 1.1/2 \text{ eV} + 0.415 \text{ eV} = \mathbf{0.965 \text{ eV}}$$

藉由 (4-40) 式計算電洞濃度

$$I_p = -qAD_p \frac{dp}{dx} = qA \frac{D_p}{L_p}(\Delta p) e^{-\frac{x}{L_p}}$$

$$= 1.6 \times 10^{-19} \times 0.5 \times \frac{12.95}{3.6 \times 10^{-5}} \times 5 \times 10^{16} e^{-\frac{10^{-5}}{3.6 \times 10^{-5}}}$$

$$= \mathbf{1.09 \times 10^3 \text{ A}}$$

$$Q_p = qA(\Delta p)L_p$$

$$= 1.6 \times 10^{-19}(0.5)(5 \times 10^{16})(3.6 \times 10^{-5})$$

$$= \mathbf{1.44 \times 10^{-7} \text{ C}}$$

4.4.5 海恩斯-蕭克萊實驗

在 1951 年首度由貝爾電話公司實驗室的 J.R. Haynes 和 W. Shockley 完成了一項半導體的經典實驗，呈現出少數載子的漂移和擴散。這項實驗可以分別量出少數載子移動率 μ 和擴散係數 D。海恩斯-蕭克萊實驗的基本原理是：若電洞脈衝產生於存在有電場的 n-型半導體內 (如圖 4-18)；當此脈衝受電場作用而漂移的同時也受到擴散的作用向兩側散播。沿著漂移的方向在不同的位置測量過量電洞的濃度，由電洞尖峰漂移經過某一距離的時間可以算出其移動率；而經由某一段時間之後電洞脈衝的散播程度可以算出擴散係數。

在圖 4-18 裡過量電洞脈衝是利用一道閃光照射在 n-型半導體的 $x=0$ 處來產生的 ($n_0 \gg p_0$)。假設過量電洞對電子濃度的影響可以忽略不計，但是對電洞濃度的變化卻有鉅大的影響。電洞順著電場的方向漂移，最後到達 $x=L$ 處，也就是進行測量觀察的地方。由測得的漂移時間 t_d 可以計算漂移速度 v_d，並可進一步求出移動率

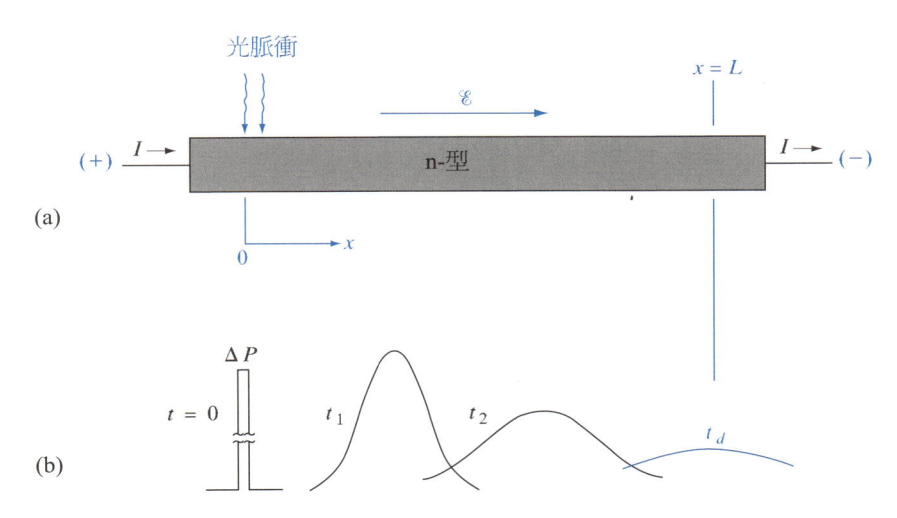

圖 4-18 電洞脈衝在 n-型半導體內的漂移和擴散：(a) 試樣的安排與幾何尺寸；(b) 脈衝順著電場方向漂移時在不同位置 (不同時間) 處的外形。

$$v_d = \frac{L}{t_d} \qquad (4\text{-}41)$$

$$\mu_p = \frac{v_d}{\mathcal{E}} \qquad (4\text{-}42)$$

因此，電洞移動率可以直接從漂移自 $x=0$ 至 $x=L$ 所需要的時間算出。此處，海恩斯-蕭克萊實驗所測得的是**少數**載子移動率。與此相反的是霍爾效應，在霍爾實驗裡利用已知的試樣電阻係數去測量**多數**載子的移動率。

當脈衝受電場作用而漂移的同時，其外形也會因為擴散而向兩側散播。利用測量脈衝外形擴散的程度可以計算出 D_p。為了計算電洞分佈的時間函數，首先要重新檢驗在**沒有漂移和復合**的情形下，電洞脈衝擴散的狀況 (圖 4-12)。電洞的分佈一定要符合與時間相關的擴散方程式 (4-33b)。當復合可略去不計時 (τ_p 比擴散進行的時間長很多時)，擴散方程式可以寫成

$$\frac{\partial \delta p(x,t)}{\partial t} = D_p \frac{\partial^2 \delta p(x,t)}{\partial x^2} \qquad (4\text{-}43)$$

此式的解稱做高斯分佈 (gaussian distribution)

$$\delta p(x,t) = \left[\frac{\Delta P}{2\sqrt{\pi D_p t}}\right] e^{-x^2/4D_p t} \qquad (4\text{-}44)$$

其中 Δp 是 $t=0$ 時在很小的距離內與每單位面積產生的電洞數目。方括弧內的因數明顯的指出脈衝的尖峰值 (在 $x=0$ 處) 會隨著時間的增加而降低，而指數項的因數指出脈衝會向正 x 的方向和負 x 的方向散播出去 (圖 4-19)。若我們把任意時刻 (譬如說 $t=t_d$) 脈衝的峰值表示為 $\delta \hat{p}$，利用 (4-44) 式可以從某一位置的過量電洞濃度 $\delta p(x)$ 來計算 D_p。最方便計算的一個位置是 δp 衰減到 $\delta \hat{p}$ 值 $1/e$ 的地方，$x=\Delta x/2$。在此處

$$e^{-1}\delta\hat{p} = \delta\hat{p} e^{-(\Delta x/2)^2/4D_p t_d} \qquad (4\text{-}45)$$

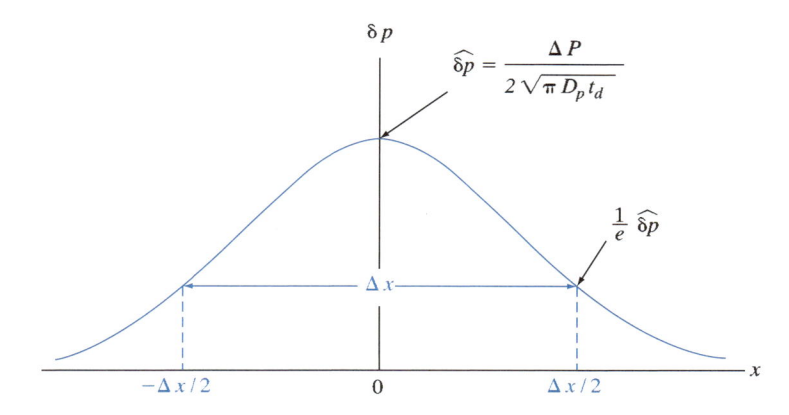

圖 4-19 在經過時間 t_d 之後，由 δp 分佈的外形來計算 D_p 的值。此處未將漂移和復合現象考慮在內。

$$D_p = \frac{(\Delta x)^2}{16 t_d} \tag{4-46}$$

因為 Δx 無法直接量到，所以利用圖 4-20 實驗裝置內的示波器來測量脈衝的波形。在第五章裡會提到，順偏的 p-n 接面可以用來注入少數載子，而反偏的 p-n 接面則可以用來偵測脈衝。在圖 4-20 的示波器上量到的實驗物理量是時間 Δt。當脈衝漂移通過偵測器的位置點 (2) 時，Δx 和 Δt 之間的關係如下

$$\Delta x = \Delta t \mathrm{v}_d = \Delta t \frac{L}{t_d} \tag{4-47}$$

例題 4-6 圖 4-20 是在 n-型的鍺試樣上進行海恩斯-蕭克萊實驗。試樣的長度是 1 cm，點 (1) 和點 (2) 距離 0.95 cm。電池的電壓 E_0 為 2 V。脈衝在注入點 (1) 後 0.25 ms 到達點 (2)；其寬度 Δt 為 117 μs。計算電洞的移動率和擴散係數。並以愛因斯坦關係式檢驗其正確性。

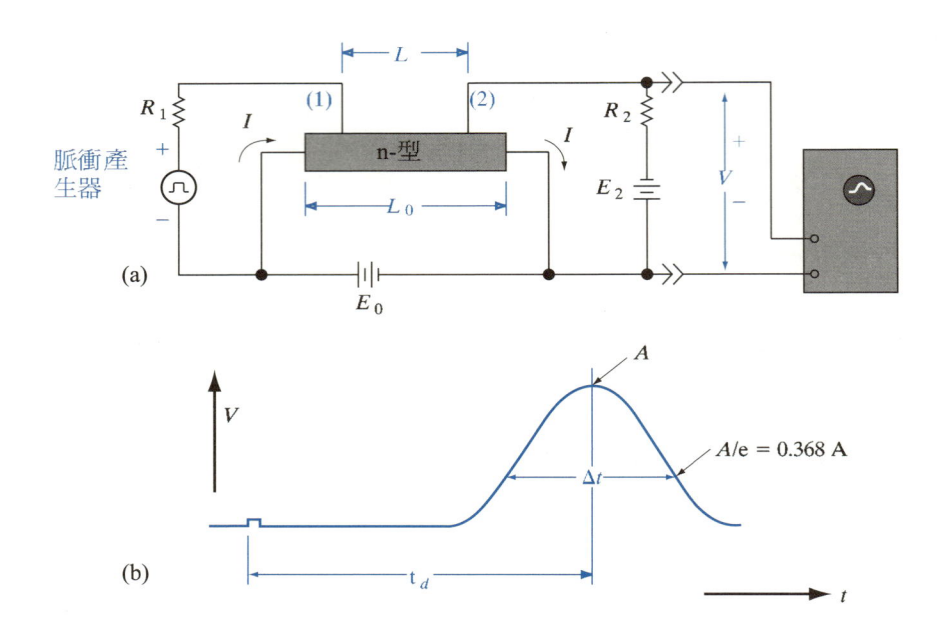

圖 4-20 海恩斯-蕭克萊實驗：(a) 電路圖；(b) 示波器螢幕上看到的典型曲線。

解

$$\mu_p = \frac{v_d}{\mathscr{E}} = \frac{0.95/(0.25 \times 10^{-3})}{2/1} = 1900 \text{ cm}^2/(\text{V-s})$$

$$D_p = \frac{(\Delta x)^2}{16 t_d} = \frac{(\Delta t L)^2}{16 t_d^3}$$

$$= \frac{(117 \times 0.95)^2 \times 10^{-12}}{16(0.25)^3 \times 10^{-9}} = 49.4 \text{ cm}^2/\text{s}$$

$$\frac{D_p}{\mu_p} = \frac{49.4}{1900} = 0.026 = \frac{kT}{q}$$

4.4.6 準費米能階梯度

在 3.5 節曾提到熱平衡時費米能階沒有梯度 (在能帶圖上呈一水平線)。但是，載子的漂移或/及擴散卻表示在穩態時準費米能階有梯度存在。

我們可以用 (4-23) 式，(4-26) 式以及 (4-29) 式的結果來顯示半導體準費米能階的功用 [(4-15) 式]。若考慮非平衡時又有漂移和擴散現象存在，則電子的總電流是

$$J_n(x) = q\mu_n n(x)\mathcal{E}(x) + qD_n \frac{dn(x)}{dx} \tag{4-48}$$

其中電子濃度的梯度是

$$\frac{dn(x)}{dx} = \frac{d}{dx}[n_i e^{(F_n - E_i)/kT}] = \frac{n(x)}{kT}\left(\frac{dF_n}{dx} - \frac{dE_i}{dx}\right) \tag{4-49}$$

代入愛因斯坦關係式，電子的總電流可寫成

$$J_n(x) = q\mu_n n(x)\mathcal{E}(x) + \mu_n n(x)\left[\frac{dF_n}{dx} - \frac{dE_i}{dx}\right] \tag{4-50}$$

(4-26) 式指出方括弧內被減的第二項就是 $q\mathcal{E}(x)$，直接消去 $q\mu_n n(x)\mathcal{E}(x)$ 項可得

$$J_n(x) = \mu_n n(x)\frac{dF_n}{dx} \tag{4-51}$$

由上式可知電子漂移和擴散加在一起的最終結果可以用準費米能階在空間內的變動 (準費米能階的梯度) 表示出來。上述推導過程對電洞也同樣適用。由漂移和擴散引發的電流可以寫成修正的歐姆定律如下：

$$J_n(x) = q\mu_n n(x)\frac{d(F_n/q)}{dx} = \sigma_n(x)\frac{d(F_n/q)}{dx} \tag{4-52a}$$

$$J_p(x) = q\mu_p p(x) \frac{d(F_p/q)}{dx} = \sigma_p(x) \frac{d(F_p/q)}{dx} \qquad \text{(4-52b)}$$

因此,任何漂移電流,擴散電流,或由此二者結合而形成的半導體電流都和準費米能階 F_n, F_p 的梯度成正比。反過來說,半導體內沒有電流流動時意謂著準費米能階為一常數。可以利用流體靜力學來比擬準費米能階,將準費米能階視為在一個系統中的水壓,就像水會由高壓區流向低壓區,直到水壓在系統中達到平衡為止。相似地,電子也會由高準費米能階區流向低準費米能階,直到費米能階在平衡時變成水平線為止。準費米能階亦被稱為電化學位能 (electrochemical potentials),因為驅使載子運動的力量,有一部份是來自電學位能(或電場)的梯度,此梯度可以控制載子的漂移。而另外一部分的力量來自於載子濃度的梯度 (與熱力學概念有關,稱之為化學位能),此梯度可以使載子產生擴散。

總 結

4.1 過量載子是指比平衡狀態還要高的載子濃度,主要是由摻雜所貢獻,有時候亦可以用**照光** (或在元件上施以**偏壓**) 的方式產生。電子-電洞對 (*EHPs*) 的**產生-復合** (G-R) 可以藉由吸收能量大於能隙的光子進行,然後由直接或間接復合作為平衡載子濃度的機制。

4.2 G-R 的過程可以由**陷阱** (trap) 居中完成,特別是接近能隙中間的深層陷阱。能帶與能帶或陷阱輔助 G-R 影響過量載子的平均**壽命**。載子的壽命乘以光產生率建立了穩態的載子數量。載子壽命的平方根乘以擴散係數決定擴散長度。

4.3 在**熱平衡時**,存在一個**不變的費米能階**。在非熱平衡時,會有過量載子出現,此時費米能階會分裂為電子的**準費米能階**和電洞的**準費米能階**。準費米能階的分裂是判斷是否已經偏離平衡狀態的方法,少數載子準費米能階的的改變量會比多數載子大,這是因為少數載子濃度的改變比多數載子大。準費米能階的梯度決定了淨漂移-擴散電流。

4.4 **擴散通量 (Diffusion flux)** 是量測載子**由高濃度流向低濃度**的判斷指標。可以由**擴散率**乘以濃度**梯度**得到擴散通量。對於帶負電的電子而言，擴散電流的方向與擴散通量相反，但是對於帶正電的電洞而言，兩者的方向卻是相同的。透過熱電壓 kT/q 可以將載子的擴散率與遷移率聯繫起來(愛因斯坦關係式)。

4.5 由於漂移或擴散，載子可以在半導體中移動。**載子連續**方程式給出了載子隨時間和不同位置的變化情形。如果在某一點流進的載子比流出的多，載子的濃度會隨時間增加而增加。G-R 過程亦會影響載子濃度。

練習題

4.1 有一功率為 100 mW 的雷射光束，波長 λ＝6328 Å。將此雷射光照射一厚度為 100 μm 的砷化鎵樣本，在這樣的波長下，此樣本對於光的吸收係數為 $3 \times 10^4 \text{cm}^{-1}$，計算砷化鎵每秒經由復合所輻射出的光子數，假設完美的量子效率。計算有多少功率被傳送到樣本上變成熱能。

4.2 就電視螢幕而言，為什麼硫化鋅 (ZnS) 是比鎘化硒 (CdSe) 好用的磷光劑 (phosphor)？如果三元合金 GaAsP，其組成成分由 GaAs 逐漸變化為 GaP，其能隙寬度也會跟著變化，那麼所得到的波長範圍為何？其中包含哪些顏色？

4.3 矽材料內已摻有 2×10^{15} 施體/cm³ 並且在 $t=0$ 時均勻地產生 4×10^{14} EHP/cm³，若 $\tau_p = \tau_n = 5$ μs，仿照圖 4-7 的型式繪製半對數圖。

4.4 就 4.3 題中所述的低階激發狀態計算復合係數 α_r。若 GaAs 試樣被光均勻的照射而且有穩定的光產生速率 $g_{op} = 10^{19}$ EHP/cm³-s 時，α_r 仍然適用，求過量載子濃度 $\Delta n = \Delta p$。

4.5 一個直接能隙半導體，$n_i = 10^{10}$ cm^{-3}，摻雜了濃度為 10^{15} cm^{-3} 的施體原子。其低階載子壽命 τ 為 $\tau_n = \tau_p = 10^{-7}$ s。

(a) 如果此材料的樣本是均勻摻雜的，且暴露於穩定的光產生率 $g_{op} = 2 \times 10^{22}$ EHP/cm^3-s，計算過量載子 $\Delta n = \Delta p$。注意：激發率並非在低階注入的情況，但是你可以假設 α_r 是一樣的。

(b) 如果定義載子的壽命為過量載子濃度除以復合率，則此時的 τ 是多少？

4.6 某一矽試樣的費米能階 E_F 在導帶下面 0.3 eV 處，則試樣內大部分的鎵 (Ga) 原子會呈現何種電荷狀態？(見圖 4-9) 鎳 (Ni) 原子和金 (Au) 原子的主要電荷狀態又為何？注意：電荷狀態是指中性，正一或負二等。

4.7 n-型矽之 $N_d = 10^{16}$ cm^{-3}，照光後之產生率為 $g_{op} = 10^{21}$ EHP/cm^3-s。若 $\tau_n = \tau_p = 10^{-6}$ s，計算準費米能階之間距 $(F_n - F_p)$。繪製如圖 4-11 之能帶圖。

4.8 計算由指數變化的受體摻雜所形成的內建電場。

4.9 內建電場的方向毋須畫出摻雜梯度的能帶圖就可以被推測出來。首先，畫出熱平衡時，水平的費米能階，端視摻雜的種類是受體或是施體，將 E_i 置於靠近或遠離 E_F。根據 (4-26) 式，指出兩種情形下的電場方向。如果**少數**載子注入雜質梯度分佈的區域，在這兩種情形下，其加速的方向為何？這是有趣的效應，之後我們將會應用於電晶體的討論。

4.10 在習題 4.8 中，由摻雜的梯度並藉由 (4-23) 式和 (4-26) 式決定內建電場的方向。在這個習題裡，請定性的解釋為何電場必須產生，並判定電場方向。(a) 請畫出施體摻雜濃度分佈，解釋需要多大的電場強度才能保持將梯度造成的擴散電子移回來。將題目改為受體和電洞重複此題。(b) 請詳細畫出摻雜濃度分佈，並且證明離子化的施體與電子的遷移率。當電子嘗試由高濃度向低濃度擴散，請解釋電場的起因與方向。將題目改為受體和電洞，請重新回答本題。

4.11 請證明在習題 4.8 中，$(E_F - E_i)$ 會隨著 x 成線性變化，但只能適用於施體。

4.12 若穩態少數電洞的分佈如圖 4-17 所示，當 $p(x) \gg p_0$ (亦即 F_p 在 E_F 之下) 時，試求電洞準費米能階的位置 $E_i - F_p(x)$。在能帶圖上畫出 $F_p(x)$。注意：當少數載子的數目很小時，F_p 依然很難和 E_F 重合。

4.13 在 n-型半導體棒的一個狹小區域內照光，在照光處 $\Delta n = \Delta p$。過量載子向兩側外方擴散而且復合。假設 $\delta n = \delta p$，繪製過量載子分佈圖且對照光區針對數個擴散長度的位置在能帶圖上繪出準費米能階 F_n 和 F_p。(請參考練習題 4.12 的注意事項)

4.14 計算 (4-40) 式在 $x=0$ 處之值就是維持圖 4-17 中 $x=0$ 處電洞量所需注入的電流。其結果是 $I_p(x=0) = qAD_p\Delta p/L_p$。證明若把穩態下電洞儲存的濃度 $\delta p(x)$ 積分再除以平均電洞生命期 τ_p，也可以得到同樣的電流。解釋為何第二種分析法也會得到 $I_p(x=0)$。

4.15 圖 4-17 中，在 $x=0$ 處，穩態的過量載子濃度是 $\Delta p = 10^{16} \text{cm}^{-3}$。假設這是一個很長的矽晶棒，截面積 $A = 10^{-3}$ cm^2，電洞擴散長度 $L_p = 10^{-3}$ cm，電洞壽命為 10^{-6} s。
(a) 在指數的過量電洞分佈中，請計算穩態儲存電荷 Q_p。
(b) 維持此穩態分佈的電洞電流 $I_p(x=0)$ 為何？
(c) 請計算在 $x=0$ 處，濃度分佈的斜率。

4.16 在第三章中，我們利用 $n_0 p_0 = n_i^2$ 來計算熱平衡時的題目。請推導在穩態時 np 乘積的表示式。

4.17 試證明由直接取代 (4-44) 式的高斯分佈是 (4-43) 式擴散方程式的一個解。因為這個方程式忽略復合，所以在任何時間 t，$A\Delta p$ 中的整體電洞仍然是一個常數。A 為樣本的截面積。

4.18 試問要如何修改 (4-44) 式，才能使這個方程式包含復合的效應？我們希望用 Haynes-Shockley 實驗來計算在 n 型樣本中的電洞壽命 τ_p。當時間為 t_d 時，假設顯示在示波器螢幕上的脈衝波峰值電壓，正比於在集極端下面的電洞載子濃度，而且顯示的波形可以被近似為高斯波形。電場是可變的，且在 $t_d = 250$ μs 時，峰值電壓為 25 mV；

在 $t_d = 50$ μs 時，峰值電壓為 100 mV，請問 τ_p 是多少？

參考書目

Ashcroft, N. W., and N. D. Mermin. *Solid State Physics*. Philadelphia: W.B. Saunders, 1976.

Bhattacharya, P. *Semiconductor Optoelectronic Devices*. Englewood Cliffs, NJ: Prentice Hall, 1994.

Blakemore, J. S. *Semiconductor Statistics*. New York: Dover Publications, 1987.

Neamen, D. A. *Semiconductor Physics and Devices: Basic Principles*. Homewood, IL: Irwin, 2003.

Pankove, J. I. *Optical Processes in Semiconductors*. Englewood Cliffs, NJ: Prentice Hall, 1971.

Pierret, R. F. *Semiconductor Device Fundamentals*. Reading, MA: Addison-Wesley, 1996.

Singh, J. *Semiconductor Devices*. New York: McGraw-Hill, 1994.

Wolfe, C. M., G. E. Stillman, and N. Holonyak, Jr. *Physical Properties of Semiconductors*. Englewood Cliffs, NJ: Prentice Hall, 1989.

第五章
接　面

學習目標

1. 決定在熱平衡時 p-n 接面的能帶圖，運用泊松 (Poisson) 方程式來判斷電場和位能。
2. 決定在理想二極體中的電流分量，瞭解為何在理想二極體中的反向漏電流與偏壓無關。研究整流器的應用
3. 瞭解由雜質電荷所造成的空乏電容，和由可移動載子所形成的擴散電容
4. 研究二階效應-高階注入，空乏區的產生-復合，串聯電阻和漸變接面 (graded junction)
5. 研究金屬-半導體接面(蕭特基和歐姆)和異質接面，討論真空能階，電子親和力和功函數

　　大部分的半導體元件會包含至少一個 p 型與 n 型材料的接面。這種接面是電子電路具有整流、放大、切換及其他功能的基礎，在本章內我們將討論平衡狀態下的接面特性，以及穩態和暫態時流經接面的載子特性。接著會討論金屬-半導體接面，以及不同能隙寬度半導體間的異質接面，本章所提供的接面特性方面的知識，是後續數章討論特定元件的基礎。

5.1　p-n 接面的製作

　　雖然本書的主旨在討論半導體元件的工作原理，而非元件的製造技

術，但是對製造過程的整體理解仍有助於元件物理的探討。第一章已經討論了單晶基板的成長以及摻雜濃度隨表面距離的變化。但是在晶圓上製造積體電路關鍵現象之一的摻雜濃度沿晶圓表面側向的變化卻仍未討論。因此，我們必須依照電路的特性，製造各種圖樣的光罩，在晶圓上選定的區域內，透過光罩的圖樣，把雜質原子摻入矽基板內。本章將簡單的介紹製造現代積體電路的一些主要的基本製程技術。這些為數不多的製程技術經過適當的排列組合可以做出自簡單的二極體到複雜的微處理器的各式各樣半導體元件及積體電路。

5.1.1　熱氧化

為了加速化學反應，很多的製程步驟都會把晶圓的溫度升高。例如把矽加溫氧化以形成二氧化矽。在裝設有陶瓷隔熱內壁以電熱線圈加溫的爐體內，置放潔淨的石英管，管內的晶圓可以加溫至 800～1000°C。管內通以常壓的含氧氣體如乾氧 (O_2) 或水蒸汽 (H_2O)，並讓氣體自管的另一端流出。傳統上採用的是水平爐管 (圖 5-1a)。但是，最近垂直的爐管也很常見 (圖 5-1b)。晶圓置入載具時是正面朝下以降低粒子污染。氣體由上方往下的流動比傳統水平式的流動更為均勻。在氧化過程中整體的化學反應是：

$$Si + O_2 \rightarrow SiO_2 \quad \text{(乾氧氧化)}$$
$$Si + 2H_2O \rightarrow SiO_2 + 2H_2 \quad \text{(濕氧氧化)}$$

在上述兩種情形都會消耗晶圓表面的矽，每成長 1 μm 的 SiO_2，要耗用 0.44 μm 的矽。因此，氧化過程所形成的氧化層體積為耗用掉矽體積的 2.2 倍大。在氧化過程中氧原子擴散穿透已經長成的 SiO_2 層到達 Si-SiO_2 介面，使上述化學反應式得以進行。矽積體電路能夠大量製造的一個最重要的原因，就是可以在矽表面上成長穩定的具備良好電特性的熱氧化層。其他半導體材料則無法長出類似品質的絕緣層。我們甚至可以把現

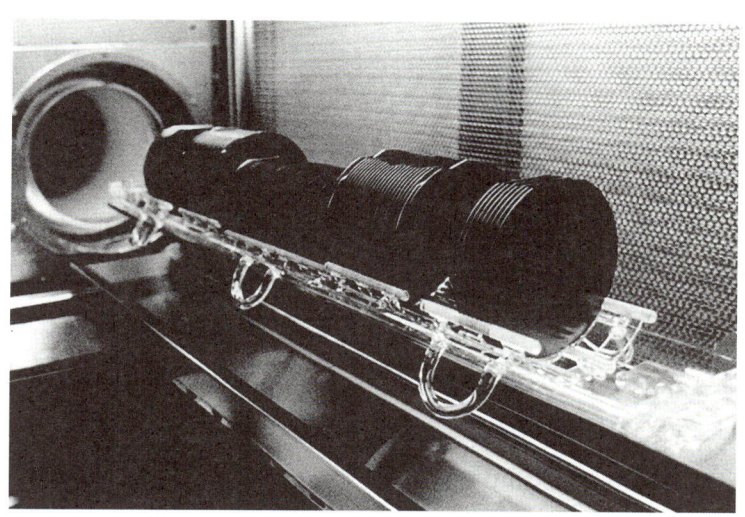

圖 5-1a 矽晶圓置入高溫爐的情形，對 8 吋或更大的晶圓，通常使用垂直式爐管取代水平式爐管。

圖 5-1b 大尺寸晶圓使用的垂直式爐管。石英晶圓載具裝滿了 8 吋晶圓移往上方的高溫爐，進行氧化、擴散或沉積等製程。(圖片由 Tokyo Electron Ltd 公司提供)

有計算機文明的誕生歸功於這一項簡單的氧化製程也並不為過。

附錄 VI 提供了 (100) Si 晶圓上，以乾氧和濕氧成長的氧化層厚度對時間和溫度的變化圖。

5.1.2 擴散

另一項過去常用的高溫 IC 製程是在如圖 5-1a 的爐管內把雜質原子擴散到矽基板內。首先將晶圓氧化，而後以光微影技術及蝕刻步驟去除某些選定區域的二氧化矽，露出該區域的矽晶圓表面。在高溫爐內通以硼 (B)、磷 (P) 或砷 (As) 的氣體或蒸汽源，使這些雜質原子擴散入選定的矽晶圓表面區域。雜質原子在表面的濃度最濃，逐漸的向基板內部擴散，其過程與 4.4 節中討論的載子擴散過程類似。附錄 VII 中列出了不同溫度 T。可以溶入矽的各種雜質原子的極大值 (固態溶解度)。各類雜質原子的固態擴散係數，有很強的阿列尼斯 (Arrhenius) 溫度依存性，其關係式為 $D = D_0 \exp - (E_A/kT)$ 其中 D_0 為常數，其值視材料和摻雜原子而定，E_A 為活化能量。雜質原子能擴散的距離與擴散長度有關，如 4.4.4 節中所述。擴散長度是 $\sqrt{Dt}$，t 為製程的時間。Dt 的乘積有時叫做熱預算 (thermal budget)。擴散係數的阿列尼斯溫度依存性說明了何以擴散製程要在高溫下進行，否則擴散係數會太低。因為 D 隨 T 的指數關係上升，精確的控制爐管溫度就非常重要，要得到某一特定的濃度分佈，往往溫度的準確度要在個位數的程度，如圖 5-2。因為雜質原子在二氧化矽內的擴散係數很低，因此氧化層可以有效的阻止雜質擴散進入矽晶圓內。附錄 VIII 列出了不同溫度下雜質原子在 Si 和 SiO_2 內的擴散係數。擴散技術需要較高的溫度，而且不易精確地控制雜質分佈，因此逐漸地被另一項技術—離子佈植取代，此技術將在 5.1.4 節內討論。

使用越來越大的矽晶圓是一項必然的趨勢，許多製程步驟也因此而有所變動。例如八吋以上的晶圓最好以垂直的爐管來處理 (圖 5-1b) 而不用傳統的水平爐管 (圖 5-1a)。此外，大尺寸的晶圓通常是個別的進行、

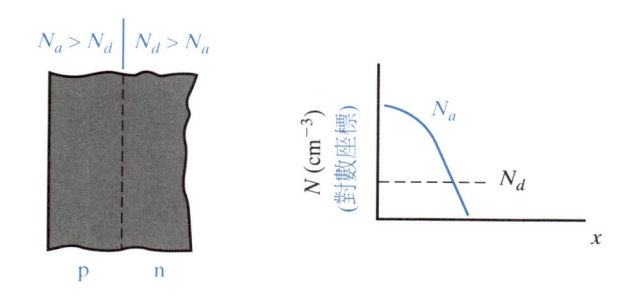

圖 5-2 以擴散技術製造 p-n 接面所獲致的雜質濃度分佈圖。

沉積、蝕刻及離子佈植等製程，類此的單一晶圓製程自動控制系統有快速、精確等優點。

擴散過程中任意時刻試樣內雜質濃度的分佈可以利用求擴散方程式的解而得到，當然，適當的邊界條件是必要的。若試樣表面雜質原子的來源是有限的 (例如：在擴散前沉積某一定量的原子在矽表面)，則可獲至如 (4-44) 式所述之高斯分佈 (對 $x > 0$ 而言)。另一種情況則是：若雜質原子能持續的供應，致使矽表面的雜質濃度為一常數，則晶圓內的雜質分佈是**互補式誤差函數** (complementary error function)。圖 5-2 內，在試樣某處摻入的受子濃度正好等於原來 n 型試樣的施子濃度。這個位置就是 p-n 接面所在。在圖 5-2 內此一接面的左側受子為主要載子，因此是 p 型材料。在此接面的右側，施子為多數載子，因此是 n 型材料。接面在試樣表面下的深度位置可以由擴散的時間和溫度來控制。

在圖 5-1a 的水平擴散爐內，矽晶圓在擴散過程中被置於石英爐管內，而雜質原子則被加入氣體中流入石英管。在矽中擴散硼時常用的源材料有 B_2O_3，BBr_3 和 BCl_3；擴散磷時使用的源材料是 PH_3，P_2O_5 和 $POCl_3$。固體源材料放在石英管內試樣的上風處，或是放在高溫爐內另外的加溫區內。氣體源材料以流量表控制直接加入氣體管路系統內。使用液體源材料時，則將惰性氣體先加入液體源材料內以產生氣泡，再將此發泡的氣體引入高溫爐管。矽晶圓被置於船形的承器上 (常稱做石英船)，以石英棒將其推入爐管內或拉出爐管。

在製程步驟裡需要很高的潔淨度。典型的摻雜濃度約在百萬分之一或更低，因此材料的純度和潔淨度極其重要。雜質源材料和運載氣體必須非常精純，石英爐管、石英船，以及石英棒在使用前必須以氫氟酸(HF) 清洗 (使用時須維持爐管的潔淨，否則易引入不想要的雜質)，矽晶圓本身在進行擴散之前也必須經過徹底的清洗過程，包括以氫氟酸去除表面不需要的二氧化矽層。

5.1.3 快速熱處理

許多以往用高溫爐做的加熱步驟逐漸的被快速熱處理 (rapid thermal processing, RTP) 裝置取代。這些製程包括快熱氧化，離子佈植退火以及化學氣相沉積 (CVD) 等。圖 5-3 為 RTP 的示意圖。傳統高溫爐的石英船，數十片晶圓，以及加熱緩慢的電熱絲等已不復再見。取而代之的是正面朝下以避免粒子污染的單一晶圓，熱質量低的石英尖粒，圍繞在周圍整排高強度 (數十瓩) 的紅外線鹵素鎢絲燈管，以及燈管外圍的鍍金反射板。燈管通電後，高強度的紅外線立即照滿整個石英容器並且被矽晶圓吸收，使矽晶圓的溫度立即快速上升 (每秒約 50～100 °C)。因此，在容器內的氣流穩定之後，很快就可以達到製程所需的溫度。在製程結

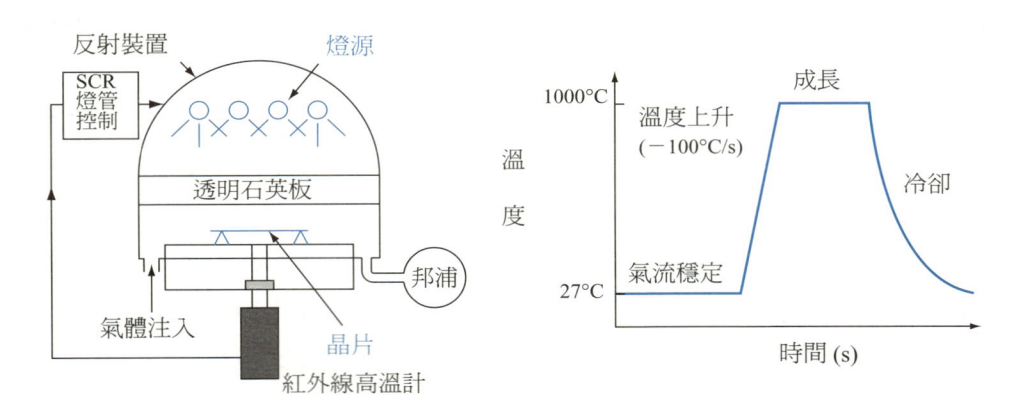

圖 5-3 快速熱處理裝置示意圖及典型的時間-溫度曲線。

束後，關閉燈管，由於 RTP 系統的熱質量比傳統爐管低很多，晶圓的溫度可以快速的降低。在 RTP 系統內，溫度的上升和下降所需的時間甚短，高溫製程的開始和終止有如被開關切換一般。RTP 製程兩個最關鍵的因素是確保大面積晶圓溫度的均勻性以及溫度測量的準確性。

所有高溫製程裡最重要的參數之一就是熱預算，Dt。通常，我們希望儘量降低此一數值，因為若 Dt 的乘積太大將會使我們無法控制精密的雜質分佈，也就無法做到微細尺寸的元件。在傳統爐管的製程裡，我們只能降低溫度儘量使 D 值小。但是在 RTP 製程裡只要幾秒鐘的時間就可以得到 1000 °C 的高溫，這是傳統爐管要數十分鐘或甚至數小時才能得到的溫度。

5.1.4 離子佈植

可以取代高溫擴散的一項非常有用的技術是直接把雜質離子以高能量植入半導體內。在此一製程技術內，一束雜質離子先被加速，直到其動能達到數 keV 至數 MeV，再將其引入半導體內。雜質原子進入晶圓後，因為與晶格碰撞逐漸喪失能量而終至靜止於平均穿透深度附近。此一平均穿透深度叫做**投射範圍** (projected range)，其值依雜質質量及佈植能量而定，通常在數百埃 (Å) 到 1 μm (1 μm＝10000 Å) 之間。在大多數情況下離子會均勻地停止於投射範圍 R_p 兩側，如圖 5-4。若佈植劑量為 ϕ 離子/cm²，其分佈約略呈高斯公式

$$N(x) = \frac{\phi}{\sqrt{2\pi}\Delta R_p} \exp\left[-\frac{1}{2}\left(\frac{x-R_p}{\Delta R_p}\right)^2\right] \quad \text{(5-1a)}$$

其中 ΔR_p 為散佈程度，其定義為分佈峰值 $e^{-1/2}$ 寬度的一半，見圖 5-4。佈植能量增加時 R_p 和 ΔR_p 的值都隨之增加。附錄 IX 列出了不同離子植入矽內時，這些參數隨能量變化的情形。

圖 5-5 為離子佈植器之示意圖。含有欲植入雜質原子的氣體先在"植

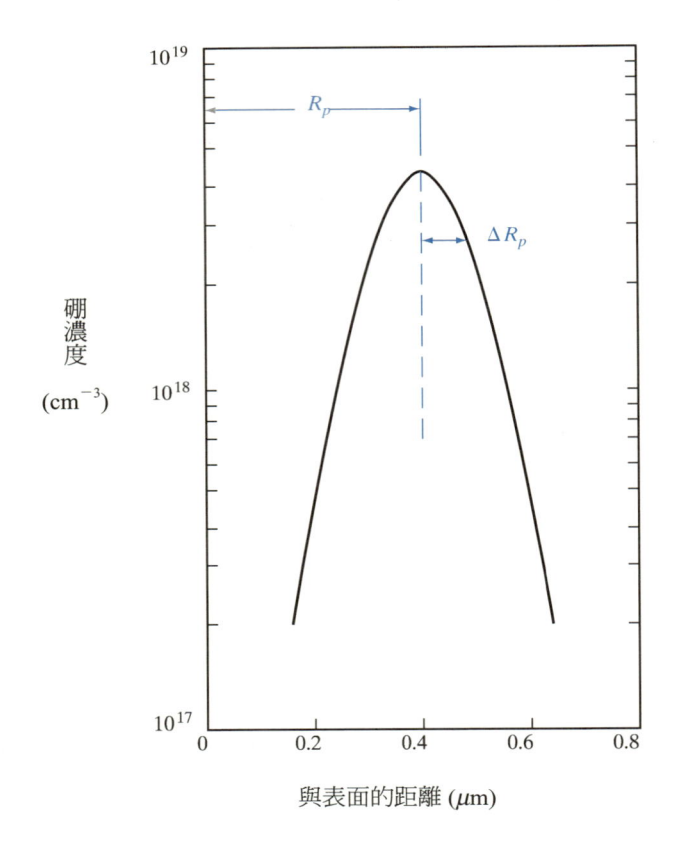

圖 5-4 離子植入之分佈圖：硼原子在投射範圍 R_p 附近的高斯分佈 (在本例圖內硼之劑量為 10^4 原子/cm^2，植入之能量為 140 keV)。

入源"內被游離，而後被抽引至加速管 (acceleration tube)。在加速到所需要的動能後，離子會通過"質量分離器" (mass separator)，以確保只有需要的離子種類通過漂移管 (drift tube)。[1]離子束在聚焦後以靜電控制的方式對置於目標室 (target chamber) 內的晶圓表面進行掃描。重複的以往復方式掃描會使晶圓表面的摻雜異常均勻。目標室內通常包括有自動化的晶圓裝卸設備以加快晶圓處理的速度。

離子佈植一項顯而易見的優點是這項製程在低溫下進行；因此，加入新的摻雜結構不會破壞先前已有的雜質分佈。金屬或光阻劑可以擋住離子的植入，所以可以利用光微影技術來選擇欲植入離子的區域。利用

---

[1] 在許多離子佈植器內，質量分離是在離子被加速到高能量之前進行的。

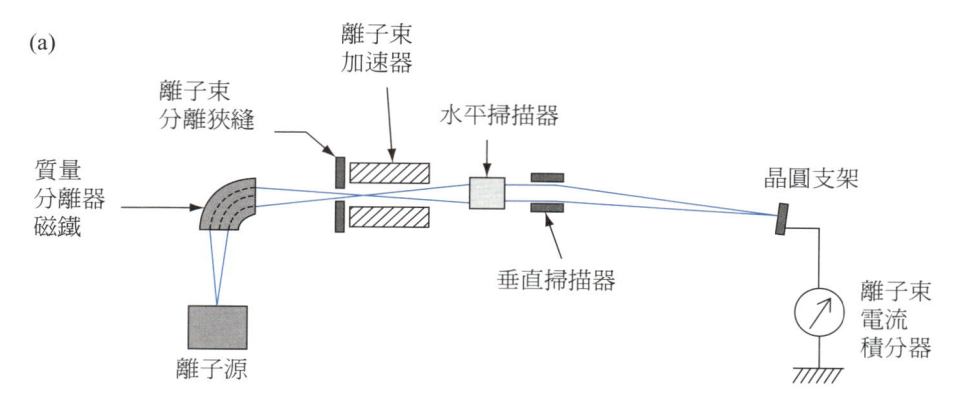

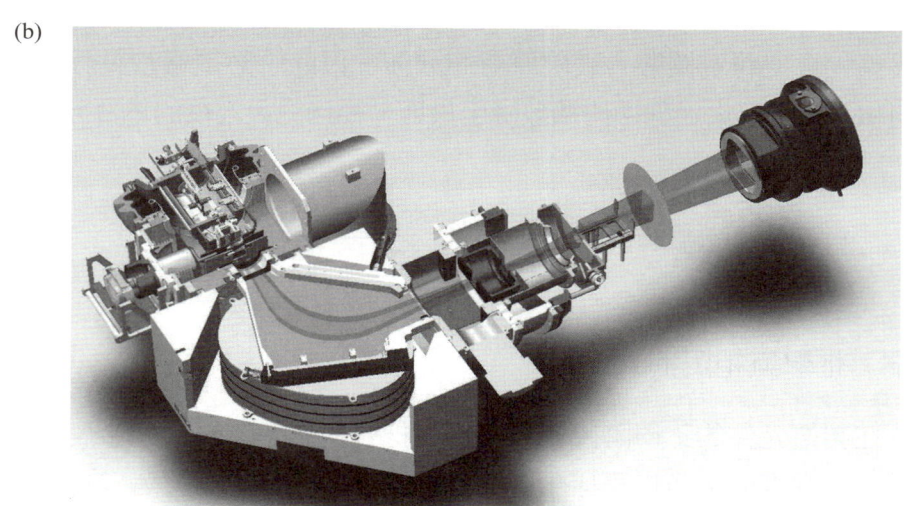

圖 5-5　(a) 離子佈植系統示意圖；(b) 經過質量分析磁鐵的離子束路徑示意圖 (由 Applied Materials 公司提供)

這項技術可以得到精確的而且非常淺的 (數十分之一微米) 摻雜層。在以後的幾章我們會看到很多元件都需要淺摻雜區，而採用離子佈植的技術可以使元件特性有所改進。此外，不易擴散入半導體的雜質原子也可以用離子佈植的方式將其引入。

離子佈植的另一項優點是對摻雜濃度的精確控制。因為佈植過程中離子束電流可以精確的測量和控制，因此植入的離子量可以控制的很準確。再加上離子植入的均勻性很好，使得離子佈植技術在矽積體電路製造過程中，格外具吸引力 (第九章)。

這項技術並非只有優點，它引發的問題之一是離子和晶格原子碰撞所造成的晶體破壞。大部分的此類破壞可以利用離子佈植後加溫矽晶圓予以去除。這個步驟叫做退火 (annealing)。雖然，矽可以毫無困難的加溫到 1000 °C 以上，砷化鎵和其他化合物半導體在高溫時會有解離的傾向。例如砷化鎵在退火的過程中，砷會自晶圓表面蒸發。因此，砷化鎵在退火過程中常用一層薄的氮化矽將晶圓表面封蓋起來。另一種處理法是放棄傳統的爐管加溫，而以 RTP 的方式將試樣短暫地加溫 (約 10 秒左右)。退火過程會使雜質擴散，破壞原有的分佈。因此，必須適當設計退火的時間和溫度將退火過程中的擴散降至最低。經過退火之後的雜質分佈是

$$N(x) = \frac{\phi}{\sqrt{2\pi}(\Delta R_p^2 + 2Dt)^{1/2}} \exp\left[-\frac{1}{2}\left(\frac{(x-R_p)^2}{\Delta R_p^2 + 2Dt}\right)\right] \quad \text{(5-1b)}$$

5.1.5 化學氣相沉積 (CVD)

在製造元件的不同階段，常常需要把介電質、半導體和金屬的薄膜形成在晶圓表面，予以圖樣化，並且蝕刻。我們已經討論過一項類似的製程，矽的熱氧化。二氧化矽薄膜可以用**低壓** (low pressure) (約 100 mTorr)[2] 化學氣相沉積法 (LPCVD) (圖 5-6) 或電漿助長 CVD (PECVD) 法形成。主要的差別在熱氧化法需在高溫下進行，而且會消耗基板上的矽。CVD 法可以在相較之下低很多的溫度進行，同時不消耗基板上的矽。CVD 的過程是含有 Si 的氣體如 SiH_4 和含有氧的氣體進行化學反應，生成 SiO_2，沉積在矽基板上。對特定應用而言，沉積 SiO_2 是非常的重要。在複雜的元件結構裡，矽基板可能無法曝露出來和氧進行化學反

---

[2] Torr 或 Torricelli 等於 1 mm 汞柱壓力或 133 Pa。

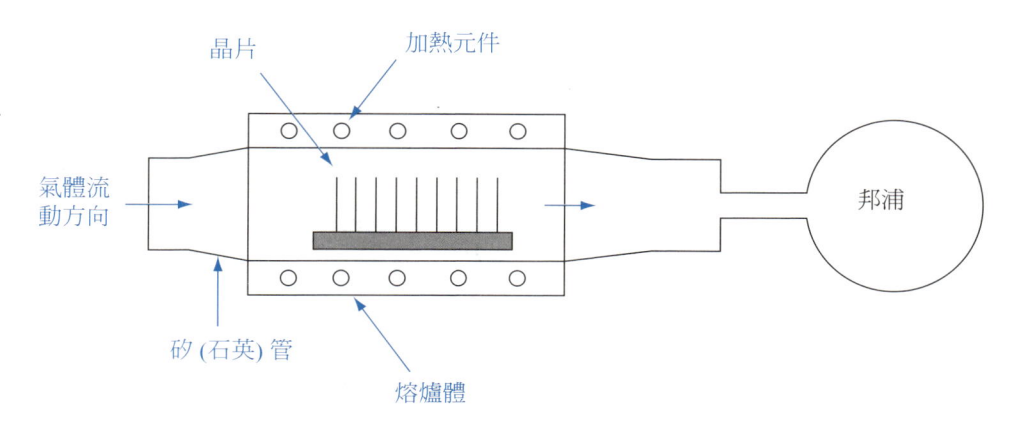

圖 5-6　低壓化學氣相沉積 (LPCVD) 反應器。

應。或是融點不高的鋁已經鍍在晶圓表面，至使晶圓無法再進行高溫製程 (以避免鋁的融化)。在這種情形下，CVD 是一項必備的替代製程。

雖然以上的說明是以 SiO_2 做為重要的例證。LPCVD 也廣泛的用於沉積其他介電材料如氮化矽 (Si_3N_4)，及複晶矽或非晶矽。其實，在第一章裡討論過的矽的 VPE 或化合物半導體的 MOCVD，實際上是更具挑戰性的 CVD。因為它要求的不僅只是沉積薄膜，更要求成長為單晶結構的薄膜。

5.1.6　光微影技術

利用**光微影技術** (photolithography) 可以把對應於複雜電路的圖樣，形成於晶圓表面。首先必須製作一個**矩形石英板** (reticle)，它是含有所需圖樣的透明石英板 (圖 5-7a)。不透明 (暗色) 部分是由吸收紫外光的材料構成，例如氧化鐵。矩形石英板包含的圖樣，只對應到一個晶片 (chip) 內電路的圖案，而非整個晶圓上許多晶片內一再重複同樣的圖樣 (對應到整個晶圓的石英板叫做**光罩**，mask)。通常是利用圖樣製作軟體程式按照事先設計好的佈局圖由計算機控制的電子束來形成所需的圖樣。一層對電子束靈敏的材料 (電子束阻劑) 先塗敷在氧化鐵覆蓋的石英板上，其後

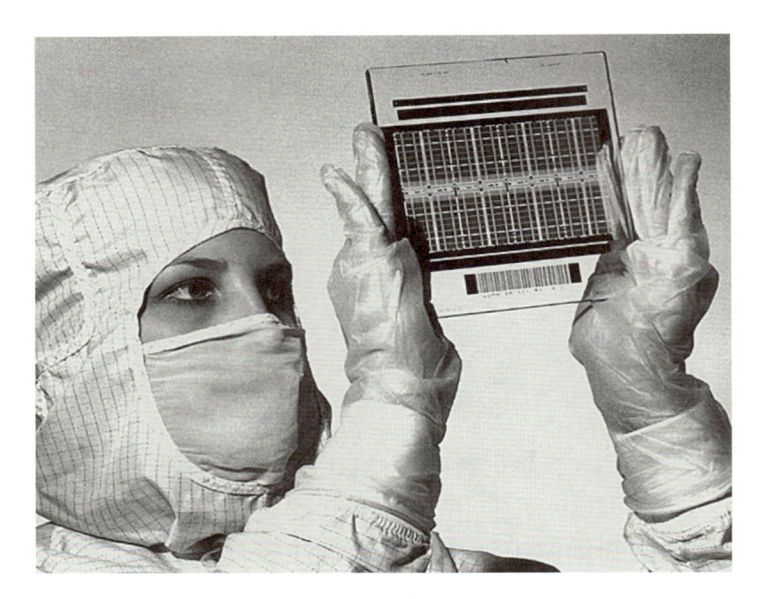

圖 5-7a 製作 16 M 位元 DRAM 記憶體所需的光微影矩形石英板之一。在步進對準儀投影曝光系統中，紫外線照射穿透石英板，使影像投射到晶圓上，並使光阻劑曝光。而後再移動到下一個晶片的位置，重複此製程。(本相片由 IBM 公司提供)

此阻劑將曝照於電子束下。電子束阻劑是一種有機聚合物，在高能量粒子例如電子或光子照射下會引起化學變化。按照設計好的圖樣，晶圓上的阻劑在不同的區域被選擇性的予以照射。照射之後以化學溶液顯影 (develop)。阻劑的形式有兩種，**正阻劑** (positive resist) 是利用顯影液去除曝光的部分；而**負阻劑** (negative resist) 是以顯影液去除未曝光的部分。利用電漿蝕刻去除選定區域的氧化鐵層，需要的圖樣便因而產生。矩形石英板可以重複的使用於矽晶圓上。製造一個積體電路，依製程步驟，有時需要十個以上，甚至數十個矩形石英板。

矽晶圓上要覆蓋對紫外光靈敏的有機材料——**光阻劑** (photoresist)。將液態的光阻劑滴在晶圓上，再把晶圓快速旋轉 (每分鐘約 3000 轉) 以形成均勻的塗佈層 (約 0.5 μm 厚)。如上所述的兩種阻劑中，負光阻形成的圖樣，和矩形石英板的圖樣是正好相反，互補的，而正光阻形成的圖樣

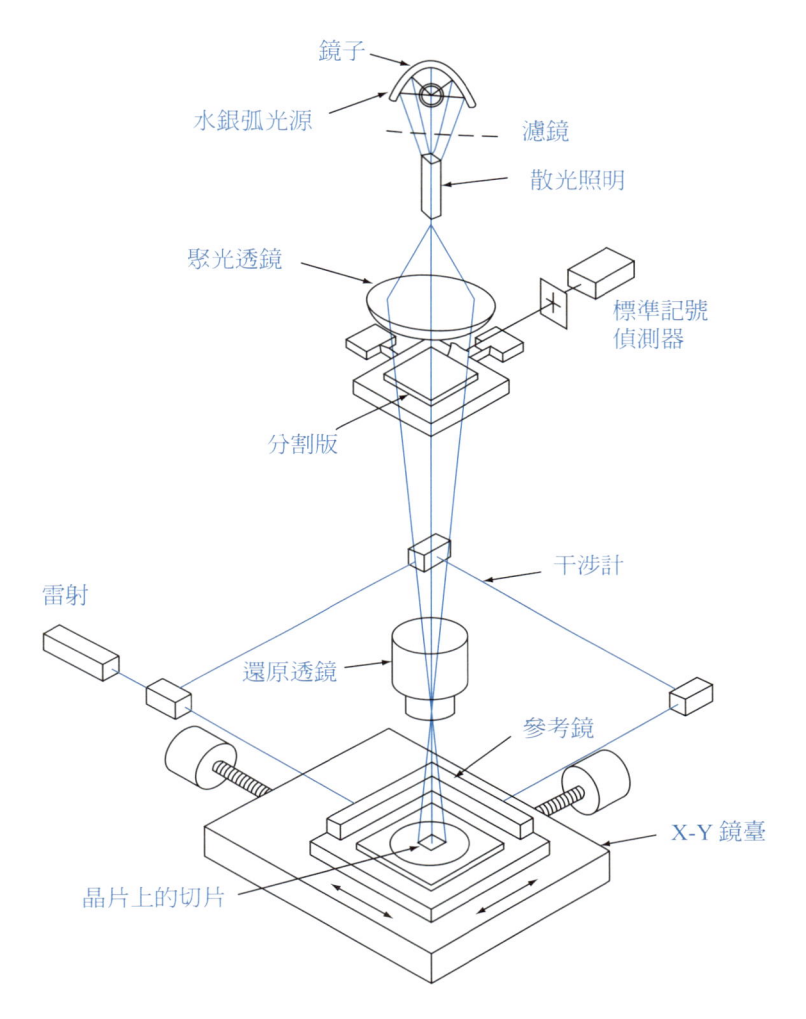

圖 5-7b 光學步進對準儀的示意圖。

和矩形石英板的圖樣是完全一樣的。目前使用正光阻的情形較多，因為它形成的圖樣解析度好很多。就汞燈紫外光源來說，其解析度可達 0.25 μm 左右。紫外光穿透矩形石英板照射到塗滿光阻的晶圓上，使曝光的光阻劑酸化，再以 NaOH 的鹼性溶液顯影，蝕去曝光的阻劑。如此即可將矩形石英板上的圖樣，移轉複製到晶圓上。留存在晶圓上的光阻再以 125

°C 的溫度烘烤使其硬化。之後即可進行所需的後續製程，例如在晶圓上未被光阻覆蓋的區域植入雜質離子或以電漿蝕刻去除未被覆蓋的表層區域。

在圖 5-7b 的**步進對準儀** (stepper) 裡，晶圓的曝光是一個晶片接著一個晶片地進行的。紫外光透過矩形石英板照射在某一個晶片的位置上。在曝光完成後，經由機械式的 x-y 位置控制設備，把下一個晶片的位置，準確地移到曝光位置上接受紫外光照射。為了使積體電路正確工作，前後的圖樣必須精確的對準，這也是何以此一設備有時又被叫做"**光罩對準機**" (mask aligners) 的原因。步進對準儀投影系統的優點之一是，若某一晶片位置遇到晶圓表面的不平整時，可以重新對準或調整焦點來彌補圖樣的變化，這對於在大面積晶圓上印製極細的線寬非常有效。深紫外線光源，精密的光學投影系統，光罩的對準能力，和步進對準儀的設計都是促使近代 IC 製造工業蓬勃發展的主要原因。

光微影技術之所以如此重要是因為它決定了元件能做到多小和被放得多接近，元件越少，操作的頻率越高，消耗的功率越少。目前的光微影技術已經可以把元件的尺寸做得和光源的波長非常接近，在這種情形下，光的傳播已經不能用簡單的幾何光學來分析，而必須考慮它的波動特性，如繞射等。這使得對圖樣的控制更加困難，**繞射限制的最小幾何** (diffraction-limited minimum geometry) 大小是

$$l_{min} = 0.8\ \lambda/NA \quad (5\text{-}2a)$$

其中 λ 是光波長，NA (約為 0.5) 是數值孔徑亦即所用對準儀透鏡的大小。由上式可知，對越纖細的圖樣要使用越大的透鏡 (價格越貴) 以及越短的光波長。由於越細微的幾何圖樣需要越短的波長。因此，紫外光汞燈泡 (0.365 μm) 光源便可能被氟化氬 (ArF) 準分子雷射 (0.193 μm) 或極短波紫外光源 (EUV，0.154 μm) 取代。最新的曝光技術使用相位移光罩，光學鄰近效應修正 (optical proximity correction)，偏軸式曝光 (off-axis illumination)，傅氏光學 (Fourier optics)，使解析度接近或低於曝光所用光線的波長的尺寸。我們使用的是深紫外光源 (EUV，13 nm) 是由電漿所產生，如此短的波長可以用於下個世代的微影。X光 或更短波長的光源，其微影技術已經研究多年，但是並沒有看到實際應用於製造的環境。一個較大的進展，是光阻上利用模版壓製方式製作物理的圖案或模型，這樣可以克服光學微影的散射限制。

光微影技術的另一個關鍵參數是所謂的**聚焦深度** (depth-of-focus, DOF) 其定義為：

$$\text{DOF} = \frac{\lambda}{2(NA)^2} \tag{5-2b}$$

DOF 代表的意義是在聚光焦點附近能得到清晰影像的距離範圍，與 (5-2a) 式比較可以知道，若欲得到越窄的線寬，則其 DOF 亦越差。往往，在製程期間，晶片表面上高低的落差會大於 DOF，這使光微影技術受到很大的挑戰。

因此，採用**化學機械研磨** (chemical mechanical polishing, CMP) 使製程中各步驟儘量維持表面的平坦化乃成為一項必要的步驟。如化學機械研磨名稱所示，平坦化製程係指部分具化學特性 (使用化學溶液)，部分使用研磨漿的機械研磨。如 1.3.3 節所描述，此項製程會用到含有細微 SiO_2 顆粒的 NaOH 溶液。

(5-2a) 式也可以解釋何以 X-光及電子束微影技術受到廣泛的注意。由德布洛依關係式 (de Broglie relation) 可知粒子的波長與其動量成反比：

$$\lambda = \frac{h}{p} \tag{5-2c}$$

因此，高能量的粒子擁有較短的波長。其中電子束具易產生，聚焦，偏折等特點。一個 10 keV 的電子其波長約為 0.1 Å，線寬的限制變成電子束本身的大小以及其與光阻劑間的交互作用。以電子束直接在晶圓光阻劑上書寫可以得到 0.1 μm 的線寬。此外，以電腦控制的電子束曝光無需採用光罩。這項能力可以在晶片上獲得高度密集的元件，但是直接書寫複雜的圖樣需時甚長。因為以電子束直接書寫於晶圓上的時間極不經濟，通常這樣技術是用來製作矩形石英板 (圖 5-7a)，而後再以光子對晶圓曝光。另外的方法是考慮用電子投射微影 (EPL) 的方式，使用光罩去取代控制聚焦的電子束，主要的目的就是要解決產量的問題。

5.1.7 蝕 刻

在光阻的圖樣形成之後，便可以拿它為藍本蝕刻其下層的材料。早期的製程技術是以濕的化學品進行蝕刻。例如稀釋的氫氟酸 (HF) 可以蝕刻矽基板上的 SiO_2 而有絕佳的**選擇性** (selectivity)。此處的選擇性是指 HF 只蝕刻 SiO_2，而不蝕刻其下方的矽基板或光阻劑。雖然，許多濕蝕刻化學品都具有選擇性，但是它們都不具有方向性，亦即它們除了垂直向下蝕刻之外，同時還以幾乎相等的速率向側方及四周蝕刻。側向蝕刻對小尺寸的圖樣而言是非常不利的。因此，濕蝕刻已大量被乾的以電漿為基礎的蝕刻所取代，它不但具有選擇性，同時也具有**方向性** (anisotropic) (只沿表面向下垂直蝕刻，而不側向蝕刻)。在現代 IC 製程裡，濕的化學步驟主要只用於晶圓的清洗。

電漿技術普遍的使用於 IC 製程中。最常用的電漿蝕刻是**反應式離子蝕刻** (reactive ion etching，RIE)，如圖 5-8 所示。在典型的製程裡，適宜的蝕刻氣體如氟氯化碳 (CFCs) 以較低的氣壓 (約 1～100 mTorr) 通入反應室內，在電極間加上射頻功率後，即可產生電漿。系統內較輕的電子會被射頻電壓加速到比較重的離子高出許多的動能範圍 (約 10 eV)。這些高能電子撞擊中性的原子和分子而產生被稱為原子團 (radical) 的離子和分子碎片。反應室的四壁被作為陽極且接地，而晶圓則置於射頻的陰極。由電漿物理可知，雖然電漿本身的導電度很高，兩個電極附近的**護鞘區** (sheath regions) 導電度甚低。若陰極的面積比陽極面積小則陰極護鞘區附

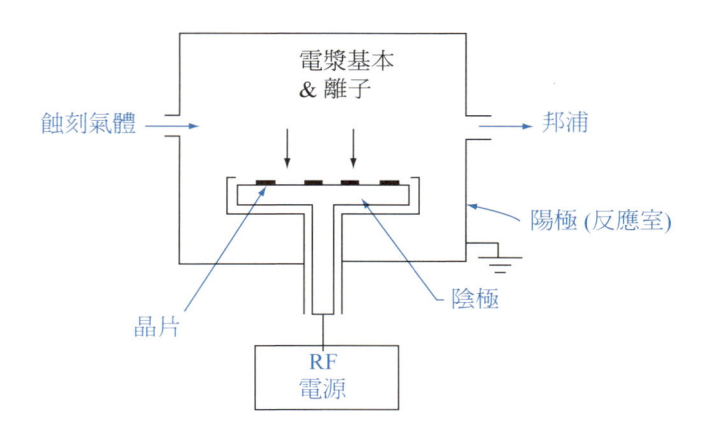

圖 5-8 反應式離子蝕刻器。晶圓放置在射頻系統的陰極以強化離子的撞擊。圖中所示者只有兩個電極，因此是單一二極體蝕刻器。在三極蝕刻器裡，也可以加入第三個電極，提供另外的射頻功率給蝕刻氣體。此處所用的射頻頻率是工業界最常用的 13.56 MHz，以降低對頻譜的干擾。

近的電壓會升高，通常可達 100～1000 V。正離子在此區可被加速，並垂直撞擊晶圓之表面。由於是垂直撞擊，因此蝕刻具有垂直之方向性。物理蝕刻通常不具選擇性，但是 RIE 內的原子團為化學反應式的蝕刻，所以同時有方向性和選擇性。這是 RIE 之所以成為 IC 蝕刻技術主流的原因。

5.1.8 金屬化製程

在半導體元件經歷過前面介紹的各種製程技術後，必須以金屬化製程將彼此相互連結，並且接至 IC 封裝上。通常，金屬膜的沉積是以物理氣相沉積技術來完成的，例如蒸鍍 (金沉積於砷化鎵上) 或濺鍍 (鋁沉積於矽上)。鋁的濺鍍是把含有約 1% 矽和 4% 銅的鋁靶放在氬電漿內進行。加入矽和銅是為了防止電子遷移效應，9.3.1 節中會有所說明。氬離子撞擊鋁靶表面，並且經由動量移轉使鋁原子自鋁靶表面解離如圖 5-9 所示。鋁原子由靶的表面射出直接沉積在附近矽晶圓的表面。利用倍縮光罩形成 Al 的金屬化圖案，經過圖案檢視後，接著再以 RIE 蝕刻。最後在

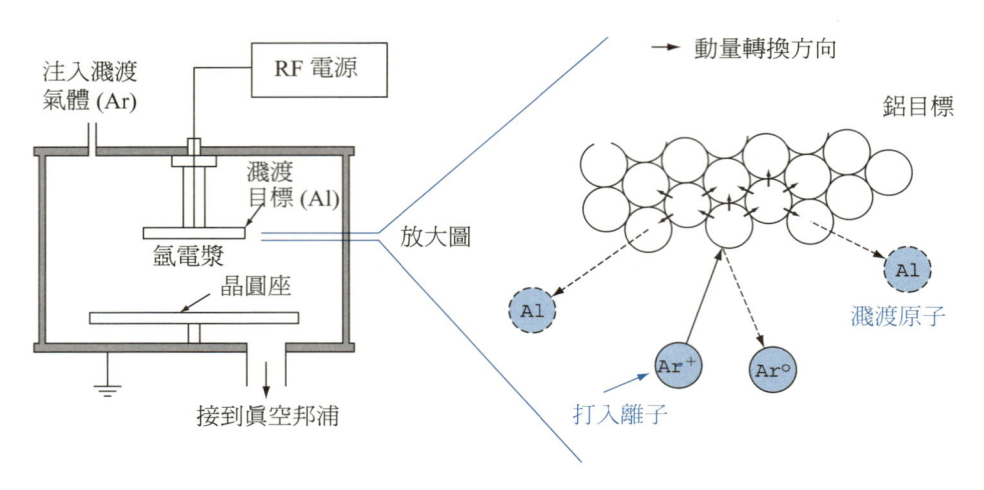

圖 5-9 氬離子濺鍍鋁的過程。具有能量約 1～3 keV 的氬離子將鋁原子解離後沉積於矽晶圓表面。反應室內必須維持低氣壓，必須使鋁原子的平均自由路徑長於鋁靶至晶圓的距離。

450°C 的溫度下進行燒結約 30 分鐘以獲致良好的歐姆接觸。

在金屬化內部互連線完成後，以電漿助長型的 CVD 在矽表面沉積氮化矽做為保護之用。以鋸開或切割的方法在各晶片間形成刻痕，再適當的折斷此刻痕以獲取晶片。最後的步驟是把晶片黏著於封裝材料上，並打線連結晶片及封裝引線 (接腳)。打線機的精確度很高，可以用直徑約千分之一吋的金線或鋁線。這一部分的製造技術叫做後端製程，將在第九章中詳加討論。

利用前述技術製造 p-n 接面的主要技術如圖 5-10 所示。在後續數章內也會討論以這些技術製作的關鍵性半導體元件。

5.2 平衡條件

在本章內我們會建立非常有用的 p-n 接面數學理論模式，同時也會清楚地說明其元件操作上的物理意義。首先會先介紹主要的基礎現象，因

第五章 接面

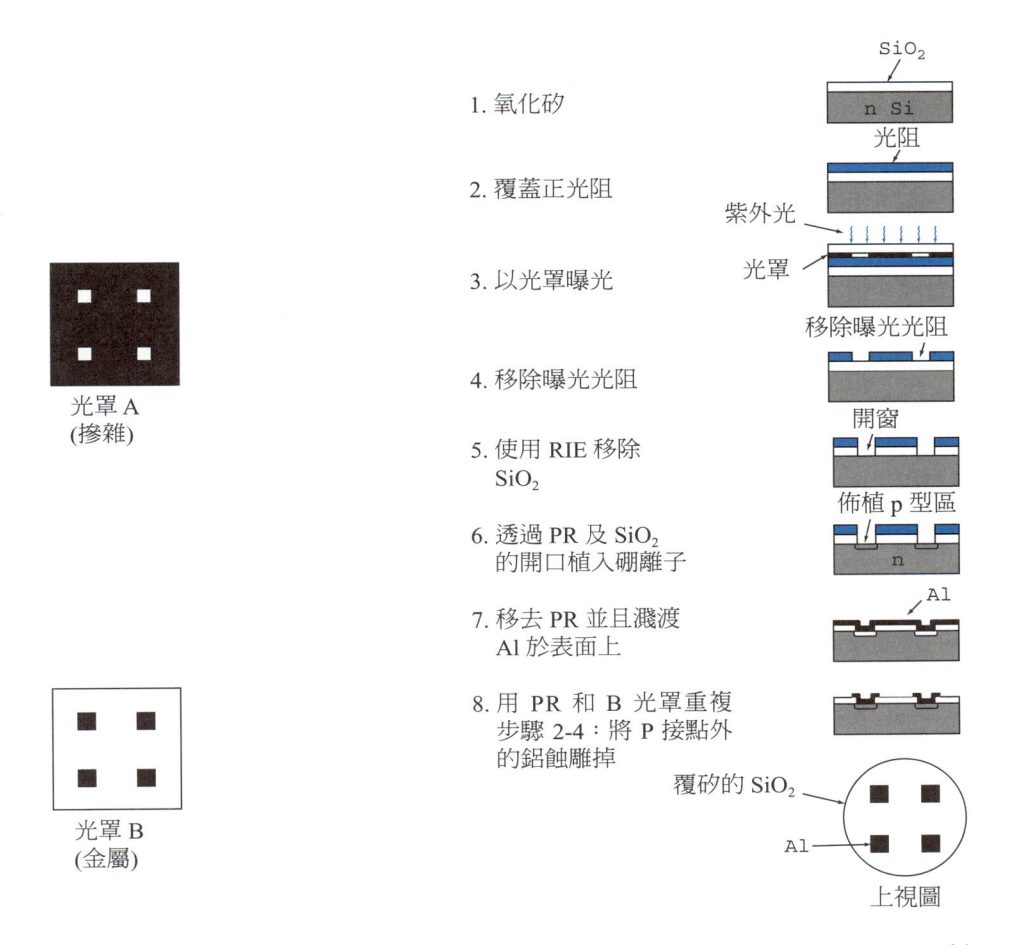

光罩 A
(摻雜)

1. 氧化矽
2. 覆蓋正光阻
3. 以光罩曝光
4. 移除曝光光阻
5. 使用 RIE 移除 SiO_2
6. 透過 PR 及 SiO_2 的開口植入硼離子
7. 移去 PR 並且濺渡 Al 於表面上
8. 用 PR 和 B 光罩重複步驟 2-4：將 P 接點外的鋁蝕離掉

光罩 B
(金屬)

圖 5-10 簡化的 p-n 接面製程。晶圓上只示出四個二極體；SiO_2，光阻劑 (PR)，以及鋁的相對厚度均被誇大。

為完整的數學理論處理將使基本重要的接面操作物理原理變得隱晦難懂，相對地，對 p-n 接面的計算上也不需要完全的定性現象描述。因此我們採用先忽略一些微小效應的 p-n 接面處理，在 5.6 節後再逐漸的加入次階效應的考量。

步階接面 (step junction) 的數學理論最為簡單，接面兩側的 p 和 n 都是均勻摻雜的，可以用來代表磊晶層接面。擴散或是離子佈植形成的接

面則是漸變式的 (graded) (接面兩側相當距離內的載子濃度是線性變化的)。在推導出步階接面的理論模式後，予以適當的修訂即可擴充到漸變接面。在這些討論裡都假設電流是在均勻的剖面裡做一維的流動。

在本節我們會討論步階接面在平衡時 (無外加激發源，亦無淨電流流動) 的元件特性。接面兩側摻雜濃度的差異會在接面間產生電位差。因為 p 型材料和 n 型材料內的多數載子會相互擴散至對方。因此在材料間產生電位差是可預期的。因為電子和電洞分別有漂移和擴散，所以流過接面的電流會有四種成份。在平衡時，這四種電流成份的總和是零。在外加偏壓的情形下，某些電流成份會增加，因而造成淨電流的流動。在瞭解這四種電流成份的特性之後，對於 p-n 接面的各種操作原理便可瞭然於胸。

5.2.1 接觸電位

先考慮把分開的 p 型及 n 型材料合在一起形成接面，如圖 5-11。這不是真正製作 p-n 接面的方法，但是可以提供很好的思考過程作為討論接面平衡時特性之用。在接合之前 n 型材料的電子濃度很大，電洞濃度很小，而 p 型材料則正好相反。在接合的一瞬間可以預期多數載子會向對方擴散。電洞由 p 側擴散至 n 側，而電子則由 n 擴散至 p。此一擴散電流無法永久流動，因為隨著擴散的進行，接面兩側會建立起一個電場，其方向正好阻止擴散的持續 (圖 5-11b)。若把一箱紅色的空氣分子和一箱綠色的氣體分子接連在一起，最後兩種顏色的氣體分子會均勻地混合在一起。但是這種情形不會發生在 p-n 接面的載電粒子上，因為帶電粒子的擴散會產生空間電荷區及內建電場，阻止擴散無限制的進行。當電子由 n 向 p 擴散，留下未經補償[3]的施體離子 (N_d^+) 亦即正電荷區，在接面的 n 側。同理，電洞由 p 向 n 擴散，留下未經補償的受體離子 (N_a^-)，亦即負

---

[3] 由圖 5-11a 可知 n 型材料中的一個自由電子伴隨一個施體離子 ($n = N_d^+$) 正好使材料維持在電中性，同樣的，p 型材料中等量的電洞和受體離子 ($p = N_a^-$) 使材料維持在中性。若電子離開 n 型材料則接面附近的施體正離子無法被電子補償如圖 5-11b。施體和受體是固定在晶格裡，無法自由移動的，與電子及電洞不同。

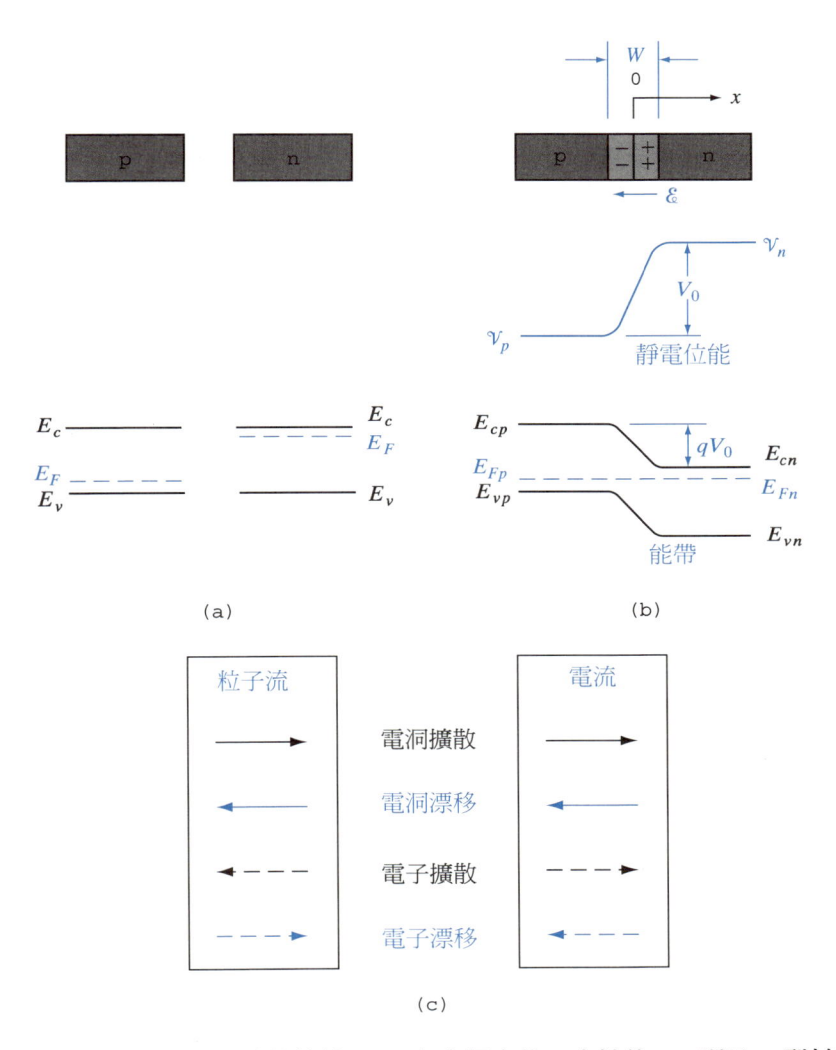

圖 5-11　p-n 接面平衡時的特性。(a) 各自獨立的，中性的，p 型及 n 型材料及其能帶圖；(b) p 型材料與 n 型材料接合後之接面空間電荷區 (W)，電場 ($\mathscr{E}$)，接觸電位 (V_0)，以及接合後之能帶圖；(c) 在接合過渡區內四種載子流動成份的方向，以及其各自導致的電流方向。

電荷區，在接面的 p 側。由於電場的方向是從正電荷指向負電荷，因此由空間電荷區造成的電場方向正好是阻止載子繼續擴散的方向。也可以說此電場產生的由 n 至 p 的漂移電流成份抵消了擴散電流 (圖 5-11c)。

已知平衡時，由於電場作用下的漂移電流與擴散電流抵消，使得接面並無淨電流通過。因為接面兩側在任何時刻都沒有電子或電洞的累積，所以對**任何一** (each) 種載子而言，其漂移電流成份和擴散電流成份必定會相互抵消。

$$J_p(\text{drift}) + J_p(\text{diff.}) = 0 \qquad (5\text{-}3\text{a})$$

$$J_n(\text{drift}) + J_n(\text{diff.}) = 0 \qquad (5\text{-}3\text{b})$$

因此，電場的強度會逐漸增加直到平衡時的電流等於零為止。電場涵蓋的區域寬度為 W，平衡時的電位差為 V_0。在圖 5-11b 裡電位梯度的方向和電場的方向相反，$\mathcal{E}(x) = -dV(x)/dx$。[4]假設在 W 之外的區域是中性的，電場強度為零。因此在 n 型材料的中性區有定電壓 V_n，在 p 型材料的中性區有定壓 V_p，兩者間之壓差 $V_0 = V_n - V_p$。W 區域叫做**過渡區** (transition region)，[5]電位差 V_0 叫做**接觸電位** (contact potential)。跨越 W 區的接觸電位是內建電位障，它是接面維持平衡的必要因素；並不表示有外加的任何電位存在。接觸電位無法以電壓計測得，因為探針與材料間形成的新接觸電壓會和 V_0 抵消。依據定義，V_0 是平衡時的物理量，它不會產生任何淨電流的流動。

圖 5-11b 的接觸位障使得能帶被分開，p 側的共價帶和傳導帶較 n 側的高 qV_0。[6]在平衡時能帶被分隔開的量正好使得整個元件的費米能階維持在一個常數。在 3.5 節中已經討論過平衡狀態下的費米能階是沒有任何空間變異的。因此，如果我們知道材料在未接合前的能帶圖，及各自能

---

[4] 當我們寫 $\mathcal{E}(x)$ 時，自然而然的把 $\mathcal{E}$ 看做是沿 x 方向計算的函數，因為它和圖 5-11b 真正 $\mathcal{E}$ 的方向相反，所以它的函數值是負的。

[5] 這個區域另有其他名稱，例如：**空間電荷區**，因為 W 之內存在有空間電荷，而 W 之外則是呈電中性；**空乏區**，因為 W 內幾乎沒有自由移動的載子，與晶體的其他區域不同。接觸電位 V_0 又叫做**擴散電位**，因為它是載子由接面的一側，擴散至另一側時必須要攀越的一道位障。

[6] 圖 5-11b 的電子能階圖和靜電位圖之間存在著 $-q$ 的關係。因為 V_n 比 V_p 的電位高 V_0，所以在 n 側的電子能量比在 p 側的能量低 qV_0。

帶圖中 E_F 的位置 (圖 5-11a)，則將 E_F 連成一條直線就可以畫出接面形成後能帶被分開的量 (圖 5-11b)。

利用平衡時漂移電流和擴散電流互相抵消的特性可以計算出接觸電位 V_0 與摻雜濃度之間的關係。例如，平衡時，電洞流的漂移和擴散成分彼此抵消：

$$J_p(x) = q\left[\mu_p p(x)\mathscr{E}(x) - D_p \frac{dp(x)}{dx}\right] = 0 \quad \text{(5-4a)}$$

上式可重新寫為

$$\frac{\mu_p}{D_p}\mathscr{E}(x) = \frac{1}{p(x)}\frac{dp(x)}{dx} \quad \text{(5-4b)}$$

其中 x 方向指定為由 p 至 n 的方向。因為電場是電位梯度的函數 $\mathscr{E}(x) = -d\mathscr{V}(x)/dx$，再把愛因斯坦關係式代入 μ_p/D_p，則 (5-4b) 式成為

$$-\frac{q}{kT}\frac{d\mathscr{V}(x)}{dx} = \frac{1}{p(x)}\frac{dp(x)}{dx} \quad \text{(5-5)}$$

經由適當的積分，可以把上式解出。此處，我們擬找出接面兩側的電位 $\mathscr{V}_p$ 和 $\mathscr{V}_n$，以及在過渡區兩側邊緣的電洞濃度 p_p 和 p_n。就一個步階接面而言，可以把過渡區以外中性區內電子和電洞的濃度看做是它們平衡時的數值。因為我們只考慮一維的幾何系統，p 和 $\mathscr{V}$ 只是 x 的函數。把 (5-5) 式積分，可以得到

$$-\frac{q}{kT}\int_{\mathscr{V}_p}^{\mathscr{V}_n} d\mathscr{V} = \int_{p_p}^{p_n} \frac{1}{p} dp$$

$$-\frac{q}{kT}(\mathscr{V}_n - \mathscr{V}_p) = \ln p_n - \ln p_p = \ln\frac{p_n}{p_p} \quad \text{(5-6)}$$

其中 $\mathscr{V}_n - \mathscr{V}_p$ 即為接觸電位 V_0 (圖 5-11b)，它可以用平衡時接面兩側的電洞濃度表示為

$$V_0 = \frac{kT}{q} \ln \frac{p_p}{p_n} \tag{5-7}$$

若步階接面 p 側的濃度為 N_a 受體/cm³，n 側的濃度為 N_d 施體/cm³，則上式成為

$$V_0 = \frac{kT}{q} \ln \frac{N_a}{n_i^2/N_d} = \frac{kT}{q} \ln \frac{N_a N_d}{n_i^2} \tag{5-8}$$

上式將 p-n 兩側的摻雜濃度視為 p-n 兩側的主要載子濃度。

(5-7) 式另一個常用的形式是

$$\frac{p_p}{p_n} = e^{qV_0/kT} \tag{5-9}$$

利用平衡條件 $p_p n_p = n_i^2 = p_n n_n$，可以把接面兩側的電子濃度加入到 (5-9) 式中

$$\frac{p_p}{p_n} = \frac{n_n}{n_p} = e^{qV_0/kT} \tag{5-10}$$

此一關係式在計算 p-n 接面的 *I-V* 特性時非常有用。

例題 5-1 一個陡變的矽 p-n 接面，其中一邊的濃度是 $N_a = 10^{18}$ cm⁻³，另一邊的濃度是 $N_d = 5 \times 10^{15}$ cm⁻³。

(a) 計算在 300 K 時，p 區和 n 區的費米能階的位置。

(b) 畫出接面在熱平衡時的能帶圖，並由圖中決定接觸電位 V_0。

(c) 請將 (b) 小題算出的 V_0 與 (5-8) 式做比較。

解 (a)
$$E_{ip} - E_F = kT \ln \frac{p_p}{n_i} = 0.0259 \ln \frac{10^{18}}{(1.5 \times 10^{10})} = \mathbf{0.467 \text{ eV}}$$

$$E_F - E_{in} = kT \ln \frac{n_n}{n_i} = 0.0259 \ln \frac{5 \times 10^{15}}{(1.5 \times 10^{10})} = \mathbf{0.329 \text{ eV}}$$

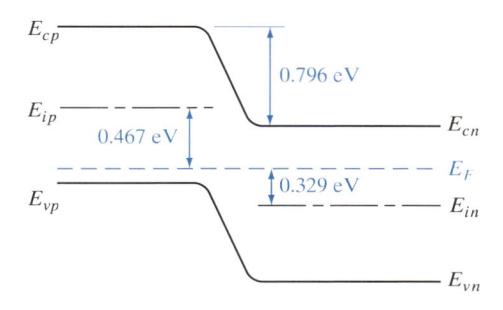

(b) $\quad qV_0 = 0.467 + 0.329 = \mathbf{0.796 \text{ eV}}$

(c) $\quad qV_0 = kT \ln \dfrac{N_a N_d}{n_i^2} = 0.0259 \ln \dfrac{5 \times 10^{33}}{2.25 \times 10^{20}} = \mathbf{0.796 \text{ eV}}$

5.2.2 平衡時之費米能階

平衡時費米能階在整個元件內必須是一個常數，亦即在能階圖內為一水平線。因為我們假設在過渡區以外 p_n 和 p_p 的濃度為平衡時的值，把 (3-19) 式代入 (5-9) 式內，可得：

$$\frac{p_p}{p_n} = e^{qV_0/kT} = \frac{N_v e^{-(E_{Fp}-E_{vp})/kT}}{N_v e^{-(E_{Fn}-E_{vn})/kT}} \tag{5-11a}$$

$$e^{qV_0/kT} = e^{(E_{Fn}-E_{Fp})/kT} e^{(E_{vp}-E_{vn})/kT} \tag{5-11b}$$

$$qV_0 = E_{vp} - E_{vn} \tag{5-12}$$

在接面 n 側及 p 側的費米能階和共價帶最大值的能量都以下標標示出來。

由圖 5-11b 可知，接面兩側的能帶間距是接觸電位乘以單位電荷量 q；因此，$E_{vp} - E_{vn}$ 的能量差正好就是 qV_0。(5-12) 式的結果也指出在平衡時接面兩側的費米能階位於同一能量 ($E_{Fn} - E_{Fp} = 0$)。當外加偏壓於接面時，位障高度會比接觸電位升高或降低，而費米能階的位置也會錯開，其錯開能量的電子伏特值就是外加電壓的伏特數。

5-2-3 接面的空間電荷

在過渡區內，電子和電洞由接面的一側穿越至另一側。一部分電子由 n 擴散到 p，另一部分電子受電場作用由 p 漂移到 n (對電洞而言，方向完全相反)；在任何一個特定時刻，過渡區內載子的總數目都很少，因為內建電場使載子無法在 W 內停留。因此，我們大可假設過渡區內的空間電荷就是離子化的施體和受體原子核。在 W 內的電荷密度如圖 5-12b 所示。忽略空間電荷區內的自由載子不計，接面 n 側的電荷密度是 q 乘以施體原子密度 N_d，而 p 側的負電荷密度是 $-q$ 乘以受體原子濃度 N_a。在 W 內沒有自由載子，在 W 外的材料呈中性的假設條件，叫做**空乏近似法** (depletion approximation)。

因為接面兩側的電偶必須要有相等數目的電荷，[7] ($Q_+ = |Q_-|$)，過渡區伸入 p 和 n 的長度便和各自的摻雜濃度有關，不見得會一樣。例如，若 p 側的摻雜濃度較 n 側為淡 ($N_a < N_d$)，則空間電荷區伸入 p 型材料的長度就會比 n 型的為長，以使兩側的電荷量相等。若試樣的截面積為 A，則試樣任何一側未被補償的總電荷為

$$qAx_{p0}N_a = qAx_{n0}N_d \tag{5-13}$$

其中 x_{p0} 為空間電荷區穿透入 p 材料的長度，x_{n0} 為穿透入 n 材料的長度。過渡區的總長度為 x_{p0} 及 x_{n0} 的和。

計算過渡區內的電場分佈必須自**泊松方程式** (Poisson's equation) 開始，它是在任意位置 x 處電場梯度和總電荷量的關係式：

$$\frac{d\mathscr{E}(x)}{dx} = \frac{q}{\epsilon}(p - n + N_d^+ - N_a^-) \tag{5-14}$$

---

[7] 因為所有的電力線起始處和終點都位於不同極性的電荷，所以如果 Q_+ 和 Q_- 的數量不同，則必然有一部分電場不在 W 內而延伸至 n 或 p 側，直至電場包含的電荷量相等為止。

第五章 接 面

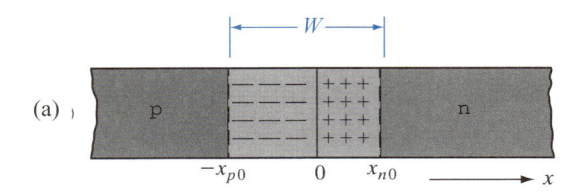

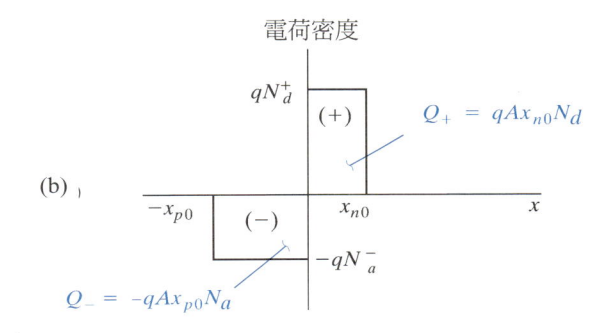

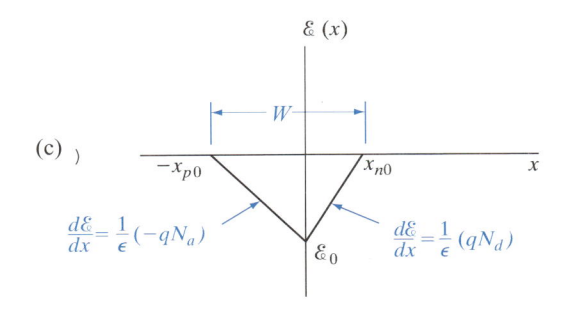

圖 5-12 p-n 接面在 $N_d > N_a$ 的條件下，空間電荷和電場強度在過渡區內的分佈圖：(a) 過渡區，其中定義 $x=0$ 的位置為接面發生處；(b) 過渡區內的電荷密度，未計入自由載子之密度；(c) 電場分佈，其中 $\mathcal{E}$ 的方向定義為 $+x$ 的方向。

因為我們忽略了過渡區內的自由載子濃度 $(p-n)$，因此上式變得非常簡單。利用此一近似法，下述二區域內的空間電荷便是常數：

$$\frac{d\mathcal{E}}{dx} = \frac{q}{\epsilon}N_d, \qquad 0 < x < x_{n0} \tag{5-15a}$$

$$\frac{d\mathcal{E}}{dx} = -\frac{q}{\epsilon}N_a, \quad -x_{p0} < x < 0 \tag{5-15b}$$

其中，假設雜質原子是完全游離 ($N_d^+ = N_d$ 以及 $N_a^- = N_a$)。由上式可知，在過渡區內 n 側的 $\mathcal{E}$ 對 x 之斜率為正 ($\mathcal{E}$ 隨 x 的增加而增加)，而在 p 側 $\mathcal{E}$ 對 x 的斜率為負 (x 增加時 $\mathcal{E}$ 變小)。在 $x=0$ 處，$\mathcal{E}$ 有最大值 $\mathcal{E}_0$ (p 型與 n 型半導體接面為冶金接面)。而在過渡區內任一位置 $\mathcal{E}(x)$ 均小於零 (圖 5-12c)。由高斯定理可以推得此一結論，但是不用任何方程式從圖 5-12 亦可得到定性的結果。我們可以預期在整個 W 內 $\mathcal{E}(x)$ 都是負值，因為我們知道電場是指向 $-x$ 的方向，由 n 到 p (亦即從過渡區電偶的正電荷區指向負電荷區)。因為我們忽略了中性 n 及 p 區內的微小電場，所以在過渡區兩側邊緣的電場應該是零。最後一點要注意的是，在接面發生的地方有一個最大的電場 $\mathcal{E}_0$，因為它兩側分別是正電荷和負電荷。所有的電力線都通過 $x=0$ 的平面，因此它會有最大的電場。

對 (5-15) 式任何一部分積分，由圖 5-12c 中選取適當的積分上下限即可得到 $\mathcal{E}_0$ 的值。

$$\int_{\mathcal{E}_0}^{0} d\mathcal{E} = \frac{q}{\epsilon}N_d \int_{0}^{x_{n0}} dx, \quad 0 < x < x_{n0} \tag{5-16a}$$

$$\int_{0}^{\mathcal{E}_0} d\mathcal{E} = -\frac{q}{\epsilon}N_a \int_{-x_{p0}}^{0} dx, \quad -x_{p0} < x < 0 \tag{5-16b}$$

電場的極大值是

$$\mathcal{E}_0 = -\frac{q}{\epsilon}N_d x_{n0} = -\frac{q}{\epsilon}N_a x_{p0} \tag{5-17}$$

由電場去求接觸電位很容易，因為任意位置 x 處的電場 $\mathcal{E}$ 是該處電位梯度的負值：

$$\mathcal{E}(x) = -\frac{d\mathcal{V}(x)}{dx} \quad \text{或} \quad -V_0 = \int_{-x_{p0}}^{x_{n0}} \mathcal{E}(x)dx \tag{5-18}$$

因此，接觸電位的負值就是電場 $\mathcal{E}(x)$ 對 x 三角形的面積，接觸電位和空乏區寬度的關係是

$$V_0 = -\frac{1}{2}\mathcal{E}_0 W = \frac{1}{2}\frac{q}{\epsilon}N_d x_{n0} W \tag{5-19}$$

由電荷平衡的關係可知 $x_{n0}N_d = x_{p0}N_a$，又因為 $W = x_{p0} + x_{n0}$，因此，把 $x_{n0} = WN_a/(N_a+N_d)$ 代入 (5-19) 式可得：

$$V_0 = \frac{1}{2}\frac{q}{\epsilon}\frac{N_a N_d}{N_a + N_d}W^2 \tag{5-20}$$

由上式解 W 可以得到 W 和接觸電位，摻雜濃度，以及物理常數 q 及 ϵ 之間的關係。

$$\boxed{W = \left[\frac{2\epsilon V_0}{q}\left(\frac{N_a + N_d}{N_a N_d}\right)\right]^{1/2} = \left[\frac{2\epsilon V_0}{q}\left(\frac{1}{N_a} + \frac{1}{N_d}\right)\right]^{1/2}} \tag{5-21}$$

上式可以改寫成數種其他有用的形式；例如，藉由 (5-8) 式將 V_0 改寫為摻雜濃度的表示式，則 (5-21) 式變為：

$$W = \left[\frac{2\epsilon kT}{q^2}\left(\ln\frac{N_a N_d}{n_i^2}\right)\left(\frac{1}{N_a} + \frac{1}{N_d}\right)\right]^{1/2} \tag{5-22}$$

同時，我們也可以計算過渡區穿透入 n 型和 p 型材料的長度：

$$x_{p0} = \frac{WN_d}{N_a + N_d} = \frac{W}{1 + N_a/N_d} = \left\{\frac{2\epsilon V_0}{q}\left[\frac{N_d}{N_a(N_a + N_d)}\right]\right\}^{1/2} \tag{5-23a}$$

$$x_{n0} = \frac{WN_a}{N_a + N_d} = \frac{W}{1 + N_d/N_a} = \left\{\frac{2\epsilon V_0}{q}\left[\frac{N_a}{N_d(N_a + N_d)}\right]\right\}^{1/2} \tag{5-23b}$$

由上式可以知道過渡區在摻雜濃度淡的材料裡穿透的較深入。例如：如果 $N_a \ll N_d$，則 $x_{p0} > x_{n0}$。此與我們定性論點相符，對同空間電荷

量的空乏區而言，輕摻雜半導體穿透較深，而重摻雜區則穿透較淺。

(5-21) 式另一個重要的結果是 W 隨著空乏區上電壓差的根號值變化。此處，我們只考慮平衡時的接觸電位 V_0。在 5-3 節我們會討論外加電壓的極性對過渡區電場的影響，以及對過渡區寬度的影響。所使用的依據仍然是 (5-21) 式。

例題 5-2 利用在例題 5-1 對於接面的敘述，而且其圓形面積的直徑為 10 μm，計算此接面在 300 K 熱平衡時的 x_{n0}，x_{p0}，Q_+ 和 $\mathscr{E}_0$ 的值，並畫出如圖 5-12，$\mathscr{E}(x)$ 與電荷密度的圖。

解

$$A = \pi(5 \times 10^{-4})^2 = 7.85 \times 10^{-7} \text{cm}^2$$

$$W = \left[\frac{2\epsilon V_0}{q}\left(\frac{1}{N_a} + \frac{1}{N_d}\right)\right]^{1/2}$$

$$= \left[\frac{2(11.8)(8.85 \times 10^{-14})(0.796)}{1.6 \times 10^{-19}}(10^{-18} + 2 \times 10^{-16})\right]^{1/2} = \mathbf{0.457 \; \mu m}$$

$$x_{n_0} = \frac{W}{1 + N_d/N_a} = \frac{0.457}{1 + 5 \times 10^{-3}} = \mathbf{0.455 \; \mu m}$$

$$x_{p_0} = \frac{0.457}{1 + 200} = \mathbf{2.27 \times 10^{-3} \; \mu m}$$

$$Q_+ = qAx_{n_0}N_d = qAx_{p_0}N_a = (1.6 \times 10^{-19})(7.85 \times 10^{-7})(2.27 \times 10^{11})$$

$$= \mathbf{2.85 \times 10^{-14} \; C}$$

$$\mathscr{E}_0 = -\frac{q}{\epsilon}x_{n_0}N_d = -\frac{q}{\epsilon}x_{p_0}N_a = \frac{1.6 \times 10^{-19}}{(11.8)(8.85 \times 10^{-14})}(2.27 \times 10^{11})$$

$$= \mathbf{-3.48 \times 10^4 \; V/cm}$$

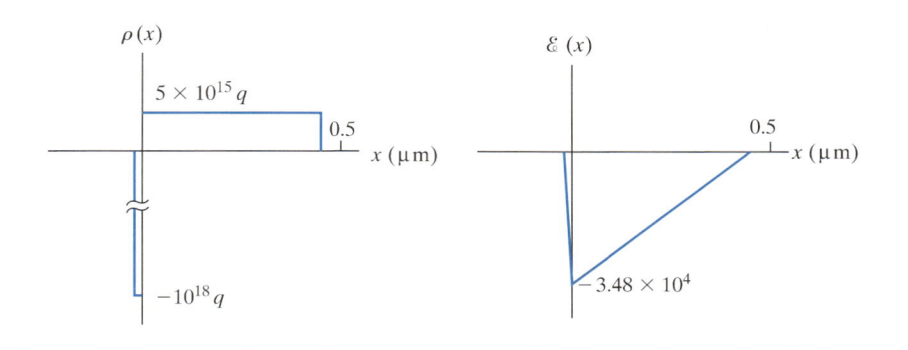

5.3 順偏及反偏接面；穩定狀態

p-n 接面的一項非常有用的特性就是當 p 型區外加的電壓高於 n 型區時電流可以自由的由 p 流向 n (順向偏壓以及順向電流)，而當 p 型區的電壓比 n 型區低時則幾乎沒有電流流動 (反向偏壓以及反向電流)。此一非對稱的電流流動使得 p-n 接面可以用來作為**整流器** (rectifier)。事實上，接上偏壓的 p-n 接面是可以作為壓控電容器，光電偵測器，發光二極體以及其他許多現代電子系統內的元件，兩個以上的接面，更可以形成電晶體及控制開關等元件。

本節內我們將先定性的說明加上偏壓段 p-n 接面電流的流動，再將此觀念擴充至定量的分析。

5.3.1 接面電流的定性分析

假設外加電壓 V 是跨在過渡區上而非中性的 n 及 p 區域。當然，若有電流流過 n 或 p 區域則勢必會有電壓降。但是在一般的 p-n 接面元件裡，其中性區的長度小於元件的橫截面，而且摻雜的濃度很高，因此中性區的電阻非常小，落於其上的壓降幾可忽略不計。因此，在所有計算的場合，我們都可以假設外加電壓完全落在過渡區上。當外加在 p 的電

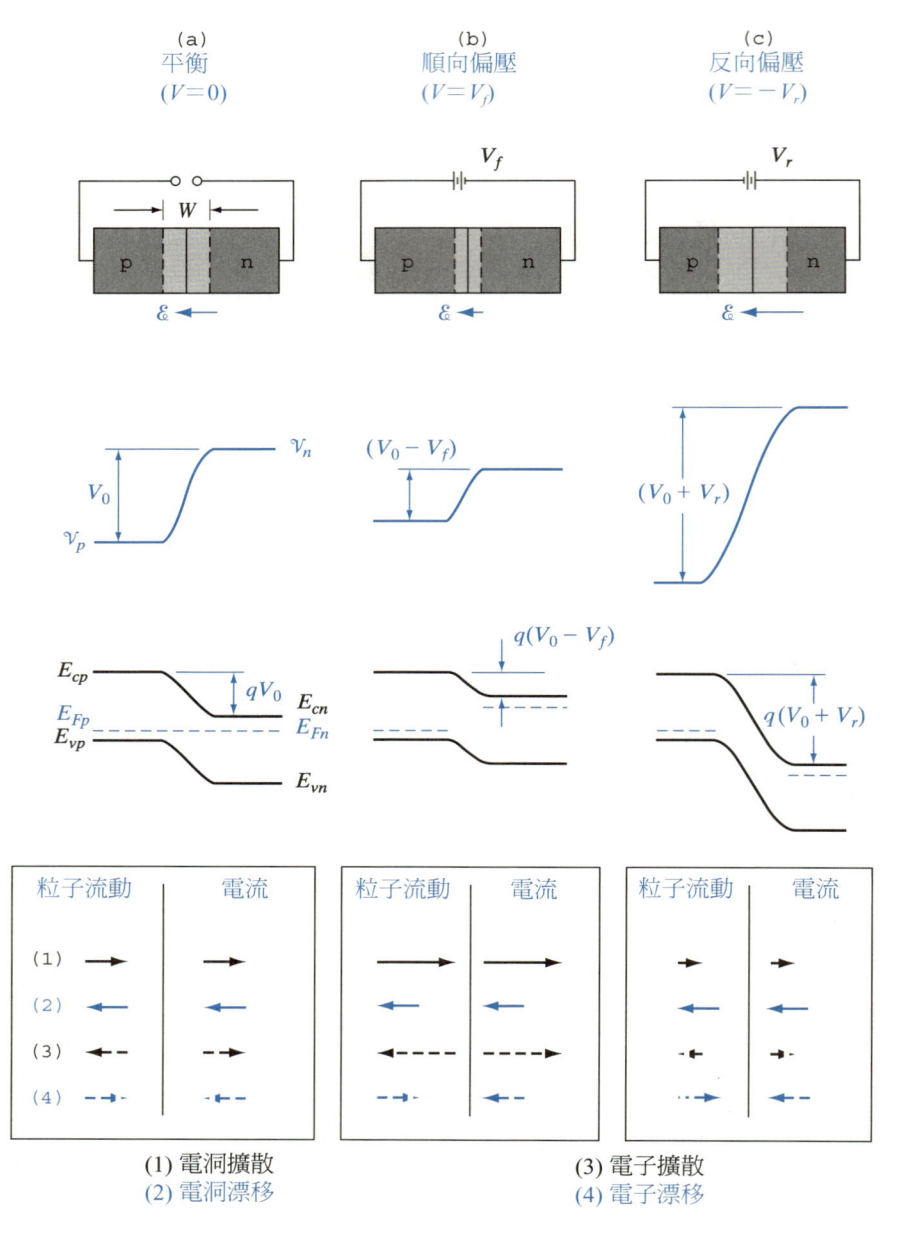

(a) 平衡 ($V=0$)　　(b) 順向偏壓 ($V=V_f$)　　(c) 反向偏壓 ($V=-V_r$)

(1) 電洞擴散
(2) 電洞漂移
(3) 電子擴散
(4) 電子漂移

圖 5-13　偏壓對 p-n 接面的影響：(a) 平衡時；(b) 順偏時；(c) 反偏時的過渡區寬度，電場強度，靜電位，能帶圖，以及 W 內的粒子流和電流方向。

壓較 n 為高時，我們定義此一電壓 V 為正電壓。

因為外加電壓改變了靜電位障的高度以及過渡區內電場的強度，它也會改變接面電流各種成份 (圖 5-13) 的大小。此外，能帶間距的大小，以及空乏區的寬窄都會受到外加偏壓的影響。我們先定性的檢驗偏壓對接面特性的影響。

順向偏壓 V_f 會把接面在平衡時的接觸電位 V_0 降低至 $V_0 - V_f$。這是因為順向偏壓 (p 的電壓較 n 為高) 會把 p 側的靜電位提高的緣故。外加反向偏壓時 ($V = -V_r$)，相反的現象會發生；p 側的靜電位會往下降落，使得接面的位障增加至 $V_0 + V_r$。

由接面的位障高度可以推導出過渡區的**電場** (electric field) 強度。外加順向偏壓時，其方向與內建電場的方向相反，所以過渡區內的電場會變小。反偏時，其電場方向與內建電場之方向一致，因而使得過渡區內的電場變大。

接面區的電場改變會引起**過渡區寬度** (transition region width) W 的變化，因為給定外加電場強度即對應到適當的正負電荷數目 (來自於施體和受體離子形式)，於是順偏時 W 變小 (具較小的電場，較少的離子電荷)，反偏時 W 變大。在 (5-21) 式及 (5-23) 式中把 V_0 改變成[8] $V_0 - V$ 即可計算不同偏壓下 W，x_{p0} 及 x_{n0} 之值。

能帶的間距 (separation of the energy bands) 是靜電位障高度的函數。電子能障的高度是電位障的高度乘以 q。因此，順偏時能帶間距較平衡時小 $q(V_0 - V_f)$，而反偏時能帶間距較平衡時多 $q(V_0 + V_r)$。假設費米能階在中性區遠離接面處的位置和平衡時相同 (以後會再討論此假設之真實性)；因此，能帶的移動即意味著接面兩側費米能階間隔的變動。在順偏時，n 側的費米能階 E_{Fn} 比 p 側的費米能階 E_{Fp} 高 qV_f；在反偏時，E_{Fp} 比 E_{Fn} 高 qV_r 焦耳。以電子伏特 eV 表示能量時，E_{Fn} 和 E_{Fp} 的差量正好就是

---

[8] 當接面加上偏壓後，x_{n0} 及 x_{p0} 的下標 0 不再表示此為平衡時之物理量。它們表示的是一組新座標的原點，$x_n = 0$ 及 $x_p = 0$，如圖 5-15 所定義。

外加電壓 V 的值。

擴散電流 (diffusion current) 包括 n 側多數載子的電子越過位能障擴散至 p 側的成份以及由 p 至 n 越過電洞位障[9]的電洞電流成份。在 n 側傳導帶內的電子有其能量分佈狀態 (圖 3-16)，而在高能量"尾部"的電子，因為具有足夠的能量，即使在平衡時也可以自 n 越過位能障擴散至 p。加上順向偏壓後，位障降低至 (V_0-V_f) n 側更多的電子可以越過變小的位障擴散到 p。因此，電子的擴散電流在順偏時可以很大。同樣的，順偏時電洞的位障也會變小。因此，有更多的電洞可以由 p 擴散到 n。外加反偏電壓時，位障升高至 (V_0+V_r)。因此，n 側傳導帶內的電子或 p 側共價帶內的電洞都沒有足夠的能量越過位障。所以，在反偏時擴散電流是可以忽略不計的。

漂移電流 (drift current) 的成份較不受位障高度的影響。起初聽起來覺得很奇怪，因為我們認為材料具有足夠的載子，因此認為漂移電流與外加電場成正比。這與一般的事實相反，此事實是漂移電流非受限於載子掃過位能障有多快，而是有多頻繁。舉例來說：p 側的電子 (少數載子) 可能因碰撞或其他原因而進入過渡區，一旦進入過渡區便會被電場加速順位障下坡的方向運動形成電子的漂移電流。但是這個電流分量很小，並不是因為位障大小，而是因為進入過渡區的電子數目很少。在 p 側的少數電子擴散進入過渡區且無視位能峰的大小而急速通過位能峰。漂移電流的大小主要不是依加速電場的大小而定，是依被加速的電子數目多寡而定。因此，假設電子和電洞在接面的漂移電流與外加電壓無關是一項可接受的近似法。

供應接面漂移電流的少數載子，主要是來自熱激發產生的電子-電洞

---

[9] 電子和電洞的位能障方向正好相反。通常，能量圖是依電子的能量而繪製的。對電洞而言，它在接面的位能障和靜電位障有同樣的形狀 (因為對電洞而言，電位乘以 $+q$ 就是它的位能)。我們可以用過渡區電場對載子加速的方向來檢驗電子和電洞位障的方向——電洞被加速後沿 $\mathscr{E}$ 的方向由 n 至 p 運動 (順著電洞電位的下坡方向運動)；電子被加速後反 $\mathscr{E}$ 的方向由 p 至 n 運動 (順著電子位能的下坡方向運動)。

$$I = |I(\text{gen.})|(e^{qV/kT} - 1)$$

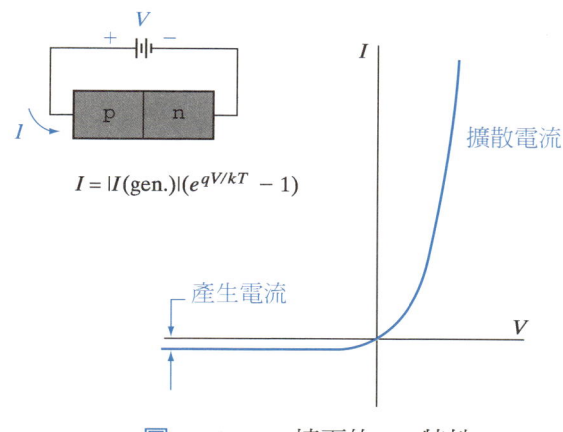

圖 5-14　p-n 接面的 I-V 特性。

對 (electron-hole pair, EHP)。例如，在 p 側靠近接面處產生一個電子電洞對，對 p 型半導體而言，其提供了一個少數電子。若一個 EHP 在 p 側過渡區邊緣一個擴散長度 L 內產生，則電子便可能擴散至過渡區內，被加速而運動至 n 側。類似的電流通常被稱做產生電流 (generation current)，因為這個電流成份的大小完全依熱產生 EHP 的速率而定。產生電流可以因光激發 EHP 的出現而大幅度增加 [這也是 p-n 接面光二極體 (the p-n junction photodiode) 的原理]。

　　穿過接面的電流是擴散電流和漂移電流的和。如圖 5-13 所示，電子和電洞的擴散電流都是由 p 流向 n (雖然粒子流的方向不同)，而漂移電流是由 n 流向 p。在平衡時，流過接面的淨電流是零，因為每一種載子的漂移電流和擴散電流互相抵消掉。(由圖 5-13 可知，平衡時只要淨電子電流和淨電洞電流同時為零即可，電子和電洞各對應成分未必一定要相等)。在反偏時，因為接面位障變大，電子和電洞的擴散成份都可忽略不計，唯一可能形成電流的是由 n 流向 p 的產生電流。圖 5-14 所示即為典型的 p-n 接面 I-V 圖。此圖中定義正向電流為由 p 至 n 的方向，而正向電壓也是由 p 至 n 的方向。在 p-n 接面內，當 V 為負時流動的小電流 I(gen.) 就是過渡區內產生的熱激發載子或擴散進入過渡區內的少數載子所形成的電流。在 $V=0$ (平衡時) 的電流是零，因為產生電流和擴散電流互相抵消[10]：

$$I = I(\text{diff.}) - |I(\text{gen.})| = 0 \text{ , } V = 0 \tag{5-24}$$

在下一節中我們將會看到，外加順偏 $V=V_f$ 後會使載子穿越接面位障的機率提高 $\exp(qV_f/kT)$ 倍。因此，順偏時擴散電流的大小也會是平衡時的 $\exp(qV/kT)$ 倍；同樣的，反偏時的擴散電流也會較平衡時減小同樣的因數，只是 $V=-V_r$。因為平衡時擴散電流的大小和 $|I(\text{gen.})|$ 相等，所以加上偏壓後的擴散電流是 $|I(\text{gen.})|\exp(qV/kT)$。總電流 I 是擴散電流減去產生電流的絕對值，此後我們以 I_0 來表示 $|I(\text{gen.})|$：

$$I = I_0(e^{qV/kT} - 1) \tag{5-25}$$

在上式中外加電壓 V 可以是正的，$V=V_f$ 或負的 $V=-V_r$。當 V 是正值而且大於數個 kT/q 時 (室溫是 $kT/q=0.0259$ V)，此指數項遠大於 1。因此，順偏時電流隨電壓的指數函數上升。當 V 是負值時，指數項接近於零，電流變成 $-I_0$。亦即由 n 至 p 的方向。此一負向的電流又叫做**反向飽和電流** (reverse saturation current)。圖 5-14 即為非線性的 $I-V$ 關係。順偏時電流在二極體的正方向可以自由流動，但是反偏時則幾乎沒有電流流動。

5.3.2 載子注入

由上一節的討論裡知道，當 p-n 接面外加不同的偏壓時，因為越過接面的擴散載子亦隨之改變，因而可以預期接面兩側的少數載子濃度也同時會隨外加電壓的大小而改變。接面兩側在平衡時電洞濃度的比值是

---

[10] 總電流 I 是產生電流和擴散電流的和，這兩個電流成份方向相反，$I(\text{diff.})$ 是正方向而 $I(\text{gen.})$ 是負方向。為避免混淆，在 (5-24) 式內採用漂移電流 (亦即產生電流) 的絕對值，再加上負號。因此，$-|I(\text{gen.})|$ 明確的表示了此一電流的大小和方向。此一方法強調了總電流是由兩個相反方向的電流相加而成的事實。

$$\frac{p_p}{p_n} = e^{qV_0/kT} \tag{5-26}$$

在外加偏壓後，接面兩側的電洞比值變為 (如圖 5-13 所示)

$$\frac{p(-x_{p0})}{p(x_{n0})} = e^{q(V_0-V)/kT} \tag{5-27}$$

這個公式裡用改變後的位障高度 V_0-V 來表示穩態時電洞濃度的比值，此一表示法適用於順偏及反偏的狀況 (V 可為正或負)。在低階注入時，多數載子濃度的變化可忽略不計。雖然為了維持材料的電中性，多數載子變量的絕對值和少數載子的變量是一樣的。但是和平衡時的濃度比較，外加偏壓之後多數載子的變動百分比可能很低。考慮此一簡化之假設 (5-26) 式及 (5-27) 式之比例可寫為

$$\frac{p(x_{n0})}{p_n} = e^{qV/kT} \text{ 其中令 } p(-x_{p0}) = p_p \tag{5-28}$$

由上式可知在順偏時過渡區邊緣 n 側少數載子電洞的濃度 $p(x_{n0})$ 較平衡時增加了許多。而在反偏時 (V 為負值) $p(x_{n0})$ 變得比平衡時的 p_n 更小。電洞濃度在 x_{n0} 處隨著順偏電壓呈指數上升就是**少數載子注入** (minority carrier injection) 的最佳例證。圖 5-15 指出順偏的 V 會在 n 側產生穩態的過量電洞注入以及在 p 側的電子注入。在 x_{n0} 處的過量電洞濃度可以用 $p(x_{n0})$ 減去平衡時的濃度求得

$$\boxed{\Delta p_n = p(x_{n0}) - p_n = p_n(e^{qV/kT} - 1)} \tag{5-29}$$

同樣的在 p 側的過量電子濃度是，

$$\boxed{\Delta n_p = n(-x_{p0}) - n_p = n_p(e^{qV/kT} - 1)} \tag{5-30}$$

從 4.4.4 節中學到的擴散行為模式可以知道在 x_{n0} 處的 Δp_n 會引發 n 型材料內過量電洞的**分佈** (distribution)。當電洞自過渡區邊緣向 n 型材料深處擴散時，會和電子復合而導致過量電洞的分佈和擴散方程式 (4-34b)

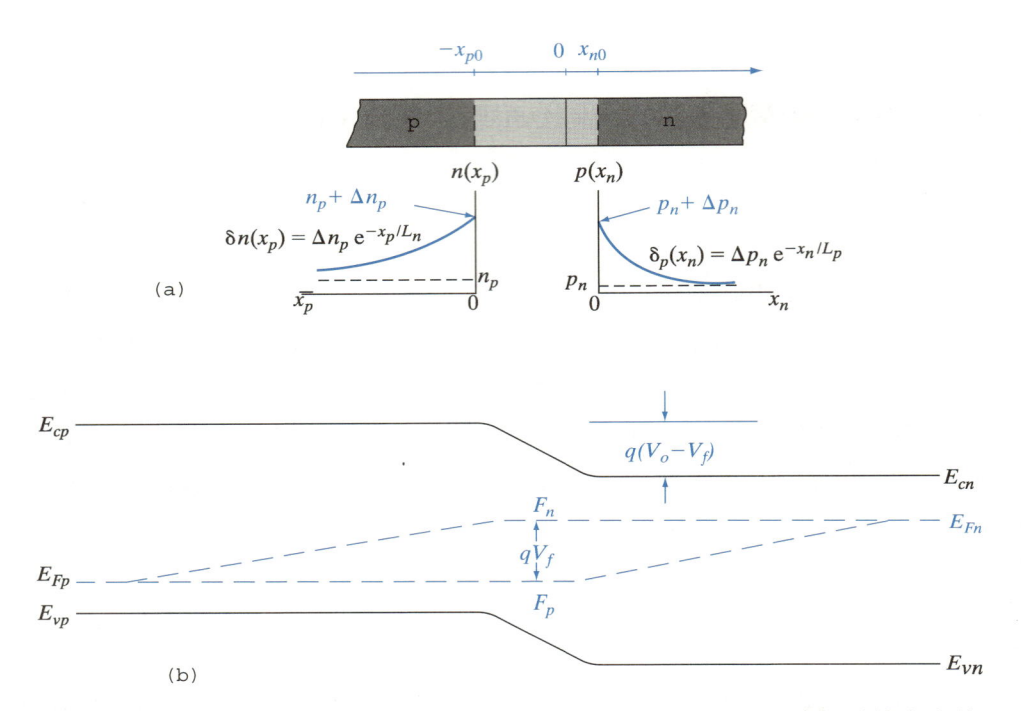

圖 5-15 順偏接面：(a) 過渡區兩側少數載子分佈圖以及 x_n 與 x_p 座標系統之定義；(b) 準費米能階沿位置改變的情形。

的解一樣。如果 n 型材料的長度比電洞擴散長度 L_p 長許多，則其解爲指數之形式如 (4-36) 式。類似的推論也可以引用到 p 型材料內的過量電子分佈。爲了方便起見，我們定義兩個新的座標系統 (圖 5-15)：在 n 型材料內，自 x_{n0} 開始沿 x 方向的距離定義爲 x_n；在 p 型材料內，沿 $-x$ 方向與 $-x_{p0}$ 之間的距離定義爲 x_p。基於簡化數學考量的習慣，假設元件爲長 p 區和長 n 區 (即 p、n 兩區分別遠大於 L_n 和 L_p)，我們能利用 (4-34) 式對接面兩側擴散方程式解出過量載子分佈 (δn 和 δp)：

$$\delta n(x_p) = \Delta n_p e^{-x_p/L_n} = n_p(e^{qV/kT} - 1)e^{-x_p/L_n} \quad \text{(5-31a)}$$

$$\delta p(x_n) = \Delta p_n e^{-x_n/L_p} = p_n(e^{qV/kT} - 1)e^{-x_n/L_p} \quad \text{(5-31b)}$$

n 型材料中任意位置 x_n 的電洞擴散電流可由 (4-40) 式計算而得：

$$I_p(x_n) = -qAD_p \frac{d\delta p(x_n)}{dx_n} = qA\frac{D_p}{L_p}\Delta p_n e^{-x_n/L_p} = qA\frac{D_p}{L_p}\delta p(x_n) \tag{5-32}$$

其中 A 為接面的截面積。因此在每一個位置 x_n 的電洞擴散電流與該位置的過剩載子成正比[11]。在接面 x_{n0} 注入 n 型材料的總電洞電流可經由 (5-32) 式簡單計算求得：

$$I_p(x_n = 0) = \frac{qAD_p}{L_p}\Delta p_n = \frac{qAD_p}{L_p}p_n(e^{qV/kT} - 1) \tag{5-33}$$

類似的分析可用於電子注入 p 型材料，其接面處產生的電子電流為

$$I_n(x_p = 0) = -\frac{qAD_n}{L_n}\Delta n_p = -\frac{qAD_n}{L_n}n_p(e^{qV/kT} - 1) \tag{5-34}$$

方程式中的負號表示電子電流與 x_p 方向相反；也就是說，I_n 實際上是在 $+x$ 方向，加上 I_p 即為總電流 (圖 5-16)。若忽略過渡區中的再結合電流，此為大家熟知的蕭特基理想二極體近似，即每一個注入的電子在到達 $-x_p$ 時必須先穿過 x_{n0}。則在 x_{n0} 處總二極體電流為 $I_p(x_n=0)$ 和 $-I_n(x_p=0)$ 之和。若取 $+x$ 方向為總電流的參考方向，則 $I_n(x_p)$ 需取負號，因為 x_p 定義於 $-x$ 方向：

$$I = I_p(x_n = 0) - I_n(x_p = 0) = \frac{qAD_p}{L_p}\Delta p_n + \frac{qAD_n}{L_n}\Delta n_p \tag{5-35}$$

$$\boxed{I = qA\left(\frac{D_p}{L_p}p_n + \frac{D_n}{L_n}n_p\right)(e^{qV/kT} - 1) = I_0(e^{qV/kT} - 1)} \tag{5-36}$$

(5-36) 式為**二極體方程式** (diode equation)，與 (5-25) 式定性關係式具

---

[11] 因外加偏壓而導致載子的注入，很清楚地，元件中載子的濃度不能再使用平衡費米能階來描述，而需使用準費米能階的觀念，並將載子濃度空間的變化情形計算進去。

(a)

$$I_n(x_p=0) = qAD_n \left.\frac{d\delta n}{dx_p}\right|_{x_p=0}$$
$$= -qA\frac{D_n}{L_n}\Delta n_p$$

$$I_p(x_n=0) = -qAD_p \left.\frac{d\delta p}{dx_n}\right|_{x_n=0}$$
$$= qA\frac{D_p}{L_p}\Delta p_n$$

(b)

$$\delta n = \Delta n_p e^{-x_p/L_n}$$
$$\delta p = \Delta p_n e^{-x_n/L_p}$$

$$Q_n = -qA\int_0^\infty \delta n(x_p)\,dx_p$$
$$I_n(x_p=0) = \frac{Q_n}{\tau_n} = \frac{-qAL_n}{\tau_n}\Delta n_p$$

$$Q_p = qA\int_0^\infty \delta p(x_n)\,dx_n$$
$$I_p(x_n=0) = \frac{Q_p}{\tau_p} = \frac{qAL_p}{\tau_p}\Delta p_n$$

(c)

$$I = I_p(x_n=0) - I_n(x_p=0) = qA\left(\frac{D_p}{L_p}\Delta p_n + \frac{D_n}{L_n}\Delta n_p\right)$$

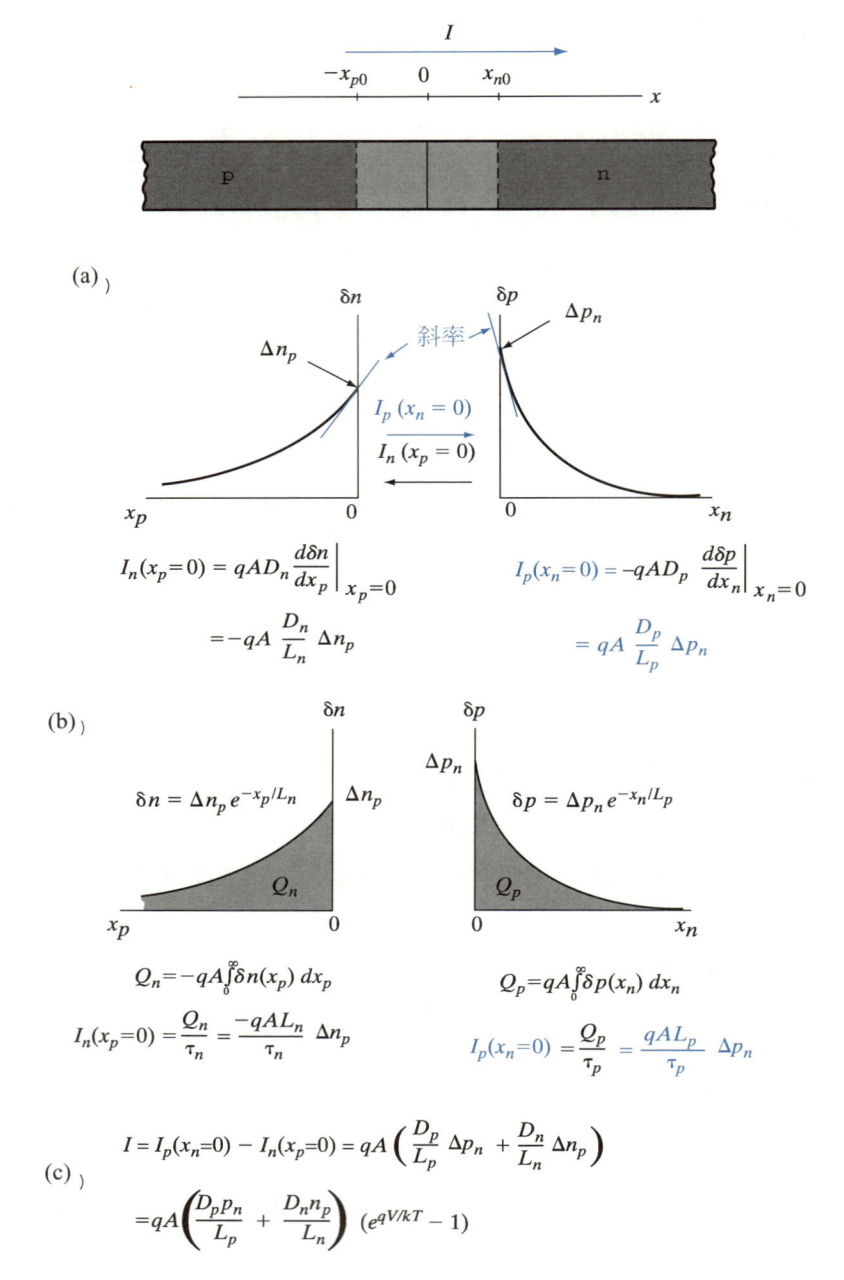

$$= qA\left(\frac{D_p p_n}{L_p} + \frac{D_n n_p}{L_n}\right)(e^{qV/kT} - 1)$$

圖 5-16 由過量少數載子計算接面電流的兩種方法：(a) 過渡區邊緣的擴散電流；(b) 分佈的電荷除以少數載子生命期；(c) 二極體方程式。

有相同型式，值得注意的是偏壓 V 有可能為負值。因此不論二極體是順偏或反偏皆可用二極體方程式描述總電流，取 $V=-V_r$，則可計算反偏電流：

$$I = qA\left(\frac{D_p}{L_p}p_n + \frac{D_n}{L_n}n_p\right)(e^{-qV_r/kT} - 1) \tag{5-37a}$$

若 V_r 大於數倍的 kT/q，則總電流剛好等於反向飽和電流

$$I = -qA\left(\frac{D_p}{L_p}p_n + \frac{D_n}{L_n}n_p\right) = -I_0 \tag{5-37b}$$

這暗示接面的總電流主要由高濃度邊注入低濃度邊載子的濃度所決定。例如，若 p 型材料為高摻雜而 n 型材料為低摻雜，則相對於在 n 邊 (p_n) 的少數載子，在 p 邊 (n_p) 的少數載子可忽略。因此，二極體方程式可近似地只以電洞的注入表示，如 (5-33) 式所示。這意味儲存於少數載子分佈內的電荷主要是 n 邊的電洞。例如，若要使 p^+-n 接面的電洞電流變兩倍，可以將 n 型濃度減半而不需將 p 型濃度加倍。此類結構稱為 p^+-n 接面，其中上標 + 表示高摻雜。p^+-n 或 n^+-p 結構的另一特性是過渡區主要延伸至低摻雜的區域，如 (5-23) 式所討論的。單邊高摻雜的結構對很多實際元件是很有用的安排，像我們即將討論的切換式二極體和電晶體。通常這類元件是由 (counterdoping) 劑量台製造。例如，一 n 型 Si 樣品濃度 $N_d = 10^{14} \text{cm}^{-3}$ 可用作離子佈值或擴散接面的基底。若 p 型濃度大於 10^{19}cm^{-3} (典型擴散接面的濃度)，此結構正是 p^+-n，因為 n_p 比 p_n 小了 10^5 倍。因為這類組態於元件技術中非常普遍，所以以下的討論將會常用到。

圖 5-15b 顯示，順偏時準費米能階為 p-n 接面位置的函數。平衡費米能階 E_F 於空乏區寬度 W 分裂成兩條準費米能階 F_n 和 F_p 兩者能量差 qV 主要是由外加偏壓 V 造成的。此能量表示其偏離平衡的偏移量。(見 4.3.3 節)。因此，順偏時於空乏區中，可得到

$$pn = n_i^2 e^{(F_n - F_p)/kT} = n_i^2 e^{(qV/kT)} \qquad (5\text{-}38)$$

不論接面的那一邊，少數載子準費米能階變化最大。多數載子濃度受到的影響不大，所以多數載子的準費米能階與原始的平衡費米能階接近。圖 5-15 中，F_n 和 F_p 在寬度 W 內有一些改變，但並沒有表示其大小。空乏區外，少數載子的準費米能階線性改變且最後與平衡費米能階合併在一起。相反地，少數載子濃度隨著位置指數衰減。事實上，準費米能階需花很多的擴散長度才能穿過 E_i，其中少數載子濃度等於本質載子濃度，讓其接近 E_F，例如 $\delta p(x_n) \simeq p_n$。

另一簡單且具教育性的計算總電流的方法是當提供過剩載子分佈 (圖 5-16b) 考慮其注入電流。例如，$I_p(x_n=0)$ 必須每秒提供足夠的電洞使電洞再結合時能保持穩態指數分佈 $\delta p(x_n)$。貯存於過剩載子分佈的總正電荷為

$$Q_p = qA \int_0^\infty \delta p(x_n) dx_n = qA\Delta p_n \int_0^\infty e^{-x_n/L_p} dx_n = qAL_p\Delta p_n \qquad (5\text{-}39)$$

n 型材料電洞的平均壽命為 τ_p。因此，平均而言，每 τ_p 秒，整個電荷分佈會再結合並且重新補充。於 $x_n=0$ 處注入的電洞電流用以維持整體分佈可簡單地以總電荷除以平均更換時間。

$$I_p(x_n = 0) = \frac{Q_p}{\tau_p} = qA \frac{L_p}{\tau_p} \Delta p_n = qA \frac{D_p}{L_p} \Delta p_n \qquad (5\text{-}40)$$

其中 $D_p/L_p = L_p/\tau_p$。

此與 (5-33) 式從擴散電流計算，得到的結果相同。類似地，在 p 型材料中，計算分佈 $\delta n(x_p)$ 中貯存的負電荷除以 τ_n 可得到注入的電子電流。此法稱為**電荷控制近似法** (charge control approximation)，即注入 p-n 接近任一邊的少數載子擴散至中性材料且與多數載子再結合。少數載子電流 [例如，$I_p(x_n)$] 在中性區中隨距離指數衰減。因此，從距離接面幾個擴散長度，大部分電流由多數載子傳送。下節中將詳細討論。

總結，我們可以用兩種方法計算 p-n 接面的電流 (圖 5-16)：(a) 空乏區兩邊過剩少數載子分佈的斜率。(b) 在每一分佈中貯存的穩態電荷。注入 n 型材料的電洞電流 $I_p(x_n=0)$ 加上注入 p 型材料的電子電流 $I_n(x_p=0)$，$I_n(x_p)$ 加上負號以遵循傳統 $+x$ 方向為正電流的定義。我們能將這兩個電流相加是因為假設在空乏區內沒有發生再結合，因此，元件中位置 (x_{n0}) 處有總電子和電洞電流。因為，元件中總電流為一常數 (儘管電流分量有變化)，(5-36) 式 I 為二極體中每一位置的總流。

在中性區，空乏區 W 之外 (outside)，**少數載子的漂移可忽略不計**，因為與多數載子相較之下，少數載子的濃度太小了。少數載子對總電流的貢獻只有從擴散 (與載子濃度梯度 (gradient) 有關)。若空間的變化很大，即使少數載子的濃度很小對電流也有相當影響。

只要求得少數載子的電流，則在兩中性區中多數載子電流的計算就變得簡單了。因為元件的總電流 I 為常數，所以多數載子電流剛好為 I 減去少數載子電流 (圖 5-17)。例如，因為在 n 型材料中，任意點的 $I_p(x_n)$ 與過剩的電洞濃度成正比，且 $I_p(x_n)$ 和 $\delta p(x_n)$ 均隨 x_n 增加呈指數函數減少。因此，電流中的電子分量需隨 x_n 的增加而增加才能使總電流為一定值。距接面愈遠，n 型材料的電流主要是由電子造成。其物理的解釋是電子必須從 n 型材料流入，與再提供接面附近過剩電洞分佈再結合所損失的電子。此電子電流 $I_n(x_n)$ 包括足夠的電子流去提供 x_{n0} 附近的再結合和進入 p 區域的電子注入。在 n 型材料內向接面流動的電子流形成了 $+x$ 方向的電流，也是構成總電流 I 的一部分。

一個仍未澄清的問題是：在二極體內不同的位置上，多數載子電流究竟是源自漂移或擴張或兩者皆是。在接面附近 (緊鄰空乏區的外側)，多數載子濃度的變化和少數載子完全相同，以維持電中性。多數載子的濃度可以很快速的變化，此一極短暫的介電緩和時間 (dielectric relaxation time) τ_D ($=\rho\epsilon$)，其中 ρ 是電阻係數 (resistivity)。ϵ 是介電常數 (dielectric constant)。τ_D 的特性和電路 的 RC 時間常數類似。在遠離接面處 (大於

$$I_p(x_n) = \frac{qAD_p}{L_p}\Delta p_n e^{-x_n/L_p}$$

$$I_n(x_n) = I - I_p(x_n)$$

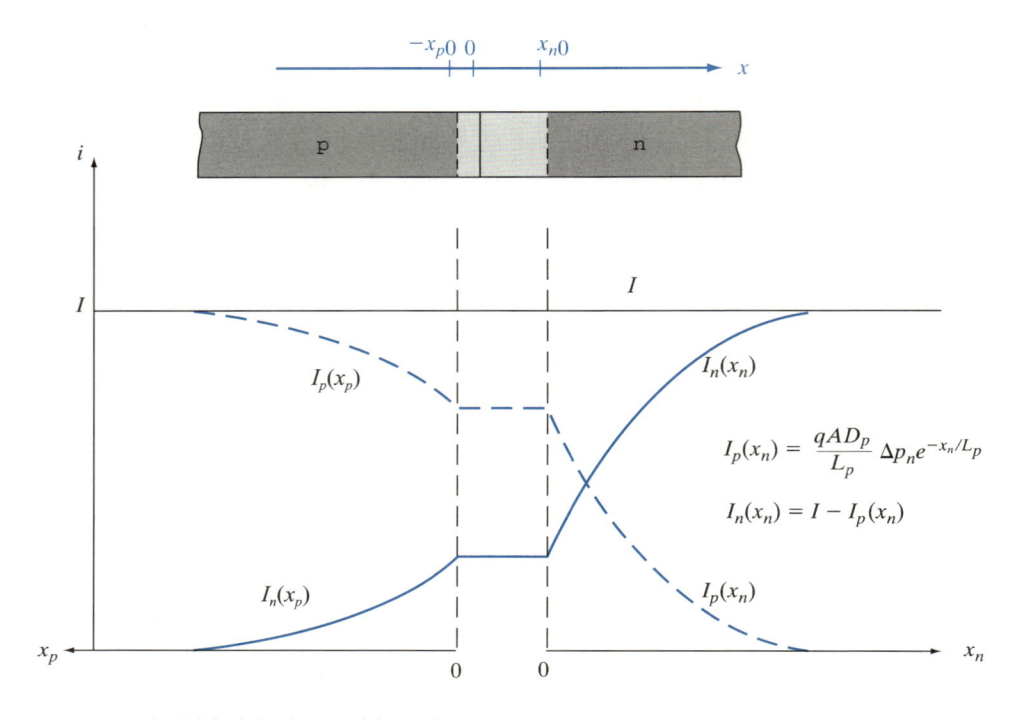

圖 5-17 在順向偏壓 p-n 接面中，電子與電洞的電流分量。在此例中，在 n 邊注入的少數電洞電流較 p 邊的電子電流高，因為 n 摻雜較 p 為低。

3 至 5 個擴散長度)，少數載子濃度衰減至極低的背景常數濃度。因此，多數載子濃度也不再隨位置而改變。所以，唯一可能的電流成份就是多數載子的漂移電流。在靠近接面的地方多數載子 (以及少數載子) 的濃度是隨位置而改變的，因此，其電流成份有漂移電流和擴散電流。除非是高度注入 (high-level injection)，否則多數載子多半由漂移電流主宰。在整個二極體的任何一個橫切面，多數載子和少數載子形成的總電流都維持同一個常數。

由以上的推論可知，在所謂的中性區內其電場並不像以前所假設的必須是零；否則便沒有漂移電流了。所以，我們假設所有外加的電壓都落在傳渡區上，並不完全正確。但是，中性區內多數載子的濃度通常都很高，只要很小的電場就是以驅動漂移電流。因此，對大多數的場合而言，假設接面電壓等於外加的偏壓是可以接受的。

例題 5-3 順向偏壓 p-n 接面的 n 型材料電子電流的表示式。

解 總電流

$$I = qA\left(\frac{D_p}{L_p}p_n + \frac{D_n}{L_n}n_p\right)(e^{qV/kT} - 1)$$

n 邊電洞電流

$$I_p(x_n) = qA\frac{D_p}{L_p}p_n e^{-x_n/L_p}(e^{qV/kT} - 1)$$

因此在 n 型材料的電子電流為

$$I_n(x_n) = I - I_p(x_n) = qA\left[\frac{D_p}{L_p}(1 - e^{-x_n/L_p})p_n + \frac{D_n}{L_n}n_p\right](e^{qV/kT} - 1)$$

此表示式包括提供與注入電洞再結合的電子和穿過接面進入 p 邊注入的電子。

5.3.3 反向偏壓

我們已討論過順向偏壓時載子的注入和少數載子的分佈情形。反向偏壓時的載子分佈也可用相同的方程式得到 (圖 5-18)，只要將電壓 V 值取負號即可。例如，若 $V = -V_r$ (相對於 n 區而言，p 區為負偏壓區)，則 (5-29) 式可近似成

$$\Delta p_n = p_n(e^{q(-V_r)/kT} - 1) \simeq -p_n, \quad V_r \gg kT/q \tag{5-41}$$

同樣地 $\Delta n_p \simeq -n_p$。

因此，只需零點幾伏特的反向偏壓，則空乏區邊緣的少數載子濃度趨近於零，此時過剩載子濃度接近平衡時濃度的負值。在中性區中，過剩少數載子濃度仍由 (5-31) 式給定，低於平衡值載子的空乏延伸至過渡區兩邊一個擴散長度。此反向偏壓少數載子的空乏可視為**少數載子的萃取** (minority carrier extraction)，類似順向偏壓少數載子的注入。物理上，萃取的發生乃因少數載子在空乏區邊掠過能障到達另一邊且無法被對抗擴散的載子所取代。例如，當在 x_{n0} 處的電洞受電場 $\mathscr{E}$ 而掠過接面到達 p 邊，在 n 型材料存在一電洞分佈梯度且在 n 型內的電流擴散到接面。n 型區內穩態的電洞分佈為倒指數的形狀圖 5-18a。重要的是雖然接面處反向飽和電流的產生是藉由載子流入能位障，此電流藉由中性區內少數載子擴散至接面兩邊。載子漂移率與從中性區擴散到達 x_{n0} 的電洞 (x_{p0} 的電子) 的速率有關。這些少數載子由熱產生，且可證明此反向飽和電流，(5-38) 式表示空乏區兩邊一個擴散長度內熱產生載子的速率。

反向偏壓，準費米能階分裂的方向與順偏的情形相反 (圖 5-18b)。F_n 離 E_c 較遠 (接近 E_v)，F_p 離 E_v 較遠，即反向偏壓比平衡少很多載子，不像順向偏壓時有過剩之載子。反向偏壓，於空乏區中

$$pn = n_i^2 e^{(F_n-F_p)/kT} \approx 0 \tag{5-42}$$

有趣的是，反向偏壓的準費米能階能進入能帶。例如 F_p 進入 n 型空乏區的導電帶。然而，我們必須記得 F_p 可作為電洞濃度的測量，且與共價帶邊緣相關。因此能帶圖反映了一個事實是在此區中有很少的電洞，甚至比已經小平衡的少數載子電洞濃度還少 (圖 5-18a)。類似的觀念可應用於電子。

例題 5-4 一個陡變的矽 p-n 接面 ($A = 10^{-4}$ cm^2)，在 300 K 時的特性如下：

P 型區　　　　n 型區

$N_a = 10^{17}$ cm^{-3}　　$N_d = 10^{15}$

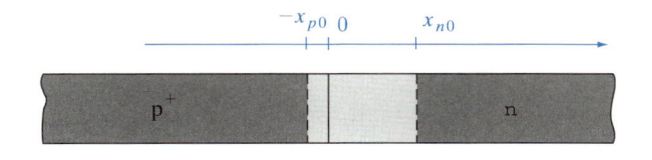

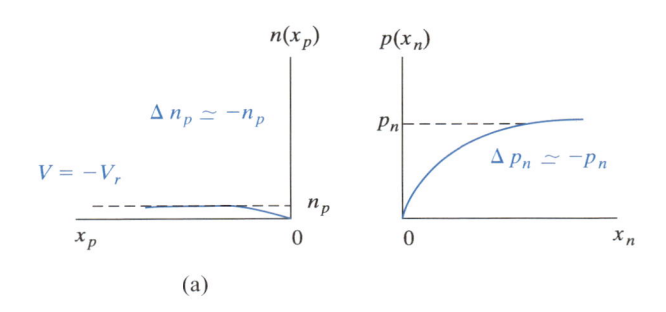

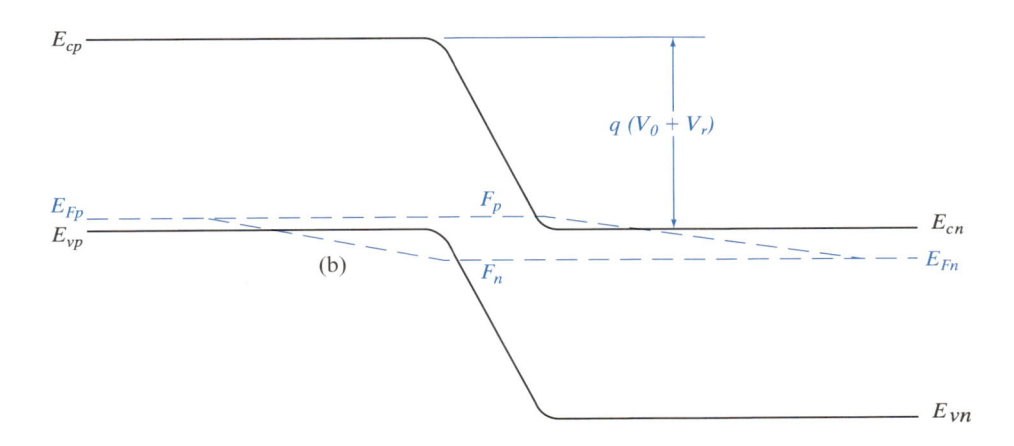

圖 5-18 反偏的 p-n 接面：(a) 反偏接面附近的少數載子分佈圖；(b) 準費米能階的變化。

$\tau_n = 0.1\ \mu s$ $\tau_p = 10\ \mu s$
$\mu_p = 200\ cm^2/V\text{-}s$ $\mu_n = 1300$
$\mu_n = 700$ $\mu_p = 450$

當接面順偏在 0.5 V 時，順偏電流是多少? 當接面反偏在 -0.5 V 時，反偏電流是多少?

解

$$I = qA\left(\frac{D_p}{L_p}p_n + \frac{D_n}{L_n}n_p\right)(e^{qV/kT} - 1) = I_0(e^{qV/kT} - 1)$$

$$p_n = \frac{n_i^2}{n_n} = \frac{(1.5 \times 10^{10})^2}{10^{15}} = 2.25 \times 10^5\ cm^{-3}$$

$$n_p = \frac{n_i^2}{p_p} = \frac{(1.5 \times 10^{10})^2}{10^{17}} = 2.25 \times 10^3\ cm^{-3}$$

對於少數載子，

於 n 型區， $D_p = \frac{kT}{q}\mu_p = 0.0259 \times 450 = 11.66\ cm^2/s$

於 p 型區， $D_n = \frac{kT}{q}\mu_n = 0.0259 \times 700 = 18.13\ cm^2/s$

$L_p = \sqrt{D_p\tau_p} = \sqrt{11.66 \times 10 \times 10^{-6}} = 1.08 \times 10^{-2}\ cm$

$L_n = \sqrt{D_n\tau_n} = \sqrt{18.13 \times 0.1 \times 10^{-6}} = 1.35 \times 10^{-3}\ cm$

$$I_0 = qA\left(\frac{D_p}{L_p}p_n + \frac{D_n}{L_n}n_p\right)$$

$$= 1.6 \times 10^{-19} \times 0.0001\left(\frac{11.66}{0.0108}2.25 \times 10^5 + \frac{18.13}{0.00135}2.25 \times 10^3\right)$$

$$= 4.370 \times 10^{-15}\ A$$

於順偏時， $I = I_0(e^{0.5/0.0259} - 1) \approx \mathbf{1.058 \times 10^{-6}\ A}$

於反偏時， $I = -I_0 = \mathbf{-4.37 \times 10^{-15}\ A}$

5.4 反向偏壓-崩潰

我們發現一個 p-n 接面反向偏壓時展現一小但與電壓無關的飽和電流，直到達到臨界反向偏壓，發生**反向崩潰** (reverse breakdown) (圖5-19)。到達臨界反向偏壓 V_{br} 時，反向電流將會急劇增加，即使加大電壓，也無法使電壓值變大。臨界崩潰電壓的存在，使大部分二極體反向特性出現一個直角。

關於反向崩潰並不會造成本質上的破壞。若電流藉外加電路的限制在一合理的值，p-n 接面可以操作在反向崩潰區，且與操作在順向偏壓條件一樣安全。例如，在元件中可以流過的最大反向電流為 $(E-V_{br})/R$；特殊的二極體可以選擇串聯電阻 R 來限制電流到一安全的階段。若電流沒有外在電路加以限制，接面可能被過量的反向電流所破壞，使元件過熱

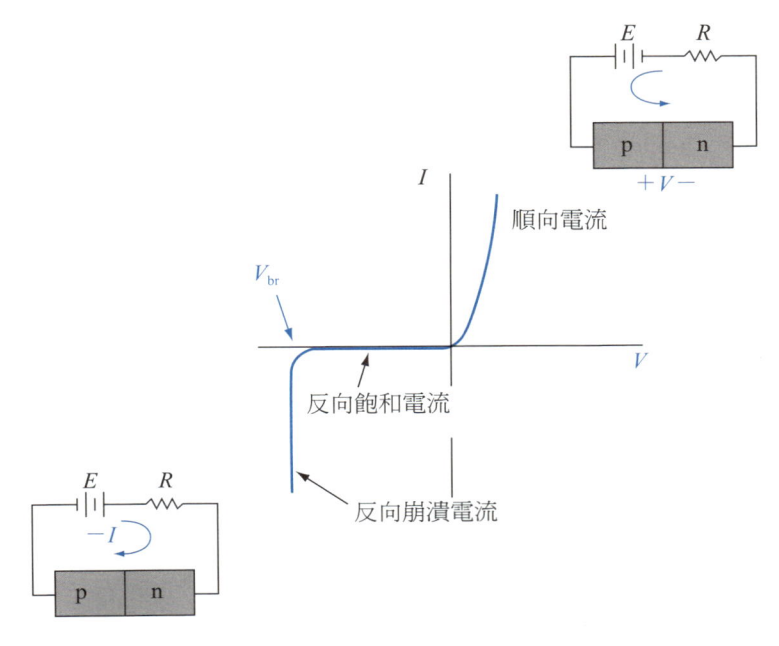

圖 5-19 在一個 p-n 接面的反向崩潰。

而超過其最大功率額度。然而,須記住的是這樣的破壞不一定僅由於反向崩潰機制;類似的結果也會發生在順向偏壓時,只要通過元件的電流過多。[12] 在 5.4.4 節,我們將會看到**崩潰二極體** (breakdown diodes),即是工作在反向崩潰區。

反向崩潰發生的機制有二,每一種機制在其過渡區中都需要臨界電場。第 1 種機制稱為**齊納效應** (Zener effect),工作在低電壓 (高達幾伏特的反向偏壓)。若崩潰發生在較高電壓 (從幾伏特到幾千伏特),此機制稱為**累增崩潰** (avalanche breakdown),在本節中,將討論這兩種機制。

5.4.1 齊納崩潰

當高摻雜的接面反向偏壓,能帶在相當低的電壓交錯 (n 邊導電帶對上 p 邊共價帶),如圖 5-20 所示,能帶的交錯造成 n 邊導電帶很多的空狀態,與 p 邊共價帶有很多填滿的狀態成對比。若將兩者分開的能位障很窄,如 2.4.4 節所述,電子將發生穿隧效應,電子從 p 邊共價帶穿隧到 n

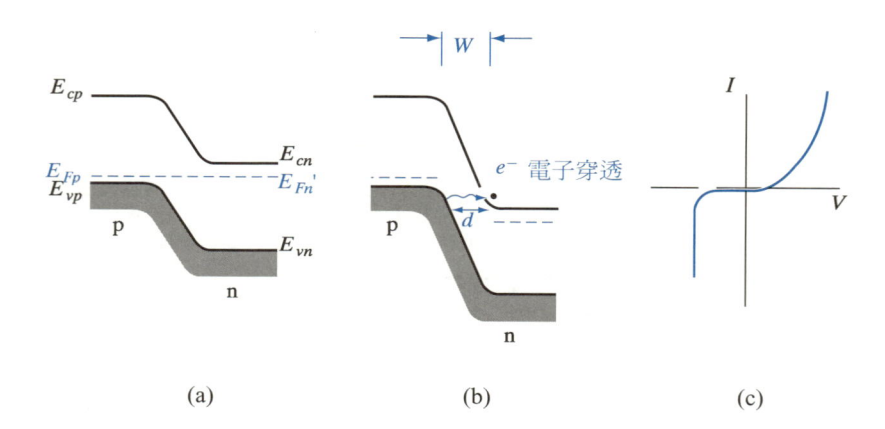

圖 5-20 齊納效應:(a) 平衡時的高摻雜接面;(b) 反偏時電子從 p 穿隧至 n;(c) I-V 特性。

---

[12] 電流固定時,崩潰機制中,接面所消耗的功率 (IV) 當然會比順向偏壓時為高,因為 V 較大。

邊導電帶，產生一由 n 指向 p 的反向電流；此即為齊納效應。

穿隧電流產生的原因是大量電子和大量空狀態被很窄的能位障分開所造成。因為穿隧的機率與能位障的寬度有關 (圖 5-20 的 d) 很重要的是冶金接面變化劇烈且佈植濃度高，所以過渡區 W 只會從接面的兩邊向外延伸一點距離而已。若接面不是那麼陡峭，或若接面的任一邊濃度很低，過渡區 W 將太寬以致於不能發生穿隧效應。

當能帶交錯 (對高摻雜接面而言，只需零點幾伏特)，穿隧的距離 d 可能太大以致於不能發生穿隧。然而，當反向偏壓增加時，d 會變得較小，因為較高的電場會導致能帶邊緣較陡峭。這是在過渡區寬度不會隨反向偏壓增加的假設才成立。對接面的任一邊為低電壓或高摻雜，這是很好的假設。然而，若是幾伏特的反向偏壓沒有造成齊納崩潰，則累增崩潰將會變成主宰。

在簡單共價鍵模型中 (圖3-1)，齊納效應可視為接面處大原子們的**場離子化** (field ionization)。即，高摻雜接面反向偏壓使在 W 內產生一大電場，到達一臨界場強度時，參與共價鍵結的電子受到場的影響而脫離鍵結並且加速至接面的 n 邊。這類離子化所需的電場大小約 10^6 V/cm。

5.4.2 累增崩潰

對低摻雜接面電子穿隧是可忽略的，取而代之的崩潰機制乃是攜帶能量的大原子的**衝撞游離** (impact ionization)。若被散射的載子具有足夠的能量，一般的晶格散射將導致電子電洞對 (EHP) 的產生。例如，若在過渡區的電場 $\mathscr{E}$ 夠大，從 p 邊通過一個電子將被加速高至足夠的電能而導致離子和晶格碰撞 (圖 5-21a)。這樣單一的作用導致**載子加倍** (carrier multiplication)；原始的電子和產生的電子皆掃到接面 n 邊，而產生的電洞掃到 p 邊 (圖5-21b)。若在過渡區中產生的載子也有和晶格游離碰撞，則倍增的程度變得非常高。例如，一入射的電子可能和晶格碰撞且產生一電子電洞對；這些載子有機會產生一新的電子電洞對，而新產生的載

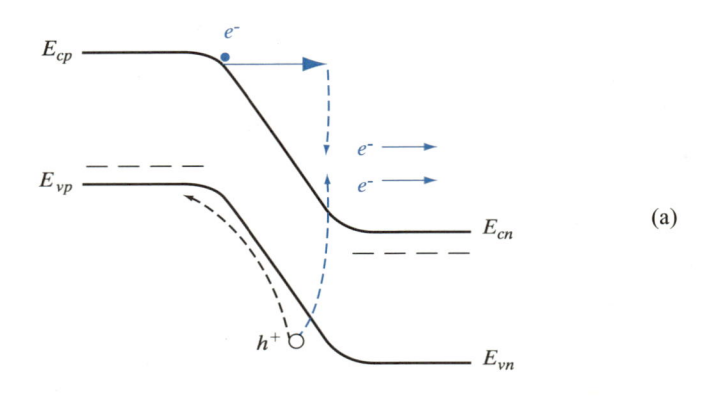

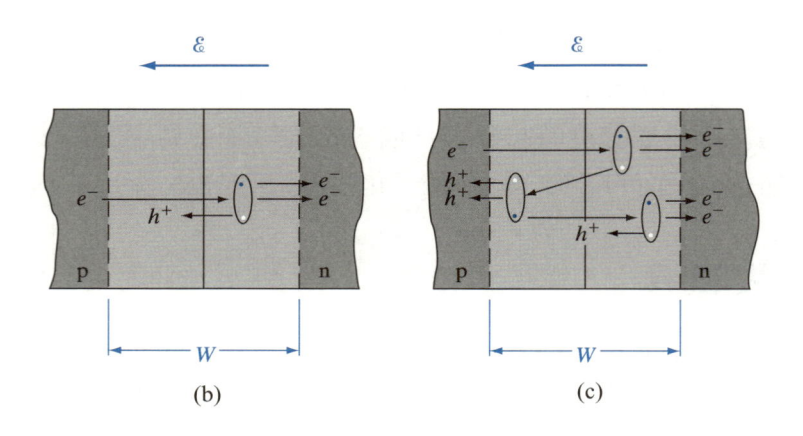

圖 5-21 衝撞游離產生的電子-電洞對：(a) 反向偏壓 p-n 接面的能帶圖顯示 (主要的) 在空乏區場的電子增加的動能，並且由衝撞游離產生 (次要的) 電子-電洞對。在此過程中主要的電子損失動能；(b) 接面空乏區中一個入射電子碰撞產生的單一游離；(c) 主要、次要和第三個碰撞。

子也可能再產生新的電子電洞。如此持續下去 (圖 5-21c)，這樣的過程稱為累增 (avalanche) 過程，因為每一個入射的載子可以產生大量新的載子。

我們可將累增倍增的分析近似成如下：假設一個載子 (可為 n 型或 p 型) 與晶格碰撞游離的機率 P，在過渡區 W 距離內被加速，因此 n_in 個電子進入 p 邊，碰撞游離的機率 Pn_in，而每次碰撞都產生一個電子電洞對 (二次載子)。在主要電子碰撞 Pn_in 後，共產生 $n_\text{in}(1+P)$ 個電子。在一次碰撞後，每個電子電洞對在過渡區內走 W 的距離。例如，若一電子電洞對是在區域中心產生，電子會漂移 $W/2$ 距離到 n 而電洞會漂移 $W/2$ 到 p。因此由於二次載子運動所造成碰撞游離的機率仍是 P。對 $n_\text{in}P$ 個二次電子電洞對碰撞游離的次數為 $(n_\text{in}P)P$ 而產生 $n_\text{in}P^2$ 三次電子電洞對。在多次碰撞後，假設無再結合發生，n 區外產生的總電子數為

$$n_\text{out} = n_\text{in}(1 + P + P^2 + P^3 + \cdots) \tag{5-43}$$

在較合理的理論中，我們會考慮再結合且由電子和電洞造成的碰撞游離的機率不同。在我們簡單的理論中，電子倍增 M_n 為

$$M_n = \frac{n_\text{out}}{n_\text{in}} = 1 + P + P^2 + P^3 + \cdots = \frac{1}{1-P} \tag{5-44a}$$

上式除法直接計算可驗證當游離機率 P 趨近於 1，則載子倍增 (且因此造成接面反向電流) 增至無限大。事實上，這個對電流的限制將由外在線路支配。

倍增和 P 之間的關係可簡易寫成 (5-44a) 式；然而，P 對接面參數的關係較複雜。物理上，我們期待游離機率隨電場增加而增加，因此與反向偏壓有關。接近崩潰時載子倍增 M 的測量的實驗關係式

$$M = \frac{1}{1-(V/V_\text{br})^\mathbf{n}} \tag{5-44b}$$

其中指數 n 的變化從 3 至 6，與接面材質有關。

一般，崩潰的臨界反向電壓會隨材質的能隙增加而增加，因為其每次碰撞游離所需的能量較多。同樣地，在 W 內峰值電場將隨接面低摻雜

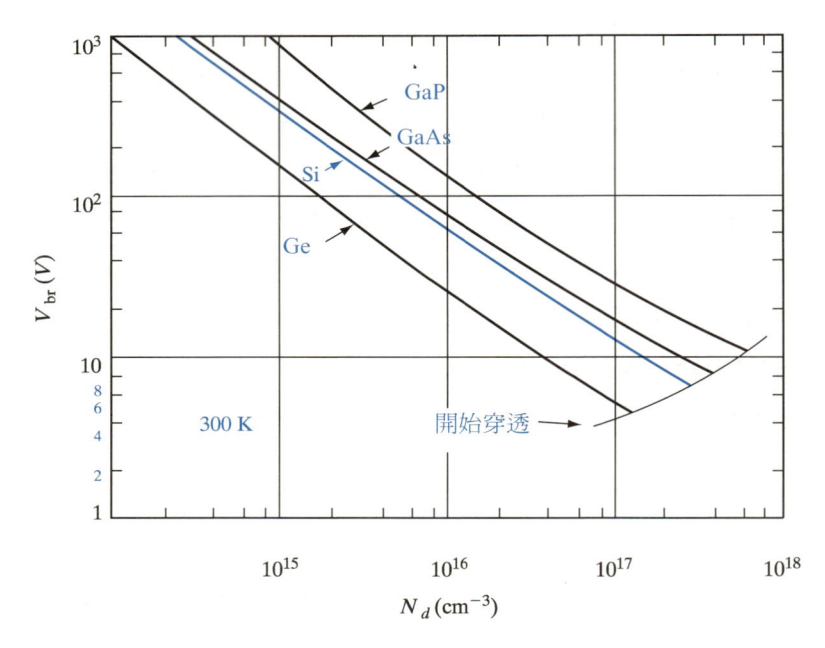

圖 5-22 幾種材質陡峭形 p^+-n 接面累增崩潰電壓，在 n 邊，為摻雜之施體雜質濃度的函數。[參照 S.M. Sze 和 G. Gibbons，*Applied Physics Letters*, vol. 8, p. 111(1966).]

的濃度的增加而增加。因此，V_{br} 會隨摻雜的增加而減小，如圖5-22所示。

5.4.3 整流器

一 p-n 接面最明顯的特性為其單一的 (unilateral) 特性，即，其導電電流只有單一方向。所以一理想二極體 (ideal diode)，順向偏壓時可視為短路，反向偏壓時可視為開路 (圖 5-23a)。實際 p-n 接面二極體並不會符合這樣的描述，但多接面的 *I-V* 特性，可用近似或理想二極體串聯。例如，大部分順偏二極體會有一偏移電壓 (offset voltage) E_0 (圖 5-33)，其線路模型可近似為一個電池與理想二極體串聯 (圖 5-23b)。在此模型中，只要外加電壓小於 E_0，二極體為關閉。在 5.6.1 節中，我們將 E_0 近似為接面的

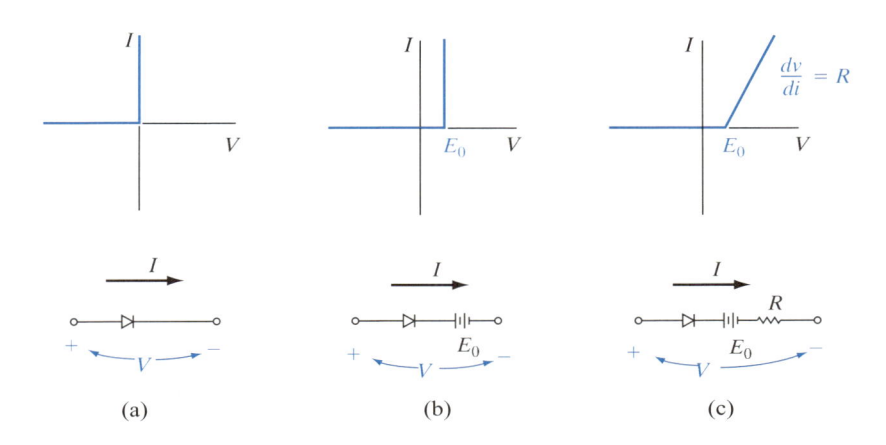

圖 5-23 接面二極體片斷-線性近似的特性：(a) 理想二極體；(b) 有一偏移電壓的理想二極體；(c) 順偏時有一偏移電壓和串聯電阻的理想二極體。

接觸電位。在某些情形中，若在等效線路中加一個串聯電阻 R 將更近似於實際二極體的特性 (圖 5-23c)。在圖 5-23 中，等效線路的近似稱作**片斷-線性近似** (piecewise-linear equivalents)，因為，在某段範圍中，電壓與電流的關係為線性的。

一理想二極體可以置入一個交流電壓源來達到訊號**整流** (rectification) 的功能。因為流入二極體的電流只有順向，所以輸入正弦波，只有正半週會通過。所以輸出的電壓為**一半整流的正弦波** (half-rectified sine wave)。然而輸入的正弦波平均電壓為零，整流後的訊號的平均電壓值為正值，因此包含一直流分量。利用過濾的方法，此直流分量可以從整流過的訊號中萃取出來。

對於許多其他需要**波形整型** (waveshaping) 的線路應用而言，二極體"單一的"特性非常有用。這包括藉由只通過訊號的某部分而改變交流訊號。

被設計用來作整流器的接面二極體，其 I-V 特性必須儘可能地接近理想二極體。其反向電流應小至可忽略，且其順向電流應儘可能與電壓無關 (忽略**順向電阻** (forward resistance，R))。反向崩潰電壓須夠大，且偏移

電壓 E_0 須小。不幸地，單一元件，不能滿足所有的需求，因此在設計接面二極體時，須有所取捨以提供最好的二極體於將來的應用中。

從 5.3 節的推導理論，我們可以很容易地列出好的整流接面的各種需求。在選擇二極體材料時，很明顯地，能隙 (band gap) 是個很重要的考量。因為對能隙大的材料其 n_i 很小，反向飽和電流 (與熱產生載子相關) 會隨著 E_g 的增加而減小。用大能隙材料製作的整流器可操作在高溫，因為能隙增大，使得電子電洞對的熱激發相對減小。在整流器中，這樣的熱效應很重要，因為順偏時必須運送大量電流因此需要提供相當的熱。換句話說，接觸電位和偏移電壓 E_0 隨 E_g 增加而增加。這樣的缺點勝過低 n_i 值所帶來的好處；例如，對功率整流器而言 Si 較優於 Ge，因為 Si 具有能隙寬，漏電流低，崩潰電壓高，且較方便製作等特性。

接面兩邊摻雜濃度 (doping concentration) 會影響二極體的累增崩潰的電壓，接觸電位和串聯電阻。若一邊高摻雜一邊低摻雜 (像 p$^+$-n 接面)，則低摻雜區域主控接面很多的特性。從圖 5-22，我們瞭解到至少接面有一邊需用高電阻區以提高其崩潰電壓 V_{br} 值。然而，如此近似會增加順向電阻 R 值 (圖 5-23c)，而產生 I^2R 的熱效應問題。為降低低摻雜區順向電阻 R 的值，需要加大面積減少其長度。因此，二極體的幾何 (geometry) 形狀是另一重要的設計變數。對一二極體而言，其實際面積的限制包括如何得到均勻的開始材料和如何處理大面積的二極體。接面的局部瑕疵會使元件小部分區域提早達到反向崩潰。類似地，接面低摻雜區域不可太短。短的低摻雜區域的主要問題之一是貫穿 (punch-through)。因為過渡區寬度 W 會隨反向偏壓的增加而增加，且主要延伸至低摻雜區域，W 可能增加至填滿整個低摻雜區域。如圖 5-22 所預期的"貫穿"為小於崩潰電壓 V_{br} 的一種崩潰。

設計用來操作在高反向偏壓的元件，通過樣品邊緣須注意以避免崩潰提早發生。藉由斜切 (beveling) 樣品的邊緣或擴散一保護環 (guard ring) 使接面與樣品邊緣絕緣可減少此效應 (圖 5-24)。斜切樣品的電場較元件

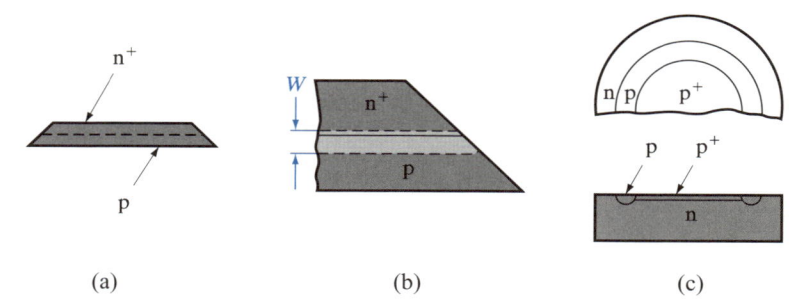

圖 5-24　反向偏壓下邊緣橫切和加入保護環可防止崩潰：(a) 邊緣斜切的二極體；(b) 邊緣的癒合圖，接近斜切面的空乏區減小；(c) 保護環。

中心主體為低 (圖 5-24b)。同樣地，在低摻雜 p 保護環的接面崩潰電壓比 p^+-n 接面要高 (圖 5-24c)。因為 p 保護環的空乏區寬度比 p^+ 區要大。所以當一給定二極體反向偏壓，其平均電場較小。

在製作一個 p^+-n 或一個 p-n^+ 接面時，通常在低摻雜區域會利用與其同型的高摻雜層終結 (圖 5-25a)，以簡化元件作歐姆接點的問題。這是 p^+-n-n^+ 結構而 p^+-n 層作為主動接面，或 p^+-p-n^+ 元件而 p-n^+ 為主動接面，低摻雜中心區域決定累增崩潰的電壓。若此區域比少數載子擴散長

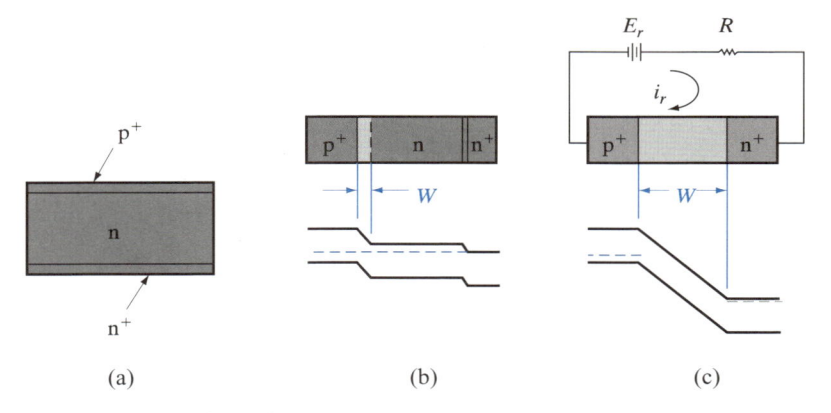

圖 5-25　一個 p^+-n-n^+ 接面二極體：(a) 元件組態；(b) 零偏壓條件；(c) 反向偏壓至貫穿。

度短，當大順向電流注入過剩載子將大大地增加此區域的導電率。這型的**導電率調變** (conductivity modulation)，減少順向電阻 R，對高電流元件非常有用。換句話說——短，低摻雜中心區域也可能導致反偏貫穿如圖 5-25c。

　一整流接面的黏著與其處理功率的能力有密切關係。用於低功率線路的二極體，玻璃或塑膠封裝或簡單的頭黏著已足夠了。然而，高電流元件必須散掉大量的熱，因此需要特殊的黏著以將接面的熱能轉移出去。典型 Si 功率整流器是黏著在鉬或鎢板上以與 Si 的熱膨脹特性匹配。鉬板或鎢板又黏著在銅或其他熱導性好的材料上，以提供適當的冷卻。

5.4.4 崩潰二極體

　如先前討論的接面反向崩潰電壓會隨接面摻雜濃度而改變。對具有相當高摻雜的陡峭接面，這種機制為齊納崩潰 (穿隧)；然而，對於典型的低摻雜或梯度接面，較通常發生的崩潰為累增崩潰。藉由改變摻雜濃度我們可以製作特定崩潰電壓的二極體，其崩潰電壓可以小至 1 V 以下或高至幾百伏特以上。若接面設計得好，崩潰電壓將會很陡峭且崩潰後的電流與電壓無關 (圖 5-26a)。當一個二極體針對某特定崩潰電壓而設

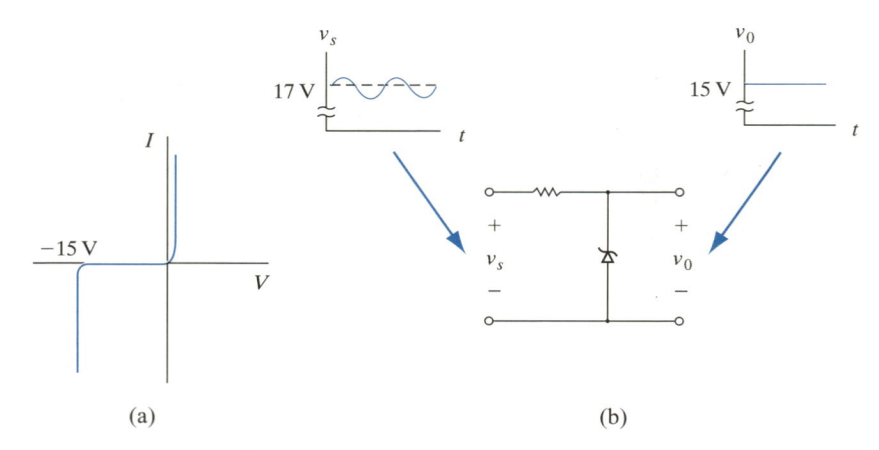

圖 5-26　崩潰二極體：(a) I-V 特性；(b) 電壓調整器的應用。

計，則稱其為**崩潰二極體** (breakdown diode)。這樣的二極體也稱作齊納二極體 (Zener diodes)，雖然一般崩潰的機制為累增效應。此專有名詞的失誤乃由於早期觀察 p-n 接面崩潰時認定的錯誤所造成。

崩潰二極體可用作電壓調整器。圖 5-26 中 15 V 的崩潰二極體使線路的輸出電壓維持在 15 V，即使輸入電壓的變化大於 15 V。例如，若 v_s 是一個整流過且濾過的訊號，包含一直流電壓 17 V 和一個 1 V 的漣波變化，其輸出電壓將一直保持在 15 V。較複雜的電壓整流器可以用崩潰二極體設計，與被整流的訊號的形式和輸出負載的特性有關。在類似的應用中，這樣的元件可用作**參考二極體** (reference diode)，因為此一特別的二極體的崩潰電壓已知，在崩潰期間跨在二極體兩端的電壓可用在線路中作為一個參考。

5.5 暫態和交流條件

我們已經討論過在平衡條件下具穩態電流的 p-n 接面。大部分接面元件的基本觀念可由這些特性得到，除了在暫態和交流條件下的接面行為。因為大部分固態元件被用作開關或處理交流訊號，若不知道其與時間相關的過程，我們不能宣稱瞭解 p-n 接面。不幸地，這些效應的完整分析需要較多的數學處理所以不適合作為介紹性的討論。基本上，這是解各種電流方程式的問題，有兩個聯立的變數：時間和空間。然而，在一些特殊的情形下，我們可以得到基本的結果表示典型與時間相關接面元件的應用。

在本節中，我們探討在暫態和交流問題中過剩載子的重要影響。二極體的切換，從順向到反向狀態作為典型暫態問題。最後，這些觀念將被應用到小的交流訊號中以決定 p-n 接面的等效電容。

5.5.1 貯存電荷的時間變化

從另一個觀點來看偏壓下 p-n 接面過剩載子分佈 (如圖 5-15)，告訴我們電流的改變必導致載子分佈中貯存電荷的改變。因為建立或空乏一個電荷的分佈都需要時間，在時間相關的問題中，貯存的電荷無可避免地必定落後電流。這本質上是一個電容的效應，我們將在 5.5.4 節中討論。

為了解決暫態問題，我們必須用時間相關的連續方程式 (4-31) 式。從這些方程式中我們可以得到在位置 x 及時間 t 每一個電流的分量。例如，從 (4-31a) 式，我們可以寫成

$$-\frac{\partial J_p(x,t)}{\partial x} = q\frac{\delta p(x,t)}{\tau_p} + q\frac{\partial p(x,t)}{\partial t} \qquad (5\text{-}45)$$

為得到瞬間的電流密度，我們可以在時間 t 對方程式兩邊積分得到

$$J_p(0) - J_p(x) = q\int_0^x \left[\frac{\delta p(x,t)}{\tau_p} + \frac{\partial p(x,t)}{\partial t}\right]dx \qquad (5\text{-}46)$$

從 p^+ 區注入一長的 n 型區，我們可以視 $x_n=0$ 處的電流全為電洞電流，在 $x_n=\infty$ 處 $J_p=0$。則包含時間變化的總注入電流為

$$i(t) = i_p(x_n=0,t) = \frac{qA}{\tau_p}\int_0^\infty \delta p(x_n,t)dx_n + qA\frac{\partial}{\partial t}\int_0^\infty \delta p(x_n,t)dx_n$$

$$\boxed{i(t) = \frac{Q_p(t)}{\tau_p} + \frac{dQ_p(t)}{dt}} \qquad (5\text{-}47)$$

前述結果表示通過 p^+-n 接面注入的電洞電流 (因此近似為總二極體電流) 由兩種電荷貯存效應決定：(1) 一般再結合項 Q_p/τ_p 其中過剩載子分佈每 τ_p 秒就被取代，(2) 電荷集結 (或空乏) 項 dQ_p/dt，表示在一時間相關的問題中過剩載子的分佈可能增加或減少。對穩態而言，$dQ_p/dt=0$，且如預期的，(5-47) 式減化成 (5-40) 式。事實上，我們可以直覺地寫下 (5-

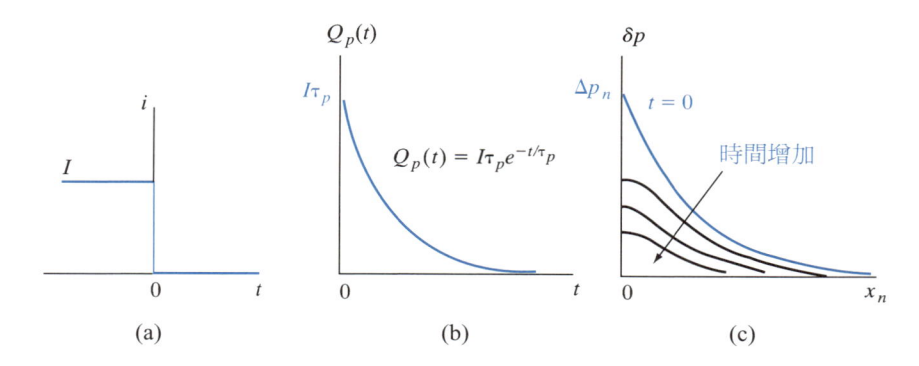

圖 5-27 p$^+$-n 二極體步階關閉暫態效應：(a) 二極體的電流；(b) 在 n 區中貯存電荷的衰減；(c) 在暫態期間在 n 區中過剩電洞分佈為時間的函數。

47) 式而不需要從連續方程式求得，因為在任意給定的時間注入的電洞電流必須提供少數載子再結合且不論總貯存電荷中有任何變化。

當給定暫態電流時，我們可視貯存電荷為時間的函數。例如，暫態步階 (圖 5-27a) 時間 $t=0$ 時，電流 I 立刻被移開，只留下貯存電荷的二極體。因為在 n 區中的過剩載子被再結合中和掉了，$Q_p(t)$ 需要一些時間到達零。用拉普拉氏轉換解 (5-47) 式取 $i(t>0)=0$ 和 $Q_p(0)=I\tau_p$，得到

$$0 = \frac{1}{\tau_p}Q_p(s) + sQ_p(s) - I\tau_p$$

$$Q_p(s) = \frac{I\tau_p}{s + 1/\tau_p}$$

$$Q_p(t) = I\tau_p e^{-t/\tau_p} \tag{5-48}$$

如預期地，貯存的電荷從其起始值 $I\tau_p$ 指數衰減，時間常數等於 n 區電洞的壽命。

圖 5-27 暗示著雖然電流瞬間關閉，但仍有電壓跨於接面直至 Q_p 消失為止。由 5.3.2 節中推導的公式，過剩電洞濃度與接面電壓有關，我們可大略解得 $v(t)$ 值。在暫態期間任一時刻，$x_n=0$ 處的過剩電洞濃度已知道為

$$\Delta p_n(t) = p_n(e^{qv(t)/kT} - 1) \tag{5-49}$$

所以求得 $\Delta p_n(t)$ 將很容易地得到暫態的電壓值。不幸地，從 $Q_p(t)$ 的表示式不易得到 $\Delta p_n(t)$ 值。因為電洞的分佈已不是穩態時的指數形式。如圖 5-27c 建議，在暫態進行中，$\delta p(x_n, t)$ 已是非指數的。例如，注入的電洞電流與在 $x_n = 0$ 處電洞分佈的梯度成正比，電流為零表示梯度為零。因此，暫態期間在 $x_n = 0$ 處，分佈斜率須為零。[13]在注入點斜率為零曲解了指數分佈，特別是在接近接面的區域。在圖 5-27c 中，當時間進行，δp (和 δn) 隨過剩電子和電洞再結合而減少。為求得暫態期間 $\delta p(x_n, t)$ 的實際表示式需要對相當困難的時間相關連續方程式來求解。

假設衰減期的任一瞬間 δp 為指數分佈，可得到 $v(t)$ 的近似解。這類型的準穩態 (quasi-steady state) 近似忽略了由於在 $x_n = 0$ 的斜率要求和在暫態期間擴散效應所造成的失真。因此這樣計算的結果相當簡略。另一方面，這樣的解卻可以給我們感覺在暫態期間接面電壓的改變量。若取

$$\delta p(x_n, t) = \Delta p_n(t) e^{-x_n/L_p} \tag{5-50}$$

則任一瞬間的貯存電荷

$$Q_p(t) = qA \int_0^\infty \Delta p_n(t) e^{-x_n/L_p} dx_n = qAL_p \Delta p_n(t) \tag{5-51}$$

由 (5-49) 式 $\Delta p_n(t)$ 和 $v(t)$ 的相關性，可得到

$$\Delta p_n(t) = p_n(e^{qv(t)/kT} - 1) = \frac{Q_p(t)}{qAL_p} \tag{5-52}$$

因此，在準靜態近似中，圖 5-27 關閉期間，接面電壓的變化根據

---

[13] 我們注意到，當 δp 的大小不能同時改變，斜率立刻為零。此狀況會發生在 $t = 0$ 可忽略電荷再分佈，接近接面的一個很小的區域中。

$$v(t) = \frac{kT}{q} \ln\left(\frac{I\tau_p}{qAL_p p_n} e^{-t/\tau_p} + 1\right) \tag{5-53}$$

這樣的分析 (不是很仔細) 明白指出跨於 p-n 接面的電壓不能即時改變，且在二極體的切換應用中，貯存的電荷會產生問題。

設計一 n 型區非常窄的 p^+-n 二極體可以減少許多貯存載子造成的問題。若 n 型區比一個擴散長度短，則貯存的載子就少。因此，二極體開關所需的切換時間就短。這類結構稱為窄基極二極體 (narrow base diode) 在練習題 5.31 中考慮的二極體。即使加入再結合中心 (像 Si 中的金原子以提高其再結合率)，其切換過程仍較高。

5.5.2 反向恢復暫態

二極體在大部分的切換應用中是從順向導電到反向狀態切換，反之亦然，最後貯存的電荷暫態較簡單的關閉暫態複雜，因此需要較多的分析。此例的一個重要結果是一遠大於正常反向飽和電流的反向電流在貯存電荷再調整所需的時間期間可以流入接面。

假設用一週期性從 $+E$ 到 $-E$ 電壓切換的方波產生器驅動一 p^+-n 接面 (圖 5-28a)。當 E 為正時，二極體為順向偏壓，穩態時電流 I_f 流過接面。若 E 遠大於接面的小順向偏壓，電壓源完全跨在電阻上，且電流近似為 $i = I_f \simeq E/R$。當產生器的電壓反向後 $(t>0)$，剛開始電流必須反向 $i = I_r \simeq -E/R$。這不尋常的大反向電流流過二極體是因為貯存電荷 (接面電壓) 不能瞬間改變。因此，在電流反向瞬間，接面電壓維持在 $t=0$ 以前小的順向偏壓值。由迴路方程式告訴我們，暫時必須流大的反向電流 $-E/R$。然而流過接面的電流是負的，在 $x_n = 0$ 處 $\delta p(x_n)$ 分佈的斜率必須是正的。

當貯存的電荷從接面附近被空乏 (圖 5-28b)，我們可再由 (5-49) 式求得接面電壓。只要 Δp_n 為正，接面電壓 $v(t)$ 為正值且很小；則 $i \simeq -E/R$ 直到 $\Delta p_n = 0$。當貯存的電荷空乏且 Δp_n 變成負值，接面顯示負電壓。

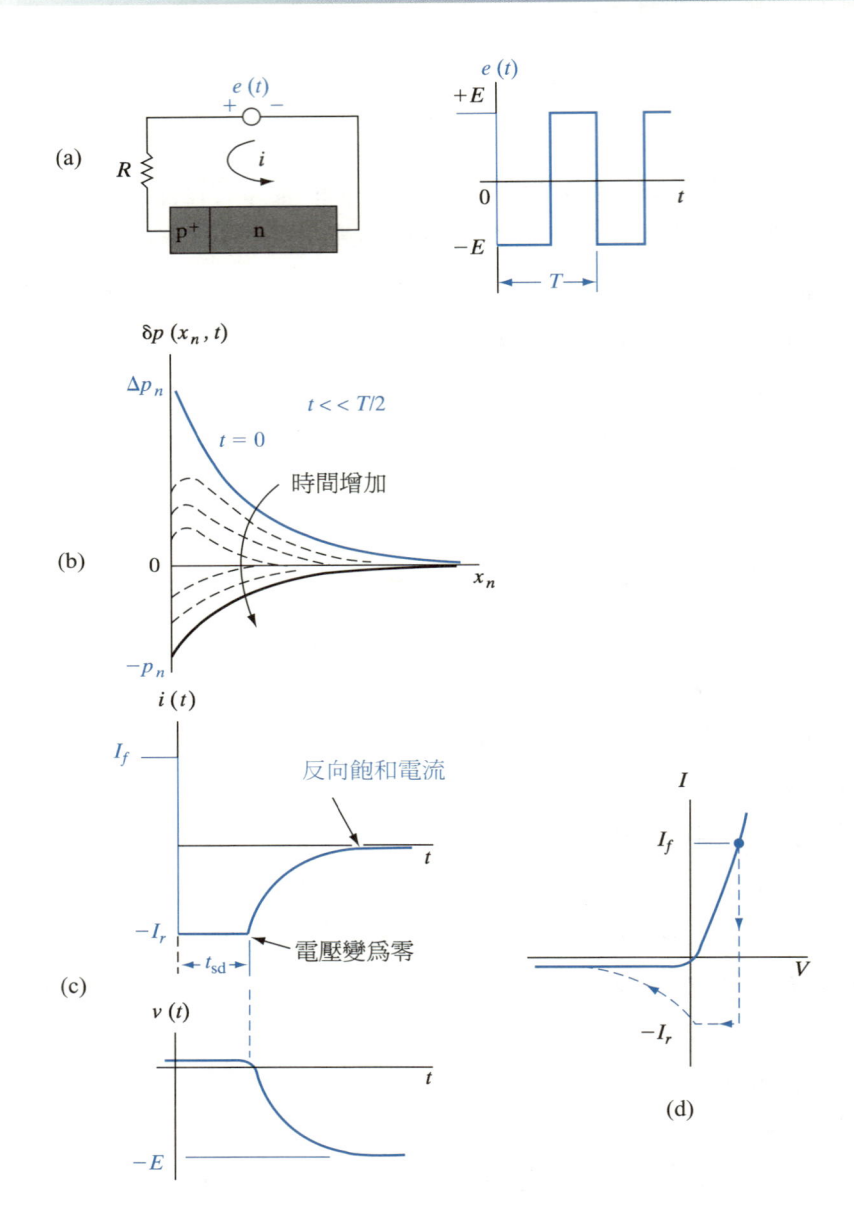

圖 5-28　在一 p$^+$-n 二極體中的儲存延遲時間：(a) 線路和輸入方波；(b) 暫態期間內，n 型區域內的電洞分佈為時間的函數；(c) 電流和電壓隨時間的變化量；(d) 討論 $I-V$ 特性時電流和電壓的暫態圖。

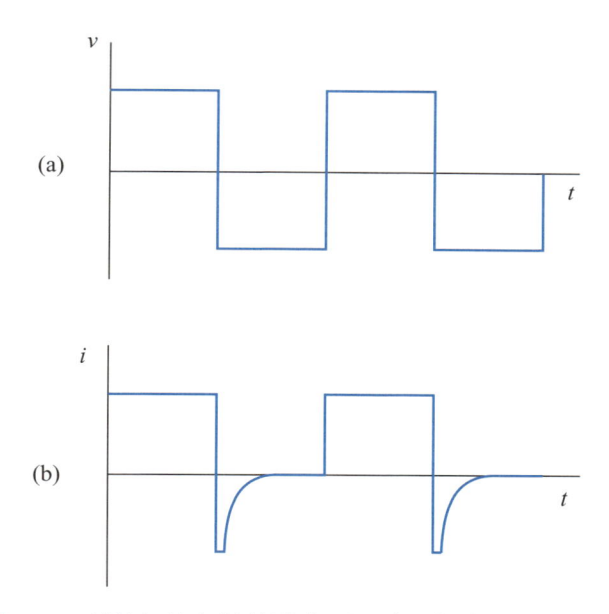

圖 5-29 討論切換訊號的貯存延遲時間效應：(a) 切換電壓；(b) 二極體電流。

因為接面的反向偏壓可以很大，源電壓開始分開在電阻 R 和接面間。當時間在進行，當 $-E$ 的大部分電壓是跨在反向偏壓的接面時，反向電流變小直到最後只是反向飽和電流 (此乃二極體特性)。貯存電荷所需的時間 t_{sd} (接面電壓) 變為零，此乃稱為**貯存延遲時間** (storage delay time)。在切換應用中，延遲時間是評估二極體的一個重要的指標。通常希望 t_{sd} 比所需的切換時間短 (圖 5-29)。決定 t_{sd} 的重要參數為載子生命期 (對 p^+-n 接面而言是 τ_p)。因為再結合率決定過剩電洞消失在 n 區中的速度。我們期望 t_{sd} 與 τ_p 成正比。事實上，一個圖 5-28 問題的實際分析導致的結果是

$$t_{sd} = \tau_p \left[\mathrm{erf}^{-1}\left(\frac{I_f}{I_f + I_r} \right) \right]^2 \tag{5-54}$$

其中誤差函數 (erf) 為一表列的函數。雖然 (5-54) 式的實際解太長以致於

無法在這裡考慮，但從準靜態假設可得到一個近似的解。

例題 5-5 假設 p$^+$-n 二極體順向偏壓，電流 I_f。時間 $t=0$ 時電流切換至 $-I_r$。用適當的邊界條件利用 (5-47) 式求 $Q_p(t)$，利用準-靜態近似去求儲存延遲時間 t_{sd}。

解 從 (5-47) 式

$$i(t) = \frac{Q_p(t)}{\tau_p} + \frac{dQ_p(t)}{dt} , \ t < 0, Q_p = I_f\tau_p$$

利用拉普拉斯 (Laplace) 轉換，

$$-\frac{I_r}{s} = \frac{Q_p(s)}{\tau_p} + sQ_p(s) - I_f\tau_p$$

$$Q_p(s) = \frac{I_f\tau_p}{s + 1/\tau_p} - \frac{I_r}{s(s + 1/\tau_p)}$$

$$Q_p(t) = I_f\tau_p e^{-t/\tau_p} + I_r\tau_p(e^{-t/\tau_p} - 1) = \tau_p[-I_r + (I_f + I_r)e^{-t/\tau_p}]$$

假設 $Q_p(t) = qAL_p\Delta p_n(t)$，如 (5-52) 式，

$$\Delta p_n(t) = \frac{\tau_p}{qAL_p}[-I_r + (I_f + I_r)e^{-t/\tau_p}]$$

當 $t = t_{sd}$ 時設上式為零，可得到

$$t_{sd} = -\tau_p \ln\left[\frac{I_r}{I_f + I_r}\right] = \tau_p \ln\left(1 + \frac{I_f}{I_r}\right)$$

由 (5-54) 式知儲存延遲時間的測量可直接計算 τ_p。事實上，從類似圖 5-28a 的實驗安排測量 t_{sd} 為一般測量壽命的方法。在很多情形下，此法將較 4.3.2 節中討論的光導電率衰減測量方便。

當前節關閉暫態的情形時，可以介紹再結合中心來減少儲存延遲時間，因此減少載子壽命，或利用窄基極二極體組態。

5.5.3 切換二極體

在討論整流器時，我們強調的重點是反向偏壓電流和順偏功率的損失愈小愈好，在很多應用中，時間響應也同樣重要。若一接面二極體從導電和不導電做快速切換且一再重複，則其電荷控制的特性需特別考慮。我們已討論過主宰一接面二極體打開時間和其反向恢復時間。從 (5-47) 和 (5-54) 式很明顯地一具有快速切換特性的二極體在穩態順向電流操作時，中性區中必須貯存很少電荷或是具有非常短的載子壽命，或兩者皆是。

如前所關心的，我們可以在材料中加入有效的再結合中心來改善二極體的切換速度。對 Si 二極體而言，摻雜 Au 是個不錯的選擇。載子壽命隨再結合中心濃度的倒數而改變是很好的近似。因此，例如，一 p^+-n Si 二極體在加入 Au 之前可能 $\tau_p = 1$ μs 且反向恢復時間 0.1 μs。若加入 10^{14} atoms/cm^3 的 Au 之後載子壽命減至 0.1 μs 且 $t_{sd} = 0.01$ μs 加入 10^{15} atoms/cm^{-3} 的 Au 後 $\tau_p = 0.01$ μs 且 $t_{sd} = 1$ ns(10^{-9} s)。然而，此過程不能無限制地繼續下去。由於空乏區中從金中心所產生的載子所造成的反向電流會隨著金的濃度變大而變得不可忽略 (5.6.2 節)。同時，當金的濃度趨近於接面最低摻雜，則那個區域平衡載子的濃度可能會被影響。

改善二極體切換時間的第 2 個方法是製作一個比少數載子擴散長度還短的低摻雜中性區。這是窄基極二極體 (narrow base diode) (練習題 5.31)。在此情形下，順向導電所貯存的載子非常少，因為大部分注入的載子從低摻雜區域擴散到接點。當這樣的二極體切換到反向導電，則消除窄中性區貯存電荷所需的時間非常之小。在練習題 5.31 中的數學相當有趣，因為它非常類似我們在第七章將要分析的雙極性接面二極體的計算。

5.5.4　p-n 接面電容

基本上有兩種電容與接面有關：(1) 在過渡區中雙極性的**接面電容** (junction capacitance) (2) 由於電荷貯存效應，[14]當電流改變造成電壓落後所產生的**電荷貯存電容** (charge storage capacitance)。這兩者都很重要且設計用在隨時間改變訊號的 p-n 接面元件中必須考慮。在反向偏壓條件下受接面電容 (1) 所主宰，當接面為順偏時受電荷貯存電容 (2) 所主宰。p-n 接面在很多應用中，電容在元件的使用是一限制性的因素。換句話說，這裡討論的電容在線路應用上非常有用且對於 p-n 接面的結構提供重要的資訊。

從過渡區中的電荷分佈可以輕易地想像二極體的接面電容 (圖 5-12)。在 p 邊無法補償的受體離子提供一負電荷且在過渡區的 n 邊產生一等量正電荷游離的施體。這最後造成的偶極電容很難用一般平行板電容去計算，但可用幾個步驟得到。

取代一般表示式 $C = |Q/V|$，即應用電容為電荷是電壓的線性函數，我們使用較一般的定義

$$C = \left|\frac{dQ}{dV}\right| \tag{5-55}$$

因為在過渡區兩邊的電荷 Q 與外加電壓並非線性的變化 (圖 5-30a)。複習過渡區寬度和電荷相關的公式，我們能證明這種非線性關係，在 (5-21) 式可求得 W 的平衡值

$$W = \left[\frac{2\epsilon V_0}{q}\left(\frac{N_a + N_d}{N_a N_d}\right)\right]^{1/2} \quad (平衡) \tag{5-56}$$

因為我們要處理外加電壓 V 時的非平衡情形。我們必須使用討論過與圖 5-13 相關改變過靜電位障的值。因此，過渡區寬度的適當表示式

---

[14] 上面討論的電容 (1) 也可視為過渡區電容或空乏層電容。(2) 通常稱作擴散電容。

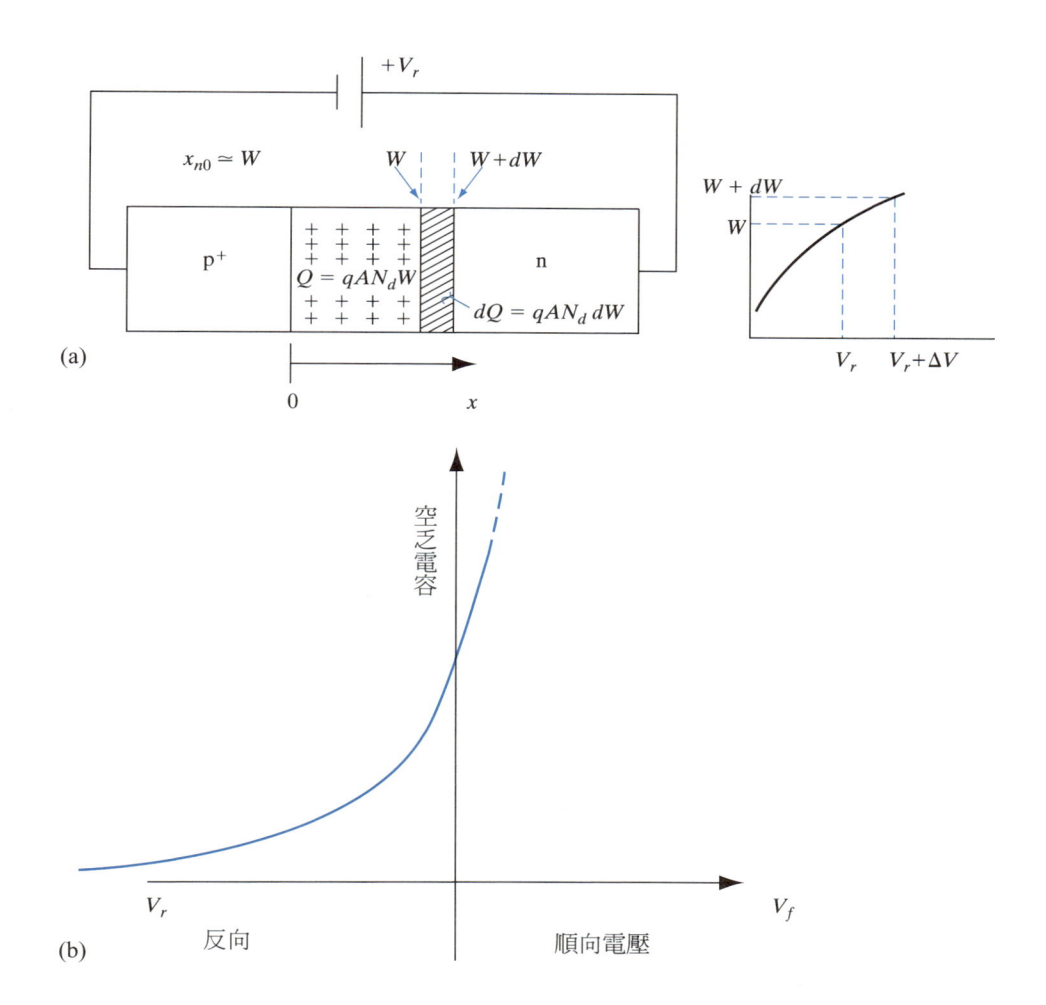

圖 5-30　接面的空乏電容：(a) p$^+$-n 接面反向偏壓時 n 邊空乏區邊緣變化的情形。電性上，此結構可視為平行板電容，其中空乏區為介質，而中性空間電荷區為平行板；(b) 空乏電容隨反向偏壓變化的情形 [(5-63) 式]。我們忽略在高摻雜材料中的 x_{p0}。

$$W = \left[\frac{2\epsilon(V_0 - V)}{q}\left(\frac{N_a + N_d}{N_a N_d}\right)\right]^{1/2} \quad \text{(外加偏壓)} \quad (5\text{-}57)$$

在此表示式中，外加電壓可為正值或負值視外加電壓為順偏或反偏。如預期地，過渡區的寬度隨反向偏壓的增加而增加，隨順向偏壓的增加而降低。因爲在接面兩邊不可補償的電荷 Q 隨過渡區寬度而改變，如所要求的爲一電容。Q 值可用摻雜濃度和接面兩邊過渡區寬度來表示 (圖 5-12)：

$$|Q| = qAx_{n0}N_d = qAx_{p0}N_a \tag{5-58}$$

從 (5-23) 式我們知道過渡區的總寬度 W 和個別寬度 x_{n0}，x_{p0} 的關係

$$x_{n0} = \frac{N_a}{N_a + N_d}W, \quad x_{p0} = \frac{N_d}{N_a + N_d}W \tag{5-59}$$

因此在偶極兩邊的電荷爲

$$|Q| = qA\frac{N_d N_a}{N_d + N_a}W = A\left[2q\epsilon(V_0 - V)\frac{N_d N_a}{N_d + N_a}\right]^{1/2} \tag{5-60}$$

因此電荷是外加電壓的非線性函數。從此表示式和 (5-55) 式中電容的定義，我們能計算接面電容 C_j。因爲在過渡區中改變電荷的電壓爲能位障高度 $V_0 - V$，我們必須根據能位差推導：

$$C_j = \left|\frac{dQ}{d(V_0 - V)}\right| = \frac{A}{2}\left[\frac{2q\epsilon}{(V_0 - V)}\frac{N_d N_a}{N_d + N_a}\right]^{1/2} \tag{5-61}$$

C_j 是一個電壓-可變的電容 (voltage-variable capacitance)，因爲 C_j 與 $(V_0 - V)^{-1/2}$ 成正比。對可變的電容來說有很多重要的應用，包括將其使用在一個可變的線路中，利用電壓-可變 C_j 特性的 p-n 接面元件稱作變容器 (varactor)。我們將在 5.5.5 節討論此元件。

雖然，偶極電荷分佈在接面的過渡區，從平行板電容公式可得到 C_j 和 W 的表示式 (圖 5-30a)：

$$C_j = \epsilon A\left[\frac{q}{2\epsilon(V_0 - V)}\frac{N_d N_a}{N_d + N_a}\right]^{1/2} = \frac{\epsilon A}{W} \tag{5-62}$$

與平行板電容類似，過渡區寬度 W 對應於傳統電容器的板距。

對於非對稱摻雜接面，過渡區主要向低摻雜延伸，電容只由其中之一的摻雜濃度決定 (圖 5-30a)。對 p^+-n 接面而言，$N_a \gg N_d$ 且 $x_{n0} \simeq W$，因為 x_{p0} 可忽略。因此電容為 (圖 5-30b)

$$C_j = \frac{A}{2}\left[\frac{2q\epsilon}{V_0 - V}N_d\right]^{1/2} \quad ，對於\ p^+\text{-}n \qquad (5\text{-}63)$$

所以由電容的測量可得到低摻雜 n 區的摻雜濃度。例如，在反向偏壓接面外加電壓 $V = -V_r$ 可做的遠大於接觸電位 V_0，所以後者可忽略，若接面面積可測量，一可靠的 N_d 值可測得 C_j 值。然而這些公式是藉由假設二極體的接面為一陡峭步階接面。若為梯度接面，則需作一些修正 (5.6.4 節)。

在反向偏壓下接面電容主宰 p-n 接面的電抗值，然而順偏時，則貯存電荷或擴散電容為主宰。最近已證實[15]各種時間相關的電流分量和邊界條件影響順偏時的擴散電容。我們必須指出在貯存電荷被萃取出來的地方會發生電壓降低。對於長二極體，它的尺寸大於擴散長度，因此沒有擴散電容。對於短二極體，可回收的電荷占總電荷的 2/3，在 n 型區裡長度 c 中由儲存電洞所引起的擴散電容為：

$$C_s = \frac{dQ_p}{dV} = \frac{1}{3}\frac{q^2}{kT}Acp_n e^{qV/kT} \qquad (5\text{-}64)$$

儲存在 p 側的電子也有相同的貢獻 (圖 5-31)。實務上，大多數的矽 p-n 接面實際上的行為像是短二極體，但直接能隙半導體所形成的雷射二極體則對應到長二極體的例子。

同樣的，我們可以從電流的微小變化來決定交流電導率，例如對於

---

[15] Laux S. and K. Hess, "Revisiting the Analytic Theory of P-N Junction Impedance: Improvements Guided by Computer Simulation Leading to a New Equivalent Circuit," *IEEE Trans. Elec. Dev.*, 46[2], p. 396 (Feb. 1999).

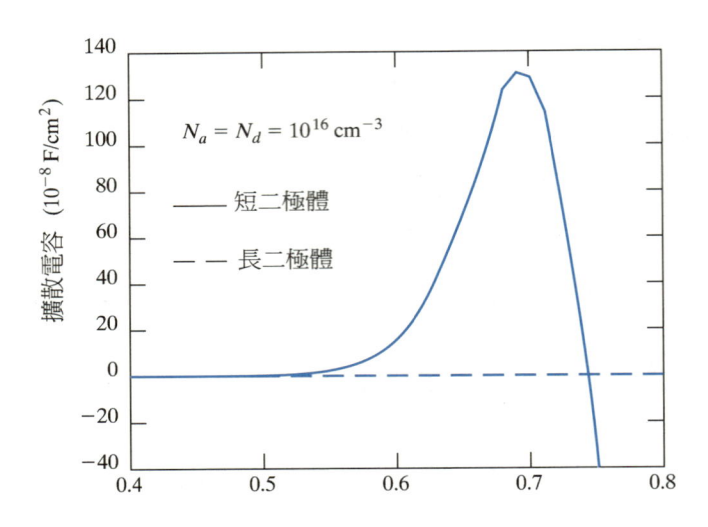

圖 5-31　在長的和短的二極體中擴散電容為順向偏壓的函數。

一個長二極體，可得：

$$G_s = \frac{dI}{dV} = \frac{qAL_p p_n}{\tau_p}\frac{d}{dV}(e^{qV/kT}) = \frac{q}{kT}I \tag{5-65}$$

例題 5-6　對於例題 5-4 中的二極體，在 $-4\,\text{V}$ 時的總空乏電容是多少？

解

$$\begin{aligned}
C_j &= \sqrt{\epsilon}A\left[\frac{q}{2(V_0 - V)}\frac{N_d N_a}{N_d + N_a}\right]^{1/2}\\
&= \sqrt{(8.85\times 10^{-14}\times 11.8)}(10^{-4})\left[\frac{1.6\times 10^{-19}}{2(0.695 + 4)}\left(\frac{10^{15}\times 10^{17}}{10^{15}+10^{17}}\right)\right]^{1/2}\\
&= 4.198\times 10^{-13}\,\text{F}
\end{aligned}$$

5.5.5　變電容二極體

變電容 (varactor) 這個名詞是從可變反應器 (variable reactor) 縮寫而

來，指的是 p-n 接面在反向偏壓時的電壓控制可變電容，從 5.5.4 節所得的公式指出，接面電容的大小是由施加在接面上的電壓及接面的設計所決定，在某些情況下，一個固定反向偏壓的接面可以作為一個具有固定值的電容，更常見的是將變電容二極體設計為隨電壓變化的接面電容，例如，一個變電容二極體 (或一組變電容二極體) 可以取代收音機接收器調整級中笨重的可變平板電容，電路的尺寸可以大大的縮小，而其相關度也大大的改進了，此外變電容二極體還可以應用在弦波產生器，微波乘法器及主動式濾波器。

　　如果 p-n 接面是突兀接面，其電容值隨著反向偏壓 V_r 的平方根變化，如果是漸進式接面，電容值則為

$$C_j \propto V_r^{-n}, \quad V_r \gg V_0 \tag{5-66}$$

線性漸進式接面，其指數 n 值是 $\frac{1}{3}$，所以突兀接面電容對電壓的敏感度比漸近式接面要高，因此變電容二極體通常是以磊晶的方式，或以離子佈值的方式來製作，磊晶層及基底的摻雜濃度的分佈圖可以適當的設計，使得指數 n 值大於 $\frac{1}{2}$，此種接面稱為超陡峭接面 (hyperbrupt junctions)。

　　在圖 5-32 中，這組摻雜濃度的側圖是 p^+-n，因此其空乏區主要延伸到 n 側，在 n 側三種不同的摻雜分佈圖如圖示，摻雜施體 $N_d(x)$ 是 Gx^m，G 是常數值，指數值 m 是 0，1，或 $-\frac{3}{2}$，在 p^+n 接面，我們可以證明在 (5-66) 式的指數 n 是 1/(m+2)，因此在圖 5-32 的分佈圖中，突兀接面的 n 是 $\frac{1}{2}$，線性接面的 n 是 $\frac{1}{3}$，m 為 $-\frac{3}{2}$ 的超陡峭接面，[16]在某些變電容二極體的應用中是很有趣的，既然在 n＝2 的情況中，電容值正比於 V_r^{-2}，這樣的電容和電感使用在共振電路中，其共振頻率隨著電壓作線性變化。

---

[16] 顯然在 x＝0 處 $N_d(x)$ 不可能是無窮大。但是 $m=-\frac{3}{2}$ 的分佈仍可做為接面附近，短距離處的近似分佈曲線。

掺雜分佈
p$^+$ 側：$N=N_a$
n 側：$N=Gx^m$

線性漸近, $\mathbf{m}=1$
突兀, $\mathbf{m}=0$
超陡峭, $\mathbf{m}=-3/2$

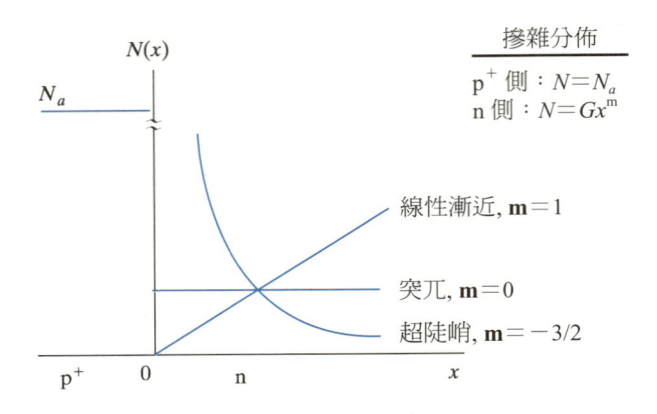

圖 5-32　漸進式接面分佈圖：線性漸進，突兀，超陡峭。

$$\omega_r = \frac{1}{\sqrt{LC}} \propto \frac{1}{\sqrt{V_r^{-n}}} \propto V_r, \quad , \mathbf{n}=2 \tag{5-67}$$

選擇適當摻雜分佈圖，電容值 C_j 可對 V_r 的具有大變化量，可變電容可以應用在特殊的設計中，如在高頻的應用，在短二極體中，變電容二極體可以使用順偏的電荷儲存電容。

5.6　簡單理論所產生的偏差

在研究 p-n 接面時，我們所採取的方法焦點集中在基本的操作原理上，而忽略了二次項的效應，這樣能使我們對於載子的注入及其他的接面特性，有一個清晰的觀點，並顯示了二極體操作的主要特徵，但是要完成這些敘述，我們必須完整的描述接面元件在某些特殊情況下操作的細節。

從基本原理產生的大部分偏差，可以直接對基本公式作修改，在此小節中，我們將探討最重要的偏差，並在可能處修改理論，在一些例子中，我們將簡單的說明這項方法及其結果。對於簡單的二極體理論，最重要的改變是接面電位的效應，及載子注射時多數載子濃度的改變，在

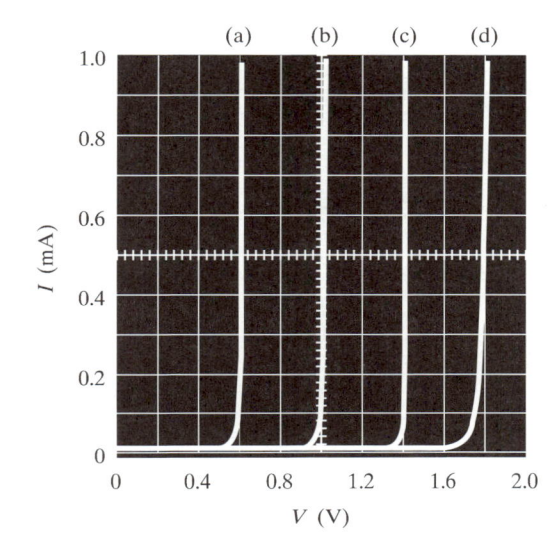

圖 5-33 高濃度摻雜 p-n 接面二極體在 77 K 下的 I-V 特性，說明接面電位對順偏電流的特性：(a) Ge, $E_g \simeq 0.7$ eV；(b) Si, $E_g \simeq 1.1$ eV；(c) GaAs, $E_g \simeq 1.4$ eV；(d) GaAsP, $E_g \simeq 1.9$ eV。

過渡區的載子復合及再生，歐姆效應及漸進接面的效應。

5.6.1 載子注入對接面電位的影響

不同的半導體材質的二極體，比較其在順向偏壓時的 I-V 特性，能隙顯然對於載子的注入有顯著的影響，圖 5-33 是比較擁有不同能隙，高摻雜濃度的二極體在低溫下特性，圖中有一個明顯的特徵，即 I-V 特性呈現"方形"的特性，亦即在順向偏壓在某個關鍵的值之前，電流極小，但超過此一關鍵值之後，電流便快速上升，在這樣的刻度下呈現指數形式，更關鍵的是這個限制電壓比能隙的值小了數個電子伏特。

重新整理二極體的簡單公式後，便可以理解這些元件在小電壓時擁有小電流的原因，對在順向偏壓的 p$^+$-n 二極體，我們重寫 (5-36) 式並包含少數載子濃度 p_n 的指數形式，我們可以得到

$$I = \frac{qAD_p}{L_p} p_n e^{qV/kT} = \frac{qAD_p}{L_p} N_v e^{[qV-(E_{Fn}-E_{vn})]/kT} \tag{5-68}$$

在順向偏壓 V 遠小於 $(E_{Fn}-E_{vn})/q$ 時，只有少數的電洞注入 n 次側，

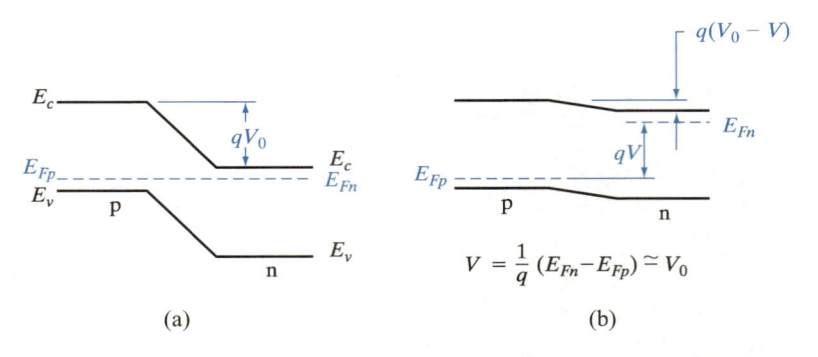

圖 5-34 高濃度摻雜的接面電位的例子：(a) 平衡；(b) 接近最大順偏電壓 ($V = V_0$)。

對於 p^+-n 二極體，由於在 p 側的費米能階接近價電帶，因此電洞的量對接面電位極為關鍵，如果 n 側也有高濃度的摻雜，接面電位則幾乎等同於能隙 (圖 5-34)，這解釋了在圖 5-33 中，二極體電流在靠近能隙電壓時戲劇性的增加，在低壓時電流極小的原因，主要是在低溫 (n_i 小) 高摻雜濃度 (N_d 大) 時的少數載子濃度很低。

在圖 5-34b 中，跨過接面的順向限制電壓等於接面電位，簡單二極體公式並未預測出這項特性，在公式中，電流隨著電壓呈指數上升，這是由於我們在 (5-28) 式中，忽略了在接面任意一側的多數載子改變，該假設只在低注入時成立，當注入載子濃度高時，其剩餘多數載子和多數載子的摻雜相比之下，顯得相當重要，例如在低注入時，$\Delta n_p = \Delta p_p$ 和平衡時的少數載子電子濃度 n_p 相比相當重要，但和多數載子電洞相比時則可忽略，這是在 (5-28) 式中忽略 Δp_p 的基礎，但在高注入時，Δp_p 可和 p_p 相提並論，因此我們可將 (5-27) 式寫成

$$\frac{p(-x_{p0})}{p(x_{n0})} = \frac{p_p + \Delta p_p}{p_n + \Delta p_n} = e^{q(V_0 - V)/kT} = \frac{n_n + \Delta n_n}{n_p + \Delta n_p} \tag{5-69}$$

從 (5-38) 式中，我們可從個別空乏區的邊界，

$$pn = p(-x_{p0})n(-x_{p0}) = p(x_{n0})n(x_{n0}) = n_i^2 e^{\frac{F_n - F_p}{kT}} = n_i^2 e^{qV/kT} \tag{5-70}$$

例如在 $-x_{p0}$ 處，我們可得

$$(p_p + \Delta p_p)(n_p + \Delta n_p) = n_i^2 e^{qV/kT} \tag{5-71}$$

記住 $\Delta p_p = \Delta n_p$，$n_p \ll \Delta n_p$，且在高注入時，$p_p < \Delta p_p$，我們可近似得

$$\Delta n_p = n_i e^{qV/2kT} \tag{5-72}$$

其他的推導則類似於 5.3.2 節，所以二極體電流在高注入時如

$$I \propto e^{qV/2kT} \tag{5-73}$$

5.6.2 過渡區的復合與產生

在分析 p-n 接面時，我們假設載子的復合和產生只發生在中性的 p 區域和 n 區域中，即在過渡區之外。在此模型中，二極體的順向電流是來自注入中性區的剩餘少數載子的復合。相同的，反向飽和電流，是由在中性區所產生的電子電洞對擴散至過渡區所產生，這些載子會被電場掃到另一側，對於許多的元件而言，此為合適的接面模型，但是完整的接面模型必須包括在過渡區的復合與產生。

當接面在順向偏壓時，過渡區包含了兩種剩餘載子，這些載子會從接面的一側到達另一側，除非過渡區 W 遠小於載子擴散長度 L_n 和 L_p，在 W 中將會有顯著的復合產生，由於復合速率的速度是由載子濃度所決定，而載子濃度又和位置 x 有關，因此復合電流的計算相當複雜，由復合動力學的分析顯示，在 W 中的復合電流正比於 n_i，和順向偏壓的關係可近似為 $\exp(qV/2kT)$，在另一方面，中性區的復合電流正比於 p_n 和 n_p (5-36) 式，因此也正比於 n_i^2/n_d 及 n_i^2/n_a，並隨著 $\exp(qV/kT)$，對於此二極體的公式，可加入參數 **n** 作修正：

$$\boxed{I = I_0'(e^{qV/\mathbf{n}kT} - 1)} \tag{5-74}$$

n 值介於 1 和 2，由材料的特性和溫度所決定，由於 n 可決定理想二極體公式特性的背離，因此又稱為理想係數。

電流的比例為

$$\frac{I(中性區復合)}{I(過渡區產生)} \propto \frac{n_i^2 e^{qV/kT}}{n_i e^{qV/2kT}} \propto n_i e^{qV/2kT} \tag{5-75}$$

在高能隙材料，低溫低壓的狀態下會變小，因此在低注入時，矽二極體的順向電流是由過渡區的復合所決定，但鍺二極體則依循著一般的二極體公式，在兩種半導體中，電壓增加時，穿過 W 注入中性區的注入更為重要，所以在 (5-74) 式中的 n，在低壓時為 2，在較高的電壓時則變為 1。

在 W 中的復合將影響順向偏壓的特性，在過渡區的載子產生 (generation) 則會影響反向電流，在 5.3.3 節中，我們發現在兩側過渡區的擴散長度中所產生的電子電洞對，可以解釋反向飽和電流，產生的少數載子會擴散進過渡區，然後會被電場掃入接面的另一側 (圖 5-35)，但是載子也可能在過渡區中產生，如果 W 遠小於 L_n 或 L_p，在過渡區電子電洞對的產生，和中性區比較之下則不重要，但是由於過渡區中的空乏區缺少自由載子，因此可以由復合中心放射 (emission from recombination centers) 載子產生電流，圖 5-36 中的 4 種產生-復合機制，在 W 中，R_n 和 R_p 的捕獲率是可忽略的，因為在反向偏壓時，空乏區中的載子濃度很低。因此，靠近能隙中央的復合中心可以藉由 G_n 和 G_p 提供載子。每個復合中心會交替的提供一個電子和電洞，也就是有一個電子被激發，從 E_r 跳到傳導帶 (G_n)，而有一個電子傳導帶被激發到復合能階，而在價電帶留下一個電洞，這樣的過程可以一再的重複，為導電帶提供電子，為價電帶提供電洞，一般而言，這些發射的過程會被相對應的捕獲過程所抵消，但是傳導帶反向偏壓時，產生的載子在復合發生之前就會被掃出過渡區，因而有載子的淨產生。

當然，在 W 中的熱產生的重要性，是由溫度和復合中心的性質所決

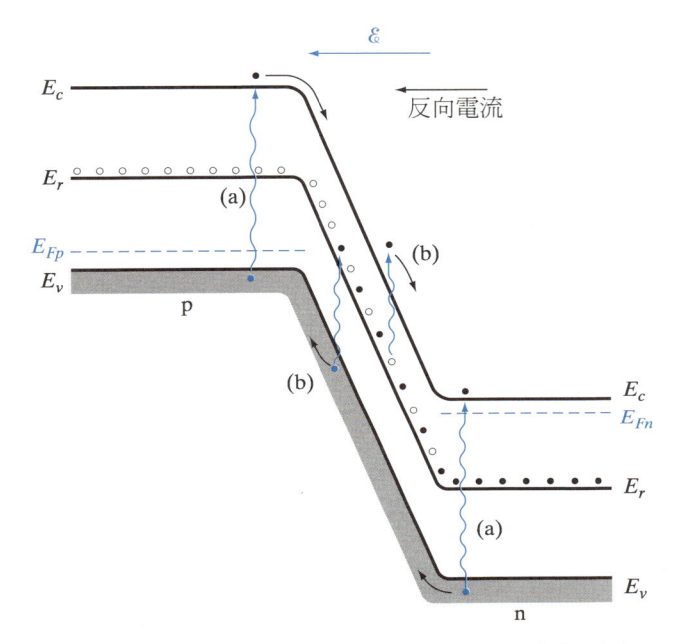

圖 5-35 p-n 接面反偏時，由熱產生載子所形成的電流：(a) 電子電洞對直接產生；(b) 由復合中心產生。

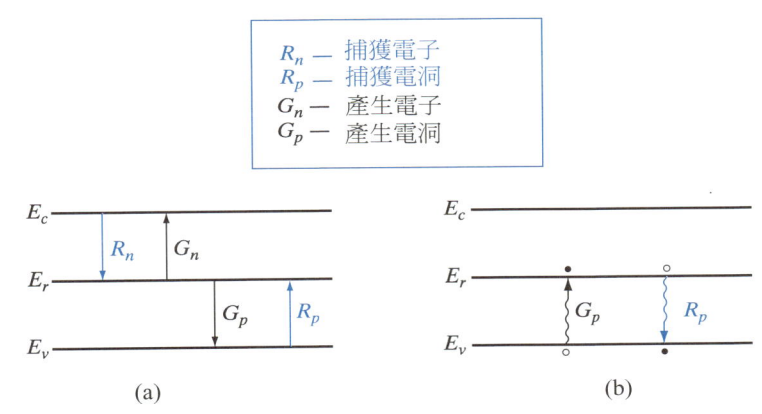

R_n — 捕獲電子
R_p — 捕獲電洞
G_n — 產生電子
G_p — 產生電洞

圖 5-36 載子在復合中心的捕獲及產生：(a) 電子電洞的捕獲及產生；(b) 圖示為電洞捕獲和產生過程，圖中藉由價帶電子激發到 E_r (電洞產生) 和電子由 E_r 到 E_v 的躍遷 (E_r 能階的電洞捕獲)。

定，靠近能隙中央的能階效益是最大的，因為對於這些中心，不論是 G_n 或 G_p 所需要的熱擾動能量，都不超過能隙的一半，如果沒有復合中心，則這種產生是可忽略的，但是大部分的材料中，在能隙的中央都有微量的雜質和晶格缺陷，在能隙較大的材料中，在中性區能帶對能帶的產生很小，因此在 W 內的復合中心的產生最為重要，因此在 W 中的產生，在能隙大的矽材料比在能隙小的鍺材料較重要。

由中性區載子產生而形成的飽和電流，和反向電壓是無關的，但是 W 會隨著反向偏壓增加而變大，在 W 中的載子產生自然也會增加，因此反向電流會隨著 W 呈線性的增加，或隨反偏電壓的平方根增加。

5.6.3 歐姆損失

在推導二極體公式時，我們假設施加在元件上的電壓將會完全的跨在接面上，而忽略了在中性區和外部接觸面上的壓降，這樣的假設對大部分的元件是適當的，因為摻雜的濃度都相當高，使得中性區的電阻率很低，此外典型的二極體其面積比長度大許多；但是某些元件的歐姆效應對 I-V 特性有顯著的影響。

我們很難以一個簡單的電阻來正確地代表二極體的歐姆損失，因為在過渡區外的壓降和電流有關，而電流又由跨過接面的電壓所決定，壓降的效應將會被複雜化，例如我們分別以 R_p 和 R_n 來代表 p 區域和 n 區域的電阻，我們可以把跨過接面的電壓表示為：

$$V = V_a - I[R_p(I) + R_n(I)] \qquad (5\text{-}76)$$

V_a 是施加在元件外部的電壓，當電流增加時，跨過 R_p 和 R_n 的壓降將會增加，跨過接面的電壓會減少，電壓的減少將會減少載子注入的量，因此電流的增加比電壓少，若將電導率隨載子注入增加而上升的效應考慮進去，則將更為複雜，既然在 (5-76) 式中的效應高載子注入時更為顯著，因此多數載子注入而引發的**電導率調變** (conductivity modulation) 會

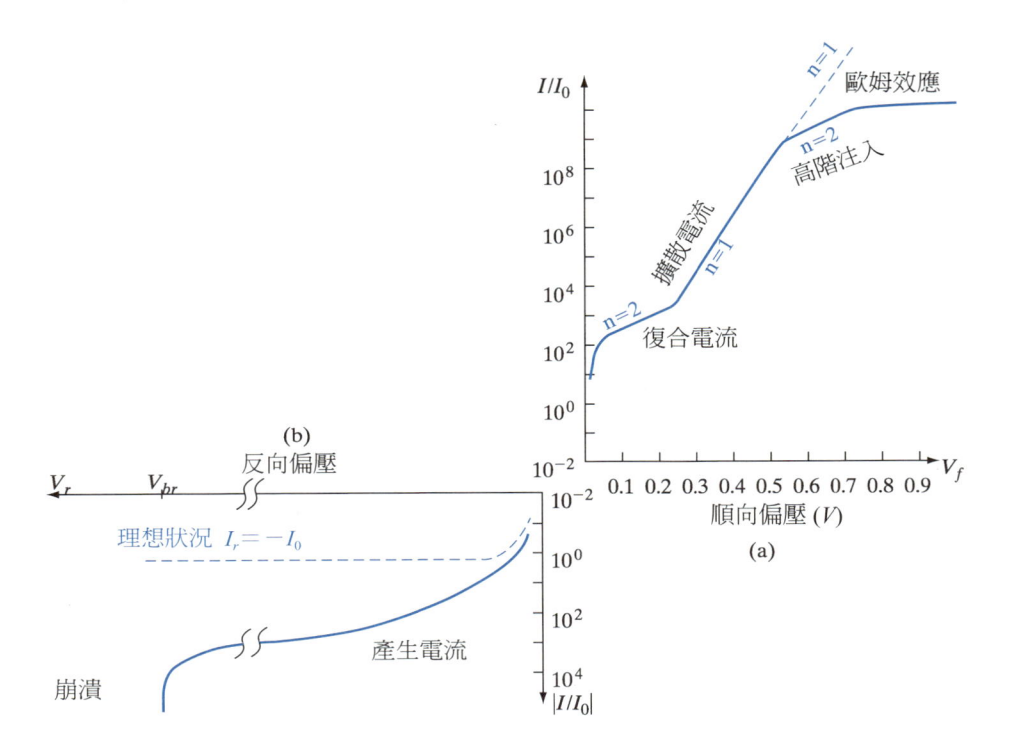

圖 5-37 順向和反向偏壓電流-電壓特性圖 (半對數)，電流對應飽和電流 I_0 歸一化。(a) 理想順向偏壓的特性對理想因子，$n=1$，為指數 (在對數-線性圖上的虛直線)。一個實際的典型二極體順向偏壓的特性 (彩色的線) 有四個操作範圍；(b) 理想反向特性 (虛線) 是一個電壓-無關的電流 $=-I_0$。在空乏區中所產生的實際漏電流的特性 (彩色的線) 會較高，而且其崩潰電壓會較高。

顯著的減少 R_p 和 R_n。

　　在設計元件時，適當的調整摻雜濃度和幾何形狀，可以避免歐姆損失，只有在非常高的電流時才會產生電流的偏差，但這已在元件的正常操作區域之外。

　　圖 5-37 是蕭克萊二極體在順向偏壓和反向偏壓時，以半對數的刻度呈現其理想的和非理想的電壓電流特性，理想的順向偏壓 p-n 接面，在半對數的度上是一直線，因此電流是隨電壓呈指數上升，但在另一方面，若將 5.6 節中所有的二次項效應考慮進來，我們可以見不同的操作區域，

260 半導體元件

在低電流時可見到產生和復合電流的增加，產生較高的二極體的理想係數 (**n**＝2)，對於中等的電流，我們得到的是低階注入和擴散限制電流 (**n**＝1)，在大電流時我們得到的是高階注入，**n**＝2，在更高的電流時，中性區的空間電荷的歐姆損失會變得較重要。

相同在反向偏壓時，理想的二極體反向飽和電流是一個和電壓無關的定值，但實際上我們得到的是一個漸增的產生和復合漏電流，和電壓有關。在更高的反向電壓時，累增或齊納效應使二極體產生反向崩潰。

5.6.4 梯形接面

雖然陡峭接面的近似精確描述了許多磊晶成長接面的特性，但通常在分析擴散或佈植接面元件還是不夠的。對淺擴散而言，擴散雜質分佈形狀非常陡峭 (圖 5-38a)，陡峭近似通常是可以接受的。然而，若雜質分佈形狀擴散進入樣品中，將會導致其擴散雜質分佈形狀為梯形接面 (圖 5-38b)。這種情形下，陡峭接面的近似所推導的公式必須修正 (詳見 5.5.5 節)。

梯形接面可以解析的求解，例如，若我們將接近接面的淨雜質分佈做線性近似 (圖 5-38c)。我們假設梯形接面可以近似描述成

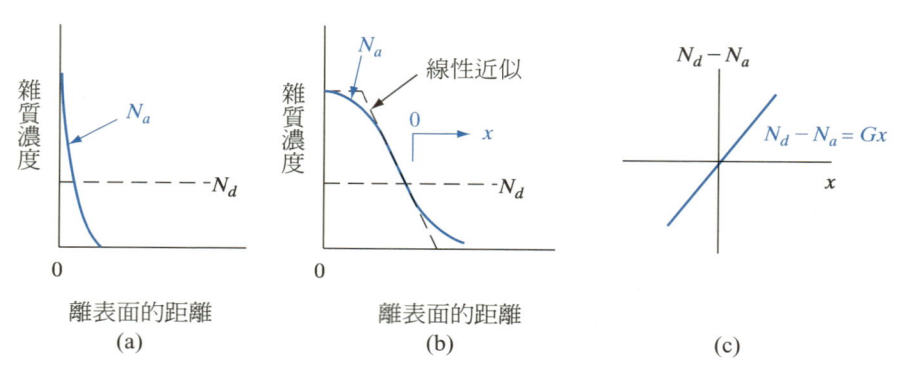

圖 5-38　擴散接面的近似。(a) 淺擴散 (陡峭的)；(b) 移去來源後深的驅入擴散 (梯形的)；(c) 梯形接面的線性近似。

$$N_d - N_a = Gx \tag{5-77}$$

其中 G 給定淨雜質濃度分佈斜率的梯度常數。

在泊松方程式 (Poisson's equation) (5-14) 式中,過渡區內,此線性近似變成

$$\frac{d\mathcal{E}}{dx} = \frac{q}{\epsilon}(p - n + N_d^+ - N_a^-) \simeq \frac{q}{\epsilon}Gx \tag{5-78}$$

在此線性近似中,我們跟以前一樣,假設雜質完全游離且忽略過渡區中的載子濃度。在空乏區寬度 W,淨空間電荷為線性變化,且因此電場分佈為拋物線分佈。接觸電位和接面電容的表示式和陡峭型接面是不同的,(圖 5-39),因為在接面兩邊的電場不再是線性。

在梯形接面中,空乏區的近似通常是不正確的。若梯形接面常數 G 很小,在 (5-78) 式中載子濃度 $(p-n)$ 可以忽略。類似地,這一般忽略空乏區外空間電荷的表示當 G 很小時是有問題的。通常將空乏區外的空間視為準中性會較中性為好。因此過渡區的邊緣並不如圖 5-39 般的陡峭,但會向 x 方向擴散。這樣的效應使接面特性的計算變得複雜,而且需要使用電腦來精確求解。

在陡峭接面得到的結論像載子注入、再結合和產生電流、和其他的特性,雖然最後方程式的函數形式會有些許不同,但大部分都可以定性

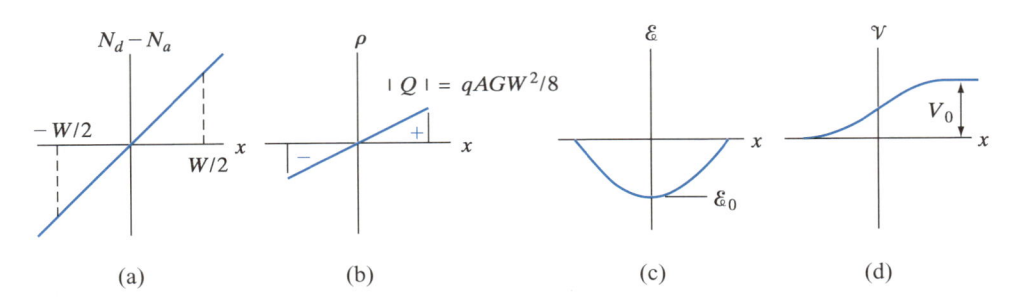

圖 5-39 梯形接面過渡區的特性:(a) 淨雜濃度形狀;(b) 淨電荷分佈;(c) 電場;(d) 淨電位。

的應用在梯形接面中。因此，很合理地，我們能夠應用大部分接面理論的基本觀念於梯形接面中，只要我們記得在精確計算中須作某些修正即可。

5.7 金屬-半導體接面

大部分 p-n 接面有用的特性可以簡單地經由形成一個適當的金屬-半導體接點而得到。很明顯地，這樣的趨勢是深具吸引力；同樣地，如我們在本節即將見到的，當需要高速整流時，金屬-半導體接面，特別有用。另一方面，我們也必須能夠對半導體形成非整流 (歐姆) 接觸。因此，本節討論整流和歐姆接觸。

5.7.1 蕭特基能障

在 2.2.1 節中我們討論過真空中金屬的功函數 $q\Phi_m$。一個功函數 $q\Phi_m$ 為將一個在費米能階的電子移到金屬外的真空中所需要的能量。對非常乾淨的表面，Φ_m 典型值，對鋁而言為 4.3 V，對金而言為 4.8 V。當負電荷接近金屬表面，在金屬中會感應正 (影像) 電荷。當影像力 (image force) 和外加電場結合，有效的功函數減少。這樣的能障降稱為**蕭特基效應** (Schottky effect)，且此術語仍可用於金屬-半導體接點產生能障的討論。雖然蕭特基效應只能解釋部分的金屬-半導體接觸，一般整流接觸可視為**蕭特基能障二極體** (Schottky barrier diodes)。在本節中我們將討論金屬-半導體接點的能障如何產生。首先我們考慮金屬-半導體接面的能障，然後在 5.7.4 節中，我們將改變能障高度的效應包含在內。

當一個功函數 $q\Phi_m$ 的金屬與功函數 $q\Phi_s$ 的半導體接觸將會發生電荷轉換直到費米能階成一直線為止 (圖 5-40)。例如，當 $\Phi_m > \Phi_s$ 時，在接觸以前半導體的費米能階剛開始時高於金屬的費米能階。但為了使兩者的

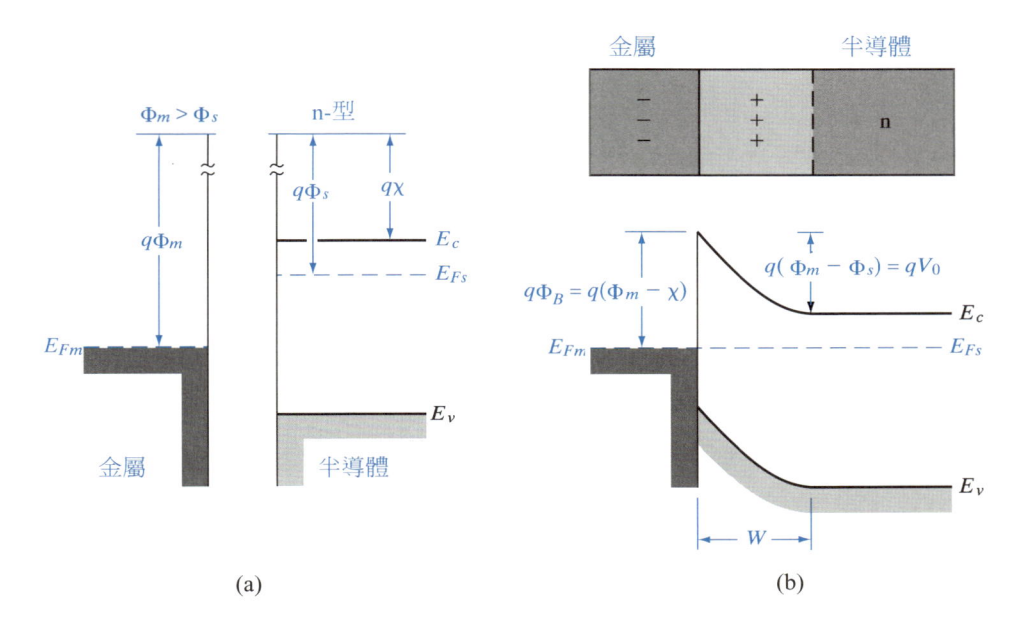

圖 5-40 n 型半導體與金屬接觸所形成的蕭特基能障，其中金屬的功函數值較大：(a) 在連結前金屬的能帶圖；(b) 接面的平衡能帶圖。

費米能階成一直線，半導體的靜電位與金屬的相比較下必須增加 (即電子的能量必須降低)。在圖 5-40 中 n 型半導體中接近接面形成寬度 W 的空乏區。由於在寬度 W 空乏區中未補償施體的正電荷與金屬上的負電荷匹配。在寬度 W 空乏區電場和能帶彎曲類似已經討論過的 p-n 接面。例如，在半導體中可以使用 p^+-n 近似 (即假設在耦合的負電荷是一左邊接面的電荷薄板 (5-21) 式來計算空乏區的寬度 W。同樣地，在 p^+-n 中的接面電容 $A\epsilon_s/W$，與 p^+-n 接面相同。[17]

可進一步避免淨電子擴散半導體導電帶進入金屬的平衡接觸電位 V_0，為功函數 $\Phi_m - \Phi_s$ 的差值。電子從金屬注入半導體導電帶的淨電障高度 Φ_B 為 $\Phi_m - \chi$，其中 $q\chi$ (稱為電子親和力 (electron affinity)) 為從真空能

---

[17] 當蕭特基能障空乏區的特性類似於 p^+-n，很明顯地，這樣的分析並不包含順向偏壓時電洞的注入，順向偏壓時電洞的注入對 p^+-n 很重要，但對圖 5-40 金屬-半導體接面的接觸則不然。

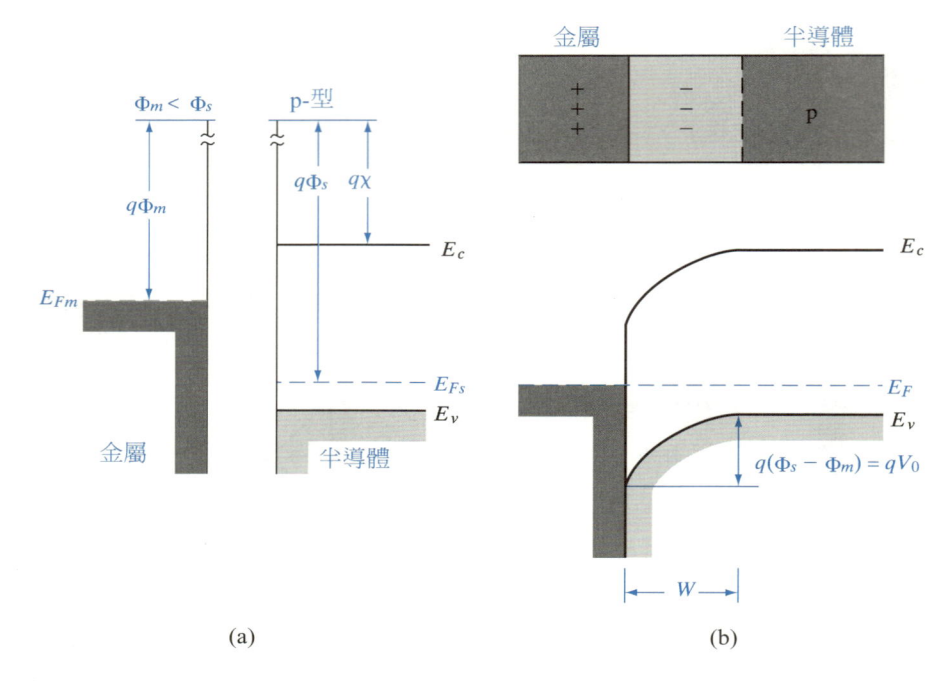

圖 5-41　p 型半導體與金屬接觸所形成的蕭特基能障，其中金屬的功函數值較小：(a) 在連結前金屬的能帶圖；(b) 接面的平衡能帶圖。

階到半導體導電帶邊緣所作的測量。平衡接觸電位 V_0 能夠藉由順向偏壓或反向偏壓而減少或增加。

圖 5-41 顯示在 p 型半導體的蕭特基能障，其中 $\Phi_m < \Phi_s$。在此情形下，平衡時要使費米能階成一直線需要金屬邊的正電荷和接面半導體邊的負電荷。負電荷佔滿在空乏區 W，在空乏區中為遺留下來未被電洞補償的游離受體 (N_a^-)。延遲電洞從半導體擴散到金屬的位能障 V_0 為 $\Phi_s - \Phi_m$ 而且跟前面一樣的可以應用跨在接面的電壓提高或降低此能障。以電洞為例，我們回顧圖 5-11，正電荷的靜電位能障與電子能帶圖上的位能障相反。

其他兩個理想金屬-半導體接觸的情形 (對 n 型半導體而言 $\Phi_m < \Phi_s$，對 p 型半導體而言 $\Phi_m > \Phi_s$)，構成非整流的接觸。我們將這些情形的處理

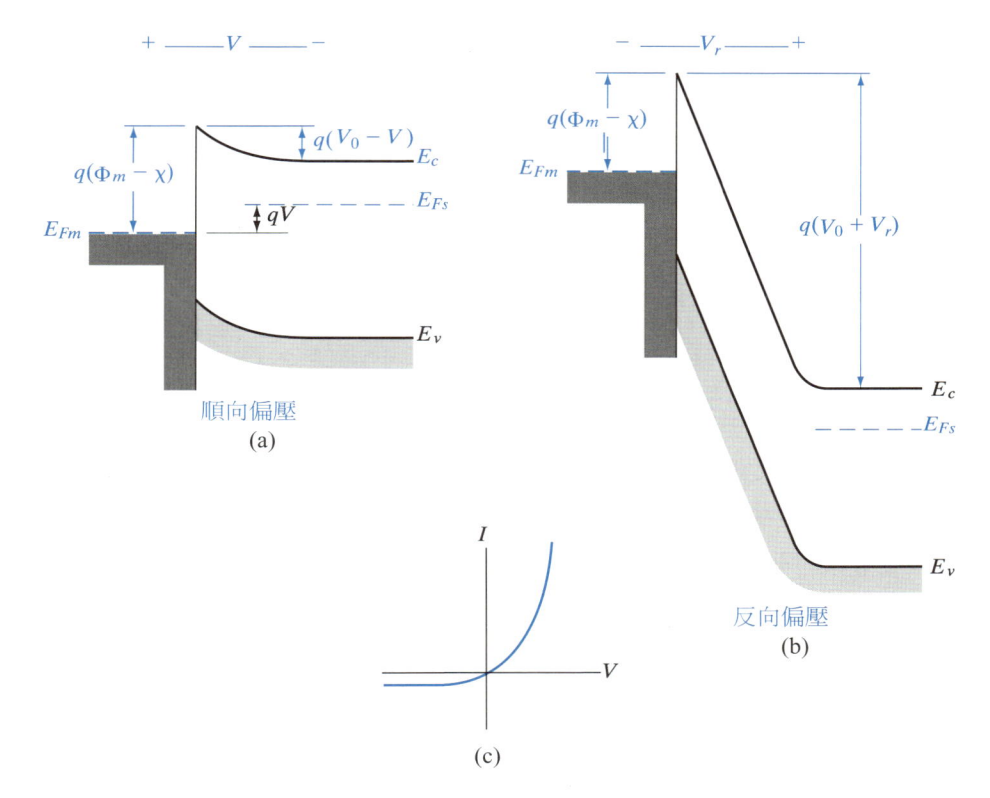

圖 5-42 討論圖 5-40 中接面上順向和反向偏壓的效應：(a) 順向偏壓；(b) 反向偏壓；(c) 典型的電流-電壓特性。

留在 5.7.3 節，屆時將討論到歐姆接觸。

5.7.2　整流接觸

當順向偏壓 V 加到圖 5-40b 蕭特基能障，接觸電位將從 V_0 降至 $-V$ (圖 5-42a)。結果，在半導體導電帶中的電子可以跨過空乏區擴散。這產生一個順向電流 (金屬流向半導體) 通過接面。相反地，反向偏壓使能障增加到 $V_0 + V_r$，而且從半導體流向金屬電子流可以忽略。從金屬流向半導體則電子受到能障 $\Phi_m - \chi$ 妨礙。如圖 5-42c 所建議的，最後二極體方程式類似 p-n 接面的形式

$$I = I_0(e^{qV/kT} - 1) \tag{5-79}$$

在此情形下，反向飽和電流 I_0 不能像 p-n 接面一般可以簡單地以推導出來。然而，一個簡單的特性我們能直覺地預測出來的是飽和電流應與電子從金屬流向半導體的能障 Φ_B 的大小有關。此能障 (在圖 5-42 中的理想情形下為 $\Phi_m - \chi$) 不會受偏壓所影響。我們期望在金屬中的一個電子克服的此能障機率由波茲曼因子所給定。因此

$$I_0 \propto e^{-q\Phi_B/kT} \tag{5-80}$$

二極體公式亦可應用於圖 5-41 的金屬及 p 型半導體接面，在這個例子中，順向電壓是由半導體對金屬的正向偏壓來定義，隨著電壓降低位能障礙，電流也會隨著增加，電洞則由半導體流向金屬，反向電壓的增加則會使得電洞流動時的能障礙增加，因而降低電流。

在蕭特基能障二極體整流的這兩種情形，電流在順向流動時較為容易，反向電流很小，順向電流是由**多數** (majority) 載子從半導體流向金屬時所產生，蕭特基能障二極體有兩種特色，沒有少數載子的注入，也沒有其儲存延遲時間，即使大電流時會有少數注入的發生，它們還是多數載子元件，因此它們的切換速度和高頻特性都比 p-n 接面要好。

早期的半導體技術，整流接面的製作是把電線直接壓到半導體上，現今的半導體技術，是在乾淨的半導體表面形成一個金屬薄面，並由微影的技術形成接觸面圖樣，蕭特基能障半導體相當適合於密集封裝的積體電路，因為其微影的步驟比 p-n 接面的製作要少的多。

5.7.3 歐姆接面

我們通常希望有一個**歐姆** (ohmic) 性質的金半接面，因為它在兩種偏壓狀態下都有線性的 $I-V$ 特性，典型的積體電路的表面是夾雜著 p 區域和 n 區域，這些表面需要接觸並連接，必須使這些接面呈歐姆接面，小電阻的特性，才不會整流信號。

當半導體是由多數載子的移動來對齊費米能階時，可以形成歐姆性的金半接面 (圖 5-43)，例如圖 5-43a 是 $\Phi_m < \Phi_s$ (n 型) 的情形，費米能階是由電子從金屬流動到半導體所對齊，相對於金屬在平衡時 (圖 5-43b)，電子的能量被提高，電子在金半接面流動時的能障縮小，此能障可以由一個小電壓來克服；相同的在 $\Phi_m > \Phi_s$ (p 型) 的情形下，電洞也可以容易的流過接面 (圖 5-43d)，不同於整流接面的是，既然在平衡時，電位差要和費米能階一致，多數載子將會在半導體中堆積，半導體將在這種情形下不會有空乏區產生。

形成歐姆接面的實際方法是在接觸區的半導體高度的摻雜，因此在介面有能障存在，若空乏區的寬度夠小，則載子可直接穿過能障，例如在 n 型半導體的表中摻雜金和少量的銻，可以形成 n^+ 區域，是極佳的歐姆接面，相同的，在 p 型半導體中，需要在和金屬的接觸面形成 p^+ 層，若是在 p 型矽上是鋁，則金屬接面也會提供受體載子的摻雜，因此在鋁金屬覆蓋上以後作短暫的加熱，可以形成 p^+ 層。

5.7.4 典型的蕭特基能障

在理想的金半接面討論中，並未包含兩個不同材料接面特性的效應，不同於 p-n 接面只發生在一種晶體之中，一個蕭特基能障接面包含了半導體晶體的邊界，在半導體表面有一些能態 (surface states)，是由不完全的共價鍵所產生，這些能態會造成金半介面電荷的存在，此外這些在半導體晶格和金屬的介面，通常不是一個陡峭的不連續面，通常會形成一個非金屬，亦非半導體的介面層，例如矽晶體在蝕刻或鑽孔後，會覆蓋一層薄氧化層 (10-20 Å)，之後在這樣的矽表面上沉積金屬，會在接面處留下一個玻璃介面層，即使電子可以穿過這個薄層，也會對流過此接面的電流造成影響。

由於表面態位和介面層的存在，金半接面微觀的相位扭曲，以及其他的效應，使得金半接面能障的值，和從個別半導體的功函數所預測的

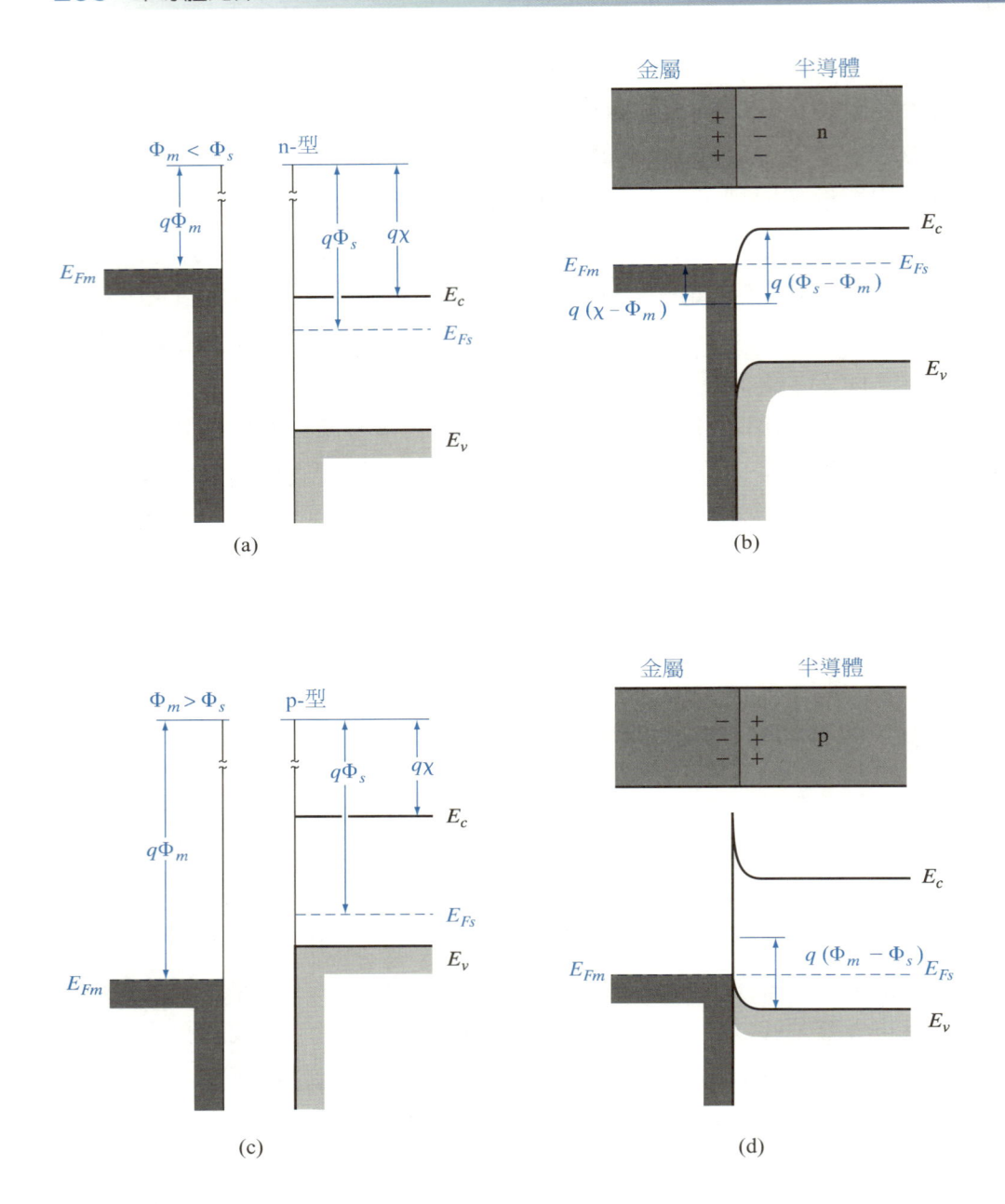

圖 5-43 歐姆金屬-半導體接觸：(a) $\Phi_m < \Phi_s$ 的 n 型半導體；(b) 接面平衡時的能帶圖；(c) $\Phi_m > \Phi_s$ 的 p 型半導體；(d) 平衡時的接面。

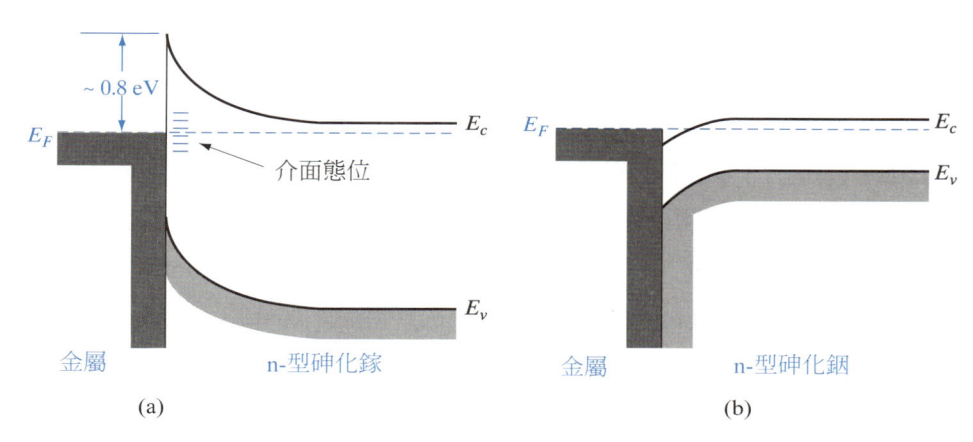

圖 5-44　復合半導體的費米能階被介面態位固定：(a) n 型 GaAs 表面的費米能階固定在 $E_c - 0.8$ eV 處，和金屬的材料無關；(b) n 型的 InAs 表面的費米能階固定在 E_c 之上，產生極佳的歐姆接面。

值不同，因此在設計元件時，採用量測得到的能障值，在復合半導體中，介面層在能隙中產生的態位，會使得費米能階固定在一個值不變，和使用的金屬無關 (圖 5-44)，例如在 n 型的 GaAs 中，導帶下 0.7～0.9 eV 的介面態位，會使得表面的費米能階被固定住，而此蕭特基能障高度是由限制 (pinning) 效應所決定，和金屬的功函數無關，一個有趣的例子是 n 型的 InAs (圖 5-44b)，在介面的費米能階被固定在導帶之上 (above)，因此在 InAs 的表面上沉積任何金屬，都可以形成歐姆接面，對於矽，用不同的金屬，如金或鉑，都可形成良好的蕭特基能障，若使用鉑，加熱會形成 platinum silicide 層，可以提供一個可靠的蕭特基能障，n 型的矽 Φ_B 是 0.85 V。

蕭特基能障二極體順向偏壓時，電流的完整公式如

$$I = ABT^2 e^{-q\Phi_B/kT} e^{qV/\mathbf{n}kT} \tag{5-81}$$

B 是一個常數，包含了接面性質的參數，$\mathbf{n}$ 介於 1 和 2，和 (5-74) 式的理想係數相似，但其成因並不相同，其數學式的推導和**熱離子放射** (thermionic emission) 相似，係數 B 對應到的是熱離子的李查德森 (Richardson) 常數。

5.8 異質接面

到目前為止，我們討論的 p-n 接面是單一半導體的*同質接面* (homojunctions)，或是金屬和半導體的接面，第三種重要的接面是由兩個晶格相匹配，但能隙不同的半導體所形成的*異質接面* (heterojunctions)，我們已在 1.4.1 節中討論過晶格匹配的情況，這種接面沒有缺陷，而且可以形成單一或多重的異質接面的連續性晶格，復合半導體的異質接面及多層結構，開啓了元件發展許多的可能性，我們在之後的章節將會討論異質接面的許多應用，包括異質接面的雙載子電晶體，場效電晶體及半導體雷射。

當不同能隙，不同功函數，不同電子親和力的半導體形成接面時，費米能階在平衡時會對齊，造成能帶的不連續 (圖 5-45)，在導帶 ΔE_c 和價帶 ΔE_v 不連續，調和了兩種半導體不同的能隙 ΔE_g，在理想的情形下，ΔE_c 是電子親和力的差 $q(\chi_2 - \chi_1)$，ΔE_v 可從 $\Delta E_g - \Delta E_c$ 得到，這是安德森 (Anderson) 親和力定律，能帶的不連續性是從不同配對的半導體實驗所得，例如經常使用的系統 GaAs-AlGaAs (見圖 3-6 和 3-13)，大能隙的 AlGaAs 和小能隙的 GaAs 的能隙差，有 2/3 在導帶中，有 1/3 在價帶中，內建電位在平衡時分攤在兩個半導體中，使得費米能階能夠對齊，藉由接面連續電流密度 $\epsilon_1 \mathcal{E}_1 = \epsilon_2 \mathcal{E}_2$ 相等的邊界條件，解出波森等式，可以得到異質接面兩側的空乏區和內建電位；電子從 n 側流到 p 側所需克服的能障，和電洞從 p 側流到 n 側所需的能障大大的不同，兩側的空乏區可以從 (5-23) 式比擬，但我們必須將兩個半導體不同的介電常數考慮進去。

在畫同質接面或異質接面的任意半導體元件的能帶時，都必須有能隙和電子親和力等的材料參數，這些參數和半導體的材料有關，和摻雜的濃度無關，功函數則和材料及摻雜濃度都相關。電子親和力及功函數是以眞空能階為參考位能，眞實的眞空能階 (或全域眞空能階) 是電子從半導體離開到無窮遠處所需的能量，電子在眞空時不受力，因此眞實的眞空能階是一個定值 (圖 5-45)，這裡便產生了一個矛盾，半導體能帶的

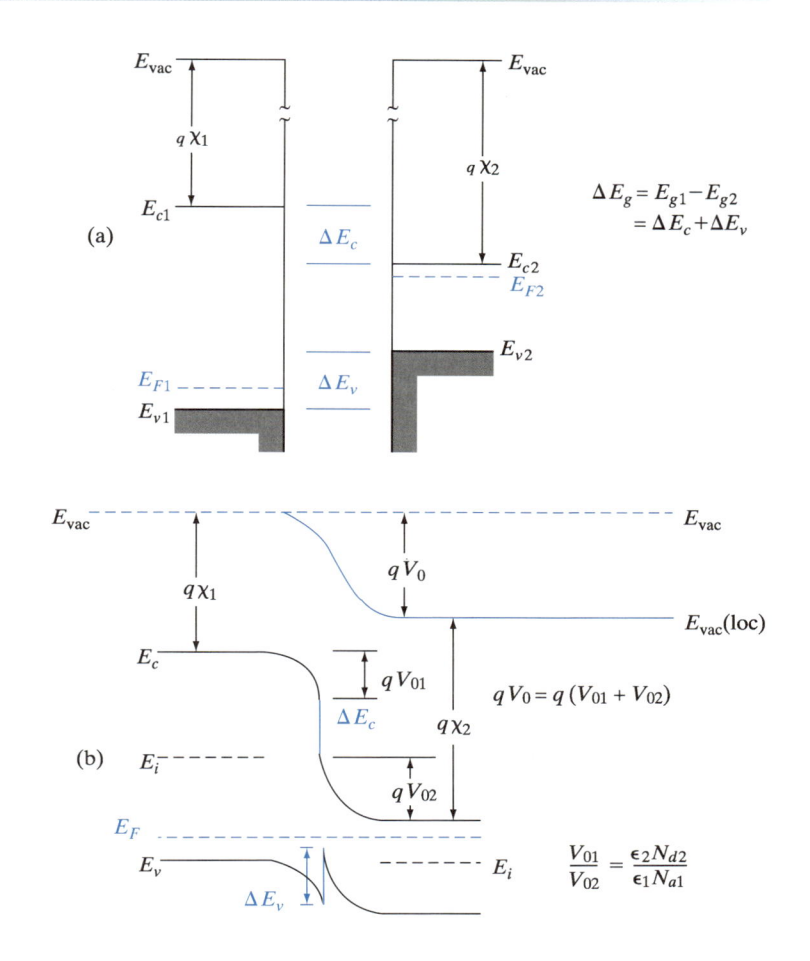

圖 5-45 p 型大能隙的半導體和 n 型小能隙的半導體所形成的異質接面：(a) 結合前的能帶圖；(b) 平衡時能帶的不連續和彎曲。

彎曲似乎暗示了電子親和力是隨位置改變的，但是電子親和力是一個和材料有關的常數，因此我們必須引進一個新的觀念，局部區域的真空能階，它隨著導帶邊緣作平行的變化，使得電子親和力保持為一常數，局部區域真空能階是電子剛從半導體移出時的位能，局部和整體的真空能階差異，是來自於對抗空乏區邊緣電場所作的功，它等於平衡時由內建接觸電位的位能 qV_0，這個電位經常可以由施加的電位所控制。

要畫出一個精確的能帶圖,能帶的不連續值必須使用一個適合的值,且要加入接面能帶的彎曲,要這樣作則必須解出波森等式,考慮摻雜濃度和空間電荷變化的細節,通常需要電腦來作計算,但我們可以直接畫出一個近似圖形,而不經過計算,假定我們有了 ΔE_v 和 ΔE_c 的實驗值,我們可以如下進行:

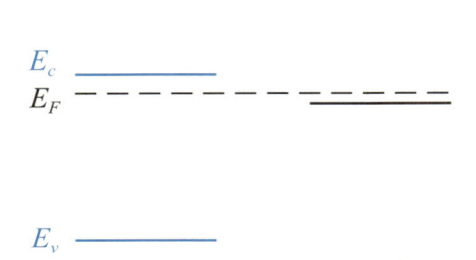

E_c ──────
E_F ─ ─ ─ ─ ─ ─ ─ ─ ─ ─ ─ ─

E_v ──────

1. 對齊兩個半導體分開時的費米能階,為過渡區留下空白。
2. 接近較濃摻雜邊的冶金接面 ($x=0$),在 $x=0$ 處,藉由適當的能隙分離 ΔE_v 和 ΔE_c。

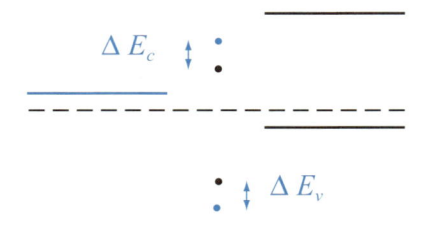

ΔE_c

ΔE_v

3. 將導電帶和共價帶連接,保持在每一種材料中的能隙為一常數。

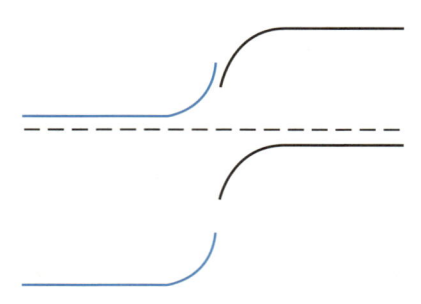

此過程中的步驟 2 和 3 為實際能帶彎曲的情形，所以是非常重要且必須用波茲曼方程式求解。在步驟 2 中我們必須使用能帶偏移值 ΔE_v 和 ΔE_c 作為異質半導體中特殊的配對。

例題 5-7 在 GaAs-AlGaAs 系統中的異質半導體，直接 (Γ) 能隙差 ΔE_g^{Γ} 幾乎三分之二在導電帶而三分之一在共價帶。若 Al 合成物為

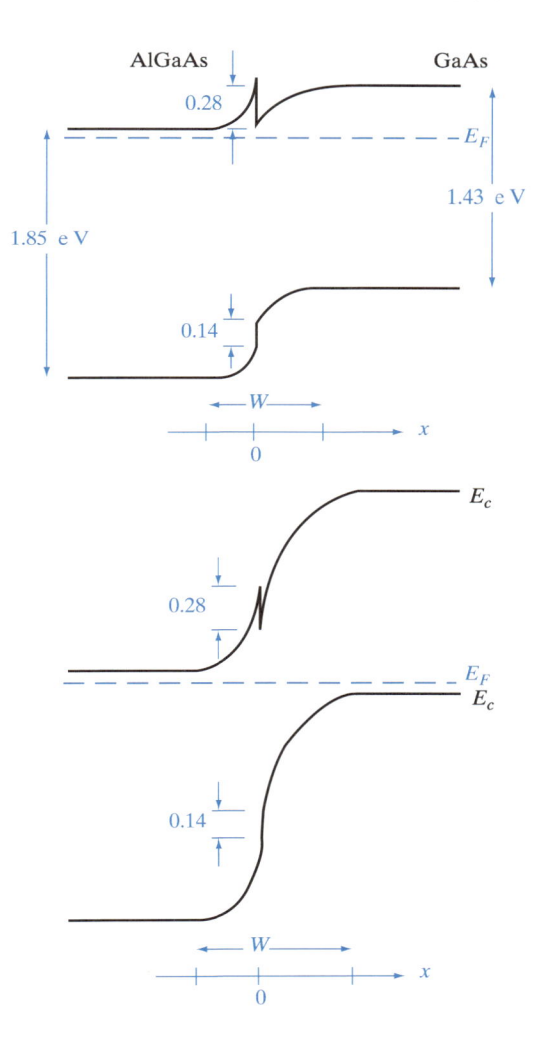

0.3，AlGaAs 為直接能隙 (見圖 3-6) $\Delta E_g^\Gamma = 1.85$ eV。畫出兩種異質結構情形的能帶圖：n 型 GaAs 的 N^+-$Al_{0.3}Ga_{0.7}As$ 和 p 型 GaAs 的 N^+-$Al_{0.3}Ga_{0.7}As$。[18]

解 取 $\Delta E_g = 1.85 - 1.43 = 0.42$ eV，能帶偏移量為 $\Delta E_c = 0.28$ eV 和 $\Delta E_v = 0.14$ eV。每一種情形中我們畫出等平衡費米能階，遠離接面加上適當的能帶，當估計能帶彎曲的相對量和在 $x=0$ 兩邊特殊摻雜濃度的位置，並且最後畫出能帶使得在每一個不同的半導體中在 $x=0$ 處的 E_g 維持右向直到異質接面。

異質接面一個特別重要的例子顯示在圖 5-46，高摻雜 n 型 AlGaAs 成長在低摻雜 GaAs 上。此例中，導電帶的不連續讓電子從 N^+-AlGaAs 注入 GaAs 中，其中，它們被捕捉在位能井中。結果在電子收集異質接面的導電帶上且在接近介面的 GaAs 的費米能階高於導電帶。這些電子被限制在 GaAs 導電帶中狹窄的位能井中。若我們建構一個元件，其導電發生在平行於介面處，則在此種位能井的電子形成一非常有趣的元件特性**二維電子氣** (two-dimensional electron gas)。在第六章我們將看到，在這種位能井的導電電子有非常高的移動率。這是由於電子來自 AlGaAs，而非 GaAs 中的摻雜。因此，在 GaAs 位能井中的雜質散射可忽略，且移動率完全由晶格散射所控制 (聲子)。低溫時，聲子散射低，在此區域中的移動率可以非常高。若在 GaAs 導電帶彎曲很厲害，位能井可能很窄，而形成圖 5-46 中的不連續能態。我們將在第六章再回來看此例。

圖 5-46 另一明顯的特性是在同質接面中電子和電洞接觸電位障 qV_0，對異質接面不再成立。圖 5-46 電子能障 qV_n 小於電洞能障 qV_p。這種特性可以用來改變電子和電洞相對的注入，在 7.9 節將會看到。

---

[18] 在討論異質接面中，一般用大寫字母的 N 或 P 表示寬能隙材料。

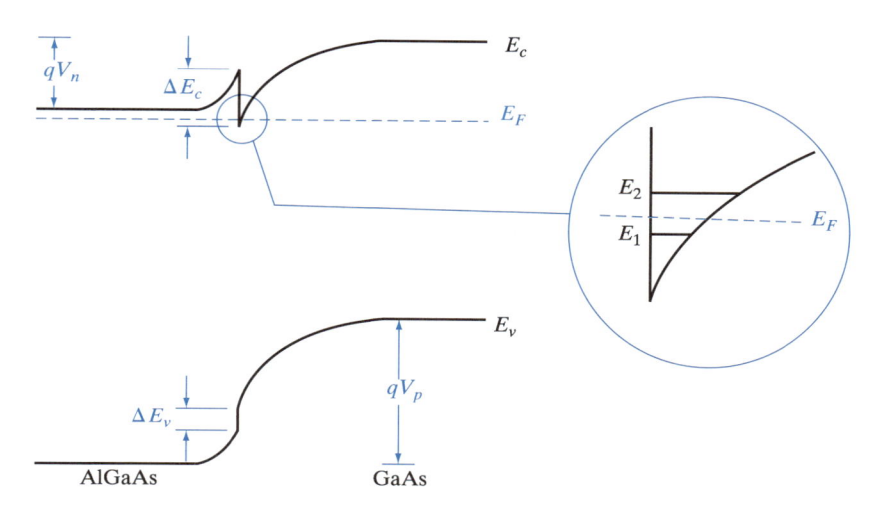

圖 5-46 介於 N$^+$-AlGaAs 和低摻雜 GaAs 之間的異質接面，在 GaAs 導電帶中電子位能井。若位能井夠薄，會形成不連續能態 (如 E_1 和 E_2) 在 2.4.3 節討論過。

總　結

5.1 二極體和其他的半導體元件是由氧化，選擇性摻雜 (由佈植或擴散) 和各種不同的絕緣體和金屬的沉積，並結合蝕刻，微影與圖案定義所製造而成。

5.2 當我們將 p 型和 n 型半導體結合成 p-n 接面二極體，載子會擴散經過接面，直到費米能階處於熱平衡的狀態。在 p 型區和 n 型區之間會建立起**內建的接面能障**，此壓降會跨在空乏區的兩邊，這是一個**動態平衡**，電子會持續的由 n 型區擴散到 p 型區 (電洞是由 p 型區擴散到 n 型區)，且電子在數目下降的速率下越過接面，這些通量會被擴散到空乏區邊緣且方向相反的少數載子抵銷，最後這些載子會被電場掃出接面。

5.3 空乏區的靜電學是由 Poisson 方程式的解所決定，對於均勻摻雜的陡變步階接面，我們可以得到**線性變化的電場**，此電場在冶金接面處會達到最大值。摻雜較輕的一邊，其空乏區會較寬，但是在空乏區接面兩邊的電荷是相同的。

5.4 對於理想的蕭特基二極體，假設忽略空乏區中的產生-復合，則在順向偏壓時，內建的能障會降低，使得擴散經過接面的多數載子以指數方式增加。

5.5 相反方向的少數載子通量不會受到影響，因為其受限於少量少數載子擴散到空乏區邊界的頻率。遠離接面的區域，電流是由漂移的多數載子所組成，多數載子會注入且經過接面到達另一邊，少數載子則會產生擴散電流。

5.6 反向偏壓時，理想的二極體的反向電流與電壓無關，此電流是由熱能所產生的少數載子所引起，這些少數載子會擴散進入空乏區且被電場掃出，有少量的電流由 n 型區流向 p 型區，這是二極體整流器的基礎。

5.7 高反向偏壓時，在重摻雜的接面，其空乏區會很窄，由於量子的穿隧機制 (齊納機制)，二極體經歷 (可逆的) 崩潰，另外，在輕摻雜的接面，其空乏區會較寬，載子的碰撞游離 (impact ionization) 或累增放大效應 (avalanche multiplication)，也會引起可逆的崩潰。對於短二極體而言，可能會造成兩個接觸端的擊穿 (punch-through) 現象。

5.8 改變偏壓條件會引起二極體的切換。二極體的暫態行為可以由求解連續方程式得到。例如，使用 Laplace 轉換以及適當的初始條件與邊界條件。

5.9 半導體元件中的小信號電容是由改變電荷儲存所造成，此電容為偏壓的函數。二極體的電容分成兩種不同的部分所組成：**空乏電容** (depletion capacitance)，此電容是由於空乏區中雜質電荷暴露出來所形成的 (反向偏壓時的主要電容)。**擴散電容** (diffusion capacitance)，此電容是由於儲存的過量可移動載子所形成的 (順向偏壓時的主要電容)。

5.10 實際的二極體可以由修正蕭特基 "理想" 二極體而得。理想二極體忽略空乏區中的產生-復合現象。在順向偏壓時，空乏區中的**產生-復**

合現象會使理想因子 (ideality factor) 由 1 往 2 增加。反向漏電流大致上會與電壓的平方根相關。

5.11 高順向偏壓導致高階載子注入，此時注入的少數載子濃度與背景的多數載子濃度相當，使得 **n**=2。在高電流時，**串聯電阻**的影響也會浮現出來。

5.12 漸變接面的摻雜濃度在接面的兩邊都不是常數，都被定性描述成類似陡變接面，但是很難去分析。這些接面與陡變接面有不同的電容-電壓關係。

5.13 金屬-半導體接面的行為就像是**蕭特基二極體** (如果費米能階成一直線，在半導體中的多數載子會被空乏) 或是**歐姆接觸** (如果在半導體中沒有形成空乏區)。

5.14 兩種不同的半導體材料形成的接面稱為**異質接面**。對於真空參考能階而言，導帶邊緣 (電子親和力)和能隙決定能帶偏移值。費米能階 (功函數) 決定載子傳輸的方向。電子由高費米能階區流向低費米能階區，而電洞流動的方向則與電子相反。

練習題

5.1 一個矽樣本含有濃度是 10^{20} cm^{-3} 的銻原子，這個樣本適合和鋁形成接面嗎？

5.2 當雜質從一個無限提供的來源擴散到樣品中使得表面濃度 N_0 維持定值，雜質分佈為

$$N(x, t) = N_0 \, \text{erfc}\left(\frac{x}{2\sqrt{Dt}}\right)$$

其中 D 為雜質的擴散係數，t 為擴散時間，而 erfc 為補償誤差函數。

若某些數量的雜質在擴散以前置於薄膜層的表面上，而且假設

沒有加雜質且在擴散期間沒有逃離，得到高斯分佈：

$$N(x,t) = \frac{N_s}{\sqrt{\pi Dt}} e^{-(x/2\sqrt{Dt})^2}$$

其中 N_s 為 $t=0$ 以前置於表面的雜質量 (atoms/cm^2) 注意與 (4-44) 式相差一個因子 2，為什麼？

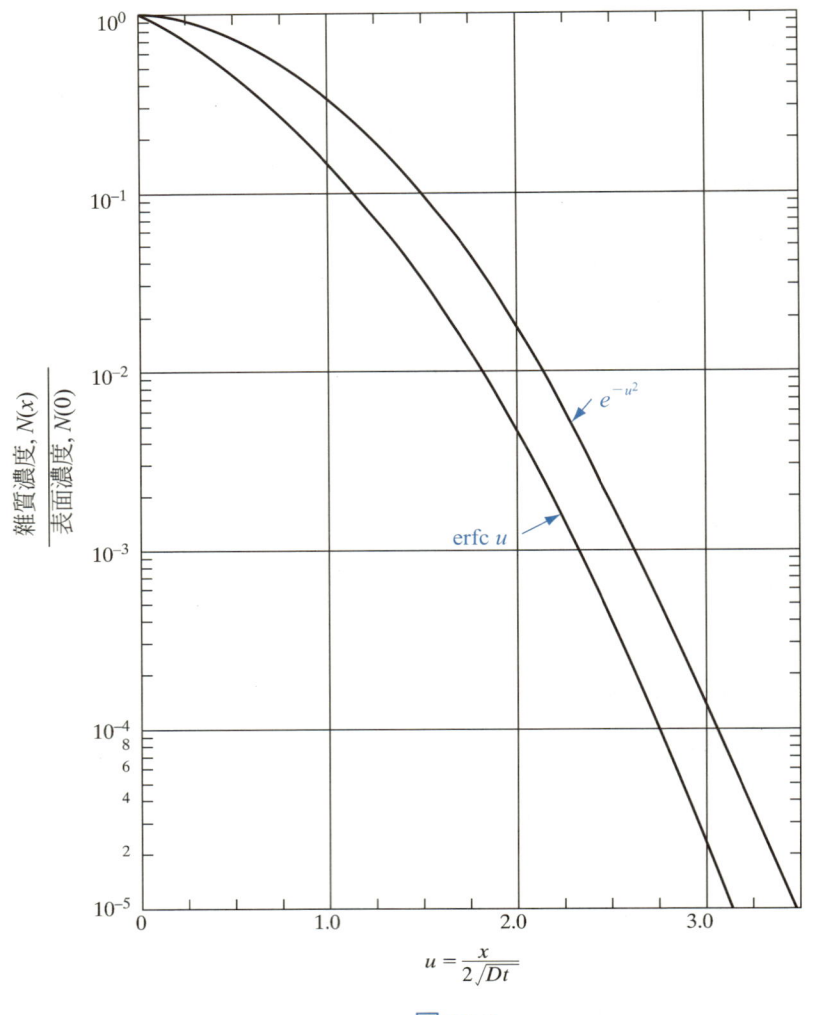

圖 P5-2

圖 P5-2 顯示互補誤差函數的圖形和變數 u 的高斯因子，此例為 $x/2\sqrt{Dt}$。假設 B 擴散到 n 型 Si 中（均勻 $N_d = 10^{16}$ cm^{-3}）在 1000°C 20 分鐘。在 Si 中 B 的擴散係數為 $D = 3 \times 10^{-14}$ cm^2/s。

(a) 畫出擴散後的 $N_a(x)$，假設表面濃度維持在 $N_0 = 2 \times 10^{20}$ cm^{-3}。位於表面下接面的位置。

(b) 畫出擴散後的 $N_a(x)$，假設在擴散前 B 沉積在薄層表面濃度（$N_s = 2 \times 10^{13}$ cm^{-2}），而且在擴散期間沒有額外的 B 原子。指出接面位置。

提示：畫此圖於 5-圓半對數紙上，橫座標從 0 至 1/2 μm。在畫 $N_a(x)$ 時，選擇 x 為 $2\sqrt{Dt}$ 的倍數。

5.3 用 200 keV 的能量將濃度為 2.1×10^{14} cm^{-2} 的砷離子植入矽裡面。離子佈植的投射距離 R_p 為 0.255 μm，散佈程度 ΔR_p 為 0.0837 μm。請計算並在半對數紙上畫出類似圖 5-4 的 P 雜質分佈。

5.4 一個陡變的矽 p-n 接面，p 型區濃度是 $N_a = 10^{17}$ cm^{-3}，n 型區濃度是 $N_d = 10^{16}$ cm^{-3}。在 300 K 時，(a) 計算費米能階，畫出熱平衡時的能帶圖並由圖中得到 V_0；(b) 將 (a) 小題的結果與 (5-8) 式所得到的 V_0 做比較；(c) 計算此接面在熱平衡時的空乏區寬度和最大電場 $\mathscr{E}_0$。

5.5 將習題 5.4 中的接觸電位與類似摻雜條件的鍺和砷化鎵接面做比較，你注意到什麼樣的趨勢。

5.6 由 (5-7) 式所推導的數學運算式，可以避免在 (3-58) 式中，熱平衡時，費米能階在整個接面必須是常數（$E_{Fn} = E_{Fp}$）的問題。畫出類似圖 5-8 的能帶圖，並且指出 (5-7) 式在此條件下會自動跟隨。

5.7 在練習題 5.4 所描述的接面有一圓的截面直徑 5 μm，計算 x_{n0}，x_{p0}，和 Q_+ 於 300 K 時的值，畫 $\mathscr{E}(x)$ 和電荷密度，如圖 5-9 所示。

5.8 一個 p$^+$-n 的矽接面 n 型區摻雜濃度是 $N_d = 10^{16}$ cm^{-3}，$D_p = 10$ cm^2/s，$\tau_p = 0.1$ μs，接面面積為 10^{-4} cm^2。請計算反向飽和電流以及在 $V = 0.6$ 伏特時的順向偏壓電流。

5.9 接面的電子注入效率在 $x_p=0$ 處為 I_n/I。

(a) 設接面遵守簡單二極體方程式，用擴散常數，擴散長度和平衡少數載子濃度表示 I_n/I。

(b) 證明 I_n/I 可寫成 $[1+L_n^p p_p \mu_n^n/L_p^n n_n \mu_p^p]^{-1}$，其中上標表 n 和 p 區。如何增加一個接面的電子注入效率。

5.10 請畫出順向偏壓時 p-n 接面的能帶圖，圖中必須包含貫穿整個接面的準費米能階 $F_n(x)$ 和 $F_p(x)$，請定性的解釋 F_n 與 F_p 的變化。請注意習題 4.12 的警告。

5.11 一個陡變的矽 p-n 接面，在 300 K 時，其特性如下：

p 型區	n 型區	面積 $=10^{-4}$ cm^2
$N_a=10^{15}$ cm^{-3}	$N_d=10^{17}$	
$\tau_n=10$ μs	$\tau_p=0.1$	
$\mu_n=1300$ cm^2/V-s	$\mu_n=700$	
$\mu_p=450$	$\mu_p=250$	

(a) 畫出此接面在熱平衡時的能帶圖，圖中必須包含每一邊相對於本質型能階的費米能階數值，並由圖中指出接觸電位，檢查你 V_0 的分析結果。

(b) 計算反向飽和電流 I_0，以及在 $V=0.5$ 伏特時的順向偏壓電流 I。

(c) 計算在 $x_p=0$ 電子注入效率 I_n/I。

5.12 假設一個陡變的矽 p-n 接面，面積為 10^{-4} cm^2，p 型區摻雜濃度是 $N_a=10^{17}$ cm^{-3}，n 型區摻雜濃度是 $N_d=10^{17}$ cm^{-3}，順向偏壓為 $0.7\ V$。遷移率的值參考圖 3-23，並假設 $\tau_n=\tau_p=1$ μs。請畫出包含接面兩側類似圖 5-15，I_p 與 I_n 對距離的關係圖。忽略在 W 中的復合。

5.13 畫出習題 5.12 中的二極體，其 $\delta n(x_p)$ 與 $\delta p(x_n)$。

5.14 對於習題 5.13 中的二極體，請畫出貫穿整個接面的 F_n 和 F_p（每一邊的長度必須有幾個擴散長度）。

5.15 針對 $V_r \gg V_0$ 的情況，修改 (5-23) 式，並解釋峰值電場 $\mathscr{E}_0$ 是由接面

中，摻雜較輕的那邊決定。p$^+$-n 在 n 型區施體摻雜濃度為 10^{16} cm^{-3}，如果累增效應會在峰值電場為 400 kV/cm 時發生，請求出 p-n 接面的崩潰電壓 V_r 是多少？請將你的答案與圖 5-19 做比較。

5.16 假設齊納崩潰的臨界電場為 10^6 V/cm，請計算此類型的崩潰偏壓，矽的陡變接面條件如下：在 p 側的 N_a＝在 n 側的 N_d＝4×10^{18} cm^{-3}。峰值電場為10^6 V/cm 時，假設崩潰會發生。

5.17 請畫出能帶圖說明圖 5-17b 中，穿隧距離 d 會隨著反向偏壓增加而變小。假設摻雜濃度夠重，W 的改變可以忽略。

5.18 請設計一個陡變的矽 p$^+$-n 接面，其反向崩潰電壓為 150 V，而且在順向偏壓為 0.6 V 時，電流為 1 mA。假設在 n 型區 τ_p＝0.1 μs，μ_p 可由圖 3-23 得到。

5.19 一個 p$^+$-n 二極體，在 $t=0$ 時，由零偏壓 ($I=0$) 切換到順向電流 I。
   (a) 請找出導通 (turn on) 時的暫態過量電洞 $Q_p(t)$ 的表示式，請畫出 $Q_p(t)$ 與時間 t 的關係。
   (b) 假設 $\delta p(x_n)$ 實際上是指數形式，請找出 $\Delta p_n(t)$ 和電壓 $v(t)$。

5.20 一個長的 p$^+$-n 二極體順偏電流 I，在 $t=0$ 時瞬間加倍。
   (a) 為什麼接面電壓在 $t=0$ 時不會變化？n 型材料的傳輸區域邊緣，在電流變為兩倍之後，電洞濃度分佈的斜率為何？
   (b) 最終 ($t=\infty$) 的接面電壓與初始 ($t=0$ 之前)電壓的關係為何？假設此電壓遠大於 kT/q。
   (c) 假設在 n 區中貯存的電荷在任意瞬間可以用指數表示。寫下瞬間電流的表示式乃為再結合電流和由於貯存電荷的改變所造成的電流。用適當的邊界條件解此瞬間電洞分佈的方程式，並求得瞬間接面電壓的表示式。

5.21 如習題 5.8 中描述的 p$^+$-n 二極體，請找出 (a) 在反向偏壓 10 V 時的接面電容 C_j；(b) 在順向偏壓 0.6 V 時的電荷儲存電容 C_s。

5.22 設一個在 n 區為梯形的 p$^+$-n 接面摻雜 $N_d(x)=Gx^m$。空乏區在 n 區內從 $x=0$ 延伸到 W，在 $x=0$ 的負 **m** 可忽略。
   (a) 跨過空乏區積分高斯定律 (Gauss's Law) 得到最大電場值 $\mathscr{E}_0=$

$-qGW^{(m+1)}/\epsilon(m+1)$。

(b) 求 $\mathcal{E}(x)$ 表示式並用來求得 $V_0 - V = qGW^{(m+2)}/\epsilon(m+2)$。

(c) 求空乏區中由於游離施體造成的電荷 Q 並用 $(V_0 - V)$ 表示。

(d) 用 (c) 的結果,取微分 $dQ/d(V_0 - V)$ 證明電容為

$$C_j = A\left[\frac{qG\epsilon^{(m+1)}}{(m+2)(V_0 - V)}\right]^{1/(m+2)}$$

5.23 如習題 5.8 中描述的 p^+-n 二極體,請找出順向偏壓時的 $I-V$ 特性,並畫出包含 12 個數量級的半對數圖。對於 W 中的復合,$n=2$,請畫出電流對電壓的關係,前置因子 (prefactor) $I_0' = 100\, I_0$。畫出包含兩種機制的總體曲線。

5.24 如圖 5-39 假設一線性梯度接面濃度分佈用 (5-77) 式表示濃度分佈是對稱的,所以 $x_{p0} = x_{n0} = W/2$。

(a) 積分公式 (5-78) 式證明

$$\mathcal{E}(x) = \frac{q}{2\epsilon}G\left[x^2 - \left(\frac{W}{2}\right)^2\right]$$

(b) 證明空乏區寬度為

$$W = \left[\frac{12\epsilon(V_0 - V)}{qG}\right]^{1/3}$$

(c) 證明接面電容為

$$C_j = A\left[\frac{qG\epsilon^2}{12(V_0 - V)}\right]^{1/3}$$

5.25 假設理想的蕭特基能障被製造於 n 型的矽上面,$N_d = 10^{16}$ cm^{-3}。功函數為 4.5 eV,電子親和力為 4 eV。請畫出在熱平衡時與圖 5-31 類似的圖。請畫出順向與反向偏壓時的圖 (與圖 5-40 類似的圖),$V_f = 0.1$ V,$V_r = 3$ V。

5.26 在功函數 4.5 eV 的金屬和 p 型 Si (電子親和力 = 4 eV) 之間形成蕭特基能障在矽中，受體摻雜為 10^{18} cm^{-3}。

(a) 畫平衡能帶圖，表示 qV_0 的數值。

(b) 畫順偏 0.4 V 能帶圖和反偏 2 V 的。

5.27 請畫出在 GaAs 上面成長 $Al_{0.3}Ga_{0.7}As$ 形成下述 p-n 接面時的能帶圖，(a) p$^+$-AlGaAs，n$^+$-GaAs；(b) P$^+$-AlGaAs，本質型 GaAs；(c) N$^+$-AlGaAs，本質型 GaAs。AlGaAs 是直接能隙，E_g = 1.85 eV。假設 ΔE_c = 2/3 ΔE_g。

5.28 在 5.2.3 節中，我們假設在 W 內載子被排除，在 W 外為中性。此為空乏近似。很明顯地，這樣劇烈的轉換很不實際，事實上，空間電荷會在幾個德拜長度 (Debye lengths) 的距離內變化，給定 n 邊的德拜長度為

$$L_D = \left[\frac{\epsilon_s kT}{q^2 N_d}\right]^{1/2}$$

計算 p 邊 $N_a = 10^{18}$ cm^{-3} 而 n 邊 $N_d = 10^{14}$，10^{16} 和 10^{18} cm^{-3} 時 Si 接面 n 邊的德拜長度並比較其 W 值。

5.29 圖 5-11(b) 中的接觸電位是平衡時的值，因此當 p 和 n 之間有導線相連時不會有電流，請選擇一種金屬，其功函數大於半導體，畫出如圖 5-40(a)，5-43(c) 和 5-11(a) 的圖。在加入 E_F 之後，證明接面的接觸電位被金屬-半導體接觸電位所抵銷。

5.30 一陡峭 Si p$^+$-n 接面 $N_d = 10^{15}$ cm^{-3}。n 區會發生累增崩潰而不是貫穿的最小厚度為何？

5.31 設一 p$^+$-n 二極體的 n 區寬度 l 遠小於電洞擴散長度 ($l < L_p$)。這是所謂的窄基極二極體。因為順偏時電洞注入短的 n 區，我們不能使用 (4-35) 式 $\delta p(x_n = \infty) = 0$ 的假設，而需用 $x_n = l$，$\delta p = 0$ 的邊界條件。

(a) 解擴散方程式得

$$\delta p(x_n) = \frac{\Delta p_n [e^{(l-x_n)/L_p} - e^{(x_n-l)/L_p}]}{e^{l/L_p} - e^{-l/L_p}}$$

(b) 證明二極體中的電流為

$$I = \left(\frac{qAD_p p_n}{L_p} \operatorname{ctnh} \frac{l}{L_p}\right)(e^{qV/kT} - 1)$$

參考書目

Very useful applets for understanding diode operation are available at http://jas.eng.buffalo.edu/

Campbell, S. A. *The Science and Engineering of Microelectronic Fabrication*, 2d ed. NY: Oxford, 2001.

Chang, L. L., and L. Esaki. "Semiconductor Quantum Heterostructures." *Physics Today* 45 (October 1992): 36–43.

Muller, R. S., and T. I. Kamins. *Device Electronics for Integrated Circuits.* New York: Wiley, 1986.

Neamen, D. A. *Semiconductor Physics and Devices: Basic Principles.* Homewood, IL: Irwin, 1992.

Pierret, R. F. *Semiconductor Device Fundamentals.* Reading, MA: Addison-Wesley, 1996.

Plummer, J. D., M. D. Deal, and P. B. Griffin. *Silicon VLSI Technology.* Upper Saddle River, NJ: Prentice Hall, 2000.

Shockley, W. "The Theory of P-N Junctions in Semiconductors and P-N Junction Transistors." *Bell Syst. Tech. J.* 28 (1949), 435.

Wolf, S., and R. N. Tauber. *Silicon Processing for the VLSI Era.*, 2d ed. Sunset Beach, CA: Lattice Press, 2000.

Wolfe, C. M., G. E. Stillman, and N. Holonyak, Jr. *Physical Properties of Semiconductors.* Englewood Cliffs, NJ: Prentice Hall, 1989.

第六章
場效應電晶體

學習目標

1. 推導 JFETs，MESFETS 和 HEMTs 的 I-V 特性
2. 確定 MOS C-V 的行為和臨界電壓；研究閘極介電層的漏電流
3. 瞭解 MOSFET 的能帶圖，以及線性和飽和的行為
4. 瞭解 "等效的" 通道遷移率，基板效應和次臨界斜率
5. 分析二階效應-DIBL，GIDL，電荷分享和 V_T 的下降

  西元 1948 年，貝爾實驗室的巴定 (Bardeen)、布拉頓 (Brattain) 及蕭克萊 (Shockley) 發明了雙載子電晶體將人類帶入了嶄新的半導體電子新紀元。這雙載子電晶體以及其對應的場效應電晶體已經對現代人類生活的各個角落造成了非常巨大的衝擊。在本章裡，我們將學習到場效應電晶體 (FET) 的操作原理、應用及製作方法。

  場效應電晶體有以下幾種結構：**接面場效應電晶體 (JFET)**，利用控制閘極電壓改變逆偏 p-n 接面空乏區的寬度。若改以蕭特基位障取代 p-n 接面，則稱為**金屬-半導體場效應電晶體 (MESFET)**。另外，金屬閘極端與半導體間可用絕緣層分開，此為**金屬-絕緣層-半導體場效應電晶體 (MISFET)**，此類型較常用的元件常以氧化物作為絕緣層，即所謂的**金屬-氧化物-半導體場效應電晶體 (MOSFET)**。

  在第五章裡，我們已學習到 p-n 接面的兩個主要特性——p-n 接面少數載子的注入量受順偏壓控制、p-n 接面空乏區寬度則受逆偏壓控制。這兩種特性被應用到兩類重要的電晶體上。在第七章裡所討論到的**雙載子**

接面電晶體 (bipolar junction transistor, BJT) 就是應用 p-n 接面少數載子的注入量受順偏壓控制的特性。在這章所討論到的接面場效應電晶體則應用 p-n 接面空乏區寬度則受逆偏壓控制的特性。因為場效應電晶體是一種多數載子元件，因此我們稱呼這種電晶體為**單載子** (unipolar) 電晶體。另一方面，雙載子電晶體則以**少數載子**的注入與收集為主要操作原理。由於多數載子及少數載子的動作對這元件都很重要，因此我們稱呼這種電晶體為**雙載子** (bipolar) 電晶體。雙載子電晶體及場效應電晶體都一樣是三端的電子元件，其中兩端的輸出電流可由第三端控制。場效應電晶體由第三端的電壓來控制輸出電流而雙載子電晶體則由第三端的電流來控制輸出電流。

　　雙載子電晶體及場效應電晶體的發展歷史相當有趣。在西元1930年，厲倪飛 (Lilienfield) 首先提出了場效應電晶體。但由於他沒有充分瞭解到過多界面缺陷能態的巨大影響，因此他從沒讓這場效應電晶體成功運轉過。巴定和布拉頓在嘗試製作場效應電晶體的過程中，偶然的發明了第一個雙載子電晶體-鍺點接觸電晶體。蕭克萊緊接著發明了雙載子接面電晶體。過了很多年後，直到西元 1960 年，康恩 (Kahng) 和阿帖拉 (Atalla) 才成功地成長二氧化矽絕緣層來解決界面缺陷能態過多的問題並且製作出第一個 MOSFET。雖然雙載子接面電晶體稱霸了早期的半導體積體電子界，但是這優勢漸漸被矽金氧半場效應電晶體 (MOSFET) 所取代。其中主要的原因為場效應電晶體具有很高的輸入阻抗而雙載子接面電晶體則無。這高的**輸入阻抗** (input impedance) 是來自控制端是加在逆偏的 p-n 接面上，逆偏的蕭特基接面上，或是透過絕緣層。這類元件特別適用於導通態及不導通態間的切換，因此對數位電路特別有用。這類元件也特別適用於積體電路 (請參考第九章)。在現代的半導體記憶體及微處理器通常使用了數千萬個 MOS 電晶體。

6.1 電晶體操作原理

在本節裡，我們將先討論電晶體的兩種最基本的電路動作——放大與切換。電晶體是一種三端的電子元件。這元件中兩端的輸出電流可由第三端很小的電流或電壓的變化來控制。就是這個控制能力讓我們可以放大一個小訊號或是它在開 (on) 與關 (off) 之間切換。這兩種動作——**放大** (amplification) 與**切換** (switching)，是現代電子電路的基礎。在此節裡藉由對放大與切換的簡介來形成我們對雙載子電晶體及場效應電晶體瞭解的基礎。

6.1.1 負載線

假設有一個兩端元件具有如圖 6-1 所示的非線性 I-V 特性曲線。我們可以變化偏壓量測其對應電流而建立此元件之 I-V 特性曲線。我們也可以用特性曲線掃描器在示波器顯示此元件之 I-V 特性曲線。特性曲線掃描器可以自動反覆特性曲線掃描器並將特性曲線顯示在示波器上。圖 6-1a 中元件與電池和電阻的簡單結合並施加偏壓，即可得到穩定的電流 I_D 與電

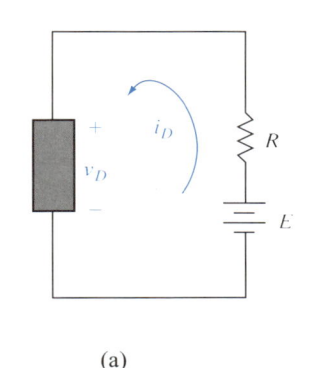

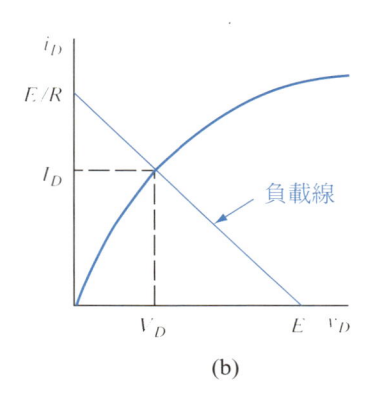

圖 6-1　一個兩端非線性元件：(a) 偏壓電路；(b) I-V 特性曲線及負載線。

壓 V_D 值。為了求得這兩個值，我們首先寫下此電路的迴路方程式：[1]

$$E = i_D R + v_D \qquad (6\text{-}1)$$

這樣我們有了一個等式與兩個未知數 (i_D 與 v_D)。另外可以從圖 6-1b 的 I-V 特性曲線找到另一個等式 $i_D = f(v_D)$。這樣一來我們便有兩個方程式及兩個未知數了。解這兩個聯立方程式，便可以求得其電流與電壓。但是聯立方程式中，一個方程式具有解析形式而另一個方程式則為曲線圖形，因此須先將聯立方程式轉化為同形式的方程式，較簡單的方式為將 (6-1) 式畫入圖 6-1b 中，即可求得聯立方程式之解。(6-1) 式與兩軸交點分別為 $i_D = 0$ 時，$V_D = E$，與 $V_D = 0$ 時，$i_D = E/R$，且圖中兩線之交點為 $v_D = V_D$，$i_D = I_D$，此點為此元件所受之偏壓與偏壓電流。

現在讓我們再加上一個第三端來控制此元件的 I-V 特性曲線。例如其 I-V 特性曲線會如圖 6-2b 所示受第三端影響而上下變化。這樣一來我們會有一組的不同 v_G 下的 i_D-v_D 特性曲線。我們還是可以將迴路方程式 (6-

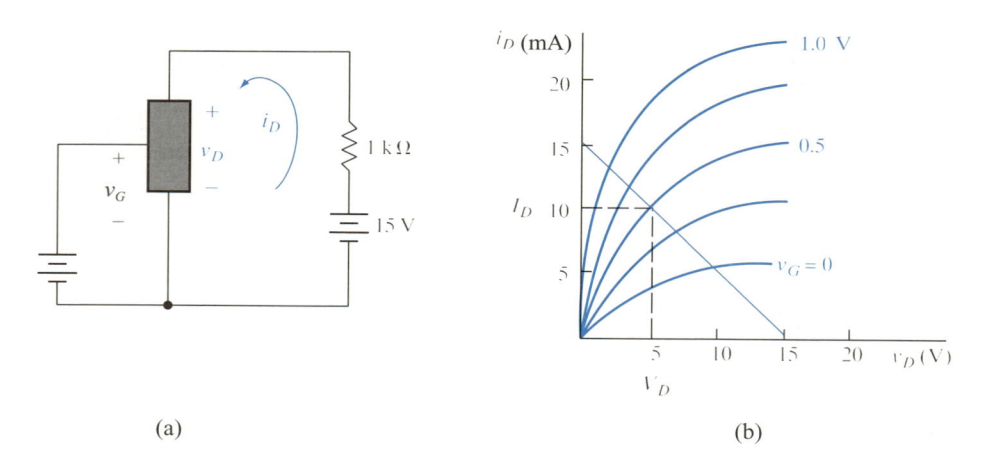

圖 6-2　一個第三端由電壓 v_G 控制的三端非線性元件：(a) 偏壓電路；(b) I-V 特性曲線及負載線。當 V_G 是 0.5 V 時，I_D 與 V_D 的 d-c 值以虛線標示。

---

[1] 我們以 i_D 來代表總電流，I_D 代表 d-c 電流，及 i_d 代表 a-c 電流。類似的表示法也用在其他的電流及電壓上。

1) 式和這組特性曲線畫在同一個圖上,再求其聯立解。但是其聯立解和 v_G 的大小有關。以圖 6-2 為例,當 V_G 是 0.5 V 時,偏壓電流 I_D 與偏壓 V_D 分別為 10 mA 及 5 V。注意:不管控制端的電壓 v_G 怎麼變化,聯立解偏壓電流 I_D 與偏壓 V_D 永遠落在迴路方程式 (6-1) 式上。我們通常稱此線為**負載線** (load line)。

6.1.2 放大與切換

當我們將 a-c 訊號源加在控制電壓上時,我們可以達到由微小 v_G 的變化來造成很大 i_D 變化的放大目標。例如,當 v_G 在其圖 6-2 之 d-c 值上下變動 0.25 V 時,v_D 在其 d-c 值 V_D 上下變動 2 V。因此其 a-c 訊號的放大率為 2/0.25＝8。如果這組特性曲線的間隔固定的話,那麼我們可以產生一個完全不失真的放大訊號。通常這類電壓控制放大器是由場效應電晶體構成的。至於雙載子電晶體則是由小小控制電流的變化來造成大元件電流變化的電流放大作用。

電晶體的另一個重要的電路功能為切換此元件的關與開 (不導通與導通)。以圖 6-2 為例,我們可以加一個適當大的 v_G 來把元件從負載線的底部 (i_D＝0,不導通) 切換到負載線的頂部 ($i_D \simeq E/R$,不導通)。這種由第三端來切換元件的導通狀態對數位電路的應用是非常有用的。

6.2 接面場效應電晶體

在**接面場效應電晶體** (JFET) 中,它有效導電通道 (channel) 截面大小受到了壓控接面空乏區寬度的調變。在圖 6-3 的元件中,電流 I_D 流過夾在上下兩個 p$^+$ 區域間的 n 型通道。

這兩個 p$^+$ 區域和 n 型通道間的逆偏壓將造成空乏區往 n 型通道區域擴張,因此有效的通道寬度將因而縮小。由於通道區的電阻率固定,因

290 半導體元件

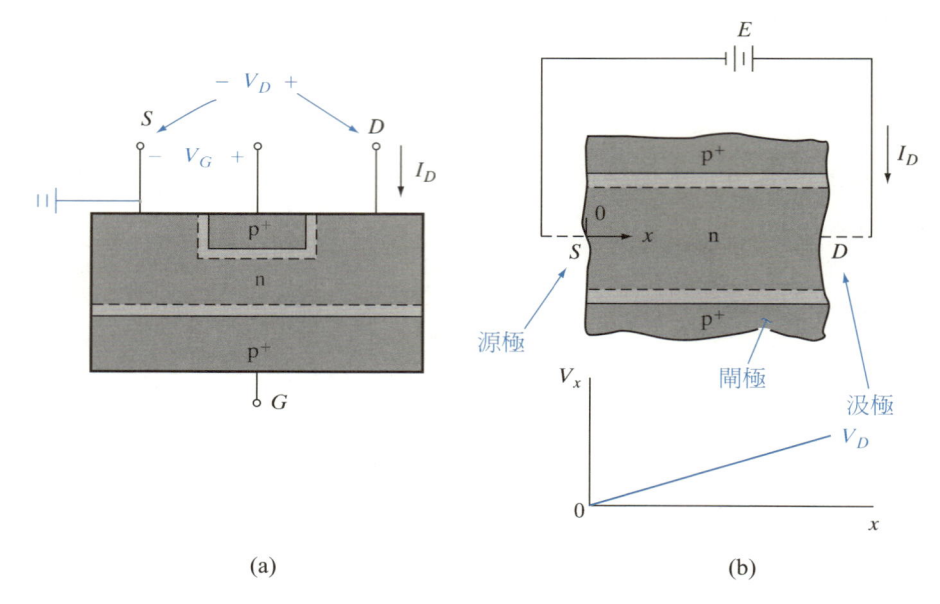

(a)   (b)

圖 6-3　一個簡化的接面場效應電晶體剖面圖：(a) 電晶體的構造；(b) 通道詳圖與當 $V_G=0$ 及 I_D 很小時，通道電壓變化圖。

此通道電阻直接受到其有效截面變化的調制。這空乏區就像水道中的兩片閘門一樣，它的開與關控制著水流的大小。

在圖 6-3 中，電子在 n 型通道中由左向右漂移，剛好和電流方向相反。我們稱 n 型通道電子流進的那一端叫作**源極** (source)，而電子流出的那一端叫作**汲極** (drain)。p^+ 區域則叫作**閘極** (gate)。假如我們採用 p 型通道，那麼電洞將會從源極流向汲極，因此電洞流和電流的方向相同，另外閘極則須改用 n^+ 區域。我們通常將兩個閘極區域以導線連接，因此電壓 V_G 代表任一閘極區域 G 和源極 S 之間的電壓。由於高摻雜 p^+ 閘極的導電度很高且電流很小，因此我們可以假設整個閘極是等電位的。至於電流較大且摻雜較低的 n 型通道則其電位會隨著位置變動 (圖 6-3b)。如果我們把圖 6-3 的通道看成是一個帶有電流 I_D 的分佈電阻，那麼在通道汲極那端對源極的電壓降將大於通道源極這端對源極的電壓降。在低電流的情形，我們可以假設通道內的電壓降 V_x 從源極端的 0 伏特線性增

加到汲極端的 V_D 伏特。

6.2.1 夾止及飽和

在圖 6-4 中，我們首先忽略通道源極端及通道汲極端到其對應電極間的電壓降。因此我們可以假設通道汲極端的電壓就是汲極電極的電壓。當源極及汲極區域很大時，則其電阻就很小，因此這是一個很好的近似。在圖 6-4 中，閘極和源極之間短路 ($V_G=0$)，所以在 $x=0$ 的電壓和閘極區域任何一點的電壓相同。當電流很小時，空乏區的寬度和平衡時大致相同 (圖 6-4a)。但是當電流 I_D 增大時，這在靠近源極通道內的電壓降 V_x 較小而靠近汲極 V_x 較大的現象便顯得很重要了。這是因為此電壓降 V_x

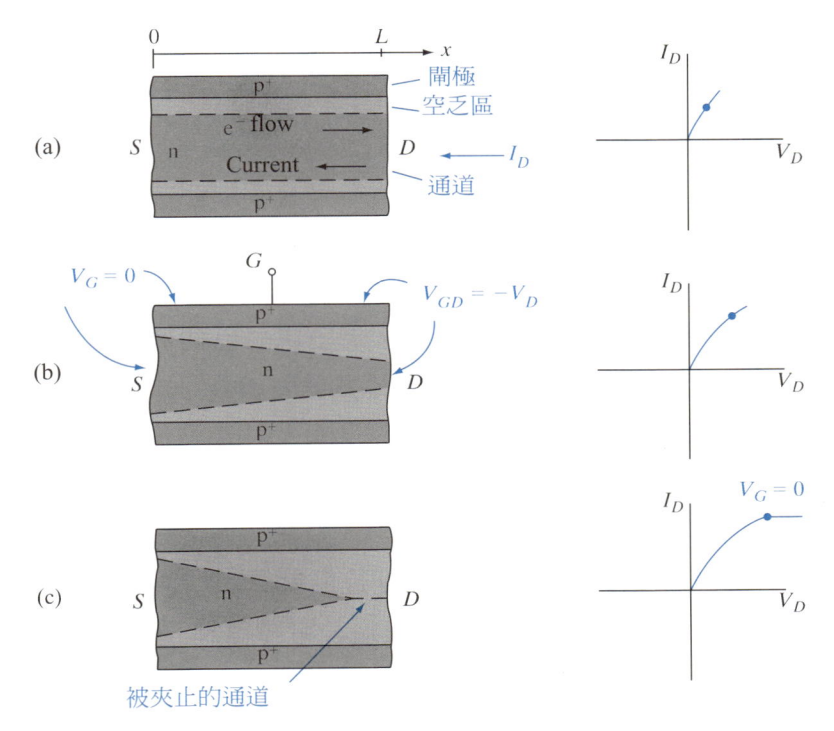

圖 6-4 在零閘極偏壓下，幾個不同 V_D 值時 JFET 通道內的空乏區：(a) 線性區；(b) 接近夾止；(c) 夾止後。

代表通道內 x 點處和閘極間的逆偏電壓 (當 $V_G=0$ 時)，因此我們可以估算圖 6-4b 中空乏區的寬度。這逆偏電壓在汲極附近相當大 ($V_{GD}=-V_D$) 到源極附近漸漸降為零。因此汲極附近的空乏區會深入通道區，使得通道區寬度縮小了。

由於寬度縮小後的通道電阻變大，因此 I-V 圖便開始偏離低電流的直線關係。當電壓 V_D 及電流 I_D 繼續增加時，通道寬度更加縮小，通道電阻也持續變大。當電壓 V_D 變大到某一電壓時，汲極端的空乏區會接在一起，因此等於將通道完全關閉**夾止** (pinch off) (圖 6-4c)。當夾止發生後，電流 I_D 不能再隨電壓 V_D 而明顯增加了。夾止後的電流大致**飽和** (saturated) 約為在夾止時的電流值。[2] 當電子從通道進入空乏區後，電子會受其電場作用而被掃過空乏區最後流到正偏壓的汲極。由於電流在夾止後會飽和，因此通道的微分電阻 dV_D/dI_D 會變得非常高。我們可以假設在夾止後電流不隨 V_D 的增加而增加，因此電流 I_D 可以近似為夾止時的電流值。

6.2.2 閘極控制

閘極負偏壓的效應為增加通道的電阻及使夾止發生在較小的電流 (圖 6-5)。由於當閘極負偏壓加大時，空乏區也會因而變寬，因此有效通道寬度會因而降低。如此一來，在小電流時，通道電阻已經很大了。因此在線性區內 I_D-V_D 圖族中，其斜率會隨著閘極負偏壓加大而減小 (圖 6-5b)。夾止發生的條件也在較小的 V_D 便可達到，因此飽和電流也比閘極偏壓為零時小。當 V_G 變化時，我們可以得到一組通道 I_D-V_D 特性曲線 (圖 6-5b)。

在夾止發生後，汲極電流 I_D 便只被閘極偏壓 V_G 所控制。a-c 信號的放大可藉由變化閘極偏壓來達成。由於輸入電壓落在逆偏的閘極接面

---

[2] 比起其他的詞，元件工程師將「飽和」這詞在很多不同的上下文中用來代表不同的意義。我們討論過速度飽和、接面的逆向飽和電流及目前 JFET 的 I-V 特性的飽和。在第七章，我們將會討論到 BJT 的飽和。面對這些不同的飽和含意，同學們現在也可能達到吸收飽和了。

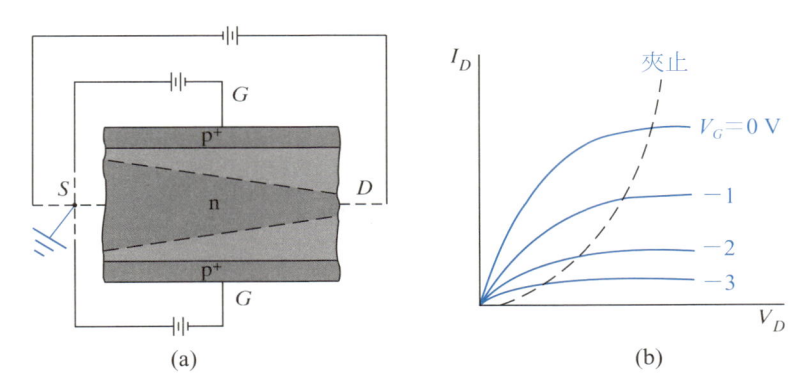

圖 6-5 負閘極偏壓的效應下：(a) 負閘極偏壓使空乏區的寬度增加；(b) 隨閘極偏壓變化的電流-電壓特性曲線組。

上，因此這元件的輸入阻抗很高。

　　如果將通道近似成圖 6-6 的形狀，我們可以很容易地估算出夾止電壓。假設通道是上下對稱而且上下閘極對其所控制半邊通道的效應也完全一樣，那麼我們便可以只考慮從中間線 ($y=L$) 處算起的半邊通道寬度 $h(x)$ 了。通道的冶金接面半寬度 (不考慮空乏區寬度) 則為 a。計算在汲極端 ($x=L$) 的 p$^+$ 閘極及 n 型通道間的逆偏壓便可估算出夾止電壓。為了簡單起見，我們假設當汲極端逆偏電壓增加到夾止電壓時，汲極端通道寬度隨之均勻下降。當汲極端的 p$^+$ 閘極及 n 型通道間的逆偏壓為 $-V_{GD}$ 時，$x=L$ 處空乏區寬度可以用 (5-57) 式表示如下：

$$W(x = L) = \left[\frac{2\epsilon(-V_{GD})}{qN_d}\right]^{1/2} \quad (V_{GD} \text{ 為負}) \tag{6-2}$$

在這表示式中，我們忽略了接觸電位 V_0 (因其遠小於 V_{GD}) 及假設 p$^+$-n 接面的空乏區主要向通道延伸。加入接觸電位 V_0 的效應，我們留在練習題 6.1。

　　汲極端通道夾止發生在

$$h(x = L) = a - W(x = L) = 0 \tag{6-3}$$

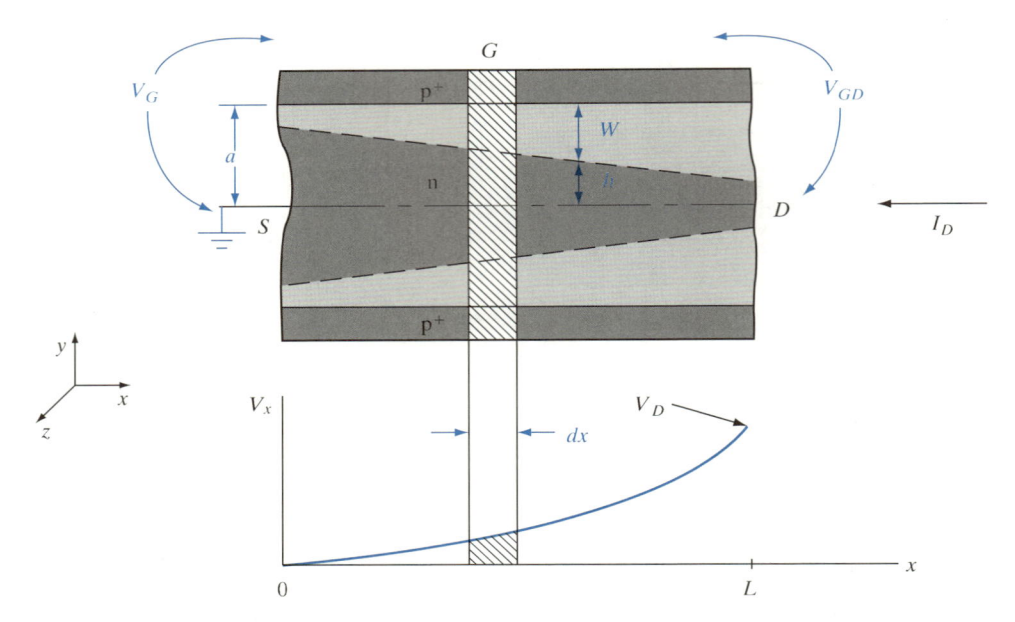

圖 6-6 標示著用來計算的各個相關尺寸及座標系統的簡化通道圖。

也就是，當 $W(x=L)=a$ 時。讓我們將夾止時的偏壓 $-V_{GD}$ 定義為夾止電壓 V_P 如下：

$$\left[\frac{2\epsilon V_P}{qN_d}\right]^{1/2} = a$$

$$\boxed{V_P = \frac{qa^2N_d}{2\epsilon}} \tag{6-4}$$

這夾止電壓 V_P 是正值；它和 V_D 及 V_G 的關係如下：

$$V_P = -V_{GD}\ (夾止) = -V_G + V_D \tag{6-5}$$

其中 V_G 在元件正確操作時為零或負值。閘極順偏時將會造成電洞從 p$^+$ 區域注入通道，進而喪失此元件的場效應控制。從 (6-5) 式我們可以清楚看到夾止是由閘極到源極電壓與汲極到源極電壓合力造成的。當負電壓加在閘極時，一個較小的 V_D (也就是一個較小的 I_D) 就會造成夾止，這結果和圖 6-5b 一致。

6.2.3 電流-電壓特性曲線

雖然計算正確的通道電流相當繁複，但計算夾止前的通道電流所牽涉到的數學卻很直接了當。我們採用的方法是推導出剛夾止時的電流表示式，然後再假設夾止後的飽和電流大約維持在剛夾止時的電流值。

在圖 6-6 所定義的座標系統中，我們取源極端通道的中央為原點。在 x-方向通道的長度為 L，在 z-方向通道的深度為 Z。我們將電阻率稱為 ρ (這只在空乏區外的通道處成立)。讓我們考慮一個微小段的中性通道區域 $Z2h(x)dx$，這一微小段的電阻為 $\rho dx/Z2h(x)$ [見 (3-44) 式]。I_D 和跨過此微小段電阻的電壓 dV_x 的關係為：

$$I_D = \frac{Z2h(x)}{\rho} \frac{dV_x}{dx} \qquad (6\text{-}6)$$

其中 $2h(x)$ 代表在 x 處的通道寬度。

在 x 處的通道半寬度 $h(x)$ 由該處閘極和通道間的逆偏 $-V_{Gx}$ 來決定：

$$h(x) = a - W(x) = a - \left[\frac{2\epsilon(-V_{Gx})}{qN_d}\right]^{1/2} = a\left[1 - \left(\frac{V_x - V_G}{V_P}\right)^{1/2}\right] \qquad (6\text{-}7)$$

因為 $V_{Gx} = V_G - V_x$ 及 $V_P = qa^2N_d/2\epsilon$。在 (6-7) 式中，我們假設 $W(x)$ 的表示式可以簡單的將 (6-2) 式延伸用到通道的 x 處。我們稱此為**通道漸變近似法** (gradual channel approximation)；假如 $h(x)$ 對通道內任一小段 dx 均不會急劇變化，這近似法便可成立。

由於閘極電壓 V_G 在元件正確操作時為零或負值，因此電壓 V_{Gx} 將是負值。將在 (6-7) 式代入 (6-6) 式，我們得到：

$$\frac{2Za}{\rho}\left[1 - \left(\frac{V_x - V_G}{V_P}\right)^{1/2}\right]dV_x = I_D dx \qquad (6\text{-}8)$$

解此 (6-8) 式，我們得到：

$$I_D = G_0 V_P \left[\frac{V_D}{V_P} + \frac{2}{3}\left(-\frac{V_G}{V_P}\right)^{3/2} - \frac{2}{3}\left(\frac{V_D - V_G}{V_P}\right)^{3/2} \right] \qquad (6\text{-}9)$$

其中 V_G 是負值及 $G_0 \equiv 2aZ/\rho L$ 就是 $W(x)$ 為零時的通道電導；也就是閘極電壓為零及 I_D 很小時的通道電導。這等式只在夾止發生前，$V_D - V_G = V_P$，有效。假如我們進一步假設過了夾止電壓後的飽和電流維持在夾止時的電流值，那麼飽和電流可以表示為：

$$\begin{aligned} I_D(\text{sat.}) &= G_0 V_P \left[\frac{V_D}{V_P} + \frac{2}{3}\left(-\frac{V_G}{V_P}\right)^{3/2} - \frac{2}{3} \right] \\ &= G_0 V_P \left[\frac{V_G}{V_P} + \frac{2}{3}\left(-\frac{V_G}{V_P}\right)^{3/2} + \frac{1}{3} \right] \end{aligned} \qquad (6\text{-}10)$$

其中

$$\frac{V_D}{V_P} = 1 + \frac{V_G}{V_P}$$

所得到的整組通道 I-V 特性曲線和我們預測結果定性上很吻合 (圖 6-5b)。當 V_G 為零時，飽和電流最大。當 V_G 為負時，飽和電流就減小了。

我們可以用一個受閘極電壓變化控制的汲極電流的等效電路來代表這元件偏壓在飽和區的行為。

$$g_m(\text{sat.}) = \frac{\partial I_D(\text{sat.})}{\partial V_G} = G_0 \left[1 - \left(-\frac{V_G}{V_P} \right)^{1/2} \right] \qquad (6\text{-}11)$$

這 g_m 稱為轉換電導 (簡稱「轉導」) (mutual transconductance)。它的單位是 A/V 稱為西蒙 (S, siemens)，也叫姆歐 (mho)。當這轉換電導作為 FET 元件的效能指標 (figure of merit) 時，我們通常採用單位通道的轉換電導 (g_m/Z)。這 g_m/Z 量的單位為毫西蒙/毫米。

從實驗上，我們發現汲極飽和電流可以用下列較簡單的平方關係式來代表：

$$I_D(\text{sat.}) \simeq I_{DSS}\left(1 + \frac{V_G}{V_P}\right)^2, \quad (V_G \text{為負}) \tag{6-12}$$

其中 I_{DSS} 是 $V_G=0$ 的汲極飽和電流。

在 (6-9) 式－(6-11) 式的等式裡有一個通道電阻為常數的項 (在 G_0 項裡) 暗指電子遷移率為一常數。我們在 3.4.4 節裡談到高電場速度飽和現象會使這個假設失效。由於短通道元件縱使在中等汲極電壓下也會有很高的通道電場，因此這情形在非常短通道的元件尤其容易發生。另一個偏離理想模型的因素為通道長度調變現象。就像圖 6-4c 所顯示的，有效通道長度隨汲極電壓增加而減少。由於通道電阻 L 出現在 (6-10) 式 G_0 項的分母處，對一個短通道元件，這效應會導致夾止後的汲極飽和電流隨汲極電壓增加而增加。因此對一個短通道元件而言，汲極飽和電流為常數的假設並不成立。

6.3 金屬-半導體場效應電晶體

在上節所討論的 JFET 以空乏區來控制通道寬度的方法也可以藉由逆偏的蕭特基能障來取代 p-n 接面。這元件稱為 MESFET，其中 MES 代表我們用了金屬-半導體接面 (metal-semiconductor junction)。這元件在高速數位及微波電路上很有用。這是由於蕭特基能障的簡易結構使我們能夠作出一個較小的元件。當我們採用了如 GaAs 或 InP 等 III-V 族化合物半導體時，更有了比矽高的遷移率和漂移速度等高速的優勢。

6.3.1 GaAs 金屬-半導體場效應電晶體

在圖 6-7 中，我們畫出一個簡單的 GaAs MESFET 示意圖。GaAs 基板通常摻雜或不摻雜 Cr，這 Cr 雜質會在 GaAs 能隙正中間附近產生能階。不摻雜 Cr 的基板也能在 GaAs 能隙正中間附近產生能階。因此這兩種基板的費米能階均會被釘在 GaAs 能隙正中間附近進而造成高電阻 (～10^8 Ω-cm) 基板。我們稱這種基板為半絕緣 (semi-insulating) GaAs 基板。在這絕緣基板上，我們磊晶成長一薄層的 n 型低摻雜 GaAs 作為 FET 的通道。[3] 光微影製程包含了源極和汲極歐姆接觸的金屬層 (如：Au-Ge 合金) 及蕭特基能障的閘極金屬層 (如：Al)。藉由蕭特基閘極的逆偏，通道上的空乏區可以擴展至半絕緣基板處，I-V 特性曲線的結果和 JFET 近似。

用 GaAs 來取代 Si，我們除了可以有較高的遷移率 (見附錄 III)。更可以讓 GaAs 在高溫下操作 (因此有較高的功率)。由於圖 6-7 中並不牽涉到雜質擴散，因此能夠達到很小的幾何誤差及作成很小的 MESFET 元件。這類元件的閘極長度 $L \lesssim 0.25$ μm 是很平常的事。由於穿越時間及電容可以控制在最小，因此這很小閘極長度對元件的高頻特性有很重要的影響。

我們可以用離子佈植來取代圖 6-7 中的 n 型磊晶層及回蝕。從半絕緣

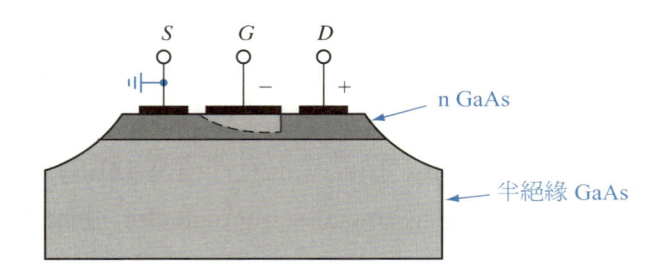

圖 6-7 GaAs MESFET 示意圖。半絕緣 GaAs 基板上成長一層 n 型 GaAs 磊晶層來構成。蕭特基閘極的金屬材料通常採用 Ti，W 及 Au。源極和汲極歐姆接觸的金屬材料則通常採用 Au-Ge 合金。在這例子中，積體電路中彼此元件間的隔離則藉由將 n 型 GaAs 磊晶層蝕刻穿透到半絕緣基板來達成。

---

[3] 在很多情況下，一層高阻值的 GaAs 磊晶層 (稱為緩衝層) 也會長在圖 6-7 中半絕緣基板和通道層之間。

GaAs 基板開始，表面的 n 型通道層可以藉由離子佈植 Si 或任何四價元素 (例如 Se) 來形成。這離子佈植雖然還需要用退火來修補離子佈植所造成的損害但不用磊晶成長了。不管是離子佈植元件或是圖 6-7 中的磊晶層元件，此元件的源極及汲極的歐姆接觸可藉由此兩區域的 n^+ 離子佈植來改進。由於離子佈植 GaAs MESFET 比較容易製作再加上半絕緣 GaAs 基板的元件隔離也可自動達成，因此這結構通常用在 GaAs 積體電路上。

6.3.2 高電子遷移率電晶體

由於金屬-半導體場效應電晶體 (MESFET) 採用 III-V 族化合物半導體，因此我們可以活用其異質接面材料的能隙工程特性。為了保持 MESFET 的高轉導，通道的導電度要越高越好。很顯然地，導電度可以用增加通道的摻雜 (也就是通道的載子數) 來增加。但是，增加通道的摻雜也會增加游離雜質的散射機會以致造成遷移率下降 (見圖 3-23)。因此真正需要的是其他不是以摻雜法來增加 MESFET 通道內載子數的方法。一個很聰明的辦法便是將一未摻雜薄量子井層 (如 GaAs) 長在兩層寬能隙的摻雜障礙層 (如 AlGaAs) 之間。這結構稱為**調制摻雜** (modulation doping)。當摻雜 AlGaAs 障礙層的電子掉入沒摻雜 GaAs 量子井層並陷在其中時，這結構將產生高導電度的 GaAs 層 (見圖 6-8a)。由於施體在 AlGaAs 層而非 GaAs 層，因此在量子井層也沒有電子游離雜質散射的問題了。假如用 GaAs 層來作 MESFET 的通道 (垂直於圖 6-8a 的頁面)，我們便可以利用它來減低的游離雜質散射來產生較高的遷移率。這效應在低溫時，當聲子散射也很低時，尤其顯著。這元件稱為**調制摻雜場效應電晶體** (modulation doped field-effect transistor, MODFET) 或是叫作**高電子遷移率電晶體** (high electron mobility transistor, HEMT)。

在圖 6-8a 中，我們沒考慮到 AlGaAs/GaAs 介面能帶彎曲的現象。根據 5.8 節的討論，由於介面能帶彎曲效應，我們預期電子會堆積在量子井角落上。事實上，我們只需要一個異質接面便可以捕捉電子 (見圖 6-

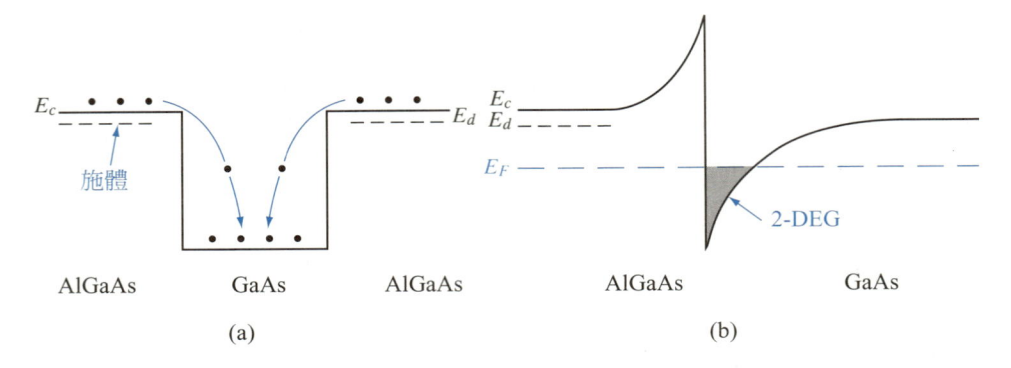

```
   E_c •••                       •••        E_c
   ─── ↘                        ↙ ─── E_d   ───
        ↘                      ↙            E_d ───╲
         ↘                    ↙                     ╲        _____
  施體     ↘                  ↙                      ╲      ╱
           ↘                ↙              E_F ──────╲────╱────────────
                •  •  •  •                           ▓╲__╱  ← 2-DEG
          └──────────────┘

   AlGaAs    GaAs    AlGaAs             AlGaAs           GaAs
            (a)                              (b)
```

圖 6-8 (a) 一個顯示調制摻雜機制的簡化圖 (只畫出傳導帶)。摻雜 AlGaAs 障礙層的電子掉入沒摻雜 GaAs 位能井並被其捕捉。結果使沒摻雜 GaAs 層變成 n 型卻沒有通常 n 型游離雜質散射的困惱。(b) 用單一的 AlGaAs/GaAs 異質接面來捕捉電子到沒摻雜 GaAs 中。這界面上薄薄的自由電子電荷形成一層二維電子雲 (2-DEG)。這二維電子雲可以被用在 HEMT 元件。

8b)。通常在 AlGaAs 層的雜質被蓄意地放在異質接面約 100 Å 外。由於 GaAs 通道和提供電子的 AlGaAs 層彼此隔開，因此採用這個結構，我們可以做到通道同時有高電子濃度及高電子遷移率的特性。

在圖 6-8b 中，流動的電子是從 AlGaAs 施體產生再擴散到較小能隙的 GaAs 層。並且這些電子會被 AlGaAs/GaAs 異質接面的能障阻隔而不能回到 AlGaAs 層。這些電子在這 (幾乎是) 三角形位能井中形成一層二維電子雲 (有時簡稱為 2-DEG)。在如圖 6-8b 中的一個介面上，我們可以達到高達 10^{12} cm^{-2} 的片載子密度。單純地把電子和施體分離，游離雜質散射的問題便可大幅降低。並且這非常高密度的二維電子雲的遮蔽效應可進一步降低游離雜質散射。對一個良好設計的結構，電子傳輸可以和沒摻雜的 GaAs 塊材一樣好，因此其遷移率將受限於晶格散射。所以，遷移率可以達到在 77 K 為 250,000 cm^2/V-s 以上及在 4 K 為 2,000,000 cm^2/V-s 以上。

HEMT 的優勢在於它能夠將很高的電子密度 (約 10^{12} cm^{-2}) 放在一層離閘極很近的超薄層中 (小於 100 Å) 同時又消除了游離雜質散射。在正常操作中，HEMT 的 AlGaAs 層是完全空乏的，在加上電子又被侷限在異質接面，因此這元件和 MOSFET 的操作行為類似。比起 Si MOSFET，HEMT 的優點在於 (1) GaAs 有比 Si 高的遷移率及最大電子速度和 (2) AlGaAs/GaAs 異質接面較 Si/SiO$_2$ 介面平滑。這 HEMT 的高性能說明了它極高的截止頻率及它超快的資料擷取時間。

雖然我們以 AlGaAs/GaAs 異質接面來討論 HEMT，其他的材料系統例如 InGaAsP/InP 也非常有前途。避開用 Al$_x$Ga$_{1-x}$As 的動機是當 $x > 0.2$ 時它會有叫 DX 中心的深層能階缺陷。這 DX 中心會捕捉電子進而癱瘓 HEMT 操作。由於這些磊晶都很薄，因此有些晶格不匹配的材料也可以成長磊晶來形成擬似**磊晶** (pseudomorphic) HEMT。例如 InGaAs 磊晶層可以擬似磊晶長在 GaAs 基板上，接著再長上 AlGaAs 磊晶層。這結構的優點為在不產生 DX 中心的小 Al 含量下就有足夠的界面能障。

這 HEMT 或是 MODFET 也叫作二維電子氣場效應電晶體 (two-dimensional electron gas FET, 2-DEG FET 或是 TEGFET) 來強調它藉由很薄電荷片形成導電通道的特性。這元件也被稱為**分離摻雜場效應電晶體** (separately doped FET, SEDFET) 來強調它摻雜區和通道區分離的特性。

6.3.3　短通道效應

正如 6.2.3 節所提到的，當通道長度很小時 (通常 < 1 μm)，JFET 及 MESFET 操作的簡單理論必須作各種修正。在過去，這些短通道效應是異常的現象，但現在這效應所主導的 *I-V* 特性已常常會碰到了。例如在 1 V 落在 1 μm (10^{-4} cm) 通道長度時的電場強度為 10 kV/cm，這時高電場效應已發生了。

這速度-電場曲線可以用一個簡單地分段線性來近似。這近似假設在小於某一臨界電場 E_c 時遷移率是一個常數 (速度-電場為線性關係) 而在較高電場速度為一飽和速度 v_s。對 Si 而言，更好的近似是：

$$v_d = \frac{\mu \mathscr{E}}{1 + \mu \mathscr{E}/v_s} \tag{6-13}$$

其中 μ 是低電場時的遷移率。在圖 6-9a 上，我們畫出了這兩種近似。假如我們假設電子以飽和速度 v_s 漂移過通道，那麼電流可以用下面簡單形式表示：

$$I_D = qnv_s A = qN_d v_s Zh \tag{6-14}$$

其中 h 是 V_G 的一個緩變函數。在這種情況下飽和電流將隨著飽和速度走而不需要達到空乏區接合的真正夾止條件。和定遷移率轉導 g_m[(6-11) 式]不一樣，在飽和速度下，轉導 g_m 基本上是一個常數。如圖 6-9b 所示，在飽和速度下 I_D-V_D 特性曲線間隔比較固定。而在長通道定遷移率下，I_D-V_D 特性曲線間隔隨 V_G 變化。

　　大部分的元件操作特性介於定遷移率和定飽和速度操作區域之間。從電場的詳細分佈，我們可以將通道分成這兩個極端機制主導的區域或是用 (6-13) 式的近似。

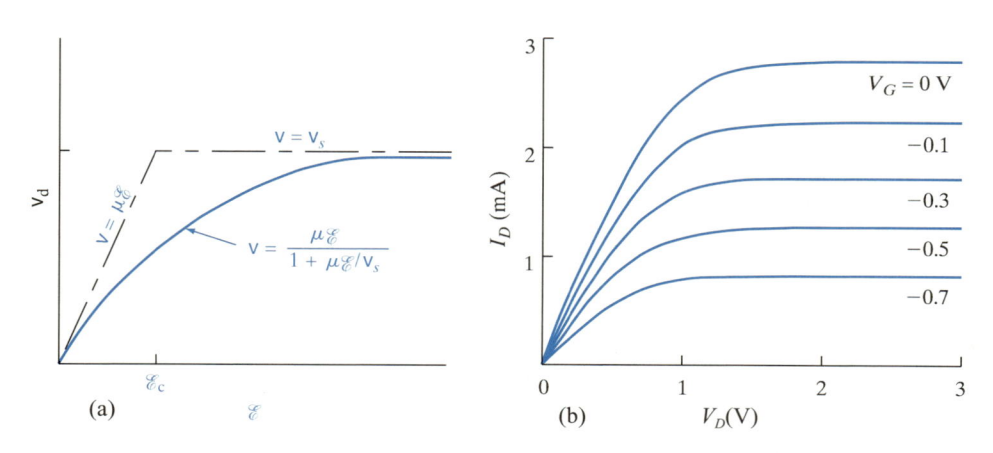

圖 6-9　高電場下電子速度飽和效應：(a) 兩種在高電場下電子速度飽和的近似表示圖。(b) 在飽和速度下 I_D-V_D 特性曲線圖。從這圖可以看出閘極電壓增加時 I_D 間隔固定。

另一個重要的短通道效應 (我們在 6.2.3 節描述過) 是夾止後通道長度隨汲極電壓增加而縮小。在長通道時，由於這長度變化所佔的比例並不大，因此這效應並不顯著。但是，在短通道時，通道長度會被相當程度的縮小進而造成 I_D-V_D 特性曲線飽和電流有一斜率上升。這和 7.7.2 節所要討論的雙載子電晶體的厄利 (Early) 效應 (基極寬度窄化效應) 類似。

6.4　金屬-絕緣層-半導體場效應電晶體

被最廣泛使用的電子元件，尤其是用在數位積體電路上，就是**金屬-絕緣層-半導體** (MIS) **電晶體** (metal-insulator-semiconductor transistor)。這元件通道的電流是由閘極電壓透過絕緣層來控制通道的電荷數。所以這類元件的學名稱為絕緣閘場效應電晶體 (IGFET)。但是，大部分的這類元件都採用 Si 為半導體，SiO_2 為絕緣層，及金屬或是高摻雜的多晶矽為閘極，因此通常稱此元件為**金氧半場效應電晶體** (MOS field-effect transistor, MOSFET)。

6.4.1　基本操作原理和製作

在圖 6-10a 中，我們以圖解法來展示一個基本的 MOS 電晶體。這是個作在 p 型 Si 基板上的加強型 n 通道元件。n^+ 型的源極及汲極可藉由擴散或離子佈植到摻雜較小的 p 型基板來達成。一層很薄的氧化層將導電閘極和 Si 表面隔開。沒有源極到汲極的 n 通道就沒有源極到汲極間的電流。這可以從圖 6-10a 中的 MOSFET 平衡時沿著通道的能帶圖清楚地瞭解到。費米能階在平衡時是平的。在 n^+ 型的源極及汲極的費米能階接近傳導帶，而 p 型基板的費米能階則接近價電子帶。因此對一個電子要從源極到汲極要克服一個能障。這能障對應到源極和汲極間背對背 p-n 接面的內建電位。

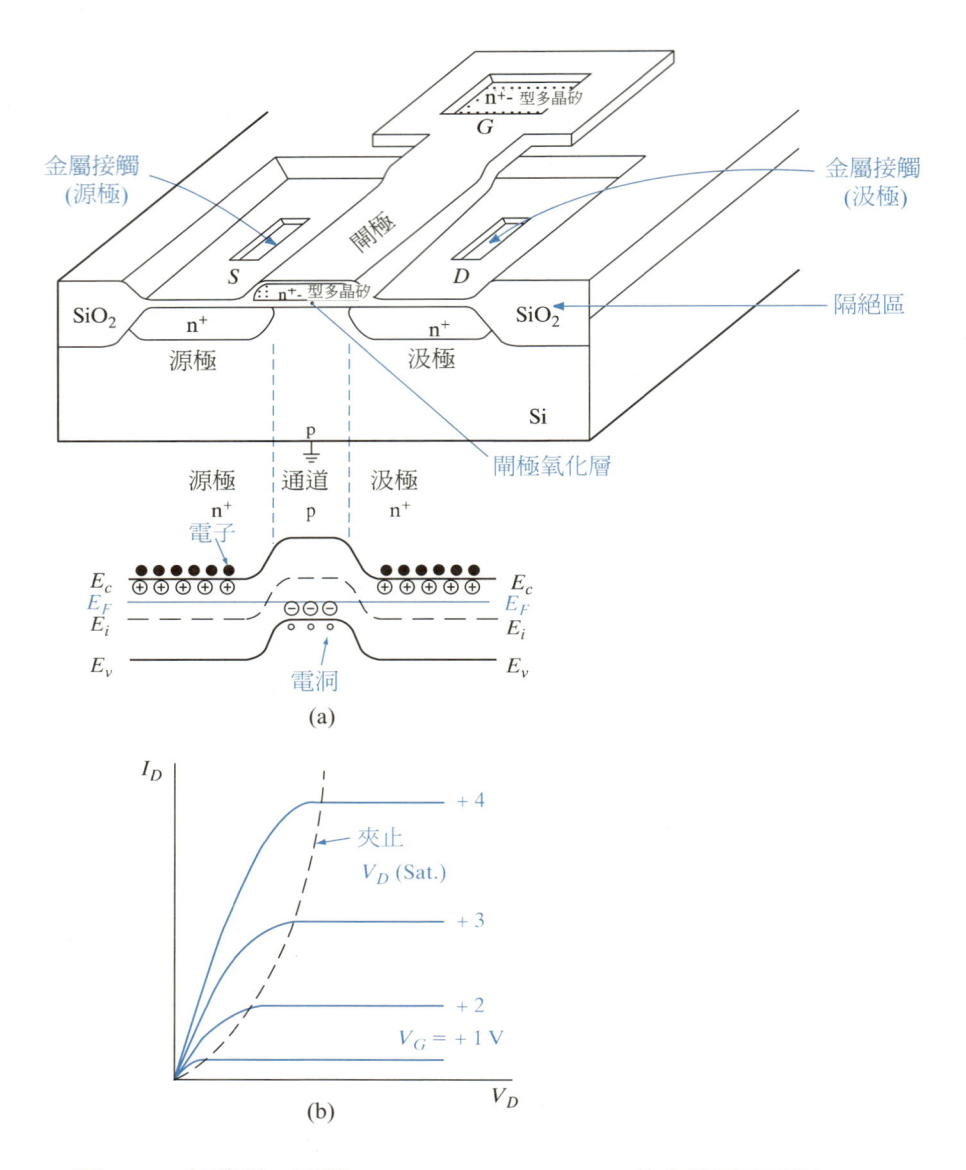

圖 6-10　加強型 n 通道 MOSFET：(a) MOSFET 的立體圖及平衡時沿著通道的能帶圖。(b) 不同閘極電壓的汲極電流-電壓輸出特性曲線圖。

當閘極加上一個相對於基板 (源極和基板接在一起) 為正電壓時，正電荷便被放在閘極金屬上。對面的 Si 基板則感應產生負電荷來回應。這些負電荷是 Si 基板上的空乏區及矽表面流動電子薄層所形成。這些感應的電子形成 FET 的通道進而讓源極到汲極之間有電流流通。正如圖 6-10b 所提示的，和 JFET 的情況類似，閘極電壓的作用是在低汲極電壓時調變這感應通道的電導。由於在 p 型通道區靜電感應了電子，因此通道區變成較輕的 p 型。所以價電子帶向下移動而遠離了費米能階。這很顯然可以降低源極、通道和汲極間的能障。當閘極電壓大於所謂的**臨界電壓** (threshold voltage) V_T 時，這能障已被充分降低了，因此源極到汲極間有很顯著的電流。因此，MOSFET 的觀點之一是閘極控制位能障礙。由於一個高品質、低漏電流 p-n 接面可以保證 MOSFET 在關閉時有很低的漏電電流，因此這種接面對 MOSFET 是很重要的。對某一閘極電壓 V_G，存在一個特別的汲極電壓 V_D。當汲極電壓大於此電壓時，汲極電流會飽和到一定值。

臨界電壓 V_T 是產生通道所需的最低閘極電壓。一般而言，n 通道元件 (如圖 6-11 所示) 需要一個大於 V_T 的正閘極電壓來感應導電通道。同樣的，p 通道元件 (由 n 型基板和擴散或離子佈植 p^+ 型的源極及汲極構成) 需要一個小於 V_T 的負閘極電壓來感應產生所需的通道正電荷 (流動的電洞)。我們也將會看到這些通則也有一些例外。例如，有一些 n 通道元件在零閘極電壓時，通道已存在。事實上，我們需要一個負的閘極電壓才能將通道關掉。由於這元件需要一個閘極電壓來空乏平衡時的通道，因此這類 "通常導通" 的元件叫**空乏型** (depletion mode) 電晶體。更常見的 MOS 電晶體是閘極電壓為零時的 "通常不導通" 元件。這元件操作在**增強模式** (enhancement mode) 時要加上一個足夠的閘極電壓來感應出導電通道。

MOSFET 的另一個觀點是閘極控制電阻。假如 (正) 閘極電壓超過 n 通道元件的臨界電壓時，p 型基板感應產生了電子。由於這通道連接到

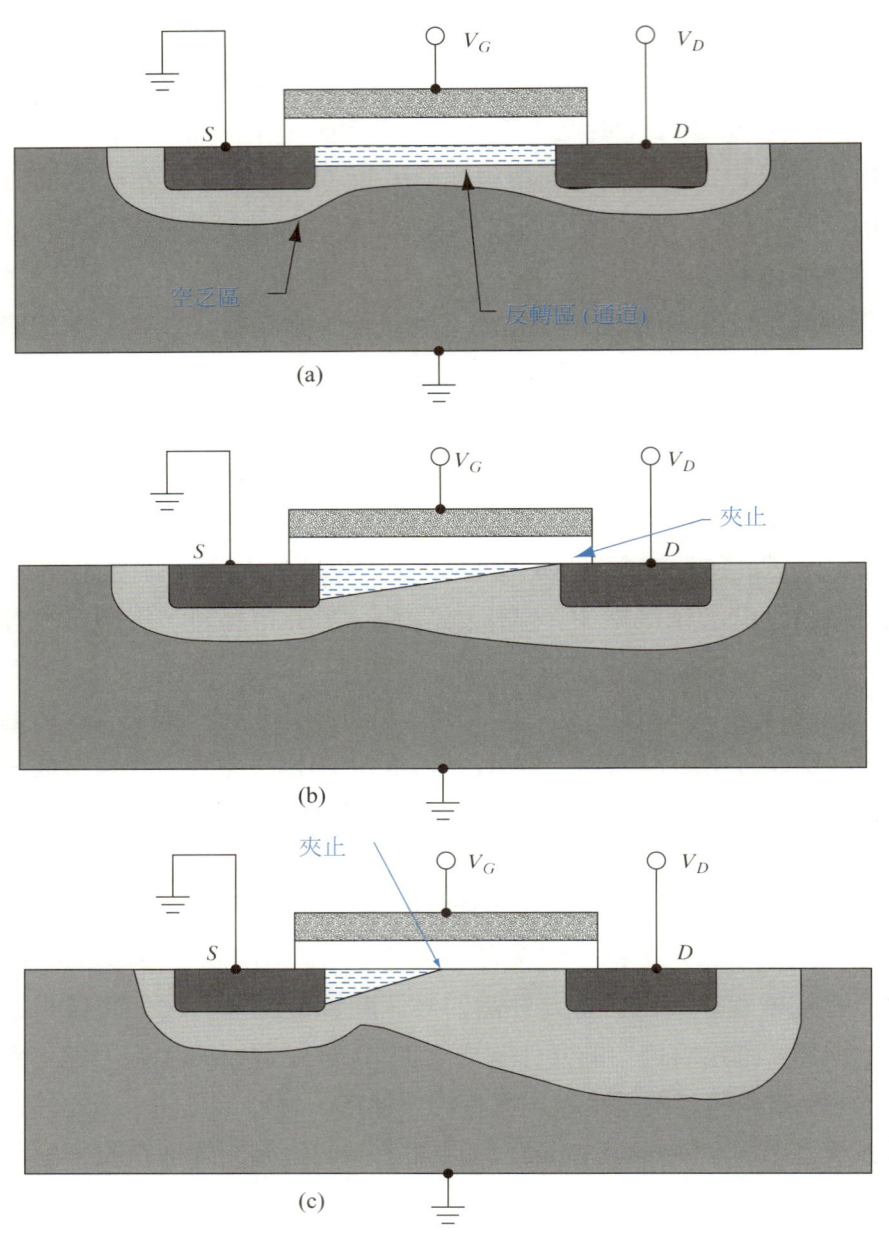

圖 6-11　不同操作條件下的 n 通道 MOSFET 剖面圖：(a) 線性區域 $V_G > V_T$ 及 $V_D < (V_G - V_T)$。(b) 飽和剛開始時 $V_G > V_T$ 及 $V_D = (V_G - V_T)$。(c) 強飽和時 $V_G > V_T$ 及 $V_D > (V_G - V_T)$。

n⁺ 源極及汲極區域，這結構看起來像是一條感應的 n 型電阻。當閘極電壓增加時，通道會感應出更多的通道電子，因此通道的導電度會變好。起初汲極電流隨汲極電壓呈線性增加 (線性區) (圖 6-10b) 但當汲極電流變大時，通道的電壓降也隨著增大，因此通道中每點的電壓會有很大變化。例如在源極端的通道電壓為零，而在汲極端的通道電壓為汲極電壓。因此，閘極到通道的電壓從源極端的 V_G 降為汲極端的 (V_G-V_D)。一旦汲極電壓增加到 $(V_G-V_D)=V_T$ 時，在汲極端的通道就幾乎消失了，這叫做通道夾止。當汲極電壓大於此點電壓 (V_D(SAT.)) 時，夾止區域便會沿著通道向源極端擴大 (圖 6-11c)。由於夾止區域沿著通道的縱向電場很大的緣故，通道的電子被拉入此區域會以飽和速度行進。由於汲極電流不再隨汲極電壓增加而有明顯增加，因此我們稱這時汲極電流為**飽和區** (saturation) (圖 6-10b)。事實上，由於一些二次效應例如通道長度調變及汲極導致能障下降 (DIBL)，飽和區的汲極電流會隨汲極電壓而小幅度增加，這將在 6.5.10 節討論。

MOS 電晶體在應用於切換導通與不導通狀態的數位電路特別有用。由於通道的導通狀態是從閘極透過絕緣層來達成，因此 MOS 電路的 d-c 阻抗非常高。

通常 n 型通道及 p 型通道 MOS 電晶體都會被採用。由於矽晶體的電子遷移率較高，因此大家通常比較喜歡採用圖 6-10 所示的 n 型通道 MOS 電晶體。在下面大部分的討論中，我們將以 n 型通道 (p 型基板) 為例，而 p 型通道先暫擱於腦海裡。

讓我們對這 n 型通道電晶體的製造做一個簡單的描述。詳細的描述在 9.3.1 節討論。在 p 型基板上長一層極薄的 (約 5-10 nm) 乾熱二氧化矽層。這作為閘極和通道間的絕緣層。我們馬上在其上以 LPCVD 覆蓋一層高 n⁺ 摻雜的多晶矽。這高 n⁺ 摻雜的多晶矽再以反應式離子蝕刻 (RIE) (5.1.7 節) 蝕刻成閘極。這閘極本身也當作源極/汲極 n⁺ 佈植時的遮罩，如此可使源極/汲極和通道直接貼緊而不影響到通道。由於源極/汲極的形成並不需要另一道光微影程序，因此這種方法叫**自我對準製程** (self-aligned process)。由於這方法保證閘極與源極/汲極有一些重疊又不會太多重疊，因此自我對準製程既簡單又有用。其優點將在 6.5.8 節討論。這些佈植的雜質需要退火處理 (5.1.4 節)。最後 MOSFET 需要根據電路的要求用金屬層導線作正確的連接。這包含 LPCVD 產生氧化矽介電層，RIE 挖出連接孔，濺鍍金屬層 (例如鋁)，產生連線圖形及蝕刻出連線。

如圖 6-10a 所示 MOSFET 四周被一層厚的 SiO_2 所圍住。在積體電路中，這絕緣層提供了極重要的電晶體彼此電性隔離作用。在 9.3.1 節我們將看到這些隔絕區 (isolation) (或場區 (field)) 可以用很多方法來達成，例如矽局部氧化法(Local Oxidation of Silicon, LOCOS)。簡單的說，進入 MOSFETs 製程前，先在整個矽基板以 LPCVD 成長一層氮化矽 (Si_3N_4)，使用圖案檢視及蝕刻移除隔絕區上方之氮化矽，未被移除之區域成為 MOSFETs 的主動區。然後在隔絕區我們會打入通道抑制 (channel stop) 硼佈值。最後我們應用了 Si_3N_4 層抑制熱氧化成長的原理，只在隔絕區成長厚厚的溼氧化層。至於為什麼通道抑制硼佈值及厚的氧化層可以有電性隔絕效用，我們將在 6.5.5 節討論。

6.4.2 理想的 MOS 電容

一個看起來像很簡單的 MOS 結構的表面效應事實上卻是很複雜的。雖然其中很多效應超出本書範圍，但我們仍舊可以認出那些控制 MOS 電晶體操作的效應。我們首先從較不複雜的理想情況開始，在下一節，我們將引入實際的表面效應。

在圖 6-12a 中，我們做了一些能帶圖的重要定義。金屬的功函數 (見 2.2.1 節) 是將電子從費米能階移出金屬外所需的能量。在MOS 結構上，採用修正的金屬-氧化層間的功函數 $q\Phi_m$ 更合適。這 $q\Phi_m$ 是電子從金屬費米能階移到氧化層傳導帶所需的能量。[4]同樣地，$q\Phi_s$ 是修正的半導體-氧

---

[4] 在這節的 MOS 能帶圖中，我們在半導體到絕緣層傳導帶畫了一個斷掉的符號，這是因為 SiO_2 (或其他典型絕緣層) 的能隙遠大於矽的能隙。

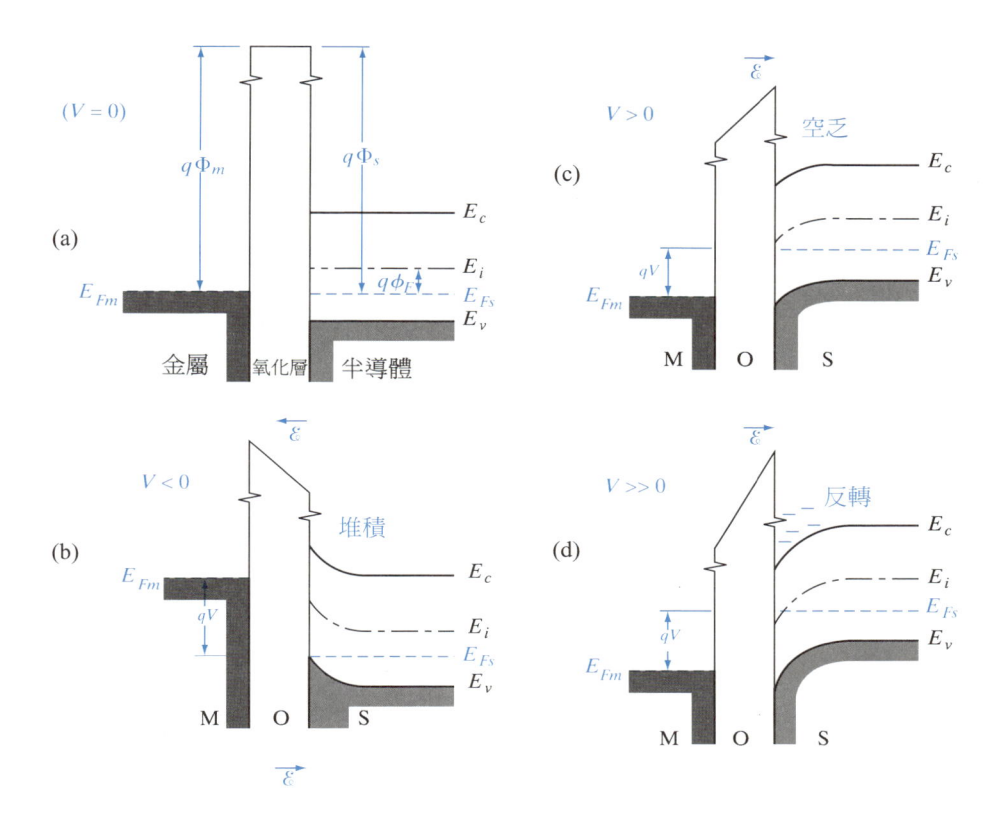

圖 6-12 理想 MOS 結構的能帶圖：(a) 平衡時。(b) 負偏壓造成電洞累積在 p 型半導體表面。(c) 正偏壓將電洞從 p 型半導體表面推開，形成空乏區。(d) 很大的正偏壓使 p 型半導體表面形成反轉，也就是 p 型半導體表面形成 n 型薄層。

化層介面間的功函數。在這理想的例子中，我們假設 $\Phi_m = \Phi_s$，所以金屬-半導體間的功函數差為零。另一個將來會有用的量是 $q\Phi_F$，這量代表費米能階和本質費米能階 E_i 間的能差。這量也代表了 p 型半導體的摻雜量 [見 (3-25) 式]。

圖 6-12a 中的 MOS 結構基本上是一個其中一邊為半導體的電容。如果我們在金屬和半導體間加上一偏壓 (圖 6-12b)，我們等於在金屬加入負電荷。因此，我們預期等量的正電荷會堆積在半導體的表面。當採用 p 型基板時，**電洞會累積** (hole accumulation) 在半導體-氧化層介面上。

因為負電壓會將金屬的靜電位壓低 (depresses) (相對於半導體的電位)，所以在金屬上電子的位能便會被抬高 (raised) (相對於半導體的電子位能)。[5]因此金屬的費米能階 E_{Fm} 位於其平衡位置上方 qV 處，其中 V 為所加偏壓。

由於 Φ_m 及 Φ_s 不會隨所加偏壓變化，將 E_{Fm} 向上抬舉 (相對於 E_{Fs}) 會造成氧化層的能帶傾斜。如 4.4.2 節所述，電場會造成 E_i 傾斜 (E_c 及 E_v 也一樣)，因此這能帶傾斜是我們所預期的。

$$\mathcal{E}(x) = \frac{1}{q}\frac{dE_i}{dx} \qquad \text{(見 4-26)}$$

半導體的能帶在介面會彎曲以容納電洞的堆積。由於

$$p = n_i e^{(E_i - E_F)/kT} \qquad \text{(見 3-25)}$$

我們可以很清楚看到增加電洞濃度就是增加半導體介面的 $E_i - E_F$。

由於並沒有電流通過此 MOS 結構，因此半導體內的費米能階為一常數。所以，如果 $E_i - E_F$ 增加，那麼一定是在半導體介面的 E_i 抬高了。結果便是半導體的能帶在介面處彎曲了。我們也注意到圖 6-12b 中在半導體介面附近的費米能階較靠近價電子帶。這表示介面附近的電洞濃度大於摻雜濃度。

在圖 6-12c 中，我們在金屬上加上了正偏壓。這將提高金屬的靜電位而壓低其費米能階到其平衡位置下方 qV 處。因此氧化層的能帶也會傾斜。我們也可看到將金屬費米能階下壓所造成的能帶傾斜方向和 (4-26) 式的電場方向一致。

正電壓在金屬電極堆積正電荷，也在半導體電極的表面誘發負電荷。這些負電荷是由於半導體的電洞被推離表面而形成**空乏區** (depletion) 所留下的受體負離子所構成。這和 5.2.3 節所討論的 p-n 接面的空乏區類似。在空乏區電洞濃度降低，因此 E_i 靠近 E_F，所以半導體表面的能帶向

---

[5] 還記得靜電位圖是針對正試驗電荷畫的，而電子的位能則是針對負電荷畫的。

下彎。

　　假如我們繼續加大金屬電極的正偏壓，半導體表面的能帶就會向下彎曲的更厲害。事實上，當正偏壓夠大時，E_i 可以彎到 E_F 之下 (圖 6-12d)。這是一個特別有趣的情況，因為 $E_F \gg E_i$ 代表傳導帶有很多電子。

　　在這個情況中，靠近半導體表面的區域具有導電的特性，典型的 n 型材料即具有一個如 (3-25a) 式所示的電子濃度。這層 n 型表面並非由摻雜所形成，而是被原始的 p 型半導體中，外加電壓所引發的**反轉** (inversion) 所取代。這層反轉層是 MOS 電晶體操作的關鍵，它與底下的 p 型材料被空乏區隔離開來。

　　我們必須更深入觀察反轉區，因為它變成 FET 中的導電通道，在圖 6-13 中，我們在任一個 x 點定義一個電位 ϕ，它是量測與平衡時 E_i 的相對關係。$q\phi$ 這個能量可以告訴我們在 x 處的能帶彎曲程度，而 $q\phi_s$ 則呈現出在表面處的能帶彎曲程度。在這個理想的 MOS 情況中，我們注意到

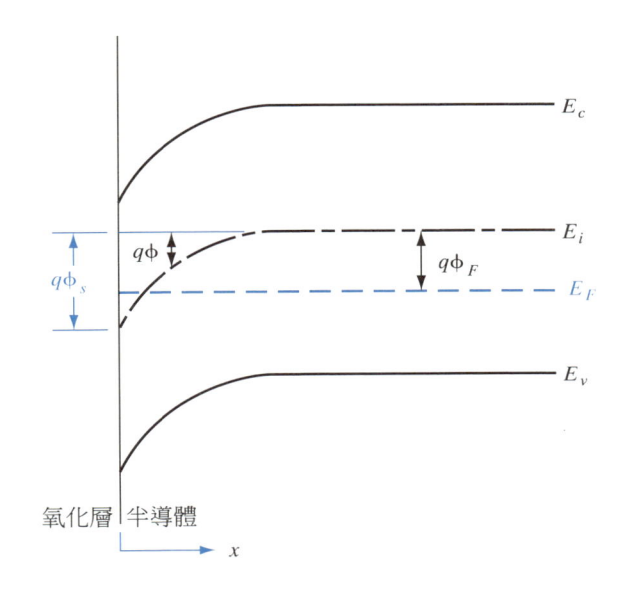

圖 6-13　強反轉開始時，半導體能帶的彎曲：表面電位 ϕ_s 是中性 p 型材料中之 ϕ_F 值的二倍。

平坦能帶 (flat band) 的條件為 $\phi_s = 0$，亦即如同圖 6-12a 所看到的能帶圖。當 $\phi_s < 0$，在表面的能帶向上彎，我們可得到電洞累積 (圖 6-12b)；同理，當 $\phi_s > 0$，我們則得到空乏 (圖 6-12c)。最後，當 ϕ_s 為正且比 ϕ_F 大時，在表面處的能帶向下彎，如同 $x=0$ 處之 E_i 位於 E_F 下方，且可得到反轉 (圖 6-12d)。

當表面反轉成立時，此時的 ϕ_s 大於 ϕ_F，我們需要一個實際的準則來告訴我們在表面處是否存在一個真正的 n 型導電通道。對強反轉 (strong inversion) 而言，最好的準則是其表面反轉的 n 型應該和基板的 p 型一樣濃。E_i 需位於表面處的 E_F 下方很遠處，就如同 E_i 位於 E_F 上方距離表面很遠處。這個情形發生在

$$\phi_s(\text{inv.}) = 2\phi_F = 2\frac{kT}{q}\ln\frac{N_a}{n_i} \tag{6-15}$$

在表面處，一個表面電位 ϕ_F 使能帶下彎至本質條件 ($E_i = E_F$)，而 E_i 被另一個 $q\phi_F$ 再下壓，最後獲得我們所謂的強反轉。

電子、電洞濃度與圖 6-13 所定義的電位 $\phi(x)$ 有關。因為平衡的電子濃度是

$$n_0 = n_i e^{(E_F - E_i)/kT} = n_i e^{-q\phi_F/kT} \tag{6-16}$$

我們可以很容易算出在任一 x 處的電子濃度值：

$$n = n_i e^{-q(\phi_F - \phi)/kT} = n_0 e^{q\phi/kT} \tag{6-17}$$

同理，平衡的電洞濃度和在任一 x 處的電洞濃度值：

$$p_0 = n_i e^{q\phi_F/kT} \tag{6-18a}$$

$$p = p_0 e^{-q\phi/kT} \tag{6-18b}$$

我們可以聯立這些方程式、泊松方程式 (6-19) 和電荷密度表示式 (6-20) 來解出 $\phi(x)$：

$$\frac{\partial^2 \phi}{\partial x^2} = -\frac{\rho(x)}{\epsilon_s} \quad (6\text{-}19)$$

$$\rho(x) = q(N_d^+ - N_a^- + p - n) \quad (6\text{-}20)$$

我們可以藉由解這些方程式來決定每單位面積的總累積電荷 Q_s，它是表面電位 ϕ_s 的函數。將用來表示電子、電洞濃度的 (6-16)、(6-17) 和 (6-18) 式代入 (6-19) 和 (6-20) 式，我們可得到

$$\frac{\partial^2 \phi}{\partial x^2} = \frac{\partial}{\partial x}\left(\frac{\partial \phi}{\partial x}\right) = -\frac{q}{\epsilon_s}\left[p_0\left(e^{-\frac{q\phi}{kT}} - 1\right) - n_0\left(e^{\frac{q\phi}{kT}} - 1\right)\right] \quad (6\text{-}21)$$

必須牢記在心：

$$\frac{-\partial \phi}{\partial x}$$

是在深度 x 處的電場 $\mathscr{E}$。

將 (6-21) 式由基板積分至表面，(其中的基板處，其能帶是平的，電場為零，載子濃度僅由摻雜決定) 我們可列出下式

$$\int_0^{\frac{\partial \phi}{\partial x}} \left(\frac{\partial \phi}{\partial x}\right) d\left(\frac{\partial \phi}{\partial x}\right) = -\frac{q}{\epsilon_s}\int_0^{\phi}\left[p_0\left(e^{\frac{-q\phi}{kT}} - 1\right) - n_0\left(e^{\frac{q\phi}{kT}} - 1\right)\right]d\phi \quad (6\text{-}22)$$

積分後，我們可得到下式

$$\mathscr{E}^2 = \left(\frac{2kT\,p_0}{\epsilon_s}\right)\left[\left(e^{-\frac{q\phi}{kT}} + \frac{q\phi}{kT} - 1\right) + \frac{n_0}{p_0}\left(e^{\frac{q\phi}{kT}} - \frac{q\phi}{kT} - 1\right)\right] \quad (6\text{-}23)$$

一個特別重要的情況是在表面處 ($x=0$)，在那裡的表面垂直電場 $\mathscr{E}_s$ 變成

$$\mathscr{E}_s = \frac{\sqrt{2}kT}{qL_D}\left[\left(e^{-\frac{q\phi_s}{kT}} + \frac{q\phi_s}{kT} - 1\right) + \frac{n_0}{p_0}\left(e^{\frac{q\phi_s}{kT}} - \frac{q\phi_s}{kT} - 1\right)\right]^{\frac{1}{2}} \quad (6\text{-}24)$$

上式中的 L_D 是一個新的專有名詞，**德拜遮蔽長度** (Debye screening length)

$$L_D = \sqrt{\frac{\epsilon_s kT}{q^2 p_0}} \tag{6-25}$$

德拜遮蔽長度是半導體中很重要的一個概念。它給我們一個電荷不平衡會被遮蔽或是塗抹掉的距離尺度。例如，若我們想像一個 n 型半導體中加入一個正的電荷球，則我們可得知球周圍的可移動電子將很擁擠。若我們從球遠離數個德拜遮蔽長度，正電荷球和負電荷雲看起來將會很像是中性的實體。不意外地，L_D 與摻雜有關，因為載子濃度越高，遮蔽越容易發生。若在 n 型材料中，(6-25) 式中之 p_0 需改為 n_0。

在表面處利用高斯定理，我們可以得到每個單位面積的積分空間電荷和電位移的關係。我們必須牢記在基板的電場和位移深度為零。

$$Q_s = -\epsilon_s \mathcal{E}_s \tag{6-26}$$

在 (6-26) 式中，每單位面積的空間電荷密度 Q_s 被畫成是表面電位 ϕ_s 的函數 (參見圖 6-14)。我們從 (6-24) 式和圖 6-14 可看出，當表面電位為零，即平坦能帶的情況，淨空間電荷為零。這是因為在平坦能帶時，固定的摻雜電荷被可移動載子電荷抵消掉。當表面電位為負，它在表面處吸引主要載子電洞並形成累積層。(6-24) 式的第一項是主要項次，且累積空間電荷隨著表面電位更負而激烈地增加 (呈指數增加)。在 (6-18) 式中，可很容易看到為什麼 p 型半導體中的表面電洞濃度是表面電位的函數。因為能帶彎曲程度減少量是深度的函數，所以積分累積電荷應包括平均深度，就會在指數項引入一個 2 的因子。數學上，這是由於在 (6-24) 式中的平方根項。必須申明一點，因為這個電荷是由於可移動主要載子 (在此情形中是電洞)，電荷在氧化層和矽基板的介面處堆積，典型的累積層厚度大約 20 nm。且因為在表面電位處的累積電荷成指數關係，能帶彎曲一般而言較小，或者說它被限制 (pinned) 趨近於零。

另一方面，我們由 (6-24) 式所看到的第二 (線性) 項—正表面電位，是主要項。雖然，指數項 exp ($q\phi_s/kT$) 很大，但它被乘上少數載子對多數

第六章 場效應電晶體 **315**

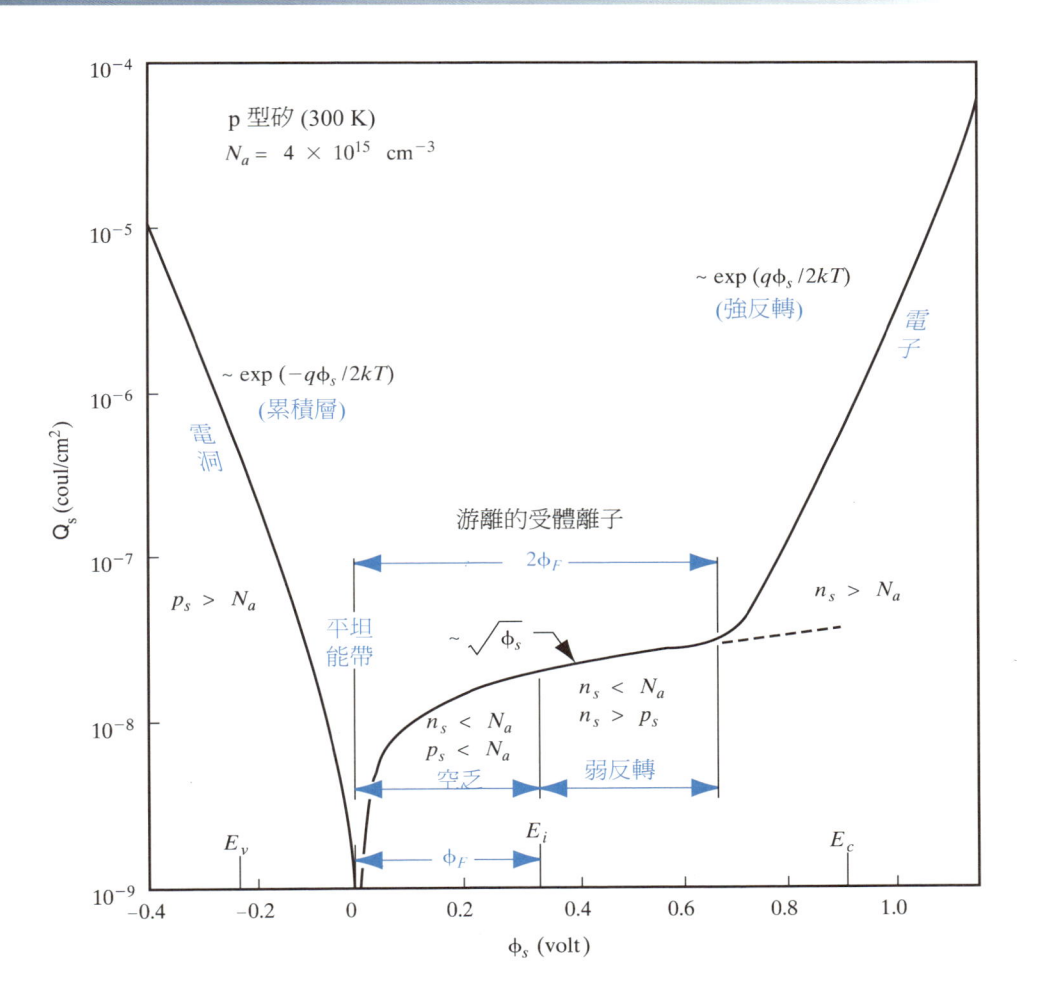

圖 6-14 在室溫下，$N_a = 4 \times 10^{15}$ cm^{-3} 的 p 型矽半導體中，空間電荷密度的變化是表面電位的函數。p_s 和 n_s 分別是表面處電洞和電子的濃度，ϕ_F 是費米能階和基板的本質能階的電位差。(Garrett and Brattain, Phys. Rev., 99, 376 (1995).)

載子濃度比例 (此比例很小)，且初始時可被忽略。所以，很小的正表面電位的空間電荷會同樣地隨圖 6-14 中的 $\sim\sqrt{\phi_s}$ 增加。稍後，在本章將深入研究由於固定不可動摻雜物 (在此情況為受體離子)，它對應於空乏區電荷。這個空乏區寬一般而言超過數百 nm。在同樣的觀點下，能帶彎曲是費米電位 ϕ_F 的 2 倍，它足夠使反轉開始產生。現在，這個指數項 exp

($q\phi_s$ (inv.)/kT) 被乘上少數載子濃度 n_0，就等於主要載子濃度 p_0。所以，當能帶彎曲超過此點，它就變成主宰項。當在累積區的情況下，此時的可移動反轉電荷隨著外加偏壓的上升而激烈地增加，如 (6-17) 式和圖 6-14 所示。典型的反轉層厚度大約 5 nm，而此時的表面電位基本上限制在大約等於 $2\phi_F$。

必須特別指出來的是，在累積區，特別是在反轉區中，載子被限制在 x 方向很薄的範圍內，基本上這是一個三角位能井，如同在第二章所討論的，這會產生量子侷限效應。但是載子在其他方向可以自由移動 (即與氧化層和矽基板介面平行的方向)。這樣會形成一個二維的電子氣 (2DEG) 或電洞氣。這種二維的電子氣具有一個階梯狀的能態密度，如同附錄 IV 所討論的。很可惜，我們將不會仔細分析那些效應，因為已超出我們在此所討論的領域。

反轉表面的電荷分佈、電場和靜電位如圖 6-15 所示。為了簡化起見，我們在這個圖中，使用第五章的空乏近似，假設 $0 < x < W$ 間為空乏間，$x > W$ 則為中性材料。由於空乏區內有未被抵消的受體存在，所以在此近似下，每單位面積[6]的電荷為 $-qN_aW$。金屬上的正電荷 Q_m 是由半導體中的負電荷來平衡，這些負電荷是空乏層電荷加上反轉區的電荷 Q_n：

$$Q_m = -Q_s = qN_aW - Q_n \qquad (6\text{-}27)$$

在為了描述目的的圖 6-15 中，反轉區的寬度被誇大了。實際上，這個區域的寬度一般而言小於 100 Å。所以，在描繪電場和電位分佈的圖時，我們已經將它忽略掉。在電位分佈圖中，我們看到所外加的電壓 V，有些部分分壓在絕緣體上而形成 (V_i)，有些部分則分壓在半導的空乏區上而形成 (ϕ_s)：

---

[6] 在本章中，我們使用每單位面積的電荷 Q 與每單位面積的電容 C，以避免全部的討論都要加上面積 A。

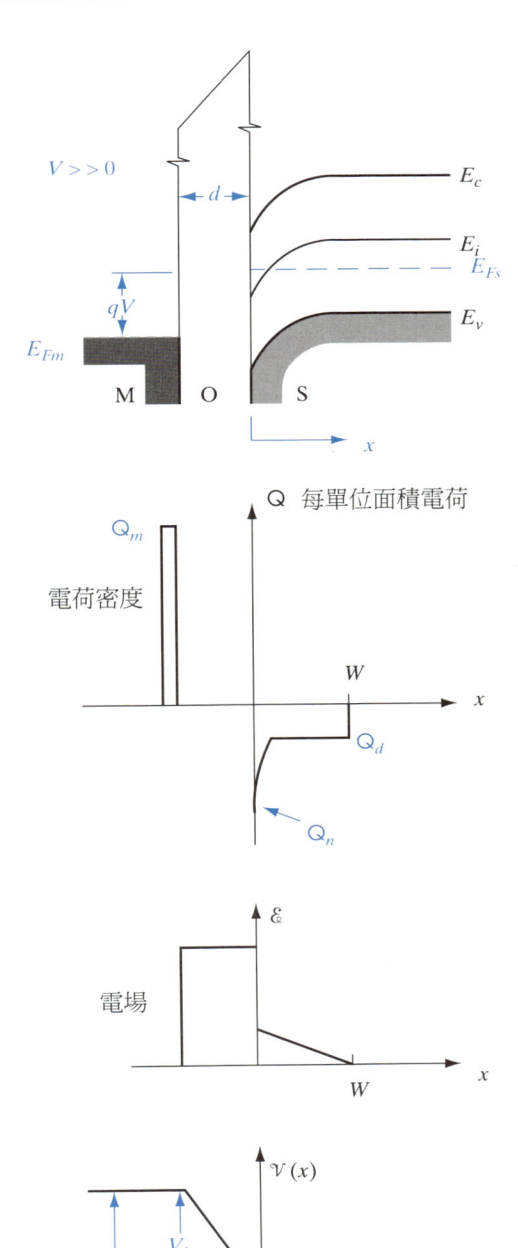

圖 6-15 在理想 MOS 電容器反轉區中，電荷、電場和靜電位的概略分佈。反轉區的相對寬度被誇大闡述，但在電場和電位圖則被忽略了。

$$V = V_i + \phi_s \qquad (6\text{-}28)$$

分壓在絕緣體的電壓明顯地與兩邊的電荷有關,除以其電容:

$$V_i = \frac{-Q_s d}{\epsilon_i} = \frac{-Q_s}{C_i} \qquad (6\text{-}29)$$

其中 ϵ_i 為絕緣體的介電係數,C_i 為每單位面積的絕緣體電容。而正的 V_i 下,n 通道的電荷 Q_s 是負的。

使用空乏近似,我們能解出 W 作為 ϕ_s 函數 (參見練習題 6-7)。此結果與第五章中,n^+-p 接面空乏區幾乎全部進入 p 區所得到的結果相同:

$$W = \left[\frac{2\epsilon_s \phi_s}{qN_a}\right]^{1/2} \qquad (6\text{-}30)$$

這個空乏區隨著分壓於電容的電壓增加而變寬,一直到達強反轉為止。之後,進一步增加電壓將造成更強的反轉,但不會增加空乏區寬度。所以,使用 (6-15) 式,最大的空乏區寬度為

$$W_m = \left[\frac{2\epsilon_s \phi_s(\text{inv.})}{qN_a}\right]^{1/2} = 2\left[\frac{\epsilon_s kT \ln(N_a/n_i)}{q^2 N_a}\right]^{1/2} \qquad (6\text{-}31)$$

我們知道由這個表示式中的量,可計算出 W_m 值。

在強反轉的空乏區中,每單位面積的電荷 Q_d 為[7]

$$Q_d = -qN_a W_m = -2(\epsilon_s q N_a \phi_F)^{1/2} \qquad (6\text{-}32)$$

所外加的電壓必須大到足以產生空乏區加上表面電位 (反轉)。利用 (6-15) 式、(6-28) 式和 (6-29) 式,可求得強反轉所需要的**臨界** (threshold) 電壓為:

$$V_T = -\frac{Q_d}{C_i} + 2\phi_F \quad (\text{理想情形}) \qquad (6\text{-}33)$$

---

[7] 在這個 p 通道 (n 基板) 的情況,ϕ_F 為負的,我們使用 $Q_d = +qN_a W_m = 2(\epsilon_s q N_a/\phi_F/)^{1/2}$。

它假設在反轉時，半導體表面上的負電荷 Q_s 幾乎全部來自於 Q_d。臨界電壓代表達到強反轉所需要的最低電壓，而且它是 MOS 電晶體中一個很重要的量。在下一章中，我們將會看到真實的 MOS 結構中，必須有其他項被加入這個表示式中。

理想 MOS 結構的 C-V 特性的改變，與半導體表面是否累積、空乏或反轉有關。

因為 MOSFET 的電容與電壓有關，我們必須用更常用的表示式——(5-55) 式，來描述與電壓有關的半導體電容。

$$C_s = \frac{dQ}{dV} = \frac{dQ_s}{d\phi_s} \tag{6-34}$$

實際上，若去檢視 MOS 電容或 MOSFET 的等效電路，它是由一個固定且與電壓無關的閘氧化層 (絕緣層) 電容，以及一個與電壓有關的半導體電容 (根據 (6-34) 式定義而來) 所串聯而成，以致於整個 MOS 電容變成與電壓有關。半導體電容值可由 Q_s 對 ϕ_s 的關係圖 (圖 6-14) 上的斜率來求出。我們可以很清楚地看到，在累積區的半導體電容值很高，因為其斜率很陡 (亦即，累積區電荷隨著表面電位變化很多)。故在累積區的串聯電容基本上就是絕緣層電容 C_i。因為是在負電壓下，所以電洞在表面處累積 (圖 6-12b) MOS 結構幾乎就像一個平行板電容器，被絕緣物特性 $C_i = \epsilon_i/d$ 所主宰 (圖 6-16 的點 1)。當電壓變成較正時，半導體表面被空乏。所以，增加一個空乏電容 C_d 來與 C_i 串聯：

$$C_i = \frac{\epsilon_s}{W} \tag{6-35}$$

其中是 ϵ_s 為半導體介電係數，而 W 為 (6-30) 式中的空乏層寬度。其總電容為：

$$C = \frac{C_i C_d}{C_i + C_d} \tag{6-36}$$

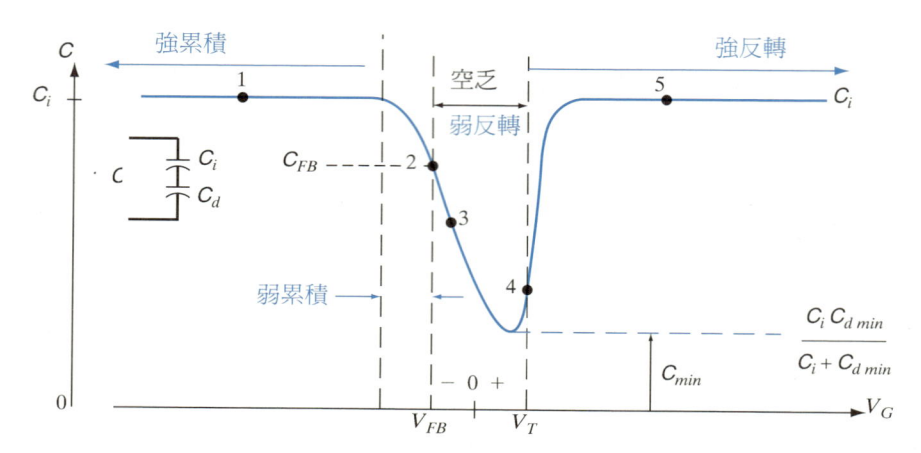

圖 6-16 一個 n 通道 (p 基板) MOS 電容器的 C-V 關係圖。$V > V_T$ 的虛線是在高頻量測下所觀察到的。平坦能帶電壓 V_{FB} 將在 6.4.3 節中討論。當半導體在空乏區，半導體電容 C_s 被改記為 C_d。

　　W 從平帶電壓 (點 2) 處開始增加，導致電容值變小，經過弱反轉 (點 3)，直到最後到達強反轉 (點 4) V_T 時。在空乏區中，利用相同的公式 [(6-34) 式] 可得到小訊號半導體電容。此公式呈現出 (空乏) 空間電荷隨表面電位改變。因為電荷同樣地隨 $\sim\sqrt{\phi_s}$ 增加，空乏電容將明顯地隨 $1/\sqrt{\phi_s}$ 減少，此情形同樣適用於 p-n 接面的空乏電容 [參見 (5-63) 式]。

　　到達反轉之後的小訊號電容，其與量測是否在高頻 (一般約在 1 MHz) 或低頻 (一般約在 1－100 Hz) 下進行有關。在此"高"和"低"與在反轉層的少數載子產生-復合率有關。若閘極電壓快速改變，反轉層的電荷無法相對地改變，則對小訊號交流電容並無貢獻。所以當半導體電容為最小值時對應到空乏區寬度為最大值。

　　另一方面，若閘極偏壓緩慢地改變，將會有時間讓少數載子在塊材產生，並且漂移穿過空乏區到達反轉層，或者往回跑到基板，並且重合掉。現在，半導體電容很大 (同樣用 (6-34) 式)，因為我們看見在圖 6-14 中，反轉電荷隨 ϕ_s 呈指數增加。所以，在強反轉區的低頻 MOS 串聯電容，基本上又再一次等於 C_i (點 5)。

在累積區，什麼東西與電容的頻率有關呢 (圖 6-12a)？我們在高頻和低頻得到很高的電容，因為在累積層的主要載子回應速度較少數載子快很多。少數載子的反應時間約為載子產生-復合的時間 (大概是數百微秒)，而多數載子的反應時間就是介電質的鬆弛時間 ($\tau_D = \rho\epsilon$)，其中 ρ 是電阻率，ϵ 是導電係數。這鬆弛時間 τ_D 類似電路裡的 RC 時間常數且對主要載子而言，此鬆弛時間 τ_D 很小約為 10^{-13} 秒。值得一提的是，在反轉區雖然 MOS 電容的高頻電容很小，MOSFET 的卻很高 ($=C_i$)。因為此時反轉電荷很快地流 ($\sim\tau_D$)，且很快地來自源/汲區，而不須藉由基板中的產生-復合來建立。

6.4.3 實際表面效應

當 MOS 元件使用典型材料 (例如：n$^+$多晶矽-SiO$_2$-Si) 來做成，在前一節中所描述的情形和理想情形相違背者，可以強力地影響 V_T 與其他性質。第一，有一個功函數差在摻雜多晶矽和基板之間，它與基板的摻雜有關。在此處，高濃度摻雜的多晶矽，其動作上就像是金屬電極。第二，無法避免地，一定會有電荷存在於 Si-SiO$_2$ 介面中，所以在二氧化矽中必須將此列入考慮。

功函數差　我們預期 Φ_s 會隨半導體的摻雜而改變。圖 6-17 描述當摻雜改變時，矽上的 n$^+$ 多晶矽的功函數電位差 $\Phi_{ms} = \Phi_m - \Phi_s$。我們注意到在這個情況下，$\Phi_{ms}$ 總是負的，且對於有較濃摻雜的 p 型矽，Φ_{ms} 為最負 (即 E_F 接近價帶)。

當 Φ_{ms} 為負時，我們畫其平衡圖 (圖 6-18a)，我們發現對準 E_F 時，我們必須在氧化物導電帶中包含一個傾斜 (這代表有一個電場存在)。因此，在平衡的狀態下，金屬會帶正電，而半導體表面會帶負電，以彌補功函數的差值。結果顯示，靠近半導體表面的能帶會向下彎曲。事實上，即使沒有外加偏壓，只要 Φ_{ms} 夠負，反轉區也可以存在。為了得到如圖 6-18b 所示的平坦帶 (flat band) 情況，我們必須在金屬上外加一負電

壓 ($V_{FB} = \Phi_{ms}$)。

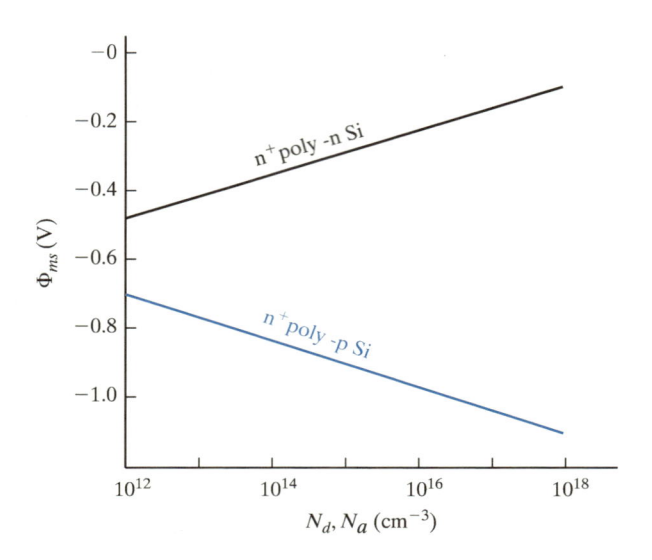

圖 6-17 n$^+$ 多晶矽在不同的摻雜濃度下，摻雜多晶矽和基板之間的功函數電位差 Φ_{ms} 的變化圖。

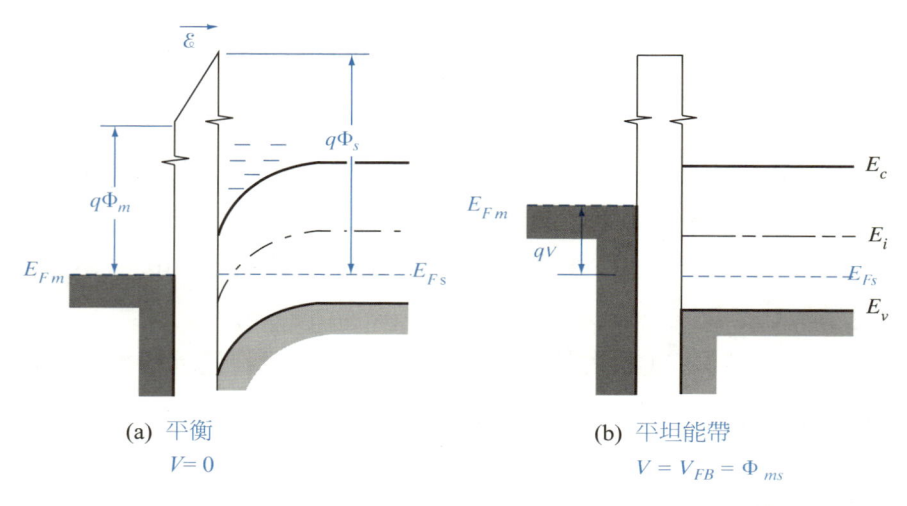

(a) 平衡
$V = 0$

(b) 平坦能帶
$V = V_{FB} = \Phi_{ms}$

圖 6-18 負功函數電位差 ($\Phi_{ms} < 0$) 的影響：(a) 在半導體表面處的能帶彎曲及負電荷的形成；(b) 加上一個負電壓，以達到平坦能帶。

介面電荷　除了功函數差外，平衡的 MOS 結構也受半導體-氧化層介面中各種電荷的影響 (圖 6-19)。例如：在成長及其後續的製程步驟上，鹼金屬離子 (特別是 Na$^+$) 偶爾可以侵入氧化層。因為 Na$^+$ 是很常見的污染物，這需要使用很特別的化學物、水、氣體及環境，它對介電質的影響減至最小。Na$^+$ 離子在氧化物中為正電荷 (Q_m)，它轉而在半導體中感應負電荷。在氧化物中，這種正離子電荷的影響所包含的離子數目與它們離開半導體表面的距離而定 (參見練習題 6.12)。若 Na$^+$ 離子較接近介面，則在半導體中所感應的負電荷比它們遠離介面時來得多。離子電荷對臨界電壓的影響被複雜化，Na$^+$ 離子在 SiO$_2$ 中比較可以移動，特別是在升高溫度時，也因此它們可以在所加的電場中漂移。很明顯地，元件的 V_T 值與以往外加偏壓的關係因此不再正確。僥倖地，氧化物的 Na 污染在製程中經過適當的處理，可以降低到可容許的範圍。在 SiO$_2$ 中，氧化層也包含了因缺陷所造成的氧化層捕獲電荷 (Q_{ot})。

除了氧化層電荷，在 Si-SiO$_2$ 介面處有一群由介面能態 (interface states) 產生的正電荷。我們稱這些電荷為 Q_{it}，它們是因為在氧化層介面處半導體晶格的突然終止所產生的。靠近介面處為包含了固定電荷 (Q_f) 的過渡層 (SiO$_x$)。當發生用以形成 SiO$_2$ 層的氧化過程時，Si 從表面被移走而和氧起反應。當氧化停止時，有些 Si 離子留在介面附近。這些離子和表面未完整的 Si 連結，最後形成介面上一片正電荷 Q_f。這些電荷與氧化率及後續的熱處理有關，也和晶格方向有關。仔細處理過的 Si-SiO$_2$ 介面，就 {100} 的樣品而言，與 Q_{it} 和 Q_f 有關的電荷密度一般約為 10^{10} 電荷/公分^2。{111} 樣品的介面電荷密度比 {100} 高十倍以上。這就是為什麼 MOS 元件一般皆做在 {100} 矽上的原因。

為簡單起見，我們將不同的氧化物電荷和介面電荷總稱為在介面處的**等效** (effective) 正電荷 Q_i (C/cm^2) 中。這電荷的效應是使半導體內感應一個等效負電荷。因此，平坦能帶電壓必須加上一個額外的部分：

$$V_{FB} = \Phi_{ms} - \frac{Q_i}{C_i} \tag{6-37}$$

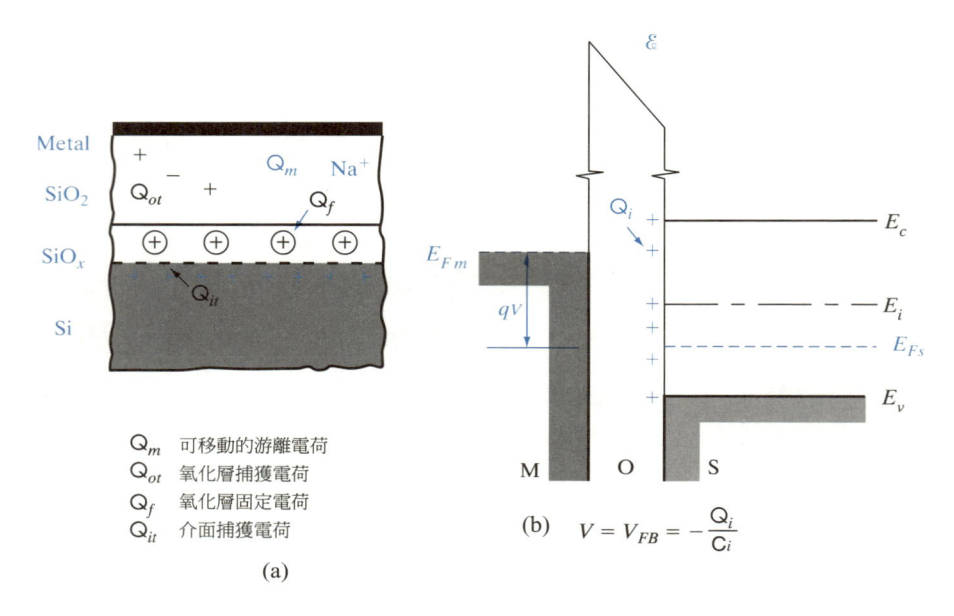

圖 6-19 在氧化層和介面的電荷之效應：(a) 因不同的來源所造成的電荷密度 (C/cm²) 的定義；(b) 顯示出在氧化層和半導體介面處，那些電荷等效成正電荷薄片 Q_i。這個正電荷在半導體中感應一個負電荷，它需要一個負電壓以達到平坦能帶的狀況。

因為功函數中的差與正介面電荷均有使半導體表面之能帶向下彎曲的傾向，金屬對半導體之間必須加上一負電壓，以達到如圖 6-19b 的平坦能帶狀況。

6.4.4 臨界電壓

達到平坦能帶所需的電壓，應被加到理想 MOS 結構所得到的臨界電壓 (6-33) 式 (我們假設一個為零的平坦能帶電壓)

$$V_T = \Phi_{ms} - \frac{Q_i}{C_i} - \frac{Q_d}{C_i} + 2\phi_F \tag{6-38}$$

所以，產生強反轉所需要的電壓必須夠大，隨著電壓的上升，首先達到

	$V_T =$	Φ_{ms}	$-\dfrac{Q_i}{C_i}$	$-\dfrac{Q_d}{C_i}$	$+ 2\phi_F$
(a)		$(-)$	$(-)$	(+) n-通道 (−) p-通道	(+) n-通道 (−) p-通道

(b)

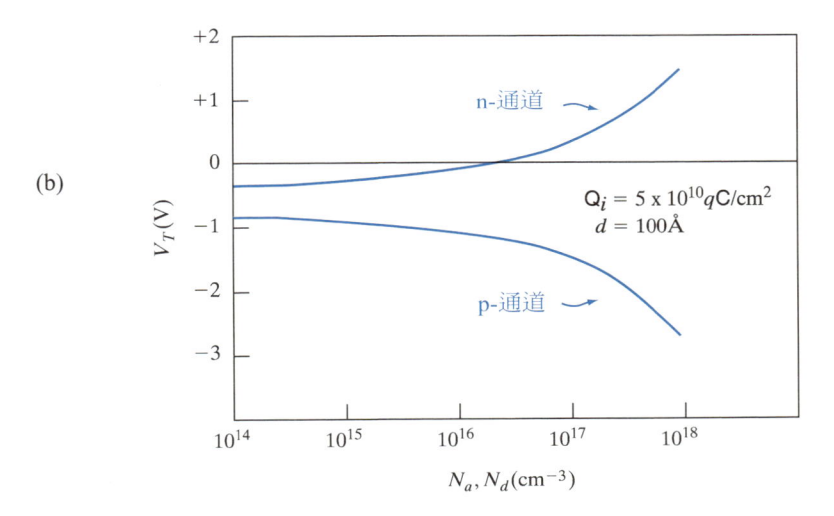

$Q_i = 5 \times 10^{10} q\text{C/cm}^2$
$d = 100\text{Å}$

圖 6-20 材料參數對臨界電壓的影響：(a) 臨界電壓方程式指出各項符號的貢獻；(b) 在 n$^+$ 多晶矽-二氧化矽-矽的 n 通道和 p 通道元件中，臨界電壓隨基板摻雜的改變而變化。

平坦能帶的情形 (Φ_{ms} 和 Q_i/C_i 項)，然後提供空乏區中的電荷 (Q_d/C_i)，最後感應反轉區 ($2\phi_F$)。這個方程式說明了典型 MOS 元件中主宰的臨界電壓效應。若方程式中每項皆包含適當的符號 (圖 6-20)，則這個方程式可使用在 n 型和 p 型基板。[8] 雖然 Φ_{ms} 值如圖 6-17 所示地在變化，然而它典型的值為負的。介面電荷為正的，所以不論那一種基板，$-Q_i/C_i$ 項的貢獻為負的。另一方面，空乏區中的電荷對游離受體離子 (p 型基板，n 通

---

[8] 請務必牢記 n-通道元件是做在 p 型的基板上，而 p 通道元件是做在 n 型的基板上。

道元件) 為負的，而對游離施體離子 (n 型基板，p 通道元件) 為正的。而且，ϕ_F 這一項在中性基板中被定義成 $(E_i-E_F)/q$，可以為正或負，視基板的導電類別而定。考慮圖 6-20 中的符號，我們發現在 p 型通道的情形中，四項全部都貢獻負號。因此我們預測 p 型通道的臨界電壓為負的。而另一方面，n 型通道的臨界電壓是正或是負，視 (6-38) 式各項的相對值而定。

(6-38) 式中，除了 Q_i/C_i 外，每一項均視基板中的摻雜而定。當 E_F 因為摻雜而上移或下移時，Φ_{ms} 和 Φ_F 項的變化較少。較大的變化乃發生在 Q_d 中，Q_d 隨摻雜的雜質濃度平方根而變化，如 (6-32) 式所示。我們在圖 6-20 中描繪臨界電壓隨著不同基板摻雜而改變。按照 (6-38) 式所預測的，p 型通道的臨界電壓始終為負的。在 n 型通道，負的平坦能帶電壓項能主宰較淡摻雜的 p 型基板，造成一個負的臨界電壓。然而，對於摻雜較濃的基板，N_a 至 Q_d 項主宰的貢獻增加了，且 V_T 變成正的。

我們在此處稍做停留以思考在 V_T 為正和負這兩種情況下的意義。在 p 通道元件中，為了在通道感應正電荷，我們從金屬加入負電壓到半導體中。在這個情形中，負臨界電壓代表我們要加入的負電壓必須更負於臨界電壓，使其達到強反轉。在 n 通道元件中，我們希望在金屬上加入正電壓來感應通道。因此，一個正值的 V_T 代表加入的電壓必須大於臨界電壓來產生強反轉，並感應出一個導電的 n 通道。另一方面，在這種情形下，一個負的 V_T 則代表因為 Φ_{ms} 和 Q_i 的效應而導致在 $V=0$ 時有一通道存在 (參見圖 6-18 和 6-19)，且我們必須加一負電壓將通道關閉。因為輕摻雜的基板能維持令人滿意的高汲極崩潰電壓，圖 6-20 顯示經標準製程所做的 n 通道元件，其 V_T 是負的。關於空乏模式 (正常情況下導通) n 通道電晶體構造趨勢的問題，必須由 6.5.5 節中所描述的特別製程方法予以討論。

例題 6-1 一個製作於 p 型矽基板的 n^+-多晶矽閘極，n 通道 MOS 電晶體，$N_a = 5 \times 10^{15}$ cm^{-3}，閘極的 SiO$_2$ 厚度為 100 Å，等效的介

面電荷 $Q_i = 4 \times 10^{10}$ qC/cm^2，請計算在 C-V 圖上的 C_i 和 C_{min} 以及 W_m，V_{FB} 和 V_T。

解

$$\phi_F = \frac{kT}{q} \ln \frac{N_a}{n_i} = 0.0259 \ln \frac{5 \times 10^{15}}{1.5 \times 10^{10}} = 0.329 \text{ eV}$$

$$W_m = 2\left[\frac{\epsilon_s \phi_F}{qN_a}\right]^{1/2} = 2\left[\frac{11.8 \times 8.85 \times 10^{-14} \times 0.329}{1.6 \times 10^{-19} \times 5 \times 10^{15}}\right]^{1/2}$$

$$= 4.15 \times 10^{-5} \text{cm} = \mathbf{0.415 \text{ } \mu m}$$

從圖 6-17，$\Phi_{ms} \approx -0.95$ V，我們得到

$$Q_i = 4 \times 10^{10} \times 1.6 \times 10^{-19} = 6.4 \times 10^{-9} \text{ C/cm}^2$$

$$C_i = \frac{\epsilon_i}{d} = \frac{3.9 \times 8.85 \times 10^{-14}}{0.1 \times 10^{-5}} = 3.45 \times 10^{-7} \text{ F/cm}^2$$

$$V_{FB} = \Phi_{ms} - Q_i/C_i = -0.95 - 6.4 \times 10^{-9}/3.45 \times 10^{-7} = \mathbf{-0.969 \text{ V}}$$

$$Q_d = -qN_a W_m = -1.6 \times 10^{-19} \times 5 \times 10^{15} \times 4.15 \times 10^{-5}$$

$$= -3.32 \times 10^{-8} \text{ C/cm}^2$$

$$V_T = V_{FB} - \frac{Q_d}{C_i} + 2\phi_F = -0.969 + \frac{3.32 \times 10^{-8}}{3.45 \times 10^{-7}} + 0.658 = \mathbf{-0.215 \text{ V}}$$

$$C_d = \frac{\epsilon_s}{W_m} = \frac{11.8 \times 8.85 \times 10^{-14}}{4.15 \times 10^{-5}} = 2.5 \times 10^{-8} \text{ F/cm}^2$$

$$C_{min} = \frac{C_i C_d}{C_i + C_d} = \frac{3.45 \times 10^{-7} \times 2.5 \times 10^{-8}}{3.45 \times 10^{-7} + 2.5 \times 10^{-8}} = \mathbf{2.33 \times 10^{-8} \text{ F/cm}^2}$$

6.4.5 MOS C-V 分析

讓我們來看如何利用 C-V 特性曲線 (圖 6-21)，來決定 MOS 元件中各種的參數，例如：絕緣層厚度、基板摻雜和臨界電壓。首先，C-V 曲線的形狀與基板摻雜有關。若在負閘極偏壓下，高頻電容很大，而在正閘極偏壓下，高頻電容很小，則它是一個 p 型基板，反之亦然。從 p 型基板

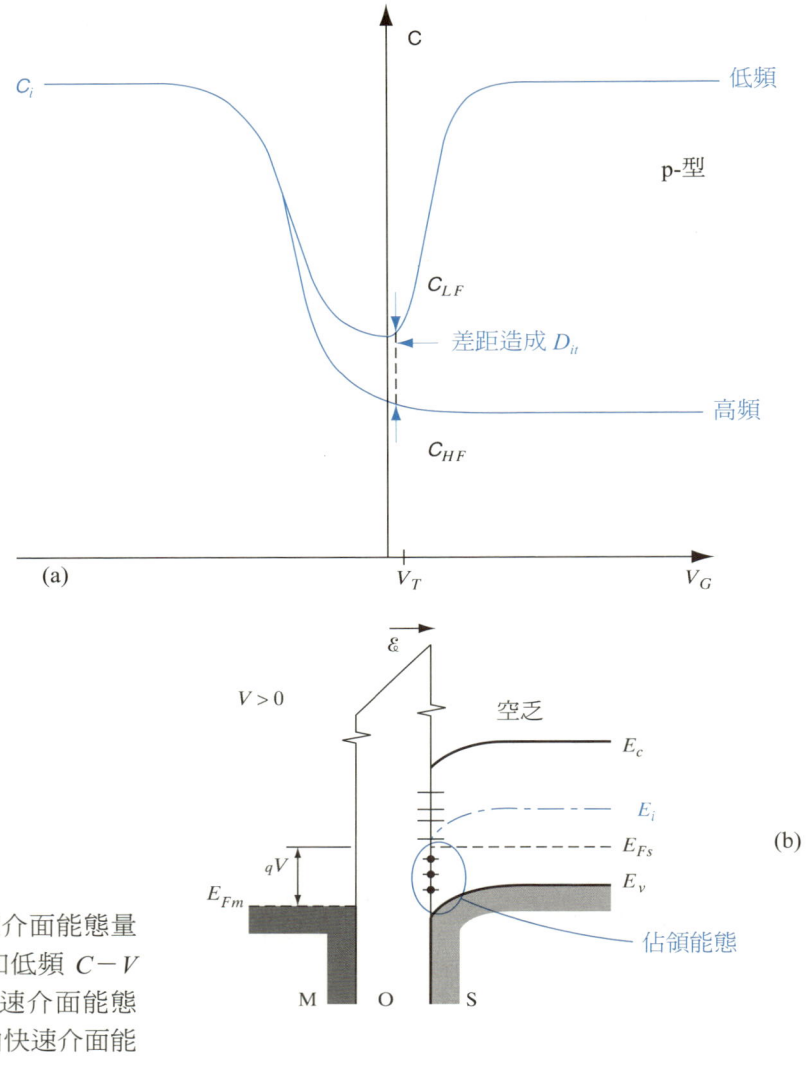

圖 6-21　快速介面能態量測：(a) 高頻和低頻 $C-V$ 曲線呈現出快速介面能態的衝突；(b) 由快速介面能態所形成位於能隙的能階；(c) MOS 結構的等效電路呈現出閘極氧化層的電容成份(C_i)、通道內的空乏層的電容成份 (C_d)、快速介面能態的電容成份 (C_{it})。

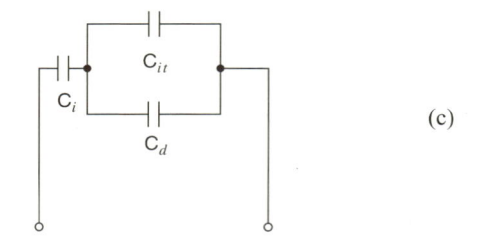

的低頻 C-V 曲線，我們可看到它的閘極偏壓更正 (或較少負)，其電容值在空乏區緩慢下降，然後在反轉區快速上升。結果顯示，低頻 C-V 曲線的形狀相當不對稱。n 型基板的 C-V 曲線則為圖 6-21 的映射。

我們利用在低頻下累積區或強反轉區的電容值 $C_i = \epsilon_i/d$，可得到絕緣層厚度 d。最小的 MOS 電容 C_{min} 是 C_i 和最小空乏電容 $C_{dmin} = \epsilon_s/W_m$ 的串聯 (其所對應的空乏區寬度為最大值)。原則上，我們可以利用 C_{min} 的量測來得知基板的摻雜。甚至，由 (6-31) 式，我們看到 W_m 和 N_a 的關係很複雜，且我們得到一個只能數學地求解的抽象方程式。實際上，一個近似的、逼近的解存在，它能用最小空乏電容 C_{dmin} 來表示 N_a

$$N_a = 10^{[30.388 + 1.683 \log C_{dmin} - 0.03177(\log C_{dmin})^2]} \tag{6-39}$$

其中的 C_{dmin} 單位為 F/cm^2。

一旦得知基板摻雜，我們便能由它來得到平坦能帶電容。我們也可以證明出在平坦能帶的半導體電容 C_{FB} (圖 6-16 的點 2)，可由德拜遮蔽長度來決定。

$$C_{debye} = \frac{\epsilon_s}{L_D} \tag{6-40}$$

其中的德拜遮蔽長度與摻雜有關，如同在 (6-25) 式所描述的。總 MOS 平坦能帶電容 C_{FB} 是 C_{debye} 和 C_i 的串聯。所以我們可以決定 C_{FB} 所對應的 V_{FB}。一旦得知 C_i、V_{FB} 和摻雜基板，(6-38) 式中的每一項便都可以知道了。有趣的是，臨界電壓 V_T 並沒有精準地對應到 C-V 特性曲線的電容最小值，而是略高了一些，如同圖 6-16 所標記的點 4 所示。實際上，它對應到的電容值是 C_i 和 $2C_{dmin}$ 的串聯，而不是 C_i 和 C_{dmin} 的串聯。這是因為當我們在強反轉區周圍改變閘極偏壓時，在半導體中電荷的改變，是空乏區中電荷的改變和可移動反轉電荷的改變之和，這二項在強反轉開始時，大小上是相等的。

我們從 C-V 的量測 (圖 6-21 和 6-22)，也可決定 MOS 的參數，例

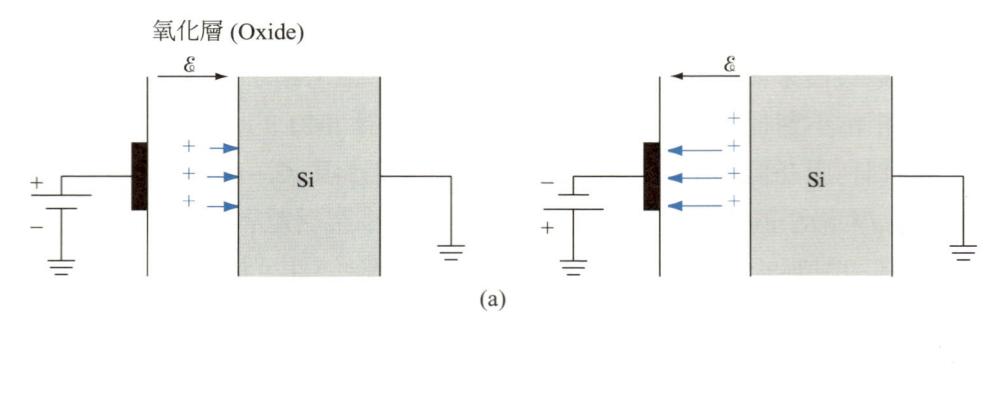

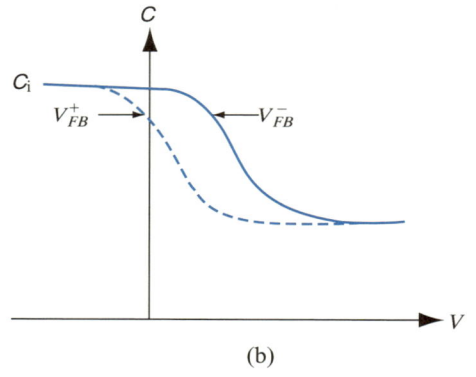

圖 6-22 可動離子的測定：(a) 由於正負偏壓溫度耐力造成可動離子的移動；(b) 在正 (虛線) 負 (實線) 偏壓溫度下的 $C-V$ 特性曲線。

如：**快速介面能態** (fast interface state) 密度 D_{it} 和可移動離子電荷 Q_m。快速介面能態這一項指出了以下這個事實：這些缺陷能相當快地回應閘極偏壓的改變而改變它們的電荷能態。當 MOS 元件中的表面電位被改變，在能帶隙的快速介面能態或陷阱能回應偏壓的變化而移動到費米能階的上方或下方，因為它們相對於能帶邊緣的位置是固定的 (圖 6-21b)。必須記住費米-狄拉克分佈的特性：能階在費米能階下方時，被電子佔據的機率較高，此時費米能階上方的能階趨向於空的。我們能看到在費米能階上方移動的快速介面能態，將傾向於丟出被它自己捕獲的電子到半導體中 (也可以說是捕捉到一個電洞)。相反地，在費米能階下方的相同的快速介面能態，捕捉到一個電子 (或給上一個能態電洞)。我們很明顯地知道要用電子或電洞來表達，端視半導體中的主要載子為何來決定。因為在電容中電荷儲存的結果，導致快速介面能態形成一個電容，此電容與在通道的空乏電容平行 (所以是附加的)，且是和絕緣電容 C_i 串聯。快速介面能態能夠和閘極偏壓低頻的改變 (約 1－1000 Hz) 維持步調，在極高頻卻不能維持 (約 1 MHz)。所以，快速介面能態對低頻電容 C_{LF} 作出貢獻，而不對高頻電容 C_{HF} 作出貢獻。顯然，從這兩者的不同，我們應該能計算出快速介面能態密度。雖然我們在這裡並不會作詳細的推導，但仍將它列出來：

$$D_{it} = \frac{1}{q}\left(\frac{C_i C_{LF}}{C_i - C_{LF}} - \frac{C_i C_{HF}}{C_i - C_{HF}}\right) \text{cm}^{-2}\,\text{eV}^{-1} \tag{6-41}$$

當快速介面能態能快速回應電壓的變化，固定的氧化層電荷 Q_f (就如同它的名字所暗示的)，不論閘極偏壓或表面電位如何，它都不會改變它們的電荷能態。如同上面所敘述的，平坦能帶上的電荷及臨界電壓的效應不僅與電荷數有關，也和它們與氧化層-矽基板介面的相對位置有關 (圖 6-22)。因此，我們必須取電荷加權的總和，對於較靠近氧化層-矽介面的電荷將採較重的加權比例，較遠的則採較輕的加權比例。電位關係是被稱為偏壓溫度耐操度測試 (bias-temperature stress test) 的重要部分，此測試是用來量測可移動離子的多寡 Q_m。我們將 MOS 元件加熱到約 200-300°C (使離子更能移動)，且外加一個正閘極偏壓，以在氧化層內產生一個約 1 MV/cm 的電場。將電容冷卻到室溫後，再量測 C-V 特性。我們已經看到如何利用 (6-40) 式和 C_i，從 C-V 曲線求出 V_{FB}。V_{FB} 也可由 (6-37) 式得到。這個正電壓會排斥諸如鈉 (Na +)……等的正可移動離子到氧化層-矽介面，以致於他們能完全貢獻到一個平坦能帶電壓，我們稱之為 V_{FB}^+。接著電容再次加熱，且加上負偏壓使可移動離子漂移到閘極處，接著測量 C-V，因現在可移動離子距氧化層-矽介面處太遠，以至於無法影響半導體的能帶彎曲，但是對閘極而言，仍可感應出大小相等正負相反的電荷量。從這個新的 C-V 特性，我們可得到新的平坦能帶電壓 V_{FB}^-。從這兩個新的平坦能帶電壓的不同，我們可以利用下列公式得到可移動離子的含量

$$Q_m = C_i(V_{FB}^- - V_{FB}^+) \tag{6-42}$$

6.4.6 與時間有關的電容量測

量測 C0V 過程中，若閘極偏壓由累積區快速改變到反轉區，空乏區寬度會快速地變得比最大理論值 (超過 V_T 的閘極偏壓時的值) 還大。這個現象稱為**深層空乏** (deep depletion)，使得一個暫態週期內的 MOS 電容值比最小理論值 C_{min} 還低。經過少數載子 (minority carrier) 的一個生命期 (lifetime) 後 (這決定了 MOS 元件中少數載子的產生速率)，空乏區寬度達最大理論值 (而電容值回復到 C_{min})(圖6-23)。此電容暫態分析 C-t 因此可以用來測量載子的生命期，稱為熱伯斯特 (Zerbst) 技術。

6.4.7 MOS 閘極氧化層的電流-電壓特性

一個理想的閘極絕緣層不會有任何電流流過，但實際的絕緣層卻會有漏電電流，並且會隨著穿過閘極氧化層的電壓或電場而改變。從垂直氧化層-矽界面的 MOS 的能帶圖(圖 6-24)，我們可以發現，在傳導帶的電子有一個能障 ΔE_c (=3.1 eV)。雖然古典物理說能量小於此能障的電子不能夠通過氧化層，但是從第二章有關量子物理的描述當中可以知道，電子可以穿透此能障，尤其當這個能障的厚度夠小的時候。**佛勒-諾得漢穿隧** (Fowler-Nordheim tunneling)來自電子從矽傳導帶穿過 SiO_2 傳導帶，並因此在氧化層與閘電極間產生了電子"跳躍 (hop)"，其詳細的計算是利用薛丁格 (Schrodinger) 方程式去求解電子的波函數。佛勒-諾得漢穿隧電流 I_{FN} 可表示為在閘極氧化層中電場的函數：

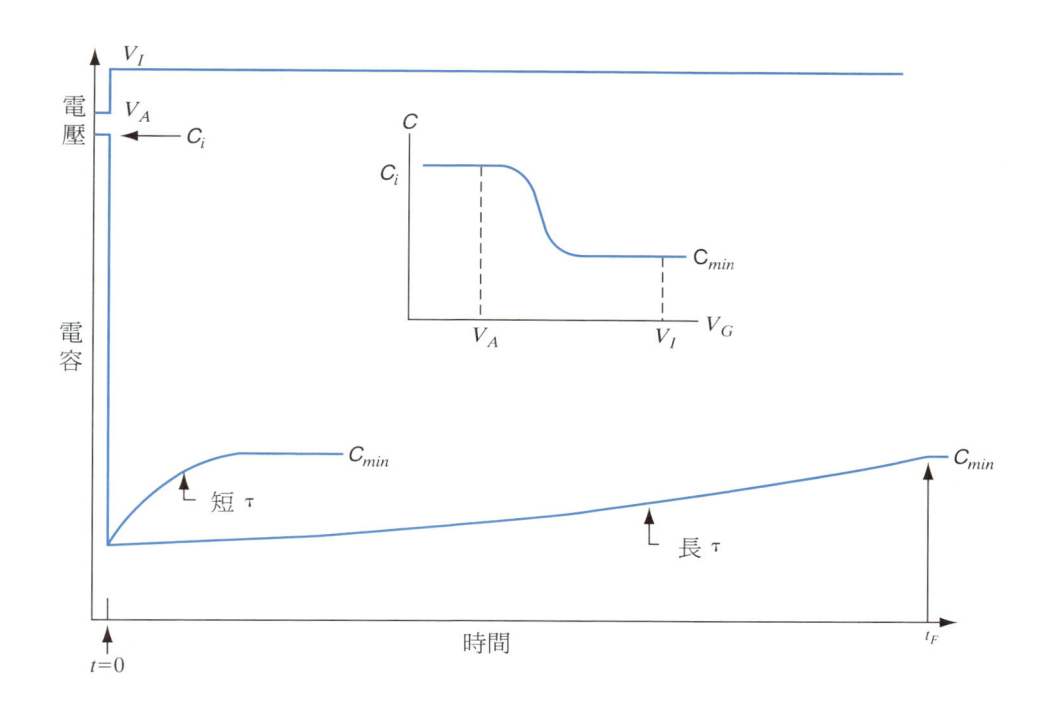

圖 6-23 由外加步階電壓 V_A (電容器位於累積) 到 V_I (電容器位於反轉) 所造成的與時間相關的 MOS 電容值 (C_{HF})。

$$I_{FN} \propto \mathscr{E}_{ox}^2 \exp\left(\frac{-B}{\mathscr{E}_{ox}}\right) \tag{6-43}$$

其中，B 是與 m_n^* 和能障高度有關的常數。

當 MOS 電晶體的閘極氧化層做得更薄，閘極氧化層的穿隧能障也因此變得更薄，使得矽傳導帶中的電子可以爬過閘極氧化層到達閘極而不需要取道於閘極氧化層。這叫做**直接穿隧** (direct tunneling) 而不是佛勒-諾得漢穿隧。整體來說，它們的物理意義是相類似的，但某些細節並不同。舉例來說，佛勒-諾得漢穿隧是通過一三角能障，而直接穿隧則是通過一梯形能障 (圖 6-24a)。此穿隧電流已經成為現今元件的一個主要問

$$J_{FN} = \frac{I_{FN}}{電容面積}$$

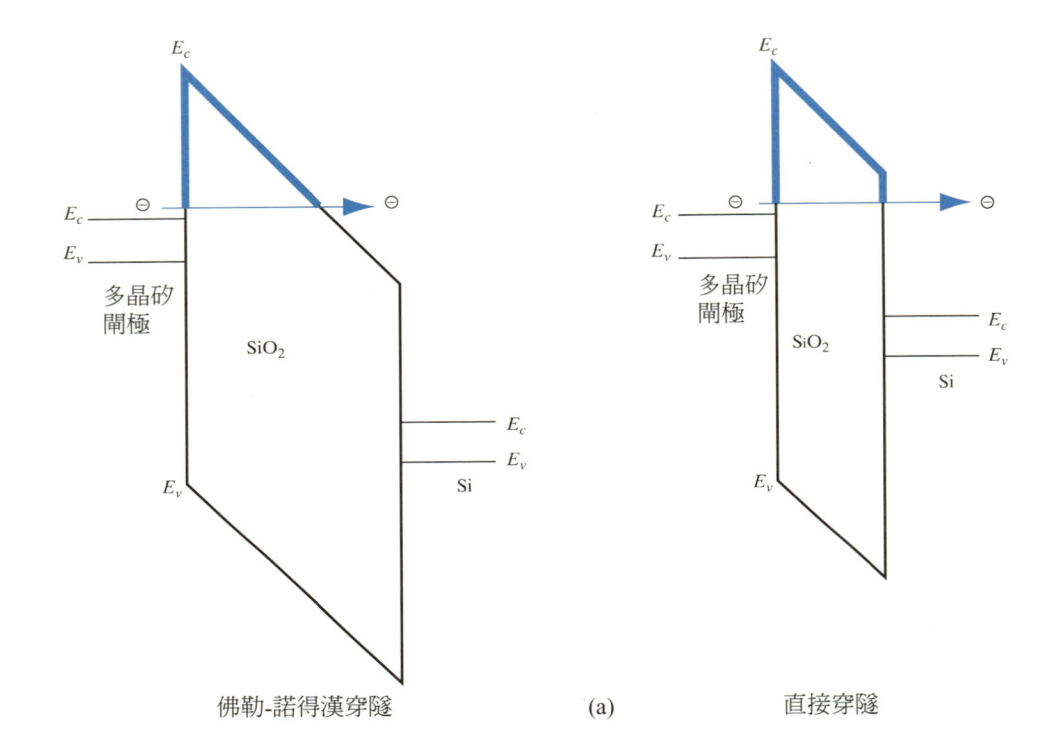

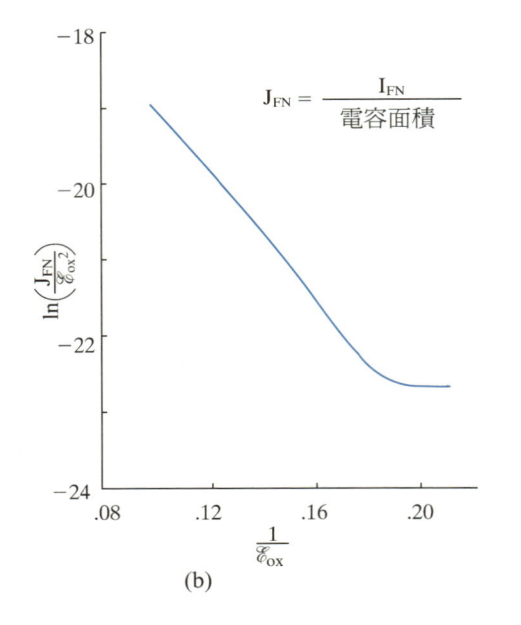

圖 6-24 閘極氧化層中電流-電壓的特性：(a) 穿過薄閘極氧化層的佛勒-諾得漢與直接穿隧；(b) 佛勒-諾得漢穿隧造成的漏電電流與通過氧化層的電場之關係圖。

題，因爲 MOS 元件很有用的高阻抗特性因此被降低了。

　　爲了增加 6.5 節後面所討論的 MOSFETs 汲極電流，在下個世代必須增加閘極電容。由 (6-29) 式可以看出，其中一個得到較高 C_i 的方法，就是使用介電常數比 SiO_2 高的絕緣體去取代降低閘極氧化層的厚度 d。這個方法的優點是不會把 d 降低太多，可以保持穿隧能障的寬度，閘極裡面維持在低電場，因此閘極穿隧漏電流控制在很小 (6-43) 式。因爲 k 也有時候會被用來做爲介電常數的符號，因此高介電常數的絕緣體，例如 HfO_2，是我們稱之爲高介電常數 (high-k) 的閘極絕緣體。

　　閘極氧化層中過長的電荷傳輸最後會導致氧化層悲慘的電性崩潰 (breakdown)，這稱爲與時間相關的介電層崩潰 (Time-Dependent Dielectric Breakdown, TDDB)。有一個普遍的模型解釋這老化的現象是由於電子從負電極 (陰極) 穿隧進入閘極氧化層的傳導帶所致，並因此從電場得到能量而變成閘極氧化層中的 "熱" 電子。如果這些電子能得到足夠的能量，就會在氧化層中導致碰撞游離 (impact ionization) 並且產生電子-電洞對。其中，電子會被 (正的) 矽基板加速，而電洞則被閘極所吸引。然而，電子與電洞遷移率在二氧化矽裡頭相當的小，尤其電洞遷移率更是如此 (約 0.01 cm^2/Vs)。所以，這些由於碰撞所產生的電洞非常傾向於被氧化層中陰極附近的缺陷處所捕捉。得到的能帶圖 (圖 6-25) 會被這層捕捉到的正電荷所改變，並導致被捕捉處跟閘極間的內部電場增加。在矽端陽極附近的電場也有類似的彎曲現象，這則是來自於被捕捉的由碰撞產生之電子。而在圖 6-25 當中最陡峭的斜率 (也因此爲最大電場處) 是在閘極附近。因此，電子要從閘極穿隧進氧化層的能障變小了。更多的電子可以穿隧進氧化層內，並且造成更多的碰撞游離。此正回授效應會導致控制不住的 TDDB 過程。

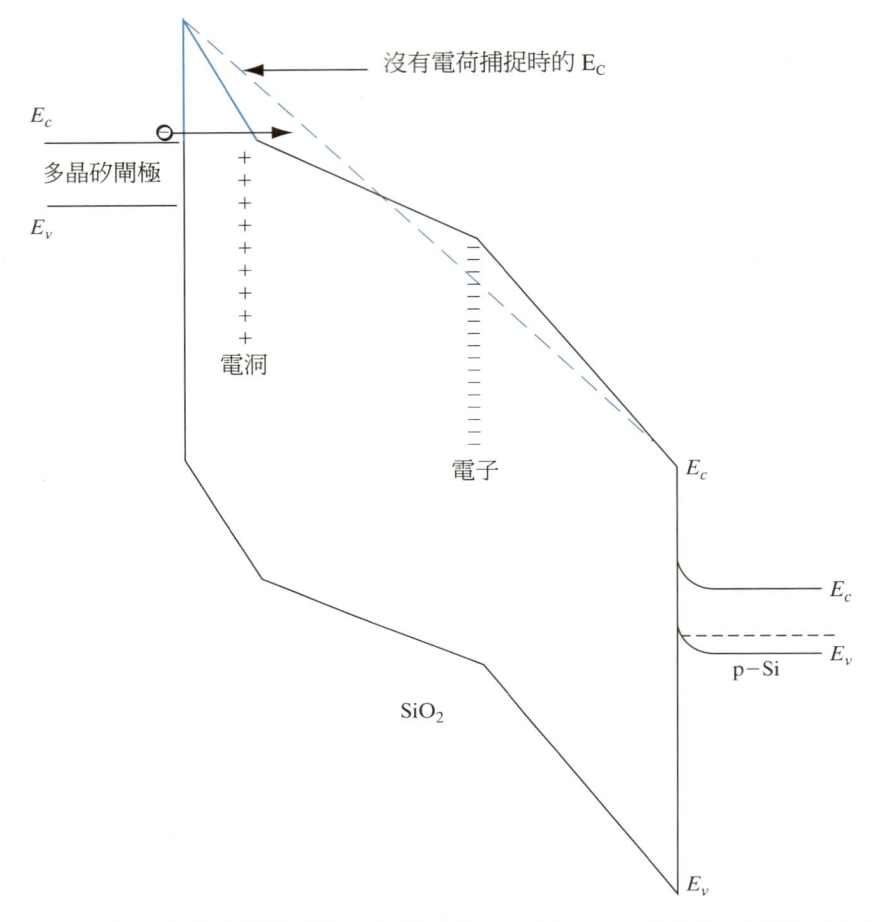

圖 6-25 氧化層中與時間相關的介電值崩潰：一個 MOS 元件的能帶圖，圖中顯示了多晶矽閘極、氧化層以及 Si 基板之能帶交界 (band edges)。氧化層中被捕捉到的電子與電洞會扭曲能帶邊界，並且增加在閘極附近的氧化層中的電場。從圖中可以看到，要穿隧能障的寬度小於沒有電荷捕捉時的情況 (虛線)。

6.5 金氧半場效應電晶體

　　MOS 電晶體也稱為表面場效應電晶體，這是因為它藉著半導體表面的薄通道做電流的控制 (圖 6-10)。當閘極下方的反轉區形成時，電流就可以從汲極流到源極 (這是對 n 型通道元件而言)。在這節裡，我們會分析通道的電導 (conductance) 並找出 I_D-V_D 特性曲線與閘極電壓 V_G 的關係。就如同在 JFET 中所討論的，我們也將找出其在飽和區的 I_D-V_D 特性曲線，並因此可以假設 V_D 在飽和區基本上為一常數。

6.5.1 輸出特性曲線

外加的閘極電壓 V_G 等於 (6-28) 式加上平帶電壓 (flat band voltage)：

$$V_G = V_{FB} - \frac{Q_s}{C_i} + \phi_s \tag{6-44}$$

半導體中的感應電荷 Q_s 是由可動電荷 Q_n 與空乏區中的固定電荷 Q_d 所組成。把 Q_s 用 Q_n+Q_d 取代，我們可以求解可動電荷：

$$Q_n = -C_i\left[V_G - \left(V_{FB} + \phi_s - \frac{Q_d}{C_i}\right)\right] \tag{6-45}$$

從 (6-38) 式可以知道，在臨界值時，中括弧中的項可以寫成 V_G-V_T。

當外加一電壓 V_D 時，從源極到通道上任一點 x 會有一壓降 V_x。因此位能 $\phi_s(x)$ 就等於要達到強反轉 (strong inversion) ($2\phi_F$) 所需的位能加上那一點的電壓 V_x：

$$Q_n = -C_i\left[V_G - V_{FB} - 2\phi_F - V_x - \frac{1}{C_i}\sqrt{2q\epsilon_s N_a(2\phi_F + V_x)}\right] \tag{6-46}$$

如果我們忽略 $Q_d(x)$ 受偏壓 V_x 的影響，則 (6-46) 式可被簡化為：

$$Q_n(x) = -C_i(V_G - V_T - V_x) \tag{6-47}$$

上式描述了在通道中點 x 處之可動電荷 (圖 6-26)。電導對 x 的微分為 $\bar{\mu}_n Q_n(x) Z/dx$，其中，Z 為通道寬度，而 $\bar{\mu}_n$ 是表面 (surface) 電子遷移率 (這同時也暗示了在極薄區域中表面附近的遷移率並不等同於在塊材中的

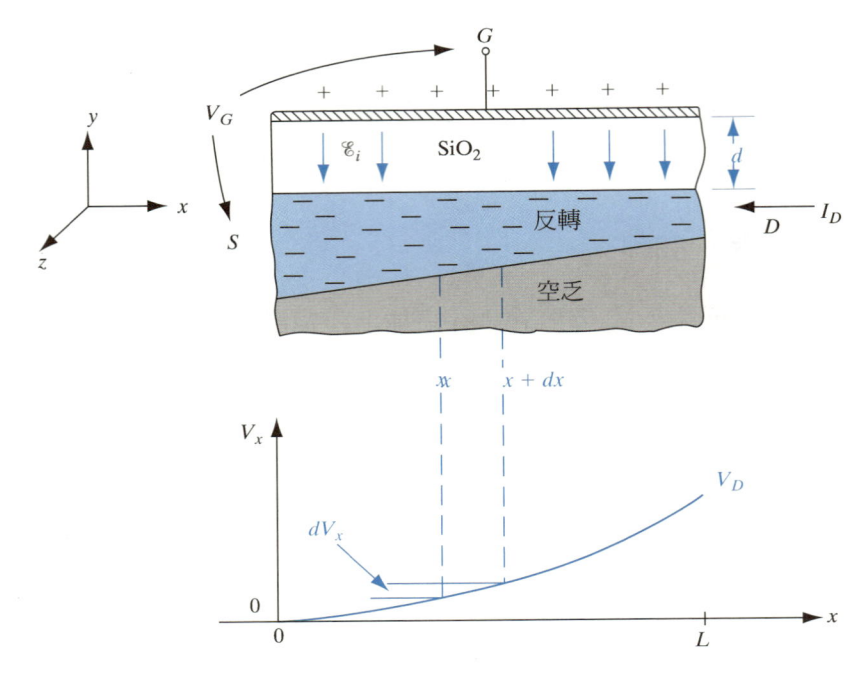

圖 6-26　一MOS 電晶體的 n 型通道區在偏壓未達夾止條件時之圖示，以及沿著傳導通道的電壓 V_x 的變化情形。

遷移率)。在一點 x 處，我們可得：

$$I_D dx = \overline{\mu}_n Z |Q_n(x)| dV_x \tag{6-48}$$

把上式從源極積分到汲極，

$$\int_0^L I_D dx = \overline{\mu}_n Z C_i \int_0^{V_D} (V_G - V_T - V_x) dV_x$$

$$I_D = \frac{\overline{\mu}_n Z C_i}{L}[(V_G - V_T)V_D - \tfrac{1}{2}V_D^2] \tag{6-49}$$

其中

$$\frac{\overline{\mu}_n Z C_i}{L} = k_N$$

決定 n 型通道 MOSFET 的電導與轉導 [可以參考 (6-51) 式和 (6-54) 式]。

在此分析中，臨界電壓 V_T 下的空乏電荷 Q_d 純粹是不考慮汲極電流時的值。這是近似解，因為外加 V_D 時，$Q_d(x)$ 實際上會跟著各處不同的 V_x 而改變 (看圖 6-26b)。然而，(6-49) 式對於小 V_D 來說，是對汲極電流相當精確的描述，並且因為它很簡單，所以常被使用在取近似的元件設計計算上。一個更精確與普遍的表示式是加入了 $Q_d(x)$ 的變化。利用 (6-46) 式中的 $Q_n(x)$ 再做一次 (6-48) 式的積分，可以得到

$$I_D = \frac{\overline{\mu}_n Z C_i}{L}$$
$$\times \left\{ (V_G - V_{FB} - 2\phi_F - \tfrac{1}{2}V_D)V_D - \frac{2}{3}\frac{\sqrt{2\epsilon_s q N_a}}{C_i}[(V_D + 2\phi_F)^{3/2} - (2\phi_F)^{3/2}] \right\} \quad \textbf{(6-50)}$$

由這些方程式所得知的汲極特性如圖 6-10c 所示。若閘極電壓超過了臨界值 ($V_G > V_T$) 而 V_D 不大，則汲極電流就可以從 (6-50) 式或取 (6-49) 式這樣的近似值求得。最初通道形成時實質上就像是隨 V_G 而變的線性電阻器。而在這線性區通道內的電導即可由 (6-49) 式取 $V_D \ll (V_G - V_T)$ 近似求得：

$$g = \frac{\partial I_D}{\partial V_D} \simeq \frac{Z}{L}\overline{\mu}_n C_i (V_G - V_T) \quad \textbf{(6-51)}$$

其中，只有當 $V_G > V_T$ 時通道才會存在。

當汲極電壓增加時，氧化層中汲極附近的電壓會降低，而那裡的 Q_n 就變得更小。結果汲極端的通道被夾止，而電流達到飽和。飽和的條件因此可被近似為

$$V_D(\text{sat.}) \simeq V_G - V_T \quad \textbf{(6-52)}$$

對於較大的汲極電壓來說，達到飽和情況的汲極電流基本上為一定值。把 (6-52) 式代入 (6-49) 式可得

$$I_D(\text{sat.}) \simeq \tfrac{1}{2}\bar{\mu}_n C_i \frac{Z}{L}(V_G - V_T)^2 = \frac{Z}{2L}\bar{\mu}_n C_i V_D^2(\text{sat.}) \tag{6-53}$$

這是飽和後汲極電流的近似值。

把 (6-53) 式對閘極電壓微分可約略求得在飽和區的轉導：

$$g_m(\text{sat.}) = \frac{\partial I_D(\text{sat.})}{\partial V_G} \simeq \frac{Z}{L}\bar{\mu}_n C_i(V_G - V_T) \tag{6-54}$$

在這的推導是針對 n 型通道元件而言。對增強型 p 型通道電晶體來說，其電壓 V_D、V_G 和 V_T 是負的，而電流是從源極流到汲極 (如圖 6-27)。

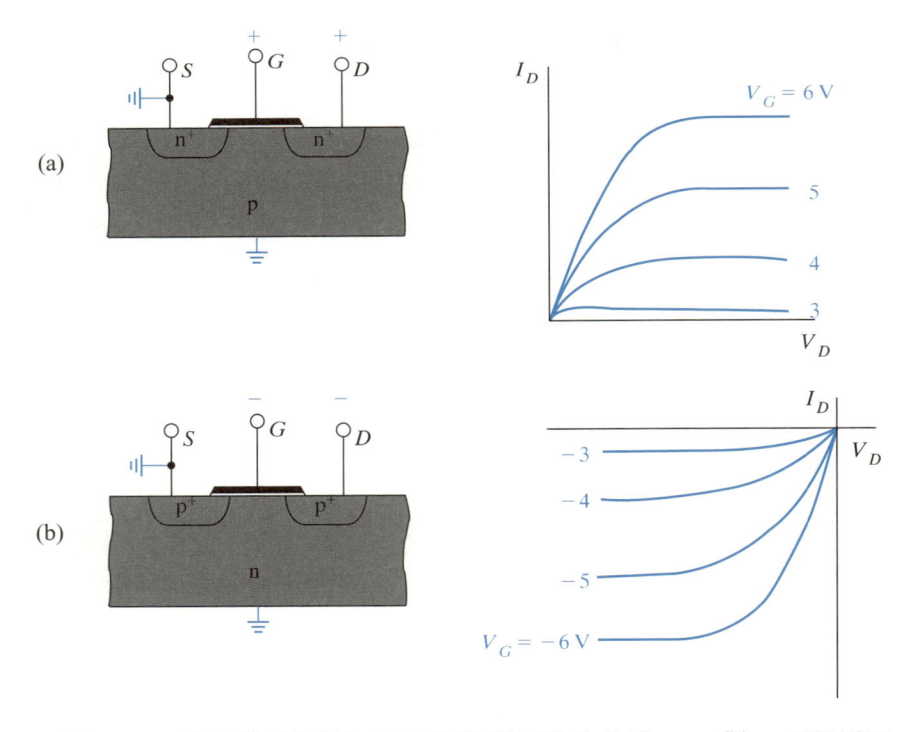

圖 6-27　增強型電晶體的汲極電流-電壓特性曲線：(a) 對 n 型通道而言，V_D、V_G、V_T 和 I_D 是正的；(b) 對 p 型通道來說，這些值均為負。

6.5.2 轉換特性曲線

輸出特性曲線顯示了汲極電流與汲極偏壓的關係，閘極偏壓也是其中一個有關的參數 (圖 6-27)。另一方面，**轉換** (transfer) 特性曲線則顯示了輸出的汲極電流與輸入的閘極偏壓之關係，這是對固定的汲極偏壓而言 (圖 6-28a)。顯然地，從 (6-49) 式可知，線性區內的 I_D 和 V_G 之關係應

$$I_D = \frac{Z}{L}\bar{\mu}_n C_i [V_G - V_T] V_D$$

斜率 $k_N(\text{lin})$

造成偏離這線性關係的誤差來自與電場相關的遷移率以及源-汲極間的串列電阻

$$g_m = \frac{\partial I_D}{\partial V_G}$$

$(g_m)_{\text{max.}}$

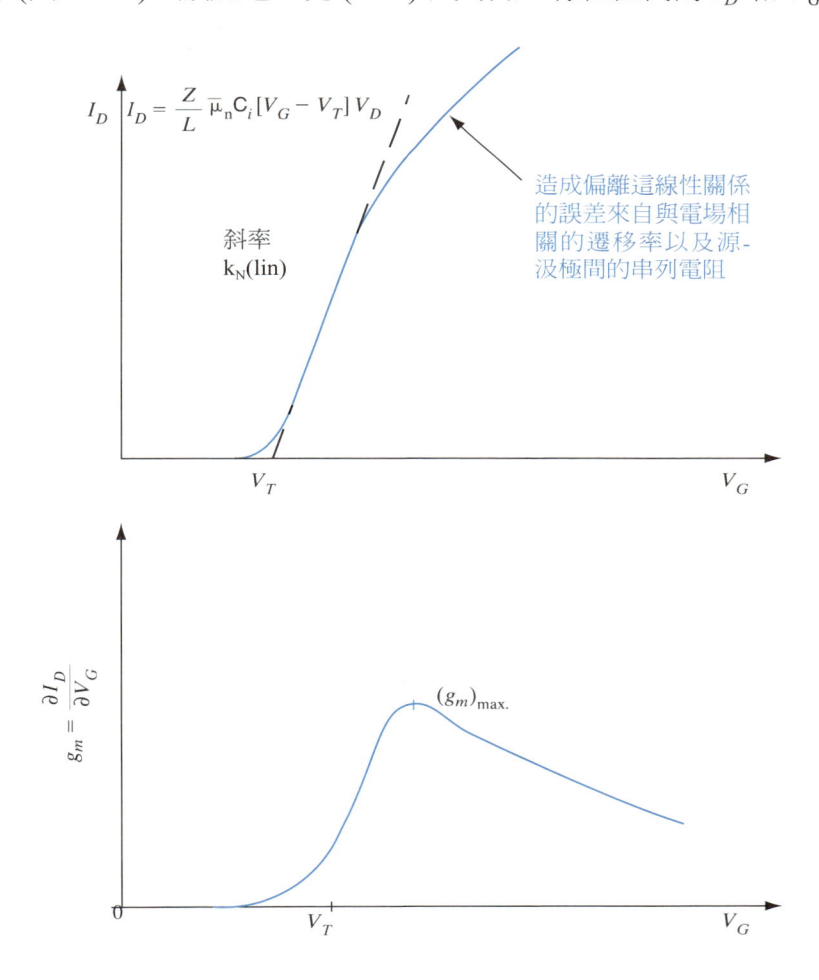

圖 6-28　線性區的轉換特性曲線：(a) 線性區的 MOSFETs 其汲極電流與閘極電壓的關係圖；(b) 轉導與閘極偏壓的關係。

該是一條直線。這條直線在 V_G 軸上的截距是線性區的臨界電壓 V_T(lin.)，而其斜率 (除以外加 V_D) 為線性的 k_N 值 k_N(lin.)，這是指 n 型通道 MOSFET 而言。然而，如果我們看看實際的關係圖，我們將會發現，低閘極偏壓時的特性曲線近似於一直線，但高閘極偏壓時的 I_D 就增加得較慢。線性區的轉導 g_m(lin.) 可以由 (6-49) 式的等號右半邊對閘極偏壓微分求得。g_m(lin.) 與 V_G 的關係如圖 6-28b。需要注意的是，V_G 在 V_T 以下的轉導為零，因為汲極電流很小。$I_D - V_G$ 曲線圖中會達到一最大值，而後下降。會下降是與將在 6.5.3 節及 6.5.8 節討論的兩個因素有關：增加閘極氧化層的橫向電場會使得有效通道遷移率降低，以及源極/汲極的串列電阻。

　　因為從 (6-53) 式可知，I_D 與 V_G 是二次函數關係，所以在飽和區的轉換特性曲線如圖 6-29 所示，圖中是畫出了 I_D 的方根與 V_G 的線性關係。在這個例子中，由截距可以得到飽和區的臨界電壓值 V_T(sat.)。在 6.5.10 節我們將會看到，由於汲極導致能障下降的效應 (DIBL)，對於短通道長度的 MOSFETs 來說，V_T (sat.) 會比 V_T (lin.) 來得低，但長通道長度的電

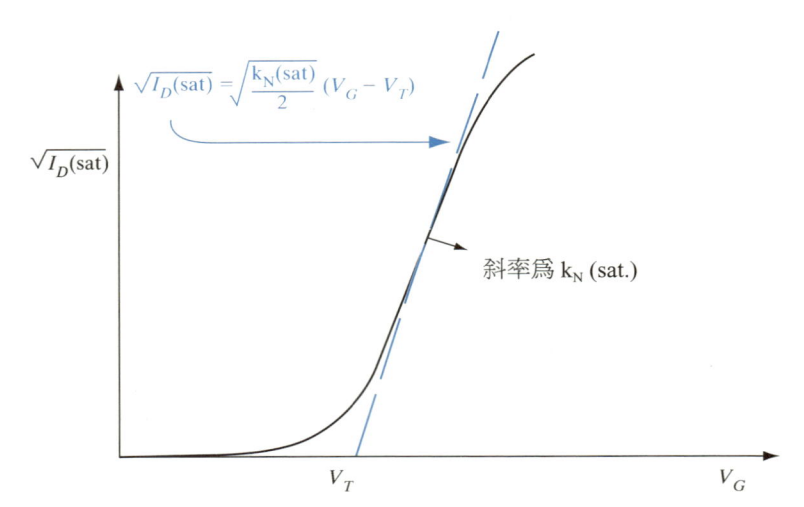

圖 6-29　飽和區的轉換特性曲線：MOSFETs 其汲極電流的方根與閘極電壓的關係圖。

晶體其兩個的值卻是相似的。同樣地，其轉換特性曲線斜率可用來求在飽和區的 k_N (sat.)。另外，對於 n 型通道 MOSFET，不同的短通道元件會有不同的 k_N (lin.)。

例題 6-2 一個 n 通道 MOSFET 閘極氧化層厚度為 10 nm，$V_T = 0.6$ V，$Z = 25$ μm，$L = 1$ μm。請計算在 $V_G = 5$ V，$V_D = 0.1$ V 時的閘極電流。當 $V_G = 3$ V，$V_D = 5$ V 重新計算此題。討論 $V_D = 7$ V 時會發生何事？假設通道電子的遷移率為 $\bar{\mu}_n = 200$ cm^2/V-s。

解
$$C_i = \frac{\epsilon_i}{d} = \frac{(3.9)(8.85 \times 10^{-14})}{10^{-6}} = 3.45 \times 10^{-7} \text{ F/cm}^2$$

當 $V_G = 5$ V，$V_D = 0.1$ V，$V_T = 0.6$ V 時，由 $V_D < (V_G - V_T)$ 可知 MOSFET 操作於 I_D-V_D 特性曲線之線性區，於是

$$I_D = \frac{Z}{L} \bar{\mu}_n C_i \left[(V_G - V_T)V_D - \frac{1}{2}V_D^2 \right]$$
$$= \frac{25}{1}(200)(3.45 \times 10^{-7})\left[(5 - 0.6) \times 0.1 - \frac{1}{2}(0.1)^2 \right] = \mathbf{7.51 \times 10^{-4}} \text{ A}$$

當 $V_G = 3$ V，$V_D = 5$ V，V_D(sat.) $= V_G - V_T = 3 - 0.6 = 2.4$ V

$$I_D = \frac{Z}{L} \bar{\mu}_n C_i \left[(V_G - V_T)V_D(\text{sat.}) - \frac{1}{2}V_D^2(\text{sat.}) \right]$$
$$= \frac{25}{1}(200)(3.45 \times 10^{-7})\left[(2.4)^2 - \frac{1}{2}(2.4)^2 \right] = \mathbf{4.97 \times 10^{-3}} \text{ A}$$

當 $V_D = 7$ V 時，I_D 不會增加，因為此 MOSFET 已經操作在飽和區。

6.5.3 遷移率的模型

一 MOSFET 通道中的載子遷移率比塊材半導體的小，這是因為有額外的散射機制。由於載子在通道中非常靠近半導體-氧化層的介面，所以它們會被表面的不平整以及在閘極氧化層中固定電荷的庫侖交互作用所散射。當反轉層中的載子從源極流至汲極，它們會遇到存在於氧化層-矽介面的微觀的原子大小般的不平整，並因此被散射 (就如同在 3.4.1 節所討論的)，因為任何造成完美週期性晶格位能的誤差都會導致散射。載子遷移率會因為閘極偏壓增加而降得更低，這是由於更高的閘極偏壓會把載子拉得更靠近氧化層-矽的介面，而表面的不平整因此影響更大。

很有趣值得注意的是，如果我們畫出 MOSFET 的有效載子遷移率與在反轉層中央的平均橫向電場之關係圖，會得到所謂對任何 MOSFET 均"通用的"遷移率下降曲線，這與製程技術或元件結構的參數像是氧化層厚度和通道摻雜無關 (圖 6-30)。我們可以使用高斯定律 (Gauss's law) 去推導圖 6-31 中的著色框框，這包括了所有的空乏電荷和一半的通道中反轉電荷。可以看到，在反轉區中央的平均橫向電場為

$$\mathscr{E}_{eff} = \frac{1}{\epsilon_s}\left(Q_d + \frac{1}{2}Q_n\right) \tag{6-55a}$$

上式對於電子的模型很吻合，可是對電洞則需要稍微的修正，這到現在還無法清楚地解釋，電洞的平均橫向電場需修正為

$$\mathscr{E}_{eff} = \frac{1}{\epsilon_s}\left(Q_d + \frac{1}{3}Q_n\right) \tag{6-55b}$$

遷移率隨閘極偏壓的降低情形通常會利用汲極電流的表示式加以描述

$$I_D = \frac{\overline{\mu}_n Z C_i}{L\{1+\theta(V_G-V_T)\}}\left[(V_G-V_T)V_D - \frac{1}{2}V_D^2\right] \tag{6-56}$$

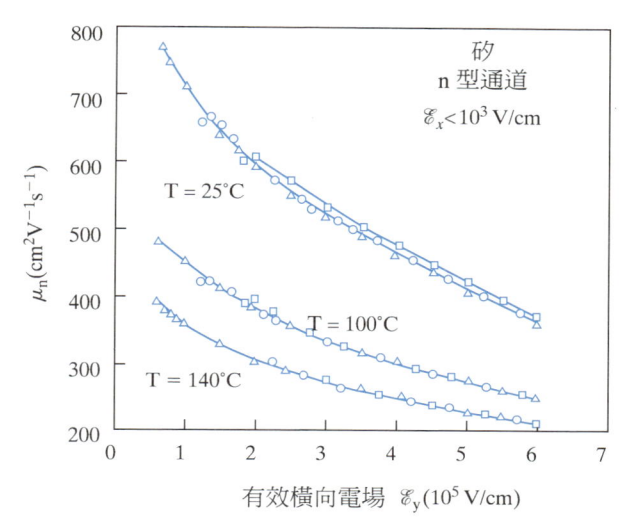

圖 6-30　反轉層的電子遷移率與有效橫向電場在不同溫度下的關係圖。其中，三角形、圓形與方形各表示不同的閘極氧化層厚度及通道摻雜的 MOSFETs (參考 Sabnis and Clemens, IEEE IEDM, 1979)。

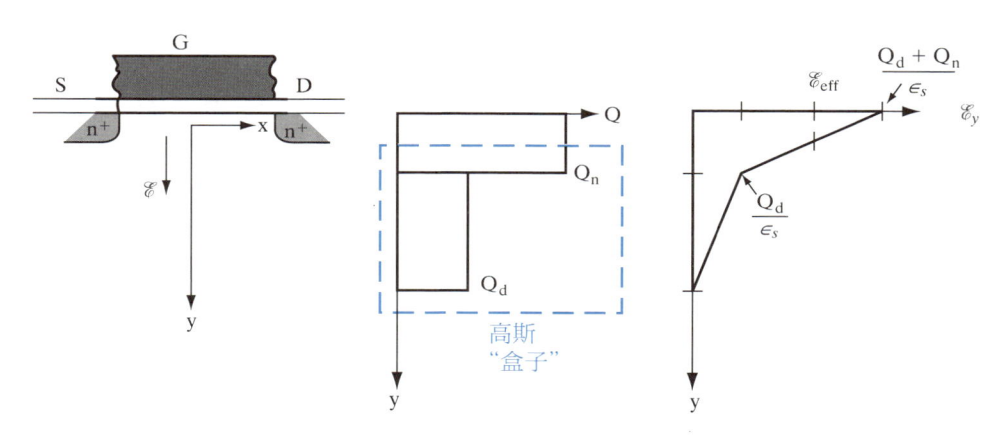

圖 6-31　決定等效橫向電場。把反轉層與空乏層的電荷分佈和橫向電場理想化，當作是 MOSFET 的通道深度之函數。我們使用高斯定律的區域如著色區所示。

其中，θ 稱為遷移率下降參數 (mobility degradation parameter)。因為在分母多了 (V_G-V_T) 項，所以閘極電壓較高時，汲極電流隨閘極偏壓增加而增加的幅度變小了。

通道遷移率除了跟閘極偏壓或橫向電場有關之外，也跟汲極偏壓或縱向電場很有關係。如圖 3-24 所示，載子漂移速度會隨著電場呈線性關係增加，直到電場達到 $\mathscr{E}_{sat}$；換句話說，達到 $\mathscr{E}_{sat}$ 後的遷移率是定值。之後其速度就達到飽和值 v_s，並且不再能夠用遷移率來描述。這些效應可表示為：

$$v = \mu\mathscr{E} \quad , \quad \mathscr{E} < \mathscr{E}_{sat} \tag{6-57}$$

$$\text{及} \quad v = v_s \quad , \quad \mathscr{E} > \mathscr{E}_{sat} \tag{6-58}$$

在通道汲極端的最大縱向電場約為夾止區的壓降 $(V_D-V_D(\text{sat.}))$ 除以夾止區的長度 ΔL。

$$\mathscr{E}_{max} = \left(\frac{V_D - V_D(\text{sat.})}{\Delta L}\right) \tag{6-59}$$

由泊松方程式 (Poisson equation) 求得的汲極端二維的解，可以知道圖 6-11c 中夾止區 ΔL 大約等於 $\sqrt{(3dx_j)}$，其中 d 是閘極氧化層厚度，而 x_j 為源極/汲極的接面深度。係數 3 則是 Si 對 SiO_2 的介電質常數的比值。

6.5.4　短通道 MOSFET 的 I-V 特性曲線

短通道元件的分析需要稍微地修正。如同前一節所提到的，有效通道遷移率會隨著垂直閘極氧化層的橫向電場 (亦即，閘極偏壓) 增加而降低。此外，對於夾止區中非常高的縱向電場來說，載子的速度是達到飽和的 (圖 3-24)。對短通道長度而言，載子在通道中大部分都是以飽和速度前進。在這例子中，汲極電流等於寬度乘上單位面積的通道電荷，再乘以飽和速度。

$$I_D(\text{sat.}) \approx ZC_i(V_G - V_T)v_s \qquad (6\text{-}60)$$

結果，其飽和汲極電流不是如 (6-53) 式隨 $(V_G - V_T)$ 增加而增加，而是一次方的線性關係 (注意圖 6-32 中各曲線是等距的)。因為矽元件製程技術的進步 (尤其是光顯影技術)，所以用於現在積體電路的 MOSFETs 都屬於短通道，而且一般都用 (6-60) 式來描述，而不是 (6-53) 式。

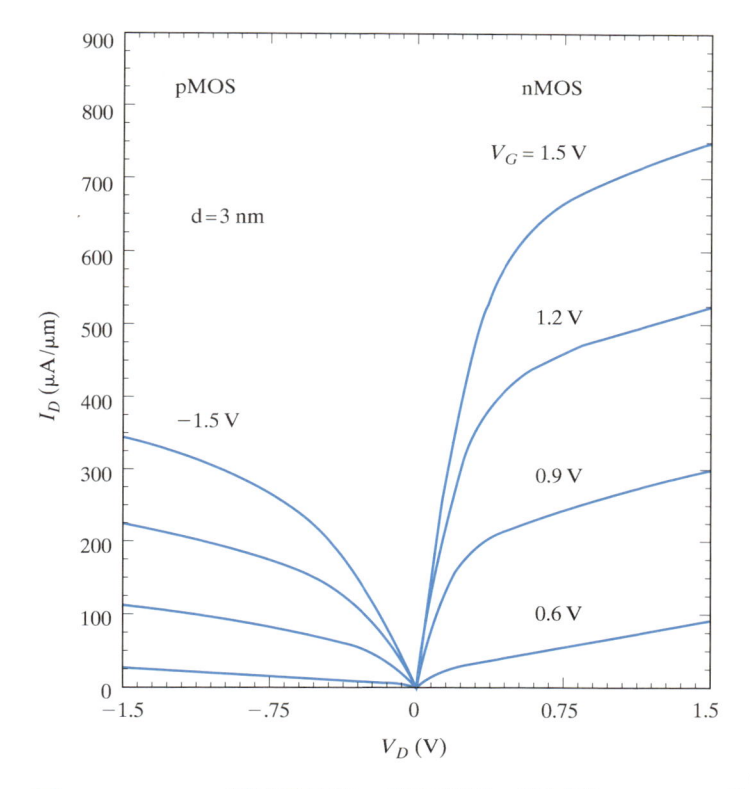

圖 6-32　0.1 μm 通道長度的 n 型通道與 p 型通道 MOSFETs 的實驗輸出特性曲線。其曲線顯示了幾乎相等的間距，表明了 I_D 與 V_G 的線性關係而不是兩次方關係。我們也可以發現，I_D 在飽和區並不是定值，而是隨 V_D 增加而稍微地增加。p 型通道元件有較低的電流，因為電洞遷移率比電子的來得低。

6.5.5 臨界電壓控制

因為臨界電壓是決定 MOS 電晶體開啟或關閉的主要因素，所以在設計元件時能夠調整 V_T 是非常重要的。例如，若電晶體使用在 3-V 電池驅動的電路中，很顯然地，4-V 的臨界電壓是無法接受的。有些應用不僅需要低 V_T，而且也需要精密可控制的值使其電路能夠和其他元件相匹配。

(6-38) 式中的各個項均可被控制到某些範圍。功函數電位差 Φ_{ms} 由閘極導體材料的選擇來決定；ϕ_F 則靠基板摻雜量決定；Q_i 可以藉由適當的氧化法與使用 (100) 方向成長的矽予以降低；Q_d 可以靠基板的摻雜來調整；而 C_i 則由絕緣體的厚度與介電常數決定。我們將討論在元件製造時控制這些量的幾種方法。

閘極電極的選擇　因為 V_T 跟 Φ_{ms} 有關，所以閘極電極材料 (亦即，閘極電極的功函數) 的選擇會影響臨界電壓。1960 年代，第一顆 MOSFET 做出來時是使用 Al 閘極。然而，因為 Al 是低熔點材料，所以自我對準源極/汲極製程技術並沒有使用 Al 閘極，這是由於自我對準製程在閘極形成後需要高溫源極/汲極植入與退火。因此，Al 被 n^+ 摻雜 LPCVD 多晶矽耐火的 (refractory) (高熔點) 閘極所取代，其費米能階對齊矽傳導帶。這對 n 型通道 MOSFETs 而言相當的好，但我們將在 9.3.1 節看到，對 p 型通道 MOSFETs 會有問題。因此，有時候，p 型通道元件會使用 p^+ 摻雜多晶矽閘極。有適當功函數、耐火的金屬閘極也有被研究要去取代多晶矽。一個吸引人的候選者是 W，其功函數位於矽能隙中間附近。

C_i 的控制　因為通常需要低 V_T 與高驅動電流，所以在閘極區使用薄氧化層以增加 (6-38) 式中的 $C_i = \epsilon_i/d$。從圖 6-20 中我們可以看出，增加 C_i 使得 p 型通道元件的 V_T 負值更小，並使具有 $-Q_d > Q_i$ 時的 n 型通道元件之正 V_T 更小。對於實際的考量，在現今元件中擁有次微米閘極長度的氧化層厚度一般為 20-100 Å (2-10 nm)。其中有個例子如圖 6-33 所示。其閘極氧化層厚度 (在顯微照相中很容易觀察得到) 為 40 Å。在多晶矽與非晶

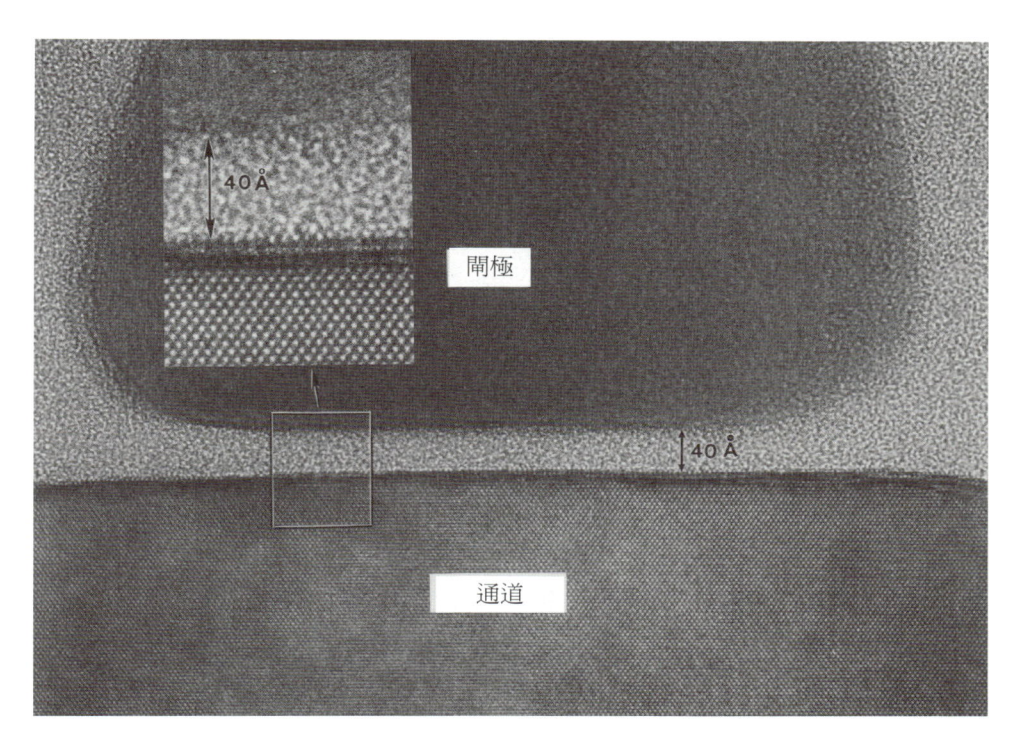

圖 6-33　MOSFET 的橫截面圖。從這 Si 型金氧半場效應電晶體的高解析度傳輸式電子顯微鏡可以看到，其 Si 通道跟金屬閘極被一層薄 (40 Å，4 nm) 的 SiO_2 絕緣層所分隔。插入的圖片顯示了這三個區域的放大圖，多晶矽中各有成排的原子很容易識別。(圖形感謝 AT&T 的貝爾實驗室提供)

二氧化矽中間的介面層也很容易觀察到。

　　雖然在電晶體中的閘極區需要低臨界電壓，但在各元件之間卻需要大的 V_T 值。例如，如果許多電晶體接在一單獨的矽晶片上，我們不希望各元件間不小心地形成反轉層 (一般稱之為場 (field))。避免這種寄生通道的一個方法是使用很厚的氧化層來增加場中的 V_T。圖 6-34 表示使用閘極氧化層厚度 10 nm 而場氧化層 (field oxide) 厚度為 0.5 μm 的電晶體。

　　C_i 的值亦可靠著改變 ϵ_i 值來控制。SiO_2 層夾雜著 N 原子 (會形成 SiON) 常被使用。這個 Si 的氧化物-氮化物有比 SiO_2 稍高的 ϵ_i 與 C_i，提供良好的介面特性。其他高介電常數的材料，像是 Ta_2O_5、ZrO_2 和鐵電材

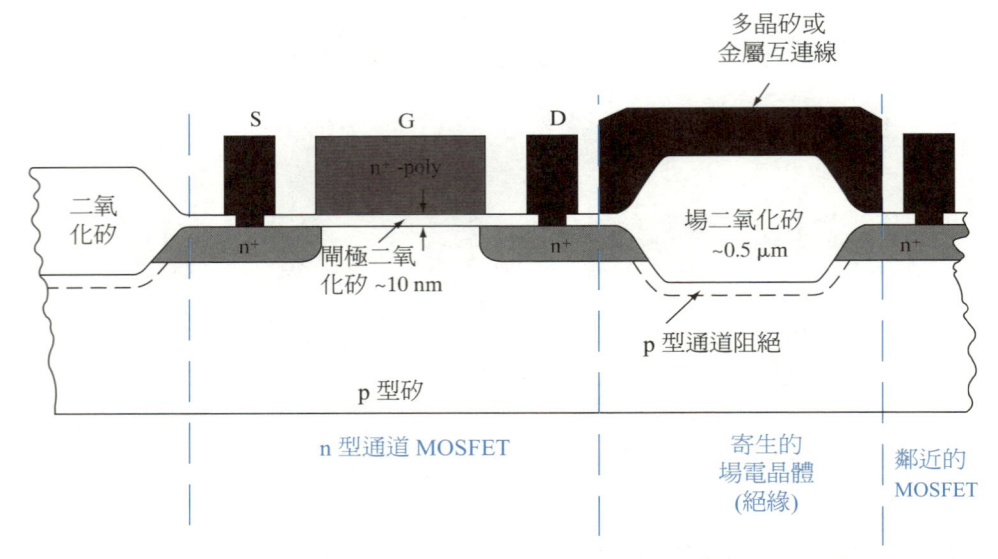

圖 6-34 閘極區中的薄氧化層與各電晶體間之厚的場氧化層作 V_T 的控制 (並沒有按照比例畫)。

料 (如鈦酸鍶化鋇 (barium-strontium-titanate)) 等等，也打算用來取代 MOSFETs 中的 SiO_2，當作新的閘極介電質，以期增加 $C_i = \epsilon_i / d$ 並因此提高 MOSFET 的驅動電流。一般來說，我們不能在 Si 基板上直接使用這些高介電常數的材料；我們需要一非常薄 (~0.5 nm) 的在介面處的 SiO_2 層，以達到少而穩固的介面能態密度 (interface state density)。從 C_i 的表示式可以很清楚地看到，對於這些高介電常數的材料而言，我們能夠用物理上比 SiO_2 更厚的絕緣層厚度 d 而仍然可以達到某個想要的 C_i 值。這對於降低流過閘極介電質的穿隧漏電電流非常有用，我們將在 6.4.7 節討論。物理上更厚的絕緣層暗示了更寬的穿隧能障，可以減少穿隧機率。

以離子佈植作臨界值的調整 控制臨界電壓最有效的方法是離子佈植 (見 5.1.4 節)。因為這個方法可以精確地控制雜質含量，所以要精確地控制 V_T 就有可能了。例如，圖 6-35 顯示了穿越過 p 型通道元件閘極氧化層的硼佈植，如此一來，植入的峰值就正好在矽表面的下方。帶負電的硼受體

(a)

(b)

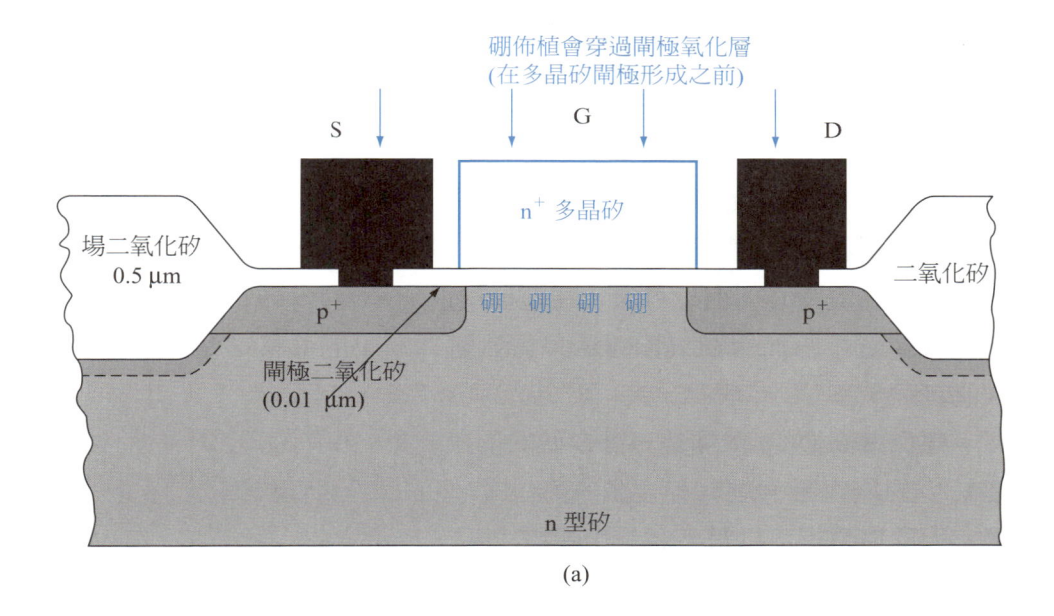

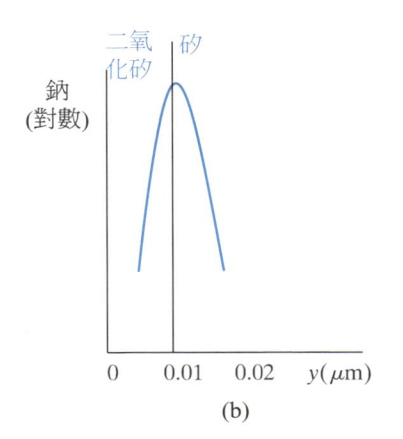

圖 6-35 利用硼佈植作 p 型通道電晶體的 V_T 調整：(a) 硼離子佈植時會穿過薄的閘極氧化層，但會被厚的氧化層所吸收；(b) 閘極區中植入的硼濃度之變化——此處硼分佈的峰值正好在矽表面下方。

用來減少空乏區正電荷 Q_d 的效應。結果，V_T 的負值變得更小。同樣地，在 n 型通道電晶體的 p 型基板中植入淺的 B 離子可使得 V_T 為正，這是加強型元件所需要的。

若佈植使用較高的能量，或是進入裸露的 Si 而不是氧化層時，在表面下的雜質分佈會較為深入。在這種情況下，基本上其高斯雜質濃度分佈側面圖不能用 Si 表面一尖薄層來概算。因此，在 (6-38) 式 Q_d 項中的分佈電荷之效應必須加以考慮。在這種情形下，要計算對 V_T 的效應就變得比較複雜了，而用植入摻雜量以得到臨界電壓的偏移常常需要經過多次的實驗。

要作淺佈植的 V_T 調整只需要低的佈植能量 (50－100 keV)，而且只需要較少的摻雜量。對每個晶圓來說，典型的 V_T 調整只需要 10 秒的佈植，因此這製程可以符合大量生產需求。

例題 6-3 一個 p 通道電晶體，閘極氧化層厚度為 10 nm，請計算將 V_T 由 -1.1 V 變成 -0.5 V 所需摻雜的硼劑量 $F_B(B^+ \text{ ions/cm}^2)$。假設植入的受體形成的一層負電荷剛好就位於矽表面之下。如果用較寬的分佈取代淺的硼離子植入，V_T 會如何改變。假設硼離子束的電流為 10^{-5} A，且離子束掃過的面積為 650 cm^2，則必須要花多少時間植入。

解 因為硼的負離子會形成於矽表面之下，它們會影響 V_{FB} 中的固定的氧化層電荷，因此

$$C_i = \frac{\epsilon_i}{d} = \frac{(3.9)(8.85 \times 10^{-14})}{10^{-6}} = 3.45 \times 10^{-7} \text{ F/cm}^2$$

$$-0.5 = -1.1 + \frac{qF_B}{C_i}$$

$$F_B = \frac{3.45 \times 10^{-7}}{1.6 \times 10^{-19}}(0.6) = 1.3 \times 10^{12}\,\text{cm}^{-2}$$

如果硼的分佈更深，在 V_{FB} 中我們就不能假設為片電荷 (sheet charge)，如果在最大空乏區寬度的分佈近似為常數，我們必須改變基板摻雜來表示 V_T。否則，就要去計算空乏區中隨硼濃度變化的 Poisson 方程式的數值解，以得到半導體的壓降。

對於 10 μA 的離子束電流，掃過的面積為 650 cm² 離子佈植時間為 $t = 13.5$ 秒。

$$\frac{10^{-5}(\text{C/s})}{650\,\text{cm}^2} t(s) = 1.3 \times 10^{12}\,(\text{ions/cm}^2) \times 1.6 \times 10^{-19}(\text{C/ion})$$

其佈植時間為 $t = 13.5$ s。

若繼續佈植到更高摻雜量，V_T 可越過零進入空乏模式 (depletion-mode) 情況 (圖 6-36)。這功能提供積體電路設計者相當多的彈性，容許加

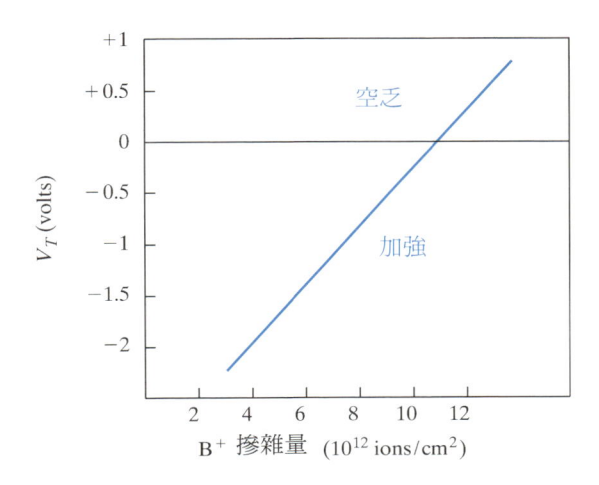

圖 6-36 p 型通道元件增加硼佈植的摻雜量所得之典型的 V_T 變化情形。原先加強型 p 型通道電晶體由於足夠的硼摻雜，會變為空乏型元件 ($V_T > 0$)。

強型與空乏型電晶體能夠被做在同一個晶片上。例如，空乏型電晶體可以用來代替電阻器作為加強型元件的負載元件。因此，在 IC 規劃中可以製造一系列的 MOS 電晶體，一部分用離子佈植調整出所想要的加強模式的 V_T，而其他的則佈植為空乏型負載。

如上所述，V_T 的控制不僅在 MOSFETs 中很重要，在絕緣區或場區也同樣重要。除了使用厚的場氧化層之外，我們可以選擇性地在場氧化層下的絕緣區作**通道阻絕佈植** (channel stop implant) (會如此稱呼是因為它阻止了絕緣區中的寄生通道導通)。通常用 B (硼) 植入作為 n 型通道元件的通道阻絕。(必須注意的是受體的植入會使得作在 p 型基板上的 n 型 MOSFETs 其臨界電壓升高，然而讓作在 n 型基板上的 p 型 MOSFETs 臨界電壓下降)。

6.5.6 基極偏壓效應

在推導 (6-49) 式沿著通道的電流中，我們假設源極 S 和基極 B 連接在一起 (圖 6-27)。事實上，有可能會在 S 和 B 間加一電壓 (圖 6-37)。當一逆向偏壓加在基極和源極間 (對於 n 通道元件其 V_B 為負)，空乏區會變寬，且為了配合較大的 Q_d，閘極臨界電壓也必須增加。用較簡單觀點來看其結果就是 W 會沿著通道均勻的變寬，所以 (6-32) 式應會變成：

$$Q'_d = -[2\epsilon_s q N_a (2\phi_F - V_B)]^{1/2} \tag{6-61}$$

因為基極偏壓使臨界電壓為：

$$\Delta V_T = \frac{\sqrt{2\epsilon_s q N_a}}{C_i}[(2\phi_F - V_B)^{1/2} - (2\phi_F)^{1/2}] \tag{6-62}$$

如果基極偏壓 V_B 遠大於 $2\phi_F$ (一般約 0.6 V)，臨界電壓受 V_B 支配，而

$$\Delta V_T \simeq \frac{\sqrt{2\epsilon_s q N_a}}{C_i}(-V_B)^{1/2} \quad \text{(n 型通道)} \tag{6-63}$$

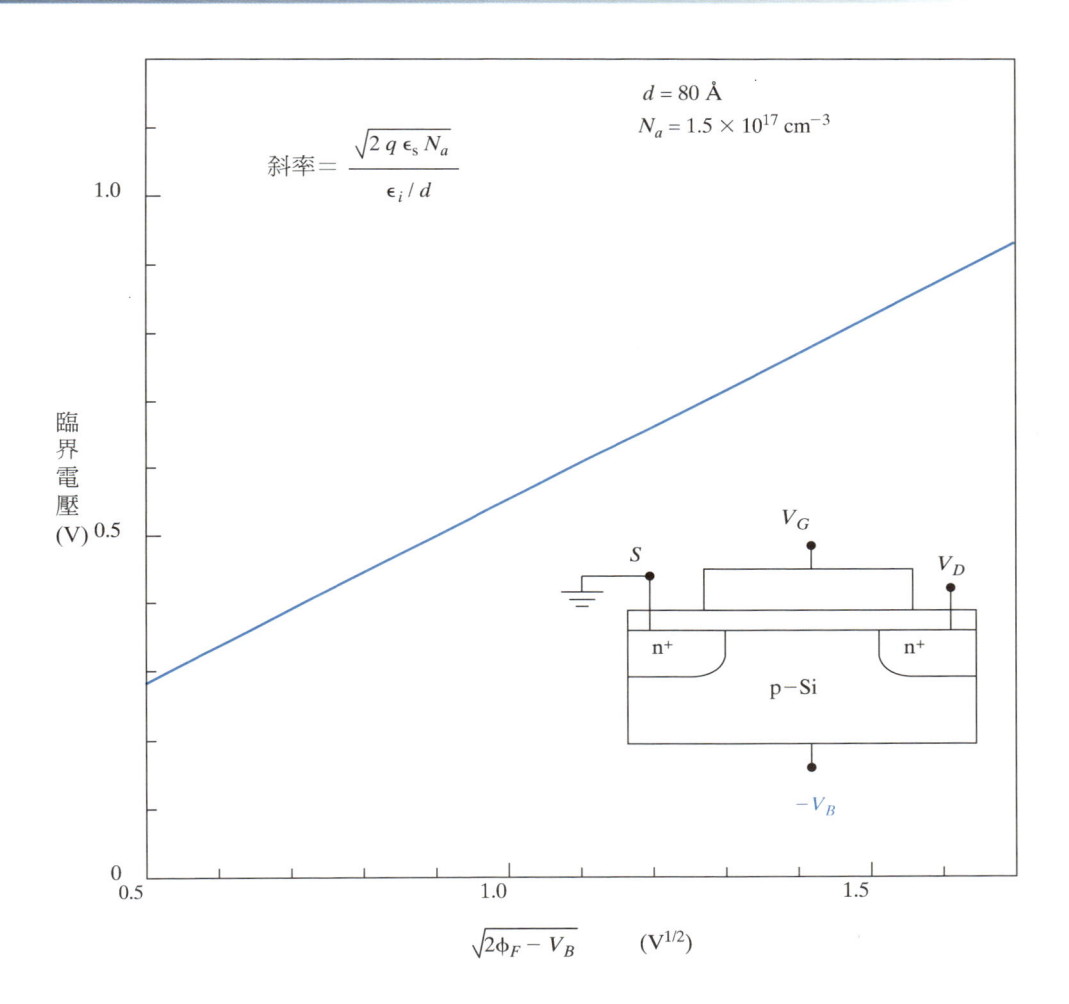

圖 6-37 在源極和基極加一偏壓 V_B 造成的臨界電壓和基極偏壓的關係圖。對於 n 型通道，V_B 必須要零或是負的才可以避免在源極接面形成順向偏壓。對於 p 型通道，V_B 必須是零或正。

對於 n 型通道而言 V_B 是負的。當基極偏壓增加，臨界電壓變的越正。當基板的摻雜增加，基極偏壓造成的效應就越強烈，因為 ΔV_T 也正比於 $\sqrt{N_a}$。對於 p 型元件要逆向偏壓則基板對源極的電壓 V_B 是正的，而大概的改變量 ΔV_T 對於 $V_B \gg 2\phi_F$ 是

$$\Delta V_T \simeq -\frac{\sqrt{2\epsilon_s q N_d}}{\mathsf{C}_i} V_B^{1/2} \quad (\text{p 型通道}) \tag{6-64}$$

因此當有基極偏壓時 p 型通道的臨界電壓變得越負。

基板偏壓效應 [也稱為**本體效應** (body effect)] 讓兩種元件的 V_T 都增加。本體效應可用來讓一個臨界的增強型元件 ($V_T \simeq 0$) 其臨界電壓升高到某個較大的及較可使用的值。尤其對於 n 型元件可以是個有用的性質 (見圖 6-20)。然而在 MOS 積體電路把源極和基板接在一起是不實際的，所以這個效應會造成一些問題。在這些情況下，因為本體效應造成的 V_T 偏移就必須要在電路設計中被考慮進去。

6.5.7 次臨界特性

如果我們看汲極電流的表示法 (6-53) 式，顯示只要 V_G 減小到 V_T，電流就突然降到零。實際上，還是有些電流在未達臨界電壓時導通，它稱做**次臨界導通** (subthreshold conduction)。這個電流是由於通道位於平帶和導通間的弱反轉時 (能帶彎曲介於零和 $2\phi_F$)，產生一源極到汲極的擴散電流。在次臨界區的汲極電流是等於

$$I_D = \mu(\mathsf{C}_d + \mathsf{C}_{it})\frac{Z}{L}\left(\frac{kT}{q}\right)^2\left(1 - e^{\frac{-qV_D}{kT}}\right)\left(e^{\frac{q(V_G - V_T)}{c_r kT}}\right) \tag{6-65}$$

在此

$$c_r = \left[1 + \frac{\mathsf{C}_d + \mathsf{C}_{it}}{\mathsf{C}_i}\right]$$

可以看到 I_D 和閘極電壓呈指數關係。然而，當 V_D 超過幾個 kT/q 後，V_D 對電流的影響就很小了。就如圖 6-38a 顯示，很明顯的如果我們對 $\ln I_D$ 以閘極電壓的函數作圖，可以在次臨界區得到一線性關係，如圖 6-38a 所示。這條線的斜率 (或更精確的說應為斜率的倒數) 可以視作就是大家知

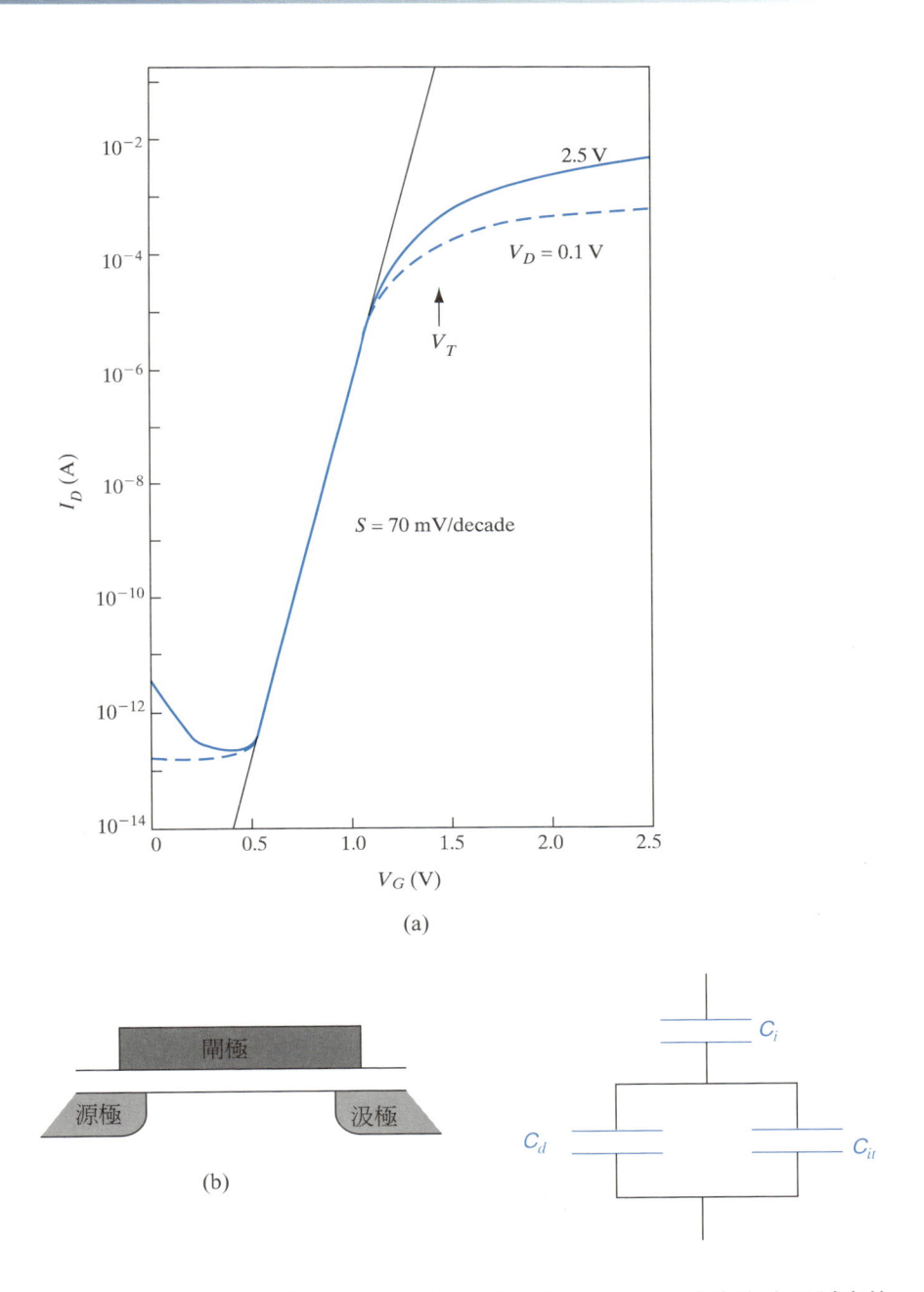

圖 6-38 MOSFETs 的次臨界導通：(a) I_D 和 V_G 的半對數圖；(b) 決定次臨界斜率的電容分壓的等效電路。

道的次臨界斜率，S，對最新的 MOSFETs，室溫下一般約 70 mV/decade。這表示當輸入 V_G 改變 70 mV 時，輸出電流 I_D 會有一個數量級的變化。顯然當 S 值越小，電晶體更適於作為一個開關。S 的值越小意味著只要一個小的輸入就可以相當程度調整輸出電流。

S 的表示式如下：

$$S = \frac{dV_G}{d(\log I_D)} = \ln 10 \frac{dV_G}{d(\ln I_D)} = 2.3 \frac{kT}{q}\left[1 + \frac{C_d + C_{it}}{C_i}\right] \quad (6\text{-}66)$$

在此，用一因數 ln 10 (＝2.3) 把 $\log_{10}$ 改成自然對數 ln。我們可以用一些電容作為此 MOSFET 的等效電路來瞭解這個方程式 (圖 6-38b)。在閘極和基極間，我們發現閘極電容 C_i 串聯之前的通道空乏電容 C_d 和介面狀態電容 $C_{it}=qD_{it}$ 的並聯。(6-66) 式的括弧中式子很簡單的就是電容的分壓比例，告訴我們那一部分的 V_G 是反應在 Si-SiO$_2$ 介面的表面電位。最終是表面電位來調整源極和汲極間的能障和汲極電流。因此 S 可用來作為閘極電位去調整 I_D 的效率的一個基準。由 (6-66) 式我們觀察到可以用減小閘極氧化層厚度來改善 S，這是相當合理的，因為若閘極電極越接近通道，閘極的控制能力明顯的就越好。S 的值隨著高濃度的通道摻雜 (會增加空乏電容) 或 Si-氧化層的介面有越多的介面狀態而升高。

對於一個很小的閘極電壓，次臨界導通電流降為源極/汲極接面的漏電流。此決定很多種含有 n 通道和 p 通道的 MOSFETs 之互補式 MOS (CMOS) 電路的關閉狀態漏電流和功率損耗。這也強調了高品質的源極/汲極接面的重要性。由次臨界的特性可以看到，若一 MOSFET 的 V_T 太低，則在 $V_G=0$ 時會無法關閉。而且無可避免的 V_T 統計上的變動也會造成次臨界導通電流相當大的變動。另一方面，若 V_T 太大，則會犧牲掉驅動電流，它是靠提供給電路的電壓和 V_T 的差異而定。基於這些原因，一直以來 MOSFET 的 V_T 約被設計在 0.7 V。然而，隨著近來多種低電壓，低功率可攜式電子產品的出現，在元件和電路設計上為了速度和功率損耗的最佳化就有新的挑戰。

6.5.8 MOSFET 的等效電路

當我們試圖繪出 MOSFET 的等效電路，我們發現除了 MOSFET 之外還存在很多種寄生的元素。除了閘極的電容之外很重要的就是因為閘極和汲極區有重疊而產生所謂的**米勒重疊電容** (Miller overlap capacitance)(圖 6-39)。這個電容顯然是無法預知的，因為它出現在一個處於輸出和輸入的回授路徑上。有一個方式可以量得米勒電容，就是把閘極接到地 ($V_G = 0$)，所以通道就不會有反轉層。因此在閘極和汲極間大部分被量到的電容就是米勒電容而不是閘極反轉層電容 C_i。用所謂的**自我對齊閘極** (self-aligned gate) 就有可能把米勒電容變小。在這個製程中，閘極被用來當作源極/汲極離子佈植的光罩，因此可以達到對準的效果。然而就算用這種設計，因為離子佈植在閘極下的橫向擴散，再因為高溫的回火使得橫向

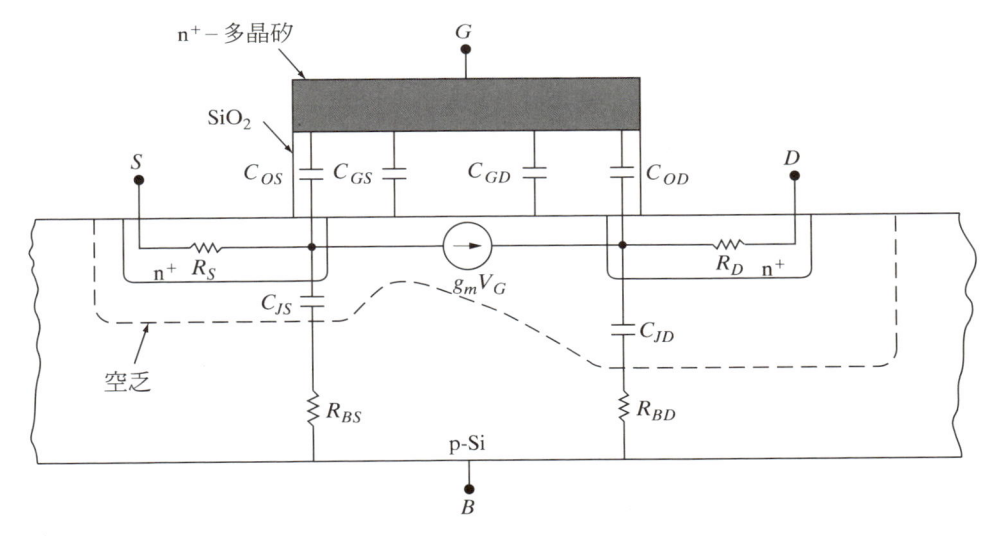

圖 6-39 MOSFET 的等效電路，顯示被動的電容和電阻成分。閘極電容是由兩個成份組成，閘極和源極端通道終端的電容 (C_{GS}) 和汲極端的電容(C_{GD})。此外，有一閘極-源極 (C_{OS}) 和閘極-汲極 (C_{OD})的重疊電容 (閘極電極和源極/汲極接面的重疊)。C_{OD} 也可知為米勒重疊電容。我們也有伴隨著源極 (C_{JS}) 和汲極 (C_{JD}) 的 p-n 接面空乏電容。寄生電阻包含源極/汲極的串電阻 (R_S 和 R_D)，和在基板中的基極到源極及基極到汲極的電阻 (R_{BS} 和 R_{BD})。可用一 (閘極) 壓控定電流源作為汲極電流的模型。

擴散更惡化，所以還是有一定量的重疊存在。在閘極邊緣的源極/汲極接面的擴散造成所謂的通道長度減少，ΔL_R (圖 6-40)。因此，我們得到電性的或"有效的"通道長度 L_{eff}，可以用實際上的閘極長度 L 來表示

$$L_{eff} = L - \Delta L_R \tag{6-67}$$

還存在一個寬度的改變量 ΔZ，改變了 MOSFET 的實際寬度 Z 成有效寬度 Z_{eff}。因為周圍的電絕緣區 (一般來說是 LOCOS)，使得寬度縮減。在 9.3.1 節會討論到 LOCOS 絕緣技術。

等效電路中另一個非常重要的參數是源極/汲極的串電阻，$R_{SD} = (R_S + R_D)$，因為它降低了汲極電流和轉導。當一定汲極電壓加到源極/汲極的接點 (視汲極電流 (或閘極電壓) 而定)，有一部分加上的電壓是"浪費"當作跨在這些電阻的歐姆壓降。因此，實際加在屬於 MOSFET 本身的汲極電壓是較少的；這使得 I_D 對於 V_G 的次臨界線性增加。

由在線性區工作的 MOSFET 沿著 ΔL_R 的全部電阻可決定 R_{SD}。

$$\left(\frac{V_D}{I_D}\right)$$

這相當於把屬於通道本身的電阻 R_{Ch} 和源極到汲極的電阻 R_{SD} 加起來。修改 (6-51) 式可以得到

$$\frac{V_D}{I_D} = R_{Ch} + R_{SD} = \frac{L - \Delta L_R}{Z - \Delta Z} \frac{1}{\overline{\mu}_n C_i (V_G - V_T)} + R_{SD} \tag{6-68}$$

我們可以用基板偏壓為函數，但不同的通道長度，去量測在線性區域中不同寬度的 MOSFETs 的 V_D/I_D。改變基板偏壓即經由本體效應改變 V_T，因此由 L 作為函數的全部電阻其繪出圖形的直線斜率也跟著改變。如圖 6-40 所示，這些線都經過一點，這點的值相當於 ΔL_R 和 R_{SD}。

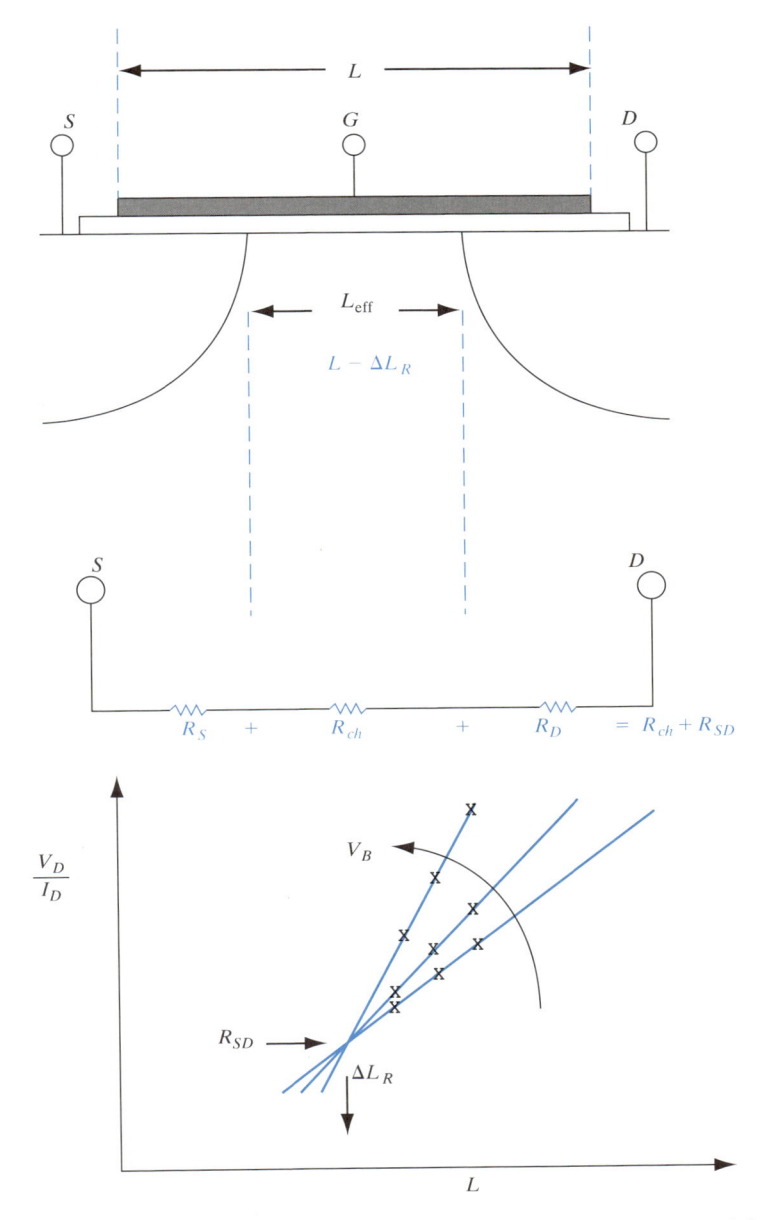

圖 6-40　一個 MOSFET 的通道長度減少和源極/汲極串電阻的測定。一個 MOSFET 在線性區的全部電阻相對於不同基極偏壓被繪成一通道長度的函數。x 是對三個不同的實際閘極長度 L 標定的資料點。

6.5.9 MOSFET 的尺寸縮小和熱電子效應

半導體積體電路技術的許多進步都可歸因於元件尺寸的縮小能力。MOSFETs 的縮小有相當多的好處。由表 6-1，我們看到縮小的好處有封裝密度、速度和功率損耗的改善。由 IBM 的 Dennard 第一個提出尺寸縮小的關鍵觀念是，要能保持正確地操作，不同的 MOSFET 的結構參數應被一致地縮小。換句話說，假如橫向的尺寸像通道長度和寬度依一個 K 的因子縮小，則垂直方向的尺寸如源極/汲極的接面深度 (x_j) 和閘極絕緣層厚度也必須依一樣的因子縮小 (表 6-1)。空乏寬度的縮小是間接地用增加摻雜濃度來達成。然而，如果我們只是簡單地減小元件的尺寸而把供應電壓維持一樣，則元件內部的電場將會增加。對於理想的縮小化，供應電壓必須也減小以維持內部電場在技術成長到下一個世代時仍合理地維持不變。不幸地，實際上供應電壓並非和元件尺寸一起縮小，特別是因為其他系統上的限制。在夾止區縱向的電場和跨過閘氧化層的橫向電場都隨著 MOSFET 的縮小而增加。而如一般知道的熱電子效應和短通道效應的多種問題也就升高 (圖 6-41)。

表 6-1 MOSFETs 依據定係數 K 的尺寸縮小規則。水平和垂直的尺寸必須要用一樣的參數縮小化。為了使內部的電場保持近乎常數及控制熱載子效應，電壓也必須縮小。

	縮小化的係數
表面尺寸 (L, Z)	$1/K$
垂直尺寸 (d, x_j)	$1/K$
雜質濃度	K
電流，電壓	$1/K$
電流密度	K
電容 (單位面積)	K
轉導	1
電路延遲時間	$1/K$
功率損耗	$1/K^2$
功率密度	1
功率-延遲乘積	$1/K^3$

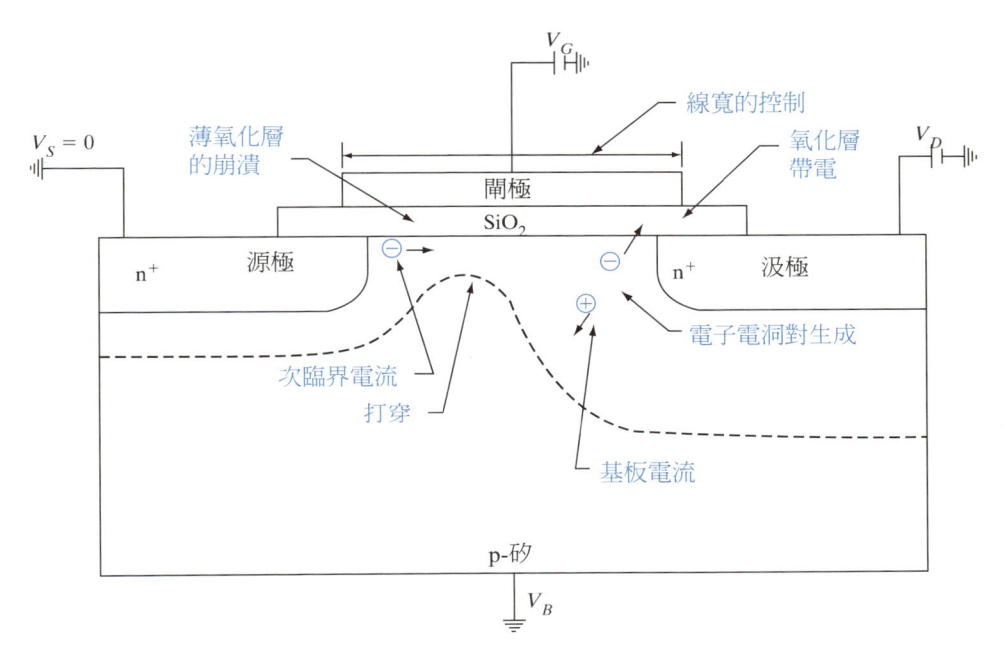

[圖示：MOSFET 短通道效應示意圖，標註包含 V_G、$V_S=0$、V_D、V_B、閘極、SiO$_2$、源極、汲極、n$^+$、p-矽、薄氧化層的崩潰、線寬的控制、氧化層帶電、電子電洞對生成、次臨界電流、打穿、基板電流]

圖 6-41 MOSFETs 的短通道效應。當 MOSFETs 的尺寸縮小，因短通道效應造成的潛在問題包括在夾止區的熱電子產生 (電子-電洞對生成)，源極和汲極間的打穿崩潰，和閘氧化層崩潰。

　　當電子通過源極到汲極間的通道，在夾止區靜電位能損耗而獲取動能，然後就變成 "熱" 電子。在導帶中電子只有位能，當它獲得更多的動能則躍入更高的能階。少數的電子能量大到足以克服 Si 通道和閘氧化層的 3.1 eV 位能障 (圖 6-25)。一些注入的熱電子可能穿過閘氧化層然後被收集成為閘極電流，因此降低了輸入阻抗，更重要的是某些熱電子會在閘氧化層被陷住成為固定的氧化層電荷。依照 (6-37) 式它會增加平帶電壓，因此增加 V_T。此外，這些熱電子會打斷位於 Si-SiO$_2$ 間的 Si-H 鍵結，產生快速介面狀態，它施壓使 MOSFET 的一些元件參數劣化，如轉導和次臨界斜率。如圖 6-42 所示，熱電子使 MOSFET 劣化如 V_T 的增加和次臨界斜率的下降及轉導下降。解決這個問題就用眾所皆知的**低摻雜汲極** (lightly doped drain, LDD)。在 9.3.1 節中詳細的討論中，把源極/汲極

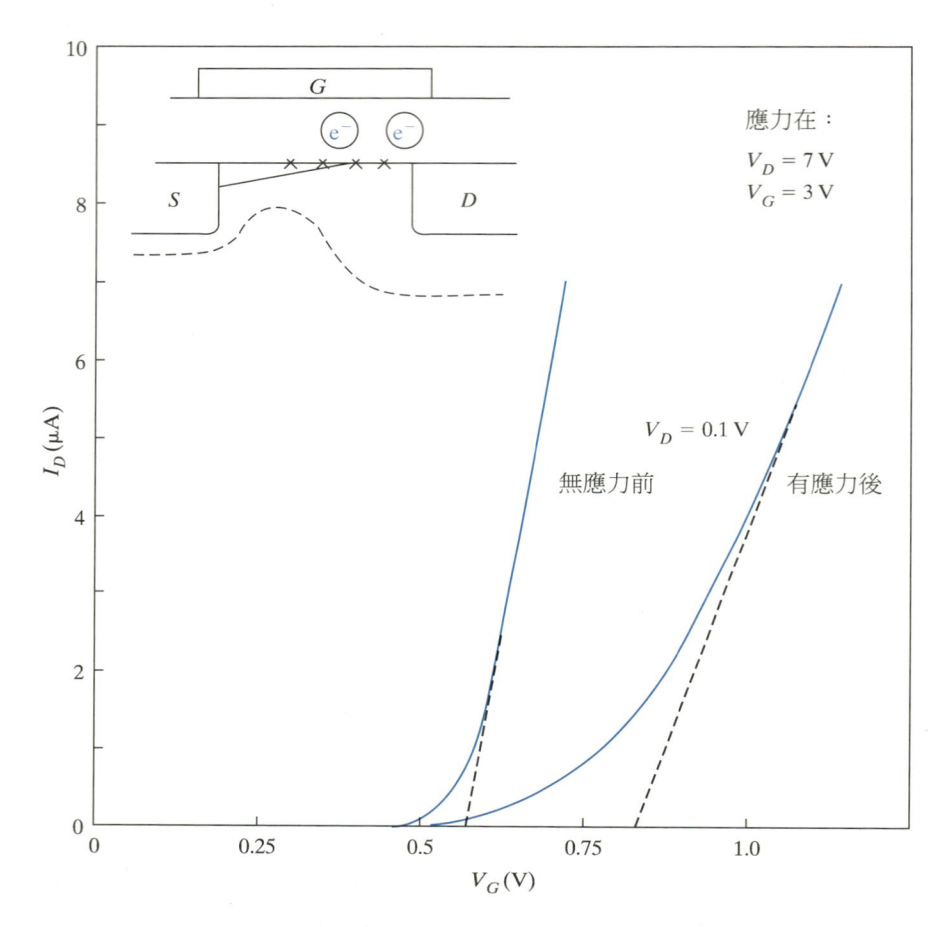

圖 6-42　熱電子造成 MOSFETs 的退化。加入熱載子造成應力前和加入後在線性區中的轉移特性，因為熱電子造成的損害顯示 V_T 的增加和轉導的下降 (或通道移動率)。這種損害可能是由於熱電子注入閘氧化層使固定氧化層電荷增加，和在氧化層-矽介面的快速介面狀態密度上升 (以 x 標示)。

的摻雜濃度減少，則汲極-通道接面的反偏空乏寬度會增加，而電場會減小。

　　p 通道 MOSFETs 的電洞相對於 n 通道元件的電子，熱載子效應的問題就較小，有兩個原因。電洞的通道移動率大約是電子的一半；因此對於同樣的電場就有較少的熱電洞產生。不幸地，較低的電洞移動率也就使得 p 型通道比起 n 型通道有較低的驅動電流。此外，就如圖 6-25 所示，電洞在 Si 和 SiO$_2$ 共價帶的注入所面臨的能障也高於 (5 eV) 電子在導電帶的的能障 (3.1 eV)。因此，當 LDD 在 n 通道元件中是必要的製程時，通常在 p 通道元件中不需用到的。

熱電子效應的一個"特徵"是基板電流 (圖 6-43)。當電子向汲極前進而變熱電子時，他們會因為碰撞游離 (impact ionization) 產生次要的電子-電洞對 (圖 6-41)。這些次要的電子會在汲極被收集，然後使得飽和的汲極電流在高電壓時隨著汲極電壓而增加，因此使得輸出阻抗減小。這些次要的電洞在基板被收集就成為基板電流。此電流可能會造成如 CMOS 電路的雜訊或閂鎖 (latchup) 問題 (9.3.1 節)。基板電流也可以用來監控熱電子效應。就如圖 6-43 所示，基板電流一開始隨著閘極偏壓而增加 (在一固定的高汲極偏壓下)，到達一個最高點然後下降。這樣的表現是因為一開始當閘極偏壓增加時，就會提供更多多數載子進入夾止區發生撞擊游離。然而，在更高的閘極偏壓，當固定的 V_D 下降到小於 V_D (sat.) $= (V_G - V_T)$ 時 MOSFET 就會由飽和區進入線性區。在夾止區的縱向電場會下降，因此使得撞擊游離發生率減少。熱電子的可靠度研究是在最高基板電流此"最差狀況"的條件下所做的。這些大都是在高於正常的工作電壓加速條件下所做的，所以如果有任何潛在的問題，在一段適宜的時間後就會顯現出來。然後這些衰減的資料就會被插入實際的操作情況下。

6.5.10 汲極引發的能障下降

假如 MOSFETs 的通道長度沒有適當的縮小，而源極/汲極的接面深度又太深或通道摻雜太低，則有可能會在源極和汲極間產生靜電互相作用，這就是汲極引發的能障下降 (Drain-Induced Barrier Lowering, DIBL)。這會造成源極和汲極間的打穿式漏電或崩潰，而閘極會失去控制能力。要瞭解這種現象，我們用圖解釋，圖 6-44 是長通道元件和短通道元件表

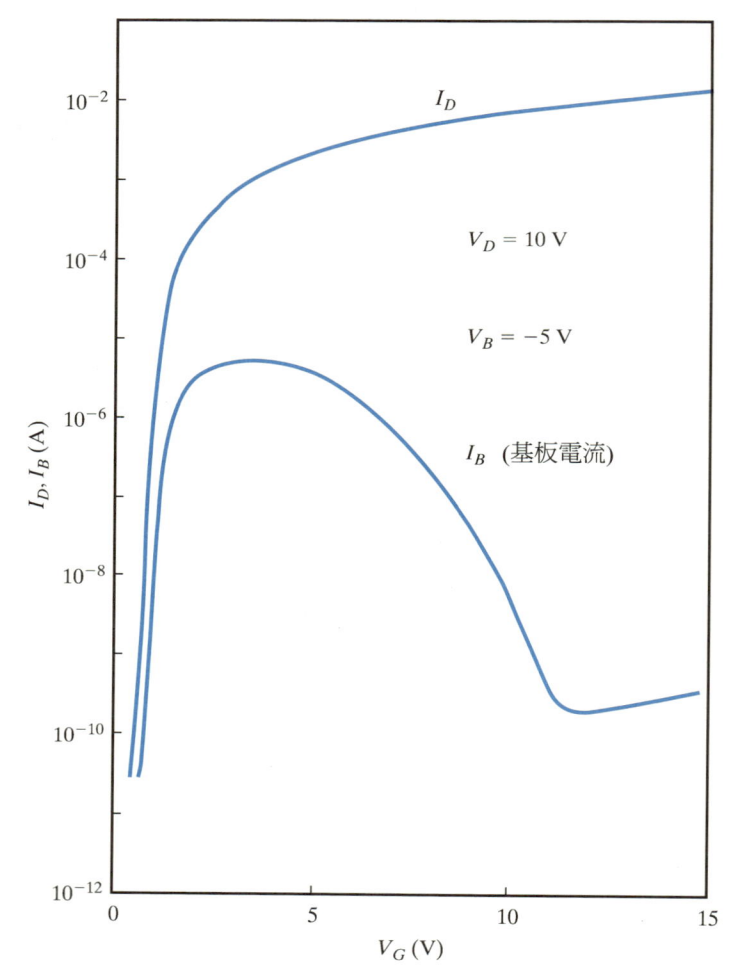

圖 6-43 MOSFET 的基板電流。n 通道 MOSFETs 以閘極電壓為函數，在夾止區時的碰撞游離產生基板電流。基板電流一開始隨著 V_G 增加而增加，和 I_D 的增加符合。然而，當更高的 V_G，MOSFET 由飽和區變到線性區，而在夾止區內的高電場減小，使得碰撞游離減少。(After Kamata，et. al. Jpn. J. Appl. Phys., 15 (1976), 1127.)

面電位和沿著通道位置的變化圖。我們看到當汲極的電壓增加，傳導帶的邊緣 (也反應了電子的能量) 在汲極被拉下來，而在汲極的通道空乏寬度擴張了。對於長通道 MOSFET 而言，汲極的偏壓不影響源極到通道的

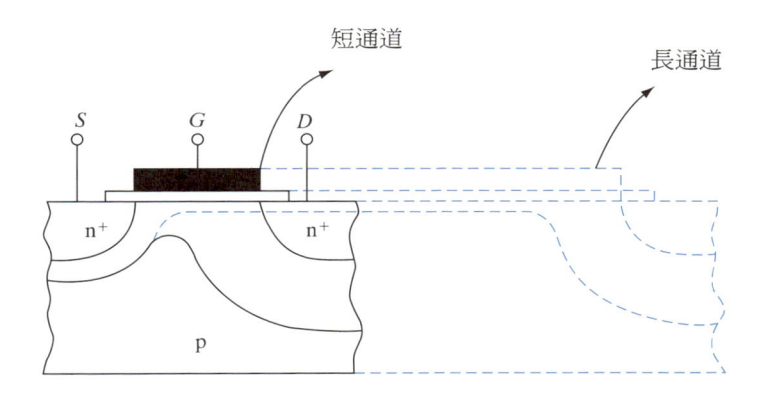

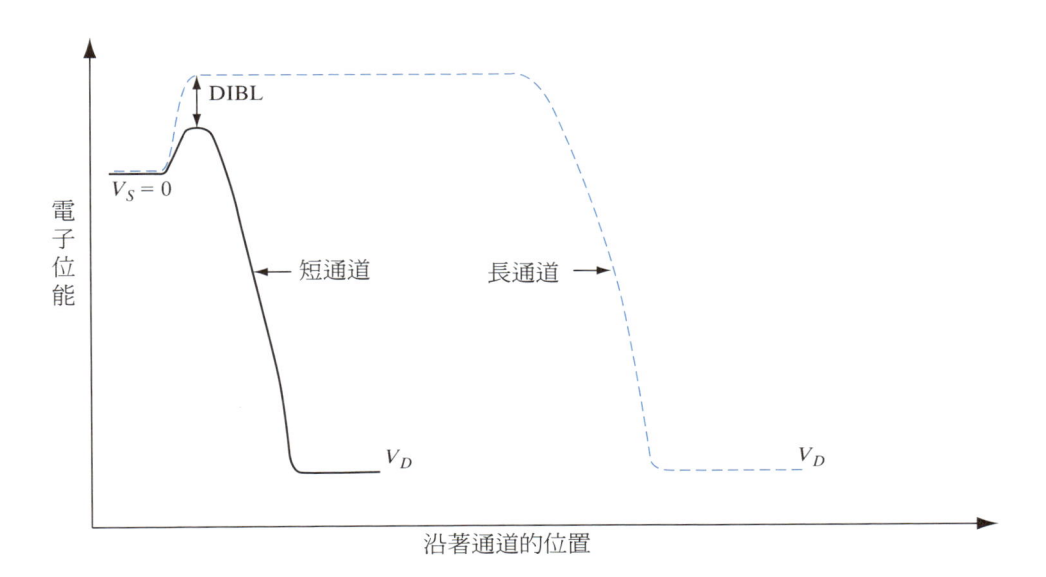

圖 6-44 在 MOSFET 汲極引發的能障下降。長通道和短通道 MOSFET 的橫切面和沿著通道的位能分佈。

能障，這個能障也就是相對於源極到通道這個 p-n 接面的內建電位。因此，汲極電流很小，除非閘極的偏壓增加來降低這個能障。另一方面，對於短通道 MOSFET 而言，當汲極偏壓上升而在汲極的傳導帶的邊緣被

拉下 (伴隨著汲極的通道空乏寬度增加)，源極到通道的能障會因為 DIBL 而被拉低。這可以在通道區用二維的泊松方程式求得數值解來證明。DIBL 的徵狀有時很簡單的被想為汲極的空乏區延伸接到源極的空乏區然後造成源極和汲極間的打穿崩潰。然而，必須注意的是 DIBL 終究是因為源極的接面位能障比內建電位要低。因此如果我們在一個基板接到地的 MOSFET 發生 DIBL，這個問題就可以用基極接一個反偏的電壓來緩和，因為這樣做會增加源極端的位能障。儘管這樣的偏壓會使得汲極的空乏區和源極的空乏區交互作用更多，這樣做還是有用的。只要源極和通道的能障被 DIBL 降低，就會有足夠的汲極漏電流使得閘極無法控制讓元件關閉。

有何方法可解決這個問題？為了防止 DIBL，當通道長度減少，源極/汲極接面必須要足夠淺 (即適當的尺寸縮小)。第二，通道的摻雜必須要足夠高來防止汲極會控制到源極接面。可以在通道用**抗打穿** (anti-punchthrough) 的離子佈植來做到。有時候可以只在靠近源極/汲極附近用局部的離子佈植而不用整個通道都做離子佈植 (這樣有可能會有不想要的影響，如 V_T 的升高和基板效應)。這就是所知的環 (halo) 或口袋 (pocket) 離子佈植法。較高的摻雜讓源極/汲極的空乏寬度減少及防止他們相互作用。

對於短通道的 MOSFETs，DIBL 就相當於在夾止區通道長度的電性調變，ΔL。因為汲極電流反比於電性通道長度，我們得到

$$I_D \propto \frac{1}{L - \Delta L} = \frac{1}{L}\left(1 + \frac{\Delta L}{L}\right) \tag{6-69}$$

對於較小的夾止區，ΔL。我們假設通道長度的部分改變正比於汲極偏壓。

$$\frac{\Delta L}{L} = \lambda V_D \tag{6-70}$$

這裡 λ 是通道長度調變參數(channel length modulation parameter)。因此，

在飽和區，汲極電流的表示法變成

$$I_D = \frac{Z}{2L} \bar{\mu}_n C_i (V_G - V_T)^2 (1 + \lambda V_D) \qquad (6\text{-}71)$$

這使得輸出特性曲線有一斜率，或輸出電阻降低 (圖 6-32)。

6.5.11 短通道和寬度窄化效應

如果我們把 MOSFETs 的臨界電壓用通道長度的函數畫出，我們會發現 V_T 隨著非常小尺寸的 L 而下降。這個效應稱為**短通道效應** (short channel effect, SCE)，而和 DIBL 有些相似。這是由於一個在源極/汲極和閘極間的稱為**電荷分享的機制** (charge sharing) (圖6-45)[9]。由 (6-38) 式的臨界電壓，我們要注意到其中一項是閘極下的空乏電荷。

圖 6-45 的等位線指出空乏區的曲線是沿著源極/汲極接面的輪廓。必須記住的是電場線是和等位線垂直，我們知道在閘極下的空乏電荷在靠近源極/汲極的三角形區域其電場線是分佈在源極/汲極內而不是在閘極

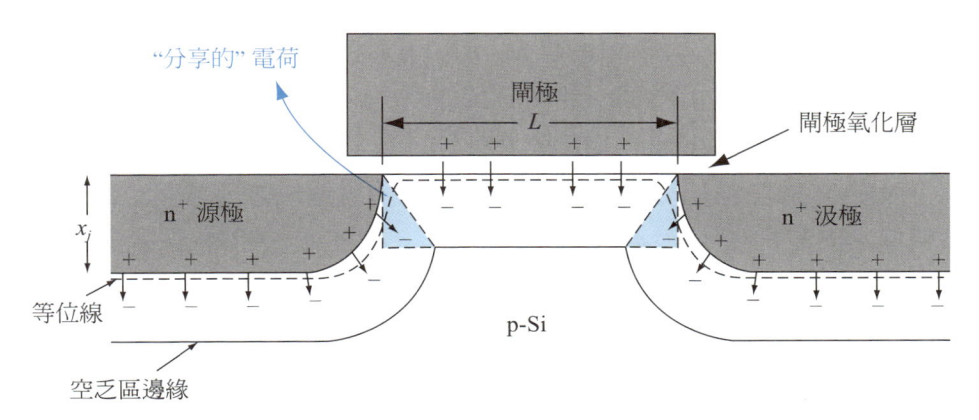

圖 6-45 MOSFET 的短通道效應。MOSFET 沿著通道的橫剖面顯示出在閘極，源極和汲極間的空乏電荷分享 (有顏色的區域)。

---

[9] L. Yau, "A simple theory to predict the threshold voltage of short-channel IGFETs," Solid-State Electronics, 17 (1974): 1059.

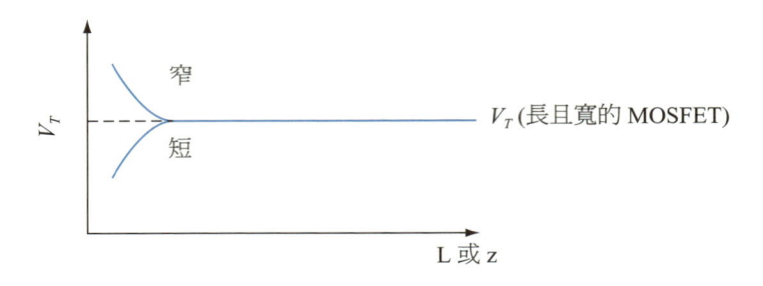

圖 6-46　V_T 隨著通道長度減少而下降，而隨著寬度減少而上升。

內。因此，在電性上這些空乏電荷是受源極和汲極區分享，而不應該被 (6-38) 式的 V_T 列入計算。我們可以用較小的梯形區域的 Q_d 去取代矩形區的 Q_d (圖 6-45) 來看其影響。明顯地，對於長通道元件，其靠近源極和汲極區的三角形區域的空乏電荷相對於閘極下全部的空乏電荷而言比例是相當小的。然而，當通道長度減小，那些被分享的空乏電荷對於全部電荷而言就佔了較大的比例，而造成 V_T 成一 L 的函數下降 (圖 6-46)。這相當重要，因為通道長度在製造時很難精確的控制。因而通道長度的變化就造成控制 V_T 值上的一些問題。

在之前幾年，L 的減少在 n-通道 MOSFETs 中會觀察到另一個效應。V_T 由於短通道效應會下降前一開始會先上升。這個現象被取名為**反短通道效應** (reverse short channel effect, RSCE)，它是因為在源極/汲極的離子佈植時產生的 Si 點缺陷和通道中的 B 相互作用，造成 B 在靠近源極和汲極區聚集，因而升高了 V_T。

另一個在 MOSFET 中相關的效應是**寬度窄化效應** (narrow width effect)，這是對於非常窄的元件 (圖 6-46) 當通道寬度 Z 減少時 V_T 會上升。由圖 6-47 我們可以瞭解在某些 LOCOS 絕緣區下的空乏電荷其電場線是終止在閘極內。不像 SCE 因為源極/汲極的電荷分享減少了有效的空乏電荷，在此，屬於閘極可以控制的空乏電荷是增加的。這個效應在相當寬的元件上並不重要，但當寬度減少到小於 1 μm 就變得相當重要了。

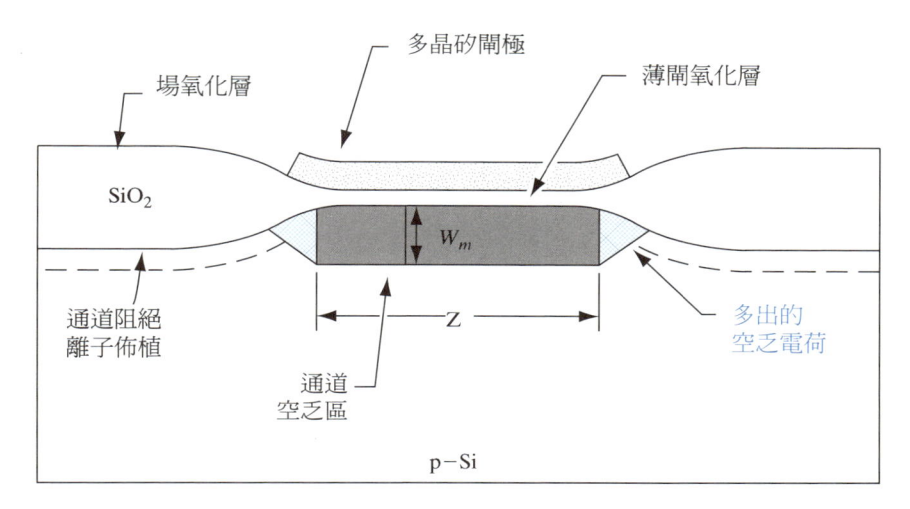

圖 6-47 在一個 MOSFET 的寬度窄化效應。沿著 MOSFET 寬度的剖面圖顯示在場或 LOCOS 絕緣層下的額外空乏電荷 (有顏色的區域)。

6.5.12 閘極引發的汲極漏電流

如果我們分析圖 6-38 的次臨界特性曲線，會發現當閘極電壓比 V_T 小時，次臨界電流會掉到最低的一個基準值，是屬於源極/汲極二極體的漏電流。然而，當我們在高 V_D 下加上更負的閘極偏壓試圖進一步去關閉這個 MOSFET 時，發現關閉狀態下的漏電流實際上會上升；這稱為**閘極引發的汲極漏電流** (gate-induced drain leakage, GIDL)。同樣的效應會在一個幾乎為零的固定閘極偏壓加上一個上升的汲極偏壓時會看到。GIDL 的原因可以由圖 6-48 瞭解，這裡我們顯示一個以深度為函數的能帶圖，在閘極和汲極接面的重疊處。當閘極電壓加的更負 (或另一方式，閘極電壓固定，汲極電壓加的愈正)，就有一個在 n 型汲極區邊緣的空乏區產生。因為汲極的摻雜很高，所以空乏寬度會蠻窄的。如果跨過窄空乏區的能帶彎曲超過能隙 E_g，這種情況下在此區能帶和能帶間會穿隧導通，因此生成電子-電洞對。然後電子跑到汲極形成 GIDL。必須強調的是這種穿隧導通並非經過閘氧化層 (6.4.7 節)，而是都發生在矽汲極區。汲極的摻雜

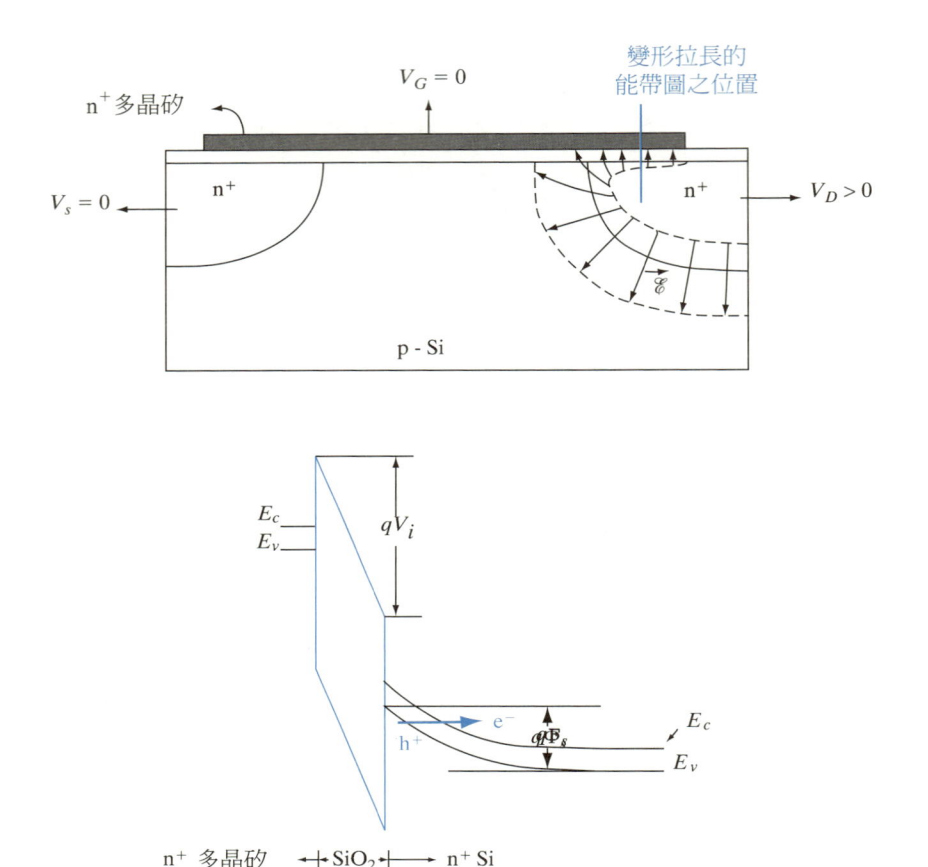

圖 6-48 在一個 MOSFET 中的閘極引發的汲極漏電流。在有顏色的區域是一個以深度為函數的能帶圖，在閘極和汲極接面的重疊處，指出能帶到能帶的穿隧及在矽基板上汲極區的電子-電洞對生成。

濃度必須中等 (約 10^{18} cm^{-3}) 才會發生 GIDL。假如比這個濃度低很多，空乏寬度和穿隧能障會太寬。另一方面，如果汲極的摻雜太高，大部分的壓降會落在閘氧化層，而在矽汲極區的能帶彎曲會低於 E_g。在最新的 MOSFETs 中 GIDL 是限制關閉狀態漏電流的一個重要因素。

總　結

6.1 三端點的主動元件具有**功率增益**的能力，而且是電子信號的切換和放大的關鍵。在電壓控制場效電晶體具有高輸入阻抗，在電流控制雙載子接面電晶體具有低輸入阻抗。交流信號的功率增益來自於直流功率的供應。我們也想要同時擁有高輸出阻抗和與輸入電壓 (或電流) 呈線性相關的輸出電流。

6.2 場效元件，例如 JFETs (或 MESFET 和 HEMTs)，利用反向偏壓的 p-n 接面 (或蕭特基二極體) 做為**閘極**，用來控制**通道**未被空乏的部分，從而調整流經**源極** (S) 與**汲極** (D) 間的載子。

6.3 MOSFET 使用氧化的絕緣閘極 (MOS 電容器)，此閘極擁有很高的輸入阻抗，用來調整 S 和 D 之間的能障，改變通道的導電率。

6.4 一個增強型的 NMOSFET，在 n^+ 的源極和汲極之間具有 p 型的通道。在**平帶條件** (V_{FB}) 時，能帶並不會隨著通道深度的增加而彎曲。但如果加上一個比 V_{FB} 更負的閘極偏壓，則能帶會隨著通道深度的增加而彎曲，而且電洞會以指數方式增加並累積於表面附近。

6.5 較大的閘極電壓會開始驅除多數載子 (電洞)，建立起空乏區。然後，在大於**臨界電壓** (threshold voltage V_T)，則少數載子 (電子) 會在表面附近產生**反轉層**，進而在源極與汲極間形成一個導電通道。PMOSFETs 則是相反的極性。

6.6 增加通道的摻雜濃度和閘極氧化層厚度 (降低 C_i) 會使 V_T 隨之增加，同時也會影響和閘極功函數與氧化層電荷相關的 V_{FB}，以及使得基板反向偏壓增加 (**基板效應**)。

6.7 整體的 MOS 電容是由固定的閘極電容 C_i 和通道中跟與電壓相關的半導體電容所組成。單位面積的反轉層電荷近似為 $C_i(V_G-V_T)$。

6.8 對於長通道 MOSFETs，一開始 I_D 隨著 V_D **線性**增加，然後在汲極端反轉層通道**夾止**，I_D 呈現**飽和**的狀態。

6.9 對於長通道 MOSFETs，I_D 和 V_G 呈平方關係。對於短通道元件，操作在**速度飽和區**或**源極注入區**時，I_D 和 V_G 幾乎是線性關係。

6.10 對於短 L，由於短通道效應的影響，I_{DSat} 通常會隨著 V_D 的增加而輕微上升，因此也導致了輸出阻抗的降低。短通道效應包含汲極導致能障下降效應 (*DIBL*) 和造成 V_T 隨 L 減少而降低的電荷分享機制。

6.11 在 V_T 之下會有輕微的導通存在，由次臨界斜率來決定，此斜率可用來判斷 MOSFET 切換的好壞。

6.12 在 V_T 之上的導通，通道中的反轉層會使有效的通道遷移率低於塊材中遷移率，這是因為表面粗糙造成的散射，隨著 V_G 的增加，此效應會更加明顯。

6.13 在高度密集的 MOSFETs，會發生閘極穿隧電流 (利用 high-K 介電層緩和此電流) 和**熱電子效應** (電洞的效應較不顯著)，可藉由降低供應電壓和輕摻雜的汲極 (*LDD*) 來緩和這些效應。但這樣會造成高源極/汲極的寄生串聯電阻，在第九章我們會討論經由自動對準的金屬矽化物來將此電阻降到最低。

練習題

6.1 利用 (6-5) 式修正 (6-2) 式，包含接點電位 V_0 的效應。定義一個正確的夾止電壓 V_T 來分別 (6-4) 式定義的 V_P。

6.2 利用 (6-10) 式修正 (6-7) 式，包含 V_0。把 V_T 引入，用 (6-4) 式定義的 V_P。

6.3 假設圖 6-6 的 JFET 是矽做的，而它的 p^+ 摻雜 10^{18} 受體/cm^3 而通道摻雜 10^{16} 施體/cm^3，假設通道的一半寬度 a 是 1 μm，比較 V_P 和 V_0。在包含 V_0 下要多少的 V_{GD} 才能造成通道夾止？當 $V_G = -3$ V 時電流會在 V_D 多少時才會飽和。

6.4 假設 6.3 題的 JFET $Z/L = 10$，而 $\mu_n = 1000$ cm^2/V-s，計算 $V_G = 0$，-2，-4 和 -6 時的 I_D (sat.)，畫 I_D (sat.) vs. V_D (sat.) 的關係圖。

6.5 用四個不同的 V_G 畫 6.4 題中 JFET 的 I_D vs. V_D 圖,在開始飽和點時停止。

6.6 JFET 在 V_D 低時,電流 I_D 幾乎和 V_D 成線性關係。
   (a) 用二項式在 $V_D/(-V_G)<1$ 時展開 (6-9) 式來近似這個情況。
   (b) 證明在線性區的通道轉導 I_D/V_D 和 (6-11) 式的 g_m (sat.) 是一樣的。
   (c) 在閘極電壓 V_G 多少時會將元件關閉因而通道轉導變成零。

6.7 用 (6-9) 式及 (6-10) 式來計算並畫出 Si JFET 在 $a=1000$ Å,$N_d=7\times 10^{17}$ cm^{-3},$Z=100$ μm,$L=5$ μm 時的 I_D (V_D, V_G) 的圖形。假設 V_D 從 0 到 5 V,而 V_G 取 0, -1, -2, -3, -4 與 -5 V。

6.8 證明在圖 6-15 中的空乏區寬度可用 6-30 得到。就如 5.2.3 節,假設載子都被掃出 W。

6.9 一個做在 $N_a=5\times 10^{16}$ cm^{-3} 的 p-型 Si 基板上的 n$^+$-多晶矽閘極 n-通道 MOS 電晶體。在閘極區的 SiO$_2$ 厚度有 100 Å,且有效的介面電荷 Q_i 有 4×10^{10} qC/cm^2。求 W_m,V_{FB} 和 V_T。

6.10 一個做在 $N_d=5\times 10^{16}$ cm^{-3} 的 n-型 Si 基板上的 n$^+$-多晶矽閘極 p-通道 MOS 電晶體。在閘極區的 SiO$_2$ 厚度有 100 Å,且有效的介面電荷 Q_i 有 2×10^{11} qC/cm^2。畫出這個元件的 C-V 圖並點出重要的幾個數值。

6.11 用 (6-50) 式來計算並畫出一個 n-通道矽 MOSFET 在 300 K 時的 I_D (V_D, V_G) 圖,其氧化層厚度 $d=200$ Å,通道移動率 $\bar{\mu}_n=1000$ cm^2/V$-$S,$Z=100$ μm,$L=5$ μm,而 $N_a=10^{14}$,10^{15},10^{16} 和 10^{17} cm^{-3}。假設 $Q_i=5\times 10^{11}$ qC/cm^2,V_D 範圍 0 到 5 V,V_G 可用值 0, 1,2,3,4 和 5 V。

6.12 計算一個 n$^+$-多晶矽閘極,氧化層厚度 50 Å,$N_d=1\times 10^{18}$ cm^{-3},固定電荷 2×10^{10} qC/cm^2 的矽 MOS 電晶體的 V_T。它是增強型或是空乏型元件?要多少 B 的摻雜才能把 V_T 變成 0?假設是用淺的 B 離子

佈植。

6.13 (a) 找出能讓因為位於金屬下方 x' 的正電荷 Q_{ox} 感應出來的半導體表面負電荷變成 0 的 V_{FB} 電壓。

(b) 在有一分佈在氧化層中任意位置的電荷 $\rho(x')$ 的情形下，證明

$$V_{FB} = -\frac{1}{C_i}\int_0^d \frac{x'}{d}\rho(x')dx'$$

6.14 改變矽 MOS 電容的偏壓使從反轉模式到堆積模式。如果基板的摻雜是 10^{16} cm^{-3} 的施體，在 100 °C 時表面能帶彎曲有何改變？

6.15 在圖 P6-15 是用強反轉的電容去標準化過的一個高頻的矽 MOS 電容 C-V 曲線。假設閘極到基板的功函數差為 -0.35 V，求出它的氧化層厚度和基板的摻雜濃度。

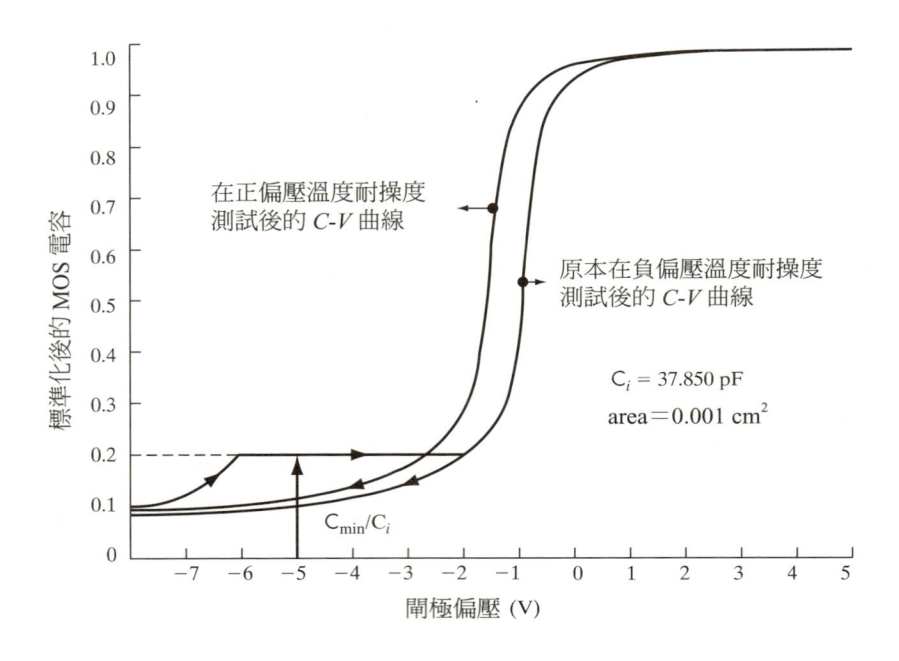

圖 P6-15

6.16 求出 6.15 題電容的起始平帶電壓。

6.17 求出 6.15 題電容的固定氧化層電荷 Q_i，和內含的可動離子。

6.18 如圖 6-32 當 MOS 電晶體偏壓在 $V_D > V_D$ (sat.) 時，有效的通道長度減少 ΔL，而電流 I'_D 大於 I_D (sat.)。假設空乏區 ΔL 可用一個跨過 ΔL 的電壓，類似 (6-30) 式的 $V_D - V_D$ (sat.) 來表示，證明在超過飽和後的轉導是

$$g'_D = \frac{\partial I'_D}{\partial V_D} = I_D(\text{sat.}) \frac{\partial}{\partial V_D}\left(\frac{L}{L - \Delta L}\right)$$

且求出使用 V_D 表示的 g'_D 表示式。

6.19 計算一個 Si n 型通道 MOSFET 的 V_T，其 n^+ 多晶矽閘極氧化層厚度為 100 Å，$N_a = 10^{18}$ cm^{-3} 且固定氧化層電荷為 5×10^{10} qC/cm^2。對基板偏壓為 -2.5 V 的情形，重複以上計算 V_T。

6.20 對於在練習題 6.19 的 MOSFET，且其 $Z = 50$ μm，$L = 2$ μm，計算在 $V_G = 5$ V，$V_D = 0.1$ V 時的汲極電流。當 $V_G = 3$ V，$V_D = 5$ V 時，重複以上的計算。假設電子的通道遷移率 $\bar{\mu}_n = 200$ cm^2/V-s，而且基板與源極接在一起。

6.21 一個閘極氧化層厚度為 400 Å 的 n 型通道 MOSFET 其 V_T 需要下降 2 V。使用 50 keV 單一種類電荷的摻雜，而且假設摻雜的分佈峰值位在氧化層-Si 的接面，且可視為在接面處的面電荷 (sheet charge)，你將選擇何種摻雜參數 (種類，能量，摻雜量 (dose) 和光束電流) 呢？掃描區域是 200 cm^2。同時要求摻雜的時間是 20 s。假設在氧化層和矽的範圍統計上是相似的。

6.22 對於圖 P6-22 的 MOSFET 特性，計算：

1. 線性 V_T 和 k_N
2. 飽和 V_T 和 k_N

假設通道遷移率 $\bar{\mu}_n = 500$ cm^2/V-s 且 $V_{FB} = 0$。

6.23 對於練習題 6.22，利用圖表或是反覆計算其閘極氧化層厚度和基板

I_D (mA)

圖 P6-22

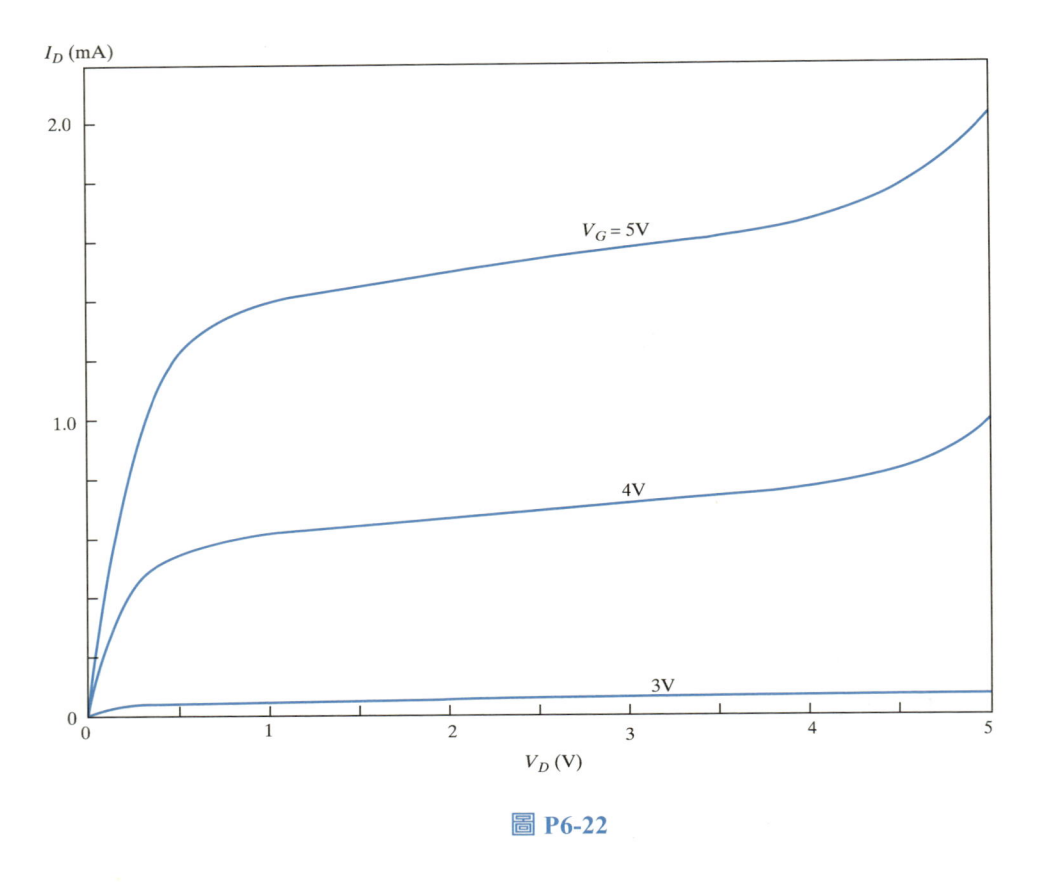

的摻雜量。

6.24 假設矽 MOSFET 的反轉層可視為二維電子雲，且被補捉在一個寬度為 100 Å 無邊界的矩形位能井。(實際上，此矩形位能井看起來更像一個三角形位能井。) 假設費米能階位在第二和第三次要能帶的中間，計算每單位面積的反轉層電荷。假設 $T=77$ K，且有效質量 $= 0.2\ m_0$。同時假設費米函數可視為一個矩形函數。且概略地畫出最前面的三個次要能帶 (E, k) 圖。參考附錄 IV。

6.25 對於參數已在範例 6-2 討論過的 n$^+$ 多晶矽-SiO$_2$-Si 的電容，其平坦帶電壓平移到 -2 V。在此情況下，重畫圖 6-16 且找出造成此平坦帶電壓 V_{FB} 平移所需的接面電荷值 Q_i，Φ_{ms} 已在圖 6-17 給定。

6.26 對範例 6-4 的薄氧化層 p 型通道電晶體，畫出在幾個不同的 V_G 值時，其 I_D 對 V_D 的關係圖。使用 (6-49) 式 p 型通道的版本且假設 I_D (sat.) 在截止區後其電流值維持一定。假設電洞遷移率 $\bar{\mu}_p = 200$ cm^2/V-s，且 $Z = 10\,L$。

6.27 對於高頻操作的 MOS 電晶體，其典型圖形的優點為截止頻率 $f_c = g_m/2\pi C_G LZ$，在此的閘極電容 C_G 實質上在大部分的電壓範圍上等於 C_i。在截止區之上，就材料參數和元件維度方面而言，表示 f_c，且對練習題 6.26，$L = 1\,\mu$m 的電晶體計算其 f_c。

6.28 從圖 6-44 可以清楚地看到，對於短通道的源極和汲極接面的空乏區域可能會相連在一起，此情況稱為打穿 (punch-through)。假設一個 n 型通道 Si MOSFET 的源極和汲極區域摻雜了 10^{20} 施體/cm^3，同時這 1 μm 通道長度摻雜了 10^{16} 受體/cm^3。假如源極和基板都接地，那在多少的汲極電壓下，此電晶體會造成打穿呢？

6.29 對於在範例 6-3 的 n 型通道元件，計算需要達到增強模式操作時的基板偏壓，此時 $V_T = +0.5$ V。對這個薄氧化層的電晶體在臨界電壓的控制的實際方法上，做一註解。

參考書目

Very useful applets for understanding device operation are available at http://jas.eng.buffalo.edu/

Information about MOS devices used in integrated circuits can be found at http://public.itrs.net/

Kahng, D. "A Historical Perspective on the Development of MOS Transistors and Related Devices," *IEEE Trans. Elec. Dev.*, ED-23 (1976): 655.

Muller, R. S., and T. I. Kamins. *Device Electronics for Integrated Circuits*. New York: Wiley, 1986.

Neamen, D. A. *Semiconductor Physics and Devices: Basic Principles*. Homewood, IL: Irwin, 2003.

Pierret, R. F. *Field Effect Devices*. Reading, MA: Addison-Wesley, 1990.

Sah, C. T. "Characteristics of the Metal–Oxide Semiconductor Transistors." *IEEE Trans. Elec. Dev.* ED-11 (1964): 324.

Sah, C. T. "Evolution of the MOS Transistor—From Conception to VLSI." *Proceedings of the IEEE* 76 (October 1988): 1280–1326.

Schroder, D. K. *Modular Series on Solid State Devices: Advanced MOS Devices.* Reading, MA: Addison-Wesley, 1987.

Shockley, W., and G. Pearson. "Modulation of Conductance of Thin Films of Semiconductors by Surface Charges." *Phys. Rev.* 74 (1948): 232.

Sze, S. M. *Physics of Semiconductor Devices.* New York: Wiley, 1981.

Taur, Y., and T.H. Ning. *Fundamentals of Modern VLSI Devices.* Cambridge: Cambridge Unversity Press, 1998.

Tsividis, Y. *Operation and Modeling of the MOS Transistor.* Boston: McGraw-Hill College, 1998.

第七章
雙載子接面電晶體

學習目標
1. 分析 BJT 的能帶圖,瞭解何謂電流增益,基極傳輸因子和射極注入率
2. 討論衣伯莫耳(Ebers Moll)耦合二極體的模型,等效電路,截止區,飽和區和主動區的特性
3. 闡述嘉莫-普恩(Gummel-Poon)電荷控制模型和二階效應-厄利效應,高階注入
4. 學習 HBTs 和其他先進的 BJTs

  我們將以電荷在**雙載子接面電晶體** (bipolar junction transistor, BJT) 傳輸的定性討論作為此章節的開始,建立大家對其操作方式的物理意義有一徹底的理解。接著,我們將仔細地研究在電晶體內的電荷分佈和講述此元件的三端電流其物理特性。我們的目標在於對電流的流動和電晶體的控制有完整的認知,同時去發掘影響電晶體操作最重要的二次效應。我們將討論在適當的偏壓下,為了放大時的電晶體特性,接著將考慮在開關電路時,更一般性偏壓下的效應。

  在此章節,我們將使用 p-n-p 電晶體做為大部分的實例說明。利用 p-n-p 電晶體作為操作說明的主要好處是電洞的流向和電流是同方向。這將使得電荷傳輸的各種結構在初步的說明解釋上稍微容易想像。一旦對 p-n-p 元件的基本概念建立後,要說明更廣泛使用的 n-p-n 電晶體就簡單多了。

7.1 雙載子接面電晶體操作原理

雙載子電晶體基本上是一個簡單的元件，此節將致力於對雙載子接面電晶體的操作做一簡單且大量地定性討論。我們將對這些電晶體的細節討論留待下節，但首先我們必須定義一些專有名詞和獲得載子如何在元件內傳輸的物理上的認知。然後我們可以探討藉由在第三端電流上的微小改變，而達到如何控制電流在另兩端的流向及大小。

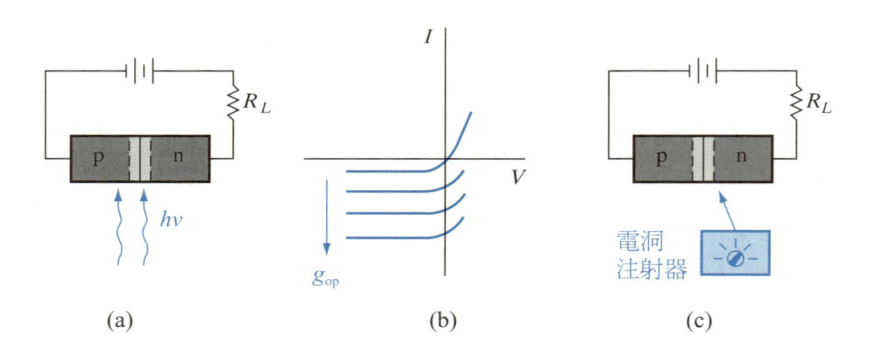

讓我們藉由考慮圖 7-1 反向偏壓的 p-n 接面開始雙載子電晶體的探討。根據第五章的理論，經過此二極體的反向飽和電流視接面鄰近區域所產生少數載子的速率而定。例如，我們發現由於電洞從 n 區被掃到 p 區所引起的反向電流基本上與接面電場 $\mathscr{E}$ 大小無關，因而此反向電流與反向偏壓無關。此理由可解釋為電洞電流端賴接面的擴散長度內其少數載子電洞要多久被 EHP 創造來產生——而並非取決於電場所造成的各個電洞有多快被掃出空乏層。因此，為了增加經由二極體的反向電流，可藉由增加 EHP 的產生速率 (圖 7-1b)。一個為了達成上述結果的簡便方法是在 4.3 節所提及的，利用光激發 ($h\nu > E_g$) 產生 EHP。隨著穩定的光激

圖 7-1　在一個反向偏壓的 p-n 接面中電流的外界控制：(a) 光產生；(b) 接面 *I-V* 特性當作 EHP 產生的函數；(c) 由一個假定的裝置作少數載子注入。

發,反向電流基本上仍然與偏壓無關,同時若無光飽和電流可忽略的話,則反向電流是直接與光學的產生率 g_{op} 成比例。

在藉由光產生的流經接面電流之外界控制的實例中,引起了一個有趣的問題:是否可能以電 (electrically) 代替光來注入少數載子至接面的鄰近區域?如果可以的話,我們只要改變少數載子注入率就可簡單地控制接面反向電流。例如,讓我們設想如圖 7-1c 所示一假定的**電洞注入裝置** (hole injection device)。若我們能以預定的速率注入電洞至接面的 n 邊,對接面電流上的效應將類似光產生的效應。由 n 至 p 的電流將視電洞注入率而定,基本上和偏壓無關。對於電流的這種外界控制,有幾個明顯的優點;例如,因為接面電壓的大小是比較不重要,若變更負載電阻 R_L,則流經反向偏壓接面的電流將很少變化。所以,這樣的安排應是頗為近似於可控制的定電流源。

一個合適的電洞注入裝置為一順向偏壓 p^+-n 接面。依照 5.3.2 節,這種接面中的電流主要是由於電洞從 p^+ 區注入至 n 材料中。若我們製作順向偏壓接面的 n 邊和反向偏壓接面的 n 邊為同一個 n,則圖 7-2 顯示 p^+-n-p 結構的結果。以這種組態,電洞從 p^+-n 接面注入到中間的 n 區,

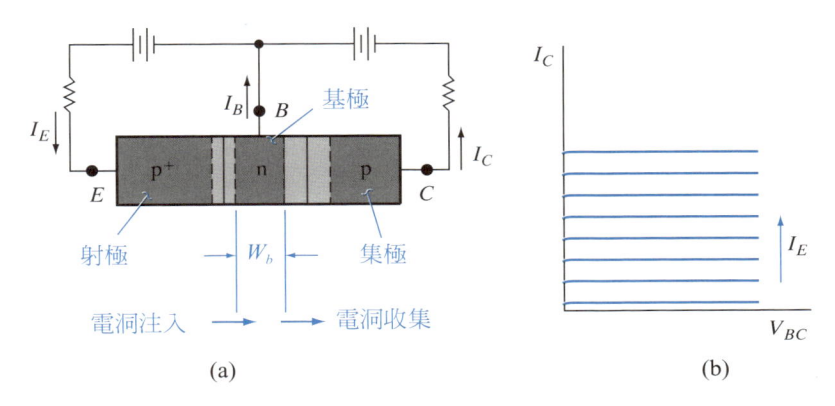

圖 7-2 一個 p-n-p 電晶體:(a) p-n-p 裝置的概略表示法,具有一順向偏壓射極接面與一反向偏壓集極接面;(b) 反向偏壓 n-p 接面的 *I-V* 特性為射極電流的函數。

就供給少數載子電洞加入於流經 n-p 接面的反向電流中。當然,這是重要的,被注入的電洞在擴散到反向偏壓接面的空乏區之前,它們在 n 區內不可以復合。因此,我們必須製作 n 區要狹小,比其電洞擴散長度短得多。

我們曾經描述過的結構為一 p-n-p 雙載子接面電晶體。順向偏壓接面注入電洞到中間 n 區,它稱為**射極接面** (emitter junction);反向偏壓接面收集被注入的電洞,它稱為**集極接面** (collector junction)。p^+ 區作為被注入電洞的來源,稱為**射極** (emitter);p 區為電洞藉反向偏壓接面掃過進入的區域,稱為**集極** (collector)。中間 n 區稱為**基極** (base),當我們在 7.3 節中討論電晶體製作的發展史時,稱為基極的理由將變得清楚。在圖 7-2 所示的偏壓安排,其基極 B 對於射極電路與集極電路是共用的,這種組態稱為**共基極** (common base) 組態。

為獲得一個好的 p-n-p 電晶體,我們寧願射極所發射至基極的全部電洞幾乎全被收集。因此,n 型基極區域應該狹小,而其電洞生命期 τ_p 應該長。總結其要求就是規定 $W_b \ll L_p$ 其中 W_b 為基極的**中性** (neutral) n 材料長度 (射極接面與集極接面兩空乏區間測得),及 L_p 為基極中電洞的擴散長度 $(D_p\tau_p)^{1/2}$。滿足這要求後,在射極接面平均注入的電洞將擴散到集極接面的空乏區,而不在基極內復合。第二點需求是這樣的,跨越射極接面的電流 I_E 應該幾乎全為注入到基極的電洞所組成,而不是由基極跨越到射極的電子。這需求可由基極區域摻雜比射極區域為小來滿足,所以有圖 7-2 所示 p^+-n 射極接面的結果。

因為電洞流動的方向是由射極到集極,因此我們明白地可知,在適當偏壓時,電流 I_E 流入至 p-n-p 電晶體的射極,且電流 I_C 在集極處流出。然而,基極電流 I_B 需要稍加思考。在一良好的電晶體中,因為 I_E 在本質上是電洞電流,而所收集的電洞電流是幾乎等於 I_E,其基極電流將是非常地小,同時收集的電洞電流 I_C 幾乎與 I_E 相等。然而,由於需要電子流入 n 型基極區域,必須有些基極電流 (圖 7-3)。我們由三個主要機制

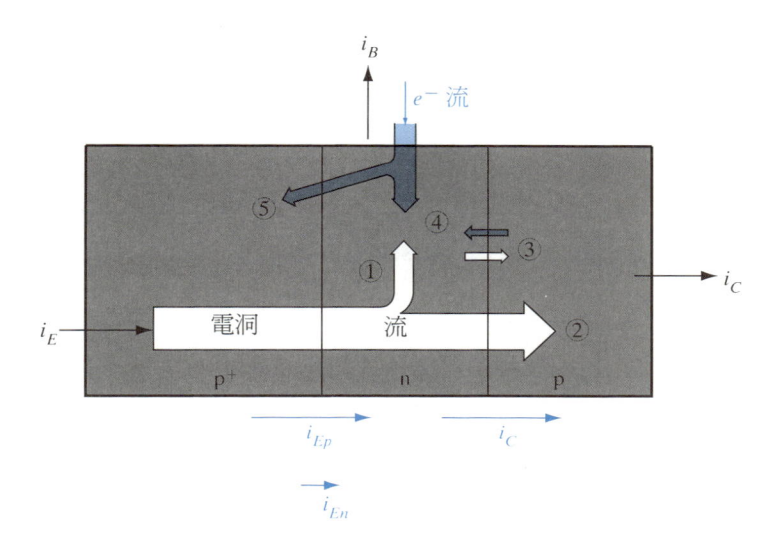

圖 7-3 具有適當偏壓的 p-n-p 電晶體中電洞與電子流向的摘要：(1) 注入的電洞在基極中隨復合而失去；(2) 電洞到達反向偏壓集極接面；(3) 熱產生的電子與電洞組成集極接面的反向飽和電流；(4) 為了和電洞相復合，基極接點所供給的電子；(5) 跨越順向偏壓射極接面所注入的電子。

可在物理觀念上說明 I_B：

(a) 即使 $W_b \ll L_p$，仍必須有一些注入的電洞和基極中的電子復合。對復合所失去的電子必須經由基極接點再供給。

(b) 即使射極比基極摻雜濃度高，在順向偏壓射極接面中，將有些電子從 n 注入至 p。這些電子必須亦由 I_B 供給。

(c) 由於在集極中的熱產生，有些電子在反向偏壓集極接面上被掃到基極。藉由供應電子到基極，這微小的電流減少了 I_B。

基極電流的主要來源有 (a) 在基極中的復合與 (b) 射極區域的注入。此兩者的效應，正如我們將看到的，可藉由元件的設計而大幅下降。在一個設計良好的電晶體中，I_B 對 I_E 的比例將非常小 (可能為百分之一)。

在一 n-p-n 電晶體中，因為電子由射極流向集極，及電洞必須被供給到基極，三個電流的方向必須予以反轉。n-p-n 電晶體的操作物理機制只要將 p-n-p 電晶體討論中的電子與電洞的角色互換，就可以瞭解。

7.2 利用雙載子接面電晶體作放大

在本節中，我們將討論有關電晶體放大中頗為簡單的各種不同因素。基本上，因為射極與集極上的電流可被較小的基極電流控制，這電晶體在放大器中是有用的。假若各種二次效應被忽略，基本的機制是容易瞭解的。在這討論中，我們將使用總電流 (即直流部分加交流部分)，以瞭解僅應用於直流及低頻時小信號交流的簡單分析。我們可藉由幾個重要的因素來敘述電晶體的端電流 i_E，i_B 及 i_C。在這介紹中，我們將略去在集極上的飽和電流 (圖 7-3 中第 3 部分)，此種效應可視為在過渡區的復合。在這些假設下，集極電流為全部由射極上所注入的電洞組成，而不在基極因復合而失去。因此，i_C 和射極電流的電洞部分 i_{Ep} 成比例，即：

$$i_C = Bi_{Ep} \tag{7-1}$$

其中比例因子 B 簡單說就是跨越基極到集極的注入電洞部分；B 稱為**基極傳輸因子** (base transport factor)。總射極電流 i_E 係由電洞部分 i_{Ep} 與電子部分 i_{En} 組成，後者為基極注入到射極的電子 (圖 7-3 第 5 部分)。**射極注入率** (emitter injection efficiency) γ 為

$$\gamma = \frac{i_{Ep}}{i_{En} + i_{Ep}} \tag{7-2}$$

對於有效的電晶體，我們希望 B 與 γ 相當地接近一；就是射極電流應大多數是電洞 ($\gamma \simeq 1$)，及大多數注入電洞應該最後要加在集極電流中 ($B \simeq 1$)。集極電流與射集電流間的關係為

$$\frac{i_C}{i_E} = \frac{Bi_{Ep}}{i_{En} + i_{Ep}} = B\gamma \equiv \alpha \tag{7-3}$$

其中乘積 $B\gamma$ 被定義作 α，稱為電流轉移比 (current transfer ratio)，它代表射極電流對集極電流的放大。因為 α 是小於 1，這兩電流間沒有真實的放大。在另一方面，i_C 與 i_B 間的關係有較佳的放大效果。

在解釋基極電流時，我們必須包含藉由跨越射極接面而在基極損失的電子 (i_{En}) 比例，與在基極的電子與電洞復合的比例。在各種情況下，損耗的電子必須經由基極電流 i_B 再供給。若跨越基極而沒有復合的部分注入電洞為 B，則這結果是 $(1-B)$ 為基極中的要復合 (recombining) 部分。因此，其基極電流為

$$i_B = i_{En} + (1-B)i_{Ep} \tag{7-4}$$

其中忽略集極飽和電流。集極電流與基極電流間的關係則從 (7-1) 式和 (7-4) 式中尋得：

$$\frac{i_C}{i_B} = \frac{Bi_{Ep}}{i_{En} + (1-B)i_{Ep}} = \frac{B[i_{Ep}/(i_{En}+i_{Ep})]}{1 - B[i_{Ep}/(i_{En}+i_{Ep})]} \tag{7-5}$$

$$\boxed{\frac{i_C}{i_B} = \frac{B\gamma}{1-B\gamma} = \frac{\alpha}{1-\alpha} \equiv \beta} \tag{7-6}$$

其中因子 β 關係著集極電流對基極電流，稱為基極對集極電流放大因子 (base-to-collector current amplification factor)。[1] 因為 α 是接近於 1，明顯地，β 對好的電晶體是很大的，集極電流比基極電流是大得多。

現在尚待說明的是，集極電流 i_C 可由小電流 i_B 的變化來控制。在討論這點時，我們已經指出 i_C 的控制係由於射極電流 i_E，而基極電流特性做為小部分效應。事實上，我們可以從空間電荷電中性理論中能證明 i_B 確實可被用來決定 i_C 的大小。讓我們考慮圖 7-4 所示的電晶體，其中 i_B

---

[1] α 也被稱為共基極電流增益；β 也被稱為共射極電流增益。

388　半導體元件

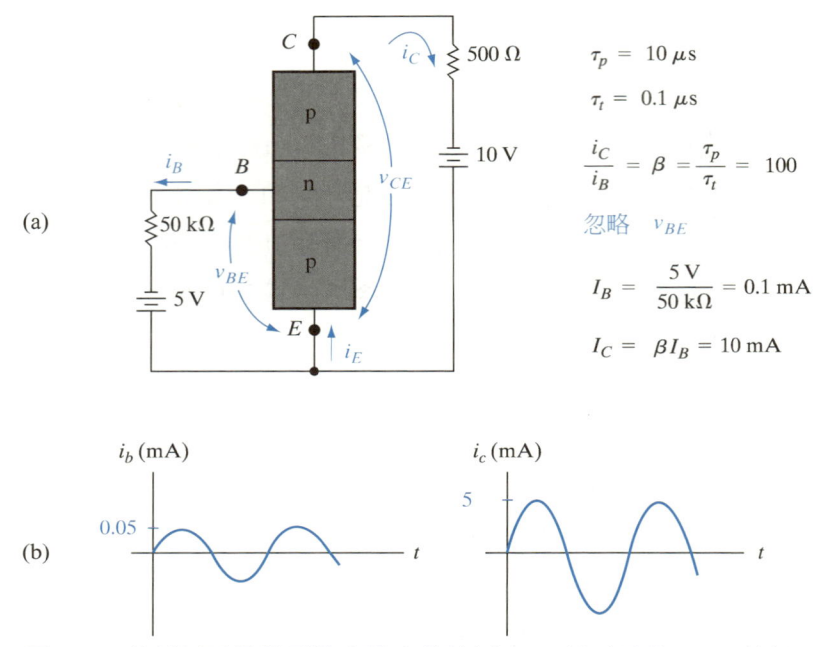

圖 7-4　共射極電晶體電路中放大的範例：(a) 偏壓電路； (b) 基極電流的交流變化 i_b 加至 I_B 的直流值，產生交流部分 i_C 的結果。

由偏壓電路決定。為了簡單起見，我們將假設射極注入效率為 1 及忽略集極飽和電流。因為在兩個過渡區間的 n 型基極區是靜電中性的，從射極至集極的過渡中超量電洞的存在，需要來自於基極接點中的補償超量電子。然而，在基極中電子與電洞所耗去的時間有重大的差異。平均超量電洞耗去的時間 τ_t 被定義作由射極至集極的**過渡時間** (transit time)。因為基極寬度 W_b 比 L_p 小，這過渡時間比基極中的平均電洞生命期 τ_p 要小得多。[2]在另一方面而言，從基極接點所供給的一個平均超量電子，在基

---

[2] 在復合前平均電洞生命期 τ_p，與電洞穿越基極耗去時間 τ_t 兩者間的不同起初可能混淆。生命期如何可能長於電洞實際過渡中耗去的時間？其回答端賴復合動力學中電洞是不能區分的事實。想想室內靶場的類似情形，其中一個好的射擊手緩慢瞄擊一行快速移動的鴨子。雖然許多個別鴨子跨越射線而不被擊中，在射線內平均鴨子的生命期是由各次射擊間的時間決定。因為它們在本質上是不能區別的，我們可以說及一隻平均鴨子的生命期。同樣地，基極內的復合率 (而因此 i_B) 端賴其平均生命期 τ_p 與基極內不能區別的電洞分佈。

極內耗去 τ_p 秒，而在一個平均的超量電洞生命期間供應空間電中性。當平均電子為了復合而等待 τ_p 秒時，許多個別的電洞可進入基極區及離開基極區，每個電洞具有平均的過渡時間 τ_t。特別對於從基極接點進入的每個電子，當維持空間電荷電中性時，有 τ_p/τ_t 電洞可由射極經過至集極。因此，集極電流對基極電流的比單純是

$$\frac{i_C}{i_B} = \beta = \frac{\tau_p}{\tau_t} \tag{7-7}$$

對於 $\gamma = 1$ 及忽略集極飽和電流。

若電子供給基極 (i_B) 受限制的話，從射極到基極的電洞通量是相對地減少。這可以單純地證明，縱然由基極接點供應的電子受限制，其電洞注入確實在繼續著。其結果將在基極中建立正電荷，而在射極接面失去一些順向偏壓 (而因此失去一些電洞注入)。顯然地，經由 i_B 的電子供給可被用來增加或減少電洞由射極至集極的流動。

圖 7-4 所示，其基極電流是獨立而可被控制。因為射極共用在基極電路與集極電路，這電路稱為**共射極** (common emitter) 電路。射極接面是完全由基極電路中的電池予以順向偏壓。可是，在順向偏壓時射極接面中的壓降小，所以幾乎從集極到射極的所有電壓全呈現跨在反向偏壓集極接面上。因為對於順向偏壓接面的 v_{BE} 是小的，我們可忽略它，而概算其基極電流為 5 V/50 kΩ＝0.1 mA。若 $\tau_p = 10~\mu s$ 與 $\tau_t = 0.1~\mu s$，電晶體的 β 值為 100 及其集極電流 I_C 為 10 mA。這是重要且須注意者，i_C 是由 β 與基極電流來決定，而不是由集極電路中的電池與電阻決定 (只要它們是合理的值以維持反向偏壓集極接面)。在本例中，集極電路用 5 V 電池電壓與 500 Ω，且這 5 V 充當這集極接面反向偏壓之用。

若一小的交流電流 i_b 被重疊在圖 7-4a 的穩態基極電流上，一個相對應的交流電流 i_c 出現在集極電路中。這集極電流的時變部分將是 i_b 乘以因子 β，而產生電流增益的結果。

在簡介討論中，我們已經忽略電晶體的許多重要特質，而這許多特

質會在以後詳細討論。然而，我們已經建立了有關雙載子電晶體操作的根本基礎，且已經用最簡單的方法指出如何用它來產生電子電路中的電流增益。

例題 7-1 (a) 證明從儲存電荷的穩態替代討論中，(7-7) 式為有效。假設 $\tau_n = \tau_p$。

(b) 有關圖 7-4 的電晶體中，什麼是由於中性基極區中超量電子與電洞的穩態電荷 $Q_n = Q_p$？

解 (a) 在穩定狀態時，基極中有超量電子與電洞。在電子分佈 Q_n 中的電荷每隔 τ_p 秒被替換。因此 $i_B = Q_n/\tau_p$。在電洞分佈 Q_p 中的電荷每隔 τ_t 秒被收集，而 $i_C = Q_p/\tau_t$。對於空間電荷中性，$Q_n = Q_p$ 及

$$\frac{i_C}{i_B} = \frac{Q_n/\tau_t}{Q_n/\tau_p} = \frac{\tau_p}{\tau_t}$$

(b) $Q_n = Q_p = i_C \tau_t = i_B \tau_p = 10^{-9}$ C。

7.3 雙載子接面電晶體製作

在西元 1947 年，巴定、布拉頓發明了第一顆電晶體，此電晶體為**點接觸式** (point contact)。在此元件中，兩條銳利的金屬線，或稱"貓鬍鬚"，形成載子的"射極"與載子的"集極"。這些線簡單地緊壓到做為"基體"或是機械支架的 Ge 的平板上，而且這些線遍及至流過的注入載子。這基本的發明很快地導致雙載子接面電晶體使用兩個彼此相當接近的 p-n 接面而達到電荷的注入和收集。此雙載子接面電晶體的 p-n 接面可

使用各種不同的熱擴散方法而作成,然而現在的元件一般都使用離子佈植 (5.1.4 節)。

　　讓我們回顧一下如何製作一個自我對齊的 n-p-n 矽雙載子接面電晶體的雙層多晶矽的簡化版本。這是製作使用在 IC 中的雙載子接面電晶體最先進技術中最常使用的一種。n-p-n 電晶體的使用比 p-n-p 電晶體來得更受歡迎,因為電子的遷移率比電洞的遷移率較高。此製程步驟的橫截面圖如圖 7-5 所示。一個 p 型的矽基板先氧化,接著窗口使用照相平版印刷術定義出來,然後在氧化物上做蝕刻。使用光阻和氧化層當作一個佈植的光罩,一個在 Si 中有非常小的擴散性的施體,如砷或銻,被佈植到這所開的窗口以形成一個高傳導性的 n^+ 層 (圖 7-5a)。接著,移去光阻及氧化層,且成長一層輕微摻雜的 n 型磊晶層。在這段高溫成長期間,這一佈值的 n^+ 層只會輕微地向表面擴散,且變成一傳導的**埋層集極** (buried collector) [亦稱為**次集極** (sub-collector)]。當這一 n^+ 次集極層連接至歐姆接點時,可確保一低的集極串聯電阻。只有在集極接點區域 (圖 7-5c),有時候會透過使用選擇性且深的沉底型佈植或擴散。完成雙載子接面電晶體之基極與射極部分後,在 n^+ 次集極之上的輕微摻雜 n 型集極區域,可確保一個高的基極-集極反向崩潰電壓。(這證明了無論什麼情況下,次集極形成及接下來的磊晶層在上層成長,在基板表面上都會有一凹槽或階梯之形狀。在圖 7-5a 中,此凹槽沒有明確的被表示出來。此凹槽在當成一個次集極的標記非常地有用,因為接下來,關於次集極我們必須對準 LOCOS 隔離光罩)。

　　因為積體電路不只是意味著個別的雙載子接面電晶體,而是許多在內部連接的電晶體,在此尚有議題是有關於鄰近雙載子接面電晶體的電性上之隔離,為的是確保沒有電性上的串音問題。如同在 6.4.1 節的描述,在 B 通道阻絕佈植之後,藉由 LOCOS 可達成這類的隔離以形成場氧化層或隔離氧化層 (圖 7-5b)。另一個隨著氧化層和多晶矽回填的隔離方案特別適合需要由 RIE 所形成的淺溝渠之高密度雙載子電路 (9.3.1

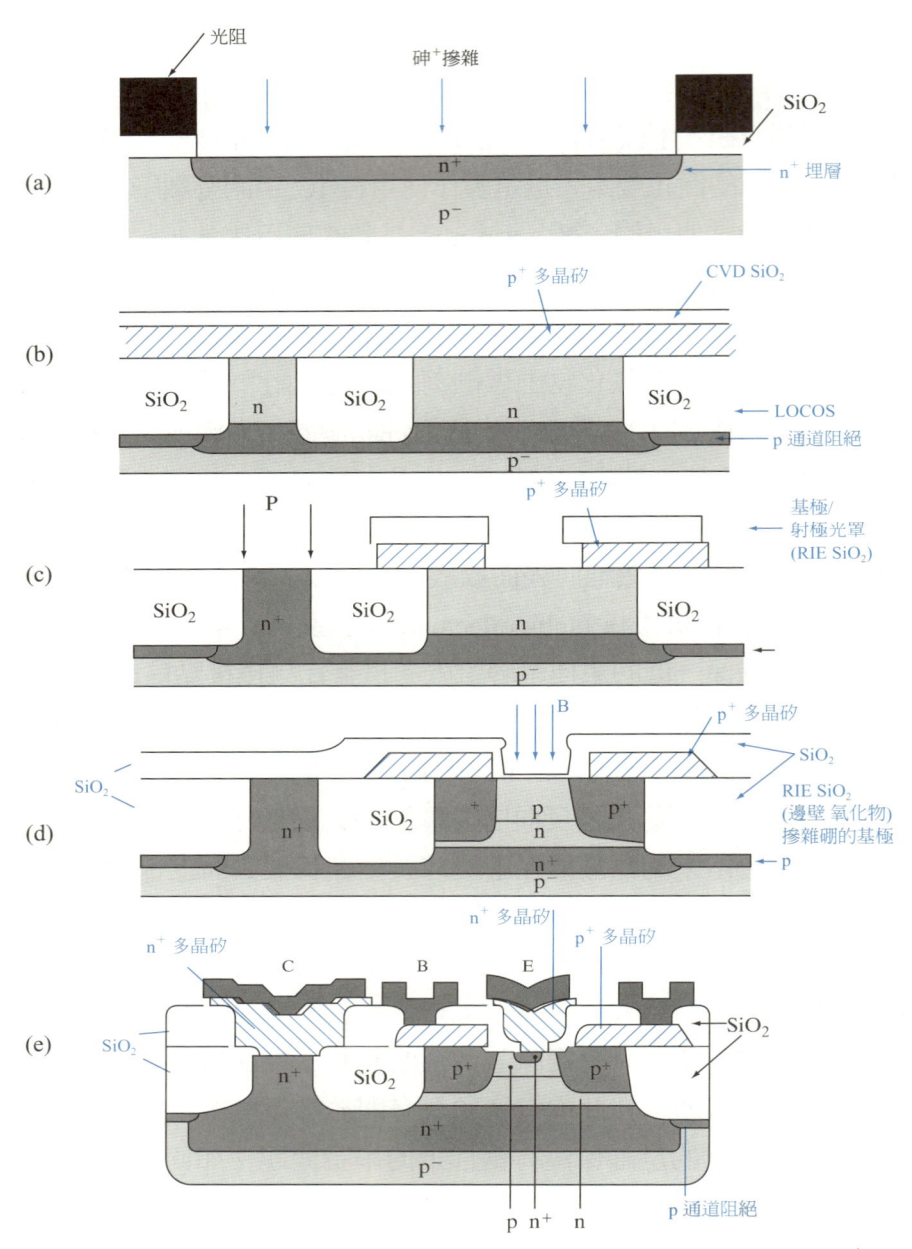

圖 7-5 雙層多晶矽，自我對齊的 n-p-n 雙載子接面電晶體的製程流程：(a) n⁺ 埋層的形成；(b) 在 LOCOS 隔離之後的 n 型磊晶；(c) 基極/射極窗口的定義與 (可選擇的)集極接點區域沉底型 (sinker) 的磷離子佈植；(d) 使用自我對齊的兩旁氧化層空間做本質的基極佈植；(e) 和形成 n⁺ 集極接點一樣，形成射極自我對準。

節)。在此製程中，可構成某種型式的氮化物層可充當矽的非等向性蝕刻光罩，且用以形成溝渠。利用反應離子蝕刻，由於非常準確的邊壁，因此可形成一大約 1 μm 深的溝渠。在此溝渠內的氧化形成一絕緣層，且此溝渠接著可由低壓化學氣相沉積 (LPCVD) 而充滿氧化物。

一多晶矽層是藉由 LPCVD 沉積而成，而且不是在沉積期間就是在接下來的離子佈植摻雜一具有 B 的高濃度 p^+ 多晶矽層。利用具有基極/集極光罩的照相平版印刷術，在這多晶矽/氧化層堆疊中，窗口可藉由 RIE 蝕刻而得。(圖 7-5c)。一高摻雜的"非本質" p^+ 基極藉由來自已摻雜 7 多晶矽層的 B 擴散至基板，藉此產生一低電阻，高速的基極歐姆接點。接著，氧化層藉由 LPCVD 而沉積，此氧化層具有堵塞之前已蝕刻的基極窗口的效應，且 B 佈植至這個基極窗口上 (圖 7-5d)。此基極佈植形成 p 摻雜濃度更淡的"本質"基極，所以大部分的電流從射極流向集極。摻雜濃度較高的非本質基極形成一環繞本質基極的環狀，且可以減少基極串聯電阻。基極在集極內須有良好的封閉是非常的關鍵，否則將會造成集極與 p^- 基板短路。最後，另一層由 LPCVD 沉積而成的氧化層將把之前的基極窗口堵塞起來，且藉由 RIE，所有到 Si 基板的氧化物將被蝕刻，留下在邊壁的氧化間隙壁 (spacers)。高 n^+ 摻雜 (通常以 As) 多晶矽接著沉積在基板上，如同在圖 7-5e 所示，將成形及蝕刻以構成**多晶矽射極** (polysilicon emitter, polyemitter) 和集極接點。(使用兩層的 LPCVD 多晶矽層說明為什麼此過程稱為雙重多晶矽製程)。來自於多晶矽的砷擴散至基板，以形成一個以自我對齊方法且在基極之上的射極區域，如同 n^+ 集極接點。**自我對準** (self-aligned) 提及，形成 n^+ 射極區域並不需要獨立的平版印刷術步驟的事實。我們精巧地利用氧化的邊壁間隙壁以確保 n^+ 射極區域位在本質 p 型基極之內。以上這點是非常重要，不然射極將會與集極產生短路。我們也希望瞭解在 n^+ 射極與 p^+ 非本質基極之間的差距，否則射極-基極接面之電容會變得太高。在垂直方向上，射極-基極接面與基極-集極接面間的差異決定了基極的寬度。在高增益及高速度的雙載子接面電晶體，基極寬度做得非常狹窄。

最後，由 CVD 所沉積而成的氧化層，在相對應於射極 (E)，基極 (B) 及集極 (C) 接點的地方蝕刻開窗，且適當的接點金屬，如鋁，濺鍍沉積以形成歐姆接點。鋁將使用內部連線的光罩曝光出所需要的形狀。且利用 RIE 蝕刻。同時在一塊晶圓上成長的許多 IC，將鋸開成個別的晶片，然後鑲嵌在適當的封裝上，且各式各樣的接點將打線至外部封裝導線上。

7.4 少數載子分佈與端電流

在本節中，我們要較詳細地檢驗雙載子接面電晶體的操作。我們應用前幾章的技術開始來分析電洞注入一狹小的 n 型基極區域的問題上，其數學和狹窄的基板二極體的問題中所使用者 (練習題 5.31) 極相似。基本上，我們假設電洞在射極順向偏壓時被注入基極中，而這些電洞擴散至集極接面。第一步驟是求解基極中的超量電洞分佈，而第二步驟是從基極兩邊電洞分佈的梯度中估計射極電流和集極電流 (I_E, I_C)。然後其基極電流 (I_B) 可從電流的總和或從在基極中復合的電荷控制分析來求得。

我們首先將作幾個假設來簡化計算：

1. 電洞從射極擴散到集極；漂移在基極區域中忽略。
2. 射極電流全由電洞組成；射極注入效率 $\gamma = 1$。
3. 集極飽和電流忽略。
4. 基極與兩個接面的有效部分有均勻的截面積 A；從射極至集極的基極中的電流流動在本質上是一維維度的。
5. 所有電流與電壓均是穩態。

在以後各節中，我們將考慮非理想注入效率的含意，由於基極中不均勻摻雜的漂移，結構性的效應諸如不同面積的射極接面與集極接面以及交流操作中的電容與過渡時間效應。

7.4.1 基極區域中擴散方程式的解法

因為注入電洞已被假設為由射極擴散至集極的流動,我們可依照第五章中所使用的技術來估計跨過兩個接面的電流。忽略兩個空乏區中的復合,電洞電流在射極接面處進入基極者為電流 I_E,及電洞電流在集極處離開基極者為 I_C。若我們能解出基極區域內超量電洞的分佈,只要估計在基極兩端分佈的梯度,就求出其電流。我們將考慮圖 7-6 所示簡單的幾何圖,其中兩個空乏區間的基極寬度為 W_b,及均勻的截面積 A。在熱平衡時,費米能階是平的,能帶圖為兩個 p-n 接面背對背接在一起,但是射極接面是順偏,集極接面是逆偏 (主動模式)。如圖 7-6b,此時費米能階會分裂成準費米能階。射極-基極接面是順偏,所以接面能障降低。集極-基極接面是逆偏,所以接面能障升高。在射極空乏區邊緣的超量電洞濃度 Δp_E 與基極的集極邊緣上其對應濃度 Δp_C 可從 (5-29) 式得出:

$$\Delta p_E = p_n(e^{qV_{EB}/kT} - 1) \tag{7-8a}$$

$$\Delta p_C = p_n(e^{qV_{CB}/kT} - 1) \tag{7-8b}$$

若其射極接面很強地順向偏壓 ($V_{EB} \gg kT/q$),及其集極接面很強地反向偏壓 ($V_{CB} \ll 0$),這些超量濃度簡化成

$$\Delta p_E \simeq p_n e^{qV_{EB}/kT} \tag{7-9a}$$

$$\Delta p_C \simeq -p_n \tag{7-9b}$$

我們可以利用在擴散方程式中適當的邊界條件,解在基極內為距離函數的超量電洞密度 $\delta p(x_n)$。擴散方程式的 (4-34b) 式為

$$\frac{d^2\delta p(x_n)}{dx_n^2} = \frac{\delta p(x_n)}{L_p^2} \tag{7-10}$$

這方程式的解為

$$\delta p(x_n) = C_1 e^{x_n/L_p} + C_2 e^{-x_n/L_p} \tag{7-11}$$

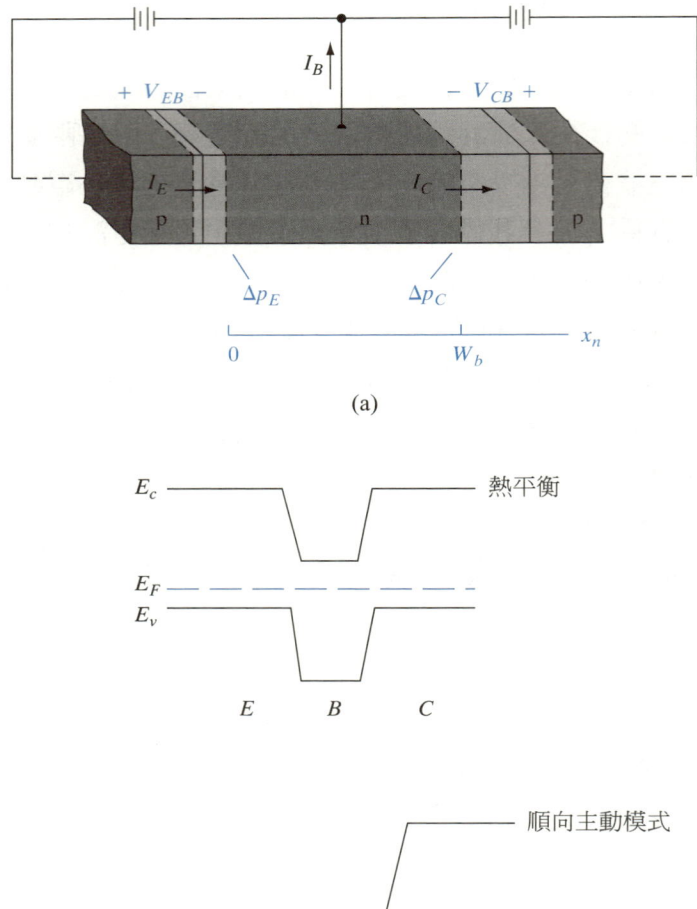

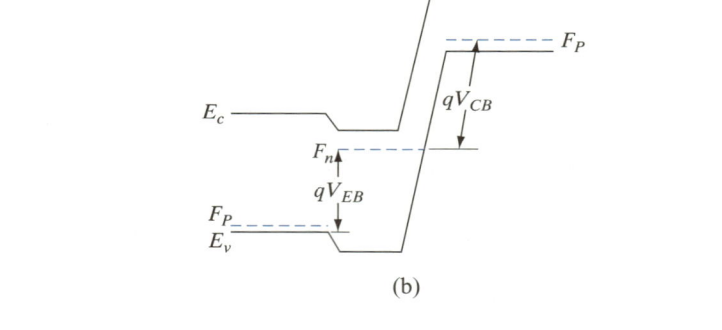

圖 7-6 (a) 計算方面所使用的簡化 p-n-p 電晶體。(b) 在平衡時的 p-n-p 電晶體 (平的費米能階)，和標準的主動偏壓。準費米能階分開的量為外加電壓乘以 q。

其中 L_p 為基極區域中的電洞擴散長度。不像注入到一個長的 n 區中的問題一樣，我們不能假設超量電洞在大的 x_n 處消失而忽略其中一個常數。事實上，在適當地設計電晶體時，因為 $W_b \ll L_p$，注入電洞多數到達在 W_b 處的集極。其解法是和狹小的基板二極體的問題極相似。在這情形中，適當的邊界條件為

$$\delta p(x_n = 0) = C_1 + C_2 = \Delta p_E \tag{7-12a}$$

$$\delta p(x_n = W_b) = C_1 e^{W_b/L_p} + C_2 e^{-W_b/L_p} = \Delta p_C \tag{7-12b}$$

解其參數 C_1 與 C_2，我們得

$$C_1 = \frac{\Delta p_C - \Delta p_E e^{-W_b/L_p}}{e^{W_b/L_p} - e^{-W_b/L_p}} \tag{7-13a}$$

$$C_2 = \frac{\Delta p_E e^{W_b/L_p} - \Delta p_C}{e^{W_b/L_p} - e^{-W_b/L_p}} \tag{7-13b}$$

將這些參數應用於 (7-11) 式，得出基極區域中超量電洞分佈的完整表示式。例如，若我們假設其集極接面反向偏壓很大 [(7-9b) 式] 及其平衡電洞濃度 p_n 對注入濃度 Δp_E 相比可予以忽略，其超量電洞分佈就簡化為

$$\delta p(x_n) = \Delta p_E \frac{e^{W_b/L_p} e^{-x_n/L_p} - e^{-W_b/L_p} e^{x_n/L_p}}{e^{W_b/L_p} - e^{-W_b/L_p}} \qquad (\Delta p_C \simeq 0) \tag{7-14}$$

(7-14) 式中的各不同項被描繪在圖 7-7a，及基極區域中其相當的超量電洞分佈以 W_b/L_p 的適當值示出。注意，$\delta p(x_n)$ 在射極接面與集極接面兩空乏區間幾乎為線性。在以後我們將看出，從分佈的線性中稍有偏移象徵在基極區域中 I_B 的小量數值由復合所引起。

圖 7-7b 顯示順偏的射極和反偏的集極裡面的少數載子電子濃度。長二極體的 p^+ 射極中，過量的電子濃度以指數的方式衰減到零。這是因為高濃度的射極摻雜，少數載子電子的擴散長度通常比射極短。否則，在射極區就必須要用短二極體的表示式。對於多晶矽射極結構，載子濃度

$$\delta p(x_n) = M_1 \Delta p_E e^{-x_n/L_p} - M_2 \Delta p_E e^{x_n/L_p}$$

其中

$$M_1 = \frac{e^{W_b/L_p}}{e^{W_b/L_p} - e^{-W_b/L_p}}$$

$$M_2 = \frac{e^{-W_b/L_p}}{e^{W_b/L_p} - e^{-W_b/L_p}}$$

(a)

(b)

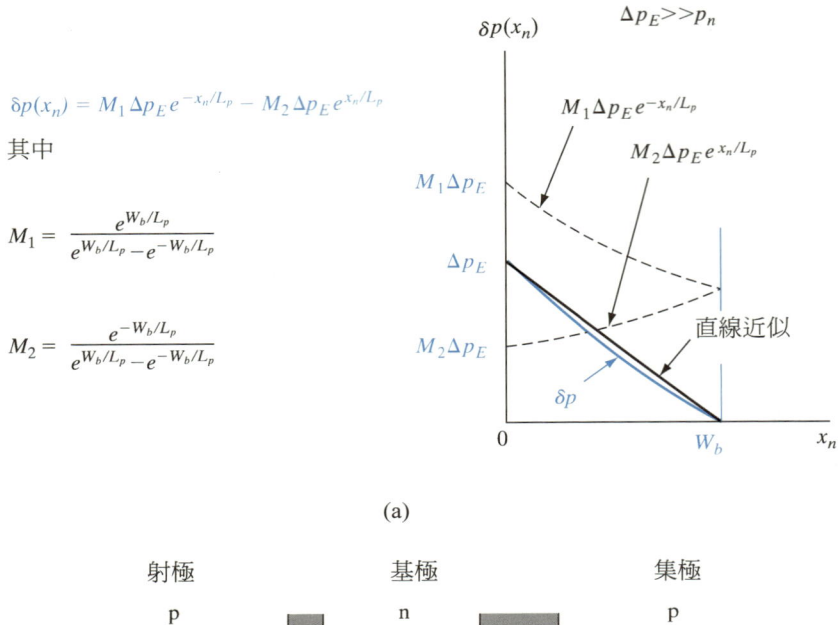

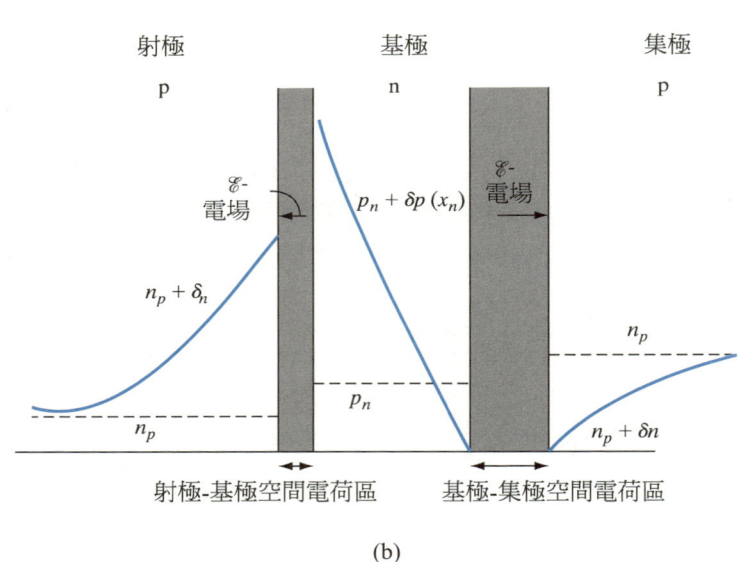

圖 7-7　(a) 繪製 (7-14) 式中的各項，說明在基極區域中電洞分佈的線性。在本例中，$W_b/L_p = 1/2$。(b) 射極和集極中的電子分佈情形。

剖面圖更為複雜，之後我們會討論。精確的 i_{En} 值和射極注入率都和這些細節相關。

7.4.2 端電流的估計

已經解得基極區域中的超量電洞分佈，我們從每個空乏區邊緣上電洞濃度的梯度中可估計射極電流與集極電流。從 (4-22b) 式中，我們有

$$I_p(x_n) = -qAD_p \frac{d\delta p(x_n)}{dx_n} \quad (7\text{-}15)$$

在 $x_n=0$ 處所估計的表示式可得出其射極電流的電洞成分，

$$I_{Ep} = I_p(x_n = 0) = qA\frac{D_p}{L_p}(C_2 - C_1) \quad (7\text{-}16)$$

同樣地，若我們忽略集極反向飽和電流中由集極跨越到基極的電子，I_C 全由基極進入集極空乏區的電洞組成。估計在 $x_n = W_b$ 處的 (7-15) 式，其集極電流為

$$I_C = I_p(x_n = W_b) = qA\frac{D_p}{L_p}(C_2 e^{-W_b/L_p} - C_1 e^{W_b/L_p}) \quad (7\text{-}17)$$

當其參數 C_1 與 C_2 由 (7-13) 式代入時，射極與集極電流採用的形式最容易以雙曲線函數寫出：

$$I_{Ep} = qA\frac{D_p}{L_p}\left[\frac{\Delta p_E(e^{W_b/L_p} + e^{-W_b/L_p}) - 2\Delta p_C}{e^{W_b/L_p} - e^{-W_b/L_p}}\right]$$

$$\boxed{\begin{aligned}I_{Ep} &= qA\frac{D_p}{L_p}\left(\Delta p_E \operatorname{ctnh}\frac{W_b}{L_p} - \Delta p_C \operatorname{csch}\frac{W_b}{L_p}\right) \quad (7\text{-}18a)\\ I_C &= qA\frac{D_p}{L_p}\left(\Delta p_E \operatorname{csch}\frac{W_b}{L_p} - \Delta p_C \operatorname{ctnh}\frac{W_b}{L_p}\right) \quad (7\text{-}18b)\end{aligned}}$$

現在，我們藉由電流總和可得 I_B 值，值得注意的是基極與集極電流離開元件必須等於進入的射極電流。假若對 $\gamma \simeq 1$ 時，其 $I_E \simeq I_{Ep}$。

$$I_B = I_E - I_C = qA\frac{D_p}{L_p}\left[(\Delta p_E + \Delta p_C)\left(\operatorname{ctnh}\frac{W_b}{L_p} - \operatorname{csch}\frac{W_b}{L_p}\right)\right]$$

$$\boxed{I_B = qA\frac{D_p}{L_p}\left[(\Delta p_E + \Delta p_C)\tanh\frac{W_b}{2L_p}\right]} \qquad (7\text{-}19)$$

藉由使用第五章的技術，我們已就材料參數，基極寬度，及超量濃度 Δp_E 與 Δp_C 估計出電晶體的三個端電流。再者，因為這些超量濃度依 (7-8) 式很容易看出和射極與集極接面偏壓有關聯，在不同的偏壓情形下估計電晶體的性能就相當簡單。在此處須特別注意，(7-18) 式與 (7-19) 式並不限於通常電晶體的偏壓的情形。例如，對於集極有一很大的反向偏壓，Δp_C 可能是 $-p_n$，或者若集極被正偏壓，它可能是一有意義的正數。在 7.5 節中論及電晶體應用於交換電路時，我們將使用這些一般性的等式。

例題 7-2 (a) 就所示電晶體連接，求出電流 I 的表示式，假設 $\gamma = 1$。
(b) 試問電流 I 如何分配在基極引線與集極引線之間？

解 (a) 因為 $V_{CB} = 0$，(7-8b) 式得 $\Delta p_C = 0$。因此，從 (7-18a) 式，

$$I_E = I = \frac{qAD_p}{L_p}\Delta p_E \operatorname{ctnh}\frac{W_b}{L_p}$$

同理，

(b) $$I_C = \frac{qAD_p}{L_p}\Delta p_E \operatorname{csch}\frac{W_b}{L_p}$$

$$I_B = \frac{qAD_p}{L_p} \Delta p_E \tanh \frac{W_b}{2L_p}$$

其中 I_C 與 I_B 分別為集極引線與基極引線中的部分。值得注意的是這些結果與在練習題 5.31 狹基極二極體相似。

7.4.3 端電流的近似法

在正常的偏壓工作下前一節的一般方程式可加以簡化，而經過簡化後，我們可以較輕易地瞭解電流的流動情形。舉例來說，當集極在逆向偏壓時，從 (7-9b) 式，可得 $\Delta p_C = -p_n$。再者，如果平衡電洞濃度很小 (見圖 7-8a)，我們可以省略含有 Δp_C 的項。就 $\gamma = 1$，端電流可簡化成例題 7-2 中的電流：

$$I_E \simeq qA\frac{D_p}{L_p} \Delta p_E \, \text{ctnh} \frac{W_b}{L_p} \qquad (7\text{-}20\text{a})$$

$$I_C \simeq qA\frac{D_p}{L_p} \Delta p_E \, \text{csch} \frac{W_b}{L_p} \qquad (7\text{-}20\text{b})$$

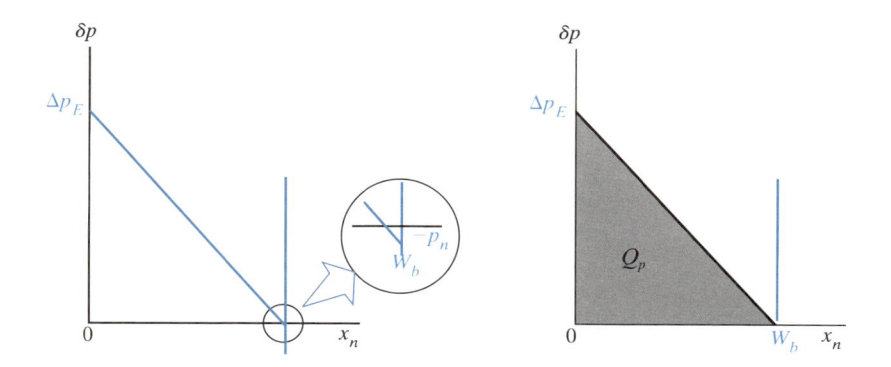

圖 7-8　基極中少數載子電洞的概略分佈：(a) 射極順向偏壓與集極反向偏壓；(b) 當 $V_{CB}=0$ 或省略 p_n 時的三角狀分佈。

$$I_B \simeq qA\frac{D_p}{L_p}\Delta p_E \tanh\frac{W_b}{2L_p} \qquad (7\text{-}20c)$$

雙曲線函數的係數展開列於表 7-1 中。如果 W_b/L_p 的比值很小，我可以省略掉這個變數的一次項以上的係數。由此表與 (7-20) 式可以清楚看出 I_C 只有較 I_E 略小一些，如我們所預期的。$\tanh y$ 的一次近似是 y，所以基極電流是

$$I_B \simeq qA\frac{D_p}{L_p}\Delta p_E \frac{W_b}{2L_p} = \frac{qAW_b\Delta p_E}{2\tau_p} \qquad (7\text{-}21)$$

由 I_E 和 I_C 一次近似展開的差，可以得到相同的基極電流近似：

$$\begin{aligned}I_B &= I_E - I_C \\ &\simeq qA\frac{D_p}{L_p}\Delta p_E\left[\left(\frac{1}{W_b/L_p}+\frac{W_b/L_p}{3}\right)-\left(\frac{1}{W_b/L_p}-\frac{W_b/L_p}{6}\right)\right] \\ &\simeq \frac{qAD_pW_b\Delta p_E}{2L_p^2}=\frac{qAW_b\Delta p_E}{2\tau_p}\end{aligned} \qquad (7\text{-}22)$$

I_B 的表示式說明了在基極中的復合。在 7.4.4 節中可看出在許多的雙接面電晶體元件中我們必須再考慮注入射極的情形。

如果在基極中的復合為基極電流最主要的因素，又假設電洞幾乎在

表 7-1　雙曲函數的係數展開

$$\begin{aligned}\operatorname{sech} y &= 1 - \frac{y^2}{2} + \frac{5y^4}{24} - \cdots \\ \operatorname{ctnh} y &= \frac{1}{y} + \frac{y}{3} - \frac{y^3}{45} + \cdots \\ \operatorname{csch} y &= \frac{1}{y} - \frac{y}{6} + \frac{7y^3}{360} - \cdots \\ \tanh y &= y - \frac{y^3}{3} + \cdots\end{aligned}$$

基極中成直線分佈 (見圖 7-8b) 則 I_B 可以藉由電荷控制法得到。在此近似下的電洞分佈幾乎為一個三角形，我們可得：

$$Q_p \simeq \tfrac{1}{2}qA\,\Delta p_E W_b \tag{7-23}$$

如果每 τ_p 秒儲存的電荷會被取代，然後再將復合率與電子由基極電流提供的程度相關連在一起，I_B 就成了：

$$I_B \simeq \frac{Q_p}{\tau_p} = \frac{qAW_b\Delta p_E}{2\tau_p} \tag{7-24}$$

這結果跟在 (7-21) 式和 (7-22) 式中發現的一樣。

由於在近似時忽略了集極飽和電流也假設 $\gamma=1$，我們可以由基極中復合的需要而計算出 I_E 和 I_C 的差。在 (7-24) 式，當很小的 W_b 和大的 τ_p 時可以很清楚的證明基極電流會減少。我們可以在基極區使用很低摻雜濃度來增加 τ_p，當然這樣會改善了射極注入效率。

過多電洞分佈 (見圖 7-8) 的直線近似在計算基極電流是相當精確的。另一方面，它卻無法將 I_E 和 I_C 的特性給求出。如果分佈成完全直線，在基極邊緣兩端的斜率會一樣，而推出基極電流為零的不正確結果。這不是我們要的，如此必須在分佈上往"下移"，如圖 7-7 可得更精確的曲線。由於線性產生的些許變化導致在 $x_n=0$ 處斜率較 $x_n=W_b$ 大，而 I_E 的值也比 I_C 大了 I_B。我們以電荷控制做直線近似計算基極電流的理由是因為兩種情況下電洞曲線分佈的面積是一樣的。

7.4.4 電流轉移比

由於假設 $\gamma=1$ (射極電流完全來自電洞注入)，此章所計算的 I_E 應為 I_{Ep} 較適當。事實上，真正的電晶體總是會有一部分的電子由射極的順向偏壓中注入，而這個效應在計算電流轉移比時就很重要了。我們可以輕易將一個 p-n-p 電晶體的射極注入效率以射極與基極的參數寫出：

$$\gamma = \left[1 + \frac{L_p^n n_n \mu_n^p}{L_n^p p_p \mu_p^n} \tanh \frac{W_b}{L_p^n}\right]^{-1} \simeq \left[1 + \frac{W_b n_n \mu_n^p}{L_n^p p_p \mu_p^n}\right]^{-1} \quad (7\text{-}25)$$

在此公式中我們以上標來區分出射極和基極區域。舉例來說，L_p^n 是在 n 型基極區電洞擴散長度而 μ_n^p 是 p 型射極區中電子移動率。在 p-n-p 電晶體中上標與下標在和多數載子符號一起改變。使用 (7-20a) 式中 I_{Ep} 和 (7-20b) 式中的 I_C 則基極傳輸因數 B 為

$$B = \frac{I_C}{I_{Ep}} = \frac{\operatorname{csch} W_b/L_p}{\operatorname{ctnh} W_b/L_p} = \operatorname{sech} \frac{W_b}{L_p} \quad (7\text{-}26)$$

而電流轉移比 α 如 (7-3) 式中，則是 B 和 γ 的乘積。

例題 7-3 推廣 (7-20a) 式，讓此式可以包含射極注入率不等於 1（$\gamma < 1$）的狀況，推導 (7-25) 式的 γ 值。假設射極區比電子擴散長度長。

解 (7-20a) 式是 I_{Ep} 的精確值

$$I_{En} = \frac{qAD_n^p}{L_n^p} n_p e^{qV_{EB}/kT} \text{ for } V_{EB} \gg kT/q$$

因此總射極電流為

$$I_E = I_{Ep} + I_{En} = qA\left[\frac{D_p^n}{L_p^n} p_n \operatorname{ctnh} \frac{W_b}{L_p^n} + \frac{D_n^p}{L_n^p} n_p\right] e^{qV_{EB}/kT}$$

$$\gamma = \frac{I_{Ep}}{I_E} = \left[1 + \frac{I_{En}}{I_{Ep}}\right]^{-1} = \left[1 + \frac{\frac{D_n^p}{L_n^p}}{\frac{D_p^n}{L_p^n}} \frac{n_p}{p_n} \tanh \frac{W_b}{L_p^n}\right]^{-1}$$

利用 $\dfrac{n_p}{p_n} = \dfrac{n_n}{p_p}, \dfrac{D_n^p}{D_p^n} = \dfrac{\mu_n^p}{\mu_p^n}$，及 $\dfrac{D}{\mu} = \dfrac{kT}{q}$ 得到

$$\gamma = \left[1 + \frac{L_p^n n_n \mu_n^p}{L_n^p p_p \mu_p^n}\tanh\frac{W_b}{L_p^n}\right]^{-1}$$

因為我們假設射極區比電子擴散長度長，長二極體的表示式被用來表示 I_{En}。換句話說，對於一個射極長度 (W_e) 很短，短二極體的 L_p^n 表示式會被用來取代 W_e。

7.5 一般性偏壓

如果元件的幾何結構和其他因素都與假設合乎，在 7.4 節所推導的式子就是電晶體的端電流。而在 7-7 節我們也可見真正的電晶體卻有可能與這些近似有一些差異。集極接面與射極接面可能在面積，飽和電流，和其他參數有不同。所以端電流真正的的描述可能要比 (7-18) 式與 (7-19) 式複雜。例如當射極與集極角色互換時，上述公式所預期的行為是對稱的。可是真正的電晶體一般集極與射極是並非對稱的。當電晶體不是偏壓在一般的情形時要特別注意的。我們已經討論過正常的偏壓 (有時稱為**正常主動模式** (normal active mode))，在這種模式下射極接面順向偏壓集極接面逆向偏壓。有些應用，特別是當開關用，就違反了正常偏壓的規則。在這情況下，計算兩接面注入與收集特性就格外重要了。這個章節我們將發展一套適用在所有射極與集極偏壓組合的雙二極體架構的電晶體運作模式之一般計算法則。此模型包括了四個與元件幾何形狀和材料特性相關可以量測的參數。使用此模型再加上電荷控制法，我們可以將電晶體在開關電路及其他應用上的實際運作情形給描述出來。

7.5.1 耦合二極體模型

若電晶體的集極接面順向偏壓，我們不能略去 Δp_C；相反的，我們必

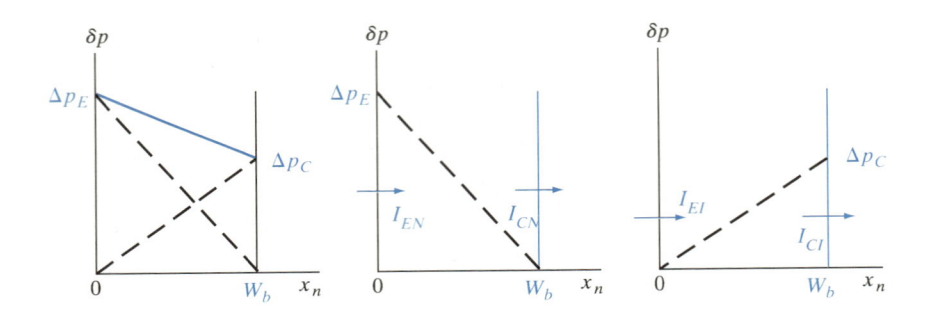

圖 7-9 以正常模式與反轉模式來計算電洞分佈：(a) 當射極與集極都是順向偏壓時基極電洞的大概分佈；(b) 由於正常模式注入與收集的部分；(c) 由於反轉模式的部分。

須一個更一般性電洞分佈在基極區上。圖 7-9a 所示，當射極與集極皆在順向偏壓時的情形，Δp_E 和 Δp_C 都是正值。對於對稱的電晶體我們可以用 (7-18) 式和 (7-19) 式來處理這種情形。相當有趣的是我們可看出這些公式可被看作是由於各個接面注入效應的線性組合而成的。舉例來說，圖 7-9a 中電洞分佈的直線可以拆成圖 7-9b 與 7-9c 的兩個部分。圖 7-9b 是由射極注入而集極收集到的電洞而產生的電流 (I_{EN} 和 I_{CN}) 是正常模式 (normal mode) 的一部分，因為他們是源自又射極至集極的注入。圖 7-9c 所述的電洞分佈導致 I_{EI} 和 I_{CI} 則描述反轉模式 (inverted mode) 下由集極到射極[3]的注入情形。當然因為他們是與 I_C 和 I_E 原始定義相反的電洞電流，所以這些反相的部分是負值。

對於對稱的電晶體，這些不同的部分可由 (7-18) 式描述。定義 $a \equiv (qAD_p/L_p) \operatorname{ctnh}(W_b/L_p)$ 和 $b \equiv (qAD_p/L_p) \operatorname{csch}(W_b/L_p)$，我們可得

$$I_{EN} = a\Delta p_E \, , \quad I_{CN} = b\Delta p_E \quad 以及 \quad \Delta p_C = 0 \tag{7-27a}$$

$$I_{EI} = -b\Delta p_C \, , \quad I_{CI} = -a\Delta p_C \quad 以及 \quad \Delta p_E = 0 \tag{7-27b}$$

---

[3] 在此 emitter 和 collector 兩個名詞對應於元件的物理性區域而非電洞的注射和收集功能。

在 (7-18) 式中將這四個部分線性相加：

$$I_E = I_{EN} + I_{EI} = a\Delta p_E - b\Delta p_C$$
$$= \mathsf{A}(e^{qV_{EB}/kT} - 1) - \mathsf{B}(e^{qV_{CB}/kT} - 1) \qquad \text{(7-28a)}$$
$$I_C = I_{CN} + I_{CI} = b\Delta p_E - a\Delta p_C$$
$$= \mathsf{B}(e^{qV_{EB}/kT} - 1) - \mathsf{A}(e^{qV_{CB}/kT} - 1) \qquad \text{(7-28b)}$$

此處的 $\mathsf{A} \equiv ap_n$ 而 $\mathsf{B} \equiv bp_n$。

從這些式子我們可以看出正常模式與反轉模式的線性相加確實與我們之前推導對稱性電晶體有相同的結果。然而為了要能夠更符合一般性，我們必須將電流的四個部分以一些可以適用在兩個不對稱接面的要素來相關聯。例如，在正常模式下的射極電流可寫成：

$$I_{EN} = I_{ES}(e^{qV_{EB}/kT} - 1), \quad \Delta p_C = 0 \qquad \text{(7-29)}$$

此處的 I_{ES} 是在正常模式下射極飽和電流的大小。由於我們在此模式下令 $\Delta p_C = 0$，便已暗指 (7-8b) 式中的 $V_{CB} = 0$ 了。因此我們必須視 I_{ES} 為在集極接面短路下，射極接面飽和電流的大小。同樣地，反轉模式下的集極電流為

$$I_{CI} = -I_{CS}(e^{qV_{CB}/kT} - 1), \quad \Delta p_E = 0 \qquad \text{(7-30)}$$

此處的 I_{CS} 是當 $V_{EB} = 0$ 時集極飽和電流的大小。跟之前一樣，I_{CI} 的負號只是表示在反轉模式下電洞被注入的方向與 I_C 被定義的方向是相反的。

我們可以分別就兩種操作模式相對應的集極電流定義一個新的 α 而寫下：

$$I_{CN} = \alpha_N I_{EN} = \alpha_N I_{ES}(e^{qV_{EB}/kT} - 1) \qquad \text{(7-31a)}$$
$$I_{EI} = \alpha_I I_{CI} = -\alpha_I I_{CS}(e^{qV_{CB}/kT} - 1) \qquad \text{(7-31b)}$$

此處的 α_N 和 α_I 分別是在兩個模式下集極電流與注入電流的比值。我們可以知道在反轉模式下注入電流是 I_{CI} 而集極電流是 I_{EI}。

我們可再次經由線性相加兩個部分得到總和電流：

$$I_E = I_{EN} + I_{EI} = I_{ES}(e^{qV_{EB}/kT} - 1) - \alpha_I I_{CS}(e^{qV_{CB}/kT} - 1) \quad \text{(7-32a)}$$

$$I_C = I_{CN} + I_{CI} = \alpha_N I_{ES}(e^{qV_{EB}/kT} - 1) - I_{CS}(e^{qV_{CB}/kT} - 1) \quad \text{(7-32b)}$$

由於式子是由 J.J. Ebers 和 J.L. Moll 所導出，我們稱之爲衣伯-莫耳方程式 (Ebers-Moll equations)。[4]一般式與描述對稱電晶體的 (7-28) 式一樣，這些方程式也適用因爲接面的不對稱性造成 I_{ES}、I_{CS}、α_I 和 α_N 的變化。在此我們不證明，不過以互易理論可得

$$\alpha_N I_{ES} = \alpha_I I_{CS} \quad \text{(7-33)}$$

即使在非對稱的情形下也成立。

衣伯-莫耳方程式有趣的特徵是這樣的，I_E 和 I_C 是由類似二極體關係的項 (I_{EN} 和 I_{CI}) 再加上提供射極與集極 (I_{EI} 和 I_{CN}) 耦合特性的項而成。這

$$I_B = (1 - \alpha_N) I_{ES} \frac{\Delta p_E}{p_n} + (1 - \alpha_I) I_{CS} \frac{\Delta p_C}{p_n}$$

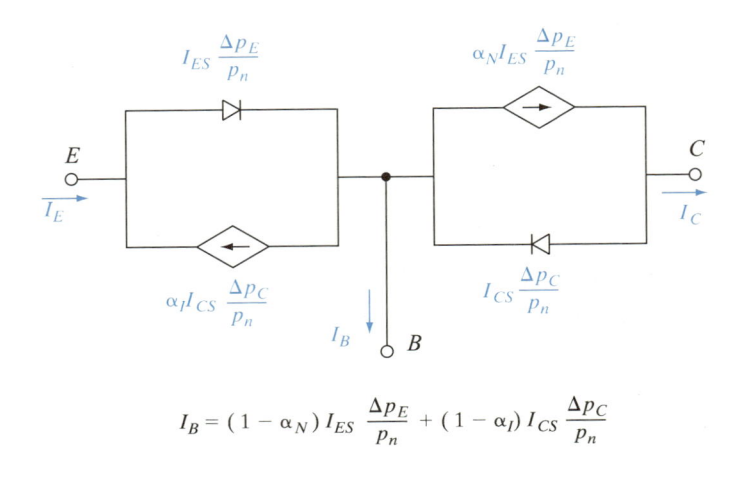

圖 7-10　合成衣伯-莫耳方程式的等效電路。

---

[4] 衣伯-莫耳，"接面電晶體的大訊號行爲"，研討會論文集 IRE 42，pp. 1761-72 (1954 年 12 月)。在原論文與許多教科書中均定義端點電流方向爲流入電晶體，此導致 I_C 與 I_B 的表示式須引入負號。

個耦合二極體 (coupled-diode) 的特性可以圖 7-10 的等效電路來描述。在此圖中利用 (7-8) 式可以把衣伯-莫耳方程式寫成：

$$I_E = I_{ES}\frac{\Delta p_E}{p_n} - \alpha_I I_{CS}\frac{\Delta p_C}{p_n} = \frac{I_{ES}}{p_n}(\Delta p_E - \alpha_N \Delta p_C) \quad \text{(7-34a)}$$

$$I_C = \alpha_N I_{ES}\frac{\Delta p_E}{p_n} - I_{CS}\frac{\Delta p_C}{p_n} = \frac{I_{CS}}{p_n}(\alpha_I \Delta p_E - \Delta p_C) \quad \text{(7-34b)}$$

端電流和飽和電流的關係是非常有用的。從 (7-32) 式中的耦合項將飽和電流消去。例如，將 (7-32a) 式乘上 α_N，得到的式子用 (7-32b) 式減去，可得：

$$I_C = \alpha_N I_E - (1 - \alpha_N \alpha_I)I_{CS}(e^{qV_{CB}/kT} - 1) \quad \text{(7-35)}$$

類似地，射極電流可以集極電流表示：

$$I_E = \alpha_I I_C + (1 - \alpha_N \alpha_I)I_{ES}(e^{qV_{EB}/kT} - 1) \quad \text{(7-36)}$$

$(1-\alpha_N\alpha_I)\,I_{CS}$ 和 $(1-\alpha_N\alpha_I)\,I_{ES}$ 兩項可分別縮寫為 I_{CO} 和 I_{EO}，此處的 I_{CO} 是當射極接面開路時 ($I_E = 0$)，集極飽和電流的大小 I_{EO} 是集極開路時射極飽和電流的大小。衣伯-莫耳方程式則變為：

$$I_E = \alpha_I I_C + I_{EO}(e^{qV_{EB}/kT} - 1) \quad \text{(7-37a)}$$

$$I_C = \alpha_N I_E - I_{CO}(e^{qV_{CB}/kT} - 1) \quad \text{(7-37b)}$$

圖 7-11a 為其等效電路。方程式以簡單的二極體特性加上和別的電流成正比的電流源來描述射極和集極電流。例如，在正常模式偏壓下，等效電路簡化成圖 7-11b 的形式。集極電流是 α_N 乘上射極電流再加上集極飽和電流，如我們預期的。電晶體的集極特性如一串列反向的二極體曲線，可以正比於射極電流的增量來替代 (圖 7-11c)。

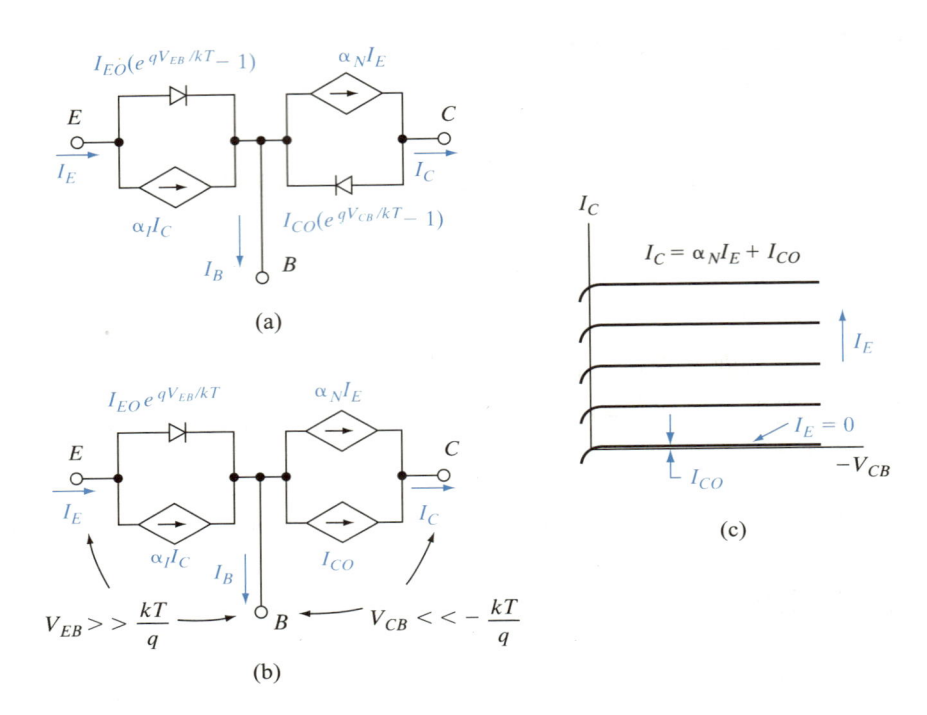

圖 7-11 以端電流和開路飽和電流描述的等效電路：(a) (7-37) 式的合成；(b) 正常偏壓下的等效電路；(c) 正常偏壓的集極特性。

例題 7-4 一個對稱的 p^+-n-p^+ 雙載子電晶體，其特性如下：

	射極	基極
$A = 10^{-4}$ cm^2	$N_a = 10^{17}$	$N_d = 10^{15}$ cm^{-3}
$W_b = 1$ μm	$\tau_n = 0.1$ μs	$\tau_p = 10$ μs
	$\mu_p = 200$	$\mu_n = 1300$ cm^2/V-s
	$\mu_n = 700$	$\mu_p = 450$

(a) 計算飽和電流 $I_{ES} = I_{CS}$。

(b) 當 $V_{EB} = 0.3$ V，$V_{CB} = -40$ V，請計算基極電流 I_B。假設完美的射極注入率。

(c) 請計算基極傳輸因子 B，射極注入率 γ 和放大因子 β，假設射極區比 L_n 長。

解 在基極中，

$$p_n = n_i^2/n_n = (1.5 \times 10^{10})^2/10^{15} = 2.25 \times 10^5$$

$$D_p = 450(0.0259) = 11.66, L_p = (11.66 \times 10^{-5})^{1/2} = 1.08 \times 10^{-2}$$

$$W_b/L_p = 10^{-4}/1.08 \times 10^{-2} = 9.26 \times 10^{-3}$$

$$\begin{aligned}I_{ES} = I_{CS} &= qA(D_p/L_p)p_n \text{ctnh}(W_b/L_p) \\ &= (1.6 \times 10^{-19})(10^{-4})(11.66/1.08 \times 10^{-2}) \\ &\quad (2.25 \times 10^5) \text{ ctnh } 9.26 \times 10^{-3} \\ &= 4.2 \times 10^{-13} \text{ A}\end{aligned}$$

$$\Delta p_E = p_n e^{qV_{EB}/kT}, \Delta p_C \approx 0$$

$$\Delta p_E = 2.25 \times 10^5 \times e^{(0.3/0.0259)} = 2.4 \times 10^{10}$$

$$I_B = qA(D_p/L_p)\Delta p_E \tanh(W_b/2L_p)$$

或

$$I_B = \frac{Q_b}{\tau_p} = qAW_b\Delta p_E/2\tau_p = \mathbf{1.9 \times 10^{-12}} \text{ A}$$

在射極中，

$$D_n = 700(0.0259) = 18.13$$

$$L_n = (18.13 \times 10^{-7})^{1/2} = 1.35 \times 10^{-3}$$

$$I_{En} = \frac{qAD_n^E}{L_n^E} n_p^E e^{qV_{EB}/kT}$$

$$I_{Ep} = \frac{qAD_p^B}{L_p^B} p_n^B \text{ctnh} \frac{W_b}{L_p^B} e^{qV_{EB}/kT}$$

$$\gamma = \frac{I_{Ep}}{I_{En} + I_{Ep}} = \left[1 + \frac{I_{En}}{I_{Ep}}\right]^{-1}$$

$$= \left[1 + \frac{D_n^E/L_n^E}{D_p^B/L_p^B} \frac{n_p^E}{p_n^B} \tanh \frac{W_b}{L_p}\right]^{-1} \quad \left(\text{利用 } \frac{n_p^E}{p_n^B} = \frac{n_n^B}{p_p^E}\right)$$

$$\gamma = \left[1 + \frac{18.13 \times 1.08 \times 10^{-2} \times 10^{15}}{11.66 \times 1.35 \times 10^{-3} \times 10^{17}} \tanh 9.26 \times 10^{-3}\right]^{-1} = \mathbf{0.99885}$$

$$B = \operatorname{sech}\frac{W_b}{L_p} = \operatorname{sech} 9.26 \times 10^{-3} = \mathbf{0.99996}$$

$$\alpha = B\gamma = (0.99885)(0.99996) = \mathbf{0.9988}$$

$$\beta = \frac{\alpha}{1-\alpha} = \frac{0.9988}{0.0012} = \mathbf{832}$$

7.5.2 電荷控制分析

電荷控制法在分析端電流是很好用的，尤其是在交流的應用上。渡時效應 (transit time effects) 和電荷的儲存考量可以很容易以此法給移除掉。按照上節所述的技巧，我們可以將超量電洞的分佈給分離成圖 7-9 的正常模式與反轉模式分佈。正常模式下儲存的電荷稱爲 Q_N 而反轉模式下的電荷稱爲 Q_I。如此可以這些儲存的電荷計算出正常模式下與反轉模式下的電流。例如，正常模式下的集極電流 I_{CN} 就只是 Q_N 除上電荷被收集到所需的平均時間。這時間便是正常模式下的穿越時間 τ_{tN}。另一方面，射極電流必須支持在集極的電荷收集率以及基極的復合率 Q_N/τ_{pN}。在此以一個下標 N 標示正常模式下的穿越時間和生命期以和反轉模式相對照，如此便可允許因爲電晶體結構上不對稱可能造成的非對稱性。有了這些定義，正常模式成份電流變成

$$I_{CN} = \frac{Q_N}{\tau_{tN}}, \quad I_{EN} = \frac{Q_N}{\tau_{tN}} + \frac{Q_N}{\tau_{pN}} \tag{7-38a}$$

類似地，反轉模式成份爲：

$$I_{EI} = -\frac{Q_I}{\tau_{tI}}, \quad I_{CI} = -\frac{Q_I}{\tau_{tI}} - \frac{Q_I}{\tau_{pI}} \tag{7-38b}$$

這裡在儲存電荷，穿越時間和復合時間的下標 I 標明了是在反轉模式。如 (7-32) 式將這些方程式合併可一般偏壓的端電流：

$$I_E = Q_N \left(\frac{1}{\tau_{tN}} + \frac{1}{\tau_{pN}} \right) - \frac{Q_I}{\tau_{tI}} \tag{7-39a}$$

$$I_C = \frac{Q_N}{\tau_{tN}} - Q_I \left(\frac{1}{\tau_{tI}} + \frac{1}{\tau_{pI}} \right) \tag{7-39b}$$

要證明這些公式與衣伯-莫耳方程式 [(7-34) 式] 是相對應並非難事，在此：

$$\alpha_N = \frac{\tau_{pN}}{\tau_{tN} + \tau_{pN}}, \qquad \alpha_I = \frac{\tau_{pI}}{\tau_{tI} + \tau_{pI}}$$

$$I_{ES} = q_N \left(\frac{1}{\tau_{tN}} + \frac{1}{\tau_{pN}} \right), \quad I_{CS} = q_I \left(\frac{1}{\tau_{tI}} + \frac{1}{\tau_{pI}} \right) \tag{7-40}$$

$$Q_N = q_N \frac{\Delta p_E}{p_n}, \qquad Q_I = q_I \frac{\Delta p_C}{p_n}$$

正常模式下的基極電流支持復合，而基極至射極電流的放大因子 β_N 如 (7-7) 式的預期以下型式出現：

$$I_{BN} = \frac{Q_N}{\tau_{pN}}, \quad \beta_N = \frac{I_{CN}}{I_{BN}} = \frac{\tau_{pN}}{\tau_{tN}} \tag{7-41}$$

β_N 的表示式也可由 $\alpha_N/(1-\alpha_N)$ 得到。類似地，I_{BI} 是 Q_I/τ_{pI}，的基極總和電流為

$$I_B = I_{BN} + I_{BI} = \frac{Q_N}{\tau_{pN}} + \frac{Q_I}{\tau_{pI}} \tag{7-42}$$

基極電流的表示式可由 (7-39) 式以 $I_E - I_C$ 代入得到。

儲存電荷的時間依賴性效應可藉由 5.5.1 節所介紹的方式加在這些公式中。我們可以藉由加入儲存電荷變化率到每個注入電流 I_{EN} 與 I_{CI}，得到

正確的相依關係：

$$i_E = Q_N\left(\frac{1}{\tau_{tN}} + \frac{1}{\tau_{pN}}\right) - \frac{Q_I}{\tau_{tI}} + \frac{dQ_N}{dt} \tag{7-43a}$$

$$i_C = \frac{Q_N}{\tau_{tN}} - Q_I\left(\frac{1}{\tau_{tI}} + \frac{1}{\tau_{pI}}\right) - \frac{dQ_I}{dt} \tag{7-43b}$$

$$i_B = \frac{Q_N}{\tau_{pN}} + \frac{Q_I}{\tau_{pI}} + \frac{dQ_N}{dt} + \frac{dQ_I}{dt} \tag{7-43c}$$

當我們在 7.8 節討論電晶體高頻操作時將會回到這些公式。

7.6 切　換

當電晶體當作開關使用時通常操作在兩個導通狀態下，可以粗略定義為"通"狀態和"斷"狀態。理想上，一個開關在通時應該是短路而斷時應該是開路。此外，更希望達到從其中一個狀態切換到另一個狀態時沒有損失時間。事實上電晶體並無法達到理想開關的要求，但當作實際電路的近似卻相當不錯。在切換時的兩個狀態可以視為是如圖 7-12 的共射極的例子。圖中大部分的特性曲線族中的集極電流 i_C 由基極電流 i_B 所控制。負載線標示出此電路允許的 (i_C, $-v_{CE}$) 操作點軌跡，與圖 6-2 相似。如果 i_B 使工作點是在負載線兩端點之間的某處 (圖 7-12b) 則電晶體操作在正常模式下。也就是當射極接面順向偏壓且集極接面逆向偏壓時 i_B 會是某個合理範圍的值流出基極。另一方面，如果基極電流是零或是負的，C 點已是達到負載線的底部，集極電流可省略。這種情形便是電晶體"斷"的狀態，我們稱元件操作在截止區 (cutoff regime)。如果基極電流是正或是足夠大，元件被驅動到飽和區 (saturation regime) 標為 S。這是電晶體導"通"的狀態，此時我們以一個相當小的 v_{CE} 驅動大電流的 i_C。接者我們可以知道飽和區的開始相對應是逆向偏壓在集極接面的損耗。在典型的切換模式裡，基極電流由正值擺動到負值，因而驅動元件

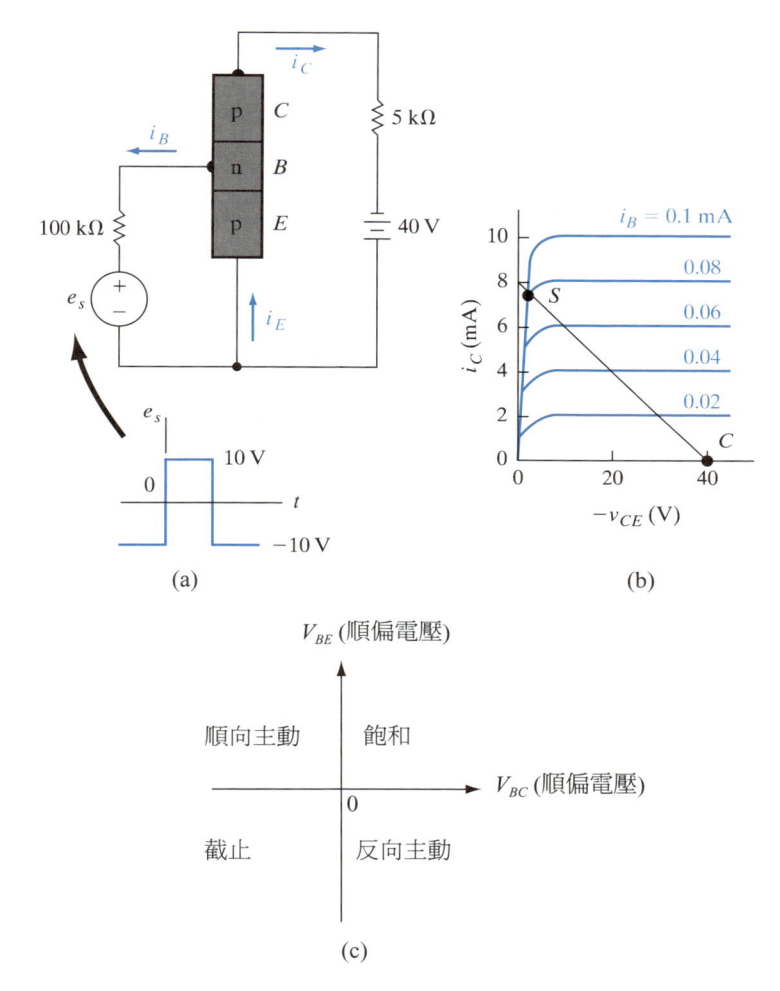

圖 7-12 簡易共射極電晶體切換電路：(a) 偏壓電路；(b) 此電路集極特性與負載線，並標出了截止與飽和；(c) BJT 的操作區間。

由飽和到截止，反之亦然。在這節中將探討在截止與飽和區的特性；此外也要深究影響電晶體在兩種狀態下切換時速度快慢的因子。

圖 7-12c 中所示的是 BJT 的各種操作區間，如果射極接面順偏，且集極接面反偏，則電晶體處於順向主動模式。要是將接面條件想反過來的話則處於反向主動操作模式。如果兩個接面都是反偏則是在截止模

式，BJT 在此情形下會造成很大的阻抗。假如兩個接面都是順偏則電晶體處於飽和區，此時可以得到低的阻抗。

7.6.1 截 止

如果射極接面是逆向偏壓在截止區 (負值 i_B)，我們可以概算逆向偏壓射極與集極邊緣上的過多電洞濃度：

$$\frac{\Delta p_E}{p_n} \simeq \frac{\Delta p_C}{p_n} \simeq -1 \tag{7-44}$$

這暗示 $p(x_n)=0$。基極中，在 $-p_n$ 處的過量電洞分佈，可以近似為常數。事實上，在每邊邊緣處的分佈會有斜率，可解釋在接面的逆向飽和電流，但圖 7-13a 是近似上的正確。基極電流 i_B 可以用在對稱電晶體上以儲存電荷為基礎近似為 $-qAp_nW_b/\tau_p$。這樣的計算如同正分佈是代表復合般負的過多電洞則是相對應於產生 (gereration)。將 (7-44) 式根據表 7-1 的近似代入 (7-19) 式可得此表示式。真實上，一個小的飽和電流在每個

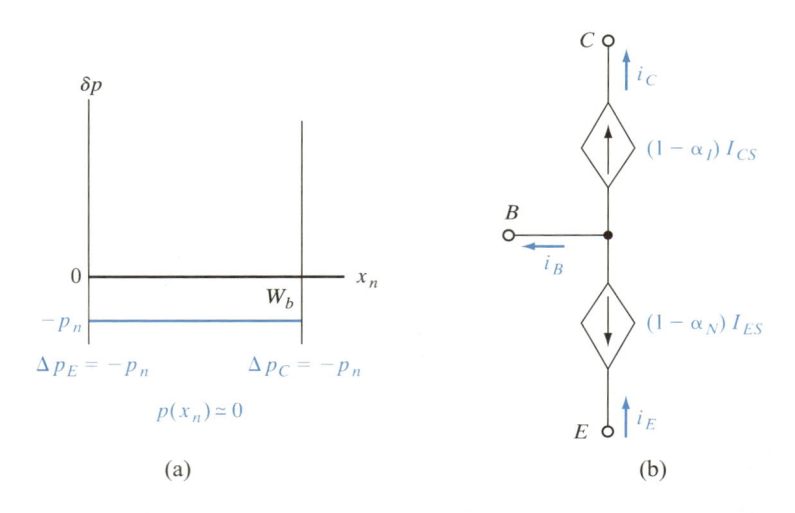

圖 7-13　p-n-p 電晶體截止區：(a) 當射極與集極接面都是逆向偏壓時，基極過多電洞的分佈；(b) 相對應於 (7-45) 式的等效電路。

逆向偏壓接面由 n 流到 p，而這個電流由基極電流 i_B 所提供 (當流入 p-n-p 元件的基極時根據定義為負值)。一個更一般性的電流導證可由 (7-44) 式和 (7-34) 式代入衣伯-莫耳方程式得到：

$$i_E = -I_{ES} + \alpha_I I_{CS} = -(1 - \alpha_N)I_{ES} \qquad \text{(7-45a)}$$

$$i_C = -\alpha_N I_{ES} + I_{CS} = (1 - \alpha_I)I_{CS} \qquad \text{(7-45b)}$$

$$i_B = i_E - i_C = -(1 - \alpha_N)I_{ES} - (1 - \alpha_I)I_{CS} \qquad \text{(7-45c)}$$

如果短路飽和電流 I_{ES} 和 I_{CS} 很小，而 α_N 和 α_I 接近一時，這些電流可以忽略，此時的截止區將相當接近理想開關的 "斷" 狀態。相對應於 (7-45) 式的等效電路在圖 7-13b。

7.6.2 飽 和

當集極接面逆向偏壓減少到零時開始進入飽和區，一直到偏壓為順向偏壓時依然會在飽和區中。圖 7-14 顯示這情況下過多電洞的分佈。當 $\Delta p_C = 0$ 時元件進入飽和，而集極接面 (見圖 7-14b) 的順向偏壓會導致正值的 Δp_C，因而驅動元件進入更飽和的狀態。圖 7-12 裡負載線會由於電池和 5-kΩ 電阻而固定住，我們可藉著增加基極電流 i_B 而達到飽和。在

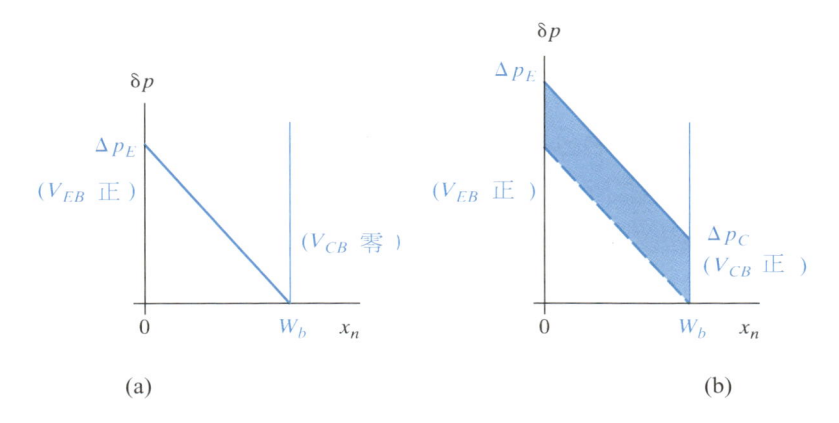

圖 7-14 電晶體飽和時基極過多電洞分佈：(a) 剛進入飽和時；(b) 過飽和。

圖 7-14 中以適量的電荷控制我們可以看到一個大電流的 i_B 可以讓元件進入飽和。要達到一個特定量的 i_B 必須要一特定量的儲存電荷才行 (反之亦然)，所以 i_B 的增加相對應的就會在 $\delta p\,(x_n)$ 分佈下所包含面積的增加。

圖 7-14a 的元件已進入飽和區，此時的集極接面不再是逆向偏壓。圖 7-12 所要說的道理其實很易懂的。由於射極接面是順向偏壓且集極接面電壓爲零，元件集極和射極間的跨壓相當小。$-v_{CE}$ 的大小只有不到一伏特的大小。因此，幾乎所有電源電壓都跨在電阻上，可知集極電流大約爲 40 V/5 kΩ＝8 mA。當元件被驅動進入更飽和時 (見圖 7-14b)，當基極電流增加對集極電流而言幾乎爲定值。電晶體在飽和狀態下幾乎趨近理想開關的 "通" 狀態。

雖然過飽和的程度 (圖中陰影的部分) 並不會影響 i_C 太大，但是卻是決定當開關用的電晶體由一個狀態到另一個狀態的切換所需時間的重要因素。例如，從先前的經驗由於儲存在基極中的電荷較多，我們會預期變關 (由飽和截止) 時間比較長。由 (7-43) 式可算出不同的充電與延遲時間。這牽涉到一些詳細的計算，但我們可使用第五章所介紹用在 p-n 接面暫態效應的近似法來大大簡化問題。

7.6.3　切換週期

圖 7-15 是列出了不同機制的切換週期。如果元件原來是在截止區中，一個基極電流階梯式的增加會導致約略如圖 7-15b 所示的過多電洞分佈的增加。如在第五章暫態分析，爲了計算上簡化起見，我們假設在每個暫態週期間分佈都是維持一個簡單的型式。在時間 t_s 元件進入飽和，在 t_2 過多電洞達到最後的狀態。當基極儲存電荷 Q_b 增加，集極電流 i_C 也會增加。然而集極電流並不會增加超過在時間 t_s 初始狀態的值。我們可以近似極飽和電流爲 $I_C \simeq E_{CC}/R_L$，此處的 E_{CC} 是集極電路電源而 R_L 是負載電阻値 (圖 7-12 例子中的 $I_C \simeq 8$ mA)。在 Q_b 增加到時間 t_S 的 Q_s 時會以指數的型式增加；當電晶體當做開關用時，這上升時間便是限制條件之

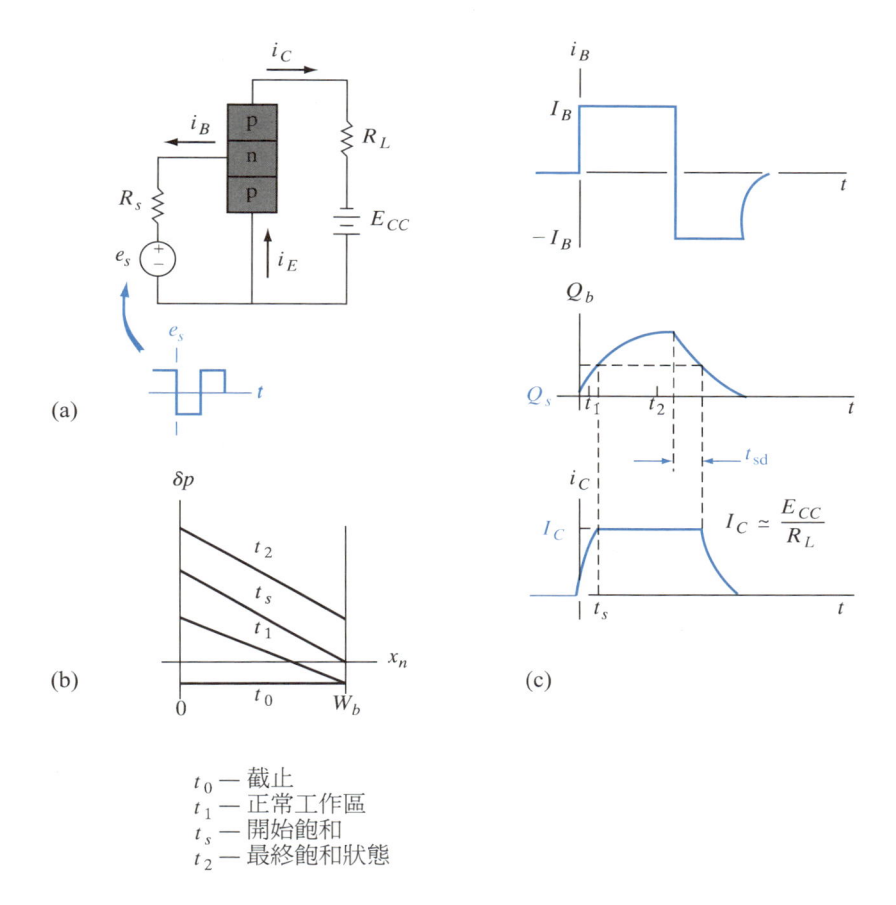

t_0 ── 截止
t_1 ── 正常工作區
t_s ── 開始飽和
t_2 ── 最終飽和狀態

圖 7-15 電晶體共射極電路的切換效應：(a) 電路圖；(b) 由截止區切換到飽和區基極電洞大約分佈；(c) 在變通與變關暫態的基極電流，儲存電荷和集極電荷。

一。類似地，當基極電流切換為負值時(也是變成 $-I_B$)，儲存電荷必須在截止前從基極被排出。當 Q_b 比 Q_s 大，集極電流被電源及電阻給固定住依舊是 I_C。因此在基極電流被切換後以及 I_C 開始減少到零之前，會有一個儲存延後時間 t_{sd}。當儲存電荷被排除到小於 Q_s 後，I_C 以下降時間為特性做指數降低。由於儲存電荷被排除，基極電流無法維持在大的負值必須衰減如 (7-45c) 式截止時較小的值。

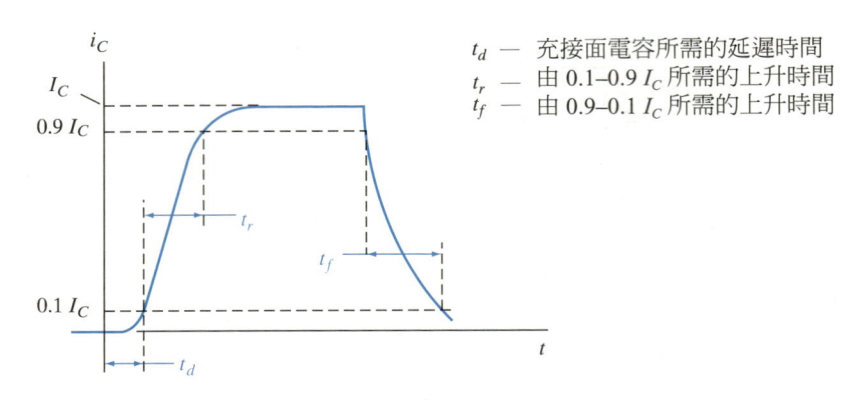

t_d — 充接面電容所需的延遲時間
t_r — 由 0.1–0.9 I_C 所需的上升時間
t_f — 由 0.9–0.1 I_C 所需的上升時間

圖 7-16　暫態下包括充接面電容所需延遲時間的集極電流。

7.6.4　電晶體切換的規格

我們可以解類似於 (5-47) 式的 $i_B(t)$ 表示式也就是時間相依的基極電流而決定 t_s 和 t_{sd}。我們也不能忽略了由截止而到飽和時充射極接面的電容所需的充電時間。在截止時射極接面是逆向偏壓，所以在集極電流能導通前我們必須將射極的空乏區充電成順向偏壓的狀態。因此，如圖 7-16 我們要加上一個延遲時間 t_d (delay time) 來做為描述這個效應的因子。傳統上 t_d 值和上升時間 t_r (rise time) 被定義為集極電流由穩態的 10% 到 90% 所需的時間——會在大部分的電晶體規格書中被列出。第三個規格是下降時間 t_f (fall time)——由最大值的 90% 下降到 10% 所需的時間。

7.7　其他重要效應

我們採取的電晶體分析方法先做了不少的基本假設。然而有一些假設在實際的元件時必須要修改。這節中我們將探討一些與基本理論普遍的差異並指出在什麼情況下那些效應是重要的。因為在此處所討論的各種不同效應包含較簡易的理論修正，這些效應被標記為 "副效應"。這並不意味它們就不重要；事實上，本節所討論的效應在某些元件幾何形狀與電路應用上將會是主導的因素。

此節將討論電晶體基極的摻雜濃度非均勻的效應。我們將特別討論漸變的摻雜導致電荷穿過基極的漂移部分,而增加載子由射極到集極的擴散。也會以在接面空乏區寬度的加大和聯鎖放大來討論在集極接面逆向偏壓的效應。還有在大電流的運作下電晶體參數如何受到注入程度及熱效應的影響。我們也可見如射極接面與集極接面的非對稱,基極接觸與基極主動區的串聯電阻和在射極非均勻的注入,在結構上的效應對實際的元件中是很重要的。上述的效應在電晶體操作上都很重要,適當的考慮進這些效應將對於實際的電晶體電路有很大的用處。

7.7.1 基極區的漂移

在離子佈植的方式下,雜質將會有一定程度的漸變性導致基極區均勻摻雜的假設不成立。例如,圖 7-5 中以離子佈植的電晶體的摻雜濃度分佈圖與圖 7-17 相似。此例中在基極區施體的濃度變小於在集極區 p 型背景定摻雜濃度,摻雜濃度分佈出現一個很陡峭的不連續。相似地,除了與基極有個很陡峭的邊界外,射極該是個很淺的高摻雜濃度區域。而基

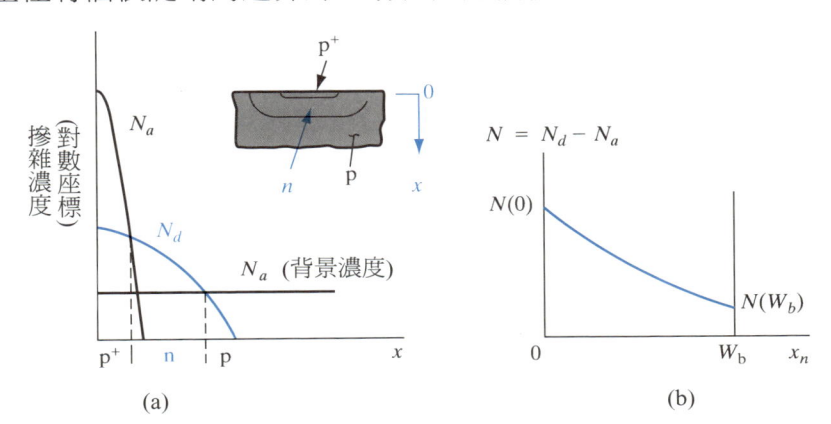

圖 7-17 p-n-p 電晶體基極區的漸變摻雜濃度:(a) 半對數圖上的典型摻雜濃度側面圖;(b) 直線標度圖上基極區內淨施體濃度的概略指數分佈。

極區本身範圍內，淨濃度 $(N_d-N_a \equiv N)$ 的分佈由射極邊緣至集極邊緣遞減。通常基極區摻雜濃度成高斯分佈的一部分 (見 5.1.4 節)；我們可以藉經簡化而假設 $N(x_n)$ 在基極區呈指數變化，清楚看見雜質梯度的效應 (見圖 7-17b)。

漸變的基極區有個重要的結果就是由射極而至集極 (就一個 p-n-p 電晶體) 的內建電位的存在，也因此增加了電洞傳導穿越基極的漂移成份。我們藉著考慮平衡下基極區的漂移與擴散必須平衡可以輕易地證明出這個效應。如果淨基極施體濃度大到足以讓 $n(x_n) \simeq N(x_n)$ 的一般近似成立，在平衡下電子漂移和擴散的平衡需要

$$I_n(x_n) = qA\mu_n N(x_n)\mathcal{E}(x_n) + qAD_n\frac{dN(x_n)}{dx_n} = 0 \tag{7-46}$$

因此，內建電場為

$$\mathcal{E}(x_n) = -\frac{D_n}{\mu_n}\frac{1}{N(x_n)}\frac{dN(x_n)}{dx_n} = -\frac{kT}{q}\frac{1}{N(x_n)}\frac{dN(x_n)}{dx_n} \tag{7-47}$$

就沿正 x_n 方向減少的摻雜濃度 $N(x_n)$，這個電場由射極至集極是正的。

就指數摻雜的濃度例子，內電場 $\mathcal{E}(x_n)$ 在基極中是定值。我們可以下式來代表指數分佈：

$$N(x_n) = N(0)e^{-ax_n/W_b} \quad \text{此處} \quad a \equiv \ln\frac{N(0)}{N(W_b)} \tag{7-48}$$

將此分佈取導函數，在 (7-47) 式替換，可以得此定電場：

$$\mathcal{E}(x_n) = \frac{kT}{q}\frac{a}{W_b} \tag{7-49}$$

因為此電場會增加電洞穿越基極的能力，所以其穿越時間 τ_t 比基極均勻分佈的電晶體還小。相似地，在 n-p-n 電晶體基極中電子也受到內建

電場的幫忙。在高頻元件 (見 7.8.2 節) 時這樣穿越時間縮短效應就很重要了。另一個得到內建電場的方式為改變在由 $Si_{1-x}Ge_x$ 或是 $In_xGa_{1-x}As$ 合金做成的基極的組成比例 x 值 (因此改變能隙 E_g)。我們將在 7.9 節討論此情形。

7.7.2 基極窄化

目前討論電晶體為止，我們都假設等效的基極寬度 W_b 根本和加在集極射極間的跨壓是無關。這個假設卻並不是都會成立的；例如，圖 7-18 中的 p^+-n-p^+ 電晶體就受到加在集極的逆向偏壓。如果基極摻雜濃度很低，在逆向偏壓的集極接面空乏區將會延伸許多至 n 型的基極。當集極電壓增加，空乏區佔據基極金屬寬度 L_b 的部分將更多。這效應便稱為**基極窄化** (base narrowing) 或是**基極寬度調變** (base-width modulation)，及**厄利效應** (Early effect)，後者的名稱是由首先解釋此效應的 J.M. Early。基

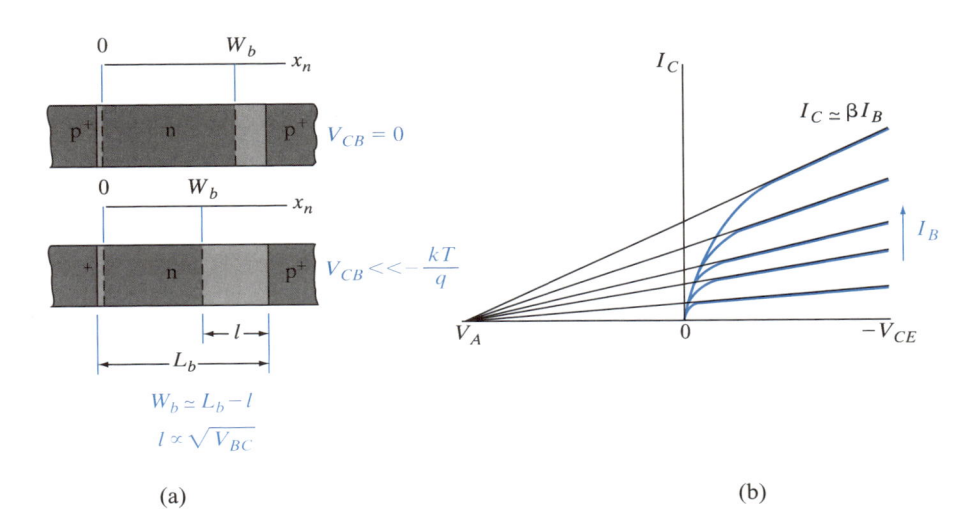

圖 7-18 在 p^+-n-p^+ 電晶體特性曲線下的基極窄化效應：(a) 當集極接面的逆向偏壓增加，基極等效寬度減少；(b) 共射極組態的特性曲線可看出 I_C 隨著集極電壓增加而增加；(c) 指出曲線外插相交在厄利電壓 V_A 處。

極窄化效應在共射極組態的集極特性中尤其明顯 (見圖 7-18b)。W_b 變小也引起 β 減少。結果集極電流 I_C 會隨著集極電壓而增加並非如先前預期的固定不變。厄利效應中的斜率幾乎是隨著 I_C 而成直線關係,而共射極的特性曲線延伸外插到電壓 X 軸上相交於 V_A 我們稱之為厄利電壓 (Early voltage)。

就圖 7-18 的 p^+-n-p^+ 電晶體,當 V_{CB} 很大的負值時在 (5-23b) 式中 V_0 $-V_{CB}$ 取代 V_0 可得 n 型材料上的空乏區集極接面的長度 l:

$$l = \left(\frac{2\epsilon V_{BC}}{qN_d}\right)^{1/2} \tag{7-50}$$

如果集極接面的逆向偏壓夠大,有可能會讓集極空乏區整個都佔滿了基極而讓 W_b 變零。在這個打穿 (punch-through) 的狀態下,電洞直接由射極被掃出到集極而造成電晶體無法正常工作。打穿是我們在電路設計時就要避免的崩潰效應。然而大部分的情況下集極接面的累增崩潰會在打穿崩潰發生前就發生了。在接下來一節我們將討論累增放大效應。

在摻雜濃度漸變的元件,基極窄化是較不重要的。例如,在 p-n-p 電晶體基極的施體濃度由集極至基極增加,當越多施體可以容納空乏電荷雖然偏壓增加,集極空乏區延伸進基極的效應並不重要。

7.7.3 累增崩潰

大部分的電晶體在擊穿發生前,在集極接面的累增放大變得重要 (見 5.4.2 節) 如圖 7-19 所指,在共基極組態下集極電流會在一個定義良好的崩潰電壓 BV_{CBO} 突然大量增加。然而就共射極而言,在很大範圍的集極電壓中會與載子放大有強烈的關係。此外,在共射組態下崩潰電壓 BV_{CEO} 比 BV_{CBO} 小很多。當我們考慮共基極組態 $I_E=0$ 和共射極組態 $I_B=0$ 的情形就可以很容易瞭解這些效應了。這些狀況都以 BV_{CEO} 和 BV_{CBO} 下標 O 來標示。這每個情況下端電流 I_C 都是流進集極空乏區的電流乘上 M 這個因子。加入由於碰撞游離的放大因子 (7-37b) 式變成:

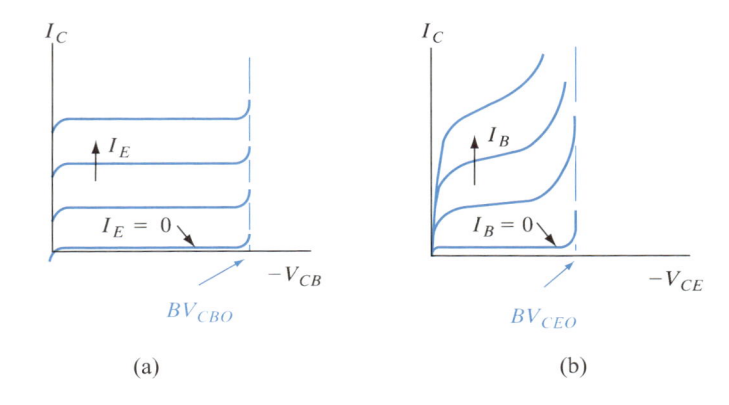

圖 7-19　電晶體累增崩潰：(a) 共基極組態；(b) 共射極組態。

$$I_C = (\alpha_N I_E + I_{CO})M = (\alpha_N I_E + I_{CO})\frac{1}{1-(V_{BC}/BV_{CBO})^n} \qquad (7\text{-}51)$$

此處的 M 我們使用了 (5-44) 式所給的經驗式。

就 $I_E = 0$ 共基極組態的極端情形 (圖 7-23a 的最低的曲線)，I_C 就是 MI_{CO}，而崩潰電壓如在單獨接面般很清楚地被定義。BV_{CBO} 這詞代表了在共基極組態下當射極開路時集極接面的崩潰電壓。共射極組態的情況就有點兒複雜。令 $I_B = 0$，因此在 (7-51) 式中，可得 $I_C = I_E$，可知：

$$I_C = \frac{MI_{CO}}{1-M\alpha_N} \qquad (7\text{-}52)$$

在這個情況下我們可知當 $M\alpha_N$ 趨近一時，集極電流增加到無窮大。對照下，在共基極組態下到達 BV_{CBO} 前 M 必須趨近無窮大。因為在大部分電晶體中當 α_N 接近一時，在 (7-52) 式，M 只需要比一大一點點就會接近崩潰了。共射極組態累增放大主宰的電流因此較單獨集極接面的崩潰電壓小的多。所以共射極組態下累增所需的電壓 BV_{CEO} 較 BV_{CBO} 小。

我們可以藉著考慮 M 在基極電流中的效應而實際瞭解到為什麼放大在共射極組態中是這麼重要。當集極接面的空乏區發生了離子碰撞，便會有另一對電子電洞對產生。在 p-n-p 電晶體中原來與後來被撞擊產生的電洞會被掃入集極中，但電子會受接面電場影響而掃入基極中。因此，電子到基極的供應增加了，由電荷控制法則分析我們可以得到結論為了維持電中性，射極的電洞注入必須增加。這是個由於射極電洞注入造成集極接面放大電流增加的再生過程；結果會讓因碰撞而產生的電子更容易被掃入基極，而這又會讓更多電洞注入，如此一再的循環。由於這個再生的效應，我們就可以瞭解為什麼放大因子 M 只需要比一大一點點就會開始累增崩潰。

7.7.4　注入程度；熱效應

在討論電晶體的特性曲線時，我們已經假設了 α 和 β 是與載子注入程度無關。事實上，一個真正的電晶體的參數會與注入的程度有不小的關係，而這注入的程度又與 I_E 和 I_C 的大小有關。就非常低摻雜而言，在接面空乏區的復合可省略的假設其實是不成立的 (見 5.6.2 節)。這個情形在射極接面的復合又特別重要，因為在這裡的任何復合都會傾向於減低射極注入率 γ(emitter injection efficiency)。因此在 I_C 是低電流時我們預期 α 和 β 應該會減少，而導致集極特性曲線在低電流時較高電流要緊密多了。

當 I_C 增加到超過低階注入的範圍，α 和 β 會增加到高階注入時又開始下降。這個再度下降的原因來自在高階注入時多數載子的增加 (見 5.6.1 節)。例如，當過多電洞注入基極的濃度變多後，匹配的超電子濃度會比背景濃度 n_n 還要大。這個基極導電調變效應會隨著更多的電子注入經射極接面穿越射極區而導致 γ 的減少。

當電晶體的 I_C 伴隨的便是大的功率損耗，而導致元件的損壞。我們可以 I_C 與集極電壓 V_{BC} 的乘積當作一個在集極接面衡量功率損耗的基準。而這功率的損耗來自被掃入穿越集極接面空乏區的載子會增加動能，而這又會導致載子與晶格碰撞的比率，如此一再地重複。有件重要的事在電晶體工作時，$I_C V_{BC}$ 需要限制在一個不超過元件額定功率的範圍內。在高功率要求的元件設計上，電晶體被裝置在有效率的散熱器上，如此熱消耗才會被轉移開接面。

如果元件的溫度允許隨著因為功率消耗和熱環境而增加，電晶體的參數改變。與溫度最有關係的參數是載子生命期和擴散係數。在 Si 或 Ge 元件中，大部分的情況下生命期 τ_p 因從復合中心 (recombination centers) 來的內部熱的再激發 (reexcitation)，所以隨溫度而增加。τ_p 的增加使電晶體的 β 有增加的趨勢。另一方面，在晶格內，移動率隨溫度的增加而減小，其變動接近 $T^{-3/2}$ (見圖 3-22)。於是從愛因斯坦關係中，我們預期 D_p 會隨溫度的增加而減少，造成過渡時間 τ_t 增加而 β 下降。在取捨的過程中，生命期隨溫度增加的效應通常是主宰，當元件被加熱時 β 變得較大。很清楚的，我們可以發現如果電路沒有設計好，會因為此效應而發生**熱逸脫** (thermal runaway)。例如，元件在大功率消耗時會引起溫度上升，在給定的基極電流下造成大的 β 引起大的 I_C；造成更多的消耗而繼續循環下去。此種集極電流的逸離可能會造成元件過熱和破壞。

7.7.5 基極電阻和射極電流擁擠

許多結構造成的影響在測定電晶體的操作時很重要。例如，圖 7-20 中的擴散電晶體，射極、集極的面積便有很大的不同。此種以及其他結構造成的效應可以用 α_N、α_I 和衣伯-莫耳模型的其他參數來說明。有幾種因實際電晶體結構安排所造成的影響值得我們特別的去注意，而基極電流必須通過基極的活動區到達接點 B 是其中最重要的影響之一。為了求精確及讓使用的模型和電晶體相等，我們必須放入一個電阻 r_b，來說明接點 B 及基極區域的活動區之間可能產生的電壓降。因為 r_b 的緣故，通常將基極在射極的兩邊金屬圖形連接，如圖 7-20c 所示。

如果電晶體被設計成基極的 n-型區和接點的橫截面積很大，則基極電阻 r_b 即可被忽略。另一方面，在薄基極區的分佈電阻 (distributed resist-

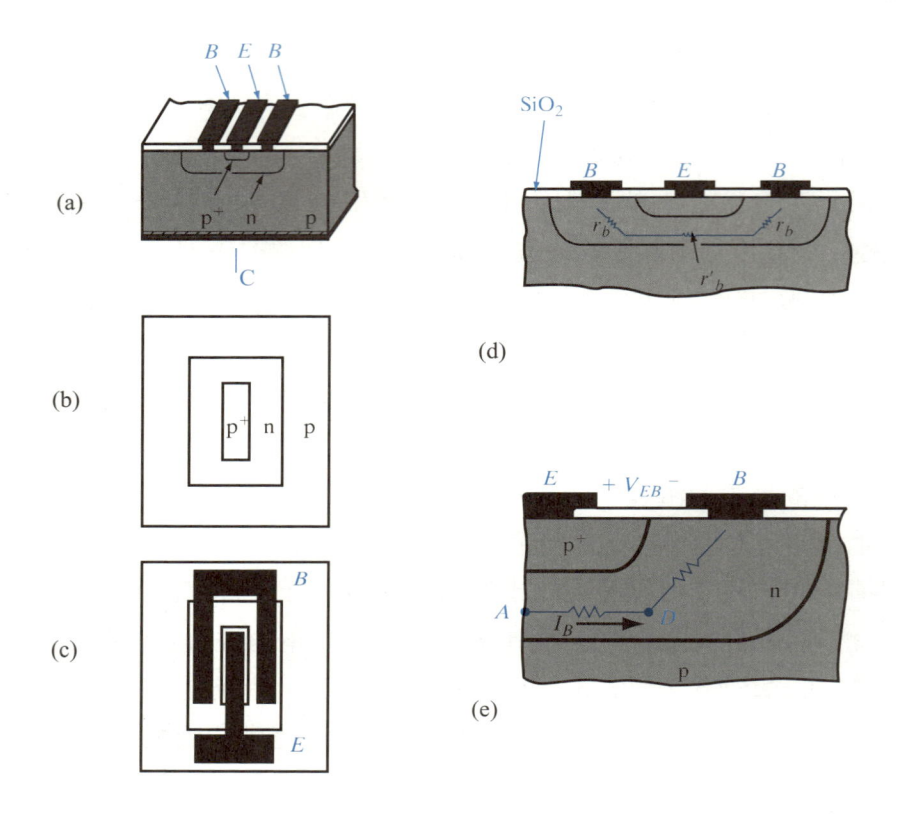

圖 7-20 基極電阻的影響：(a) 擴散電晶體的橫切面；(b) 和 (c) 是俯視圖，顯示射極和基極面積及金屬接線；(d) 基極電阻的圖解；(e) 散佈電阻在基極活動區的放大圖。

ance) r_b 幾乎全是重要的。[5] 因為在射極和集極間的基極寬度很窄，所以這種分佈電阻通常都很大。於是，當基極電流從基極中的任一點流向任一端時，沿著 r_b 即有電壓降產生。在這種情況下，跨在射-基接面的順向偏壓是不均勻的，隨基極分佈電阻產生的電壓降而變化。特別是射極接面的順向偏壓在射極區域轉角接近基極接點處最大。我們可以在圖 7-20e 簡單的例子中看到這種狀況。忽略基極電流從 A 點到 B 接點路徑中的變化，在 A 點的射極接面順向偏壓大致上為

---

[5] 分佈電阻 (distributed resistance) r_b 被叫做基極分佈電阻 (base spreading resistance)。

$$V_{EA} = V_{EB} - I_B(R_{AD} + R_{DB}) \tag{7-53}$$

事實上，基極電流沿著基極活動區並非一成不變的，而且基極的散佈電阻也比我們所討論的要來得複雜許多。但是這個例子說明了不均勻注入的觀點。鑑於 A 點大致被 (7-53) 式所描述，D 點的射極偏壓為

$$V_{ED} = V_{EB} - I_B R_{DB} \tag{7-54}$$

這偏電壓較接近施加的電壓 V_{EB}。

　　因為射極接面的順向偏壓在射極區域轉角處最大，所以電洞亦在此處注入最多。這種效應叫做**射極電流擁擠** (emitter crowding)，並對元件的行為產生強烈的影響。射極電流擁擠的最重要結果是前一小節所提到的大量注入效應，在總射極電流達到很大之前，會在射極的轉角處被區域性的支配著。在被設計為可感覺到電流變化的電晶體中，我們必須用適當的結構設計來解決這個問題。最有效解決射極電流擁擠的方法是將射極電流沿著比較大的射極邊緣分佈，減少每一點的電流密度。很明顯的，我們需要的是一個長週長的射極區域。一個可行的幾何結構是兩邊有基極的細長條狀射極 (圖 7-20b 和 c)，在此結構中，總射極電流 I_E 沿著長長的邊緣在長條的兩邊被分散開來。另一個更好的幾何結構是幾個射極長條以金屬做連接，中間點綴基極作為分隔 (圖 7-21)。在功率電晶體中，許多薄射極和基極的交織接觸"手指"提供了處理大電流的能力。這種結構被描述稱為**交指狀結構** (interdigitated structure)。

7.7.6　嘉莫-普恩模型

　　衣伯-莫耳模型在對非常小的 BJT 要求高精確度或是二次效應不可忽略時會出現問題。嘉莫-普恩 (Gummel-Poon) 模型是一個電荷控制模型，包含了較多的物理意義。在這裡，我們展示一個此模型較簡化的版本。

　　7.7.1 節中，我們討論典型的漸變基極，摻雜中有一內建的電場使得

(a)   (b)   (c)

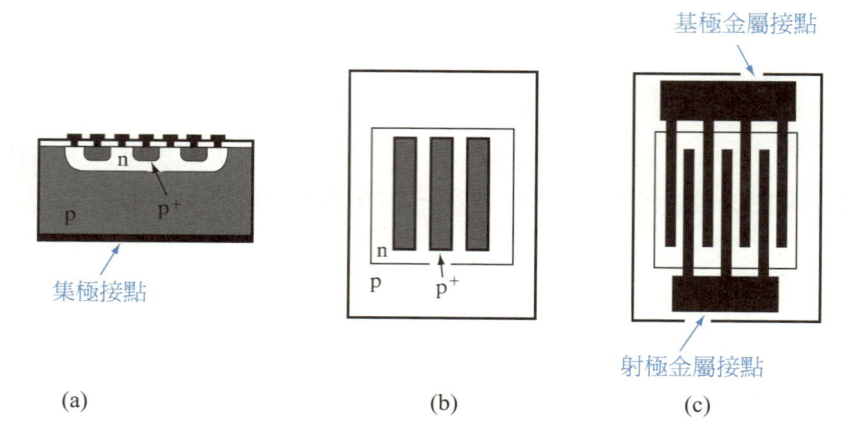

圖 7-21 功率電晶體中為補償射極電流擁擠效應的交指狀結構：(a) 橫切面圖；(b) 擴散區域的俯視圖；(c) 具有金屬接線的俯視圖。除了在適當"窗口"處的基極和射極區域有連接，元件中的金屬接線間被氧化層隔離。

少數載子的漂移和擴散有著相同的方向 (從射極向集極)。形成了推導嘉莫-普恩模型的起點。就如 7.7.1 節所提到的，電場幫助少數載子在基極的移動，所以電流可被表示為

$$I_{Ep} = qA\mu_p p(x_n)\mathscr{E} - qAD_p \frac{dp(x_n)}{dx_n} \tag{7-55}$$

我們可以用 (7-47) 式把 (7-55) 式中的電場式換掉，假設 $n(x_n) = N_d(x_n)$

$$\begin{aligned} I_{Ep} &= qA\mu_p p\left(\frac{-kT}{q}\frac{1}{n}\frac{dn}{dx_n}\right) - qAD_p\frac{dp}{dx_n} \\ &= -\frac{qAD_p}{n}\left(p\frac{dn}{dx_n} + n\frac{dp}{dx_n}\right) \end{aligned} \tag{7-56}$$

上式中使用了愛因斯坦關係式。我們確認在括弧中的表示就如 pn 乘積 (pn product) 的推導。

$$I_{Ep} = \frac{-qAD_p}{n}\frac{d(pn)}{dx_n} \tag{7-57a}$$

$$\frac{-I_{Ep}n}{qAD_p} = \frac{d(pn)}{dx_n} \tag{7-57b}$$

將 (7-57b) 式從射-基接面 (0) 到基-集接面 (W_b) 積分。要注意的是從射極流向集極的電流 I_{Ep} 在寬度較窄的基極大約是固定的 (所以可以從積分中被拉出)。

$$-I_{Ep}\int_0^{W_b}\frac{ndx_n}{qAD_p} = \int_0^{W_b}\frac{d(pn)}{dx_n}dx_n = p(W_b)n(W_b) - p(0)n(0) \tag{7-58}$$

就如 5.2.2 和 5.3.2 節所說的，pn 乘積由平衡

$$pn = n_i^2 \tag{7-59a}$$

變為不平衡的表示

$$pn = n_i^2 e^{\frac{F_n - F_p}{kT}} = n_i^2 e^{\frac{qV}{kT}} \tag{7-59b}$$

上式中費米能階的分離距離由外加於接面的電壓所決定。將上式用於 (7-58) 式，我們得到

$$p(W_b)n(W_b) = n_i^2 e^{\frac{qV_{CB}}{kT}} \tag{7-60a}$$

$$p(0)n(0) = n_i^2 e^{\frac{qV_{EB}}{kT}} \tag{7-60b}$$

$$I_{Ep} = \frac{-qAD_p n_i^2\left(e^{\frac{qV_{CB}}{kT}} - e^{\frac{qV_{EB}}{kT}}\right)}{\int_0^{W_b} ndx_n} \tag{7-61}$$

我們假設基極有固定的電洞擴散度 (hole diffusivity)，D_p。分母的積分被稱為**基極嘉莫數** (base Gummel number)，Q_B，相當於基極的多數載子電荷積分。在一般活動區的集-基接面是反向偏壓，(V_{CB} 為負)，射-基接面是順偏。射極的電洞電流流向集極。(此為主要支配的電流) 變為

$$I_{Ep} = \frac{qAD_p n_i^2 e^{\frac{qV_{EB}}{kT}}}{Q_B} \quad \text{(7-62a)}$$

我們可以類似的寫出基極流向射極的電子電流。

$$I_{En} = \frac{qAD_n n_i^2 e^{\frac{qV_{EB}}{kT}}}{Q_E} \quad \text{(7-62b)}$$

上式中 Q_E 是射極中多數載子積分而得，稱為**射極嘉莫數** (emitter Gummel number)。嘉莫-普恩模型的要點是：電流以基極和射極的區域的淨電荷積分來表示，所以可以很容易的處理不均勻摻雜問題。既然我們用 Q_B 和 Q_E 來表達 I_{Ep} 及 I_{En}，我們也可以用嘉莫數寫出 BJT 的參數，例如射極注入效率 γ[參看 (7-2) 式]。

我們只要把基極嘉莫數，Q_B 的表達寫得較精確，也可修正嘉莫-普恩模型來處理幾個在基極的二次效應，如厄利效應，高階注入 (high level injection)。其式子表示如下

$$Q_B = \int_{0(V_{EB})}^{W_b(V_{CB})} n(x_n) dx_n \quad \text{(7-63)}$$

上式中，清楚的說明基-射接面 ($x_n = 0$) 和基-集接面 (W_b) 的積分極限隨偏壓而變動，此即厄利效應 (Early effect) (7.7.2 節)。

更進一步的，我們看到在高階注入時 (5.6.1 和 7.7.4 節) 多數載子電荷的積分變得比基極的摻雜電荷積分要多。

$$\int_0^{W_b} n(x_n) dx_n > \int_0^{W_b} N_D(x_n) dx_n \quad \text{(7-64)}$$

由 (7-61) 式中我們可以很清楚的發現：射極流向集極的電流 I_{Ep} 在射-基偏壓較高時增加較緩慢。依據 5.6.1 節所學高階注入在電晶體中的情況，此射極到集極的電流在高階注入時基極中增加為

$$I_C \propto I_{Ep} \propto e^{\frac{qV_{EB}}{2kT}} \qquad (7\text{-}65a)$$

另一方面，因為射極的摻雜一般都比基極來得高，所以在射極不會有高階注入發生，而基極電流注入射極的比例為

$$I_B \propto I_{En} \propto e^{\frac{qV_{EB}}{kT}} \qquad (7\text{-}65b)$$

於是，在高 V_{EB} 時

$$\beta = \frac{I_C}{I_B} \propto \frac{e^{\frac{qV_{EB}}{2kT}}}{e^{\frac{qV_{EB}}{kT}}} \propto e^{\frac{-qV_{EB}}{2kT}} \propto I_C^{-1} \qquad (7\text{-}66)$$

此結果顯示共射極增益在高階注入時因基極過量的多數載子而減少。

嘉莫-普恩模型也說明了小電流時在基-射空乏區域的產生-復合 (generation-recombination) 效應。就如 5.6.2 節討論的一般，此效應可用二極體理想因子 (diode ideality factor) **n** 來說明。於是基極注入射極的電流可被寫為

$$I_B \propto I_{En} \propto e^{\frac{qV_{EB}}{\mathbf{n}kT}} \qquad (7\text{-}67a)$$

另一方面，通常大的射極注入基極電流不太會被產生-復合所影響。所以

$$I_{Ep} \propto e^{\frac{qV_{EB}}{kT}} \qquad (7\text{-}67b)$$

在低 V_{EB}，小 I_C 時，電流增益

$$\beta = \frac{I_C}{I_B} \propto \frac{e^{\frac{qV_{EB}}{kT}}}{e^{\frac{qV_{EB}}{\mathbf{n}kT}}} \propto e^{\frac{qV_{EB}}{kT}\left(1-\frac{1}{\mathbf{n}}\right)} \propto I_C^{\left(1-\frac{1}{\mathbf{n}}\right)} \qquad (7\text{-}68)$$

圖 7-22a 為電晶體半對數尺標 (semi-log scale) 的集極電流 I_C 和基極電流 I_B 對 V_{EB}。此圖被稱為**嘉莫圖** (Gummel plot)。圖 7-22b 中，電流增益

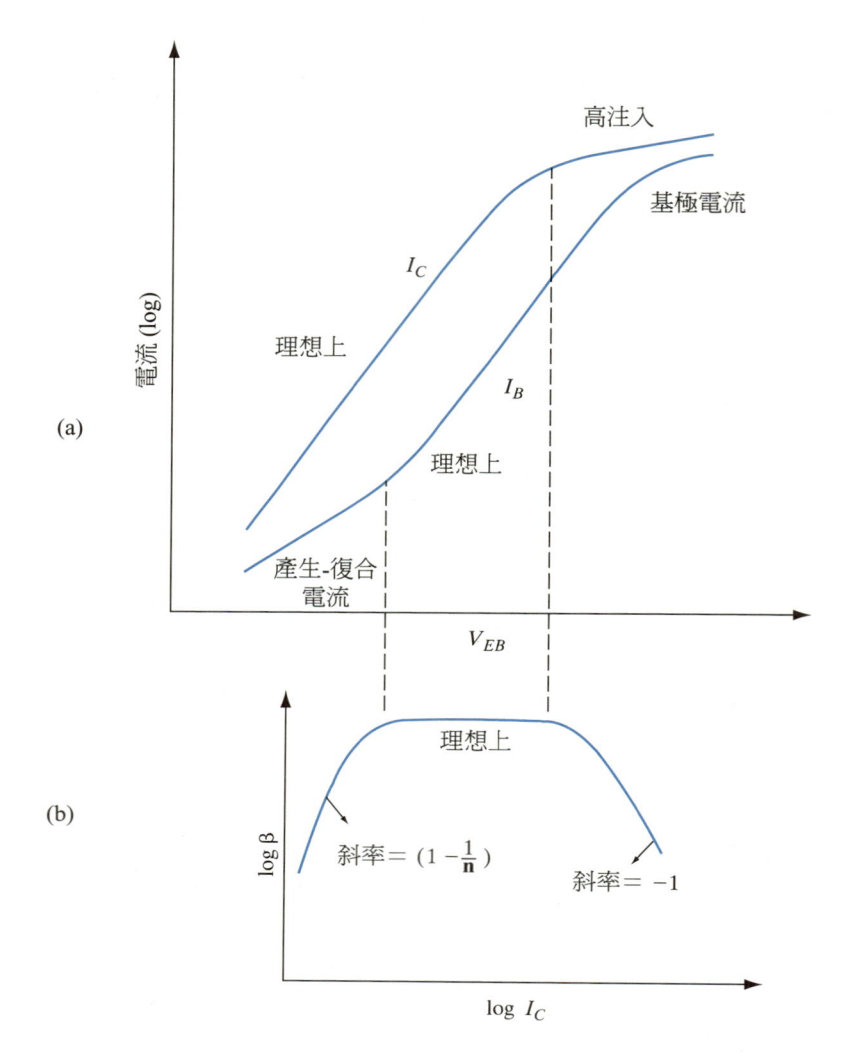

圖 7-22 BJT 的電流-電壓特性圖：(a) 取對數的集極和基極電流對射-基順向偏壓的嘉莫圖；(b) 直流共射極電流增益 ($=I_C/I_B$) 對 I_C 圖。(b) 在中間區域 I_C 和 I_B 都隨順向偏壓及理想係數 $n=1$ 呈指數增加，導致增益不受電流影響。對於非常低的順向偏壓，產生-復合 (G-R) 電流使 I_B 增加導致增益降低；對高順向偏壓，高階注入效應使得 I_C 增加較 I_B 慢 ($n=2$)，增益隨 I_C^{-1} 掉落。

β 被表示為 I_C 之函數。我們可以看到在不同的偏壓操作區域，β 隨 I_C 而變動，就如嘉莫-普恩模型所描述的。低階注入時，β 因較差的射極注入效應 [(7-68) 式] 而降低，而在大電流時，β 因基極的過量多數電荷造成 γ 降低而減少。若厄利效應 (假設厄利電壓為無窮大) 和大電流 β 降落減少皆被忽略，則嘉莫-普恩模型可簡化為衣伯-莫耳模型。

7.7.7 克爾克效應

電流增益在集極電流很大時，也可能是因為**克爾克效應** (Kirk effect) 而降低。這是因為在基-集接面反偏時，有效的基極中性區因空乏空間電荷的修正而加寬。此現象是因由射極流向集極的電流增加，造成移動載子聚集。見圖 7-23，p-n-p BJT 的圖解。注意這些移動電荷的極性，對基極的基-集空乏區施子有相加的作用，但是對集極端的固定受子則是相減的作用 (圖 7-23c)。我們可以看到注入的移動電洞 (以顏色表示) 增加了基極端空乏區的不移動施子空間電荷，但是減少了集極端的不移動受子空間電荷，導致中性基極後的寬度由 W_b 加寬為 W_b'。於是我們需要較小的未補償施子 (較小的空乏區寬度) 來維持跨過接面的反向偏壓 V_{CB}，造成中性基極區的寬度由圖 7-23b 的 W_b 增加到圖 7-23c 的 W_b'，空乏區也有更多的部分延伸進入集極區。這相當於將基-集接面移得較深入集極區。此現象造成中性基極區有效的變寬 (克爾克效應)、電流增益的下降及基極的過渡時間增加。

集極空乏區因未補償摻雜電荷及 (由電流所引起) 移動載子造成的電場則由泊松方程式 (Poisson's equation) 來給定。

$$\frac{d\mathscr{E}}{dx} = \frac{1}{\epsilon}\left[q(N_d^+ - N_a^-) + \frac{I_c}{A\mathsf{v}_d}\right] \quad (7\text{-}69)$$

移動載子的電荷濃度由最後一項給定，v_d 為載子的漂移速度。

跨過集-基接面的反向偏壓 V_{CB} 和電場的相關敘述為

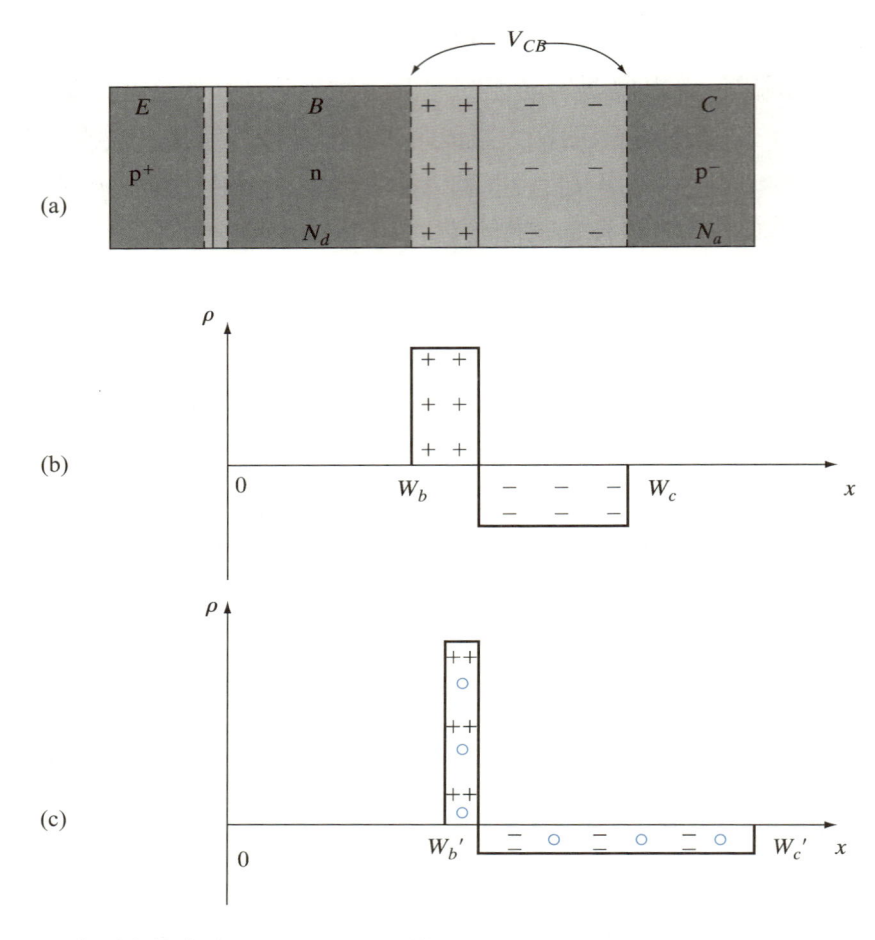

圖 7-23 克爾克效應：(a) p-n-p BJT 的橫切圖；(b) 在極小電流之下，基-集接面反偏時空間電荷的分佈；(c) 較大電流之下，空間電荷在基-集接面的分佈。可看出被注入的可移動電洞 (圖中藍色表示) 和基極空乏區內固定施體空間電荷兩者之和並扣除集極空乏區固定受體空間電荷的結果，可導致基極中性區寬度由 W_b 擴寬到 W_b'。

$$V_{CB} = -\int_{W_b}^{W_c} \mathcal{E}\,dx \tag{7-70}$$

假設 V_{CB} 為固定，I_C 增加，(7-69) 式中的最後一項因摻雜電荷的離子化而變得重要。在泊松方程式 [(7-69) 式] 中，額外的電洞注入空乏區和基極端的摻雜程度增加，集極端的摻雜程度減少有相同的效果。因為電場對距離的積分固定為 V_{CB} [(7-70) 式]。此情況暗示，基極端的空乏區消失。

雖然，我們選擇 p-n-p BJT 來舉例說明克爾克效應，但在 n-p-n 電晶體亦可得到相似的結果。很明顯的，除了不同的極性之外，我們可以有完全相同的討論。從較詳細的分析中，一個有 n$^+$ 次集極 (sub-collector) 的 n-p-n 元件，其 base 的寬度可在更大的電流程度時穿過較微摻雜的集極區，到達高度摻雜的埋層次集極 (buried sub-collector)。

7.8 電晶體的頻率限制

在這一節裡，我們要討論高頻操作時雙載子電晶體的特性。部分頻率限制的原因有：接面電容、超量載子分佈被改變需要的充電時間，以及載子經過基極區域的時間。此節的目標不是嘗試完整的分析電晶體的高頻操作，而是討論重要的物理根據。所以我們將包含支配電容、充電時間及討論過渡時間的效應。

7.8.1 電容與充電時間

電晶體最明顯的頻率限制在於射極和集極接面上有接面電容。我們在第五章曾考慮過電容的型態，並且可以在電晶體的電路模型中放入接面電容 C_{je} 和 C_{jc} (圖 7-24a)。如果在基極接點和基極的活動區中間有等效電阻 r_b，則我們也可放入 r_c，作為串聯集極電阻。[6]明顯地，r_b 和 C_{je} 與 r_c 和 C_{jc} 的組合可引入交流元件應用中重要的時間常數。

---

[6] 既然圖 7-24 中的元件如 r_b 和 r_c 被加入之前分析的電晶體模型中，此處應用端點電壓 v'_{be}，i'_c 則最方便。如此一來，我們可以使用之前導出含有內部數值 [如 (7-75) 式的 i_b 和 v_{eb}] 的式子。大多數的電路書籍打撇的代表內部數值，與此處的用法相反。

438 半導體元件

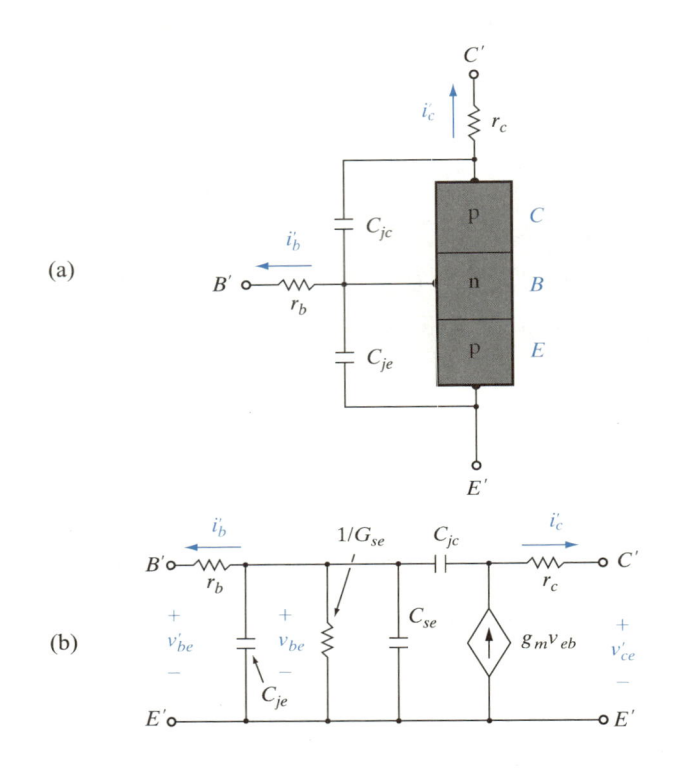

圖 7-24 交流操作模型：(a) 包含基極與集極的電阻和接面電容；
(b) 混合 π 模型合成 (7-75) 式和 (7-76) 式。

　　回憶 5.5.4 節中，電容效應是因為在時變注入期間改變載子分佈而發生的。在交流電路中，電晶體通常被加壓在直流 V_{BE}，V_{CE}，I_C，I_B 及 I_E 的穩態工作點，在此穩態值上再加上交流訊號。我們稱交流項為 v_{be}，vce，i_c，i_b 及 i_e。總量 (交流＋直流) 則用小寫字母加上大寫的下標。

　　如果一個交流小訊號被加在射極 p-n 接面的直流訊號上，則可得到 (練習題 7-19)

$$\Delta p_E(t) \simeq \Delta p_E(\text{d-c})\left(1 + \frac{qv_{eb}}{kT}\right) \qquad (7\text{-}71)$$

我們可使時變過量電洞濃度和基極區的儲存電荷相關。用 (7-43) 式決定產生的電流。為了簡化，我們必須假設元件的偏壓在正常活動模式且只使用 $Q_N(t)$。假定，基極區的過量電洞分佈為三角形，由 (7-23) 式可得

$$Q_N(t) = \tfrac{1}{2}qAW_b\Delta p_E(t) = \tfrac{1}{2}qAW_b\Delta p_E(\text{d-c})\left[1 + \frac{qv_{eb}}{kT}\right] \quad \text{(7-72)}$$

括弧外的項構成直流儲存電荷 $I_B\tau_p$：

$$Q_n(t) = I_B\tau_p\left(1 + \frac{qv_{eb}}{kT}\right) \quad \text{(7-73)}$$

現在我們有對時間相依儲存電荷的簡單關係，可使用 (7-43c) 式，將總基極電流寫成

$$i_B(t) = \frac{Q_N(t)}{\tau_p} + \frac{dQ_N(t)}{dt} \quad \text{(7-74a)}$$

如 5.54 節討論的，我們必須小心在決定電晶體中儲存電荷抽出的邊界條件。BJT 中存在射-基電晶體，而此電晶體必須"薄"的基極端，以適用於 (5-67b) 式。造成只有 2/3 的儲存電荷被取出，於是我們得到

$$i_B(t) = I_B + \frac{q}{kT}I_Bv_{eb} + \frac{2}{3}\frac{q}{kT}I_B\tau_p\frac{dv_{eb}}{dt} \quad \text{(7-74b)}$$

基極電流的交流成分為

$$i_b = G_{se}v_{eb} + C_{se}\frac{dv_{eb}(t)}{dt} \quad \text{(7-75)}$$

此處

$$G_{se} \equiv \frac{q}{kT}I_B \quad \text{及} \quad C_{se} \equiv \frac{2}{3}\frac{q}{kT}I_B\tau_p = \frac{2}{3}G_{se}\tau_p$$

就如簡單二極體一般，交流電導 (conductance) 及電容因為儲存電荷效應而和射-基接面相關。從 (7-43b) 式得到

$$i_C(t) = \frac{Q_N(t)}{\tau_t} = \beta I_B + \frac{q}{kT}\beta I_B v_{eb}$$

$$i_c = g_m v_{eb} \quad 此處 \quad g_m \equiv \frac{q}{kT}\beta I_B = \frac{3}{2}\frac{C_{se}}{\tau_t} \tag{7-76}$$

g_m 為交流轉換電導 (transconductance)，由穩態時的集極電流值 $I_C = \beta I_B$ 計算得出。我們可以在如圖 7-24b 的等效電路中合成 (7-75) 和 (7-76) 式在此等效電路的計算中，v_{be} 被用來表示元件的"內部"，所以 v'_{be} 被用來表示在 r_b 之外接點之電壓，v'_{ce} 也是相似的情況。這種等效模型被稱為**混合-π 模型** (hybrid-pi model)，在大部分的電子電路書籍都有詳盡的討論。

從圖 7-24b 中可清楚的看出，有幾種充電時間對電晶體的交流操作很重要，其中最重要的是對射極和集極空乏區的充電時間和改變基極電荷分佈的延遲時間。其他包含於完整電晶體高頻分析的延遲時間有集極空乏區之過渡時間和集極區域的電荷儲存時間。如果這些全部都包含在單一的延遲時間 τ_d 之中，則可以估計元件的頻率上限。此頻率通常被定義為電晶體的**截止頻率** (cutoff frequency)。$f_T \equiv (2\pi\tau_d)^{-1}$。$f_T$ 代表元件的交流放大 [$\beta(a\text{-}c) \equiv h_{fe} = \delta i'_c/\delta i'_b$] 下降至一時的頻率。

7.8.2 過渡時間效應

高頻電晶體的極限通常受限於通過基極的過渡時間。例如，在 p-n-p 元件中，電洞由射極擴散到集極所需要的時間 τ_t 決定元件的最大操作頻率。我們可在正常偏壓且 (7-20) 式中 $\gamma = 1$ 及 $\beta \simeq \tau_p/\tau_t$ 的關係下計算電晶體的 τ_t。

$$\beta \simeq \frac{\operatorname{csch} W_b/L_p}{\tanh W_b/2L_p} = \frac{2L_p^2}{W_b^2} = \frac{2D_p\tau_p}{W_b^2} = \frac{\tau_p}{\tau_t}$$

$$\tau_t = \frac{W_b^2}{2D_p} \tag{7-77}$$

另一個計算 τ_t 的好方法是擴散電洞似乎有一個平均速度 $\langle v(x_n) \rangle$ (如 4.4.1 節中討論的，事實上，電洞是個別隨意移動的)。電洞流 $i_p(x_n)$ 為

$$i_p(x_n) = qAp(x_n)\langle v(x_n) \rangle \tag{7-78}$$

過渡時間為

$$\tau_t = \int_0^{W_b} \frac{dx_n}{\langle v(x_n) \rangle} = \int_0^{W_b} \frac{qAp(x_n)}{i_p(x_n)} dx_n \tag{7-79}$$

如圖 7-8b 的三角形分佈，擴散電流在 $i_p = qAD_p\Delta p_E/W_b$ 時幾乎為定值，τ_t 變為

$$\tau_t = \frac{qA\Delta p_E W_b/2}{qAD_p\Delta p_E/W_b} = \frac{W_b^2}{2D_p} \tag{7-80}$$

和前面相同。對於擴散電流，這個平均速度的觀念不能過度擴張使用，但是它可以用來點明電洞從射極注入到集極收集之間存在著延遲時間。

選擇一個 W_b 值，假設為 1 μm (10^{-5} cm)，可以估計典型元件的過渡時間。對 Si 而言，D_p 的典型數目約為 10 cm^2/s；則對此電晶體，$\tau_t = 0.5 \times 10^{-11}$ s。約等於頻率上限 $(2\pi\tau_t)^{-1}$，所以我們可以使用此元件到大約 30 GHz 的情況。事實上，這個估計太過樂觀了，因為實際還存在著其他的延遲時間。我們可以用基極的電場輔助推動電流 (field-driven currents) 來減少過渡時間。圖 7-17 的摻雜電晶體中，電洞在內建的電場中由射極經過大部分的基極區域向集極漂移，增加基極的摻雜梯度，可以減少過渡時間，而增加電晶體的最大截止頻率。

7.8.3 韋伯斯特效應

當過渡時間的表示式 [(7-80) 式] 對低階注入 (low level injection) 有效時，τ_t 在高階注入時，最多可減少為 1/2。因為多數載子濃度大量增加，超過了在基極的平衡值，為了和少數載子的注入濃度相匹配而導致此情

況。既然從基-射接面到基-集接面的少數載子濃度降低 (見圖 7-8)，多數載子濃度也發生相同的情形。使得多數載子有從射極到基極擴散的趨勢。多數載子擴散打破了保持基極準 (quasi) 平衡分佈的漂移-擴散平衡要求。於是，基極產生了內建電場，以建立相反的多數載子漂移電流。於是，此誘發電場的方向幫助 (aid) 輸送由射極到集極的少數載子，減少 (7-80) 式中的過渡時間 τt。

此即韋伯斯特效應 (Webster effect)。值得注意的是，此效應和因基極區域不均勻摻雜 (7.7.1 節) 引起的漂移電場效應極為相似。對韋伯斯特效應而言，誘發電場並非因不均勻摻雜而引起，而是載子注入引發不均勻的多數載子濃度。

7.8.4 高頻電晶體

最明顯的高頻電晶體製作通則是必須保持小的元件實體尺寸。為了減少過渡時間，基極的寬度必須很窄；為縮小接面電容，射極和集極的區域也不能太大。不幸的，小尺寸的要求通常和元件的功率要求相抵觸。所以，我們常得在頻率和功率之間做取捨，電晶體的尺寸和其他設計特色必須隨特殊的電路需求量身訂作。另一方面，許多實用的功率電晶體製作技術都可以被改良而增加頻率範圍。例如，交指狀結構 (圖 7-21) 在保持射極區域為最小值的情況下，增加了有用的射極邊緣。於是，一些交指狀結構的形式常被使用在設計高頻和適度功率要求的電晶體中。

另一組設計高頻元件必須考慮的參數是和電晶體每一區域相關聯的有效電阻。射極、基極、集極電阻影響不同的 RC 充電時間，所以將他們保持在最小值是一件重要的工作。所以連接射極和基極區域的金屬圖形不能有太大的串聯電阻。而且為減少電阻值，半導體區域本身也得經過設計。如果我們將表面的接觸區域和基極的活動區之間擴散 p^+，n-p-n 元件的串聯基極電阻 r_b 即大大的減少。要更進一步的用高摻雜的基極降低基極電阻必須使用異質接面 (7.9 節)，以將 γ 保持在可接受的值之中。

在 Si 之中，一般較喜歡使用 n-p-n 電晶體，因為電子的移動和擴散係數皆比電洞要來得高。通常於生長在 n^+ 基體的 n-型磊晶材料上製造 n-p-n 電晶體。高度摻雜的基體提供與集極區域間低電阻的連接，但保持低度摻雜的集極取向附生的材料確定集極接面上的高崩潰電壓 (見 7.3 節)。儘量減小集極空乏區域以降低載子漂移過集極接面的過渡時間也是很重要的一點。要達到這個要求，可將低摻雜的集極區域作得很窄，使空乏區在加偏壓時延伸到 n^+ 基體中。

如同 7.3 節中所描述，n^+ 多晶矽層通常會沉積在單晶矽的 n^+ 射極之上，從圖 7-25 中可以瞭解為何要這麼做。如果在短的 n^+ 射極上面直接形成歐姆接觸，因為過量少數載子電洞濃度在歐姆接觸的地方是零，所以其濃度分佈會有非常劇烈變化。因此會導致一個大的反向注入 (back-injected) 的基極電流 I_{Ep} 進入射極，並且會降低射極注入率。使用多晶矽射極，在基極-射極接面附近的電洞濃度變化較為緩和，因此可以改善

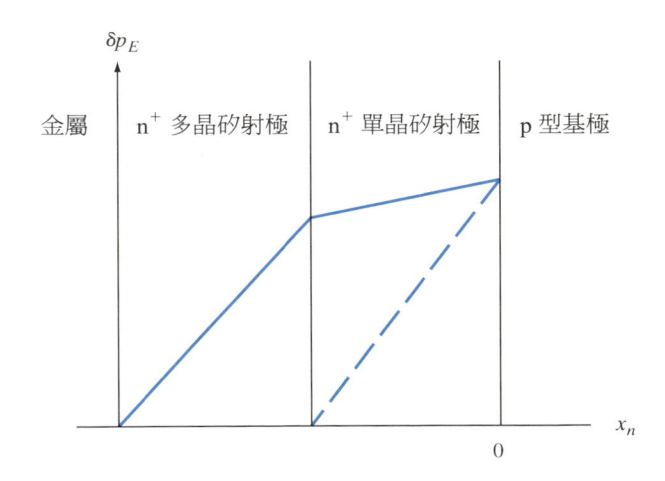

圖 7-25　n-p-n 電晶體使用和沒有使用多晶矽射極時，射極區中過量少數電洞濃度分佈。如果歐姆接觸直接形成在單晶矽上面時，用虛線表示載子濃度分佈。

γ。在多晶矽中較劇烈的電洞濃度變化，反應了顆粒邊界的缺陷導致擴散長度變短的事實。

由於元件本身的不同參數，電晶體必須被適當的包裝，以避免在高頻時產生的寄生電阻、電感或電容。在這裡不討論各種包裝的技術，因為每個製造者所使用的方法都有很大的差異。

7.9 異質接面雙載子電晶體

7.4.4 節中，我們看到雙載子電晶體的射極接面效率因載子可由基極流入因順向偏壓而減小的射極區域或穿過射極接面障礙而被限制。依據 (7-25) 式，必須在基極區域使用底度摻雜材料，射極區使用高度摻雜材料，以保持高的 γ 及 α、β 值。但是低摻雜的基極會造成我們不想要的高基極電阻。此電阻在基極區域寬度很窄時特別引人注意。更進一步的是，簡併摻雜 (degenerate doping) 在施體態 (donor states) 併入 (merge) 傳導帶時會導致射極 E_g 輕微的降低。此種情況會減少射極接面效率。所以，有高度摻雜基極和低度摻雜射極的 BJT 較適於高頻使用。這和本章前面討論的傳統 BJT 剛好相反。為了完成這種根本即不同的電晶體設計，我們需要一些其他的取代摻雜的技巧以控制電子和電洞注入射極接面的相對數量。

如果電晶體採用允許異質接面雙載子電晶體 (HBT) 的材料，即可不要求精確的摻雜濃度而增加求射極接面效率。圖 (7-26) 為單一材料構成同質接面 (homojunction) 的 n-p-n 電晶體和射極能階較寬的異質接面雙載子電晶體 (heterojunction bipolar transistor, HBT) 作對照，在此結構中，電子注入障礙 (qV_n) 可能比電洞注入障礙 (qV_p) 要小。載子注入隨著障礙的高度，呈指數變化，對這兩個障礙而言，即使只是很小的差別，也會造成輸送越過射極接面的電子和電洞數量產生極大的差別。忽略載子移動率的差別以及其他影響，我們可以近似載子越過射極接面的相依關係。

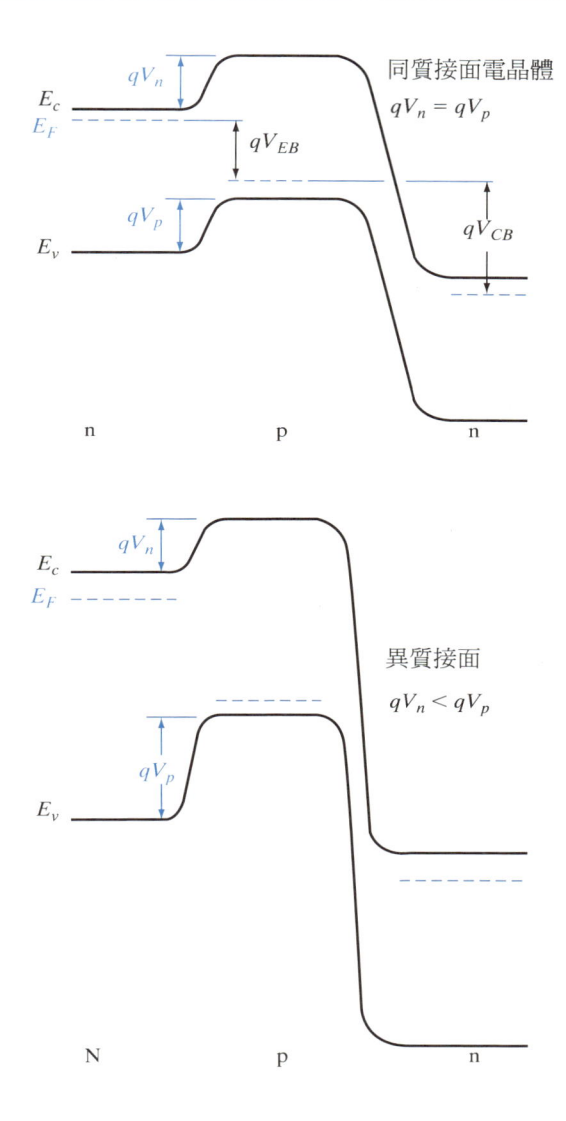

圖 7-26 射極載子注入對照：(a) 同質接面 BJT；(b) 簡併 BJT 同質接面電晶體的射極在順向偏壓時，電子障礙 (qV_n) 和電洞障礙 (qV_p) 相同。在寬射極能階的 HBT 中，電子障礙較電洞障礙小，造成較多的電子越過射極接面。

$$\frac{I_n}{I_p} \propto \frac{N_d^E}{N_a^B} e^{\Delta E_g/kT} \tag{7-81}$$

在此表示式中，穿過射極接面的電子電流 I_n 對電洞電流 I_p 比率和射極摻雜 N_d^E 對基極摻雜 N_a^B 的比率成比例。在同質接面 BJT 中，我們只能調整摻雜比率以設計實用的射極接面。但是在 HBT 中，出現了一個額外的係數，在此係數中，寬能階和窄能階的能階差異 ΔE_g 為指數係數。結果，因為在指數項中即使 ΔE_g 值很小，也能支配 (7-81) 式。此結果允許我們選擇較低電阻及射極接面電容的摻雜項。特別是我們可以選擇高度摻雜的基極以減低基極電阻以及低度摻雜的射極來減小接面電容。

圖 7-26 的簡併接面有平滑的障礙，沒有常在簡併接面可見的突起 (spike) 或凹入 (notch) (見圖 5-46)。我們可以將三元或四元的合金在二材料間以漸變的方式處理，以消除能帶處的不連續 (圖 7-27)。明顯的，漸變消除傳導帶的突起，減低電子必須克服的障礙，增加了電子的注入。但在一些 HBT 的設計中，利用突起作為"發射坡" (launching ramp) 將熱電子注入基極。

常用的 HBT 材料明顯的包含 AlGaAs/GaAs 系統，因為此系統有很寬範圍的晶格吻合混合物。此外，長在 InP 上的 InGaAsP 系統 (包含

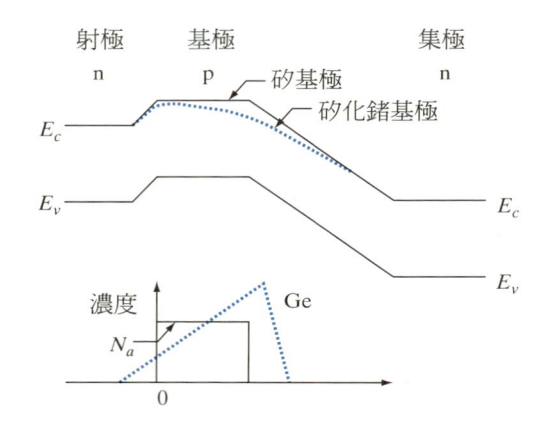

圖 7-27　在矽的 n-p-n 電晶體中，其基極是由漸變 (graded) 的矽化鍺形成。基極導帶中的內建漂移電場有助於電子的傳輸。

In$_{0.53}$Ga$_{0.47}$As) 在 HBT 的設計上變得很受歡迎。使用基本的半導體簡併結構也可能做出 HBT，像是 Si/Si$_{1-x}$Ge$_x$。在此材料系統中，射極 Si 和能階較窄的基極 Si$_{1-x}$Ge$_x$ 其主要能階差異 ΔE_g 發生在共價帶。結果，在基極增加很少的 Ge 造成比同質接面 Si 電晶體多的電子注入效率。

如果 n-p-n 電晶體的基極由矽化鍺合金組成，則基極的 E_g 會由射極向基極而輕微變小，內建的電場會使電子加速通過基極 (圖7-27)。電場輔助基極的傳輸是 HBT 一個最主要的優點。漸變的鍺濃度使得這個結構變的容易製造，因為如此一來就不用擔心 p-n 接面和異質接面不協調的問題。

總　結

7.1 雙載子接面電晶體 (BJT) 是由射極-基極 (EB) 二極體與集極-基極 (CB) 二極體背對背接在一起所組成。在順向主動模式操作中，EB 接面是順向偏壓，載子由射極注入，然後擴散經過窄基極，最後由反向偏壓的 CB 接面收集起來。

7.2 透過求解漂移-擴散方程式和連續方程式並給予適當的邊界條件，可以得到短基極二極體的端點電流。一部分的總射極電流是由於載子由射極向基極注入所形成，這個比例就是**射極注入率**，只要射極的摻雜濃度遠高於基極，射極注入率就可以接近 1。另一個增加射極注入率的好方法，就是運用射極的能隙比基極大的方式，**異質接面雙載子電晶體** (HBT) 就是個很好的例子。

7.3 基極傳輸因子就是載子擴散經過短基極之後沒有被復合的比例，只要基極長度比擴散長度小，則此因子可以接近 1。射極注入率和基極傳輸因子的乘積就是電流傳輸率 (current transfer ratio，I_C/I_E)，另外我們也可以決定共射極電流增益 (common-emitter current gain，I_C/I_B)。主動元件，例如 BJT，可以提供功率增益。

7.4 等效電路模型，例如衣伯-莫耳 (Ebers-Moll)，將 BJT 當成是兩組背對背的二極體並聯控制電流源,這些二極體在切換的應用中可以是順向或反向偏壓。如果兩個都是順偏,則 BJT 處於低阻抗狀態 (飽和);如果兩個都是反偏,則 BJT 處於高阻抗狀態 (截止)。

7.5 BJT 的**電荷控制分析**可以表示成基極中載子濃度的積分。基極裡面的電荷除以基極傳輸時間可以得到 I_C。基極中的電荷除以載子壽命可以得到 I_B。

7.6 **嘉莫-普恩** (Gummel-Poon) 電荷控制模型可以藉由將基極和射極中的摻雜電荷 (嘉莫數) 積分來給定電流分量。此模型比衣伯-莫耳 (Ebers-Moll) 模型準確而且可以處理某些二階效應。

7.7 **二階效應**包含:CB 接面反偏壓,中性的基極寬度變窄導致的 I_C 增加 (厄利效應),高 I_C 時的電壓增益下降 (克爾克效應),串聯電阻效應引起發射極邊緣的 I_E 擁擠現象,和 BJT 在高偏壓時的崩潰。

練習題

7.1 將電晶體改為 n$^+$-p-n 重畫圖 7-3,並解釋圖中各種載子的流動與方向。

7.2 請畫出 n-p-n 和 p-n-p 電晶體在熱平衡時的能帶圖,以及順向主動 (射極接面順偏,集極接面反偏) 的偏壓。

7.3 請參考圖 5-10,畫出製造圖 7-20 的雙擴散電晶體所需的光罩。為了簡化起見,只畫出單一電晶體的光罩即可。

7.4 利用習題 5.2 提供的資料畫出下列雙擴散電晶體的 $N_a(x)$ 和 $N_d(x)$ 的濃度分佈圖:開始的晶圓 $N_d = 10^{16}$ cm^{-3};$N_s = 5 \times 10^{13}$ cm^{-2} 的硼原子沉積在表面,這些原子在 1100°C 的環境下 1 小時,擴散進入晶圓 (1100°C 時,硼在矽裡面的擴散係數 $D = 3 \times 10^{-13}$ cm^2/s)。然後將晶圓放置在 1000 °C 的砷擴散爐管中 15 分鐘,(1000°C 時,砷在矽裡面的擴散係數 $D = 3 \times 10^{-14}$ cm^2/s)。在射極進行擴散時,表面濃度保持在 5×10^{20} cm^{-3}。假設在射極擴散期間,是在低溫且時間並不長，因此基極的摻雜濃度分佈並沒有明顯的變化。請從 $N_a(x)$ 和 $N_d(x)$ 的圖得到基極寬度。提示：請使用 five-cycle 半對數紙，x 由 0 到 1.5 μm，刻度選擇 $2\sqrt{Dt}$ 的倍數。

7.5 從 (7-14) 式的 n-p-n 電晶體計算並畫出過剩電洞分佈 $\delta p(x_n)$，假設 $W_b/L_p = 1$ 和 0.1。如果垂直尺度單位為 $\delta p/\Delta p_E$，水平尺度單位為 x_n/W_p，則計算可被簡化。

7.6 解釋例題 7-2 中比基極短的集極如何接線。在二極體中相對應於 I_B 與 I_C 的電流分量為何？

7.7 p^+-n-p 的矽電晶體，具有均勻的面積 2×10^{-4} cm^2，基極寬度 W_b 為 1 μm。射極和基極的摻雜濃度分別為 10^{18} 和 10^{16} cm^{-3}。基極中電洞的壽命為 1 μs，遷移率的值請參照圖 3-23。

(a) 請計算 $V_{EB} = 0.6$ V 時的 I_E 和 I_C。忽略 Δp_C。

(b) 從 (7-24) 式求得 I_B，並將 I_B 與 $(I_E - I_C)$ 做比較。

7.8 推導 p-n-p 電晶體的射極注入率。如 (7-25) 式所示，用上標來表示材料。

7.9 推導 n-p-n 中相對於 (7-25) 式和 (7-26) 式的方程式。

7.10 請計算習題 7.7 中電晶體的 γ，B，α 和 β 值。假設射極比 L_n 長，且在射極中的 $\tau_n = 0.1$ μs。

7.11 請計算習題 7.7 中電晶體的飽和電流 I_{ES}。

7.12 請用適當的圖形解釋，如何量測 p-n-p 電晶體的 I_{ES} 和 I_{CO}。

7.13 當基極電流在 $t = 0$ 時由 I_B 變成 $-I_B$，請決定儲存電荷 $Q_b(t)$ 如何衰減 (圖 7-15)。

7.14 如果圖 7-17 的漸變式基極電晶體重畫為 n-p-n 電晶體，則基極中的電場會幫助或阻礙電子流動？對於基極中，$N_a - N_d$ 以指數形式變化，請推導電場 $\mathscr{E}(x)$。畫出基極區熱平衡時的能帶圖，就如同 (4-26) 式的要求，指出能帶彎曲處的電場。

7.15 假設矽的 p^+-n-p 電晶體的基極摻雜濃度為 10^{16} donors/cm^3，基極濃度為 10^{15} acceptors/cm^3。請計算在 $V_{CB} = -2$ V 和 -10 V 時在基極區中的空乏區寬度。如果在熱平衡時基極長度為 $1\mu m$，請評論此元件的厄利效應。

7.16 請畫出大範圍的 β 對 I_C 的圖形，並討論在大電流和小電流時 β 的衰減。

7.17 假設，電子越過 n-p-n 電晶體的過渡時間為 100 ps，且電子以散射極限速度 (scattering limited velocity) 越過 1 μm 集極接面空乏區域。射-基接面的充電時間為 30 ps，集極電容和電阻分別是 0.1 pF 和 10 Ω。請找出其截止頻率 f_T。

7.18 Si n-p-n 電晶體有 10^{18} donors/cm^3 的射極摻雜，且其基極摻雜為 10^{16} acceptor/cm^3。射極接面在多少順向偏壓下，會發生高階注入呢 (注入和基極摻雜相同量的電子)？試評論電子的射極注入效率。

7.19 推導 (7-71) 式 $\Delta p_E(t)$，假設射極加了電壓

$$v_{EB}(t) = V_{EB} + v_{eb}(t)$$

上式中，$V_{EB} \gg kT/q$。因為 $v_{eb} \ll kT/q$，可使用 $e^x \simeq 1+x$ 的近似。

7.20 (a) 圖 7-4 中，在給定的直流偏壓下，有多少電荷 (庫侖) 因為過剩電洞而儲存在電晶體的基極內？

(b) 為何圖 7-17 中的電晶體，其基極傳輸因子 (base transport factor) B 在正常和反轉模式下不同呢？

7.21 (a) 電洞注入穿過基極的平均過渡時間 τ_t 可能比基極電洞的生命期 τ_p 短嗎？

(b) 解釋為什麼 BJT 的變通暫態比元件過飽和時快？

7.22 一個對稱的 n$^+$-p-n$^+$ 雙載子電晶體，其特性如下：

射極和集極	基極	
$N_d = 10^{18}$ cm^{-3}	$N_a = 2 \times 10^{16}$	$A = 2 \times 10^{-4}$ cm^2
$\tau_n = \tau_p = 0.1$ μs	$\tau_n = \tau_p = 1$ μs	$W_b = 0.4$ μm

(a) 請計算 IES。

(b) 請計算在 $V_{EB} = -0.7$ V，$V_{CB} = 4$ V 時的 I_B 值。假設 $I_E = I_{En}$。

7.23 圖 P7-23 的對稱 p^+-n-p^+ 電晶體在四種情況下被連接成二極體。假設 $V \gg kT/q$，請畫出每種情況下基極區域的 $\delta p(x_n)$。那一種連接方法最適合當二極體使用呢？為什麼？

7.24 在圖 P7-23 的電晶體連接中

(a) 證明 $V_{EB} = (kT/q) \ln 2$。

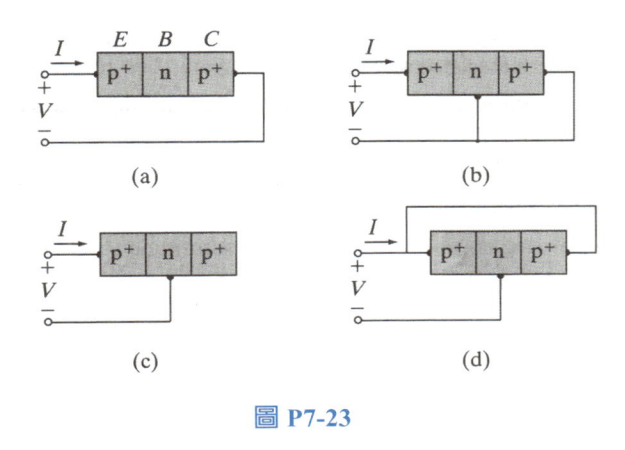

圖 P7-23

(b) 當 $V \gg kT/q$ 時，找出 I 的表示式，並將 I 對 V 作圖。

參考書目

Very useful applets for understanding BJT operation are available at http://jas.eng.buffalo.edu/

Bardeen, J., and W. H. Brattain. "The Transistor, a Semiconductor Triode." *Phys. Rev.* 74 (1948), 230.

Muller, R. S., and T. I. Kamins. *Device Electronics for Integrated Circuits.* New York: Wiley, 1986.

Neamen, D. A. *Semiconductor Physics and Devices: Basic Principles.* Homewood, IL: Irwin, 2003.

Neudeck, G. W. *Modular Series on Solid State Devices: Vol. III. The Bipolar Junction Transistor.* Reading, MA: Addison-Wesley, 1983.

Shockley, W. "The Path to the Conception of the Junction Transistor." *IEEE*

Trans. Elec. Dev. ED-23 (1976), 597.

Sze, S. M. *Physics of Semiconductor Devices.* New York: Wiley, 1981.

Taur, Y., and T. H. Ning. *Fundamentals of Modern VLSI Devices.* Cambridge: Cambridge University Press, 1998.

第八章
光電元件

學習目標
1. 瞭解太陽能電池
2. 研究光電元件，例如 APD
3. 研究非同調光源（LEDs）和同調光源（lasers）

　　到目前為止我們主要都集中於電子元件。而具有光與半導體間交互作用功能的元件也兼具了趣味與有用的豐富變化性。這些元件提供了光源和偵測器，使經由光纖可達成寬頻遠距通訊和資料的傳送。這種元件應用的重要領域我們稱為**光電子學** (optoelectronics)。在這章節內，將討論可偵測光子與可放射光子的元件。將光能轉變成電能的元件包含了光二極體與太陽能電池。光子的放射包含了如同發光二極體的非等向性光源和如同雷射的同調性光源。

8.1　光二極體

　　在 4.3.4 節中，我們瞭解過容積半導體樣品藉其導電性中變化對光產生率成比例，以作為光導體。接面元件常常可被用來增進光或高能輻射感測器的響應速率與靈敏度，響應光子吸收所設計的雙端元件稱為**光二極體** (photodiodes)。有些光二極體具有非常高的靈敏度與響應速率。有些近代電子學常包含光訊號以及電訊號。光二極體適合其重要功用作為電子元件。在本節中,我們將研習 p-n 接面對光產生 EHP 的響應,並討論少數典型光二極體感測器 (photodiode detector) 結構。我們也將論及接面作爲太陽能電池 (solar cells) 的重要用途,將所吸收的光能轉變成有用的電功率。

8.1.1 受照接面中的電流與電壓

在第五章中,我們確定過由於少數載子漂移跨越過接面的電流作爲產生電流。特別是在空乏區 W 內所產生的載子被接面電場所分開,電子將被收集至 n 邊,而電洞被收集到 p 邊。並且,在接面二邊擴散長度內因熱產生的少數載子擴散至空乏區,受電場而掃至另一邊,若其接面均勻受到 $hv > E_g$ 的光子照射,其產生率 g_{op} (EHP/cm^3-s) 將參與加入到電流 (見圖 8-1)。n 邊中過渡區的擴散長度內每秒所產生的電洞數目爲 $AL_p g_{op}$。同樣地,在 x_{p0} 的 L_n 內每秒產生電子數目 $AL_n g_{op}$ 與在 W 內所產生的 $AW g_{op}$ 載子數目。由於這些所產生的載子經過接面收集,所產生的電流爲

$$I_{op} = qAg_{op}(L_p + L_n + W) \tag{8-1}$$

如果稱 (5-37b) 式爲熱產生電流 I_{th},我們可以藉由加入 (8-1) 式的光產生電流以求出受照光而形成所有的反向電流。因爲這電流是由 n 到 p 的方向,受光照的二極體方程式 [即 (5-36) 式],將變成

$$I = I_{th}(e^{qV/kT} - 1) - I_{op}$$
$$I = qA\left(\frac{L_p}{\tau_p}p_n + \frac{L_n}{\tau_n}n_p\right)(e^{qV/kT} - 1) - qAg_{op}(L_p + L_n + W) \tag{8-2}$$

因此,I-V 曲線減低的數量對產生率成比例關係 (見圖 8-1c)。這方程式可以視作二部分──即平常二極體方程式所描述的電流及由於光產生的電流。

當元件被短路 ($V=0$) 時,在 (8-2) 式中二極體方程式取消,正如我們

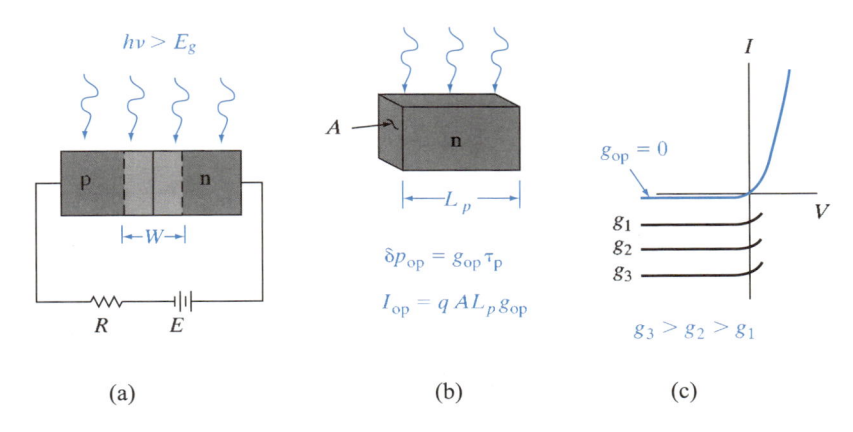

圖 8-1 p-n 接面中載子的光產生：(a) 經由元件吸收光；(b) 在 n 邊中接面的擴散長度內電流 I_{op} 從 EHP 中產生，(c) 受照接面的 I-V 特性。

所預期。可是，從 n 至 p 有一短路電流等於 I_{op}。因此，圖 8-1c 的 I-V 特性越過 I-軸的負值和 g_{op} 成比例。當元件被開路，$I=0$ 及電壓 $V=V_{oc}$ 為

$$V_{oc} = \frac{kT}{q}\ln[I_{op}/I_{th} + 1]$$
$$= \frac{kT}{q}\ln\left[\frac{L_p + L_n + W}{(L_p/\tau_p)p_n + (L_n/\tau_n)n_p}\cdot g_{op} + 1\right] \quad \text{(8-3a)}$$

對於對稱接面的特別情形，$p_n=n_p$ 及 $\tau_p=\tau_n$，可用熱產生率 $p_n/\tau_n=g_{th}$ 與光產生率 g_{op} 重寫 (6-5) 式。忽略在 W 內產生的載子：

$$V_{oc} \simeq \frac{kT}{q}\ln\frac{g_{op}}{g_{th}}, \quad g_{op} \gg g_{th} \quad \text{(8-3b)}$$

實際上，$g_{th}=p_n/\tau_n$ 項代表平衡 (equilibrium) 熱產生-復合率，當其少數載子濃度受光產生 EHP 增加時，其生命期 τ_n 變小而 p_n/τ_n 變大 (為了已設定的 N_d 與 T，p_n 為固定)，所以 V_{oc} 不能隨增加的產生率而無限地增大；事實上，V_{oc} 的限制為平衡接觸電位 V_0 (見圖 8-2)。如所預期的結果，因為接觸電位是跨越接面上能出現的最大順向偏壓。出現跨在受照接面的順向電壓即已知的**光伏效應**(photovoltaic effect)。

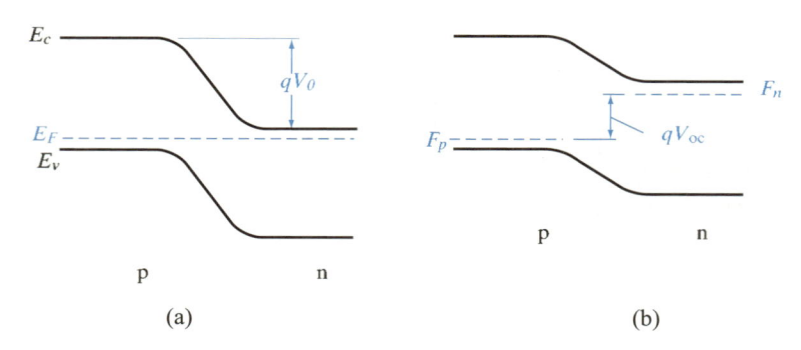

圖 8-2　接面開路電壓上的照射效應：(a) 平衡時的接面；(b) 有照射時的電壓 V_{oc} 出現。

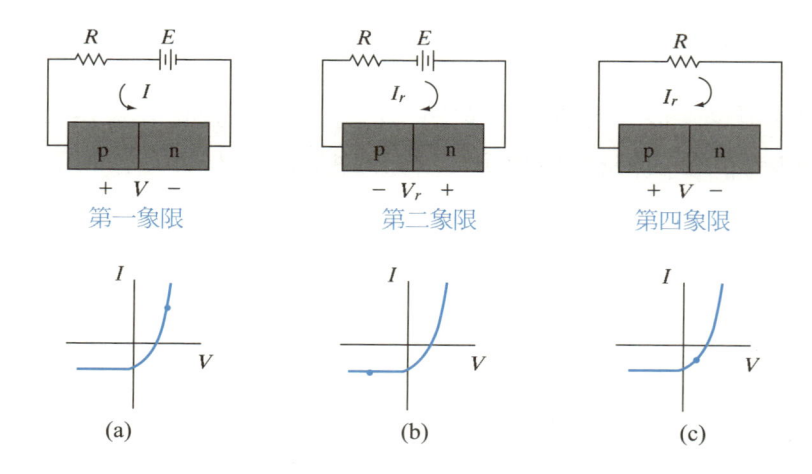

圖 8-3　受照接面在它的 I-V 特性各不同象限工作：在 (a) 與 (b) 中功率由外電路傳送至裝置；在 (c) 中裝置傳送功率至外電路。

　　視想要的應用而定，圖 8-1 的光二極體可以工作在 I-V 特性的第三與第四象限中。如圖 8-3 所示，當其電流與接面電壓均為正或均為負 (分別在第一或第三象限) 時，其功率由外電路傳送至元件。可是，在第四象限中，其接面電壓為正及其電流為負。在這情形，其功率是由接面傳送至外電路 (注意，在第四象限中其電流係由 V 的負端至正端，像電池一樣)。

若由元件萃取出功率,可使用第四象限。另一方面,作為光偵測器的應用,常將接面反向偏壓並工作在第三象限,在往後的討論中,將更緊密地研究其應用。

習題 8-1 對於穩定的光源激發,我們可以將電洞擴散方程式表示為

$$D_p \frac{d^2 \delta p}{dx^2} = \frac{\delta p}{\tau_p} - g_{op}$$

假設一個長 p^+-n 二極體被光的信號均勻的照射,產生 g_{op} EHP/cm³-s,請計算在 $x_n = 0$ 的電洞擴散電流 $I_p(x_n)$。請將結果與(8-2)式做比較,並評估此二極體。

解

$$\frac{d^2 \delta p}{dx_n^2} = \frac{\delta p}{L_p^2} - \frac{g_{op}}{D_p}$$

$$\delta p(x_n) = Be^{-x_n/L_p} + \frac{g_{op} L_p^2}{D_p}$$

在 $x_n = 0, \delta p(0) = \Delta p_n$. 因此, $B = \Delta p_n - \frac{g_{op} L_p^2}{D_p}$

(a) $\delta p(x_n) = [p_n(e^{qV/kT} - 1) - g_{op} L_p^2/D_p]e^{-x_n/L_p} + g_{op} L_p^2/D_p$

$$\frac{d\delta p}{dx_n} = -\frac{1}{L_p}[\Delta p_n - g_{op} L_p^2/D_p]e^{-x_n/L_p}$$

(b) $I_p(x_n) = -qAD_p \frac{d\delta p}{dx_n} = \frac{qAD_p}{L_p}[\Delta p_n - g_{op} L_p^2/D_p]e^{-x_n/L_p}$

$$I_p(x_n = 0) = \frac{qAD_p}{L_p} p_n(e^{qV/kT} - 1) - qAL_p g_{op}$$

當 $n_p \ll p_n$ 時,最後的方程式和(8-2)式相近,唯一不同的是,在 p 型區的產生電流沒有被包含進來。

8.1.2 太陽電池

由受照接面可將功率傳送至外電路，因此將太陽能轉變成電能是可能的。如果我們考慮圖 8-3c 的第四象限，會疑惑單獨一元件是否能傳送許多功率。其電壓是受限小於接觸電位，約小於能隙電壓 E_g/q。有關 Si 的電壓是約小於 1 V，所產生的電流視受照面積而定，但典型的 I_{op} 在接面約 1 cm^2 面積時為 10 至 100 mA 之範圍。無論如何，若使用許多這種元件的話，其產生的功率是可觀的。事實上，p-n 接面太陽電池矩陣目前被用來供給許多太空人造衛星的電功率，太陽電池能長時間供給功率給人造衛星上的電子設備比普通電池有明顯的優點，接面矩陣可分佈在人造衛星的全部表面上，或可被包含在附於人造衛星主體的太陽電池"槳片"內 (圖 8-4)。

為利用可用光能的最大數量需要將太陽電池設計為接近元件表面處有大面積接面，平面接面係由擴散或離子佈植完成，且其表面塗以適當的材料降低反射及減少表面復合。許多折衷必須在太陽電池設計中完成。例如，在圖 8-5 所示元件中，其接面深度 d 必須小於 n 材料中的 L_p，容許接近表面所產生的電洞在它們復合之前擴散至接面；同樣地，p 區的厚度必須使這區域中所產生的電子在復合發生前能擴散至接面。這些需求暗示電子擴散長度 L_n，p 區的厚度，及平均光穿透深度 $1/\alpha$ [見 (4-2) 式] 之間的適當匹配。我們想要有大的接觸電位 V_0 以獲得大的光電伏，因此需要重摻雜；在另一方面，需要長的生命期，但這些生命期會因極重摻雜而減少。使元件的串聯電阻減小是重要的，如此功率不會因元件本身的歐姆損失而損失，只要幾歐姆的串聯電阻即可以嚴重地減少太陽電池的輸出功率 (練習題 8.4)。因為其面積大，元件的 p 型本體電阻可以做的很小。可是，對於薄 n 區的接觸需要特別設計。若這區域在邊緣做接觸，電流必須沿薄 n 區流至接觸處，結果導致一大的串聯電阻。為防止這效應，其接觸必須在全 n 表面上分佈開，如圖 8-5b 所示，提供小的"指"狀接觸，這些狹窄的接觸可為減少串聯電阻之用，亦減少干

圖 8-4 附於國際太空站的太陽能電池陣列圖。太陽能電池陣列 "翅膀" 兩端的長度為 74 公尺。每個 "翅膀" 包含 32,800 個太陽能電池，可以產生 62 kW 的電力 (由 National Aeronautics and Space Administration 提供)。

擾進入的光。

圖 8-6 表示出太陽電池特性的第四象限部分，為了說明方便，I_r 向上繪製，其開路電壓 V_{oc} 與短路電流 I_{sc} 由電池性質所設的光階層來決定。當 VI_r 積是最大時，這太陽電池傳送至負載的最大功率發生。我們稱這些電壓與電流值分別為 V_m 與 I_m，我們可看出，圖 8-6 中陰影矩形所示的最大傳送功率是小於 $I_{sc}V_{oc}$ 乘積。$I_mV_m/I_{sc}V_{oc}$ 比例稱為填滿因數 (fill factor)，為太陽電池設計的特性值。

太陽電池的應用並不限制於外太空。即使太陽強度被大氣所減弱，它仍可能使用太陽電池從太陽中取得有用的功率作地球上應用。現在全

460 半導體元件

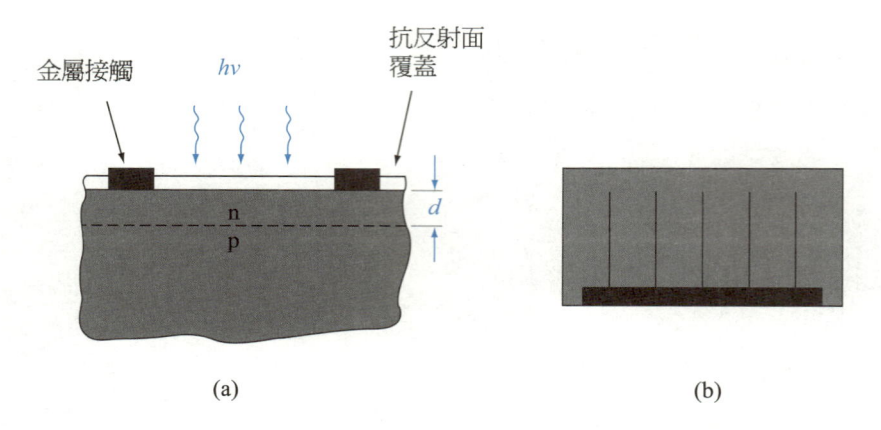

圖 8-5 太陽電池的組態：(a) 平面接面的放大圖；(b) 頂視圖，示出"指"狀金屬接觸。

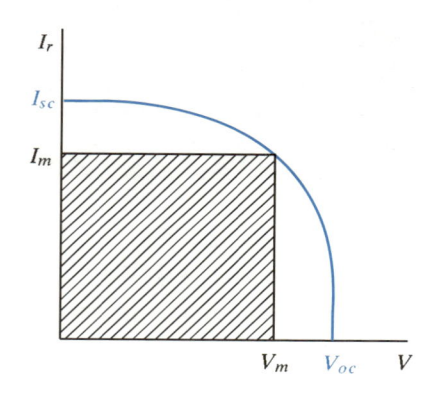

圖 8-6 受照太陽電池的 $I-V$ 特性，其陰影矩形為最大傳送功率。

世界的總發電量大約為 15 TW，相當於每年使用 500 quad (1quad＝10^{15} 或 BTU)，且每年增加 1-2%。這些電力大概有 80% 來自於化石燃料 (石油，天然氣或煤)。這些燃料將會在幾百年內用完。除此之外，二氧化碳的排放和全球暖化重新刺激人們對於"綠色環保"能源的興趣，例如光伏特，雖然目前只有安裝大約 1 GW 的量。在陽光特別充足的位置，約有 1 kW/m^2 可作為利用 (經過換算，全世界潛在可以得到的量約為 600 TW)，但是並非所有太陽功率全部轉換成電能。許多光子通量在能量上是少於電池的能隙而不被吸收。高能光子被強烈地吸收，其產生的 EHP 可能在其表面上復合。製造良好的 Si 電池對於太陽能轉換約有 25% 效率，在全照射之下約供給 250 W/m^2 電功率。就製作大面積 Si 電池所牽涉的努力而言，這是每個單位太陽電池面積的適度功率量。非晶矽薄膜可以用來製造更便宜的太陽能電池，因為材料的缺陷較多，所以效率較差 (約10%)。

　　成本和可擴充性是光伏技術基體應用上最重要的考量。目前，化石燃料產生一度 (kWh) 的電力成本只需要 3 美分，但是要產生同樣的電力，非晶矽太陽能電池卻需要 10 倍於化石燃料的成本，而且大概要 4 年的時間才能回收投資的金額。就可擴充性而言，以 10% 的效率來算，必須要有接近 3% 的陸地面積被太陽能電池覆蓋，才能符合美國能源的需求，但是這樣會引起其他的環境問題。為使每個電池有更多功率的方法之一，是用鏡子將可觀的光線集焦在該電池上，雖然 Si 電池在高溫時會失去效率，GaAs 與其相關的化合物可在 100 °C 或更高溫使用。在這種太陽集光器系統中，因為需要的電池少，太陽電池製作要花更多的努力與費用。例如，GaAs-AlGaAs 異質接面電池可提供良好的轉換效率及可工作在一般太陽集光器系統升溫時。在這個系統中，對集光器的要求更甚於面積。

例題 8-2　一個太陽能電池在充分的太陽光照射下，短路電流為 100 mA，開路電壓為 0.8 V，填滿因數為 0.7。如果加上一負載時，最大的傳輸功率是多少？

解　　　$P_{max} = (f.f.) I_{sc} V_{oc} = (0.8)(100)(0.7) =$ **56 mW**

8.1.3　光檢測器

當光二極體在它的 *I-V* 特性曲線第三象限工作時 (圖 8-3b)，基本上，電流與電壓無關而與光產生率成比例。這樣的元件可提供一有用的方法來測量照度的層階，或用來轉換時變光信號變成電信號。

在許多光檢測應用中，檢測器的響應速率或能帶寬度是很嚴格的。例如，若光二極體是要響應於一連串/毫微秒相距的光脈衝，光所產生的少數載子必須擴至接面而掠過到另一邊，其時間應甚少於 1 ns。在這過程中的載子擴散步驟是較耗時，如可能的話，應予略去，所以，空乏區 W 的寬度要足夠大，使大部分光子可在空乏區內被吸收，而不在中性 p 區與 n 區內吸收。當一個 EHP 在空乏區中產生時，其電場將電子掃至 n 邊，電洞至 p 邊。因為這載子漂移在很短時間內發生，其光電二極體的響應可以十分地快。當其載子主要在空乏層 W 內產生時，這檢波器稱為**空乏層光電二極體** (depletion layer photodiode)。明顯地，至少接面的一邊需輕微摻雜，以便產生較大的空乏層 W。選擇適當的 W 寬度來協調靈敏度與響應速率。若 W 太寬的話，多數入射光子，在空乏區中將被吸收，導致高的靈敏度。且寬的 W 造成小的接面電容，[見 (5-62) 式]，因此減少檢測器電路的 RC 時間常數。在另一方面，W 不宜太寬，否則使光所產生的載子漂移離開空乏區所需要時間過長，並導致能帶寬度降低。

控制空乏區寬度的一種便利的方法為製造一 *p-i-n* 光檢測器 (p-i-n photodetector) (圖 8-7)。其"i"區只要其電阻係數高即可，並不需要真的為本質半導體，它可以將晶膜成長在 n 型基板上，而 p 區可由擴散獲得。當這元件施加反向偏壓時，其所加電壓幾乎為 i 區所接收，若 i 區其載子生命期比漂移時間長，大部分光產生的載子將被 n 區與 p 區所收集。外部量子效率 η_Q 是評斷光偵測器好壞的重要指標，η_Q 定義為對每個照射進來的光子而言，可收集到的載子數目。假設光電流密度為 J_{op}，則我們在每單位面積/每秒所收集到的載子為 J_{op}/q。對於一入射的光能量密度是 P_{op}，單位面積/每秒照射在偵測器的光子數目為 $P_{op}/h\nu$。因此

$$\eta_Q = (J_{op}/q)/(P_{op}/h\nu) \tag{8-4}$$

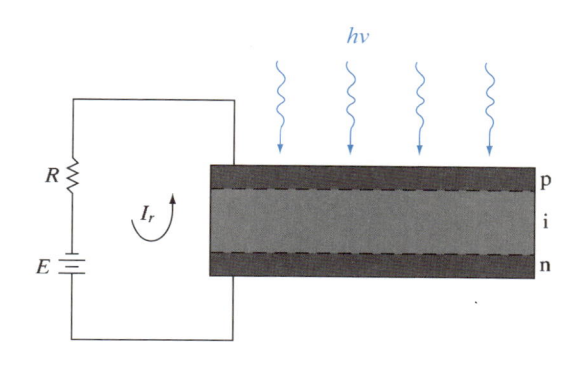

圖 8-7　p-i-n 光二極體的概略表示圖。

光二極體並沒有電流增益，最大的 η_Q 就是 1。若是低階光信號被檢測的話，常將光二極體工作在它特性的累增區域。在這模式中，因為累增放大，每個光所產生的載子使電流發生重大變動，造成**增益** (gain) 和外部量子效率大於 100%。**累增光二極體** (avalanche photodiode, APD) 通常被用在光纖系統的偵測器(8.2.2 節)。

此處所描述的光二極體型式對光子其能量接近能隙者起感應 (**本質** (intrinsic) 感測器)。若 hv 小於 E_g，則光子將不被吸收；另一方面，若光子能量比 E_g 更大，將在非常靠近表面處被吸收，且具高復合率。所以需要選擇光二極體材料的能隙對光波譜個別區域有所感應。感測器對較長波長的靈敏度可用來設計光子能激發電子進入或離開雜質階層 [**外質** (extrinsic) 感測器]。然而，這樣的外質感測器，其感應能力是遠小於本質感測器，其電子電洞對是由跨過能隙的激發而產生。

藉由使用晶格匹配的多層化合物半導體，吸光區的能帶隙可被調變以感測匹配的光波長。較寬的能帶隙材料可被用作將光傳遞致吸光區的窗口 (圖 8-8)。例如，我們在圖 1-13 所見具有 53% 的 In 莫耳分率的 InGaAs 可以長晶在晶格匹配的 InP 上。如同我們將在 8.2.2 節所見的，具有約 0.75 eV 能帶隙的 InGaAs 組成對光纖系統中有用的波長 (1.55 μm) 是有感應的。在製作以 InGaAs 為反應材料的光二極體時，將引入的光經由較寬能帶能隙 $In_{0.52}Al_{0.48}As$ (晶格與 InP 匹配) 是可能的，如此一來可大量

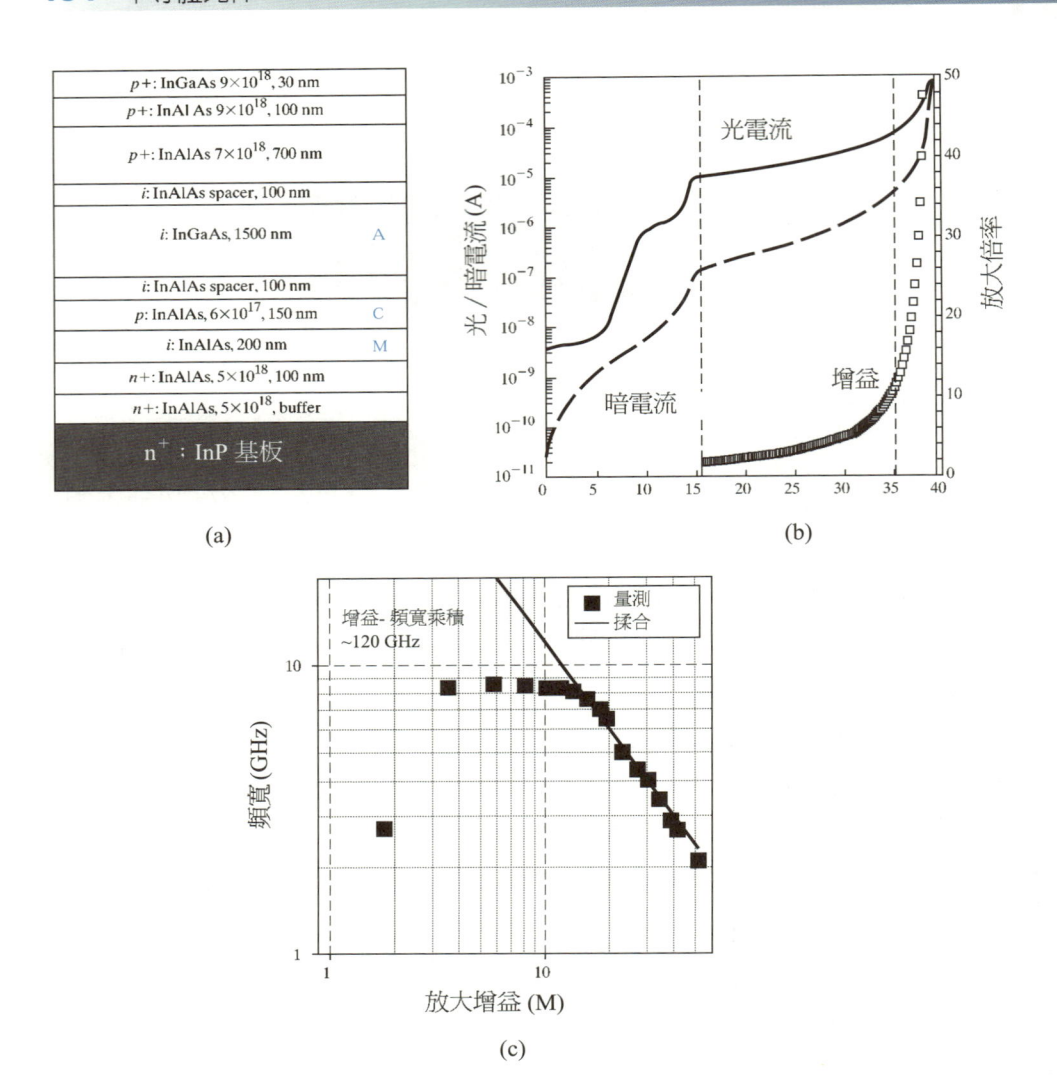

圖 8-8 使用多層異質接面以促使光二極體的操作：(a) 累增光二極體；接近 1.55 μm 的光在穿過一較寬能隙材質 (InP 和 InAlAs) 之後，在窄能隙材質 (InGaAs，E_g = 0.75 eV) 中被吸收；電洞被掃出 InAlAs 接面，產生累增放大。i 區為輕摻雜；(b) 由於累增放大的緣故，所以光電流，暗電流和增益隨偏壓增加而增加；(c) SACM APD 典型的增益-頻寬特性。[After X. Zheng, J. Hsu, J. Hurst, X. Li, S. Wang, X. Sun, A. Holmes, J. Campbell, A. Huntington, and L. Coldren, *IEEE J. Quant.* Elec., 40(8), pp. 1068-1073, Aug. 2004.]

減低表面復合效應。在累增光二極體的情況需狹窄的能帶隙材料具有在窄能隙半導體吸光，(例如，InGaAs) 及在累增放大發生時，將產生的載子傳遞到由寬能隙材料 (例如 InAlAs) 所形成接面的優點，如此將吸光及累增區分離可避免一般窄能隙材料在逆向偏壓下有過多的漏電流。在這個特別的結構中，改變 InAlAs 層的摻雜會產生吸光及累增區分離的累增光二極體 (SACM APD)，如此將有助於吸光區及累增區的電場最佳化(降低)。在某些累增光二極體 (APD)，我們可以逐漸變化合金的組成成分，使 APD 由寬能隙的累增區變化成窄能隙的吸光區，避免任何能隙的不連續狀況，如果因為能隙的不連續會有光所產生的載子被捕抓 (trap)。累增放大時，光電流 (photocurrent) 和暗電流 (dark current) 會隨著偏壓增加而增加 (圖 8-8b)。我們希望光電流 I_p 與暗電流 I_d 之間的差 ΔI 越大越好。在不同電壓的 ΔI 與低參考電壓時的 ΔI 之比例定義為 APD 的**增益** (gain)。

8.1.4　光二極體的增益，頻寬和信號對雜訊的比率

在光通訊系統中，光感測器的感應能力 (與增益相關)和響應時間 (頻寬，bandwidth) 是極為重要的。圖 8-8c 顯示的是 SACM APD 典型的增益-頻寬特性，此特性被載子在結構中傳輸的時間所限制。遺憾的是增加增益的設計會使頻寬下降，反之亦然。一般以**增益-頻寬乘積** (gain-bandwidth product) 作為感測器的價值圖。在 p-i-n 二極體中並沒有增益機制，是因為每個被吸收的光子最多一電子電洞對被接面所收集。因此，其增益必定是 1，並且增益-頻寬乘積是由頻寬或是頻率響應所決定。在 p-i-n 中，響應時間和空乏區的寬度有關。

偵測器另一個重要特性就是**信號對雜訊的比率** (signal-to-noise ratio)，這個比率就是偵測器的可用信號與背景雜訊的比較。在光電導元件 (photoconductor) 中，雜訊最主要的來源是載子的熱隨機運動，導致暗電流的擾動 (稱為 *Johnson noise*)。在未照光時，雜訊會隨著材料的傳導性 (conductance) 和溫度增加 ($\sim kT$) 而增加。但是，在給定的溫度下，增加

暗電阻 (dark resistance) 可以降低光電導元件的雜訊。在低頻時另外還有一種雜訊，也就是 flicker 雜訊，此雜訊是由於缺陷補抓和釋放載子所產生。

在 p-i-n 二極體，暗電流較小，而且暗電阻遠大於光電導元件，雜訊主要來自於熱隨機產生-復合的電子電洞對 (稱為 *shot noise*)，此雜訊是由於電子和電洞的量子化所產生。在 p-i-n 元件中，雜訊是遠低於光導體，和 APD 一樣，原因將陳述如下。

累增光二極體經由累增放大效應而具有增益的優點，其缺點是由於在累增過程中隨機變動而相對於 p-i-n 增加了雜訊。因為當游離化過程中，電子和電洞皆參與時會有更多的變動，如果只有一種載子在高電場區撞擊游離，這種雜訊會被降低。在 Si 中，電子在撞擊游離事件中產生 EHPs 的能力是遠高於電洞。因此 Si 累增光二極體工作時具有高增益和相對較低的雜訊。不幸地，因為對光纖而言，Si 在低損耗低散溢的波長 (λ =1.55 和 1.3 μm) 是穿透的，所以 Si 累增光二極體並不適用大多的光纖傳遞。對較長的光波長而言，常選擇 $In_{0.53}Ga_{0.47}As$ 材料。然而，在大多數化合物半導體的電子和電洞游離率，可以和 SiAPDs 比較，也相對降低其雜訊和頻率響應。

光電導元件中各種雜訊的來源決定了信號對雜訊的比率 (S/N)。我們將它量化為等效雜訊功率 (noise-equivalent power, NEP)，此功率的均方根輸出值與雜訊一樣且代表可以偵測到的最小信號。光電導元件的偵測敏感度定義為 D＝1/NEP。

NEP 與光電導元件的面積和頻寬有關。"比感測率"(specific detectivity) D^* 被定義為：偵測器在 1 Hz 時，單位面積的偵測敏感度。很顯然的，會遇到頻寬的問題，因此我們希望選擇一個具有最高 D^* 的光電導元件。

可以利用波導 (waveguide) 結構 (圖8-9) 來檢驗高靈敏度與頻寬的特性。與 p-i-n 光二極體 (圖 8-7) 或與 APD (圖 8-8) 時的情形不同，在此，光線是直接垂直照射在光二極體使電流流動，這樣的優點是隨著光行進

第八章 光電元件　**467**

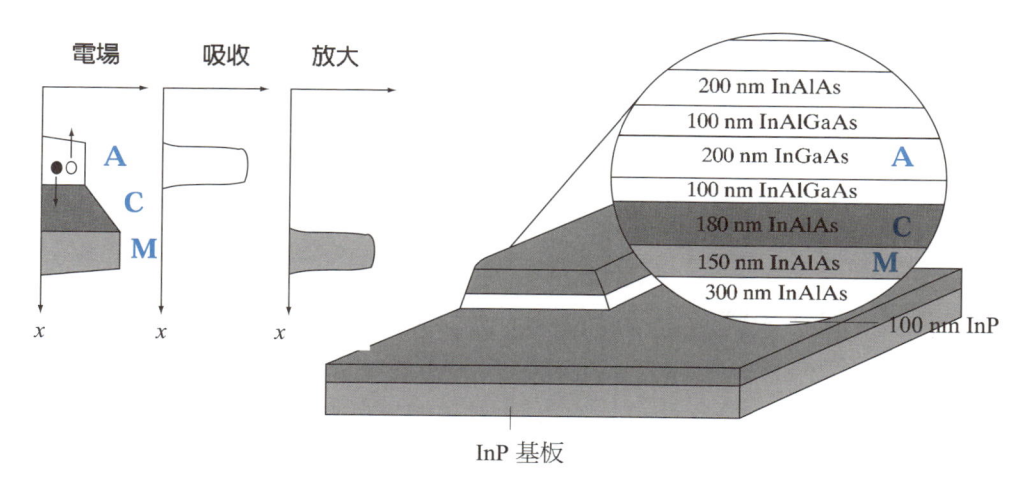

圖 8-9　波導光二極體示意圖。光子在窄能隙 A 區 (InGaAs) 被大量的吸收，載子在 M 區中藉由累增過程放大。C 區 (電荷區) 促進 A 區與 M 區之間電場的最佳化。

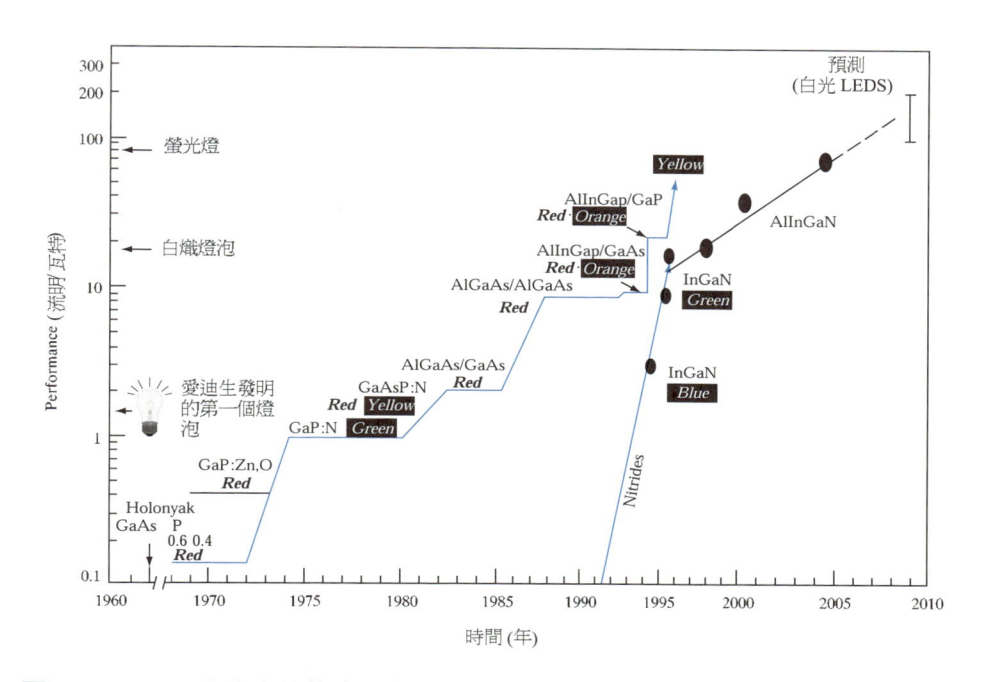

圖 8-10　LED 光強度隨著時間的改進 [Modified from M. G. Craford, IEEE Circuits and Devices, p. 24, Sept. 1992.]。

的路線，吸光的區域可以相當的長，可以得到高的靈敏度。同時光所產生的載子在垂直方向移動一小段的距離，導致短的傳輸時間和高頻寬。

8.2 發光二極體

當載子被注入跨過順向接面時，其電流通常由過渡區內與近接面的中性區內的復合計算。在有間接能隙的半導體，譬如 Si 或 Ge 中，其復合釋放熱至晶格。另一方面，在直接復合所示特性的材料中，頗多的光可能在順向偏壓下從接面中放射出，這效應稱為**注入型電激發光** (injection electroluminescence) (見 4.2.2 節)，它提供二極體的一種重要應用，如光產生器。數位顯示器是發光二極體的著名用法的一種，也有在其他領域的重大應用，交通、汽車的號誌和照明。另一種作為在順向偏壓的 p-n 接面輻射復合用的重要元件是**半導體雷射** (semiconductor laser)。如同我們將在 8.4 節所見的，雷射放射出比 LEDs 更窄的波長範圍的單頻光，並更具有瞄準性 (方向性)。在光纖通訊系統上也很有用，這個應用將在 8.2.2 節討論。

LED 光子的頻率 (顏色) 是由半導體的能隙的普朗克關係式，$h\nu = E_g$，所決定。選擇適當的單位，我們可以表示 $E_g(eV) = 1.24/\lambda\ (\mu m)$。外部量子效應 (external quantum efficiency，η_{ext}) 是 LED 一個很重要的規格，將之定義為光的輸出除以電的輸入功率：

$$\eta_{ext} = (內部輻射效率) \times (萃取效率) \tag{8-5}$$

內部輻射效率與材料品質、結構和組成成分相關。材料中的缺陷是產生復合以致於無法輻射出光子。然而，就算具有高的內部輻射效率，並不是 LED 中所有的光子都會被萃取 (extracted) 出來，射出的光子呈大角度的分佈，相較之下雷射的分佈就很集中。如果一個 LED 具有平面的表面，光子入射進入半導體-空氣介面的角度比臨界角度大，造成全內反射

(total internal reflection)，最後被半導體吸收導致損失。因此，一般將 LED 製作成半球形狀封裝，此封裝可以當成是透鏡，如此一來會有更多的光子被萃取。

8.2.1 發光材料

圖 4-4 所示各種不同二元化合物半導體的能隙和光波譜的關係，在能隙中有廣大的變量，所以在可利用的光子能量中，可從紫外光 (GaN, 3.4 eV)，伸展至紅外光 (InSb, 0.18 eV)。事實上，經由利用三元或四元化合物，可用能量的數目可大量地增多 (見圖 1-13 及 3-6)。從化合物半導體得出光子能量變化的良好實例為砷磷化鎵三元混合物，如圖 8-11 所示，當其材料中，As 被減少及 P 被增加時，其產生的能隙由 GaAs 的直接 1.43 eV (紅外光) 能隙變到 GaP 的間接 2.26 eV (綠光) 能隙。$GaAs_{1-x}P_x$ 材料的能隙幾乎和 x 成線性變化，直到 x 達 0.45 為止，在這整個範圍中，電子-電洞復合是直接的。在 LED 顯示中，所使用最普通的合金組成為 $x \simeq 0.4$。在這組成時，其能隙是直接的，因為 Γ 最小值 (在 **k**=0) 在導電帶的最低部分。這樣造成有效的輻射復合，而被發射的光子 (約 1.9 eV) 是在光波譜的紅色區。

有關 $GaAs_{1-x}P_x$ 的 P 濃度在 45% 以上者，其能隙是由間接 X 最小值形成。因為在導電帶的電子和價電帶的電洞有不同的動量 (見圖 3-5)，這些間接材料的輻射復合一般是不可能的，可是，令人感興趣地，用氮摻雜的間接 $GaAs_{1-x}P_x$ (包含 $x=1$ 的 GaP) 能使用於 LED 中發出光波譜黃光至綠光部分的光輸出。這是可能的，因為氮雜質與一個電子極緊密地鍵結在一起。依照海森堡不確定原則 [見 (2-18) 式]，在真實空間 (Δx) 的限制，使電子動量被散佈在動量空間 (Δ**p**)。其結果在間接材料中一般禁止輻射復合的動量不滅定則被克服。因此，$GaAs_{1-x}P_x$ 的氮摻雜不只在技術上有用，而且提供一種有趣及實際的不確定原則的例證。

在許多應用中，從雷射或 LED 而來的光不需眼睛能看到。紅外光發

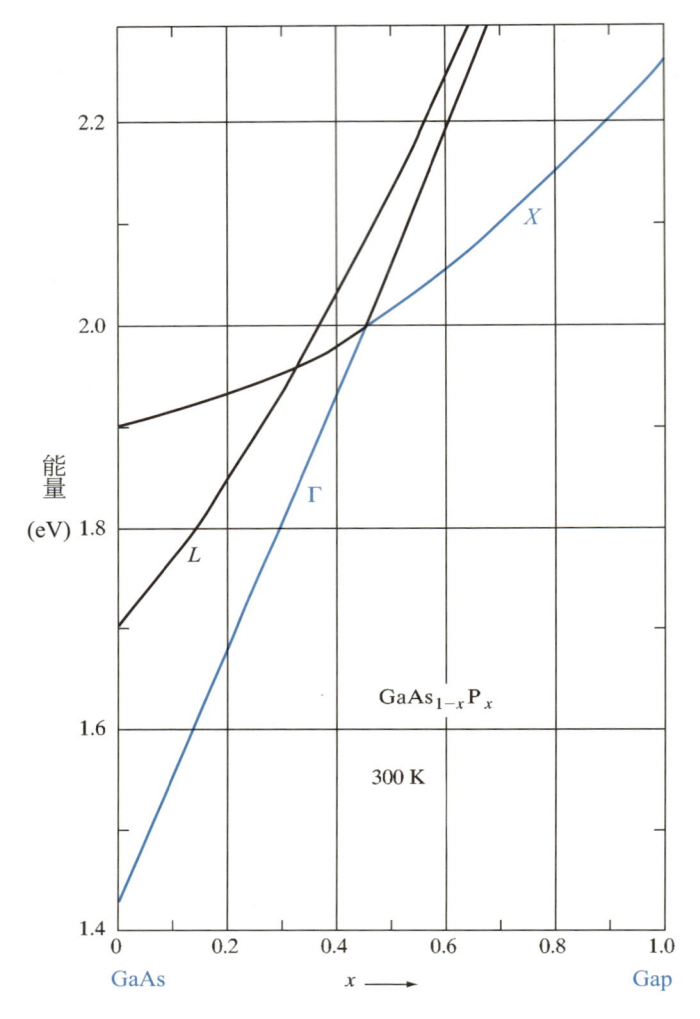

圖 8-11 GaAs$_{1-x}$P$_x$ 的導電帶能量為混合物成分的元素。

射體諸如 GaAs，InP 以及這些化合物的混合熔接，是特別適宜於光纖通訊系統或電視遙控裝置。例如，雷射或發光二極體可和光電二極體或其他光敏元件連接使用，在二地區間以光傳輸通信。依照變更流經二極體的電流，其光輸出可被調變，使類比或數位資訊以光信號直接出現在檢測器。資訊可在光源和感測器間被交替引入。例如一組半導體雷射-光感測器排列可用在光碟系統，從旋轉碟片中讀取數位資訊，一個發光器和光電二極體形成**光電子對** (optoelectronic pair)，因為在此兩元件間僅有的鏈接是光在輸出入端之間提供了完全的電的隔離。在一個**光電子隔離器** (optoelectronic isolator) 中，其元件可能被裝在一陶瓷基體上與封裝一起，形成一當保持隔離時資料的傳遞。

在需要可見光與遠紅外光波長的半導體雷射與 LED 的廣大應用範圍來看，有效的 III-V 族材料的豐富可變性是非常有用的。除了在圖 3-6 及 8-11 所示的 AlGaAs 及 GaAsP 系列外，InAlGaP 系列對紅色、黃色、橘色光波長是有用的，AlGaInN 可以釋放出強烈的藍光和綠光。為什麼我們會對於短波長的藍-綠光 LED 如此感興趣呢？如圖 8-10 所示，基於氮的均電性摻雜的概念 (8.2.1 節)，發展出效能普通 (約 10 流明/瓦特) 的 GaAsP 系統的紅光，綠光和黃、綠光 LED 已經存在很長一段時間。在 1990 年代中期，根據 InAlGaP 系統發展出更高亮度和效率 (約 30 流明/瓦特) 的紅-橘-黃光 LED。寬能隙的 InAlGaN 系統，在整個合金成分組成的範圍都是直接能隙，因此可以提供高效率的藍光和綠光光譜。光電領域的主要目的就是要得到高效率的紅光、綠光和藍光的發射元件，因為這些顏色是光譜中三個主要的顏色。結合這些顏色的 LED (或結合適當的磷質材料)，可以形成強烈的白光光源 (約 500 流明)，而且發光效率比傳統的白熾燈泡高兩倍。一般用途的照明大概需要數千流明的光線，所以也許只需要幾個高亮度的 LED 就可以滿足此需求，而且這些 LED 的壽命非常的長 (5,000-100,000 小時，而傳統燈泡只有 2,000 小時)，以及超高的能源效率。如果 LED 的成本可以下降 100 倍，它們將會變得很有競爭力，同時也會降低全球對於能源的需求。紅光、綠光和藍光的發射元件陣列會被使用於戶外顯示器、電視螢幕、汽車的尾燈和信號燈。由於可靠度、壽命和省能方面都優於傳統燈泡，因此紅光、黃光和綠光的 LED 也被運用於交通號誌。

8.2.2 光纖通信

若有一**光纖** (optical fiber) 被放置在光源與感測器之間，從光源到感測器的光信號傳輸可大大地被加強，光纖基本上是一"光管"或光頻率的波導管，其纖維典型地是從玻璃抽拉成約 25 μm 直徑，這精細的玻璃纖維相對比較柔順，並可用來引導光信號越過幾千米距離，不需信號源與感測器完全對準。這樣就有效地增加了光通信應用的範圍，諸如電話與資料傳輸。

一種光纖具有相當純的熔性矽石 (SiO_2) 外層，帶著摻雜 Ge 的玻璃的核心有著較高的折射率 (圖 8-12a)。[1] 這樣的**步級折射率** (step-index) 光纖主要地維持光束注在中間核心及在表面很少損失。經由步級折射率的內部反射，光可沿著纖維長度傳輸。

在固定波長時纖維中的損失，可由衰減係數 α [相似於 (4-3) 式的吸收係數] 來描述，藉由通常表示式在沿纖維上距離 x 的信號強度可由常見的表示式相較於起始強度。

$$\mathbf{I}(x) = \mathbf{I}_0 e^{-\alpha x} \tag{8-6}$$

可是，其衰減對於所有波長不是相同的。所以小心選擇一單獨波長是重要的，圖 8-13 所示典型矽石玻璃纖維的 α 對 λ 圖。近 1.3 及 1.55 μm 處 α 中的下傾提供衰減中的"窗洞"，可清楚地被用來減少信號的退化。隨著波長的增加，衰減整個下降是由於減少從任意非同質性的散射，造成折射率變動大小與波長可比較。這種形式的衰減稱為**瑞利散射** (Rayleigh scattering)，以波長的四分之一功率減少。這種效應常在日升日落時看到，因為當藍、綠光的短波長衰減會造成紅、橙色的陽光，很明顯地，Rayleigh 散射促使光纖系統操作在長波長，然而，由於原子的振動激態組成玻璃，紅外線吸收的競爭進展決定比 1.7 μm 還長的波長。因此在矽石

---

[1] 折射率 **n** 為光速 c 在真空中對光速 v 在材料中的比率，即 **n**＝c/v。因此若圖 8-12a 中，$\mathbf{n}_1 > \mathbf{n}_2$，在材料2 的光速就大於在材料 1 中者，**n** 的值隨光的波長而有所變化。

第八章 光電元件 **473**

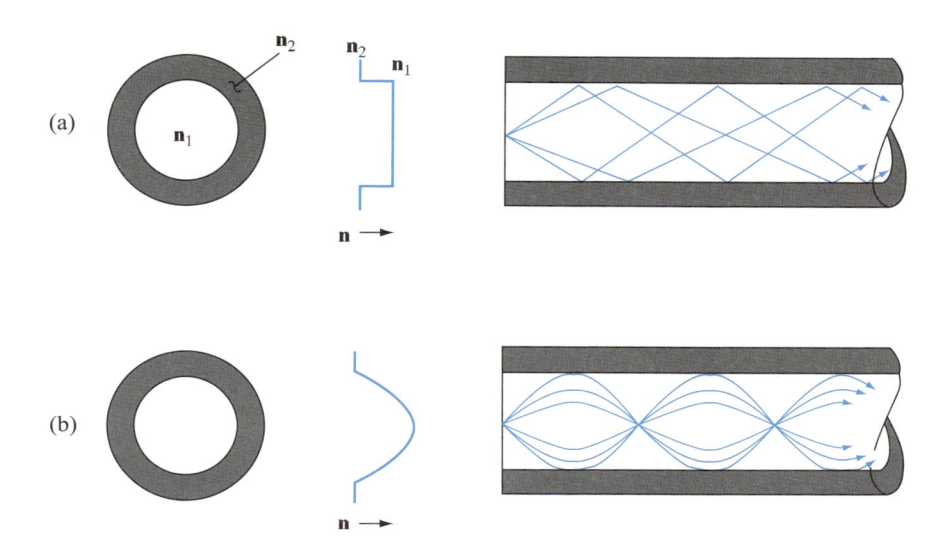

圖 8-12 多模光纖的二例：(a) **步級折射率**，有一稍大折射率 **n** 的核；(b) **漸變折射率**，在這情形中有一拋物線漸變 **n** 的核。這圖示出纖維的截面 (左邊) 折射率側面圖 (中心) 及典型的模式圖形。

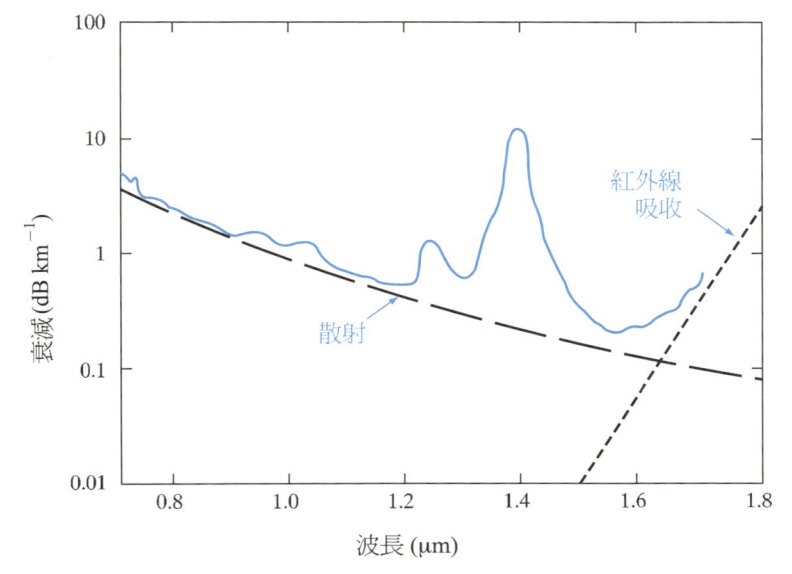

圖 8-13 有關熔性矽石光纖維的衰減係數 α 對波長 λ 的典型圖。其尖峰是主要地由於 OH^- 雜質。

光纖中有用的波長最小吸收率大約發生在 1.55 μm，也就是在 (In, Ga)(As, P) 系列的磊晶層中可以晶格匹配地成長在 InP 基板上 (見圖 1-13)。

另一個選擇工作波長的考量是脈衝色散 (pulse dispersion)，或者資料脈衝沿著纖維傳播時的展開。這效應是由頻率相依折射率引起，使不同的光頻率以稍有不同的速率行進在纖維內，這效應稱為**波長色散** (chromatic dispersion)，在圖 8-13 所示，1.3 μm 窗洞極少發生。其他造成色散的是不同模式以不同的路徑長度來傳播，(見圖 8-12a)。這類色散可藉由漸變核的折射率來減少 (見圖 8-12b)，使不同的模式連續地再聚焦，減少路徑長度中的不同。

光纖維系統中的光源可能是一雷射或一 LED。在雷射的情形中，光基本上是單一頻率，並容許極大的資訊頻寬。適合於光纖維通信的半導體雷射將在 8.4 節中討論。在早期光纖光電系統中，雷射及 LED 以容易完成的 GaAs-AlGaAs 系列製作最為便利，這些光源很有效能，且利用 Si p-i-n 或累增光二極體就可作成好的感測器，然而這些光源操作在接近 0.9 μm 的波長範圍，而在此的衰減比長波長更大。因此，現今系統，操作在圖 8-13 中接近 1.3 和 1.55 μm 的最小值。在這些波長中，利用 InGaAs 或 InGaAsP 成長在 InP 的光源，及利用相同的材料製作感測器 (見圖 8-8)。

多模 (multimode) 光纖(約 25 μm 直徑) 大於傳送同調雷射光束的**單模式** (single-mode) 纖維 (約 5 μm)。將許多光纖維紮成一束，以合適護套作機械強度，極大量的資訊可被傳輸極長的距離。[2]視光纖中的損失，沿路程需要有定期的轉發站，因此，在光纖系統中，需要許多光檢波器與 LED 或雷射光源。所以，半導體元件發展，包括合適的二元，三元及四元化合物作發光體及感測器，對光通信系統的成功實現有重大的關係。圖 8-14 顯示光纖通信系統的概要圖。

---

[2] 40 G-bit/s 變成傳輸的標準，超高密度波長多工 (ultradense-wavelength-division multiplexing, UDWDM) 系統可以達到 400 G-bit/s。這個方法是在同一條光纖中，利用稍微不同的波長或顏色來傳輸不同波段的資訊。數 G-bit/s 的傳輸率已實現，當這速率便於校正時人腦能傳送大約一個 G-bit/s 到大腦是不算什麼的。

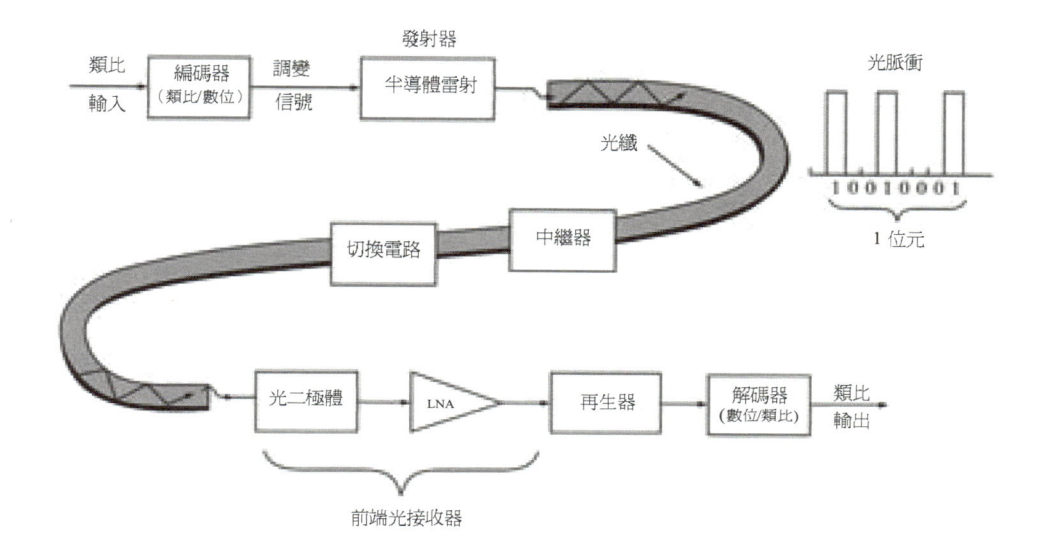

圖 8-14 顯示光纖通信系統的概要圖，說明電話或電視中，類比信號的傳輸。信號經過轉換後變成數位信號。當光脈衝被傳輸到光纖，這些數位信號被用來調整雷射光輸出。另外中繼器還會週期性的放大信號，補償光纖造成的損失。切換電力可以適當的傳輸信號。當光信號被光二極體傳輸到一個電子輸出後，低雜訊前級放大器(LNA)會將數位信號轉換為類比信號。由於傳輸過程所造成的數位信號失真(distortion)，將由再生器修正。

例題 8-3 $Al_xGa_{1-x}As$ 中的 x 值等於多少時才可以射出 680 nm 的紅光？將材料換成 $GaAs_{1-x}P_x$，重新回答前面的問題。

解 能隙 E_g (eV) = $1.24/\lambda$ (μm) = $1.24/0.68$ = 1.82 eV。
由圖 3-6，得到 $Al_{0.32}Ga_{0.68}As$。
由圖 8-11，得到 $GaAs_{0.68}P_{0.32}$。

8.3 雷 射

雷射 (LASER) 一詞為英文 *light amplification by stimulated emission of radiation* 的首字縮寫，它總合一種重要的光與電之元件操作。雷射是一種高度方向性單色相調光，而如此已革新歷時長久的光學問題，及已創造出些基本與應用光學的新領域。從雷射來的光視其型式可為低或中功率的連續光束，或者它可為一短叢強烈光而送出百萬瓦功率。光常常是人們與他們環境之間的原始通信鏈，但是直到雷射發明後，光源可用來發射資訊及執行一般曾為非單色亦不同調的實驗，以及是相當低的強度。因此雷射在光學是很有趣的，但在光電子學中是同等的重要，特別在光纖通信方面。在**雷射** (laser) 原文的最後三個字母本示意其裝置如何工作的意思，即經輻射性的激勵發射 (stimulated emission of radiation)。在第二章中，我們討論過當受激的電子落入較低的能態時就有輻射性發光，但是一般講這過程是隨意發生且可歸類作**自勵發光** (spontaneous emission)，這意即電子由較高能階 E_2 降落至較低能階 E_1 的速率在每時刻是和留在 E_2 中的電子數目 (E_2 的**能態分佈** (population)) 成比例，因此，若 E_2 中原始電子能態密度准許衰變，我們會預期電子的指數空缺注入較低能階，而以平均衰變時間描述平均電子有多少時間耗費在較高階，可是在較高或受激狀態中的電子不需要等待會自勵發光；如果這情形是真實的，它可被**激勵** (stimulated) 落入較低能階，及比它的平均自勵衰變時間更少的時間內發射出它的光子。其激源由適當波長的光子及時供給，讓我們想像在狀態 E_2 中的一電子等待自勵落至 E_1，伴隨著 $hv_{12}=E_2-E_1$ 的光子放射，(圖 8-15)。現在我們假設這電子在較高狀態中被浸在強烈光子領域中，每個光子具有 $hv_{12}=E_2-E_1$ 的能量及和其他光子同相位，這電子被趨使降低 E_2 到 E_1 的能量，促成一光子，其波是和輻射場同相位。若這過程繼續及其他電子以相同式樣被激勵來放射光子，一個大的輻射場可以建立。因為每個光子有正確的 $hv_{12}=E_2-E_1$ 能量，這輻射將是

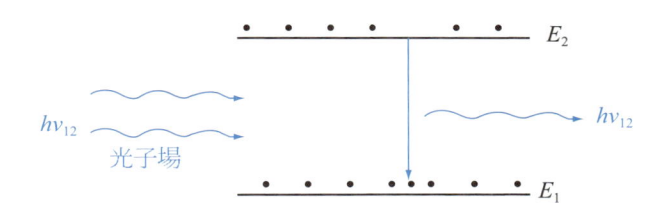

圖 8-15　電子從較高階至較低階的受激轉變，伴隨著光子發射。

單色的 (monochromatic)，又因為所有放出的光子將是同相位與加強性的，它將是**同調** (coherent) 的。激勵放射的這種過程可以用量子力學來描述，發射機率關聯於輻射場的強度。不用量子力學，我們在此處可做幾種有關吸收與發射過程時相對速率的觀察。讓我們假設 E_1 與 E_2 的瞬時密度分別為 n_1 與 n_2。我們從早期的分佈與波茲曼因子的討論可知，若二個階層包含相等數目的可用狀態，其**熱平衡** (thermal equilibrium) 時相對能態分佈為

$$\frac{n_2}{n_1} = e^{-(E_2-E_1)/kT} = e^{-h\nu_{12}/kT} \tag{8-7}$$

這方程式的負指數指示在平衡時 $n_2 \ll n_1$，即是多數電子是在較低能量階中，如所預期者若原子存在光子輻射場中有能量 $h\nu_{12}$，使其場的能量密度為 $\rho(\nu_{12})$，[3] 則激勵放射和吸收與自勵發射可同時發生。激勵發射的速率是對較高階中電子的瞬時數目 n_2 與激勵場的能量密度 $\rho(\nu_{12})$ 成比例。因此，我們可寫出激勵發射率為 $B_{21}n_2\rho(\nu_{12})$，其中 B_{21} 為比例因子。E_1 中電子吸收光子的速率亦會對 $\rho(\nu_{12})$ 與 E_1 中電子能態分佈成比例。所以其吸收率為 $B_{12}n_1\rho(\nu_{12})$，其中 B_{12} 為吸收的比例因子。最後，自勵發射的速率是僅對較高階的能態分佈成比例，更再介紹另一係數，我們可寫出自勵發射率為 $A_{21}n_2$。關於穩定狀態，二種發射率必須平衡吸收率以維

---

[3] 能量密度 $\rho(\nu_{12})$ 指示由於光子具有 $h\nu_{12}=E_2E_1$，每單位體積與每單位頻率輻射場中的總能量。

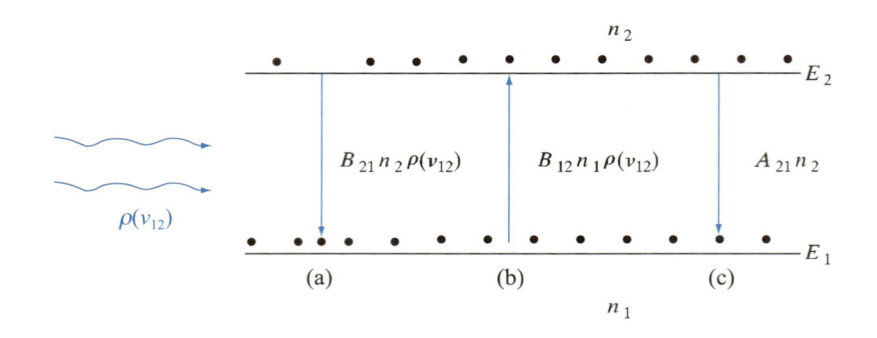

圖 8-16 在穩定狀態中吸收與發射的平衡：(a) 激勵發射；(b) 吸收；(c) 自勵發射。

持恆值的能態分佈 n_1 與 n_2 (圖 8-16)。

$$B_{12}n_1\rho(v_{12}) = A_{21}n_2 + B_{21}n_2\rho(v_{12})$$
$$\text{吸收} = \text{自勵發射} + \text{激勵發射} \tag{8-8a}$$

這關係式係由愛因斯坦描述，其係數 B_{12}，A_{12}，B_{21} 均為愛因斯坦係數 (Einstein coefficients)，我們從 (8-8a) 式注意到，從較高狀態轉變到較低狀態不需要能量密度 ρ；自勵發射發生不必用能量密度驅動它。可是，反轉是不確實的；激勵一個電子到較高狀態 (吸收) 需要外加能量，像我們在熱力學上所預期的。

在熱平衡時，激勵發射率對自勵發射率之比一般是很小的，且激勵發射的貢獻是可以忽略的。在一光子場中，

$$\frac{\text{激勵發射率}}{\text{自勵發射率}} = \frac{B_{21}n_2\rho(v_{12})}{A_{21}n_2} = \frac{B_{21}}{A_{21}}\rho(v_{12}) \tag{8-8b}$$

照 (8-8b) 式指示，要加強激勵發射率超過自勵發射率的方法是要有極大的光子場能量密度 $\rho(v_{12})$。在雷射中，提出一**光學共振腔** (optical resonant cavity) 所增強，其中光子密度在某頻率 (v) 時，經過多重內部反射可建立

一大的數值。

同樣地，為得到比吸收更大的激勵發射率，我們必須有 $n_2 > n_1$：

$$\frac{激勵發射率}{吸收率} = \frac{B_{21}n_2\rho(v_{12})}{B_{12}n_1\rho(v_{12})} = \frac{B_{21}}{B_{12}}\frac{n_2}{n_1} \tag{8-9}$$

因此，若從輻射場中激勵發射是主宰光子的吸收，我們必須有方法在較高階比較低階維持更多電子。因為 (8-7) 式指示 n_2/n_1 在任何平衡情況中是小於一，這情形就十分地反常。由於這不尋常的特性，$n_2 > n_1$ 的情形稱為**分佈反轉** (population inversion)，亦可稱為**負溫度** (negative temperature) 的情況。這頗令人驚奇的術語加強分佈反轉的不平衡本性，且引入在 (8-7) 式的 n_2/n_1 比只在溫度是負時才可以大於一，當然，這樣表達的方式，並非暗指任何一般對溫度字面上的意義。(8-7) 式為一熱平衡方程式，事實上，沒有負溫度的概念，它不能應用於分佈反轉的情況。

總而言之，(8-8b) 式及 (8-9) 式指出若光子密度經由激勵發射超越自勵發射與吸收而建立，二種需求必須滿足，我們必須供應 (1) 光學共振腔來促使光子場建立及 (2) 得到分佈反轉的方法。

藉由反射鏡面將光子前後反射以獲得光學共振腔建立光子能量密度。單或雙端的鏡面造成部分穿透，使部分的光"漏出"共振系統。這穿透的光就是雷射的輸出。當然，在設計這樣的雷射時必須選擇穿透的數量以對共振系統有小的干擾，光子每通過兩平面端的增益必須大於兩端的穿透，雜質的散射，吸收及其他的損耗，平面的排列提供多重的內部反射和在法布立-柏若干涉儀所用的一樣；[4]因此，雷射腔的反射端通常如法布立-柏若面。如圖 8-17 所示，若半波長的整數倍，可在鏡面端內形成，則單一頻率的光，可隨著增強 (同調) 的共振腔來回反射。因此激勵發射的腔體長度必須

---

[4] 干涉儀在許多二年級制物理課文中有討論到。

480 半導體元件

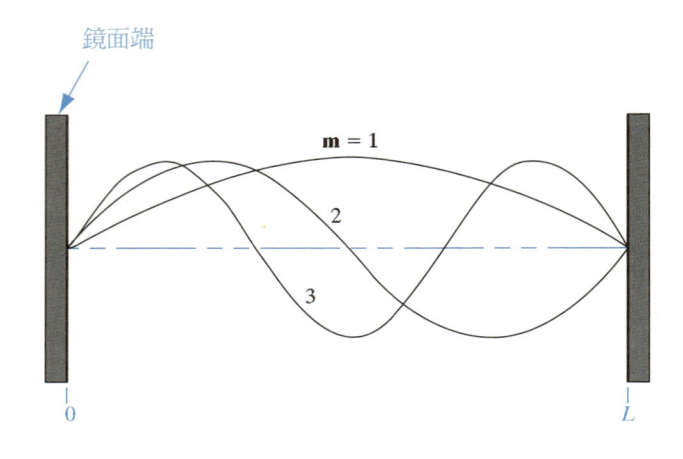

鏡面端

圖 8-17　雷射腔內的共振模式。

$$L = \frac{m\lambda}{2} \tag{8-10}$$

在此公式中 λ 是雷射材料的光子波長。如果想使用大氣 (通常視為真空) 中輸出光波長 λ_0。雷射材料的折射率 **n** 必須要考慮：

$$\lambda_0 = \lambda n \tag{8-11}$$

　　實際而言，$L \gg \lambda$，及 (8-10) 式會自動地滿足某些越過鏡面部分，一個重要的例外發生在 8.4.4 節討論的垂直腔表面發光之雷射，其腔體長度和波長是可比較的。

　　有許多方法以獲得許多固態，液態，氣態中原子階層，及半導體能帶中的分佈反轉，因此，不同材料的雷射系統的機會是多樣的，早期雷射系統用的是紅寶石桿，在氣體雷射中，電子在分子中受激至介穩階層，以完成分佈反轉。這些有趣及有用的雷射系統，但鑑於在本書中我們著重半導體元件，我們將移至半導體雷射的描述。

8.4 半導體雷射

當第一個 p-n 接面雷射於 1962 年用 GaAs (紅外光)[5] 與 GaAsP (可見光)[6] 製成時,雷射變成半導體元件技術的重要部分。我們已討論過由於 p-n 接面 (LEDs) 不同調光發射是由注入的電子和電洞越過接面自發性復合。在本節中,我們將集中在由於注入載子所形成分佈反轉的需求,與 p-n 接面雷射中同調光的特性。在幾個重要方面這些元件和固體氣體及液體雷射不同。接面雷射是非常地小 (典型地在 0.1×0.1×0.3 毫米階次),它們呈現高度效率,而雷射輸出容易由控制接面電流來調變。例如和紅寶石或 CO_2 雷射相比較,半導體雷射工作在低功率;另一方面,這些接面雷射在輸出功率和 He-Ne 雷射相競爭。因此半導體雷射的功能是提供一輕便與容易可控制的低功率同調輻射源。它們是特別適合於光纖通信系統 (8.2.2 節)。

8.4.1 接面的分佈反轉

若 p-n 接面在退化材料之間形成,在順向偏壓下的能帶如圖 8-18 所示,若其偏壓 (而因此電流) 是足夠大的話,電子與電洞被注入並穿越過渡區大量的濃度。照其結果,在接面附近的區域絕無空乏載子,這區域包含導電帶內大量電子濃度與價電帶內大量電洞濃度。若這些分佈密度夠大,分佈反轉的情況會發生,且在接面附近發生這些情形的區域稱為**反轉區** (inversion region)。[7]

在接面的分佈反轉,最好以使用**準費米能階** (quasi-Fermi levels) 的觀

---

[5] R. N. Hall et al., *Physical Review Letters* 9, pp. 366-368 (November 1, 1962); M. I. Nathan et al., *Applied Physics Letters* 1, pp. 62-64 (November 1, 1962); T. M. Quist et al., *Applied Physics Letters* 1, pp. 91-92 (December 1, 1962).

[6] N. Holonyak, Jr., and S. F. Bevacqua, *Applied Physics Letters* 1, pp. 82-83 (December 1, 1962).

[7] 這和有關 MOS 電晶體所使用的名稱有不同意義。

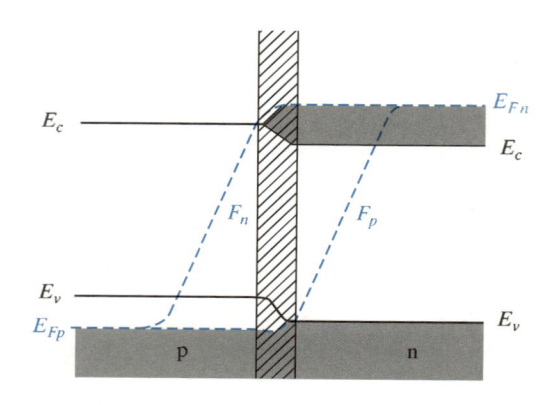

圖 8-18 順向偏壓下 p-n 接面雷射的能帶圖，其斜線區域指示在接面的反轉區。

念來描述 (4.3.3 節)，因為圖 8-18 的順向偏壓情形是一種明顯地非平衡狀態，平衡方程式所定義的費米能階是不適用的，尤其在反轉區 (及深入 p 材料幾個擴散長度) 中電子濃度遠大於平衡統計所指；在 n 材料中所注入電洞也相同真實。我們可使用 (4-15) 式，並以在穩定狀態中電子與電洞的準費米能階的型式來描述載子濃度。因此

$$n = N_c e^{-(E_c - F_n)/kT} = n_i e^{(F_n - E_i)/kT} \tag{8-12a}$$

$$p = N_v e^{-(F_p - E_v)/kT} = n_i e^{(E_i - F_p)/kT} \tag{8-12b}$$

利用 (8-12a) 式及 (8-12b) 式，我們可在知道電子和電洞分佈的任何能帶圖上畫出 F_n 與 F_p。例如，在圖 8-18 中，中性 n 區域中的 F_n 基本上是相同於平衡費米能階 E_{Fn}。在 n 邊中的電子濃度是等於它的平衡值是程度上的真實。可是，因為很多電子被注入越過接面，接面附近的電子濃度開始在高值，而指數性地衰變至深入 p 材料中它的平衡值 n_p，所以 F_n 從 E_{Fn} 降落如圖 8-18 所示，我們注意深入在中性區中，其準費米能階基本上是相同的。在任意處 F_n 與 F_p 的間隔是在該處離開平衡的量度。因為 F_n 與 F_p 所間隔的能量是大於能隙 (圖 8-19)，這個分離在反轉區中是要重視的。

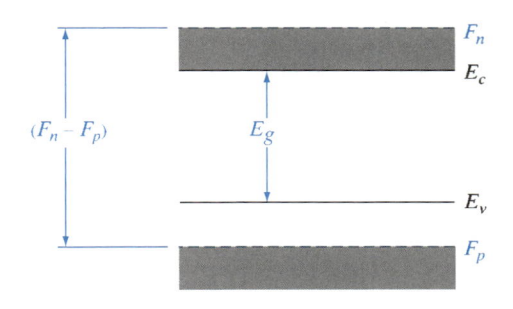

圖 8-19 反轉區的擴大圖。

不像在 8.3 節中所討論的二個能階系統情形，半導體中有關分佈反轉的情況必須考慮能帶之間對於躍遷可利用的能量分佈。分佈反轉的基本定義保持──兩個能階之間以能量 $h\nu$ 分離的激勵發射所主宰，高能階的電子分佈一定大於低階的電子分佈。半導體不尋常的現象是能階帶可利用作這種躍遷。分佈反轉顯然存在圖 8-19 中導電帶的底部 E_c 與價電帶的頂部之間作躍遷，事實上，在分佈反轉情況之下，躍遷可在導電帶能階高達 F_n 及價電帶的能階可低至 F_p 之間發生。在半導體中當給定的躍遷能量 $h\nu$，

$$(F_n - F_p) > h\nu \tag{8-13a}$$

此時分佈反轉已存在。

關於能帶對能帶的躍遷，對具有 $h\nu = E_c - E_v = E_g$ 的光子，使分佈反轉發生的最低需求為

$$(F_n - F_p) > E_g \tag{8-13b}$$

當 F_n 及 F_p 在它們個別的能帶內（如圖 8-19 中），激勵發射可主宰 $h\nu = (F_n - F_p)$ 至 $h\nu = E_g$ 的整個躍遷範圍。我們將會明白，有關雷射作用主要躍遷大都由共振腔與強烈復合輻射在 $h\nu = E_g$ 附近發生來決定。

關於選擇接面雷射製作材料方面，電子-電洞復合直接發生是必須的，而不是經由在 Si 或 Ge 中所主宰的陷阱過程，砷化鎵是這種"直接"

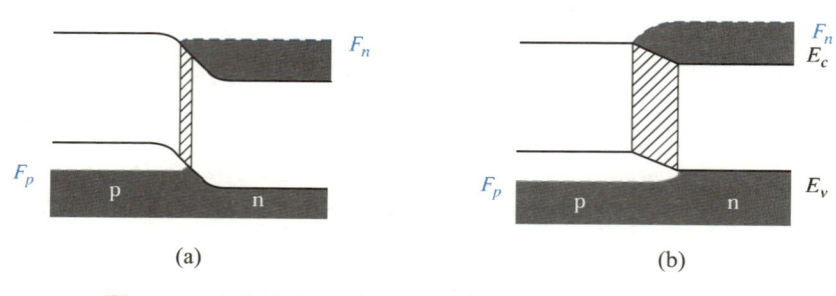

圖 8-20　在順向偏壓時變化反轉區寬度 $V(a) < V(b)$。

半導體之一例。再者，我們必須能摻雜材料成 n 型或 p 型來形成一接面。若在接面區中能建立一適合的共振腔，即可產生雷射，其中分佈反轉由偏壓電流至其接面完成(圖 8-20)。

8.4.2　p-n 接面雷射的發射頻譜

在順向偏壓下，反轉層可沿著接面平面得到，其中大量電子分佈是和大量電洞分佈在相同的位置，再次看圖 8-19 指出，光子的自勵發射是由於電子電洞的直接復合而發生，放出約 $F_n - F_p$ 至 E_g 範圍的能量。也就是電子可越過 F_n 至 F_p 能量而復合，產生出有能量 $h\nu = F_n - F_p$ 的光子，或電子可從導電帶的底部至價電帶頂部而復合，釋放出具有 $h\nu = E_c - E_v = E_g$ 的光子。這二種能量作為雷射頻譜約略的外側限制。

參與激勵發射中的光子波長由共振腔長度如 (8-10) 式決定。圖 8-21 所示半導體雷射發射強度對光子能量的典型圖。在低電流階層 (圖 8-21a) 時，獲得包含 $E_g < h\nu < (F_n - F_p)$ 範圍中能量的自勵發射頻譜。當其電流被增加到一程度時有相當的分佈反轉存在，激勵發射在相當於腔模的頻率上發生，如圖 8-21b 所示。這些模相當於腔內所適合的半波連續的整數倍，如 (8-10) 式所描述。最後在更高電流階層時，最喜歡的模或一組模將主宰頻譜輸出 (見圖 8-21c)。這很強的模代表元件的主雷射輸出，這輸出光幾乎將由比較弱的輻射背景上重疊單色輻射也就是由自勵發射所組

(a)　　　　　　　(b)　　　　　　　(c)

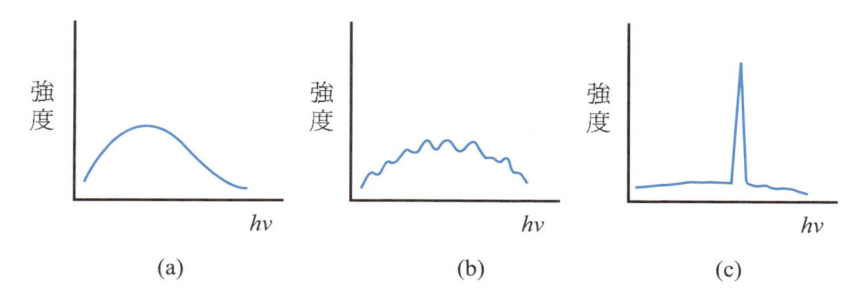

圖 8-21 接面雷射的光強度對光子能量 hv：(a) 臨界以下的不同調發射；(b) 在臨界的雷射模；(c) 臨界以上的主雷射模強度標度由 (a) 至 (b) 至 (c) 大大地縮小。

成。

圖 8-21b 中各模的間隔事實上頗複雜，有關 GaAs 的折射率 **n** 視波長 λ 而定，而從 (8-10) 式中，有

$$\mathbf{m} = \frac{2L\mathbf{n}}{\lambda_0} \tag{8-14}$$

若 **m** (L 中半波長的數目) 夠大，我們可使用其導數求出它對 λ_0 的變化率

$$\frac{d\mathbf{m}}{d\lambda_0} = -\frac{2L\mathbf{n}}{\lambda_0^2} + \frac{2L}{\lambda_0}\frac{d\mathbf{n}}{d\lambda_0} \tag{8-15}$$

現在回復至 **m** 與 λ_0 中個別的變化，我們可寫出

$$-\Delta\lambda_0 = \frac{\lambda_0^2}{2L\mathbf{n}}\left(1 - \frac{\lambda_0}{\mathbf{n}}\frac{d\mathbf{n}}{d\lambda_0}\right)^{-1}\Delta\mathbf{m} \tag{8-16}$$

若我們設 $\Delta\mathbf{m} = -1$，可計算出相鄰模之間 (即 **m** 與 **m** -1 模之間) 波長 $\Delta\lambda_0$ 中的變化。

8.4.3　基本半導體雷射

為建造一個 p-n 接面雷射，我們需要在一個高摻雜及直接半導體 (例

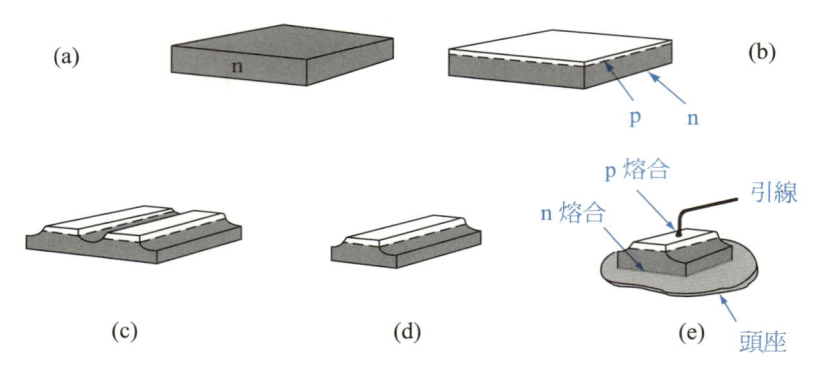

圖 8-22　簡單接面雷射的製作：(a) 退化的 n 型樣品；(b) 擴散的 p 層；(c) 以切割或蝕刻將接面隔開；(d) 個別接面被切開或劈裂成元件；(e) 裝妥的雷射結構。

如 GaAs) 中形成一接面，並用正確的幾何關係來建立共振腔，及將接面接於座板，允許有效的熱轉移，第一個雷射是如圖 8-22 所製作。以一退化的 n 型樣品作開始，在一邊形成 p 區，例如把 Zn 擴散進入於 n 型 GaAs。因為 Zn 是在週期表的第二列中及被納入代替 Ga 位置，它充作 GaAs 中的受體；所以大量摻雜的 Zn 擴散層形成 p$^+$ 區 (圖 8-22b)。在這情形時，我們有大平面面積的 p-n 接面。其次沿著樣品長度切割或蝕刻作凹槽，如圖 8-22c 所示，留下一串列互相隔離的長 p 區。這些 p-n 接面可被切開或折斷開 (圖 8-22d)，而後裂開成想要長度的元件。

　　此時在製作過程中必須考慮到共振腔的重要需求，腔的前面與背面 (圖 8-22e) 必須平面且平行。這可用劈裂來完成。若其樣品已經被定方位，如圖 8-22d 的長接面垂直於材料的晶面，這就可能沿著這面劈裂樣品成雷射元件，使晶體結構本身供給平行面。然後將這元件安置於適當的頭座上，作接觸到 p 區。有關大的順向電流階層，可使用不同的技術來供給元件適當的散熱座。

8.4.4　異質接面雷射

　　以上所描述的元件為半導體雷射早期發展所使用的第一種型式，因為這種元件僅包含一個接面,它被稱作**單接面** (homojunction) 雷射,為獲得更有效的雷射及特別製造雷射在室溫中操作,就必須在雷射結構中使用多層。這種元件稱為**異質接面雷射** (heterojunction lasers),可被用來在室溫中繼續操作以滿足光通信的需求,異質接面雷射的例子如圖 8-23 所示,在這結構中,所注入的載子被限制在狹窄區域,使分佈反轉可在低電流予以建立。其結果是雷射作用開始時降低了**臨界電流** (threshold current),載子的限制在這單一異質接面雷射中以 AlGaAs 磊晶成長在 GaAs 上。

在 GaAs 中,由於電子注入效率高於電洞注入,其雷射作用主要發生在接面的 p 邊上。在一般 p-n 接面中,所注入的電子擴散到 p 材料,使分佈反轉只在近接面處的電子分佈可部分發生。可是,若 p 材料是狹窄且終止於障壁,所注入的電子將被限制在接面附近。在圖 8-23a 中,一層 p 型 AlGaAs ($E_g \simeq 2$ eV) 的磊晶層生長在薄 p 型 GaAs 的頂部上面。因為注

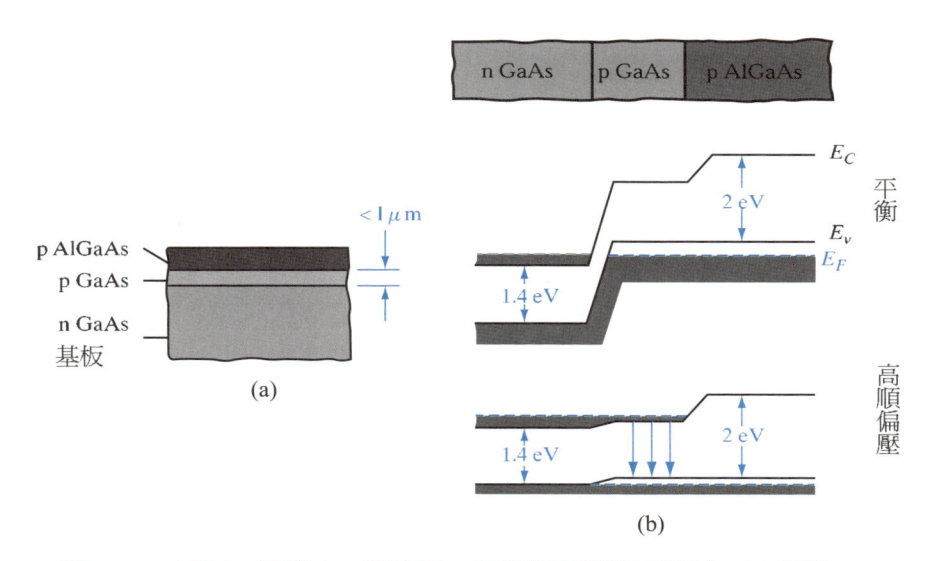

圖 8-23 雷射二極體中,利用單一異質接面作載子限制:(a) 薄的 p 型 GaAs 層上所生長的 AlGaAs 異質接面;(b) 對(a) 結構的能帶圖,示出在偏壓下限制電子在薄的 p 區。

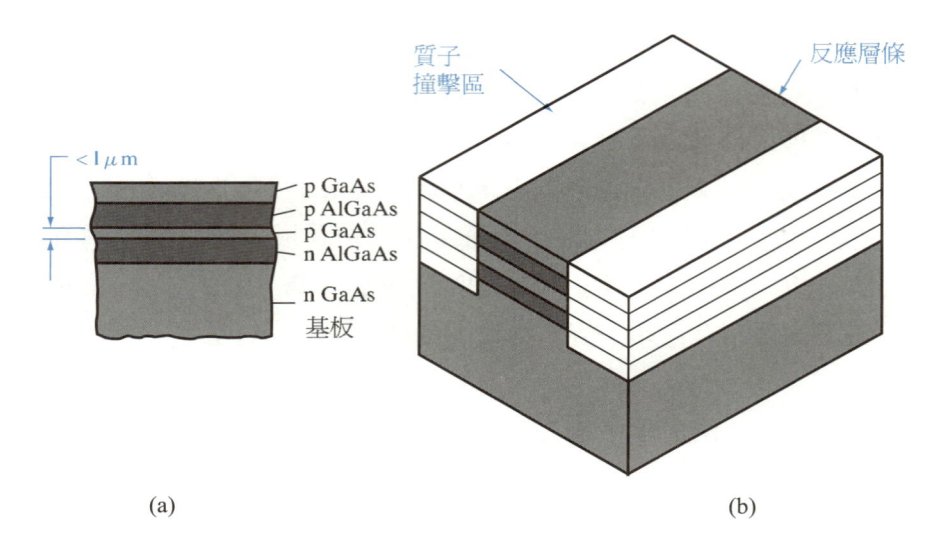

圖 8-24　雙-異質接面雷射結構：(a) 使用多層來限制注入載子與提供波導所產生的光；(b) 設計狹條幾何以限制電流注入沿著發射方向至狹條，許多可得到這一狹條的幾何形狀方法之一，以 (b) 中陰影區的質子撞擊得到，使得 GaAs 與 AlGaAs 轉變成半絕緣形式。

入電子無法克服在 GaAs-AlGaAs 異質接面的障壁，AlGaAs 的寬能隙有效地限定了 p 型 GaAs 層 (圖 8-23b)。限制所注入電子，在實質上，雷射作用的發生所需電流較簡單 p-n 接面為低。除了載子的侷限效應外，在異質接面上折射率的變化提供一導波管效應作為光子的光侷限。

把反應的 GaAs 層夾在二層 AlGaAs 間 (圖 8-24) 可得更進一步的改善，這雙-異質接面 (double-heterojunction) 結構更約束所注入的載子至反應區，及在 GaAs-AlGaAs 邊界折射率中的變化幫助限制所產生的光波。在圖 8-24b 所示雙-異質接面雷射中，所注入的電流被限制在沿發射方向的狹條，以減少驅動元件所需的總電流。這型式的雷射特別適合於光纖通信系統。

個別侷限及漸變折射率通道　在圖 8-24 中所示的雙-異質接面雷射的缺點之一是載子侷限與光波導都和異質接面有關，藉由使用一狹窄侷限區使

第八章 光電元件 **489**

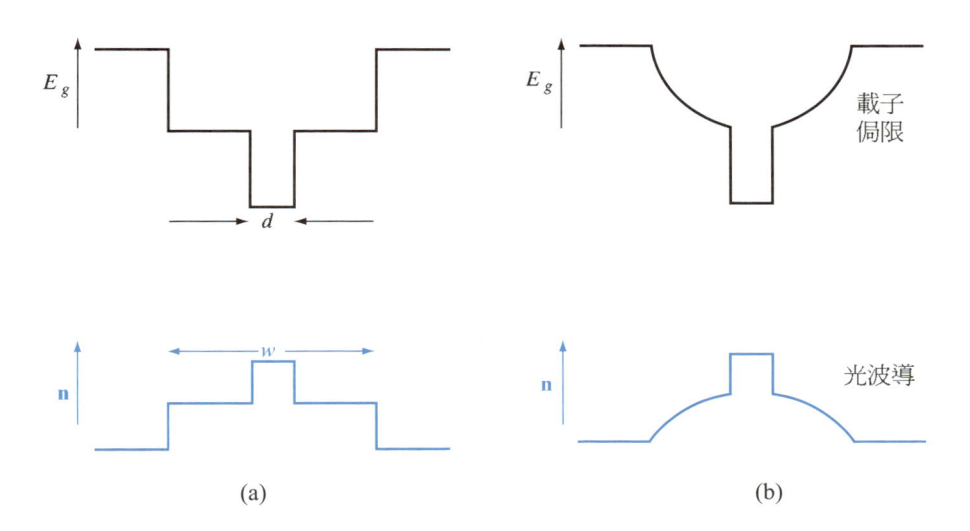

圖 8-25 載子和波導的個別侷限：(a) 在 AlGaAs 混合物組成中利用個別改變以侷限載子在最小能帶隙 d 的區域，並在較大的步階式折射率獲得波導；(b) 漸變混合物組成，也因此折射率，有較佳的光波導及載子侷限。

載子保持在高復合區中，及某種較寬的光波導區域，可使這兩個功能變得更好。在圖 8-25a 中所示為**個別侷限** (separate confinement) 雷射其中光波導區域 (w) 是利用在個別異質接面的步階式折射率來限制載子得到最佳化。例如，在 GaAs-Al$_x$Ga$_{1-x}$As 系列中 x 分量大的邊界 (較小的折射率) 光侷限比在載子侷限障壁的光侷限 (波導) 多更多，藉由 AlGaAs 的漸變組成，可能可獲得更佳的光波導。例如，在圖 8-25b，一拋物線漸變折射率用於雷射中的波導，相似於用於光纖的圖 8-12 所示。這種**折射率漸變分隔限制式異質結構** (graded index separate confinement heterostructure) 雷射也提供了內建電場來得到較好的電子限制。

垂直腔表面發光雷射 (VCSELs) 光垂直表面發射的雷射結構有包含便於封裝前在晶片上測試的優點。VCSELs 是一種有趣方式，其中腔體鏡面由 DBRs 所取代，也就是用許多間隔開的部分反射物，將光結構性地反射，DBRs 可由 MBE 或 OMVPE 所成長。在圖 8-26 中，VCSEL 底部的 DBR

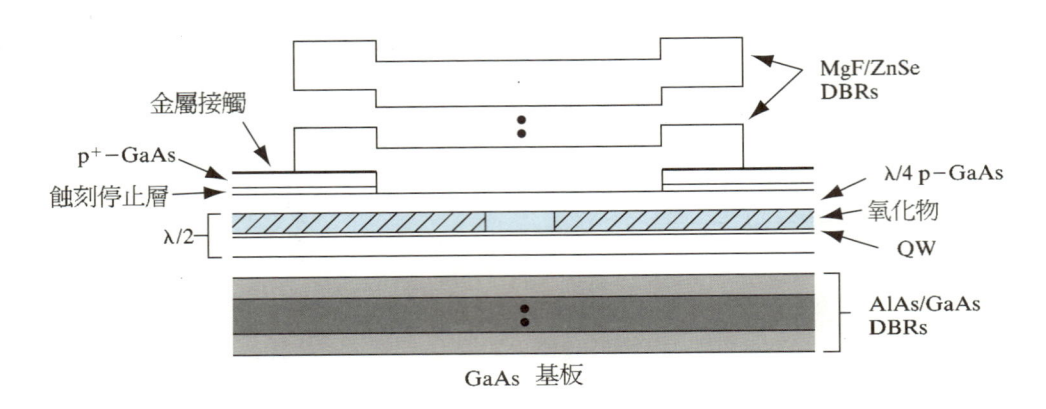

圖 8-26 氧化-侷限垂直腔表面發光雷射二極體之剖面圖例。

鏡面，是由許多 AlAs 和 GaAs 交替層所組成，而厚度為各材料的四分之一波長。上方的鏡面是由沉積介電層 (ZnSe 及 MgF 交替) 所組成。藉由側向氧化 AlGaAs 層形成氧化鋁來完成氧化層的方法將電流從頂部接觸集中到反應區。雷射的作用區是由 InGaAs-GaAs 量子井執行，且在兩個 DBRs 間的 GaAs 腔是一波長長。VCSEL 可以用比其他結構更短的腔體作成，並又同 (8-16) 式的結果，各雷射模間以波長寬大的分隔。因此，要單一模雷射操作 VCSEL 是更容易完成的，這樣的元件中，在很低的電流 ($< 50\ \mu A$) 就可以發出雷射。

8.4.5 半導體雷射的材料

我們已經討論過大部分用 GaAs 及 AlGaAs 的接面雷射性質，然而，如 8.2.2 節所討論的，InGaAsP/InP 系列是特別適合在光纖通信系統中所使用的雷射型式。晶格匹配 (1.4.1 節) 在磊晶成長完成異質結構中是重要的，AlGaAs 能隙可選擇第 III 列次晶格上的合成予以變更的事實，容許障壁的形成與侷限各層如同在 8.4.4 節中所示。InGaAsP 四元混合物是在製作雷射二極體中是特別多變通性的容許波長相當多的選擇與晶格匹配的變動性。藉由選擇組成，光纖用的雷射可以完成在紅外線 1.3-1.55 μm

的範圍。因為四種組成在選擇一混合物組成時可以變動，InGaAsP 容許同時選擇能隙 (而所以發射波長) 與晶格常數 (為匹配晶格在合適的基板上成長)，然而在許多應用中，需要其他波長範圍作雷射輸出。例如，污染診斷方面雷射的使用需求比 InGaAsp 與 AlGaAs 中可利用的紅外線更長的波長。在這應用中，三元混合物 PbSnTe 提供雷射輸出波長視材料的合成而定在低溫時從約 7 μm 至更高於 30 μm。InGaSb 系列可用在中帶波長。

有關半導體雷射製作所選擇的材料必須是有效的發光體，也要容易控制 p-n 接面的形成，且大多數情形中形成異質接面的障壁，這些需求使一些材料自雷射二極體實際使用中剔除。例如，具有間接能隙的半導體在實際的雷射製作時是不足作有效發光體的，在另一方面 II-VI 化合物，一般發光是非常有效率，但接面難以形成，藉由如 MBE 或 MOVPE 現今的長晶技術，ZnS, ZnSe, ZnTe, 及這些材料的混合物利用 N 當成受體，將可能成長接面。在這些材料作成的雷射發射出光譜中，大多在綠光及藍-綠光範圍。

近年來使用 GaN 及其和 InN 及 AlN 的混合物在成長大能隙半導體上已有極大的發展，InAlGaN 系列在整個混合物的組成範圍為直接能隙且因此提供了非常有效率的發光，能隙範圍從 InN 約 2 eV 到 GaN 的 3.4 eV 及 AlN 的 5 eV。如此覆蓋了波長範圍約從 620 nm 至大約 248 nm，就是從藍光到 UV。對此領域興趣的回復，是由日本 Nichia 公司的 Nakamura 的產品所引起的，他展示了非常高效率的 GaN 藍光二極體。

從 1970 年代，Pankove 開拓的工作中，妨礙此領域發展問題的其中兩個，是缺乏與 GaN 相當晶格匹配的基板，且在這半導體中無法完成 p-型摻雜，因為氮提供的前導 (一般為氨水) 的高蒸氣壓，GaN 厚材晶體無法容易成長。如此必須在高溫高壓成長，也排除在磊晶成長用厚材 GaN 晶片當基板，然而磊晶層除了晶格不匹配外可以具有合理的成效，成長在其他基板。

GaN 存在閃鋅晶格形式 (這是優先結構) 如同六邊纖維鋅礦形式。近來立方 GaN 表示了在藍寶石上異質磊晶成長，即使對 GaN 並沒有晶格匹配，事實上，藍寶石並非為立方晶系結構，而是六角晶系結構。GaN 約 4.5 Å 的晶格常數，而藍寶石是 4.8 Å，如此是極大的晶格不匹配，然而，與一般期望的相反，利用氨水及三甲基鎵，MOCVD 可以將高品質的 GaN 磊晶膜長在藍寶石上。藉由藍色 LED 及在這些氮化物中完成短波長雷射的證據，高品質膜的一個可能原因是這些大能隙半導體有很強的化學鍵。這樣明顯地妨礙從異質交接面從插排缺陷易傳遞到元件中的作用部分而形成陷阱且消磨光學效率。已有其他晶格不匹配的基板 SiC 已成功地使用在這些氮化的半導體上。

在氮化物需求中的第二個突破是能完成高摻雜 p-型，使 p-n 接面得以形成，已證實 MOCVD 的鎂 (第二列元素) 摻雜，接著經由高溫退火，可在這系統中用來完成高濃度受體。

為何如同藍色 LEDs 及半導體雷射的短波長發光體如此的重要了，如同在 8.2.1 節所討論，高效率紅、綠及黃-綠光 LEDS 在 GaAsP 系列中利用如 N 的等電子摻雜觀念已存在一段長時間。完成高效率藍色發光體一直是光電協會的主要目標。因為伴隨著紅、綠、藍色完成了色彩的三原色。事實上，以 GaN 製成的藍色 LED，已組合其他顏色的 LED 以形成非常強烈的白光光源，而其明亮的效率超過一般燈泡的光。紅、綠及藍發射體的矩陣排列，可用來作室外的看板及 TV 螢幕，紅、黃及綠色 LEDs 將候選為交通號制，因為它們和一般燈泡的光相比有較高的可靠度及生命期，並可節省能源。

對如同比光碟更高密度數位多功能碟片的儲存應用而言，如 UV/藍光半導體雷射的短波長發射體是重要的，碟片的儲存密度是和用來讀資料的雷射波長成平方根反比，因此降低雷射波長的一半將使得儲存密度增加四倍。如此增加儲存能力開啓了之前傳統 CD 不可能完成的 DVD 整體新應用，例如，整片電影的儲存，在這快速發展的領域，近來成功的例子是由 InGaN，多層-量子井異質結構完成的 417 nm 半導體雷射。

總　結

8.1 光被半導體發射和吸收造就了有用的光電元件。一般而言，**直接能隙材料**可以射出光線。間接能隙半導體的發光效率因為需要牽涉到光子 (攜帶能量，但動量小) 和聲子 (攜帶動量，但能量小) 所以較差。

8.2 在一些光電元件裡，**電子電洞對 (EHPs)** 因為**吸收光**而**產生**。這些載子在太陽能電池或光偵測器裡可以被收集為電能。產生的 EHPs 會加進二極體裡因熱產生的反向電流 (8-2) 式，從這裡我們可以得到太陽能電池裡的開路電壓或短路電流，這是一個有潛力的可再生能源。

8.3 在光偵測器裡，必須在**速度** (短的吸收區域，其過渡時間較短) 和**敏感度之間** (需要長的吸收區域) 做取捨。精巧的結構能同時考慮到兩者，例如**波導**光偵測器。我們可以藉由使用 APDs 得到**增益**，因為衝撞游離化碰撞 (impact ionization) 可以增加 EHPs 的產生。然而，代價是光二極體裡的衝撞游離化碰撞雜訊增加。

8.4 光二極體，以及光發射器，和光纖一起使用在光纖通信裡，光纖通信是現在的網路和全世界通訊的支柱。光纖是一種波導，它的工作基礎是光從外層的低折射係數到高折射係數介質 (玻璃) 的內部全反射。

8.5 半導體僅可以使用於偵測光子，也可以藉由**直接能隙半導體**內的 EHPs 結合來發射光子。光發射器可以是非同調的，例如 LEDs，或是同調的，例如雷射。光的顏色視半導體而定，因為光子頻率和能隙成正比(普朗克關係)。

8.6 雷射的製造比 LED 難，因為需要的不只是 EHPs，還有**分佈反轉** (較高能階的載子比低能階多)。這促使**相位同調** (phase-coherent) 的激勵輻射 (由愛因斯坦 B 係數決定) 來主導整個非相位同調的自勵輻射 (phase-incoherent spontaneous radiation，由愛因斯坦 A 係數決定)。雷射需要光學共振腔來建立光子場。光可以從共振腔側面傳出，像在側射型雷射，或從上方的表面，就像是垂直腔表面發光雷射(VCSELs)。雙異質結構的雷射很有用，因為它可以限制住載子和光子。

練習題

8.1 對圖 8-7 p-i-n 光二極體，(a) 解釋為何這種偵測器沒有增益；(b) 解釋如何使元件對退化速度的低階光更有感應；(c) 若這元件是用來偵測 $\lambda = 0.6$ μm，你將用什麼材料與在什麼樣的基板上成長。

8.2 一個 2 cm×2 cm 的 Si 太陽能電池具 $I_{th} = 32$ nA，10^{18} EHP/cm^3-s 的光產生率，$L_p = L_n = 2$ μm 的接面，如果空乏寬度是 1 μm，計算此元件的短路電流和開路電壓。

8.3 一個暗飽和電流 I_{th} 為 5 nA 的太陽能電池在照光下，使得短路電流為 200 mA，繪出如圖 8-6 的電池 I-V 曲線，記住 I 為負數，但繪正值作 I_r)。

8.4 太陽電池的主要問題為內電阻，一般在表面的薄區域中，必須只部分接觸，如圖 8-5 所示，假定練習題 8.3 的電池有 1 Ω 的串聯電阻，使電池電壓減少有 IR 壓降。試重繪這情形的 I-V 曲線，並和練習題 8.3 作比較。

8.5 圖解及討論幾種半導體材料必須如何用在一起以獲得一更有效的太陽電池。

8.6 假設一光電導用長 L 面積 A 的棒形狀做成，外加固定電壓 V，並照光，使得整體有一 g_{op} EHP/cm^3-s 均勻產生率，若 $\mu_n \gg \mu_p$，我們可假設光促使 ΔI 的電流改變是由電子遷移率 μ_n 及活期 τ_n，試證明這個光電導的 $\Delta I = qALg_{op}\tau_n/\tau_t$，其中 τ_t 是電子漂移棒長的過渡時間。

8.7 Al$_x$Ga$_{1-x}$As 的 x 組成為何時可產生 680 nm 的紅光發射，而

GaAs1$_{-x}$P$_x$ 與 In$_x$Ga$_{1-x}$P 時 x 的組成又為何？

8.8 (a) 為何太陽電池必須工作在接面 I-V 特性的第四象限？

(b) 在製作光纖用 LEDs 時四元混合物有什麼優點？

(c) 為何對 $\lambda = 1$ μm 而言，逆偏 GaAs p-n 接面並不是一個好的光二極體。

8.9 對穩定狀態光激勵，我們可寫出電洞擴散方程式作為：

$$D_p \frac{d^2 \delta p}{dx^2} = \frac{\delta p}{\tau_p} - g_{op}$$

假定長的 p$^+$-n 二極體均勻受光信號照射，產生 g_{op} EHP/cm^3-s 的結果。

(a) 試證明 n 區中超量電洞分佈為

$$\delta p(x_n) = \left[p_n(e^{qV/kT} - 1) - g_{op}\frac{L_p^2}{D_p} \right] e^{-x_n/L_p} + \frac{g_{op}L_p^2}{D_p}$$

(b) 試計算電洞擴散電流 $I_p(x_n)$ 及估計在 $x_n = 0$ 時的電流。試將結果和 p$^+$-n 接面所估計的 (8-2) 式作比較。

8.10 在照光下 Si 太陽電池具有一短路電流 100 mA 及 0.8 V 開路電壓，填充因子 0.7，由這電池傳送到負載的最大功率為何？

8.11 太陽電池所傳出的最大功率可將 I-V 積最大求得。

(a) 試證明將功率最大時導得表示式

$$\left(1 + \frac{q}{kT}V_{mp}\right)e^{qV_{mp}/kT} = 1 + \frac{I_{sc}}{I_{th}}$$

其中 V_{mp} 為最大功率時的電壓，I_{SC} 為短路電流及 I_{th} 為熱感應的反向飽和電流。

(b) 對於 $I_{SC} \gg I_{th}$ 與 $V_{mp} \gg kT/q$ 情形，試寫出這方程式 $\ln x = C - x$。

(c) 假定某一 Si 太陽電池具有 1.5 nA 的暗飽和電流 I_{th}，受照後使短

路電流為 $I_{sc}=100$ mA，使用圖解求出最大傳送功率時的電壓 V_{mp}。

(d) 求此照明下的太陽電池最大功率輸出值？

8.12 對一太陽電池，(8-2) 式可重寫成

$$V = \frac{kT}{q}\ln\left(1 + \frac{I_{sc} + I}{I_{th}}\right)$$

已知練習題 8.11 之電池參數，繪製如圖 8-6 之 I-V 曲線並繪出其最大功率矩形。記住 I 是一負數，但圖中所繪作 I_r。I_{th} 及 I_{sc} 在方程式中為正數。

8.13 由於不想要的串聯電阻使太陽電池嚴重退化，如練習題 8-4 所描述的電池，包含一串聯電阻 R，而降低了 IR 量的電池電壓，計算並繪出在串聯電阻 R 從 0 到 5 Ω 的填充因子，並評論對電池效率中 R 的影響。

8.14 由圖 1-13 什麼樣的三元組合、組成及二元基板可用作 1.55 μm LED 光纖的窗洞？你會用什麼樣型式的磊晶/基板的組合使 LED 發射 1.3 μm 的波長。

8.15 圖 8-19 所示能帶的退化佔位幫助維持發射必須超過吸收的雷射需求，試解釋這退化性如何阻止在發射波長時，能帶間的吸收。

8.16 假定 (8-8a) 式所描述的系統在非常高溫時呈熱平衡情形，使其能量密度 $\rho(v_{12})$ 在本質上為無限大。試證明 $B_{12}=B_{21}$。

8.17 (8-8a) 式所描述的系統和黑體輻射場相互作用，就浦郎克輻射定律而言在 v_{12} 時每單位頻率的這輻射能量密度為

$$\rho(v_{12}) = \frac{8\pi h v_{12}^3}{c^3}[e^{hv_{12}/kT} - 1]^{-1}$$

已知練習題 8.16 的結果，試求 A_{21}/B_{12} 比值。

8.18 假定相等的電子電洞濃度以及能帶間轉變，試計算 300 K 時 GaAs

分佈反轉的最小載子濃度 $n=p$，在 GaAs 中的本質載子濃度約爲 $10^6/cm^{-3}$。

參考書目

Bhattacharya, P. *Semiconductor Optoelectronic Devices.* Englewood Cliffs, NJ: Prentice Hall, 1994.

Campbell, J. C., A. G. Dentai, W. S. Holden, and B. L. Kasper. "High Performance Avalanche Photodiode with Separate Absorption, Grading and Multiplication Regions." *Electronics Letters*, 19 (1983): 818+.

Casey, Jr., H. C., and M. B. Panish. *Heterostructure Lasers: Part A. Fundamental Principles.* New York: Academic Press, 1978.

Cheo, P. K. *Fiber Optics and Optoelectronics,* 2d ed. Englewood Cliffs, NJ: Prentice Hall, 1990.

Denbaars, S. P. "Gallium Nitride Based Materials for Blue to Ultraviolet Optoelectronic Devices." *Proc. IEEE*, 85 (11) (November 1997): 1740–1749.

Dupuis, R. D. "AlGaAs-GaAs Lasers Grown by MOCVD—A Review." *Journal of Crystal Growth* 55 (October 1981): 213–222.

Jewell, J. L., and G. R. Olbright. "Surface-Emitting Lasers Emerge from the Laboratory." *Laser Focus World* 28 (May 1992): 217–223.

Palais, J. C. *Fiber Optic Communication*, 3d ed. Englewood Cliffs, NJ: Prentice Hall, 1992.

Pankove, J. I. *Optical Processes in Semiconductors.* Englewood Cliffs, NJ: Prentice Hall, 1971.

Singh, J. *Optoelectronics: An Introduction to Materials and Devices.* New York: McGraw-Hill, 1996.

Verdeyen, J. T. *Laser Electronics,* 3d ed. Englewood Cliffs, NJ: Prentice Hall, 1994.

Yamamoto, Y., and R. E. Slusher. "Optical Processes in Microcavities." *Physics Today* 46 (June 1993): 66–73.

第九章
積體電路

學習目標

1. 瞭解 IC 進行縮小時遇到的問題
2. 描述 CMOS 的製程整合
3. 瞭解基本的邏輯閘和 CCD
4. 研究不同型態記憶體的操作原理——SRAM，DRAM，flash
5. 瞭解 IC 的封裝

　　正如同電晶體比真空管可提供更多的彈性、便利性及可靠度，且電子學的改革因積體電路使新應用於電子學上成為可能，而這是分離的元件所不能達成的。積體化使得在一個半導體晶片上包含數千個電晶體、二極體、電阻，及電容的複雜電路得以達成。這意味著精巧的電路設計可以被微型化，以用在太空載具、大型規格電腦及其他應用，而這對以分離元件做大規模組合而言，是不合實際的。除了提供微型化的優點之外，同時配置許多的 IC 在單一矽晶片上大大的降低成本，且提升每一個完成的電路之可靠性。當然，分離式元件在電子電路發展上一直扮演重要角色；然而，大多數電路現今是配置在矽晶片上，而非個別元件的組合。因此，電路與系統設計者角色在傳統上的區別並不適用於 IC 發展。

　　在這一章中我們將討論不同型式的 IC 以及使用在其產品上的製程步驟。我們將研究如何在單一晶片上建構大數目的電晶體、電容、電阻，以及如何聯繫、接觸及包裝這些電路以形成可用型式的技術。這裡討論的所有製程技術都是非常基本且普遍的。我們沒有意向在這類書上嘗試對所有精細的元件製程做廣泛的複習。事實上，唯一跟得上這樣一個日益擴張之領域的唯一方法就是研讀現今的文獻。在這一章的最後提供了許多好的複閱資料；更重要的是，可以在那些被引用的目前所發行的期刊上，查閱到關於 IC 技術的最新資訊。有了這章的背景後，讀者應能閱覽現今的文獻以跟上目前這個非常重要的電子領域的趨勢。

9.1 背　景

在這一節中我們提供一個概論關於積體電路的性質及使用它們的動機。理解 IC 目前在電子學中在技術上、經濟上掘起的理由是重要的。我們將討論數個主要型式的 IC，並且指出每一個的一些應用。更具體的製程技術將在接下來的各節中介紹。

9.1.1 積體化的優點

看來在單一矽基體上建構包含許多彼此聯繫的元件在技術上及經濟上都是冒險的。事實上，現代技術使得這可以可靠且相對廉價地達成；在絕大多數情況下，比起由個別元件建構成的類似電路，在單一矽晶粒製作出一個完整的電路更為廉價且有更佳的可靠性。主要的理由是許多相同的電路可以在單一矽晶圓上同時製作 (圖 9-1)；這個過程稱為**批量製程** (batch fabrication)。儘管晶圓的製作步驟既複雜又昂貴，完成大數目的積體電路使得每一個的最終成本降低。此外，一個包含數百萬個電晶體的電路與更簡單的電路，其製程步驟本質上是相同的。這驅使 IC 工業在單一晶粒上建構日益複雜的電路及系統，以及使用更大的矽晶圓 (例如，8 吋直徑)。結果是，每一個電路的組成元件數目增加了，而系統的最終成本並不隨之成正比的增加。這個原則的暗示對電路設計者而言是極驚人的；它大大地增加了設計準則的彈性。不像將個別電晶體及其他元件以金屬導線連接在一起或置放在一電路板上的電路，IC 可使許多"額外

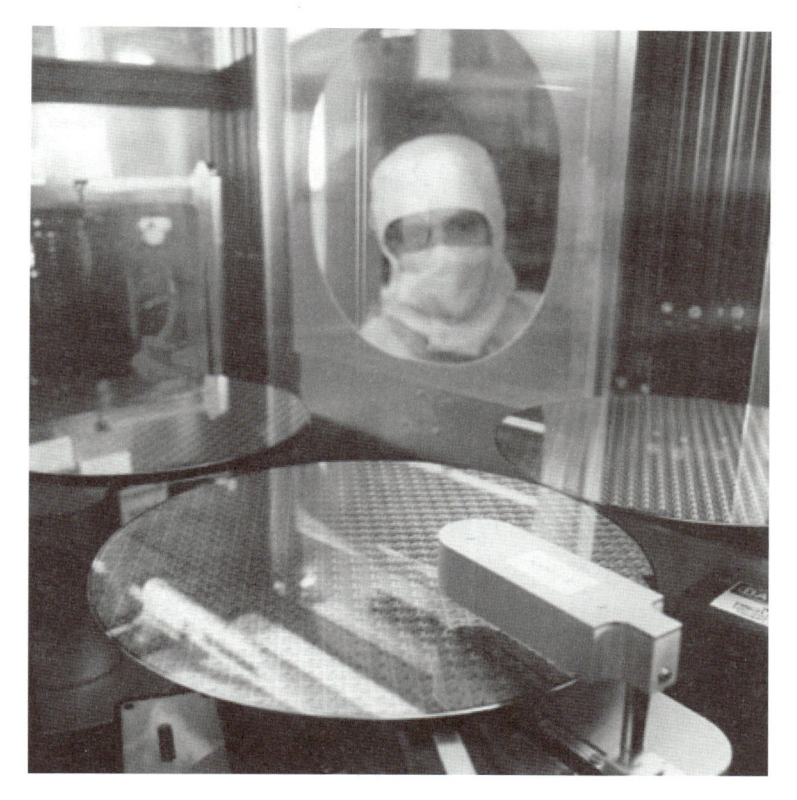

圖 9-1　直徑 300 mm (大概 12 吋) 的積體電路晶圓。晶圓上的電路測試後將被切割成個別的晶片以利後續的封裝 (Photograph courtesy of Texas Instruments)

的"元件包含其中,而不至於大幅增加最終產品的成本。因為所有裝置及彼此間的連繫是被製作在一個單一剛性基體上,可靠度亦可被提升,由於分離元件電路中焊接的連線所產生的錯誤減少至最低程度。

　　IC 之縮小化的優點是顯而易見的。由於許多電路的功能可被包裝在小空間中,複雜的電路設備可被使用於許多重量及空間都苛求的應用上,如航空器、太空載具。在大型計算機中,現在不但可縮小整個單元的尺寸,且由於整個電路可被快速且輕易的更換,而易於保養。IC 在如手錶、計算機、汽車、電話、電視及應用裝置上的應用是普及的。IC 所提供的微小化及成本的降低意味著我們對電路的處理須有更精深的電子學為基礎。

微小化的若干最重要優點是關於反應時間及電路間的訊號傳輸速度。例如，在高頻電路中，維持各種不同組件之間的小分隔以縮短訊號的時間延遲是必須的。同樣地，在極高速電腦中，將個別的邏輯及資料儲存電路緊密置放在一起是重要的。由於電子訊號最終被侷限在光速 (大約 1 ft/ns)，電路的物理隔離將是一個重要限制。如同我們將在 9.5 節所見，許多矽晶粒上的**大型積體電路** (large-scale integration) 已導致計算機尺寸的大幅縮減，也因此驚人地增加速度及功能的密度。除了減少訊號傳輸時間之外，積體化亦可減少電路間的寄生電容與電感。這些寄生的減少可以提供系統操作速度的重要改進。

我們已經討論了幾個降低每一個在批量製程過程中的單元尺寸的優點，如微小化、高頻及切換速率的改進，及在單晶圓上製作大量電路導致成本降低等。另一個重要的優點著眼於由批量製程而來的可用裝置的百分比 (通常稱為**良率** (yield))。錯誤元件的發生經常肇因於矽晶圓上或製程步驟上的一些缺陷。矽中缺陷會因晶格的不完美，以及在晶體成長、切割與晶圓的處理所產生的應力而出現。通常這樣的缺陷是極微小的，但它們的存在會破壞建構在其上或環繞它們的元件。縮小每個裝置的尺寸大大增加一給定的元件無此缺陷的機會。製作過程產生的缺陷亦然，如微影用光罩上微塵粒子的存在。舉個例子，一個直徑 1/2 μm 的晶格缺陷或微塵粒子很容易會破壞涵蓋此損害區域的電路。如果一個相當大的電路建構在缺陷的周遭，它將是錯誤的；然而，假如元件的尺寸縮減至 4 個電路在晶圓上佔據相同的區域，則機會為佳，因為只有包含缺陷的那一個會是錯誤的，而其他 3 個將是好的。因此，可用電路的良率百分比增加超過某一越來越小的晶粒面積。每一個電路有一個最適宜的面積，超過最佳面積則缺陷可能被涵蓋，若小於最佳面積對可靠的製程而言元件將是被放置的太過接近。

9.1.2 積體電路的類型

關於 IC 的用途及製程方法有幾種分類方式。最常見的分類依照應用可分為**線性** (linear) 或**數位** (digital)，依照製程則可分為**單石** (monolithic) 與**混合集成** (hybrid)。

線性 IC 是對訊號實現放大或其他基本線性操作的。線性電路例如單純放大器、運算放大器及類比通訊電路。數位電路則包含邏輯與記憶，應用在電腦、計算機、微處理器及其他相似元件。最大體積的 IC 是在於數位領域，因為需要極大數目的這種電路。因為數位電路一般說來僅需電晶體"開-關"的操作，所以積體數位電路的設計要求比起線性電路較不嚴格。儘管電晶體的製程對於積體型式與分離型式同樣容易，被動元件(電阻與電容)對於 IC 緊密的容忍度而言經常是較難生產的。

完全包含在單一半導體晶粒 (通常是矽) 上的積體電路稱為**單石** (monolithic) 電路 (圖 9-1)。"單石"這個字在字面上意指"一塊石材"，意味著整個電路是包含在一單片的半導體上。半導體樣本外的額外增加，如絕緣層及金屬佈局，是被熟練的結合到晶片表面上的。一個**混合集成** (hybrid) 電路可以包含一個或更多單片電路或個別電晶體，而這些是以適當的連線與電阻、電容或其他電路元件被結合在一個絕緣基板上。單石電路的優點是所有元件被包含在一個可整批製作的單一剛性基板上；也就是說，數百個相同的電路可以同時建構在一個矽晶圓上。另一方面，混合電路提供元件間最佳的隔離，並且容許使用更精確的電阻及電容。此外，混合電路以其較少的數目在製作上較不昂貴。

9.2　積體電路的發展

IC 是在 1959 年 2 月由德州儀器的 Jack Kilby 所發明。平面版本的 IC 是在 1959 年 7 月由 Fairchild 的 Robert Noyce 所獨立發展出來。從那時起，這個技術以極快步調被發展。一個標準化此領域進展的方法就是將 IC 的複雜性視為時間的函數。圖 9-2 顯示使用於 MOS 微處理器 (microprocessor) IC 晶片的電晶體數是時間的函數。令人驚奇的是在這個半對數圖中，其中我們已繪製文件計數的對數為時間的函數，我們得到一條直線，顯示超出三十年間晶片複雜度呈指數成長。這個元件計數大體上每十八個月就增加一倍，就如早先 Intel 公司的高登摩耳 (Gordon Moore) 所表明的。這個規律的加倍已成為所謂的 **莫耳定律** (Moore's law)。

依元件的計數，IC 的歷史可以以不同的世代來描述。小型積體 (SSI) 指 1–10^2 個元件的整合，中型積體 (MSI) 在 10^2–10^3 個元件之間，大型積體 (LSI) 為 10^3–10^5 個元件之間，超大型積體 (VLSI) 為 10^5–10^6 個元件，而現今極大型積體 (ULSI) 的元件計數在 10^6–10^9 之間。當然，這些分界多少有些模糊。下一個世代已被取名為 **10 億型積體** (gigascale integration, GSI)。Wags 已提出在那之後將是 RLSI 即所謂 "誇大型積體"。

這種複雜度之所以能夠增加的主要原因是對於元件尺寸縮減的能力所致。在不同時期最新進的 **動態隨機存取記憶體** (dynamic random access memories, DRAM) 的典型尺寸也以半對數圖形表示在圖 9-3 中。再一次，我們看到了一條直線，反應出在遍及 30 年的時間裡，典型電路圖形尺寸隨時間呈指數遞減。清楚地，某人可以在一個 IC 上包裝更大數目的、擁有更大功能性的元件，如果它們更小的話。如同在 6.5.9 節所討論的，微縮就消耗較低功率的較快速 IC 而言也有其他優點。

儘管微縮代表一個機會，卻也呈現出極大的科技挑戰，這些挑戰中最值得注意的是展現在微影及蝕刻上，如同 5.1 節所討論的。然而，如同 6.5.9 節所討論的，既然水平尺寸的微縮也需要垂直的幾何形狀的微縮，在摻雜閘極介電質及金屬化方面也有極大挑戰。微小電路圖形及大型晶片也需要在極乾淨的環境中進行元件製作。在 1 μm IC 技術中，微粒或許不會引發良率問題，對 0.25 μm 的製程而言，卻會有災難性的影響。這需要更純的化學藥品、更乾淨的設備以及更嚴苛的無塵室。事實上，在圖

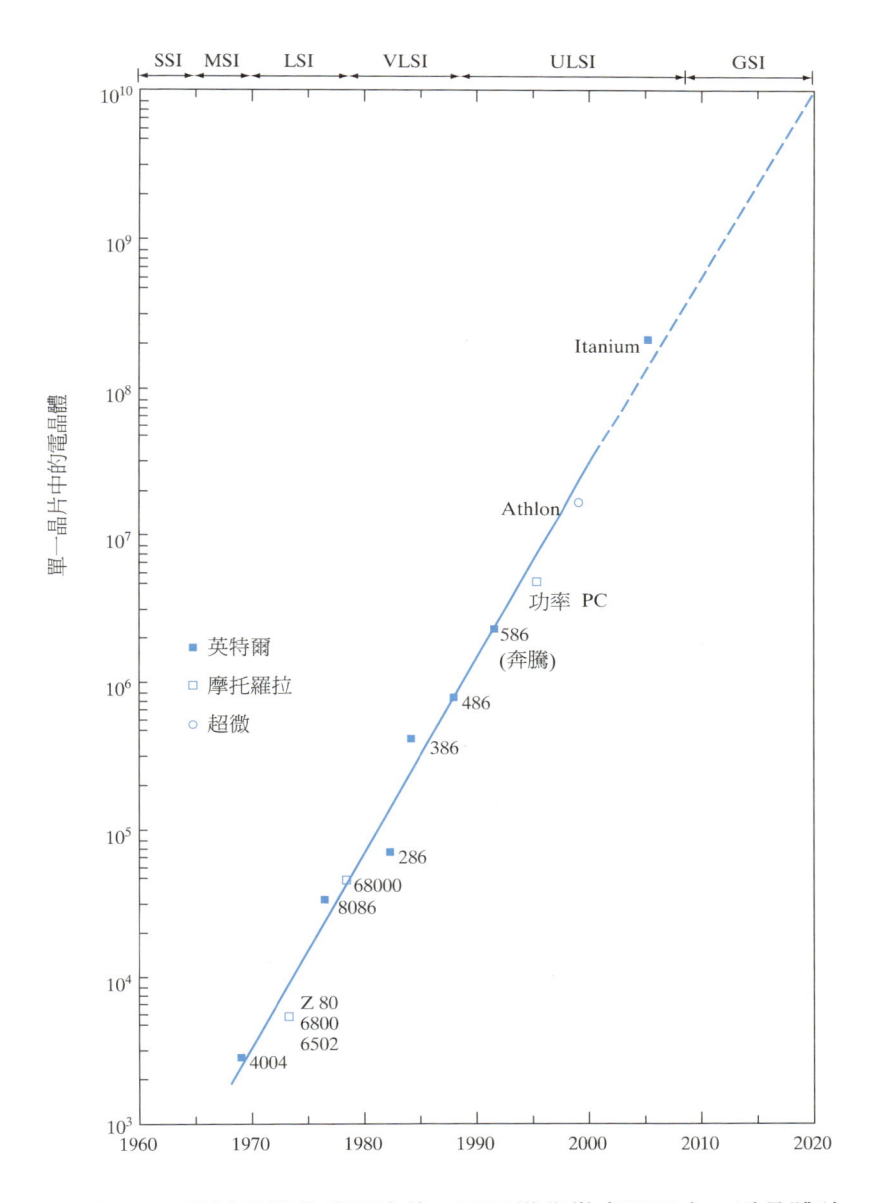

圖 9-2 積體電路的摩耳定律：不同世代微處理器中，電晶體計數隨時間之指數增加；根據國際半導體技術藍圖 (ITRS) 所預測的資料用虛線表示。請注意，由於實際上的限制，例如經濟和消耗功率，未來電晶體數目的增加可能不會和過去的速度相同。

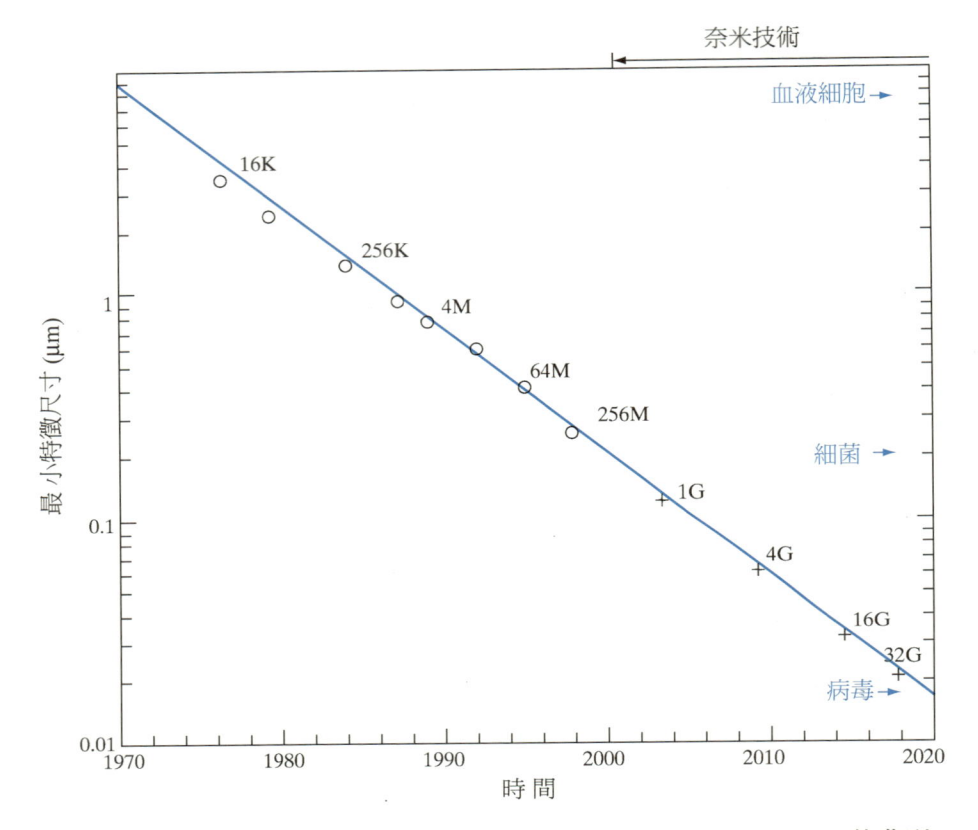

圖 9-3 不同世代動態隨機存取記憶體 (16 kb 至 32-Gb DRAMs) 的典型的特徵尺寸隨時間指數增加。紅血球及細菌的大小顯示在 mm 刻度上以作為參考。根據 ITRS 所預測的資料用虛線表示。尺寸在 100 nm 以下被認為是進入了奈米技術的世界。

9-3 所顯示的早期進展，潔淨的程度需要超越最好的外科手術房。這些設施的潔淨度被定明為無塵室的**等級** (class)。例如，2000 年最高級的等級 1 的無塵室，每立方呎包含少於 1 個的大小 0.2 μm 或更大的粒子。越小的粒子數量越多，而越大的粒子數量越少。明顯地，無塵室的等級越低則越好。等級 1 的無塵室比等級 100 的製程廠乾淨得多。就如有人會想到的，這樣高水準的潔淨度伴隨很重的標價：在 2000 年，一個最先進的製程廠設備標價大約 20 億美元。

儘管這樣的成本，ULSI 的經濟效益是極大的。在第 3000 年的開端，讓我們分門別類來調查一些經濟上的統計資料。世界上每一個國家每一年經濟上的總產值，或所謂的世界生產總值 (GWP)，是大約 50 兆美元。美國國民生產總額大約 10 兆美元，或大約 GWP 的五分之一。全球的 IC 工業大約 2,000 億美元，而全球含這些 IC 在內的電子工業是大約 1 兆美元。作為單一工業，電子就美元總數而言是最大之一。舉個例子，它已凌駕汽車 (全世界每一年銷售約 5,000 萬輛) 及石化業之上。全球每一年有大約 1～2 億台個人電腦被售出。

或許比這些令人難以置信的經濟數目更引人注目的是這些市場的成長率。如果有人想畫 IC 銷售額對時間的函數圖形，將再次發現在 30 年間銷售額隨時間或多或少呈指數遞增，對消費者而言重要的是，每一個電子功能的成本在同一段時間內已經戲劇性的下跌。例如，一位元的半導體記憶體 (DRAM) 的成本已經由 1970 年的大約 1 分/位元跌到今天大約每位元 10^{-4} 分錢，30 年內成本改善了四個數量級。對於這種功能改善伴隨成本降低的一致性，沒有任何其他工業可與之相提並論。

儘管在 1960 年代，IC 是以雙載子製程開始，它們漸漸被 MOS 接著 CMOS 裝置所取代，其原因在第六章及第七章詳述過。目前，大約 88% 的 IC 市場是以 MOS 為基礎的，而大約 8% 是以 BJT 為基礎。以化合物半導體為基礎的光電元件仍然佔半導體市場中比較小的部分 (大約 4%)，但預期未來會有所成長。在 MOS IC 中，大部分是數位 IC，在整個半導體工業中，只有大約 14% 是類比 IC。半導體記憶體如 DRAM，SRAM 及非揮發性快閃式記憶體組成近乎 25% 的市場，微處理器大約 25%，而其他特殊應用 IC (ASIC) 大約 20%。

9.3 單石電路元件

現在我們將要考慮構成積體電路的各種不同的元件以及它們在製程

上的一些步驟。基本的元件是相當容易命名的——電晶體、電阻、電容以及某種接線形式。然而，在積體電路中，有一些元件並不在分離元件中有簡單的對應。在 9.4 節中我們已討論其中之一的電荷轉移裝置。在這類書上討論製程技術有其困難，因為元件製程工程師似乎更換的比排字工人還快！既然這個重要且吸引人的領域變化如此快速，讀者應從這討論中得到對元件設計及加工處理的基本瞭解，進而在現今的文獻中找出創新。

9.3.1 CMOS 製程整合

一個在數位應用上特別有用的元件是在晶片中相鄰的區域上 n-通道與 p-通道 MOS 電晶體的組合。圖 9-4a 的基本反相電路說明了這個互補式 *MOS* (complementary MOS，通常稱為 CMOS) 的組合。在這個電路中

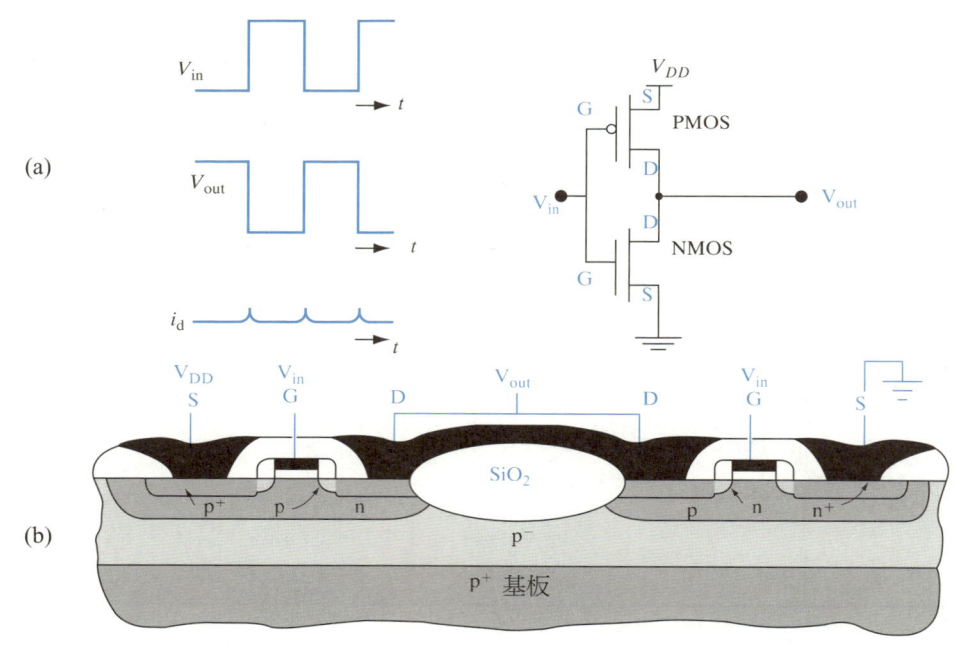

圖 9-4　互補式 MOS 結構：(a) CMOS 反相器；(b) 結合 p-通道與 n-通道元件的組成。

兩個電晶體的汲極連接在一起並構成輸出端，而輸入端則是兩電晶體閘極的共同連接點。p-通道元件有負臨限電壓，而 n-通道電晶體則有正臨限電壓。因此，一個 0 電壓輸入 ($V_\text{in}=0$) 給予 n-通道元件 0 閘極電壓，但 p-通道元件閘極與源極間的電壓則為 $-V_{DD}$。如此，p-通道元件是開啓的，n-通道元件是關閉的，而全部的電壓 V_{DD} 則在 V_out 量得 (換言之，V_{DD} 跨在不導通的 n-通道電晶體上)。正值的 V_in 二選一地啟動 n-通道電晶體並關閉 p-通道電晶體。橫跨 n-通道電晶體量得的輸出電壓必須為零。因此，此電路操作如同一個反相器——當輸入為二進制的 "1"，輸出則為 "0" 狀態，反之，"0" 輸入產生 "1" 輸出。這個電路的妙處是在任一情況下，其中一個元件是關閉的。因為元件是串聯的，在從一個狀態到另一個狀態的切換過程，除了微小的充電電流外，沒有汲極電流流動。因為 CMOS 反相器消耗極少的電力，在如依靠非常低功率消耗的電子錶電路之類的應用上是特別有用的。在極大型積體電路中，CMOS 亦是有利的 (9.5 節)，因為每一個電晶體再小的功率消耗在當它們被數以百萬計地整合在一個晶片上時，都會成為問題。

　　完成 CMOS 電路的元件技術主要在於將相似臨限電壓的 n- 及 p- 通道元件安排在相同的晶片上。為了達成這個目標，必須在特定區域上做擴散或佈植以獲得每一類元件製程的 n 區及 p 區。這些區域稱為桶 (tub)、槽 (tank) 或井 (well) (圖 9-5)。桶形結構中重要的參數是必須以離子佈植精密控制的淨摻雜濃度。隨著桶形結構的定位，源極與汲極被完成以形成 n-通道與 p-通道電晶體。兩電晶體的匹配是靠桶狀結構表面摻雜的控制及以離子佈植做兩電晶體臨限電壓的調整來達成。

　　在基本 CMOS 技術中包含雙載子電晶體可使電路設計有彈性，特別是對提供驅動電流而言。雙載子與 CMOS 的組合 (稱為 BiCMOS) 使電路速度有所提升。

　　在 CMOS 的設計上必須注意的事實是 n-通道與 p-通道元件太過接近的結合會導致偶然形成的 [寄生的 (parasitic)] 雙載子結構。事實上，在圖

510 半導體元件

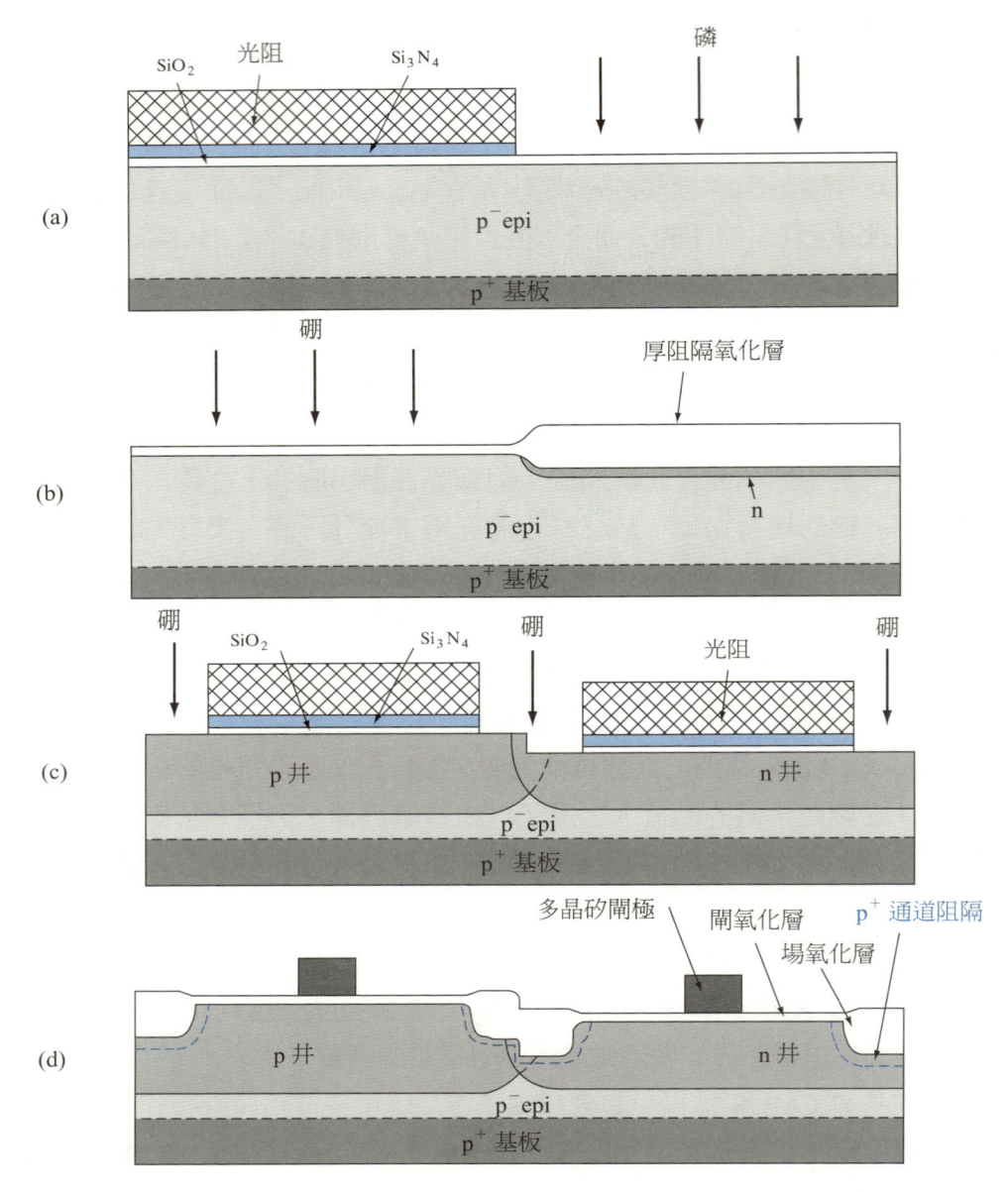

(a) SiO₂　光阻　Si₃N₄　　磷
　　p⁻ epi
　　p⁺ 基板

(b) 硼
　　厚阻隔氧化層
　　p⁻ epi　　n
　　p⁺ 基板

(c) 硼　SiO₂　Si₃N₄　硼　光阻　硼
　　p 井　　　　　n 井
　　p⁻ epi
　　p⁺ 基板

(d) 多晶矽閘極　閘氧化層　p⁺ 通道阻隔
　　　　　　　　　　　　場氧化層
　　p 井　　　　　n 井
　　p⁻ epi
　　p⁺ 基板

圖 9-5　自我對準的雙井製程：(a) 使用磷施體佈植及光阻形成 n-井；(b) 使用硼受體佈植形成 p-井。在矽的氮-氧化物堆疊被蝕刻掉的地方成長一層厚的 (～200 nm)「厚阻隔」氧化層，而厚阻隔氧化層是用來阻隔以自我對準的方法在 n-井中所做的硼佈植；(c) 場電晶體的隔離圖案，顯示以光阻作硼通道阻隔佈植；(d) 在氮化物光罩被移去處矽的局部氧化，導致厚的 LOCOS 場氧化層。

9-4b 中可以發現一個 p-n-p-n 結構，而這可用來做為無效而只不過是累贅的**閘流體** (thyristor) (見第十章)。在某一特定的偏壓狀況下，結構中 p-n-p 部分會對 n-p-n 結構提供一基極電流，而這會引發一個大電流的流動。這個稱為**閂鎖** (latchup) 的過程會是 CMOS 電路中一個嚴重的問題。已經有幾個方法用來排除閂鎖的問題，包括使用以溝槽隔絕加以分離的 n-型及 p-型桶 (圖 9-6)。兩個各自分離的桶 (井) 的使用亦可容許兩種電晶體之臨限電壓的獨立控制。

由研習一個雙井自我對準矽化物 (SALICIDE) 互補式金氧半元件製作

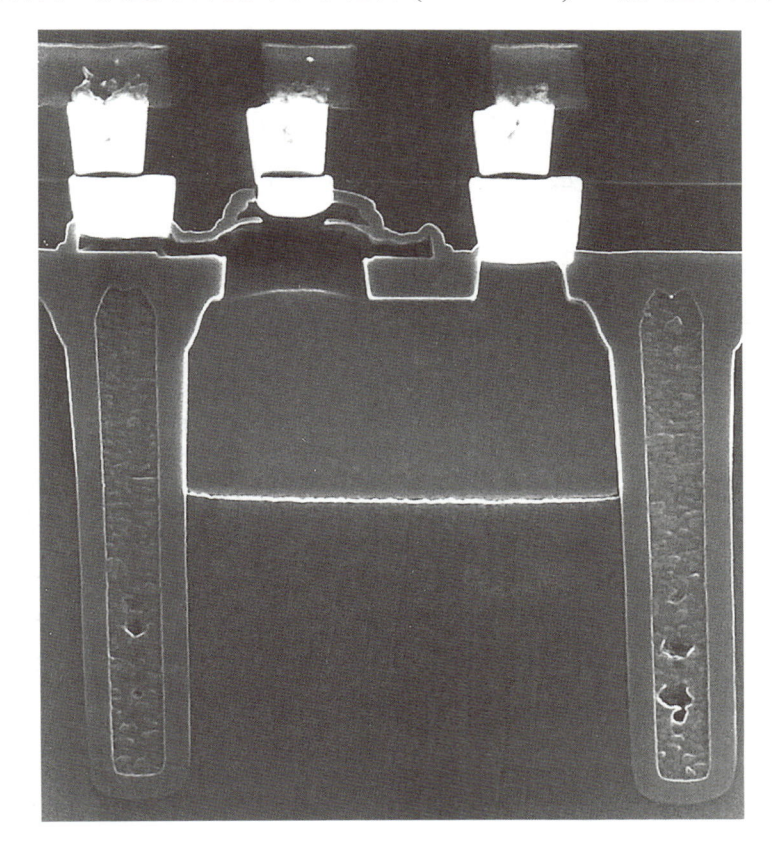

圖 9-6 溝槽隔絕：以 RIE 蝕刻出基板中的一個溝或槽，再以 SiO$_2$ 及複晶矽填滿，如此，溝槽隔絕提供了較 LOCOS 良好的電性隔絕，並使用了較少的矽資源。

的流程,我們可以圖解大部分 MOS 積體電路共同的製程步驟。這個過程特別地重要,因為大部分高性能的數位 IC,包括微處理器、記憶體,及應用上的特定 IC (ASICs) 基本上都是以這個方法來製作。為了製作加強式 n-通道元件,我們需要一個 p-型基板,反之亦然。既然 CMOS 需要兩者,我們必須由 n-型或 p-型晶圓開始,然後以形成井的方式在基板上構成相反摻雜的選定區域。例如,圖 9-5a 顯示在一個 p^+-基板上輕摻雜的 p-磊晶層。我們可以在這一層中製作 n-通道元件。靠著在需要處佈植 n-井,我們亦可製作出 p-通道元件。這是一個 n-井 CMOS 製程。兩者擇一,假如我們以 n-基板開始,而在特定區域內製作 p-井,我們得到一個 p-井 CMOS 製程。然而,為了最理想的元件表現,通常需要分開佈植 n-及 p-井區,這稱為雙井 CMOS (twin-well CMOS)。其基本理由可以被理解。如果我們記住,對最先進的 IC 而言,在這些井中,典型的摻雜水準是 $\sim 10^{18}$ cm^{-3},而接面深度是 ~ 1 μm。摻雜程度必須高至足以防止由於在 MOSFET 中汲極致生能障減低 (DIBL) 所引發之打穿崩潰,但必須夠低至足以維持適度的小臨限電壓。如果我們選擇用 p-基板做 n-通道元件,如圖 9-5a,p-型磊晶層必須摻雜至 10^{18} cm^{-3},而佈植的 n-型層必須以反向一摻雜至 $\sim 2 \times 10^{18}$ cm^{-3} 的水準來達成,以產生 $\sim 1 \times 10^{18}$ cm^{-3} 的淨 n-型摻雜,此區的總摻雜量 $\sim 3 \times 10^{18}$ cm^{-3}。這麼高水準的絕對摻雜對載子傳導是不利的,因為這會引起過多的游離雜質散射。因此,對高性能 IC 而言,起始的磊晶摻雜水準一般而言是很低的 ($\sim 10^{16}$ cm^{-3})。這一層是成長在重摻雜的基板上 ($\sim 10^{19}$ cm^{-3}) 以提供一個高傳導的電性接地面。這有助於 IC 中的雜訊問題,且藉著使多數載子繞道 (在這個案例中是電洞) 至 p^+-基板而有助於將閂鎖的問題減至最小。

為了以自我對準的方式形成雙井,我們首先熱成長一層 "導線片" 氧化物 (~ 20 nm) 在矽晶板上,接著以低壓化學氣相沉積法 (LPCVD) 成長氮化矽 (~ 20 nm)。如圖 9-5a 所示,這個氧化物-氮化物的堆疊被光阻覆蓋,且為了做 n-井的窗口已開好。接著反應離子蝕刻 (RIE) 被用來蝕刻氧-氮堆疊層。以光阻做為佈植遮罩，我們接著使用磷來作 n-型佈植。為了這個目的，我們較喜歡使用磷而非砷，因為磷較輕且有較大的投影範圍；還有，磷擴散較快。為了將摻質打入基板至相當的深度以形成 n-井，這種快速擴散是需要的。在佈植之後，光阻被移除，而開好電路圖樣的晶圓經由濕氧化以成長一 "厚阻隔" 氧化層 (∼200 nm)。在圖 9-5b 中或許可以注意到厚阻隔氧化製程由基板消耗矽，而產生的氧化物向上隆起。事實上，對每一 μm 的熱成長的氧化物而言，此氧化消耗 0.44 μm 的矽，造成體積膨脹 2.2 倍。在被氮化矽保護的區域，氧化物並不成長，因為氮化物有阻隔氧及水分子擴散的特性 (因而防止矽基板的氧化)。在氮化物之下的導線片氧化物有兩個角色：它使氮化矽與基板間熱膨脹導致的不匹配及所伴隨的應力減至最小；它也防止了氮化矽對基板的化學鍵結。

以厚阻隔氧化物作為**自我對準** (self aligned) 的佈植遮罩 (換言之，不需實際做個別的微影步驟)，我們用硼做 p-型井的佈植 (9-5b)。如此則厚阻隔氧化層必須比硼的投影範圍厚得多。自我對準的觀念是很重要的，而且是 IC 製程中反覆的主題。使用自我對準比個別的微影步驟簡單且便宜。它也提供雙井的較緊密的包裝密度，因為不需要解釋電路佈局過程中微影時的未對準。接著藉由在極高溫中 (∼1000 °C) 幾小時的驅入擴散，磷和硼擴散入基板至一個典型值 1 μm 的井深。在此擴散之後，氮化矽-二氧化矽疊層及厚阻隔氧化層被蝕刻掉。既然槽氧化會由基板消耗矽，將之蝕刻掉會導致在矽基板中描繪出 n-井及 p-井輪廓的步驟。就接下來標線的對準而言，這個步驟是重要的，並以誇大的型式顯示在圖 9-5c 中。但是，這個步驟從微影時的聚焦深度觀點來看是不利的。因此，常常使用兩個分開的微影步驟來取代自我對準的雙井製程，這個方法產生更平整的結構，不過井區無法自我對準，因此使用面積會稍微變大。視應用的需要，CMOS 製程有其他不同的變化。

接下來，我們形成隔離區或場電晶體，這可確保在兩鄰接的電晶體間沒有電性的相互影響，除非它們是故意地被連接 (圖 9-5c)。靠著確保任何可能在隔離區內形成的寄生電晶體的臨限電壓較晶片上的電源供應電壓高得多，上述可以達成，使得在操作情況下，寄生通道絕不會打開。由臨限電壓表示式 [(6-38) 式]，我們注意到 V_T 會隨基板摻雜及閘氧化層厚度的增加而上升。然而，隨之而來的問題是次臨限斜率 S [(6-66) 式]，它會隨著基板摻雜及閘氧化層厚度的增加而下降。我們必須將 V_T 及 S 均最佳化，以使在零閘極偏壓時電晶體間場區的斷路態漏電流足夠地小。

二氧化矽及氮化矽的堆疊是以微影方式開出如圖 9-5c 的電路圖形，並使用 RIE。在雙井間硼 "通道阻絕" (channel stop) 佈植增加了受體的摻雜，也因此增加了在 n-通道電晶體間 p-井中的臨限電壓 [場 (field) 臨限]。然而，硼將會補償 n-井側的受體摻雜，也因此降低了 p-通道元件間 n-井的臨限電壓。因此硼通道阻絕摻雜量必須最佳化，以使兩種類型的井都有可接受的高場臨限值。

在通道阻絕佈植之後，光阻被移除而如圖 9-5c (沒有光阻) 顯示之開好氮化矽-二氧化矽堆疊層電路的晶圓則受到溼氧化，以選擇性地成長一～300 nm 厚的場氧化層。氮化矽層阻擋了矽基板中我們預計作電晶體的區域之氧化。這個未被氮化矽保護之區域的矽被氧化成 SiO_2 的程序，稱為矽的局部氧化 (LOCOS) (6.4.1 節)。在這個實例中，LOCOS 提供兩電晶體間電性的隔離，如圖 9-5d 所示。

體積隨氧化而膨脹 2.2 倍是一個重要的問題，因為選擇性的氧化在被局限的狹窄區域產生。收縮壓如果過大，會導致基板中的差排缺陷。另一個問題是氮化矽光罩邊緣的水平氧化，這會造成邊緣的氮化矽光罩的隆起，形成我們所知道的鳥嘴 (bird's beak)，並造成大約 0.2 μm 水平壕溝侵入 (lateral moat encroachment) 每一個作用區，因而造成現有矽的浪費。已經有各種不同的修正型 LOCOS 及其他隔離設計被建議以使這種水平侵入減至最小。一個著名的例子是淺溝隔絕 (Shallow Trench Isolation,

STI)，這包含在矽基板的隔絕電路圖訂出之後，使用 RIE 蝕刻出一淺(大約 1 μm) 溝或槽，並以低壓化學氣相沉積法 (LPCVD)之 SiO_2 介電層及複晶矽將其完全填滿，接著以化學機械研磨 (CMP) 將結構平坦化 (圖 9-6)。這過程較 LOCOS 消耗較少的 Si 資源，但提供了優良的隔絕，因為溝槽底部尖銳的角引發了電位障，而此電位障阻絕了漏電流 [稜角效應 (corner effect)]。

氮化矽和 Si 表面間的厚阻隔氧化層使得由氮化矽而起的應變最小，並防止氮化矽及 Si 的鍵結，如上所述。任何 Si 上殘留的氮化物將會妨礙隨後之閘氧化層的成型，導致 MOSFET 閘極區的不牢點。這個問題即所謂**白緞帶** (white ribbon) 效應或 *Kooi* 效應，這是以首先鑑別出它的荷蘭科學家為名。厚阻隔氧化層減輕了這個問題，但並沒有完全解決它。因此，通常成長一"犧牲的"或稱"啞巴"氧化物以消耗掉含有任何殘留氮化物的一層矽，而這層氧化物在實際閘氧化層成長之前被濕蝕刻掉。

接下來，在基板上成長一極薄 (約 5～10 nm) 的閘氧化層。因為此一氧化層及其與 Si 基板介面之電特性是 MOSFET 的操作中最重要的，因此在這個步驟中，我們使用乾氧化。在 $Si-SiO_2$ 介面處組成一些氮是常見的，所形成的氮-氧化合物就熱電子效應而言會改進介面特性。氧化之後，立刻覆蓋 LPCVD 複晶矽以使閘氧化層的污染減至最低。為了使其在電性上如同一金屬電極，複晶矽閘極層一直到複晶矽-二氧化矽介面都是非常重的摻雜 (典型地以磷摻雜源做 n^+，即將 $POCl_3$ 放置在擴散爐管中)。另一種方式是，LPCVD 複晶矽薄膜在沉積過程本身加以合適的摻雜氣體如 PH_3 或 B_2H_6 流動來作適中摻雜。閘極材料的重摻雜是很重要的，因為在其他方面，一空乏層會在複晶矽閘極中形成 [聚合空乏 (poly depletion) 效應]，這會導致空乏電容與閘極氧化層電容的串聯，因而降低整個閘極電容及驅動電流 [見 (6-53) 式]。複晶矽閘極的高摻雜 ($\sim 10^{20}$ cm^{-3}) 對於降低閘極電阻及其 *RC* 時間常數而言亦是重要的。複晶矽中均勻地高摻雜由於薄膜中晶粒邊界缺陷的存在而變得容易，因為摻雜物沿著晶粒邊界的擴散度較在單晶矽中高出許多等級。

　　已摻雜的複晶矽層接著開出電路圖形以形成閘極，然後以 RIE 非等向性地蝕刻以達到垂直的側邊。這是極為重要的，因為蝕刻後的複晶矽閘極將作為源/汲極佈植的自我對準佈植阻罩。如上所述，自我對準的過程對製程的簡易度及封裝密度而言是合乎需要的。在這個例子中，它特別地有用，因為我們可因此確保閘極與源/汲極會有少許但最小程度的重疊。重疊的確立是由離子的水平散射以及在後續熱製程 (如源/汲極佈植的退火) 期間摻雜物的水平擴散。假如沒有重疊，通道的打開將必須依賴在此區域閘極的邊緣場。其所導致的通道中的電位障將會降低元件電流。另一方面，如果過度重疊，則將導致源極或汲極與閘極間的重疊電容。在靠近汲極端這尤其令人討厭，因為它將導致米勒重疊電容，而這會引起我們所不希望發生的在輸出汲極端與輸入閘極端之間的電容性回饋 (見 6.5.8 節)。

　　p-井中 n-通道 MOSFET 的製程步驟如圖 9-7 所示。在複晶矽閘極蝕刻出之後，我們首先做自我對準的 n-型源-汲極佈植，在其間厚阻隔層是以一層光阻來保護 PMOS 元件。NMOS 源極與汲極的佈植是兩階段完成。首先是輕摻雜汲極 (LDD) 佈植 (圖 9-7a)。摻雜量的典型值約 $10^{13}-10^{14}$ cm^{-2}，相當於 $10^{18}-10^{19}$ cm^{-3} 的濃度，及 $50-100$ nm 的極窄接面深度。當 MOSFET 操作在飽和區，汲極—通道接面逆向偏壓，導致夾止區非常高的電場。如同我們在 5.4 節所見，就逆向偏壓而言，降低摻雜水平會增加空乏區寬度並使 p-n 接面處的峰值電場較小。如 6.5.9 節所述，電子由源極經通道移動至汲極會獲得動能而成為熱電子，而這會引起損害。LDD 中的低摻雜可幫助減輕汲極端的熱載子效應。LDD 中的淺接面深度對減輕短通道效應如 DIBL 及電荷共享 (6.5.10 節及 6.5.11 節) 亦極重要。對於 LDD 區的運用，我們必須付出的損失是源極-至-汲極串聯電阻增加，而這會降低驅動電流。

　　隨著科技朝低電源供應電壓發展，熱載子效應變得較不重要。而這

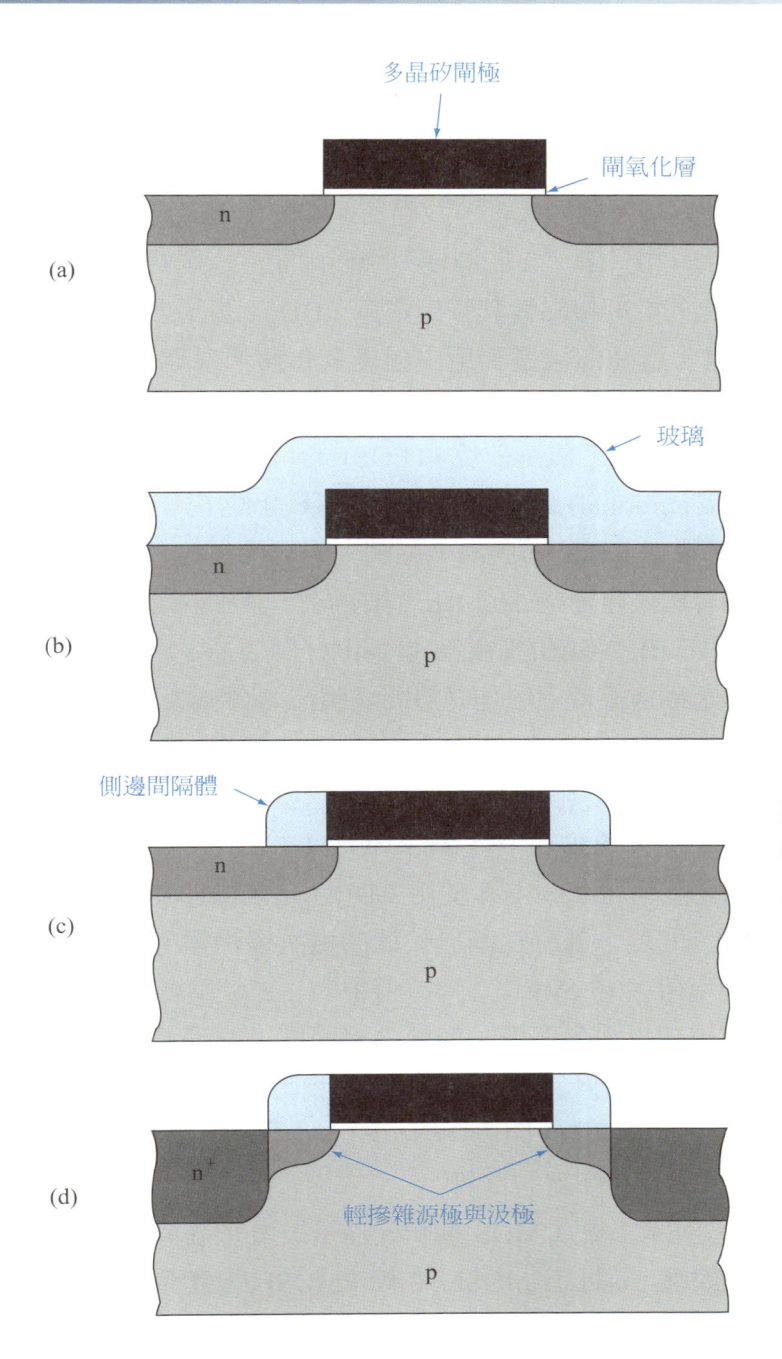

圖 9-7 低摻雜汲極的製造，其中使用側邊間隔體。多晶矽閘極覆蓋了薄閘氧化層並遮蓋第一次低摻雜量的佈植：(a) 以 CVD 沉積一厚層；(b) 並非等向蝕刻之僅留下側邊間隔體；(c) 這些間隔體作為第二次高摻雜量佈植的遮罩。在驅入擴散之後，於是形成 LDD 結構。

連同降低串聯電阻的需要,已經迫使趨勢朝向增加 LDD 中的摻雜至超過 10^{19} cm^{-3} 的程度。事實上,LDD 一詞的使用變得有點誤稱,因而常被源極/汲極延伸 (source/drain extension) 或末梢 (tip) 一詞取代。

當 LDD 在多晶矽閘極邊緣形成後,我們在遠離閘極邊緣處植入更深 (~200 nm) 且更重摻雜 (10^{20} cm^{-3}) 的源極與汲極接面。這個傳導性較佳的區域使得源極與汲極的歐姆接點較其直接做在 LDD 上更易形成,且能降低源/汲極串聯電阻。這種佈植是利用由側邊氧化物間隔體 (sidewall oxide spacers) 的形成而設計出。在移除覆蓋 PMOS 元件的光阻後,在相當的高溫下(~700 °C)以四乙氧基矽烷 (TEOS) 的有機物先行在整個晶圓上沉積一層保形的 (conformal) 低壓化學氣相沉積氧化層 (~100-200 nm 厚) (圖 9-7b)。其形意味著沉積的薄膜隔著晶圓上的起伏在各處均有相同厚度。這一氧化層接著送入非等向性的 RIE (換言之,其主要是垂直方向的蝕刻)(5.1.7 節)。假如 RIE 步驟的時間安排為剛好蝕刻掉平坦面上的氧化物,則將在複晶矽閘極邊緣留下氧化側邊間隔體,如圖 9-7c 所示。這個側邊間隔體在較重且深的 n$^+$ 源極與汲極佈植被拿來當做自我對準遮罩以保護極靠近閘極的 LDD 區域 (圖 9-7d)。

接下來,以光阻覆蓋 NMOS 元件,做 PMOSFET 的 p$^+$ 源極與汲極 (圖 9-8a)。我們可以注意到 PMOS 並未使用 LDD。這是由於熱電洞效應比熱電子的劣化較不成問題,部分是基於較低的電洞遷移率,部分則因 Si-SiO$_2$ 的位障,在價電帶中 (5 eV) 比在傳導帶中 (3.1 eV) 為高。源-汲極佈植完成後,摻雜物被加以活化而離子佈植之損壞則以爐管退火加以回復,或更常使用的快速升溫退火 (RTA)。在退火中我們使用可接受之最低溫度及最短時間組合 (熱製程預算) 因為在極小的 MOSFET 中如何保持摻雜物的側圖儘可能的緊密具有關鍵的重要性。

現在我們能瞭解為何大多數 CMOS 邏輯元件是被做在 p-型基板上而非 n-型。由於熱載子效應,n-通道 MOSFET 較 PMOSFET 產生較大的基板電流。像這樣產生的電洞在 p-型基板中比在 n-型基板中更易流至接地

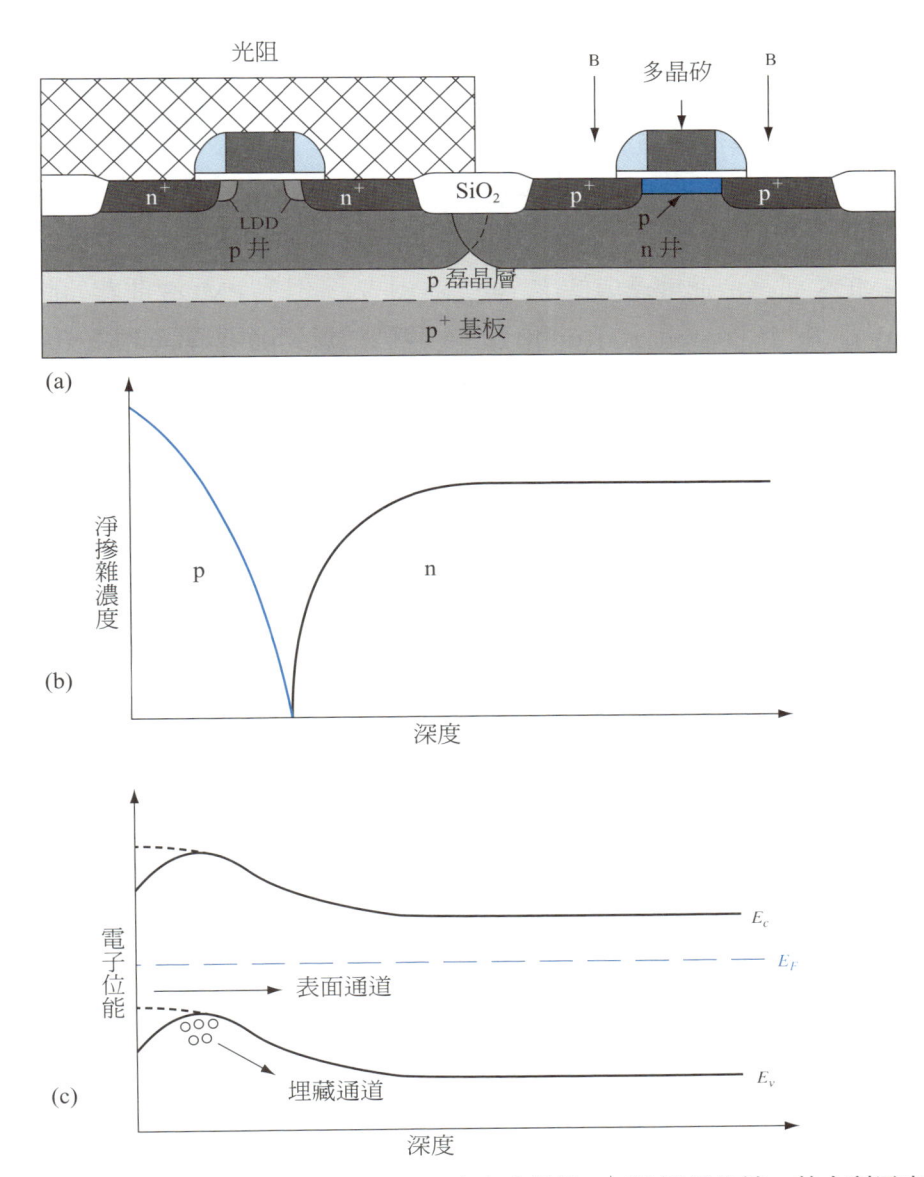

圖 9-8 埋藏式通道 PMOS：(a) 無 LDD 之自我對準 p^+ 源/汲極佈植，其中利用光阻保護 NMOSFET。p-型 V_T 調整佈植是以色彩顯示在通道中；(b) 在通道中段摻雜之側圖與深度之關係，圖中顯示表面附近之 p-型 V_T 調整佈植；(c) 通道中段電子位能與深度之函數關係，其中顯示"埋藏"通道中電洞的收集。對更高的閘極偏壓而言，PMOS 的操作變為表面通道，如虛線所示。

端。並且，在柴氏法晶體成長期間，在 p-型基板中摻入硼較在 n-型基板中摻入銻容易。在融溶的矽中做大量摻雜時，銻是優先的選擇而非砷或磷，因爲銻較其他種類蒸發的較少。

在 NMOS 及 PMOS 元件兩者中皆使用 n$^+$ 多晶矽閘極引發一些有趣的元件爭論點。既然 n$^+$ 閘極中費米能階極接近矽的傳導帶，它的功函數對 NMOS 而言合適地達成低 V_T ($\Phi_{ms} \sim -1$ V)。但對 PMOS 並非如此 ($\Phi_{ms} \sim 0$ V)。由 V_T 的表示式 [(6-38) 式]，我們注意到隨著薄氧化層技術的發展，第二及第三項趨近於零，因爲 C_i 越來越大。爲了高驅動電流，對 NMOS 而言我們要求 V_T 在 ~ 0.3 至 ~ 0.7 V 左右 (PMOS 則爲 -0.3 至 -0.7 V)。由 (6-38) 式我們發現 p-井摻雜可被最佳化以達到 NMOS 電晶體中正確的 V_T，同時可使其高至足以防止源極與汲極間的打穿崩潰。對 PMOS 電晶體而言，另一方面，n-井摻雜至 10^{18} cm^{-3} 防止了打穿，但費米電位 ϕ_F 太大且太負以至於 V_T 太負。這驅使我們作個別的受體佈值以調整 PMOS 元件的 V_T (圖 9-8b)。受體數量需夠低以使在零閘極偏壓時 p-層完全空乏，導致加強式而非空乏式電晶體。在 CMOS 中我們嘗試使 PMOS 負的 V_T 與 NMOS 正的 V_T 其值大約相同。

沿著垂直方向 (垂直閘氧化層) 仔細檢驗 PMOSFET 通道中的能帶圖顯示反轉層中電洞的最小能量是在二氧化矽-矽介面處以下一點點 (~ 100 nm)，造成所知的 PMOS 的埋藏式通道操作 (buried channel operation) (圖 9-8c)。另一方面，對 NMOS 而言，反轉層中電子能量最低是發生在二氧化矽-矽介面，造成表面通道操作。[1] PMOS 的這種埋藏式通道行爲有好處也有壞處。既然 PMOSFET 反轉層中的電洞在稍稍離開二氧化矽-矽介面處傳送，它們並不像 NMOSFET 中的電子由於表面劇烈碰撞而遭受極大的通道遷移率劣化。這是有利的，因爲 Si 中電洞的遷移率通常較電子

---

[1] 我們可以定性地理解爲何通道內的受體佈植會導致這樣的埋藏通道行爲。假設有一片刻受體量高至 p-層在零偏壓時並不空乏。在這樣的空乏式元件中，用來關閉元件的正閘極偏壓將先空乏掉電洞的表面區域，而仍造成電子在離開二氧化矽-矽介面而在基板中較深處的傳導。

低，而這迫使我們將 PMOS 元件作得較 NMOSFET 為寬，以得到相近的驅動電流。然而，埋藏式通道元件較傾向於 DIBL 及打穿崩潰。因此，隨著 MOSFET 尺寸的縮小，DIBL 問題變得較差，而我們期望對NMOS及 PMOS 而言均能有表面通道操作。至此，我們有興趣於所謂的**雙閘極** (dual gate) CMOS，其中對 NMOSFET 我們使用 n$^+$ 複晶矽閘極，而對 PMOSFET 則使用 p$^+$ 閘極。以沉積未摻雜的複晶矽接著在佈植汲極與源極時以佈植物本身適當地摻雜閘極之方式，我們可以得到這種雙重功函數閘極。這個方法利用高複晶矽晶界擴散來退化地摻雜閘極，同時可有極淺的源極與汲極接面以使 DIBL 減至最低程度。

　　根據歷史的註記，可以補充地說，MOSFET 一開始是使用不能忍受高溫製程的鋁閘極。因此，源極與汲極區必須以擴散或佈植的方式形成，接著沉積鋁並開出電路圖形。這種非自我對準製程會形成前面提過的米勒電容。使得自我對準源極與汲極可行的是複晶矽的使用，因其有足夠高的熔點以容忍接續的製程。近來 MOSFET 技術的研究又回到全環繞著金屬閘極，但這次採用耐火的金屬如鎢 (W)。這些金屬有較重摻雜的複晶矽更好的導電性，以及更適合 CMOS 的功函數。鎢的費米能階接近矽能隙的中間，這可使 NMOS 與 PMOS 間的平帶電壓與臨限電壓更對稱且更匹配，並可避免埋藏式通道效應。

　　下一個步驟是在 MOSFET 的源/汲與閘極區域形成金屬-矽合金或矽化物以降低串聯電阻 (因而藉以降低 RC 時間常數)，並增加驅動電流。這包含以濺鍍的方式在整個晶圓上沉積一耐火金屬如鈦之薄層，並在周圍為氮氣之環境下，以兩步驟的熱處理，使鈦與矽的**直接** (direct) 接觸點處發生反應 (圖 9-9a)。600 °C 的退火將導致 Ti$_2$Si 的形成 (根據冶金學家的說法為 C49 相，而其有相當的高電阻率)，接著 800 °C 的退火將 Ti$_2$Si 轉變為 ~17 μΩ-cm 之極低電阻率的 C54 相 TiSi$_2$，而這比最高摻雜的 Si 還低得多。另一方面，側邊氧化物間隔體上方的 Ti 並不會形成矽化物，而是維持未反應態的 Ti 或形成 TiN，因為製程是在氮氣的環境中完成。Ti

522 半導體元件

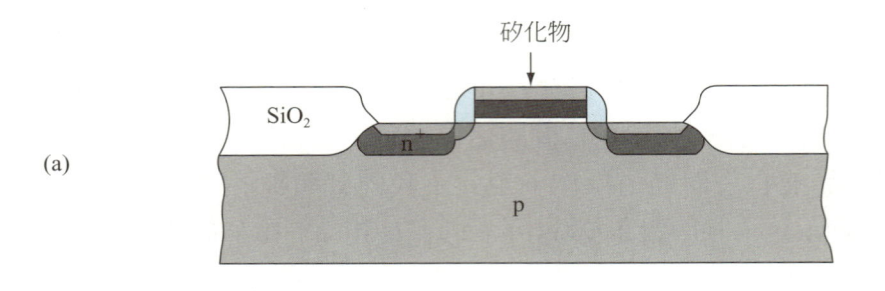

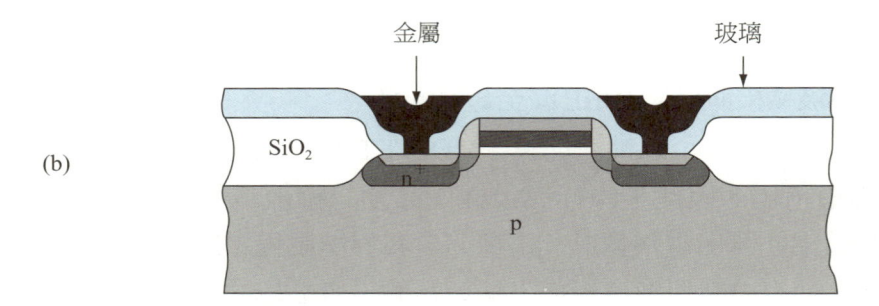

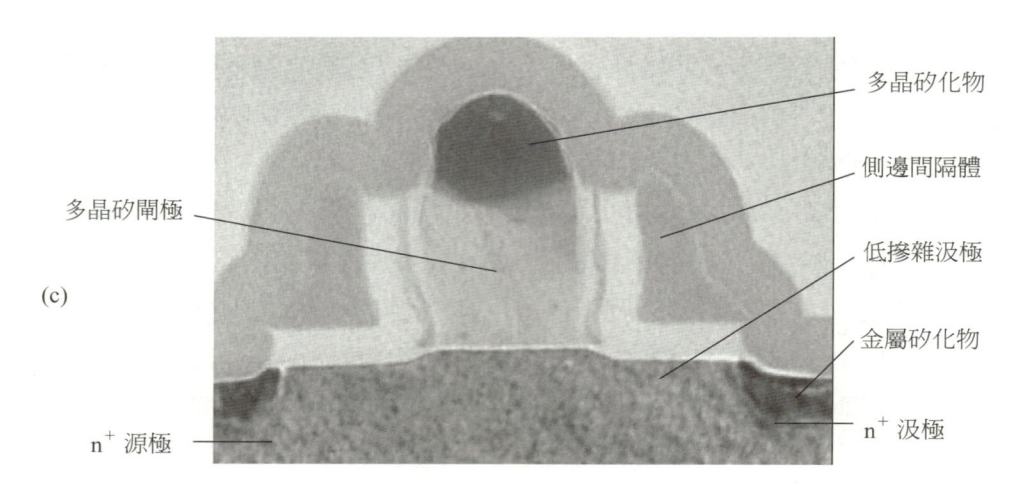

(a) 矽化物 / SiO₂ / n⁺ / p

(b) 金屬 / 玻璃 / SiO₂ / n⁺ / p

(c) 多晶矽化物 / 側邊間隔體 / 低摻雜汲極 / 金屬矽化物 / 多晶矽閘極 / n⁺ 源極 / n⁺ 汲極

圖 9-9 矽化物源極-汲極與閘極區低電阻接點的成型：(a) 一層耐火金屬層在曝露的矽區域中沉積並反應以形成一導電矽化物層；(b) 未反應的金屬被移除掉，並沉積一層 CVD 玻璃，接著開出金屬接點的電路圖形。(c) 閘極長度為 52 nm 的 LDD MOSFET 剖面圖的顯微照片 (Photograph courtesy of Texas Instruments)

與 TiN 可使用不侵害二矽化鈦的濕式過氧化氫蝕刻法被選擇性地蝕刻掉，因而電性隔離了閘極與源/汲極。我們可以注意到這個製程的結果是，不需要一道個別的遮罩層而能僅在源/汲極與複晶矽上形成矽化物，這裡的矽化物稱為**多晶矽化物** (polycide)。這成就了非常高效能的 MOSFET。

最後，MOSFET 必須根據電路佈局以金屬層適當地連線。這包括以 LPCVD 將摻雜了硼與磷的氧化物介電層，即所謂**硼-磷-矽玻璃** (boro-phospho-silicate glass, BPSG) 作在整個晶圓上，以接點層的標線開出電路圖形並以 RIE 開出至基板的接觸孔 (圖 9-9b)。硼及磷可使氧化層隨著退火過程快速的軟化及回流，因而有助於晶圓上高低起伏的光滑或平坦化。在極大型積體電路晶粒上，這數以百萬計的極小接觸孔是決定性的，因為若非如此，沉積在表面的金屬將無法完全進入孔中，而導致災難性的開路電路。事實上，有時在繼續下一個步驟前，CVD 的鎢層會選擇性地被沉積在連接孔中以形成連接**栓塞** (plug)。接著一適當的金屬層如鋁 (摻雜約 1% 矽及約 4% 銅) 被濺鍍在整個晶圓上，以金屬接線層開出電路圖形，然後進行金屬的 RIE。鋁中摻入矽是為了解決接面**釘穿** (spiking) 問題，而純鋁會結合淺源極/汲極區之矽的固態溶解率限制。這將使鋁得以 "釘穿" p-n 接面或短路。摻銅則用以擴大多晶體鋁連線薄膜中之細粒的尺寸，使得在電流流動期間電子較難接近鋁原子，因而打開了連線中的空間 (開路)。這是**電子遷移** (electromigration) 現象的一個例子。圖 9-9c 所顯示的是具有金屬矽化物 (SALICIDE) 的 LDD MOSFET 剖面圖。

在一個新式的 ULSI 晶粒中，複雜的元件佈局通常需要多層金屬以連接各元件 (圖 9-10)。因此，在沉積第一層金屬之後，接著以低溫 CVD 沉積一金屬間的介電隔離層如 SiO_2。在此**後段** (back-end) 製程部分，低溫是非常重要的，因為至此所有主動元件均已定位，而我們不允許摻雜質的大量擴散。此外，鋁金屬化製程不能容忍超過 ∼500 °C 的溫度。介電隔離層必須在下一層金屬沉積之前適當地平坦化，而這通常以 CMP (化

524 半導體元件

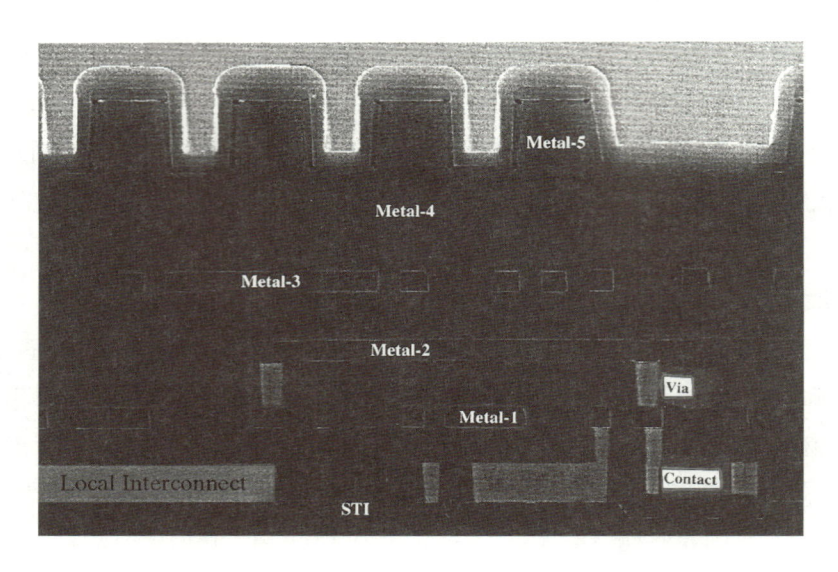

圖 9-10 多層金屬連線：IC 的截面顯示 5 層有適當平坦化之金屬間介電層的鋁連線。電晶體在最底部，且被以淺溝隔離 (STI) 做電性阻絕。(照片承蒙 Freescale Semicodutor 公司提供)

學機械研磨) 來達成。平坦化是重要的，因為假若金屬被沉積在崎嶇粗糙地形的表面上並施以 RIE，則如同在圖 9-7 中，我們在 MOSFET 的任一側得到側邊氧化分隔層相同的原因，在這些步驟中將會有殘留的金屬絲或 "縱樑"。這些金屬縱樑會引起鄰近金屬線間的短路。平坦化在微影期間對維持良好聚焦深度而言亦是重要的。在隔離層的平坦化後，我們使用微影開出稱為**連結孔** (vias) 的新的一組連接孔，接著是下一層金屬的沉積，開電路圖形及 RIE，及接下來的多層金屬化。如同前面所提，鎢金屬連接塞有些時候是在金屬沉積之前，選擇性地被沉積以填滿孔道，以降低開路的可能性。

最後，在 IC 上沉積一保護性的覆蓋層以避免由於周遭環境所造成的污染及元件的失效 (圖 9-10)。這通常包括氮化矽的電漿式 CVD，因其有阻隔水氣及 Na 擴散穿越的良好特性。如同 6.4.3 節所述，鈉引起 MOS 元件之閘介電層中可動離子的問題。有些時候，保護性的覆蓋層是硼磷矽

9.3.2 矽在絕緣體上 (SOI)

藉由成長非常薄的單晶矽在絕緣基板上，是一個令人感興趣且有用的矽 MOS 製程延伸 (圖 9-11)。藍寶石和尖晶石 (MgO-Al$_2$O$_3$) 有適當的熱膨脹和矽匹配，磊晶的矽薄膜可以藉由化學氣相沉積法成長 (譬如熱分解 SiH$_4$)，典型薄膜厚度約 1 μm，標準的微影技術可蝕刻薄膜，每一個電晶體形成一個小島。再由離子佈植所形成的 p$^+$ 和 n$^+$ 區域可作為源極和汲極，最後形成 MOS 元件。因為薄膜很薄，所以源極和汲極的區域可以完全地經由薄膜擴充到絕緣的基板。結果，接面電容可以降低至很小的電容值，此外，因為元件的交互連接通過絕緣基板，所以通常會消除交互連接矽基板的電容 (一併降低元件間寄生感應通道的可能性)，電容的減少改善了高頻電路的操作。

其他絕緣體能被用在 SOI 元件上，包括 SiO$_2$，因為氧化層容易成長在矽基板上，為下一個成長矽薄膜提供了一個吸引力的絕緣材料。因為複晶矽可以直接沉積在二氧化矽上，因此元件可以被做在複晶矽膜裡。然而為了防止晶界及其他缺陷，有許多不同技術去成長單晶矽在氧化層上。譬如，藉由高摻雜氧佈植在矽表面下形成氧化層，留下大約 0.1 μm

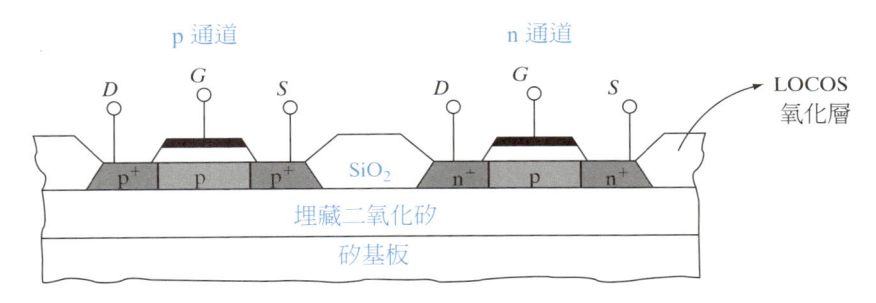

圖 9-11 矽在絕緣體上，在絕緣基板上，n-通道和 p-通道加強型電晶體被製造在矽薄膜小島上，這些元件可被連接以便做 CMOS 應用。

薄的矽層在佈植氧化層上，而此層矽可以被當作薄膜供 CMOS 或者其他元件製造用，這製程稱為 *SIMOX* (separation by implantation of oxygen)。在其他情況，使用在氧化層上薄薄的矽晶層當作晶種，較厚的矽薄膜可以藉由磊晶的方式成長在 SIMOX 上。

另外一個製造 SOI 的方法是兩個氧化矽晶圓表面靠在一起，在爐管中，藉由高溫退火將兩個氧化層鍵結在一起。然後其中一個晶圓從背面幾乎完全地被蝕刻，留下大約 1 μm 的單晶矽材料在二氧化矽上面，這方法就稱為 *BE-SOI* (Bond-and-Etch-back SOI)。因為去蝕刻大約 600 μm 的矽，然後再留下大約 1 μm 的矽，這是很有挑戰性的，所以最初 p$^+$ 佈植層通常被使用當成接近化學性蝕刻的停止處，原因是因為蝕刻矽時，p$^+$ 層比輕摻雜矽有較快的蝕刻速率。

最近另一方法是修正 BE-SOI，使用很高劑量的氫佈植到其中一個氧化的矽晶圓，以至於大約在矽表面下 1 μm 處有一氫的峰值。在高溫退火步驟使其間氫原子合併，形成微小氫氣泡，導致一層薄矽而從佈植的晶圓分開，殘留下一層矽鍵結在氧化的矽表面上。這方法不必用化學性蝕刻每個 BE-SOI 晶圓的其中一個矽晶圓。假如處理適當，被劈下來的矽晶圓有個很平滑的表面，而可被再利用。

我們仔細地檢查圖 9-11 的兩個元件，其中一個不像我們迄今所看到的電晶體，矽薄膜被輕摻雜成 p-型，因此被標示成 "p-通道" 的元件，顯示出**無接面** (junctionless)。此元件可以操作在加強模式 (常斷)，因為在平衡狀態時，功函數和表面電荷效應影響，在常見的 Φ_{ms} 和 Q_i，沒加閘極電壓時，空乏區域在每個元件的 p 材料中心被形成，事實上，在矽薄膜大約 0.1 μm 或更小，這空乏區域會一路擴充經由矽到絕緣體，這種元件被稱為**完全空乏** (fully depleted)，且無汲極到源極的電流流過。在 n-通道元件一個大約 V_T 的正電壓在表面會感應出反轉區域，正如同 n-通道加強型元件，對於 p-通道情況，加一個小負電壓 V_G 導致電洞堆積在閘極之下，結果形成可導電的通道，正如同傳統 p-通道加強型元件。雖然全空乏型的 p-通道元件有些不同的操作機制，但它的 $I-V$ 特性和傳統的元件相似，因此 p-通道和 n-通道電晶體可被製造在相同的絕緣表面上，因此 SOI 技術容易和 CMOS 電路製造相容。

在 SOI 方法並不會遭遇到大部分 CMOS 的閂鎖問題，因為從電源供應到地之間沒有 p-n-p-n 閘流體，對於需要高速、低等待功率 (因為除去了基板的接面漏電流)、容忍輻射 (因為沒有了矽基板) 的電路，用 SOI 可以增加效能，但卻要額外的氧化鋁基材的成本，或需成長單晶矽膜在氧化層上。

9.3.3 其他電路基本元件的整合

在積體電路技術上一個最大革命性的發展是——積體電路的電晶體比傳統的基本元件，像電阻、電容還便宜，然而有許多應用需要二極體、電阻、電容和電感，在這節，我們將扼要討論這些元件如何被實現，我們也將討論非常重要的電路元素——連線圖案，它將所有積體電路元件串聯在一起。

二極體 在單一電路很容易去製造 p-n 接面二極體，經常用電晶體去完成二極體。因為在單一電路包含許多電晶體，不需要特別的擴散步驟去製造二極體元件。有許多方法可連接電晶體去形成二極體，通常最常用的方法是將集極、基極短路，使用射極接面當成二極體，這樣的型態本質上是個窄基極二極體結構，它擁有高切換速度，因為很少電荷儲存 (練習題 5.35)。因為可同時製造全部電晶體，在金屬化圖案中，適當的接線可使部分電晶體變成二極體。

電阻 在單一電路裡，使用前面電晶體區域中的淺接面可得到擴散或是佈植的電阻器 (圖 9-12a)。譬如，基極佈植時，電阻可經由佈植而由在 n-型小島裡的 p-型薄層所組成。另一選擇 p-區可在基極佈植時被製造，而 n-型電阻通道可被包括在射極佈植時所形成的 p-區域裡。在其他情況，

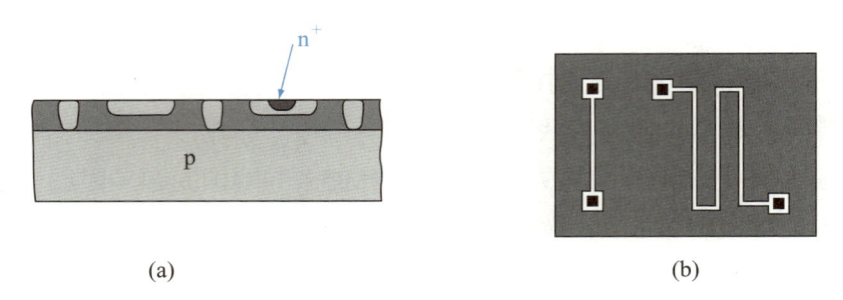

圖 9-12 單一電路電阻：(a) 交叉區域顯示使用基極和射極擴散當電阻；(b) 兩個電阻圖案的俯視圖。

經由加適當偏壓於周圍材料，電阻通道可從其他剩餘電路被隔離，譬如，假使是在基極佈植時得到 p-型通道電阻，周圍 n-型材料可連結到電路中最正電壓而提供反向接面隔離。通道電阻值由它的長度、寬度、佈植深度、佈植材料的電阻係數所決定，因為深度和電阻係數已由基極、射極的佈植所決定，所以可變動的參數剩長度和寬度。二個典型的電阻形狀如圖 9-12b，在通常情況，電阻的長度通常遠大於寬度，且此二種電阻圖案的端點已預置為金屬化圖案下的接觸點。

　　設計擴散電阻時，先得知道擴散層的**片電阻** (sheet resistance)，假如平均電阻係數是 ρ，長度是 L，寬度是 w，厚度是 t，則電阻值 $R = \rho L/wt$。現在假設我們考慮 $L=w$，則我們定義片電阻 $R_s \equiv \rho/t$。我們注意到對於一個給定的一層材料，在任何正方形的 R_s 是相同的，而 R_s 可簡單地經由四點探針法得到。[2]因此對於一個已知的擴散步驟，R_s 通常可準確得知，而電阻就可藉由 R_s 和 L/w 長寬**面貌比** (aspect ratio) 計算得到。我們應在熱散失、微影限制下，儘可能讓 w 最小，而從 w、R_s 條件下可算出 L。設計擴散電阻要注意的準則包括幾何形狀，如存在急劇轉角處有高電流密度，在某些情況下，它需要慢慢蜿蜒曲折 (圖 9-12b) 減少這問題。

　　為了減少所使用空間或得到較大電阻值，常常需要比在標準基極、

---

[2] 這是非常有用的方法，電流從一端探針被灌入晶片而從另一端探針流出，而另有 2 個探針在這兩端之間電壓就從這兩端量測，有特別的公式以便計算電阻值或是片電阻。

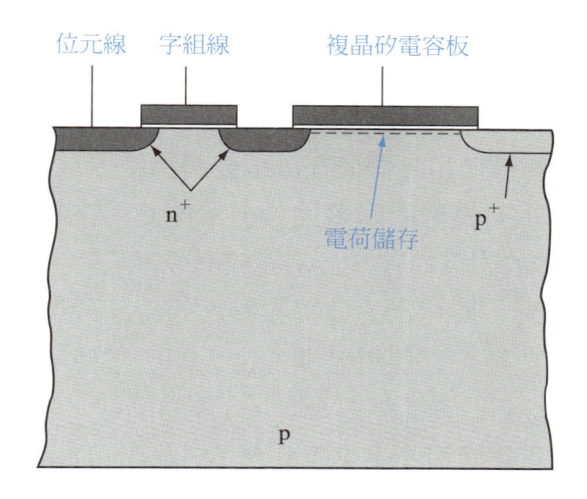

圖 9-13 DRAM 細胞的積體電容，一個電晶體記憶細胞。

射極佈植下有更大的表面片電阻值，我們可以使用不同的佈植步驟，像是調整 V_T 去形成淺的佈植區域而可得到很高片電阻 (約 10^5 Ω/square)。這程序可節省相當多的晶粒空間，在積體 FET 電路裡，通常用空乏型模式的電晶體去代替負載電阻，如 6.5.5 節所討論。

電容 電容器是最重要的積體電路元件之一，特別在記憶體電路中，電荷儲存在電容器中，記錄資料的每個訊息。如圖 9-13 描述一個電晶體 DRAM 細胞，其中 n-通道 MOS 電晶體提供到鄰近 MOS 電容的通路。電容最上層是複晶矽，而底層是被電晶體 n^+ 區域連接的反轉電荷。位元線 (bit line) 和字組線 (word line) 指出記憶體的行和列架構 (9.5.2 節)。我們也可用電容和 p-n 接面來實現 (5.5.5 節)。

電感 過去，電感還沒被應用到 IC 中，因為與其他電路元件相比，其整合難度較高，另一原因是還未有強烈需要積體電感。最近，因射頻類比電路在可攜帶通訊產品上大量需求，情況有所改變，對於此類產品，電感顯得非常重要，在 IC 上，使用螺旋纏繞的金屬薄膜，可製造出合理的 Q 值，像這些螺旋圖案可以經由微影和蝕刻技術達成且相容於現有的 IC

製程，或者亦可將其併入到混合集成積體電路 (hygrid IC)。

接觸和內連線　在金屬化步驟中，許多元件需被接觸和有適當的連接線，而鋁材料是最常被使用，假使在沉積後將溫度提升到 550 °C 左右，其在矽和二氧化矽上有良好的附著性。金常被使用在砷化鎵元件上，但金-矽和金-二氧化矽的附著性差，且常在矽形成深陷阱。

　　正如這節所看到，矽化物的連接和摻雜的複晶矽導體常在積體電路中被用到。經由氧化層到這些導體開個窗，鋁可被使用，而連接到其他電路，通常鋁被連接到矽表面需要含有 1% 左右的矽，防止矽進入鋁中，而鋁也回填矽所留下空隙而產生*尖峰效應* (spikes)。而薄擴散阻障層也被使用在鋁和矽之中，以防止遷移。9.3.1 節所提到有抵抗性的矽化物提供這用途。

　　積體電路中，複雜度和封裝密度的增加，造成多層金屬化製程是不可避免的。用介電質可將多層銅金屬化製程合併起來，通常這些金屬是鋁、銅或者是其他像複晶矽、耐熱金屬 (依熱度和下個製程決定)，而介電質也可當氧化層覆蓋，如用來達到平坦化的硼磷矽玻璃 (BPSG) 及氮化物 (nitride)，表面平坦化是很重要的步驟，避免金屬在橫越凹凸不平的表面時發生金屬斷線。許多方法可達到平坦化，如使用可在*流動的玻璃* (reflow glass)、*複醯亞氨* (polyimide)，或其他材料伴隨化學機械磨光。

　　在設計內連線時，最重要的挑戰是 RC 時間常數，它影響晶片操作的速度和有效熱散失。一個簡單的模型，在兩層內連線夾著介電質 (圖 9-14b)，如被當成平行板電容，又將內連線當成矩形狀電阻，則電阻值可寫成

$$R = \frac{\rho L}{tw} = R_s \frac{L}{w} \tag{9-1a}$$

其中 R_s 是片電阻，其他符號如圖 9-14b 所示。又電容值可寫成

$$C = \frac{\epsilon L w}{d} \tag{9-1b}$$

第九章　積體電路　**531**

(a)

(b)

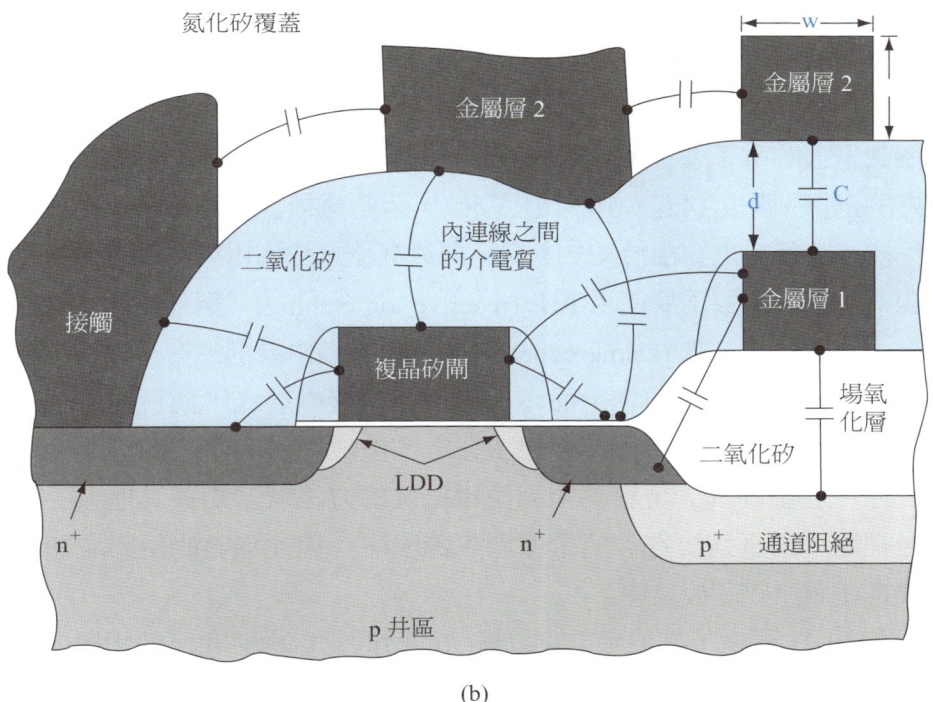

圖 9-14　多重內連線：(a) 在 IC 中內連線的顯微照相，內介電質已被蝕刻而露出銅內連線；(b) 圖示許多由多重內連線所產生的寄生電容的等效電路，在圖上面右邊角落，我們注意平行板電容模型，如 (9-1) 和 (9-2) 式。(感謝 IBM 提供圖片)

則 RC 時間常數

$$\left(\frac{\rho L}{wt}\right)\left(\frac{\epsilon Lw}{d}\right) = \frac{\rho \epsilon L^2}{td} = \frac{R_s \epsilon L^2}{d} \tag{9-2}$$

有趣地，在這個簡單一維模型裡，內連線寬度不見了。因此使用較寬的導線操作在高頻是沒什麼影響的，這對於封裝密度是不切實際的，實際上需考慮到電場的邊緣效應，因此寬度的改變將影響此效應。從 (9-2) 式明白指出，我們需較厚的金屬層 (在合理的沉積時間和蝕刻時間內)和較低的電阻係數。低電阻係數在減少金屬線內歐姆電壓降落和晶片間的功率傳輸具有相當的重要性。鋁在這方面是不錯的考量，因此對於矽製程技術，鋁已被使用的好幾年，而且鋁也有其他良好的特性，如對於 p-型和 n-型矽有良好的歐姆性接觸，對於氧化層有良好的附著性。

　　銅 (1.7 μΩ-cm) 相較於鋁 (3 μΩ-cm) 有更低的電阻係數，而且大約低二個數量級的電子遷移 (electromigration) 影響。因此對於超高速 IC 是個良好的選擇 (圖 9-14a)。由於製程突破，新的電極沉積和電鍍技術使得銅製程變成可行，主要由於 CVD 或是濺鍍沉積無法適用於銅，且由於銅化合物不易揮發，故不易使用 RIE (reactive ion etching)。銅圖案的產生基本上是由所謂波紋製程 (Damascene) 完成，首先經由蝕刻，在介質層上產生溝槽，然後銅就被沉積在上面，之後在化學機械磨光，使得銅嵌入在溝槽之中，這方法並沒有直接使用 RIE。"波紋"這名字來源於冶金學技術，在古老土耳其，金屬藝術品使用這樣的方法將刀劍或其他人工製品嵌在裡面。因為銅會在矽能帶中產生深陷阱；因此適當的阻障層如鈦需要成長在銅和矽基板之中。

　　在 (9-2) 式中，其他參數可以使 RC 時間常數最小化，使用厚內金屬介質層 (在可行的沉積時間內)，儘可能使用低介電常數的材料。二氧化矽的相對介電常數是 3.9。有許多低介電係常數材料 (有時稱為低 K 材料)，包括有機材料如複醯亞氨或是乾凝膠/氣凝膠，這些材料故意製造成多孔性，使得有較低的介電常數。

在設計單一電路裡元件的配置位置，拓撲學 (topological) 問題必須被解決，以提供無**跨接點** (crossover) 有效率的內連線，跨接點係指不同導體間的交叉連接點。假使跨接點必須做在矽表面，這很容易在電阻上面可被達成。因為佈植或是擴散的電阻可以覆蓋上一層二氧化矽，而導體可以被沉積在已絕緣的電阻上。有些情況下並沒有可使用的電阻做成跨接點時，一個低阻值佈植電阻可以被加入。譬如，在源/汲步驟裡，可佈植一個短 n^+ 區域，然後將一個導體連接在端點上，然後另一個導體跨接在 n^+ 區域上的氧化層之上。通常這可以被完成而不會增加明顯的電阻值，因為 n^+ 區域重摻雜且長度很短。

在金屬化步驟裡，電路裡適當的點會被連接到相當大的**填塞** (pads) 以便提供外部連接，這些金屬填塞在單一電路微影裡是顯而易見，有如一個矩形區域圍繞在元件四周。在架設和構裝過程裡，這些填塞由金或鋁的接線連接，或者是由特別的技術像 9.6 節所討論。

9.4 電荷轉移元件

一個最令人感興趣且大量使用的積體電路元件是 CCD (charge-coupled device)。而 CCD 是所謂**電荷轉移元件** (charge transfer device) 的其中一部分。這些動態元件在計時脈衝下，將電荷沿著固定的路徑移動。這些元件被使用在記憶體、可變邏輯函數、訊號處理和影像，這節我們將重心放在瞭解元件的工作原理，它們的實際結構如何應用可在現今的文獻找到。

9.4.1 MOS 電容的動態效應

基本的 CCD 是在一連串的 MOS 電容、動態儲存電荷和撤回電荷。因此我們必須更深入的討論第六章 MOS 電容，包括其基本動態效應。圖

(a) 金屬（+） SiO₂ 空乏層 p

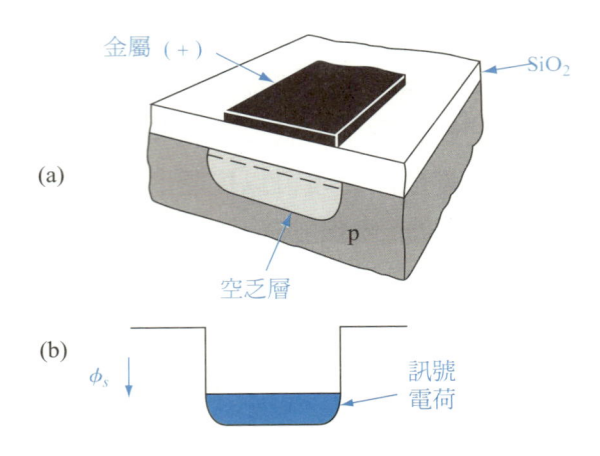

(b) ϕ_s 訊號電荷

圖 9-15 一個加正閘極脈衝的 MOS 電容：(a) 空乏區域和表面電荷；(b) 顯示出 (a) 表面的位能井，部分被表面電荷充滿的位能井。

9-15 顯示在 p-型基板上的 MOS 電容加正閘極脈衝，在閘極底下存在一個空乏區域，而在閘極電極下，表面位能明顯增加。事實上，表面位能形成**位能井** (poential well)，它可被用來儲存電荷。

假如加正電壓持續足夠長的時間，電子會累積在表面而形成反轉狀態。這些載子的來源是經由熱產生的電子或是接近表面的電子。事實上，反轉電荷告訴我們位能井有儲存電荷的能力，在熱狀態時充滿位能井的時間稱為**熱鬆弛時間** (thermal relaxation time)，它由半導體材料的品質、半導體和絕緣體的表面特性所決定。對於一個好的材料，熱鬆弛時間會比在 CCD 操作時電荷儲存時間長很多。

假如不在穩定狀態偏壓下，我們加一個大的正脈衝到 MOS 閘極，首先深的位能井會被產生。在熱產生反轉之前，空乏深度比在平衡狀態來得深 ($W > W_m$)。這個暫態有時稱為**深空乏** (deep depletion)。假使我們能注入電荷到這位能井中，電荷將被儲存在那兒。[3] 然而這儲存只是暫時的，我們必須在熱產生效應變明顯時，將電荷移到別的儲存位置。

---

[3] 位能井不應和擴充到半導體塊材的空乏區域混淆，井的深度是由電靜態位能測量，而非其長度，事實上，儲存在位能井的電子非常靠近半導體表面。

我們需要一個簡單的方法，快速、不損失太多電荷，將電荷從一個位能井移到鄰近的位能井。假如這可以被實現，我們可以動態地注入、移動和收集電荷，做許多電訊號的函數。

9.4.2 基本 CCD

在 1969 年，貝爾實驗室的 Boyle 和 Smith 提出最原始的 CCD 結構，包含一連串金屬電極，形成 MOS 電容器陣列，如圖 9-16。電壓脈衝加到

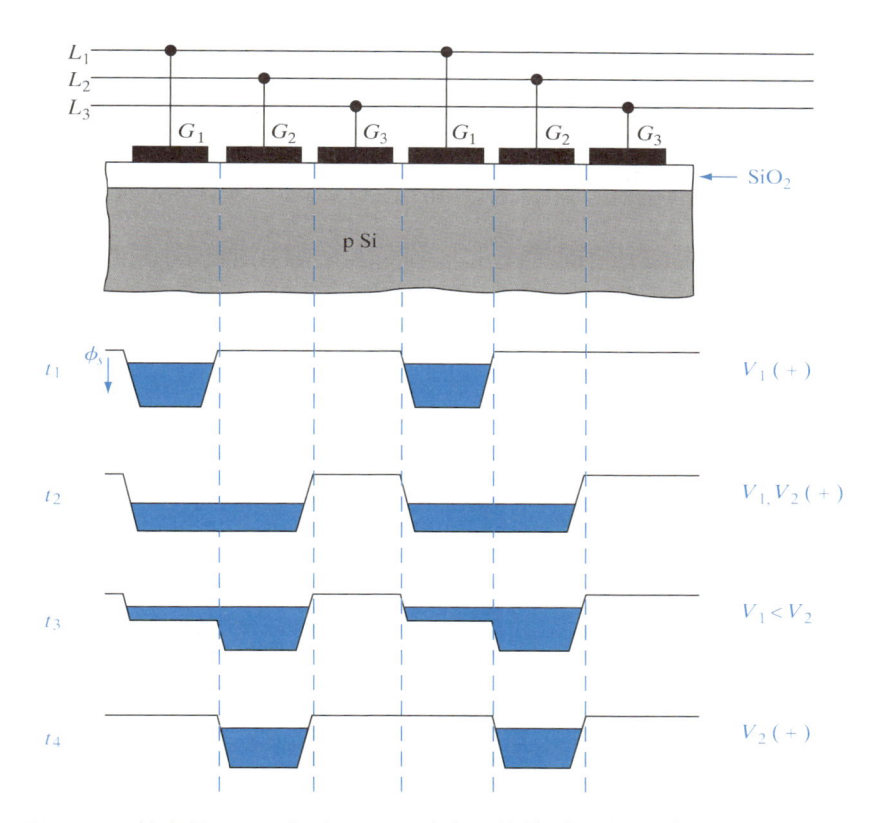

圖 9-16　基本的 CCD 包含 MOS 電容器的陣列。在 t_1 時，正電壓加到 G_1 電極，而電荷被儲存在 G_1 位能井中。在 t_2 時，正電壓加到 G_1 和 G_2 電極，而電荷分布在這兩位能井。在 t_3 時，G_1 電壓減少，而電荷流到第二位能井。在 t_4 時，電荷完全轉移到 G_2 位能井裡。

三條線上 (L_1, L_2, L_3)，每條線連接連續重複的三個電極 (G_1, G_2, G_3)，這些電壓提供位能井，位能井隨時間改變，如圖 9-16。在時間 t_1 時，位能井存在每個 G_1 電極下，我們假設這位能井在剛操作時已包含大量電子。在時間 t_2 時，電壓加在鄰近的電極 G_2，而電荷均等地分布在 G_1-G_2 井中。這可以很容易去想像，可移動電荷類似於流體，流到一個擴大的容器中。在 t_3 的時候，V_1 電壓減少，因此減少在 G_1 下的位能井，電荷漸漸流到 G_2 位能井中，當 t_4 電壓 V_1 為零時，這動作完成。藉由這方式，將電荷從 G_1 移到 G_2，當動作繼續時，電荷移到 G_3 位子，而一直持續下去。在這方法中，可使用輸入二極體將電荷注入，轉移到下條線，而在另一端被偵測到。

9.4.3 基本結構的改良

實現圖 9-16 CCD 結構時產生幾個問題。譬如兩個分開的電極必須夠近以便兩個位能井能夠連接在一起，改進的方法是使用重疊閘結構，如圖 9-17 所示。這是可行的，譬如用二氧化矽將多晶矽電極和金屬電極分開。

另一問題，不可避免地，一些電荷會在轉移過程中損失，假使電荷儲存在矽和二氧化矽接面，表面陷阱會抓住一些電荷。因此假使在 "0" 邏輯狀態下位能井是空的，脈衝的領導前緣會衰落，由於去填滿陷阱而

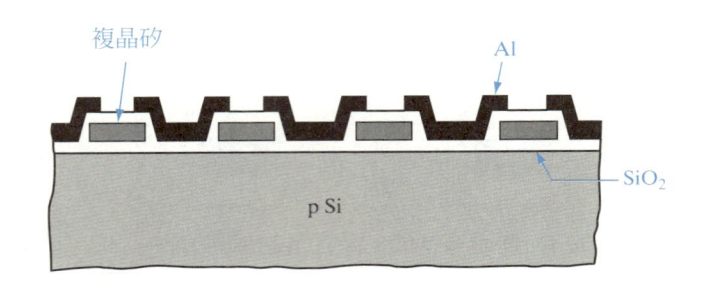

圖 9-17　一個重疊閘極的 CCD 結構。一個電極是複晶矽，而重疊在其上的是鋁閘極，二氧化矽將鄰近的電極分開。

損失電荷。改善這狀況有個方法，就是提供足夠的偏壓去容納表面和塊材的陷阱，這過程就是去使用**大零** (fat zero)，由於轉移過程原本就沒效率的，甚至用大零，訊號還是會在一連串轉移之後衰減。

將電荷轉移層移到半導體和絕緣體的接觸面下可以改善轉移效率，藉由使用離子佈植或是磊晶成長。在基板上製造一層相反型態的一層，這使得每個電極下最大的位能井移到半導體塊材，因此避免掉半導體和絕緣體的接觸面，這種元件稱為**埋層通道** CCD (buried channel CCD)。

圖 9-16 顯示出三相 CCD 結構，其只是許多種 CCD 結構中的一種。圖 9-18 顯示達成二相系統的一種方式，電壓一連串加在閘極。使用兩層多晶矽結構，其中閘極互相重疊，且在接近矽表面佈植施體，創造出在每半個閘極下有一層摻雜。當兩個閘極電壓關掉 (b) 時，位能井只存在每個底下摻雜的區域，而電荷可以儲存在這些位能井中。當電壓加在 G_2 電極時，電荷如 (b) 所示，轉移到最深的 G_2 電極下的位能井，其佈植區域

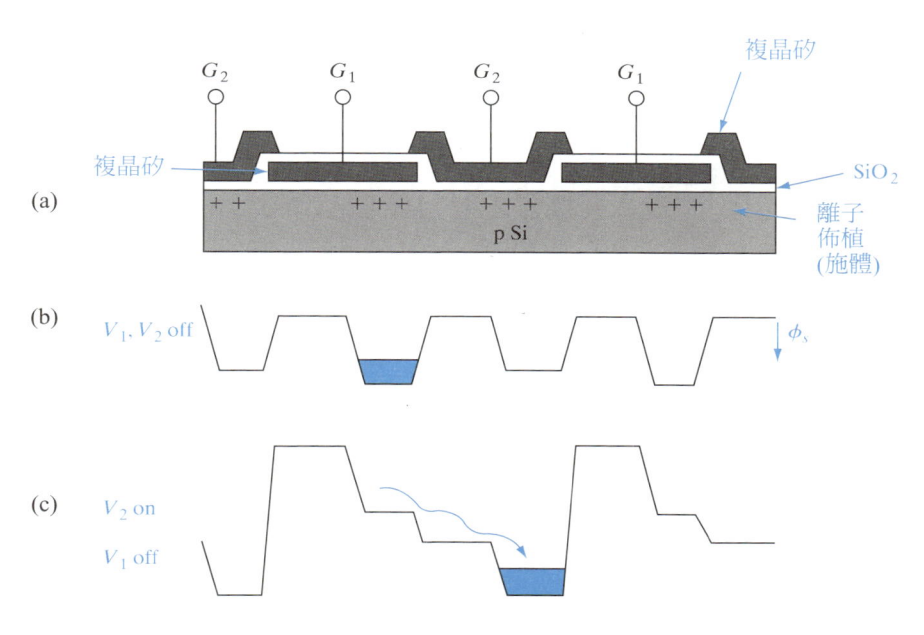

圖 9-18 二相的 CCD，藉由佈植，使其有額外的位能井在電極右半部。

如 (c) 所示。然後兩個閘極都關掉，位能井又回到 (b) 所示，只是現在電荷是儲存在 G_2 電極下。下個步驟，明顯地是 G_1 加正脈衝，如此電荷就移到 G_1 電極下佈植區域。

其他基本結構的改善在多種應用上是很重要的，包括通道停止或其他達到側向儲存載子限制的方法。再生點必須被包含在陣列裡，以便當訊號衰落時能更新訊號。

9.4.4　CCD 的應用

CCD 有許多應用，包含訊號處理函數，如延遲、濾波和多重訊號處理。另一個令人感興趣的應用是天文或是電視攝影機影像，光感側器陣列被使用去製造正比於光強度的電荷，而這電荷被移到光偵測器而讀出訊號。有許多方法可以完成這類 CCD，包括線性陣列線掃描器，移動掃描器而得到第二維資料。另一方法是區域影像掃描器，它可以掃描二維的影像，也可以用來做電子束位址電視影像管 (圖 9-19)。

9.5　超大型積體電路 (ULSI)

在積體電路發展的早期，發生在製程之不可避免的缺陷被認為將妨礙到元件製造更多的邏輯閘。在 1960 年代的末期，在較大型積體電路上有一個方法被嘗試過，它在一個晶圓上製造許多相同的邏輯閘、測試它們，並連線到好的邏輯閘。[此製程叫做**自由打線** (discretionary wiring)]。當這個方法持續發展時，在元件製程上根本的改善卻是增加晶圓上好晶粒的良率。在 1970 年代早期，在每一個晶粒上建立好幾百個元件且有相當可觀良率的電路是有可能的。這些改善使得自由打線幾乎同時荒廢。藉著減少製程缺陷的數目、改進元件的積集度和增加晶圓的尺寸，現在要在單一矽晶粒上放置幾百萬個元件，且在每一個晶圓上獲得許多完美

第九章 積體電路 **539**

圖 9-19 如圖所示，為一個具有周圍訊號處理電路、呈大而白的長方形區域之電荷耦合元件影像感測器 (圖片由德州儀器公司所提供)。

的晶粒是有可能的。

持續地降低每個電路內各元件的尺寸 (電晶體、電容器) 是積體電路發展的一個主因。透過改良設計及較好的微影技術，使用在元件上的特徵尺寸已有大大地縮小 (例如：電晶體閘極)。如圖 9-20 所示，為一個 256 Mb-DRAM 微縮的結果。藉以持續的方式減少最小特徵尺寸從 0.13 到 0.11 μm，晶方區域則由第一代約 135 mm^2 減少為少於 42 mm^2 的第五代元件。明顯地，更多較小的晶粒可藉批次製造於晶圓上，且縮減設計尺寸上的努力可展現在更有利益的元件上。

持續減少特徵尺寸的設計，已經大大地增加電路複雜性的可能。DARM 設計已超越過去二十年的技術，以 1 Mb、4 Mb 和 16 Mb 記憶體持續發展而以二次方增加到 128 Mb 的範圍。圖 9-21 顯示和 128 Mb 記憶體同大小的兩條 64 Mb 和八條 16 Mb 的晶片之大小比較。這些是 ULSI

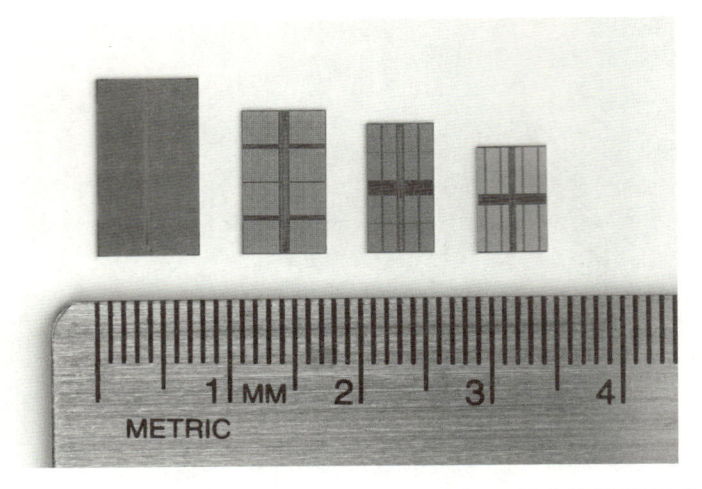

圖 9-20　256 Mb DRAM 晶方的尺寸減少，如同最小的特徵尺寸由第一代所設計的 0.13 μm (在左邊的晶方) 減少到右邊晶方的 0.11 μm。(圖案由微技術公司所提供的)

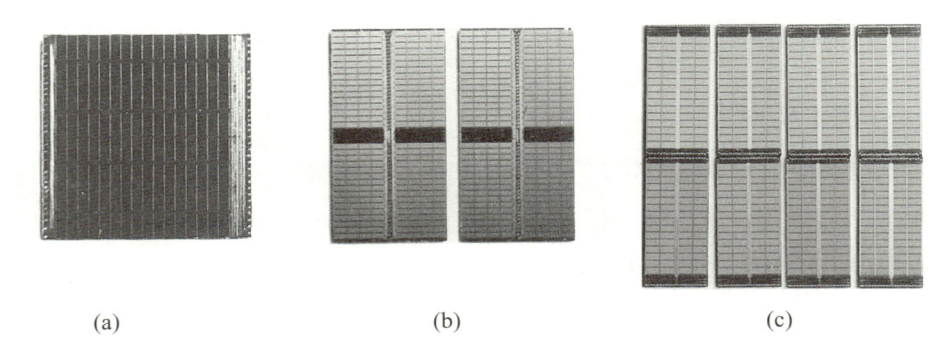

圖 9-21　三種可獲得 128 Mb DRAM 的方式：(a) 一塊 128 Mb 晶片；(b) 兩塊 64 Mb 晶片；(c) 八個 16 Mb 晶片。128 Mb 晶方尺寸差不多為一吋乘一吋。(圖片由微技術公司所提供)

的例子。

　　雖然在記憶體上有許多以二次方演進的成果是令人印象深刻且重要的，但是對於許多不一樣之系統功能，其他的 ULSI 的晶片也是蠻重要的。微處理器 (microprocessor) 所包含的功能可連同記憶體、控制、計時

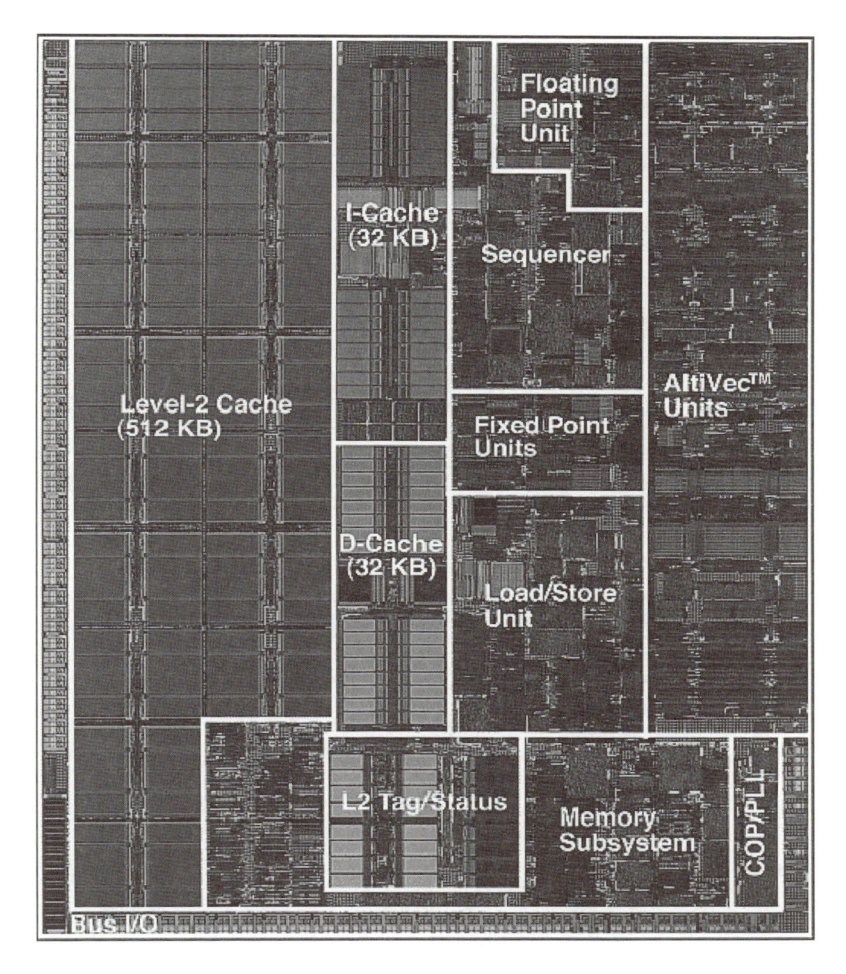

圖 9-22　一個 ULSI 的樣本，利用 90 nm 技術製程，型號為 PowerPC G4 MPC7447A 的微處理器，其工作時脈為 1.5 GHz。

器和可執行非常複雜計算功能之介面電路用於電腦的中央處理單元 (cpu)。圖 9-22 所顯示之複雜元件，指出不同劃分的區域，其功能有所不同的微處理器晶片。

離開這節之前，提供一些我們一直在討論的尺寸之測定或許是有用的。圖 9-23 比較出 64 Mb-DRAM 電路之連線元件的大小和人類的頭髮是相同的等級。我們可以經由掃描式電子顯微鏡看到 ULSI 記憶體晶粒上是

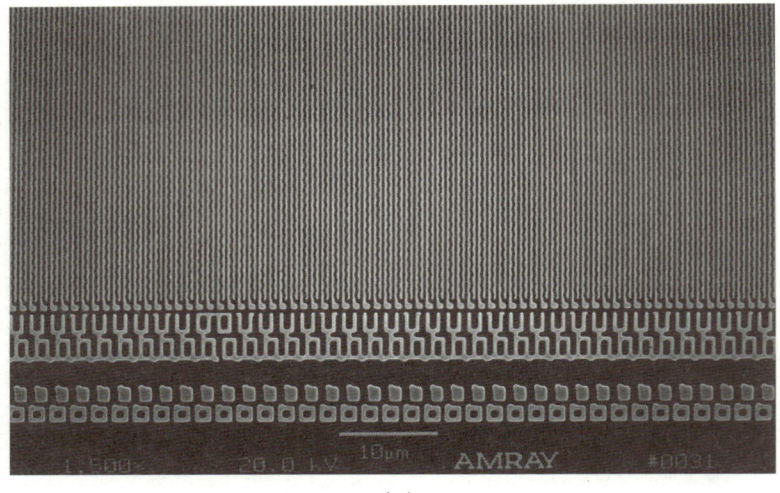

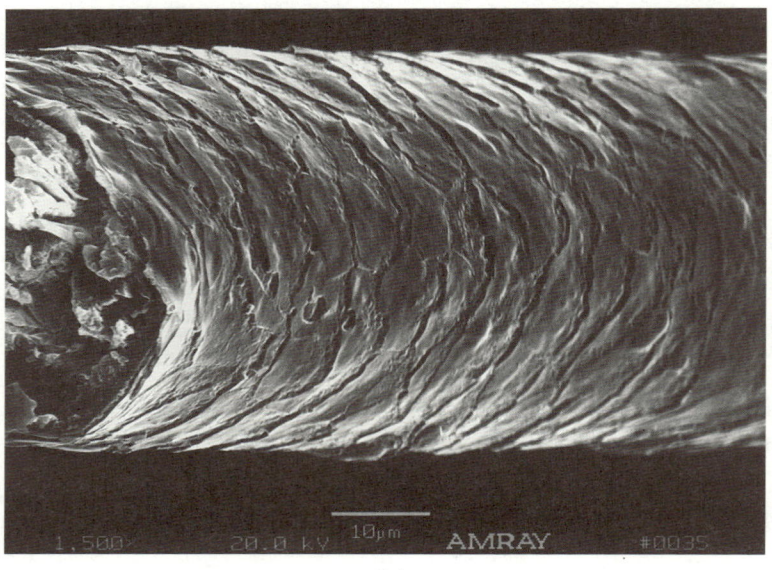

圖 9-23　ULSI 元件和人類的頭髮之尺寸比較：(a) 一個 64 Mb 動態 RAM 晶粒以 0.18 μm 連線的陣列緊密地堆積；(b) 人類頭髮的掃描式電子相片。兩者皆以相同的等級來顯示。(圖片由微技術公司提供)

以 0.18 μm 的線緊密地堆積，比人類頭髮的直徑 50 μm 還來得短。這很清楚明白地瞭解為什麼 ULSI 晶粒必須在超淨空的環境下製造。

雖然這本書的重點是元件而不是電路，但是觀看一些用於半導體邏輯和記憶體之 ULSI 且佔了所有 IC's 的 90% 之 MOS 電容和 FETs 的典型應用是重要的。這會給讀者為什麼我們要在第六章學習 MOS 元件的物理有更好的見解。很明顯地，這不是總括性的討論，因為在其他書本和課程，電路的設計及分析是一個大的主題。首先，我們遵循一些典型記憶體元件來看一些數位邏輯的應用。

9.5.1 邏輯元件

非常簡單且基本的電路元件是反相器，它用於變動邏輯態。當輸入為高電壓 (相對於邏輯 "1") 時，其輸出電壓為低態 (邏輯 "0")，反之亦然。為了以最簡單可能的方式 (如圖 9-24a 所示) 說明基本原理，讓我們以電阻性負載 n-通道 MOSFET 反相器來開始分析。然後，我們將擴充處理稍微複雜的 CMOS 反相器，它在今日是更加有用，更加常見。

就反相器而言，一個重要的觀念是**電壓轉移特性曲線** (voltage transfer characteristic, VTC)，它是輸出電壓為輸入偏壓的函數所繪製出來的圖形 (如圖 9-24c 所示)。例如，它給我們有關數位電路可以處理多少的雜訊和邏輯閘切換速率的資訊。在電壓轉移特性曲線上有五個重要的操作點 (標示為 I 至 V)。它們包含 V_{OH} (相對於邏輯高態或 "1")，V_{OL} (相對於邏輯低態或 "0") 和 V_m (相對於斜率為 1 的輸入電壓) 即 $V_{out}=V_{in}$。V_m，所謂邏輯的臨界電壓 (不要和 MOSFET 的臨界電壓搞混)。當兩個反相器交越耦合在正反器上，它是重要的，因為其中之一的輸出為另外一個的輸入，反之亦然。另外兩個重要的點為單位增益點 V_{IL} 和 V_{IH}。這些點的意義是如果輸入電壓介於它們之間，那麼輸入電壓的改變被放大並且我們可得到更大的輸出變化。在操作點範圍外，輸入電壓的改變會變弱。很明顯地，任何由訊號所產生的電壓加諸在介於 V_{IL} 和 V_{IH} 之間的輸入電

544 半導體元件

(a) 反相器

(b) 汲極特性曲線和負載線

(c) 電壓轉移特性曲線

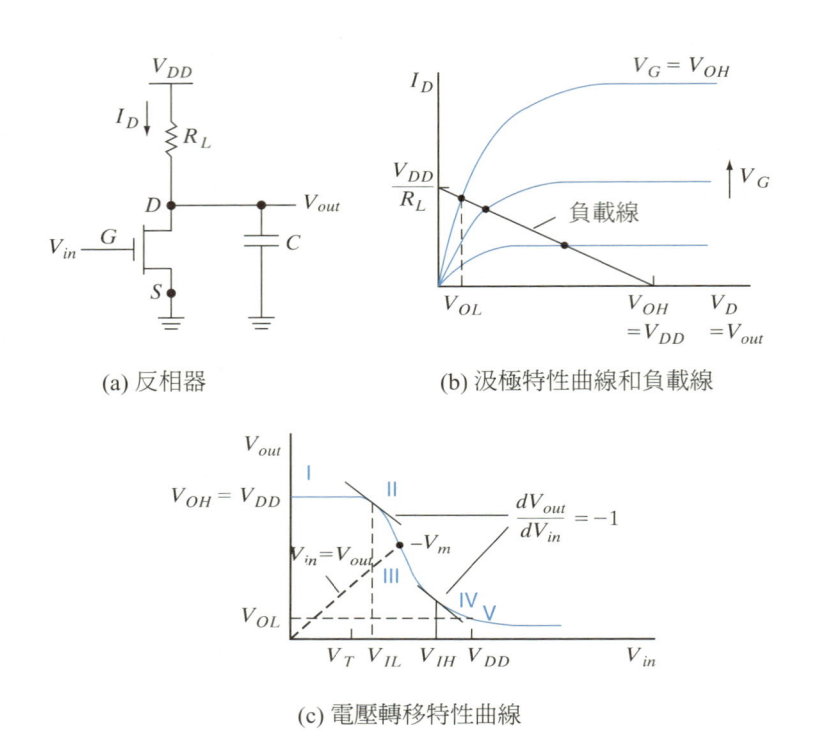

圖 9-24 電阻性負載反相器電壓轉移特性曲線：(a) NMOSFET (N 型金氧半場效體) 以及負載電阻 R_L 和負載寄生電容 C；(b) 藉著加負載線於 NMOSFET (N 型金氧半場效體) 的輸出特性曲線上來決定電壓轉移特性曲線 (電阻器為線性的電流-電壓歐姆特性)；(c) 電壓轉移特性曲線顯示出輸出電壓為輸入電壓的函數。在電壓轉移特性曲線上五個重要的點為邏輯高態 (V_{OH})，邏輯低態 (V_{OL})，單位增益點 (V_{IL} 和 V_{IH}) 和輸入等於輸出的邏輯臨限電壓 (V_m)。

壓，將被放大並且會造成電路操作的潛在問題。

讓我們看如何著手決定電壓轉移特性曲線。從圖 9-24a 的電路，我們知道從電源供應器到接地端的輸出環線，通過電阻性負載的電流和 MOSFET 的汲極電流是相同的。電源供應器的電壓等於跨在電阻器兩端的電壓降加上汲極至源極的電壓。為了決定電壓轉移特性曲線，我們將負載元件的負載線 (在這個例子中，對歐姆電阻器是一條直線) 加諸 MOSFET

的輸出特性曲線 (如圖 9-24b 所示)。這類似於我們在 6.1.1 節所討論的負載線。負載線在電壓軸上通過 V_{DD}，因為當輸出環路的電流為零的時候，在電阻器上沒有壓降，全部的壓降跨在 MOSFET 上。在電流軸上，負載線通過 V_{DD}/R_L，因為當跨在 MOSFET 的電壓為零的時候，在電阻器的兩端電壓必為 V_{DD}。當我們改變輸入偏壓 V_{in}，即我們改變在 MOSFET 閘極電壓。因此在圖 9-24b 上，我們從一常數 V_G 之曲線至另一曲線上。在每一個輸入偏壓 (和相對於常數 V_G 的曲線) 負載線和曲線的交叉處可告訴我們汲極的偏壓，它相當於輸出電壓。這是因為在交叉點，我們必須滿足在直流的狀況，電容並不起任何作用，通過電阻的電流相同於 MOSFET 電流的條件。(稍後，我們將看到在交流的情況，當邏輯閘極被切換時，我們需要擔心當電容被充電或放電時通過它的位移電流。) 可以清楚地從圖 9-24c 看到當輸入電壓 (或 V_G) 由低態至高態，輸出電壓則由高態 V_{DD} 降至低態 V_{OL}。只要藉著認定 MOSFET 在線性區或飽和區，使用相對的汲極電流表示式 [(6-49) 或 (6-53) 式]，並且令它等於電阻的電流，我們可以分析地解出電壓轉移特性曲線上的任何一點。例如，假設我們想要決定邏輯 "0"，V_{OL}。這種情況發生於當輸入 V_G 為高態且輸出 V_D 為低態時，置電晶體在線性區。利用 (6-49) 式，我們可以寫

$$I_D = k\left[V_G - V_T - \frac{V_D}{2}\right]V_D = k\left[V_{DD} - V_T - \frac{V_{OL}}{2}\right]V_{OL} \tag{9-3a}$$

既然在直流的情況，通過 MOSFET 的電流相同於通過電阻的電流，

$$I_D = I_L = \frac{V_{DD} - V_{OL}}{R_L} \tag{9-3b}$$

如果我們知道 R_L 及 MOSFET 的參數，我們可以解出 V_{OL}。擇其一的，我們可以設計 R_L 值去得到某一 V_{OL}。什麼將要求 R_L 的選擇？在這節的後面，我們將會知道我們以交越耦合的方式利用兩個反相器去形成雙穩態正反器的許多應用。一個正反器的輸出被接回到另一個的輸入，反之亦

然。很明顯地，V_{OL} 必須設計成遠小於 MOSFET 的 V_T。否則 MOSFET 將不會完全關閉，正反器也不會適當的發揮功能。同樣地，藉著使用近似 MOSFET 的汲極電流和設定汲極電流等於流經電阻器的電流，所有其他在電壓轉換特性曲線上的點都能夠算出來。

我們可以從這樣的分析做出一些一般的觀察。我們想要電壓轉移特性曲線的轉換區域 (介於 V_{IL} 和 V_{IH} 之間) 儘可能地陡峭 (也就是說高增益) 並且轉換應該在 $V_{DD}/2$ 附近。高增益保證邏輯從某一狀態轉到另一狀態的高速轉換。在轉換區域增加負載電阻去增加增益是必須的。

在 $V_{DD}/2$ 附近的轉換保證邏輯"1"和邏輯"0"兩種狀態的高雜訊豁免值 (noise immunity) 或雜訊寬限值 (noise margin)。為了察知雜訊豁免值的重要性，我們必須認定在組合或循序數位電路上，一個反相器或邏輯閘的輸出常接到下一級的輸入端。雜訊豁免值是一種該電路在輸入端可以忍受多少的雜訊，並且在下一級仍有正確邏輯狀態的數位輸出。以圖 9-24c 為例，如果輸入是在接近零的附近，則輸出應該為高態 (邏輯"1")。如果這個輸出被接到另一個反相器，則其輸出應該為低態等等。假設雜訊突波引起第一級的輸入電壓超過 V_m，那麼輸出電壓減少到足夠可能造成下一級數位狀態的錯誤。在 $V_{DD}/2$ 附近有一個電壓轉換特性曲線的對稱轉換可確保兩個邏輯態的高雜訊寬限值。

電阻性負載反相器有一個問題發生在 V_{OL} 是低的但不為零的時候。這個問題連同負載元件是被動元件無法關掉的事實，造成電路上高待候功率的散逸。這些問題將由接下來所描述的 CMOS 之結構來討論。

就電阻負載而言，雖然數學有點雜亂 (如圖 9-25 所示)，我們可以精確地決定 CMOS 的電壓轉換特性曲線。就前面所提到的輸入電壓為 V_{in}，則 NMOSFET 的 V_G 為 V_{in} 但是 PMOSFET 的 V_G 為 $V_{in}-V_{DD}$。同樣地，如果輸出電壓為 V_{out}，則 NMOSFET 的 V_D 是 V_{out}，但是 PMOSFET 的 V_D 為 $V_{out}-V_{DD}$。現在，負載元件不是具有線性電流-電壓關係的簡單電阻，但是其所替代的是 PMOSFET 元件，它的"負載線"為一組的 I_D-V_D 之輸出特

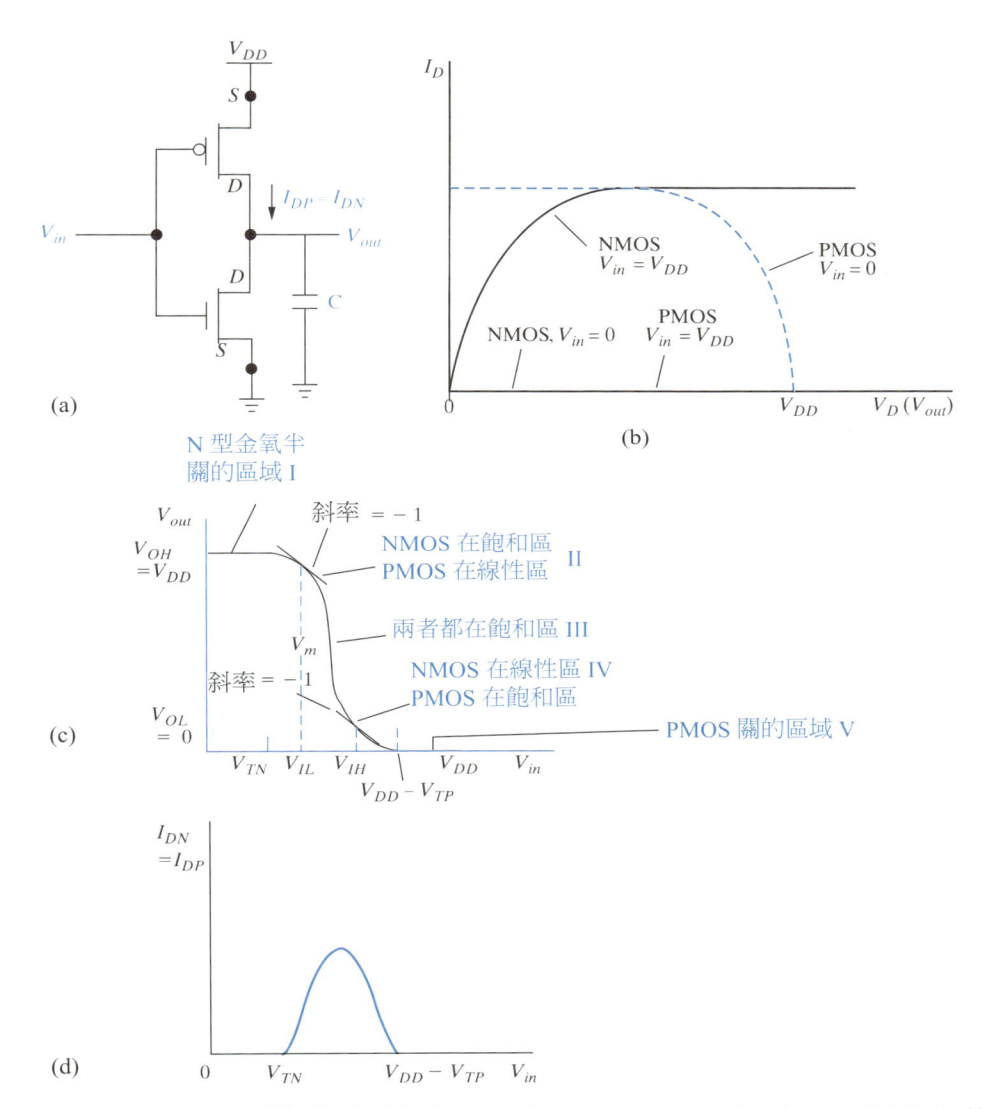

圖 9-25 CMOS 反相器之電壓轉移特性曲線：(a) NMOSFET 以及 PMOSFET 負載和負載寄生電容 C；(b) 藉著加諸負載線 (PMOSFET 的輸出特性曲線以虛線所示) 於 NMOSFET 的輸出特性曲線來決定輸出轉移特性曲線；(c) 電壓轉換特性曲線顯示輸出電壓為輸入電壓的函數。在電壓轉移特性曲線上，五個重要的點為邏輯高態 (V_{OH})，邏輯低態 (V_{OL})，單位增益點 (V_{IL} 和 V_{IH}) 及輸入等於輸出的臨限電壓 (V_m)；(d) 當輸入電壓在 NMOSFET 和 PMOSFET 皆打開的範圍內，切換電流從 V_{DD} 流至接地端。

性曲線 (如圖 9-25b 所示)。藉著認定 NMOSFET 和 PMOSFET 之特性是否在線性區或飽和區,並且使用適當的電流表示式,V_{out} 會是 V_{in} 的函數。在每一點,我們會設定 NMOSFET 的 I_D 等於 PMOSFET 的 I_D。

就電阻性負載的情形,在電壓轉移特性曲線上有五個重要的點 (如圖 9-25c 所示)。它們是邏輯"1"等於 V_{DD},邏輯"0"等於 0,當 $V_{in}=V_{out}$ 時,邏輯臨界電壓 V_m 及兩個單位增益點 V_{IH} 和 V_{IL}。在圖 9-25c 上區域 I,NMOSFET 是關閉的且 $V_{out}=V_{DD}$。同樣地,在區域 V,PMOSFET 是關閉的且 $V_{out}=0$。在區域 II,NMOSFET 在飽和區及 PMOSFET 在線性區,我們可以顯示該區域的計算。在這個情形,對於 NMOSFET 的飽和汲極電流,我們必須使用 (6-53) 式。

$$I_{DN} = \frac{k_N}{2}(V_{in} - V_{TN})^2 \qquad (9\text{-}4a)$$

換句話說,對於在線性區的 PMOSFET,我們必須使用 (6-49) 式。

$$I_{DP} = k_P\left[(V_{DD} - V_{in}) + V_{TP} - \frac{(V_{DD} - V_{out})}{2}\right](V_{DD} - V_{out}) \qquad (9\text{-}4b)$$

這裡的 V_{TN} 和 V_{TP} 分別為 n 通道和 p 通道的臨界電壓。在直流的情況,既然輸出負載電容不起作用,通過 PMOSFET 元件的汲極電流必須等於通過 NMOSFET 的電流大小。(然而在交流的情況下,我們需要考慮通過電容的位移電流)。

$$I_{DN} = I_{DP} \qquad (9\text{-}5a)$$

NMOSFET 的飽和區使用 (6-53) 式而 PMOSFET 在線性區則使用 (6-49) 式。

$$\frac{k_N}{2k_P}(V_{in} - V_{TN})^2 = \left[V_{DD} - V_{in} + V_{TP} - \frac{V_{DD} - V_{out}}{2}\right](V_{DD} - V_{out})$$

$$= \left[\frac{V_{DD}}{2} - V_{in} + V_{TP} + \frac{V_{out}}{2}\right](V_{DD} - V_{out}) \qquad (9\text{-}5b)$$

從 (9-5b) 式，我們在區域 II 可以得到有效的輸入輸出的分析關係。我們在電壓轉換特性曲線的其他區域會得到相似的關係。

在圖 9-25c 上，區域 IV 和區域 II 非常相似，除了當 PMOSFET 在飽和區而 NMOSFET 在線性區外。在區域 III，NMOSFET 和 PMOSFET 都在飽和區。既然 MOSFET 的輸出阻抗非常高，這相當於半無限大的負載電阻，因此造成非常陡峭的轉換區域，這也是為什麼 CMOS 反相器比電阻性負載之反相器來得快的原因。因為不論在邏輯態 (區域 I 或 V) 或 NMOSFET 或 PMOSFET 是關閉的情況，待候功率消耗都是非常低的，所以 CMOS 反相器也比較受人偏愛。事實上，在邏輯態的電流非常小，相當於源/汲極二極體的漏電流。

從對稱和雜訊豁免值的觀點來看，我們想要轉換區域 (區域 III) 在 $V_{DD}/2$。再一次地，令 NMOSFET 的 I_D 等於 PMOSFET 的 I_D，它可以由下面的轉換得到。

$$V_{in} = (V_{DD} + \chi V_{TN} + V_{TP})/(1 + \chi) \tag{9-6a}$$

當

$$\chi = \left(\frac{k_N}{k_P}\right)^{\frac{1}{2}} = \frac{\left[\bar{\mu}_n C_i \left(\frac{Z}{L}\right)_N\right]^{\frac{1}{2}}}{\left[\bar{\mu}_p C_i \left(\frac{Z}{L}\right)_P\right]^{\frac{1}{2}}} \tag{9-6b}$$

選擇 $V_{TN} = -V_{TP}$ 及 $\chi = 1$，我們可以設計 V_{in} 在 $V_{DD}/2$。既然矽 MOSFET 通道內的有效電子遷移率大略為電洞遷移率的兩倍，我們必須設計有 $(Z/L)_P = 2(Z/L)_N$ 的 CMOS 電路以便得到 $\chi = 1$ 的條件。

我們能夠組合這樣的 CMOS 反相器去形成組合電路其他的邏輯閘，如反或閘和反及閘 (如圖 9-26 所示)。圖 9-27 所示的為這些邏輯閘的真值表。藉著應用邏輯"高"或邏輯"低"到輸入 A 和 B 的組合，可以得到對應於真值表的輸出狀態，相對於真值表邏輯電路的合成可使用布林代數和狄摩根定律來實現。這些定律的結論是任何邏輯電路可以使用反相

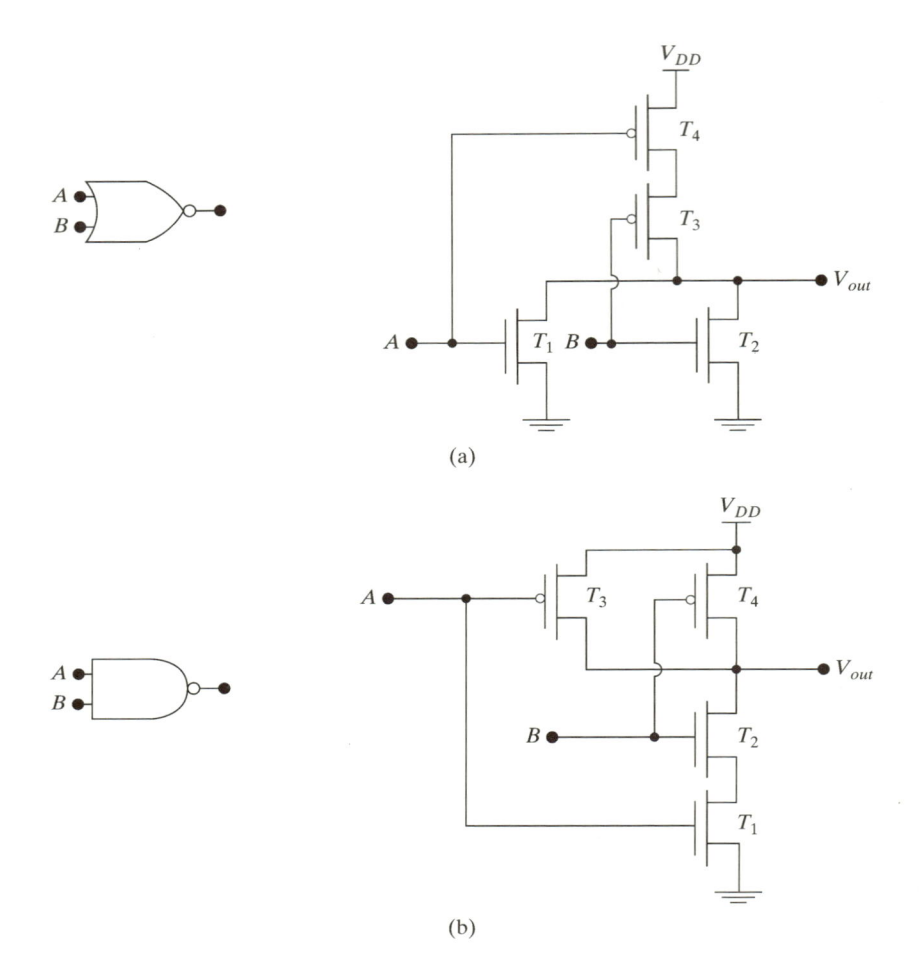

圖 9-26　邏輯閘和 CMOS 的實現：(a) 反或閘；(b) 反及閘。

器連接反及閘或反或閘來完成。從元件物理的觀點來看，那一個應該會比較好呢？我們從圖 9-26 得知在反或閘其 PMOSFET 元件之 T_3 和 T_4 串聯，然而在反及閘其 NMOSFET 之 T_1 和 T_2 串聯。既然通道內之電子遷移率是電洞遷移率的兩倍，顯然地我們應該偏愛 NMOSFET。因此，偏愛的選擇是反及閘連同反相器。

我們也可以評估反相器電路的功率散逸。我們已經知道待候功率散逸是非常小的，其依賴邏輯態之 NMOSFET 或 PMOSFET 關掉時的漏電

(a)

輸入		輸出 Y	
A	B	AND	NAND
0	0	0	1
0	1	0	1
1	0	0	1
1	1	1	0

(b)

輸入		輸出 Y	
A	B	OR	NOR
0	0	0	1
0	1	1	0
1	0	1	0
1	1	1	0

(c)

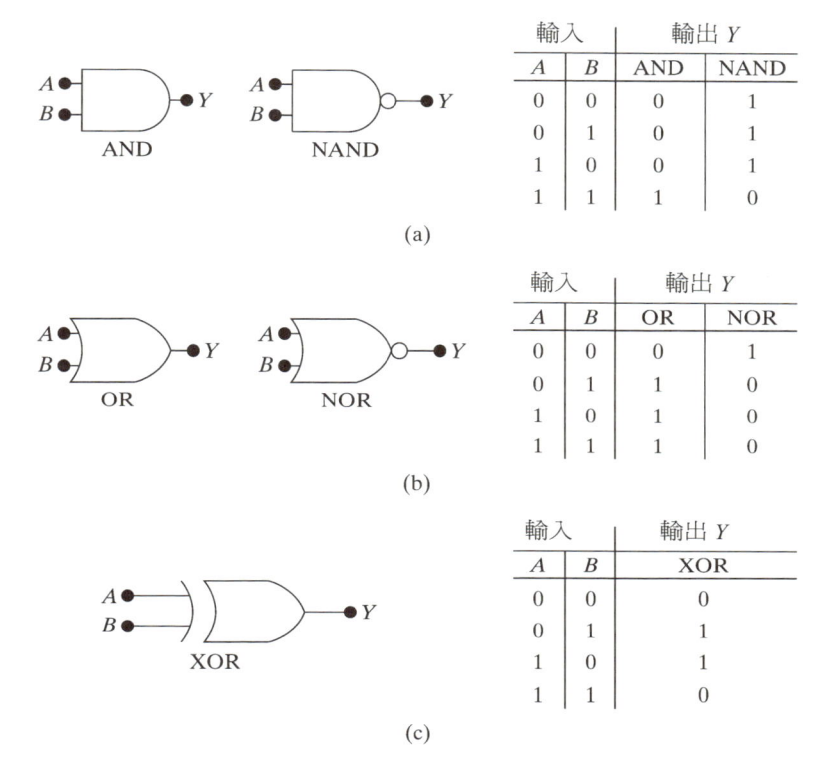

輸入		輸出 Y
A	B	XOR
0	0	0
0	1	1
1	0	1
1	1	0

圖 9-27 (a) 及閘/反及閘的邏輯符號和真值表。(b) 或閘/反或閘的邏輯符號和真值表。(c) 互斥或閘的邏輯符號和真值表。

流所主宰。這種漏電流端賴於源/汲極二極體之漏電流或者如果 V_T 是低的，MOSFET 關掉時的次臨界漏電流 (見 6.5.7 節)。

在反相器切換時，當兩個電晶體都是打開的時候，從電源供應器到接地端也會有暫態電流 (見圖 9-25d)。這是所謂的**切換電流** (switching current) 或**轉換電流** (commutator current)。此電流的大小將明顯地依賴 V_{TN} 和 V_{TP} 之值。當輸入電壓改變的時候，臨界值越高時，輸入電壓使 PMOSFET 和 NMOSFET 都打開的擺幅就越小。在切換期間，從減少功率散逸的觀點來看，轉換電流變得更少是我們想要的。然而，藉著增加臨界電壓來減少功率散逸卻得付出驅動電流減少的代價，隨之而來的是電路整體的速度會變慢。

速度的變慢歸咎於驅動電流的減少是因為在數位電路中，當邏輯態在切換的時候，MOSFET 的驅動電流必須對和輸出端相關的寄生電容充放電 (如圖 9-25a 所示)。也有一些功率散逸涉及在對附屬於反相器輸出的負載電容進行充放電。這種負載電容大部分依下一反相器級 (或邏輯閘) 之 MOSFET 的輸入閘極氧化層電容而定，此反相器 (或邏輯閘) 也許連同一些小的寄生電容被驅動。單一反相器的輸入負載電容是單位面積閘極氧化層電容 C_i 乘以元件的面積。

$$C_{\text{inv}} = C_i \{(ZL)_N + (ZL)_P\} \tag{9-7}$$

然後全部的負載電容再乘以依賴電路之**輸出閘數** (fan-out) 的因子，輸出閘數是被反相器 (或邏輯閘) 同時所能驅動的閘數。把反相器級所驅動的所有反相器或邏輯閘之負載電容加起來是必須的。在充電週期的期間，消耗在對等效負載電容 C，充電的能量是時變電壓乘以通過電容器的時變位移電流之乘積的積分。

$$\begin{aligned} E_C &= \int i_p(t)[V_{DD} - v(t)]dt \\ &= V_{DD}\int i_p(t)dt - \int i_p(t)v(t)dt \end{aligned} \tag{9-8a}$$

藉著假定通過電容器的位移電流 ($i_p(t) = C\, dv/dt$)，然後儲存在 C 上的能量便能得到。

$$E_c = V_{DD}\int C\frac{dv}{dt}dt - \int Cv\frac{dv}{dt}dt = CV_{DD}\int_0^{V_{DD}} dv - C\int_0^{V_{DD}} vdv = CV_{DD}^2 - \frac{1}{2}CV_{DD}^2 \tag{9-8b}$$

同樣地，在放電週期的期間，我們得到

$$E_d = \int i_n(t)v(t)dt = -\int_{V_{DD}}^0 Cvdv = \frac{1}{2}CV_{DD}^2 \tag{9-9}$$

如果反相器 (或閘) 在頻率 f 被充放電，我們可得到主動功率散逸。

$$P = CV_{DD}^2 f \tag{9-10}$$

除了功率散逸,我們也關心邏輯電路的速度。如圖 9-25 所示,邏輯閘的速度是由**傳遞延遲** (propagation delay) 時間 t_P 所決定的。我們定義輸出從邏輯高態 V_{OH} 到 $V_{OH}/2$ 所需的時間為 t_{PHL}。相反的 (從邏輯低態 V_{OL} (=0) 到 $V_{OH}/2$) 定義為 t_{PLH}。藉著認定輸出從高態到低態 (或邏輯 "1" 到 "0"),NMOSFET 必須從輸出端放電至接地端,我們對這些時間可以寫下近似的估計值。在這段週期的期間,NMOSFET 將在飽和區。假設定值飽和電流為近似值,我們從 (6-53) 式可得到

$$t_{PHL} = \frac{\frac{1}{2}CV_{DD}}{I_{DN}} = \frac{\frac{1}{2}CV_{DD}}{\frac{k_N}{2}(V_{DD} - V_{TN})^2} \tag{9-11a}$$

這是在電容器上電荷減少除以放電電流所得到的。相反地,

$$t_{PLH} = \frac{\frac{1}{2}CV_{DD}}{I_{DP}} = \frac{\frac{1}{2}CV_{DD}}{\frac{k_P}{2}(V_{DD} + V_{TP})^2} \tag{9-11b}$$

知道這些時間頗能幫助我們設計符合速度需求的電路。當然,我們需要使用電腦才能得到這些傳遞時間延遲或功率散逸的準確數字估計值。積體電路加強模擬程式 (SPICE) 是這方面非常受歡迎的程式之一。這類的討論說明了元件物理在電路的設計及分析扮演了一個重要的角色。

9.5.2 半導體記憶體

除了如微處理器的邏輯元件,積體電路仰賴著半導體記憶體。藉著注視著半導體記憶體晶胞最重要的三種型態:靜態隨機存取記憶體 (static random access memory, SRAM)、動態隨機存取記憶體 (dynamic random access memory, DRAM) 及非揮發性快閃記憶體晶胞 (flash memory cell),我們會說明許多重要 MOS 元件物理的論點。SRAM 和 DRAM 是揮發性

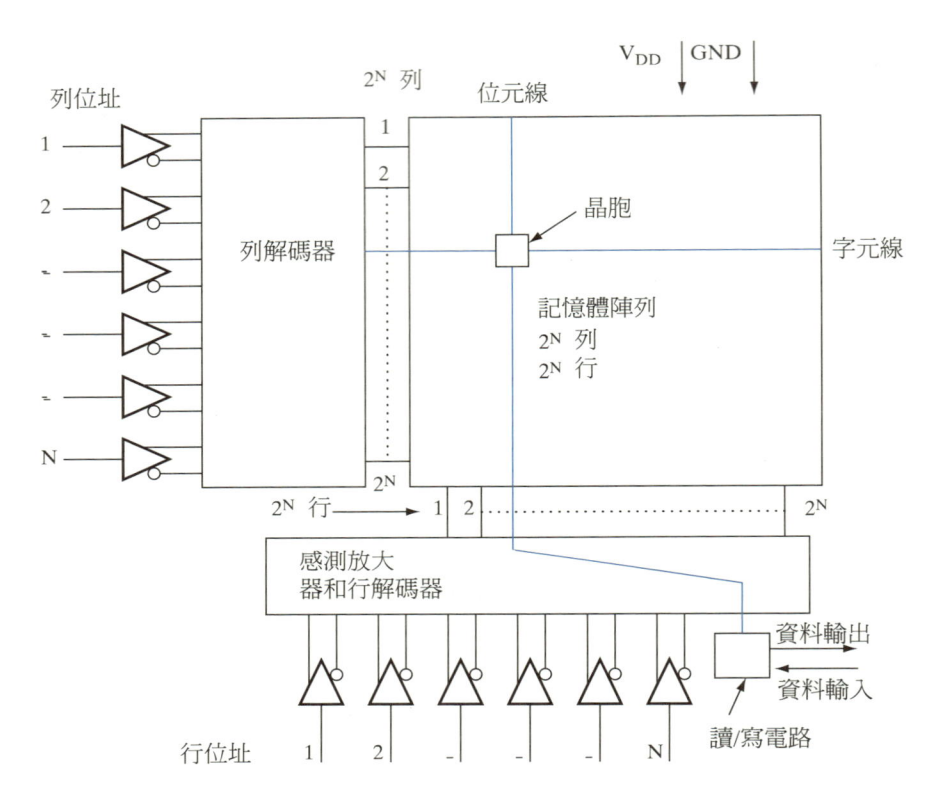

圖 9-28 隨機存取記憶體 (RAM) 的架構：記憶體陣列包含以正交陣列排列的記憶體晶胞。在一列 (字組線) 和一行 (位元線) 的交叉處有一個記憶體晶胞。為了討論特定的記憶體晶胞，N 列位址被閂住在來自於 N 個位址接腳及被 2^N 個列解碼器所解碼。所有在被選擇列的記憶體晶胞藉著 2^N 個感測放大器可被讀取。其中，一個晶胞 (一個位元) 或群晶胞 (位元組或字) 被選擇於依賴被 2^N 個行解碼器解碼的行位址，傳送到資料輸出緩衝器。一般，為了節省封裝上接腳數，在列位址已經被閂住後，N 個行位址如同列位址以多工的型式提供相同的 N 個位址接腳。

的，把電源供應器移掉時，資訊會流失掉。然而，快閃記憶體能夠無限地儲存下來。就 SRAM 而言，資訊是靜態的，意指著只要電源供應器一直開著的話，資訊就會維持不變。換句話說，儲存在 DRAM 的資訊一定要週期性地更新，因為呈獻邏輯態的儲存電荷會快速地漏電。和儲存電荷退化所需時間比較，更新時間一定要短。

所有記憶體的全部架構是相當類似的，如圖 9-28 所示。在這裡我們不會很詳細地描述記憶體的架構，而是集中在元件的物理上。我們需要知道用於列或字組線及行或位元線交錯之晶胞的型態。直觀上，這些記憶體都是隨機存取的，晶胞可依任何次序定址於寫或讀的運算，仰賴於位址接腳所提供的列和行位址，不像如在電腦上硬碟或軟碟之記憶體只能夠循序地被定址。一般，同一組的接腳用於一樣的列及行位址，以便減少接腳數。這強制了我們使用所謂的位址多工。首先，列位址提供在位址接腳而且解碼使用列解碼器。對於 N 列位址，我們會有 2^N 列或字元線。接著，列解碼器使已選擇的字元線變高態，以至於在這字元線上所有 2^N 晶胞 (相對於 N 行位址) 對讀或寫作存取，然而感測放大器在 2^N 行或位元線的末端。在適當的列已經解碼出來後，適當的行位址被提供給同樣的位址接腳並且行解碼器用於選擇位元或群位元 (所知的 位元組 (byte) 或 字元 (word)) 來自於所有在被選擇字元線上 2^N 位元。我們利用感測放大器可以寫入或從所選擇之位元 (或群位元) 讀取，它們基本上是用來當做差動放大器的正反器。

靜態隨機存取記憶體 圖 9-29 為一組四個六電晶體組成的 CMOS 靜態隨機存取記憶體 (SRAM) 單元，在此每個單元都是存在於一列或字組線及一行或位元線的交叉點 (而它的邏輯互補稱為位元)，這個單元是一個正反器，包括兩個交叉連結的 CMOS 反相器。很明顯地，它有兩個穩定點：當一個反向器的輸出是高電位 (相當於 NMOSFET 是"關"，而 PMOSFET 是"開")，這個高電位會饋入另一個交叉連結的反相器輸入端，而使另一反相器輸出低電位，這是 SRAM 的其中一種邏輯狀態 (稱為"1")。相反地，正反器的另一種穩定狀態就是另一種邏輯狀態 (稱為"0")。很多元件的關鍵和在 9.5.1 節所描述的相同，和反相器的電壓轉換特性有關。我們的目標在得到一個從 V_{OH} 到 V_{OL} 對稱的轉換特性，並在過渡區的 $V_{DD}/2$ 有最高的增益，能增進對雜訊的免疫性及收斂速度的 SRAM，這收斂速度會決定 SRAM 正反器多快閂鎖至一個穩定邏輯狀

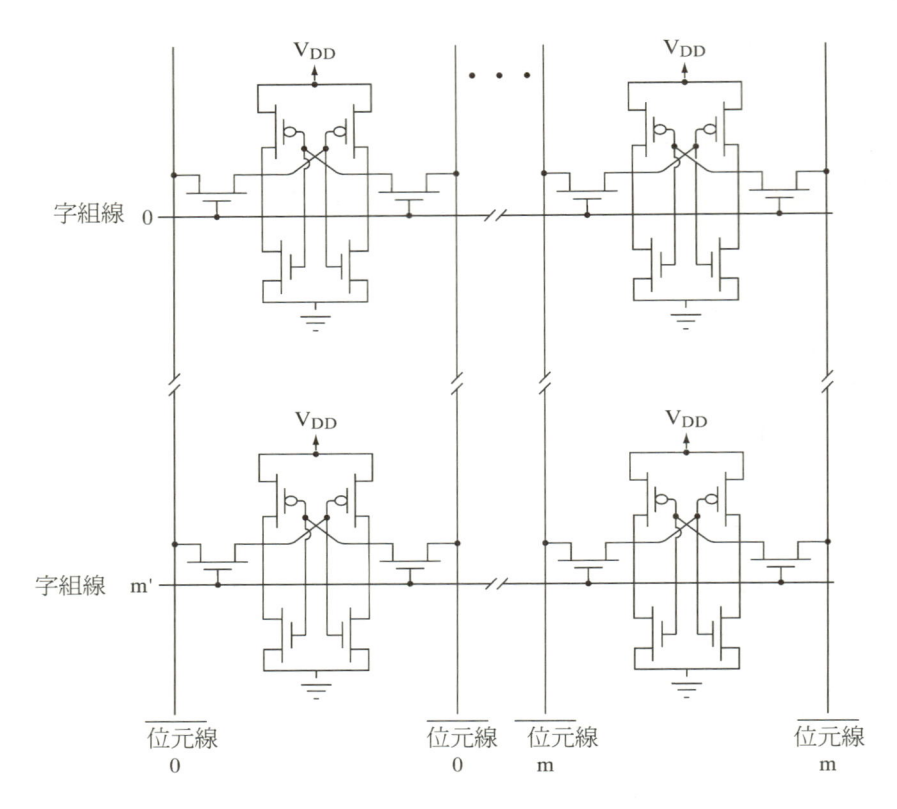

圖 9-29　一四個 CMOS SRAM 單元的陣列，位元線和位元線在邏輯上互補。

態，這些單元是經由兩個閘極被字組線控制的存取電晶體來進行存取，這就是為什麼這稱為六電晶體單元。其他的 SRAM 單元在反相器中使用負載電阻器而不是 PMOSFET，使它成為一個四電晶體、二電阻器的單元。就像在 9.5.1 節中所討論的，CMOS 單元有較佳的表現，但是消耗較多面積。

　　除非列解碼器使一特定的字組線至高電位，否則在字組線的 SRAM 單元都是電性隔離的。在選定一特定的字組線後，在列上的存取電晶體會打開，並且在 SRAM 單元的輸出端，位元線及位元線的互補間扮演邏輯傳輸閘的角色。在讀的時候，位元線和它的互補都被事先充到相同的電壓。一旦存取電晶體打開,一小電壓差會出現在位元線和位元線的互補之間,因為 SRAM 的輸出端會在不同電壓 (0 和 V_{DD})。這電壓差是因為在SRAM 輸出端寄生電容和位元線電容所產生的電荷重新分佈而造成的。這個電壓差會被感測放大器所放大,像之前所說的,感測放大器是差動放大器,在構造上與 SRAM 正反器結構極相似,位元線和位元線的互補被饋入感測放大器的兩個輸入端,而電壓差被放大直到電壓差為 V_{DD}。

動態隨機存取記憶體　動態隨機存取記憶體 (DRAM) 單元結構如圖 9-30 所示。資訊是以電荷的型式儲存在 MOS 電容中,此電容經由一 MOS 傳遞電晶體 (pass transistor) 當開關,連接至位元線,而此開關的閘極則是由字組線所控制。在每個字組線和位元線正交陣列的交叉點都有一個單元,就像在 SRAM 中一樣。當字組線電壓高於傳遞電晶體 (介於位元線和儲存電容間的 MOSFET) 的 V_T 時,通道將被打開,並且連接位元線到金氧半元件儲存電容,而這電容的閘極 (或稱電容板) 是永久連接到電源供應電壓 V_{DD} 的,因此在底下產生位能井,造成 p 型基板上填滿反轉電

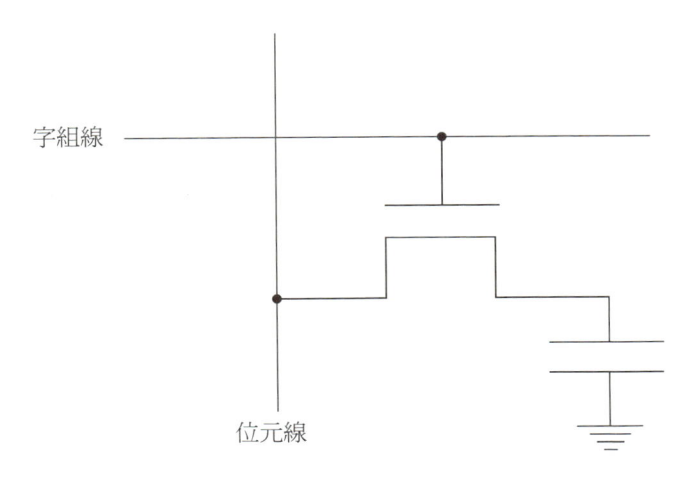

圖 9-30　一電晶體,一電容之 DRAM 單元的等效電路:儲存金氧半元件電容經由傳遞電晶體 (金氧半電晶體開關) 接到位元線,而開關的閘極由字組線所控制。

558　半導體元件

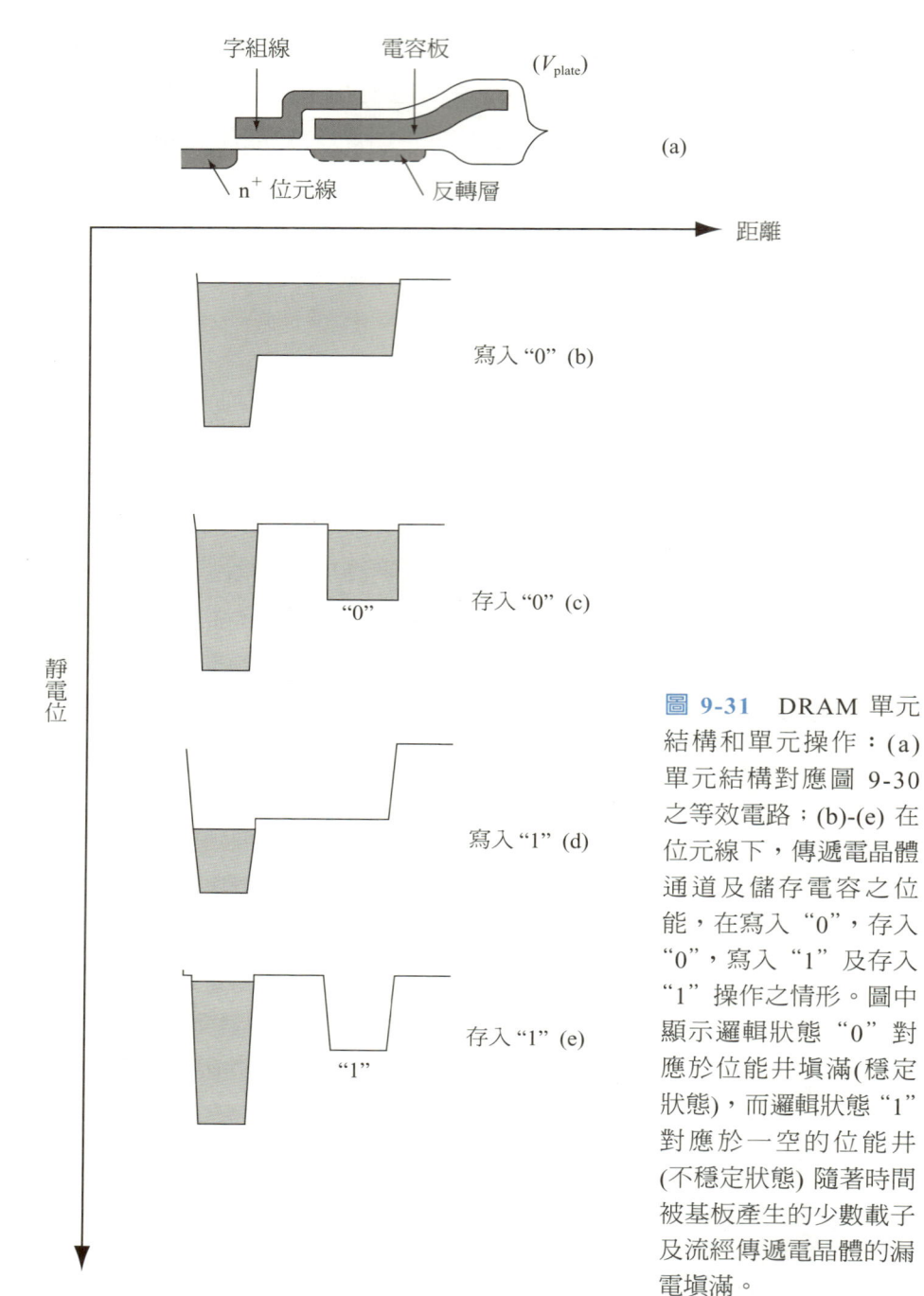

圖 9-31 DRAM 單元結構和單元操作：(a) 單元結構對應圖 9-30 之等效電路；(b)-(e) 在位元線下，傳遞電晶體通道及儲存電容之位能，在寫入 "0"，存入 "0"，寫入 "1" 及存入 "1" 操作之情形。圖中顯示邏輯狀態 "0" 對應於位能井填滿(穩定狀態)，而邏輯狀態 "1" 對應於一空的位能井(不穩定狀態) 隨著時間被基板產生的少數載子及流經傳遞電晶體的漏電填滿。

子 (圖 9-31a)。我們提供 0 V 到位元線 (通常對應到邏輯 "0") 或 V_{DD} (對應到邏輯 "1")，使 MOS 電容之基板電位出現適當的電壓。當儲存 "0" 在單元時，位能為 MOS 電容的基板電位，在 MOS 電容底下位能井因平板電壓而充滿反轉電荷 (圖 9-31b，c)。當字組線電壓變小時，MOS 傳遞電晶體關閉，而在儲存電容底下的反轉電荷維持原狀；這就是電容的穩定狀態。另一方面，若加正電壓 (V_{DD}) 到位元線上，它會把反轉電荷經由傳遞電晶體 (圖 9-31d，e) 拉出。當傳遞電晶體關閉後，MOS 電容板底下的位能井就變空了。在一段時間之後，位能井會漸漸被基板熱產生—復合的少數載子電子所填滿，收集到充電 MOS 電容板底下。因此，邏輯 "1" 會漸漸退化成 "0"。這就是為什麼 DRAM 之為動態而非 SRAM 的原因，必須週期性地再儲存邏輯準位或更新儲存的資訊。

關於傳遞電晶體，有一些有趣的元件物理問題，像是 SRAM 裡的存取電晶體，或是邏輯傳輸閘。我們看到這個金氧半電晶體不管是源極或汲極，都不是永遠接地。事實上，那一邊當作源極，那一邊當作汲極是視電路的操作來決定。當我們寫入邏輯 "1" 到單元時，位元線的電壓會保持高電位 ($=V_{DD}$)，當電壓寫入單元內後，傳遞電晶體的源極彷彿就充到 V_{DD}。換另一種方式來看則是傳遞電晶體的基板偏壓相對於源極被加了 $-V_{DD}$。此時 MOSFET 的基底效應 (6.5.6 節) 會造成 V_T 增加。這是非常重要的，因為對於傳遞電晶體來說，要操作像一個傳輸閘就必須全部都在線性區，不能進入飽和區 (在夾止區有壓降)。因此，閘極或是字組線電壓必須維持在 V_{DD} (源極和汲極的最終電壓) 加上 MOSFET 的 V_T，把基座效應列入考慮。要保證傳遞電晶體的漏電夠低於 DRAM 更新所需，不只源極/汲極二極體必須低漏電，V_T 和次臨界斜率亦須最佳化，使次臨界漏電夠小於接地的字組線。

在兩個邏輯狀態之間的儲存電荷差可由觀看 MOS 電容的電容-電壓 (C-V) 特性決定 (圖 9-32)。在儲存 "1" 時，MOS 電容必須有基板偏壓，因基座效應 (6.5.6 節) 會使得 V_T 增加，因此 C-V 特性右移。因為 MOS 電

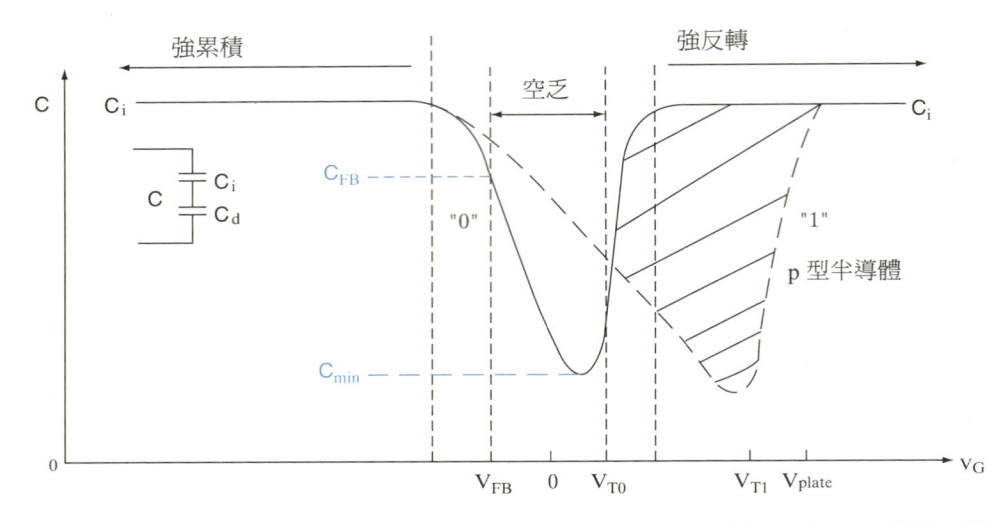

圖 9-32 DRAM MOS 電容在儲存 "0" 和 "1" 狀態的 C-V 特性，在 C-V 曲線下的面積差異用斜線區域表示，代表介於兩種狀態的電荷差。

容不是一個固定的電容，而是隨電壓改變，因此它必須如我們之前看過的以微分形式 [(6.34a) 式] 加以定義。另外，我們也可以將電容底下的儲存電荷寫成下式：

$$Q = \int C(V)dV \qquad (9\text{-}12)$$

這只是 C-V 曲線下的面積，邏輯 "1" 和 "0" 的電荷差別就可由在 C-V 曲線下面積的不同來區分 (圖 9-32)。

當讀取單元時，傳遞電晶體打開，MOS 儲存電容的電荷會傳到位元線電容 C_B，先充到 V_B (一般是 V_{DD})，位元線的振幅會隨著儲存單元電容 C_C 所存的電壓 V_C 而變動，就像在 SRAM 的情況，位元線電壓的改變視位元線和單元之間的電容比例而定。在 DRAM 中要作差動感測，我們不像在 SRAM 中要用每個單元內的兩位元線，而是比較所選單元的位元線電壓和參考位元線電壓，參考位元線是連接到一個樣本單元，它的 MOS 電容 C_D 大約是真正單元電容 C_C 的一半。在一個 DRAM 中，典型的 C_B，C_C 和 C_D 值分別為 800 fF，50 fF 及 20 fF。加在感測放大器的差動電

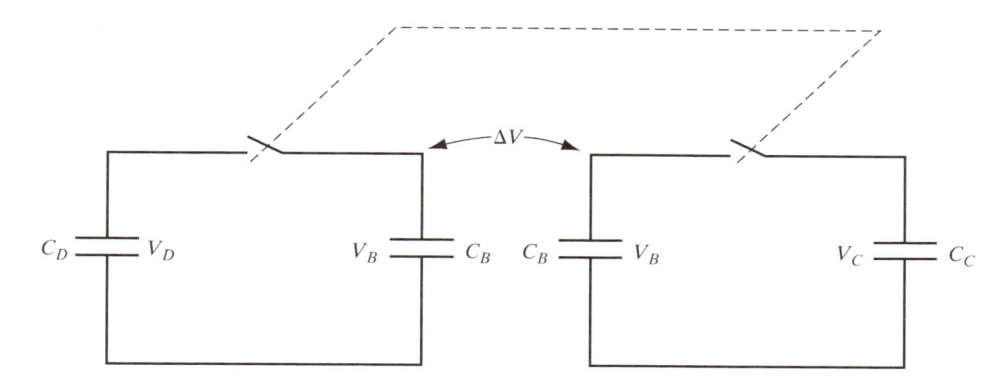

圖 9-33 電荷重新分佈之等效電路，單元電容 C_C 和位元線電容 C_B 在一邊，對應樣本單元電容 C_D 和位元線電容 C_B 在另一邊。

壓變成 (圖 9-33)

$$\Delta V = \frac{C_C V_C + C_B V_B}{C_B + C_C} - \frac{C_C V_D + C_B V_B}{C_B + C_D}$$

$$= \frac{(V_B - V_D) C_B C_D - (V_B - V_C) C_B C_D - (V_C - V_D) C_C C_D}{(C_B + C_C)(C_B + C_D)} \quad \text{(9-13a)}$$

如果 V_D 設為 0，則式子可簡化為：

$$\Delta V = \frac{(V_B C_B + V_C C_C) C_D - (V_B - V_C) C_B C_C}{(C_B + C_C)(C_B + C_D)} \quad \text{(9-13b)}$$

使單元電壓 V_C 等於 0 V 或 5 V，在 (9-13b) 式中，典型可接受的位元線對單元之電容比例 C_B/C_C (=15-20)。對於邏輯 "1" 和邏輯 "0" 我們可以分別得到不同極性的差動電壓，大約在 ±100 mV 左右，這個電壓可被感測放大器偵測出來。從 (9-13b) 式中可看出不管單元電壓多少，位元線對單元之電容比例越高，位元線電壓之振幅就越可以忽略。最小所需的單元電容 C_C 大約是 50 fF，由所謂的軟性誤差決定。DRAM 就像地球上其他東西一樣，一直不斷受到宇宙射線撞擊，而高能量的 α 粒子則會在半導體內產生電子-電洞對。一典型因這些事件收集到的電荷大約是 100

時間	過去	現在	未來
方法	縮小介電質	溝槽/堆積電容	不同介電質
問題	穿隧 & 穿破	製造	材料特性

$$\frac{Q}{A_S} = \frac{CV}{A_S} = \frac{V}{d} \times \frac{A_C}{A_S} \times \epsilon$$

圖 9-34 在不增加單元面積的前提下，提高 DRAM 單元電容及電荷儲存密度各種不同的方法 (過去，現在和未來)。A_S 為電容在晶圓上的面積，A_C 為電容面積。對於一平面電容，$A_C=A_S$；然而對於非平面電容，$A_C > A_S$，$C=A_C \epsilon/d$ 才是電容。$Q=CV$ 是在固定的、與電壓無關之電容所儲存的全部電荷。

fC，當單元電容是 50 fF，單元加上 5 V，儲存電荷大約是 250 fC 時，這個寄生的電荷就可被忽略。這個時候 DRAM 單元就可對典型的 α 粒子撞擊免疫。

當 DRAM 單元尺寸由一代縮小到下一代時，如何使單元電容保持 50 fF 在技術上是一個很大的挑戰。這問題其中一個方法如圖 9-34 所示，這個挑戰是在矽基板平的表面 (A_S) 之單位面積內存入更多的電荷。把金氧半元件電容近似成一個固定的，與電壓無關之電容值，我們可以將儲存電荷 Q 寫成

$$Q = CV = (\epsilon A_C/d)V \tag{9-14}$$

在此 ϵ 是電介質的電容率，d 是它的厚度，而 A_C 則是電容面積。就像圖 9-34 所示，為達到所需要的電容值，歷史上所用的方法是把電介質厚度 d 縮小，但是這會導致如 6.4.7 節所討論的問題。另一個目前正在進行的解決方式是利用製造結構來增加金氧半元件儲存電容的面積 A_C，甚至為了做出這個儲存電容而減小晶圓上平的表面面積 A_S。很明顯地，這可以從完全平面的結構出發，往第三度空間發展。我們可以往矽底下，藉著反應性離子蝕刻在基板挖"溝槽"並且在溝槽的側邊形成一個溝槽儲存電容 (圖 9-35a)。我們也可以往基板上方，藉著堆積數層電容電極來增加"堆積"電容的面積 (圖 9-35b)。其他被試過的方法還有故意在電容板製造一個粗糙的多晶矽表面來增加表面面積。未來還可使用各種不同的材料，例如鐵電材料比二氧化矽的介電質常數高很多，不需增加面積或減小厚度即可提供較大的電容值，其他可用具潛力的材料還包括鈦酸鍶鋇，及鋯氧化層。

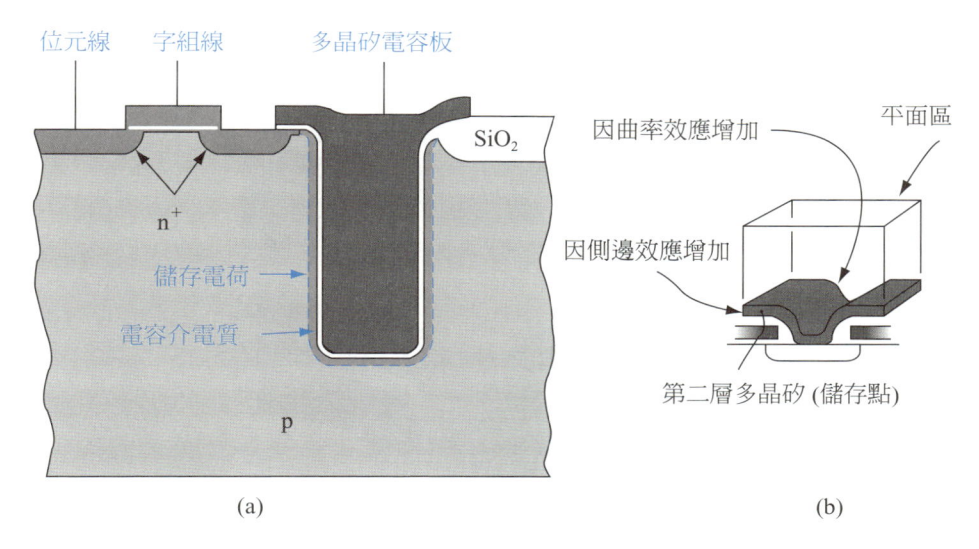

圖 9-35 藉由垂直空間來增加單元電容：(a) 溝槽電容，在基板蝕刻溝槽，使側邊的大面積增加電容；(b) 堆積電容往上發展，而不像溝槽電容往下發展，它用多層多晶矽電容板或"鰭"以及單元表面的地形來增加電容面積。

快閃式記憶體　另一種有趣的 MOS 元件是快閃式記憶體，它已迅速成為最重要的非揮發性記憶體。這種記憶體的結構如圖 9-36 所示。它的結構簡單、簡潔，除了在上面有兩個閘極外，其他部分就像個 MOSFET。上層電極稱為控制閘極，下層電極為浮動閘極，我們可以直接通電到控制閘極，此時其下的 "浮動" 閘極會電容耦合到控制閘極和底下的矽。

浮動閘極電容耦合到不同端點可由圖 9-36 來說明各個耦合電容的組成。在典型的快閃式元件中，浮動閘極和控制閘極是由一堆積的氧化層-氮化層-氧化層 (oxide-nitride-oxide) 介電質所分隔，在這兩個閘極之間的電容稱為 C_{ONO}，因為它是由 oxide-nitride-oxide 所組成的介電質堆積。總電容 C_{TOT} 為圖 9-36 中所有並聯成分電容之和。

$$C_{TOT} = C_{ONO} + C_{TOX} + C_{FLD} + C_{SRC} + C_{DRN} \tag{9-15}$$

C_{TOX} 是浮動閘極經由穿隧氧化層對通道的電容，C_{FLD} 是在區域氧化

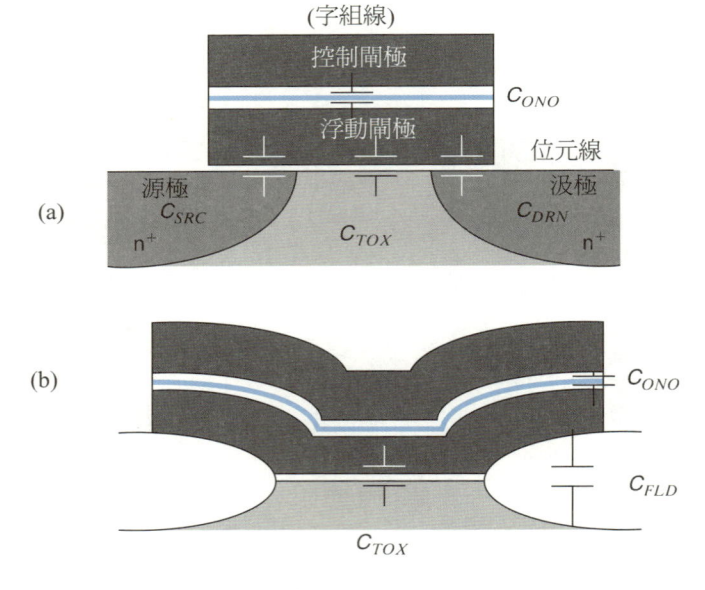

圖 9-36　快閃式記憶體單元結構：(a) 沿著通道顯示控制閘極 (字組線) 及底下的浮動閘極，以及源極、汲極 (位元線)；(b) 沿金氧半電晶體寬度之剖面圖，顯示各個對浮動閘極之耦合電容。

(LOCOS) 場氧化區之浮動閘極對基板的電容，而 C_{SRC} 和 C_{DRN} 則分別是閘極對源極/汲極的重疊電容。

因為浮動閘極已被周圍的介電質所隔離，所以在其上的電荷 Q_{FG} 不會因為端點加 (適度的) 偏壓而產生變化。

$$Q_{FG} = 0 = C_{ONO}(V_{FG} - V_G) + C_{SRC}(V_{FG} - V_S) + C_{DRN}(V_{FG} - V_D) \quad (9\text{-}16)$$

我們假設基板的偏壓是固定的，因此可以忽略浮動閘極對基板電容 C_{TOX} 和 C_{FLD} 的貢獻。浮動閘極的電壓可藉由不同的端電壓及 (9-17) 式中閘極、汲極和源極的耦合比例間接求出。

$$V_{FG} = V_G \cdot GCR + V_S \cdot SCR + V_D \cdot DCR \quad (9\text{-}17)$$

其中

$$GCR = \frac{C_{ONO}}{C_{TOT}}$$

$$DCR = \frac{C_{DRN}}{C_{TOT}}$$

$$SCR = \frac{C_{SRC}}{C_{TOT}}$$

為了使 MOSFET 對應兩個邏輯準位有兩個不同的臨界電壓 V_T，基本的單元操作包括將電荷放入浮動閘極以及移去電荷，我們可以把儲存在浮動閘極的電荷看成是臨界電壓 V_T 表示式 [(6-38) 式] 中的固定氧化層電荷。如果有很多電子儲存在浮動閘極時，NMOSFET 的臨界電壓 V_T 就高；此單元就可視為"被程式寫入的"，並可代表邏輯狀態"0"。相反地，若電子被移出浮動閘極，則單元可視為"被擦去的"，並且進入一個低臨界電壓狀態，代表邏輯"1"。

我們如何使電荷進出浮動閘極呢？要寫入單元，我們可以使用 6.5.9 節所討論的通道熱電子效應，在汲極 (位元線) 及浮動閘極 (字組線) 都加上高電場使 MOSFET 進入飽和區。在 6.5.9 節中討論過，此時在夾止區

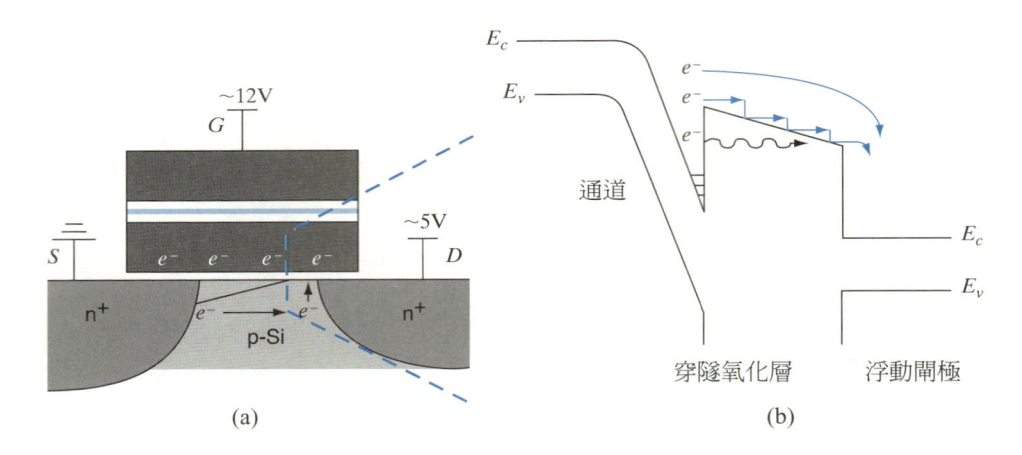

圖 9-37 快閃式單元之熱載子程式寫入：(a) 快閃式記憶體單元結構加上一般寫入至單元所需的偏壓。MOSFET 在飽和區時通道被夾止；(b) 沿 MOSFET 通道中間垂直切線之能帶圖，顯示在通道中的熱載子通過閘極氧化層而陷入浮動閘極中。

的橫向高電場會加速電子往汲極方向跑，使電子帶有很多能量 (變熱)。我們藉著在快閃式元件中將汲極接面稍微調得比源極接面淺，來加強汲極夾止區附近的熱電子效應，這可以由罩住汲極，另外用高能量離子佈植源極來達成。如果電子的動能夠高，其中一些變得足夠熱而可以散射至浮動閘極，它們必須越過矽和二氧化矽的導帶之間所形成的 3.1 eV 的能障，或穿隧過氧化層 (圖 9-37b)。一旦它們進入浮動閘極，電子會陷入浮動多晶矽閘極和氧化層之間的 3.1 eV 位能井中，這個能障對於一個被陷住 (低動能) 的電子來說是格外的高。因此陷入的電子必須永遠待在浮動閘極，除非單元被故意擦去，這就是為什麼快閃式記憶體是非揮發性的。

為了擦拭單元，我們在浮動閘極和源極的重疊區進行佛勒-諾得漢穿隧 (圖 9-38a)。在源極加高電壓 (例如加 12 V)，而控制閘極接地。因為電場極性的關係，使得在浮動閘極的電子會穿隧過氧化層能障 (6.4.7 節) 而到達源極。操作時候的能帶圖 (沿重疊區域的垂直切線) 如圖 9-38b 所示。很有趣地，我們在快閃式元件所利用的兩個效應正是平常 MOS 元件

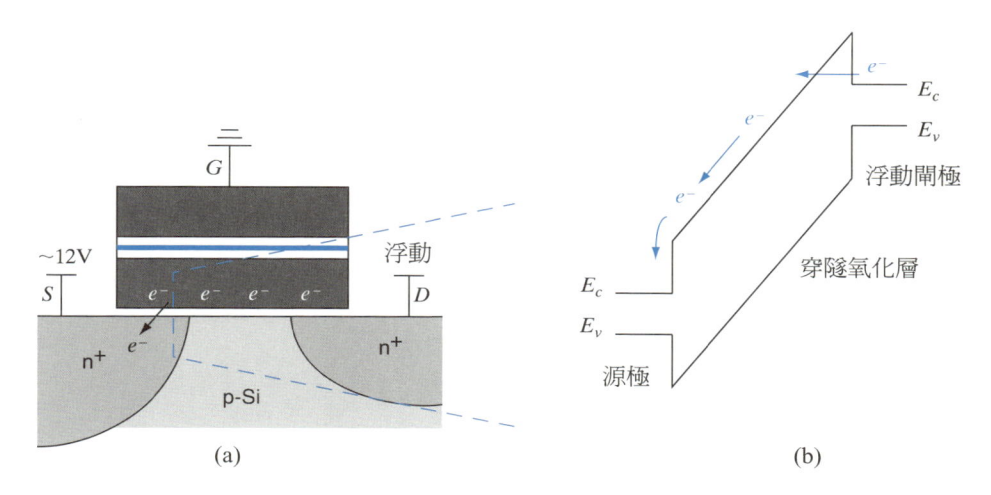

圖 9-38 佛勒-諾得漢穿隧擦拭：(a) 快閃式記憶體單元結構，加上典型擦拭所需之偏壓；(b) 對應 MOSFET 閘極/源極重疊區深度之能帶圖，顯示載子在浮動閘極發生量子力學穿隧進入氧化層，然後漂移至源極。

所遭遇的"問題"：熱電子效應和佛勒-諾得漢穿隧。

在進行讀取的時候，我們在位元線 (MOSFET 的汲極) 加適當的電壓 (~1 V)，而在字組線 (控制閘極) 加 V_{CG} 的電壓，使電容耦合到浮動閘極的電壓介於可程式寫入快閃式記憶體單元的高臨界電壓和低臨界電壓之間 (圖 9-39)。在高 V_T 的情況下，幾乎沒有汲極電流流入位元線 (汲極)，因為閘極電壓小於臨界電壓，這時候我們就將選擇的單元當作是 "1" 的狀態。而在低 V_T 的情況下，因為閘極電壓比單元的臨界電壓高，所以會有汲極電流流入位元線 (汲極)，而此時就當成是 "0" 的狀態。讀取操作可藉由觀察 MOSFET 在讀入和拭去的轉換特性來瞭解 (圖 9-39)。

9.6 測試、接合及封裝

在討論過相當精彩的單晶電路技術的製程步驟後，接下來元件的附屬接線和封裝就比較平凡了。但是這樣的印象卻是不正確的，因為在這

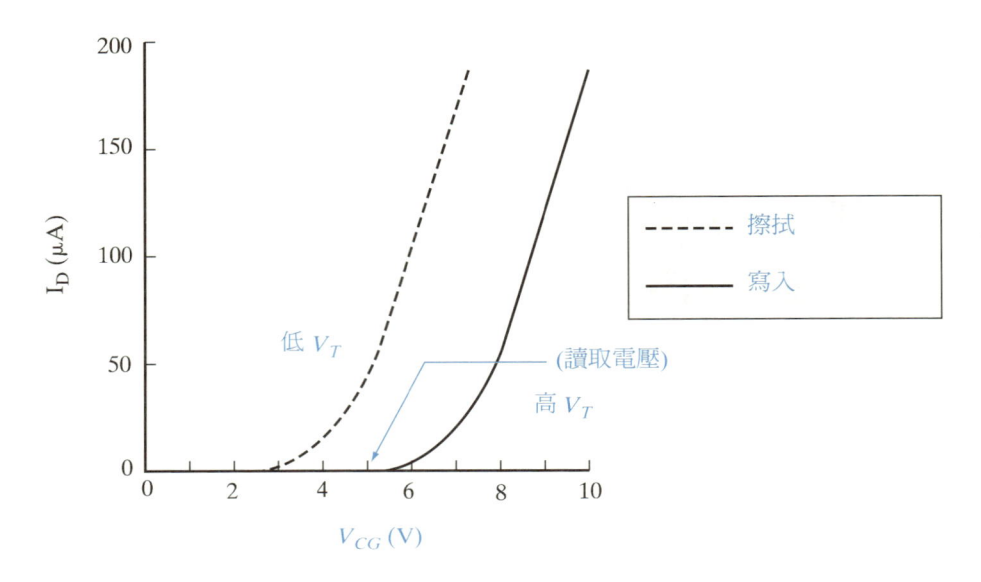

图 9-39 在快闪式单元 MOSFET 的汲极 (位元线) 电流对应控制电压 (字组线) 的转换特性：如果单元被写至高 V_T (逻辑 "0")，而字组线所加的读取电压小于这个 V_T，则 MOSFET 不会导通，位元线电流几乎是 0。另一方面，如果单元被擦拭至一个低 V_T 状态 (逻辑 "1")，则 MOSFET 会导通，并有很大的位元线电流。

节要讨论的技术对于整个制程来说是极具关键性的。事实上，从成本和可靠度的角度来看，处理和封装个别的电路是里面最严格的步骤。每个 IC 晶片必须适当地连接到外面的接线，然后作成利于大型电路或系统使用的封装。因为元件一旦由晶圆分出，它们就必须个别处理，所以接合和封装都是昂贵的过程。在减少打线所需的步骤中已经有可观的成果。首先我们将讨论最直接的技术，就是从电路的接触垫分别接合至包装的端点，接下来讨论同时接合的两个重要方法，最后将讨论一些典型的 IC 封装方法。

9.6.1 测 试

在单晶电路制程完成，最后金属化图形定义后，将晶片放在显微镜下支座上，用多重点探针对准做测试 (图 9-40)。这些探针接到单独一个

第九章 積體電路 569

(a)

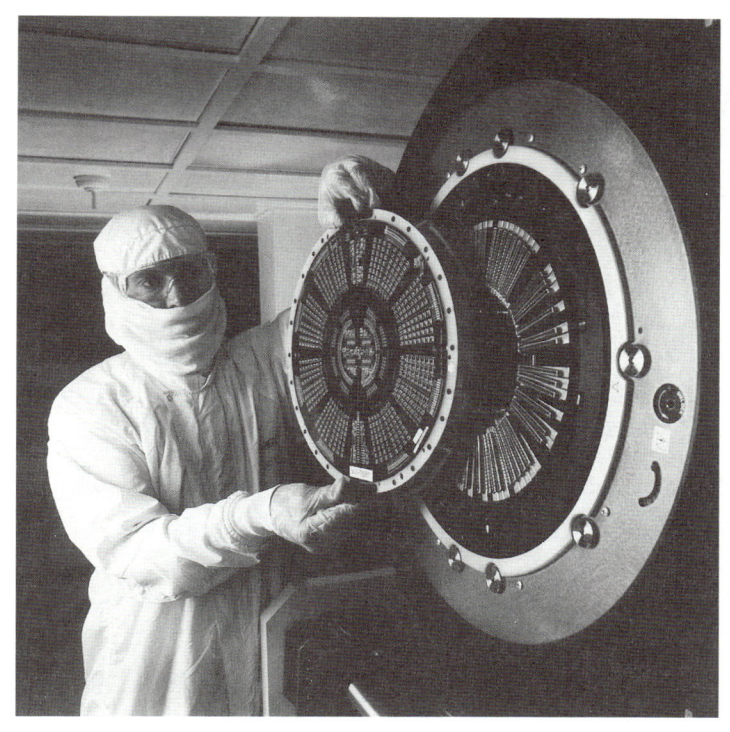

(b)

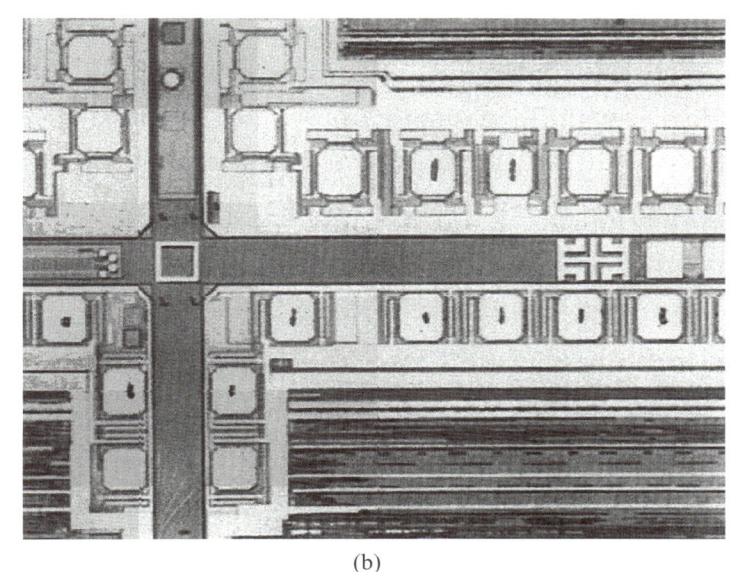

圖 9-40 元件自動程式化：(a)快速測試 IC 可藉由探針卡達成，其上有堅硬固定陣列的探針對應到要測試的 IC 接線墊圖案，很多電性訊號是由自動測試機台的不同接腳所自動量得。在晶粒測試後，測試機台會機械化地把晶圓移到下一個晶方的位置。(b)在晶粒周圍的鋁接線墊陣列，有一些是針點過的痕跡，在接線墊陣列之間的空間稱為標誌線 (scribe line)，在測試後，晶圓會沿著此線鋸成個別的晶粒。(圖片承蒙 Micron Technology 提供)

圖 9-41 沿著標誌線鋸開晶圓：在測試過晶圓後，好的晶方被作上標記，然後把晶圓鋸成單獨的晶方以便作封裝。(圖片由 Micro Technology 提供)

電路的不同接線片上，對元件做一連串的電性測試。各種不同測試是用程式寫好使其能在短時間內自動完成。這些測試對一個簡單的電路只要幾毫秒，對一個複雜的超大型積體電路晶粒則需數秒。將這些測試得來的資訊輸進電腦與記憶體中儲存的資訊比較，便可決定此電路的可接受度。如果電路有缺陷使其落在規格外，電腦會記錄此晶粒必須淘汰。探針會自動按預定的距離到晶圓上的下一個電路重複這些過程。在全部的電路都測試完畢且不夠標準的也做完標記後，將晶片移出測試機台，分割各個電路，使其分開 (圖 9-41)，然後挑出通過測試的晶方作封裝。在測試過程中可以儲存每個晶方的測試資訊，以便分析報廢的電路或評估製程作可能的改變。

9.6.2 打線接合

從單晶晶粒到封裝之間連接接點最早的方法是細銅線接合，後來打線接合技術擴展到鋁線和數種接合過程。在此我們將只概述一些線接合最重要的部分。

如果要把晶粒打線接合，首先把它牢固地放置在金屬引線架上或封裝上金屬區。在這過程中，一層薄的金 (也許和鍺或其他元素合成以增進接合的冶金性) 被置於晶粒底下和基座之間；加熱及稍微擦動，形成一合金接合，堅固地將晶粒固定在基板上，這個過程稱為晶粒接合 (die bonding)。一般來說，晶粒接合是用機器手臂拾起，擺正方向，然後放好接合，一旦晶粒置妥，即從不同的接線片連線至封裝上 (圖 9-42)。

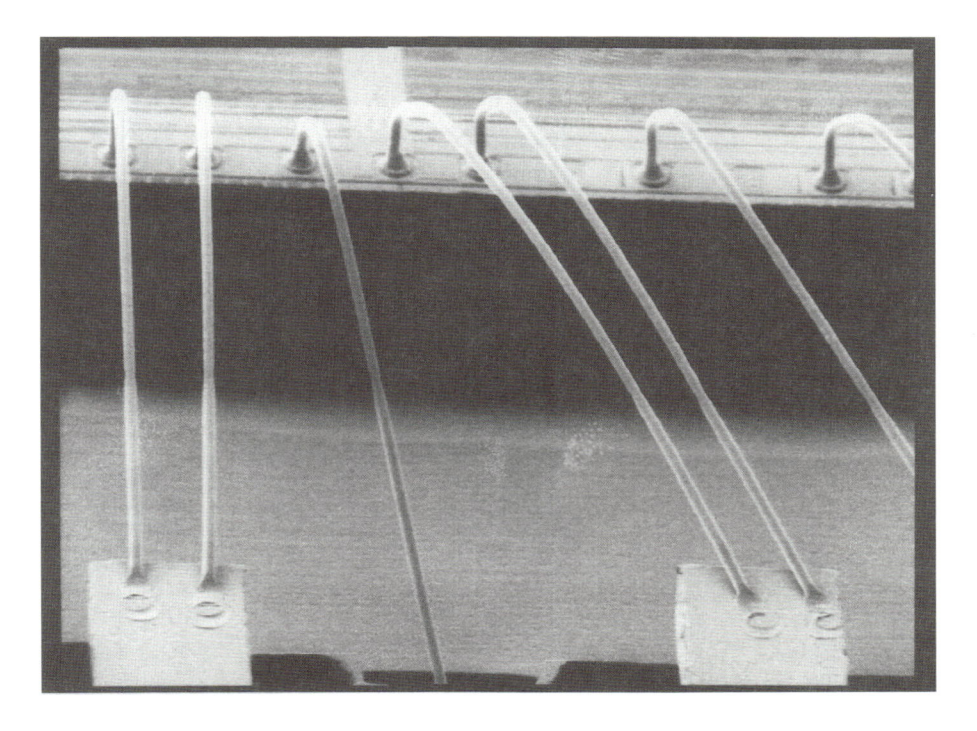

圖 9-42　從晶粒周圍的鋁接線墊連接引線至封裝的柱上。(圖片承蒙 Micron Technology 提供)

在金線接合方面，一細金線軸 (直徑大約 0.007-0.002 吋) 安裝在一引線接合 (lead bonder) 裝置中，線經過玻璃或碳化鎢毛細管饋入 (capillary) (圖 9-43a)。一氫焰噴嘴吹經此線並在末端形成球狀。在**熱壓式接合 (thermocompression bonding)** 中，晶粒 (有些情況中是毛細管) 被加熱到大約 360 °C，使毛細管落到接線片上方，當毛細管釋放壓力至球上時，在金球和鋁接線片間便形成接合 (圖 9-43b)。然後升高毛細管，移到封裝的柱上，然後毛細管再次被移下來，結合力和溫度，把線接合到柱上。再把毛細管升高，掃過氫焰，形成一個新的球狀 (圖 9-43c)，然後重複這個過程在晶粒其他接線墊上。

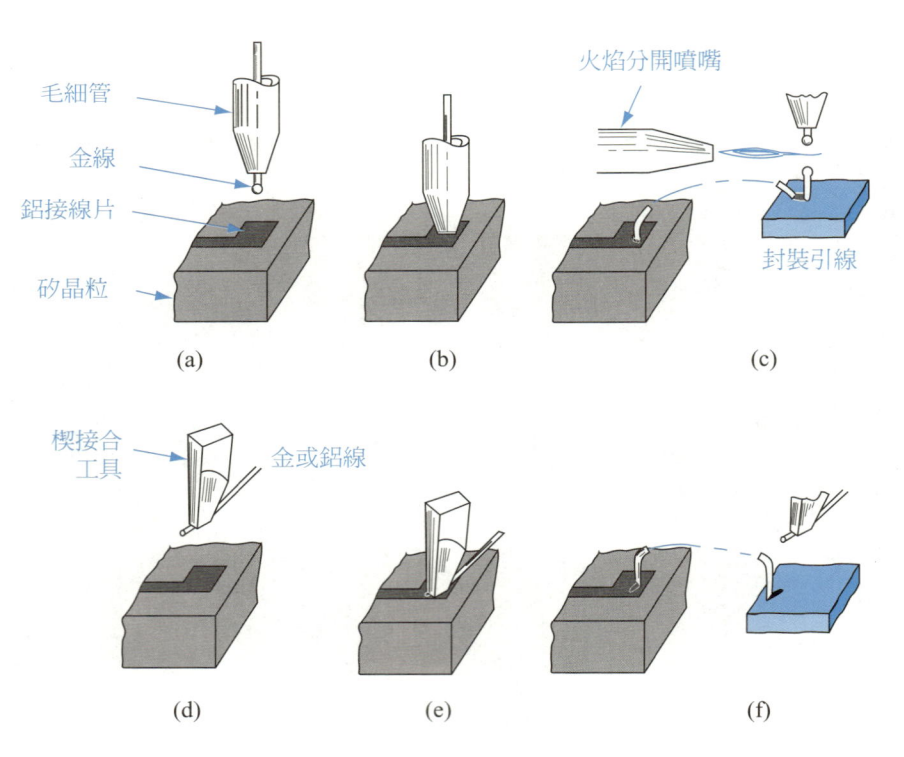

圖 9-43 打線接合技術：(a) 毛細管置於接觸墊上準備球型 (釘頭型) 接合；(b) 施壓在接合上並打線至接線墊上；(c) 柱結合且用火焰分開；(d) 楔接合工具；(e) 施壓力及加上超音能量；(f) 柱結合完成，切斷接線，準備下一次結合。

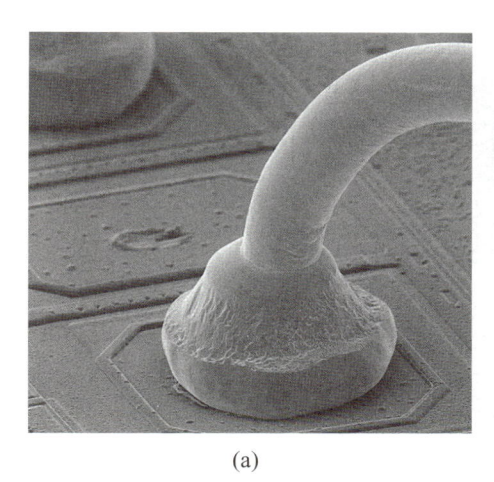

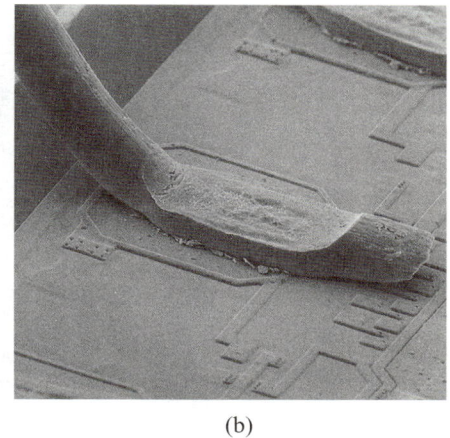

圖 9-44 掃描式電子顯微照相：(a) 球接合；(b) 楔接合。
(圖片承蒙 Micron Technology 公司提供)

這個基本方法有很多變化，例如基板加熱可用**超音接合** (ultrasonic bonding) 取代。在此方法中，碳化鎢毛細管用一工具支撐，連接到超音發射機。當它接觸到接觸墊或是柱上時，線會受到壓力振動而形成接合，然後繼續振動而自動甩開留在柱上的"尾巴"，如圖 9-43c。施壓在金線末端的球上使在晶粒上形成接合稱為**球型接合** (ball bond) 或稱**釘頭型接合** (nail-head bond)，這是因為在接合後球會變形的關係 (圖 9-44a)。

鋁線可用來作超音接合，它在一些方面優於金線，包括沒有金線和鋁接線墊可能產生的冶金問題，當使用鋁線時，用火焰分開的步驟改由在適當的地方切斷接線來取代。在形成接合時，線被彎曲在楔型接合工具的下面 (圖 9-43d)，然後施壓力及超音振動在工具上，形成接合 (圖 9-43e 及 f)，最後彎曲嵌在工具和接合面的線，便可形成平直的接合，稱為**楔接合** (wedge bond)。圖 9-44 所示為球型和楔接合。

9.6.3 正向黏合晶片技術

消耗在晶粒上個別接合線到各個接線墊的時間可由幾種同時接合的

圖 9-45 正向黏合晶片。在功率 PC 晶粒中，有金屬化凸起分佈在表面而不是在周圍有接觸墊，這些凸起會和封裝上的內連線圖案對準，然後同時接合。(圖片承蒙 IBM 公司提供)

方式來克服。**正向黏合晶片** (flip-chip) 便是其中一種。在元件尚未由晶圓分開時先在接觸墊上沉積相當厚的金屬，在分開後，沉積的金屬便用來接觸封裝基板上與其相對應的金屬化圖案。

在正向黏合晶片方法中，焊料的凸起 (bump) 或特別的金屬合金被沉積在每個接觸墊上，這些金屬凸起分佈在晶方上 (圖 9-45)。在和晶圓分開後，每個晶粒都把正面朝下，將凸起適當對準基板上的金屬化圖案。此時，超音接合或焊料連繫每個凸起至它在基板所對應的連接點，一個很顯著的優點是所有連線是同時進行的，缺點則是因接合在晶粒底下進行，所以不能用肉眼視察，還有必須對晶粒加熱或施壓。

9.6.4 封　裝

　　IC 製造的最後步驟是將元件封裝在適當的素材中，保護它不受未來應用環境的影響。在大多數情況中，這表示元件表面必須隔離濕氣和污染物，接合和其他元素必須避免受到侵蝕或機械震動。現代的護層技術已大大地減少表面保護的問題，但仍須提供對封裝的保護。在各種情形下，封裝的型式都必須符合應用的需求和成本的考量。有很多技術可以包裝元件，且各式各樣的方法也不斷地在改良，在此我們只對少數一般常用的方法加以說明。

　　在 IC 技術的早期，全部的元件都是封裝在金屬頭座中。在這方法中，元件被熔接至頭座的表面，頭座的柱上則形成線結合，然後金屬蓋在元件上接合打線。雖然這種方法有一些缺點，例如它不能在外部環境提供完全縮小的尺寸，所以它常被稱作是**密封的** (hermetically sealed) 元件。當晶粒固定在頭座上，柱上形成結合後，頭座的頂端在一個能控制的環境中 (如鈍氣) 被熔接，可保持元件在規定的氣壓中。

　　積體電路目前是被固定在有很多輸出引線的封裝裡 (如圖 9-46)。其中一種是將晶粒固定在印有標記的金屬引線架上，在晶粒和引線之間打線接合，貼上陶瓷或塑膠匣，並修整不需要的引線架部分，便形成了封裝。

　　大致上來說，封裝也可透過穿洞固定的方式，在接合之前，把封裝接腳嵌入印刷電路板 (PCB) 中，或使用表面固定方式，也就是引線沒有穿過印刷電路板的洞，而是對準 PCB 的電性接觸的地方，同時接合。大部分封裝是陶瓷或塑膠 (較便宜)，IC 被密封保護，不受環境影響。接腳可以是一邊 (單線或鋸齒狀)、雙邊 (雙線封裝 DIP)，或四邊封裝 (quad package) (圖 9-46)。越來越多先進的封裝引線分佈在大部分的表面，像是穿洞固定的接腳格狀陣列 (PGAs) (圖 9-47) 或是表面固定的球型格狀陣列 (BGAs) (圖 9-48)。因為引線不受封裝的邊緣所限制，接腳數可大大地增加，在先進的 ULSI 中很具吸引力，因為可以接很多條引線出來。

576　半導體元件

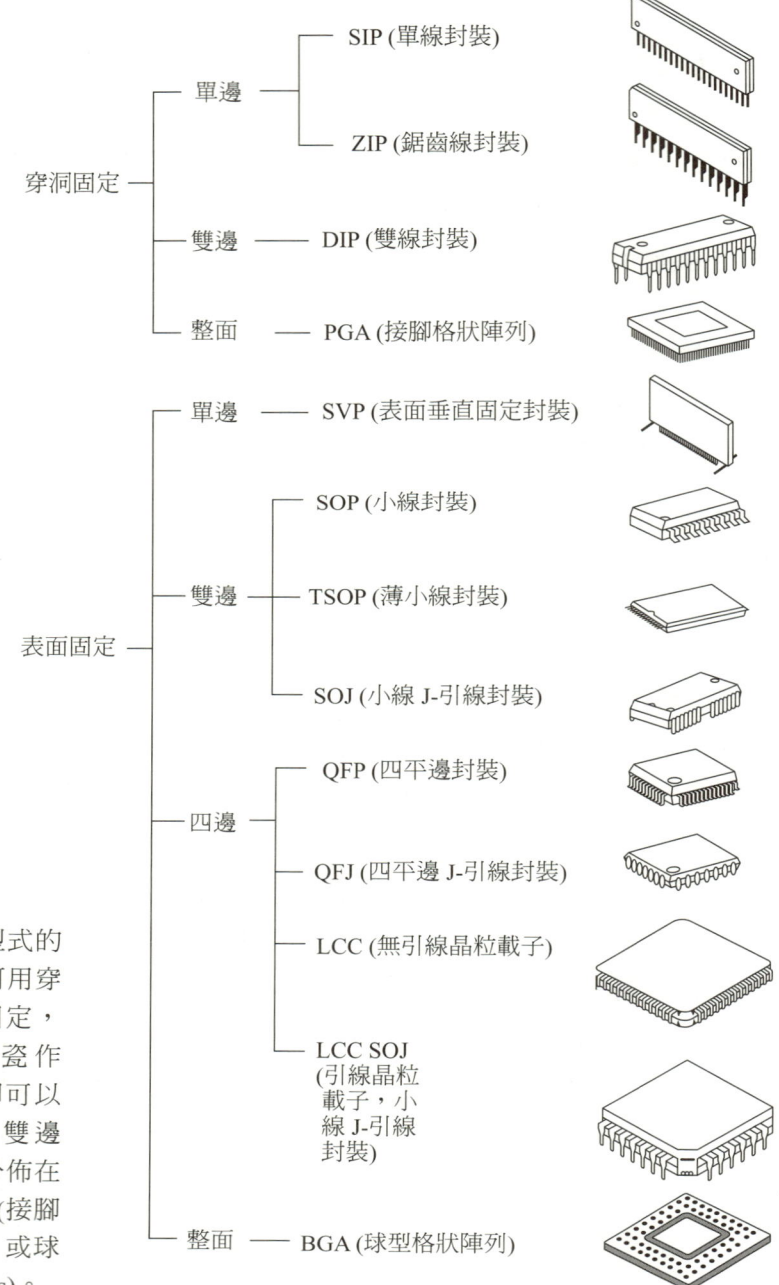

```
                    ┌─ SIP (單線封裝)
              單邊 ─┤
              │     └─ ZIP (鋸齒線封裝)
    穿洞固定 ─┤
              │ 雙邊 ─── DIP (雙線封裝)
              │
              └ 整面 ─── PGA (接腳格狀陣列)

              ┌ 單邊 ─── SVP (表面垂直固定封裝)
              │
              │        ┌─ SOP (小線封裝)
              │  雙邊 ─┤── TSOP (薄小線封裝)
              │        └─ SOJ (小線 J-引線封裝)
    表面固定 ─┤
              │        ┌─ QFP (四平邊封裝)
              │        │── QFJ (四平邊 J-引線封裝)
              │  四邊 ─┤── LCC (無引線晶粒載子)
              │        └─ LCC SOJ
              │           (引線晶粒載子，小線 J-引線封裝)
              │
              └ 整面 ─── BGA (球型格狀陣列)
```

圖 9-46　不同型式的 IC 封裝：封裝可用穿洞固定或表面固定，可由塑膠或陶瓷作成。封裝的接腳可以是單邊(SIP)、雙邊(DIP)，四邊或分佈在整個封裝的表面(接腳格狀陣列 PGAs 或球型格狀陣列 BGAs)。

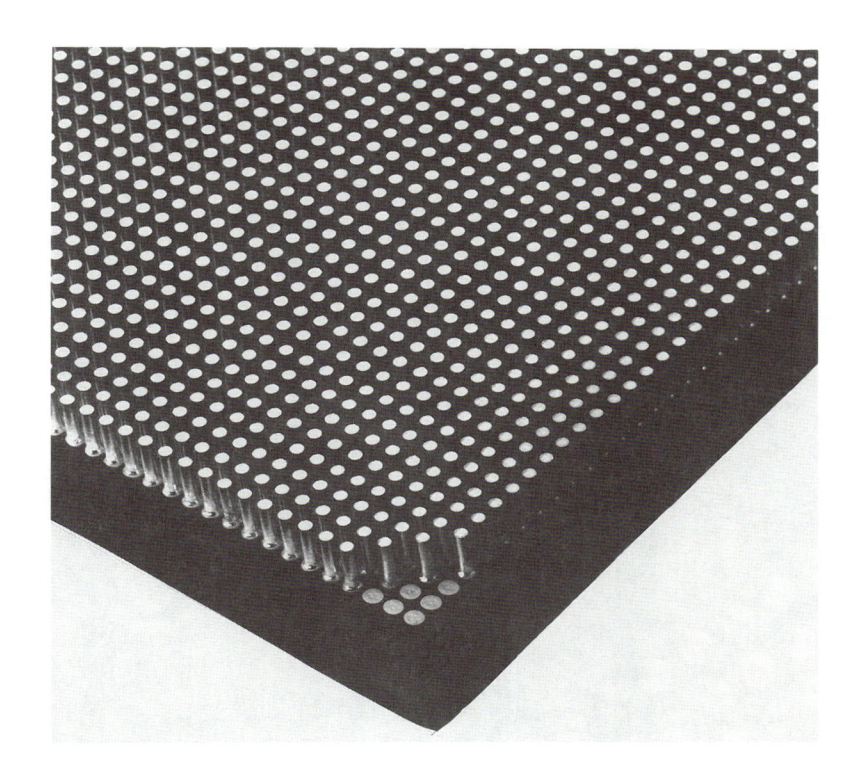

圖 9-47　陶瓷柱格狀陣列 (CCGA)：這個先進的陶瓷封裝是一種由數百個金屬柱所形成的接腳格狀陣列，數個具有焊料凸起的 IC (如圖 9-45) 可在封裝背面作正向黏合晶片，使之成為多晶粒模組 (MCM)。(圖片承蒙 IBM 公司提供)

因為 IC 成本中相當大的部分是花在接合和封裝，有很多自動化的程序被發明，像是在需接合的晶粒上使用含有金屬接觸圖案的薄膜捲軸，薄膜可被饋入封裝設備中，而薄膜捲軸對準的能力可用來作自動化操作，這個過程稱作**捲帶自動接合** (tape-automated bonding, TAB)，在固定數個晶粒在具有多重內連線圖案 (稱作**多晶粒模組** (multichip module)) 的大陶瓷基板中特別有用。

圖 9-48　球型格狀陣列：在這封裝中，在中間的 IC 被打線接合至封裝的電連接處，封裝本身的上方有陣列狀的焊料球，可以適當地對準並能同時表面固定連接到 PCB 有焊料的電插座中。(圖片承蒙 IBM 公司提供)

總　結

9.1 IC 的發展可以看成是電晶體的指數增加和特徵尺寸隨著時間而縮小 (Moore's 定律)。利益受到元件縮小和批次製程的影響。

9.2 主要的 IC 技術是數位 CMOS，它是邏輯電路 (微處理器)，記憶體 (DRAMs，SRAMs 和 NVM) 和特殊應用 IC (ASICs) 的基礎。

練習題

9.1 假設硼被擴散到一個均勻的 N 型 Si 樣品中，造成一淨摻雜側面圖 $N_a(x)$-N_d。請建立一表示式使擴散層的薄片電阻與受體側面圖 $N_a(x)$ 和接面深度 x_j 有關。假設在大多數的擴散層中 $N_a(x)$ 比背景摻雜 N_d 大很多。

9.2 一典型基極擴散層的薄片電阻為 200 Ω/square。
 (a) 用此擴散的 10-kΩ 電阻器，其長寬比應為多少？
 (b) 畫出此電阻器 (見圖 9-12b) 的圖案，用寬 $w=5$ μm 之小面積。

9.3 3 μm 之 n 型磊晶層 ($N_d=10^{16}$ cm^{-3}) 長在 p 型矽基板上。n 層區域被 1200 °C 擴散的硼 ($D=2.5\times10^{-12}$ cm^2/s) 接面隔離 (圖 9-12a)，在表面的硼濃度維持在 10^{20} cm^{-3} (參照練習題 5.2)。
 (a) 需多少時間作此隔離擴散？
 (b) 在這段時間，銻摻雜埋藏層 ($D=2\times10^{-13}$ cm^2/s) 可以擴散進入磊晶層多遠？假設基板磊晶邊界是常數 10^{20} cm^{-3}。

9.4 一 500 μm 厚 p 型矽晶圓摻雜 1×10^{15} cm^{-3}，有一特定區用固定來源固態溶解度極限 P 擴散，造成 0.8 μm 的接面深，而表面濃度為 6×10^{20} cm^{-3}。我們在此晶圓兩部分作片電阻量測，則在 p 型區所測得的片電阻為何？如果在 n 型區的片電阻為 90 Ω/square，則平均電阻率為何？而這 P 擴散是在溫度多少時進行？注意：一般擴散溫度都在 1100 °C 以下。(參照練習題 5.2)

參考書目

Information about the evolution of integrated circuit technology is available at http://public.itrs.net/

Campbell, S. A. *The Science and Engineering of Microelectronic Fabrication.* New York: Oxford, 2001.

Chang, C. Y., and S. M. Sze. *ULSI Technology.* New York: McGraw-Hill, 1996.

Chang, C. Y., and S. M. Sze. *ULSI Devices.* New York: John Wiley, 2000.

Howe, R. T., and C. G. Sodini. *Microelectronics: An Integrated Approach.* Upper Saddle River, NJ: Prentice Hall, 1997.

Jaeger, R. C. *Modular Series on Solid State Devices: Vol. V. Introduction to Microelectronic Fabrication.* Reading, MA: Addison-Wesley, 1988.

Rabaey, J. M. *Digital Integrated Circuits.* Upper Saddle River, NJ: Prentice Hall, 1996.

Seraphim, D. P., R. C. Lasky, and C. Y. Li, eds. *Principles of Electronic Packaging.* New York: McGraw-Hill, 1989.

Sharma, A. K. *Semiconductor Memories.* New York: IEEE Press, 1997.

Tummala, R. R. and E. J. Rymaszewski. *Microelectronics Packaging Handbook.* New York: Chapman and Hall, 1997.

Wolf, S., and R. N. Tauber. *Silicon Processing for the VLSI Era.* Sunset Beach, CA: Lattice Press, 2000.

第十章
高功率微波元件

> **學習目標**
> 1. 瞭解穿隧、傳輸時間效應和轉移電子時如何造成的 NDR 現象
> 2. 瞭解 SCR
> 3. 描述 IGFET 的切換功率

　　在前面章節中我們已經討論一些可以用於微波電路的元件，如變阻器及特殊設計的高頻電晶體等。這些元件可以提供頻率範圍達 10^{11} Hz 微波頻段的放大與其他重要功能。但是，因為穿越時間及其他一些效應的關係，電晶體應用的頻率範圍就限於 10^{11} 以下，因此在更高頻率的應用，如線路切換或直流-微波功率轉換，我們必須使用其他的元件。

　　許多常應用於高頻線路的重要元件均採用了半導體在特定條件下出現的不穩定特性。這些不穩定特性中很重要的一種是所謂的**負電導特性** (negative conductance)。我們以下將集中討論使用負電導特性元件中最常用到的三種：使用量子穿隧效應的 Esaki 或穿隧 (tunnel) 二極體、同時利用載子注入及穿越延遲的穿越延遲二極體，以及利用轉移電子效應的剛恩二極體。這些皆是兩端元件，但在適當的使用線路下它們可用以提供微波的放大與製作振盪器等用途。

10.1 穿隧二極體

　　穿隧二極體為利用電子之量子穿隧效應操作在特定 *I-V* 區間的 p-n 接

面 (量子穿隧效應請參見第 2.4.4 及 5.4.1 節)。在穿隧二極體中，逆向電流主要是由齊納穿隧效應所造成，當然在此效應發生前，必須有少量的電流來引發這效應。如我們以下將見到，穿隧二極體的電流電壓特性在某區間展現了十分重要的**負電阻特性** (negative resistance)。又，穿隧二極體又稱為 Esaki 二極體，因為穿隧二極體方面之研究，Esaki 於 1973 年得到諾貝爾獎。

10.1.1 退化半導體

到目前為止我們所討論的皆是純度相當高的半導體，因為即使是有摻雜的半導體，摻雜的濃度比起全體原子的密度仍舊相當低。因為這些施體或受體雜質相距很遠，因此在這些施體與受體能階上可以不考慮電荷傳輸而在高摻雜時，雜質緊密的靠在一起，這些施體能階不能再被視為是不連續且無交互作用之能階。換句話說，這些施體能階形成一新的能帶，而此能帶亦可能與導帶的最低點重疊相接。與此同時，如果導帶電子濃度 n 超過導帶的等效能態密度 N_c，則費米能階將不再處於能隙之間，而在於導帶之上。當此現象發生時，我們稱此半導體為**退化** (degenerate) n 型半導體。同理，當受體能階達到很高時，也會有費米能階在價帶上之退化 p 型半導體的情形發生。我們回想在 E_F 以下的能階大部分皆被填滿，而其上之能階大部分為空除了費米統計所指出的一些分佈外。因此，在退化 n 型半導體中，由 E_c 到 E_F 間的能階幾乎全為電子所填滿，同理，在退化 p 型半導體中，由 E_v 到 E_F 間的能階幾乎全無電子填充。

圖 10-1a 所示為兩退化半導體區域所造成的 p-n 接面。此圖所示為平衡時的情況，因此兩邊費米能階相等。由圖我們可以看出在 p 邊費米能階在價帶最高能態 E_{Fp} 之下，而在 n 邊，費米能階在導帶最低點 E_{Fn} 之上。因此在平衡時，因為兩邊費米能階必須相等，兩邊的能帶會重疊。重疊的能帶表示電子填充的能態與未填充的能態出現在空乏區同能量的兩側，而兩者之間僅以空乏區隔開來。如一般的合金接面，則在兩邊皆

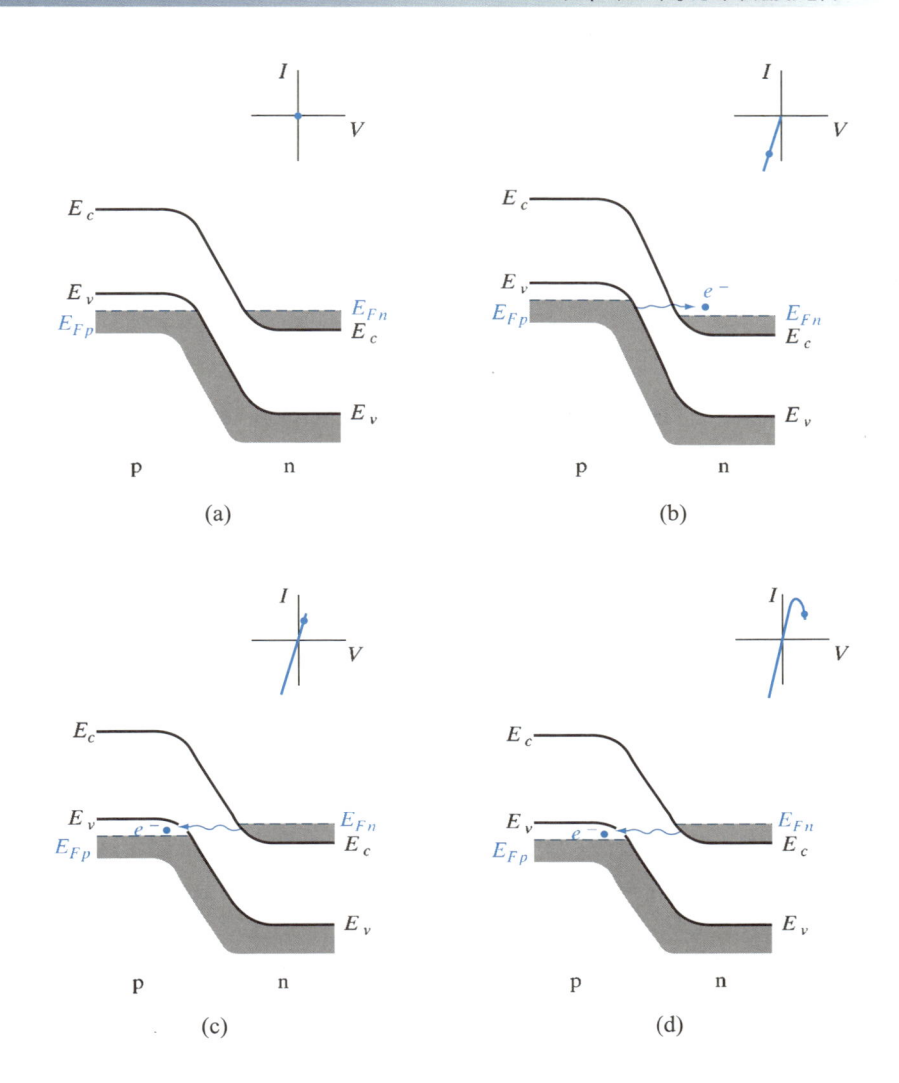

圖 10-1 穿隧二極體各偏壓狀態下之能帶圖與電流電壓特性：(a) 無偏壓平衡狀態，無淨穿隧電流；(b) 小逆向偏壓，電子由 p 區向 n 區穿隧流動；(c) 小順向偏壓，電子由 n 區向 p 區穿隧流動；(d) 增大順向偏壓時，當兩能帶錯開後，由 n 區向 p 區穿隧流動之電子數量驟減。

高濃度摻雜時，空乏區寬度將會很小，且空乏區中的電場很大。所以，在有限高的窄位障隔開了被填滿與空的能態情形下可發生電子穿隧效應。為方便說明圖 10-1 所顯示出填滿至費米能階的能帶情形，故此圖隱含載子分佈。

因為平衡時兩邊能帶的重疊，因此一點很小的逆向偏壓 (圖 10-1b) 即可造成兩邊能帶間電子的穿隧。這與前面 p-n 接面章節所談及的 Zener 效應類似，但在穿隧二極體，並不需偏壓來提供能帶間的重疊。當逆向偏壓繼續增加，n 區的能帶向下移動，因此能帶間的重複更大，而 p 區價帶的電子可穿隧過空乏區到 n 區，因此穿隧的電流更大。在此時，穿隧電流的方向與電子穿隧的方向相反，亦即，電流由 n 區流向 p 區。若處於平衡時 (圖 10-1a)，n 區到 p 區與 p 區到 n 區兩者的穿隧效應相等，淨電流為零。

當順向偏壓施加於此 p-n 接面 (圖 10-1c)，E_{Fn} 上移比 E_{Fp} 增加 qV 之能量，於是 n 區 E_{Fn} 能階下方電子進入位於 p 區 E_{Fp} 能階上方來佔據能態之位置，n 區導帶的電子可穿隧過空乏區到 p 區的價帶，而電流由 p 區向 n 區流動，且電流隨順偏增大而增大。如同更多的佔據能態進入未佔據能態的位置。但是，相對於 E_{Fp} 能階，當 E_{Fn} 能階持續上移達到彼此能階互通的情形時，佔據能階數目下降，引發圖 10-1d 中穿隧電流的下降。圖中 I-V 特性曲線下降區具有重要的意義，其表示偏壓增加，穿隧電流下降，並產生負斜率區，即動態電阻 dV/dI 值為負值，此負電阻區一般可應用於振盪器。

當順向偏壓繼續增加超過負電阻區後，電流可再一次的增加 (如圖 10-2)，一旦能帶彼此互通後，I-V 特性行為類似於傳統二極體，主導順向電流主要成分為擴散電流——電子克服位障，由 n 區進入 p 區，且電洞克服位障，由 p 區進入 n 區。當然，在此區域之前，擴散電流也一直是存在的，只是在此之前，此擴散電流比起穿隧電流小很多。

穿隧二極體整體的電流電壓特性 (圖 10-3) 顯現出的是 N 型的曲線，因此，我們常稱這類的元件特性為 N 型負電阻 (type-N negative resistance)，或者稱為電壓控制負電阻 (voltage-controlled negative resist-

(a)   (b)

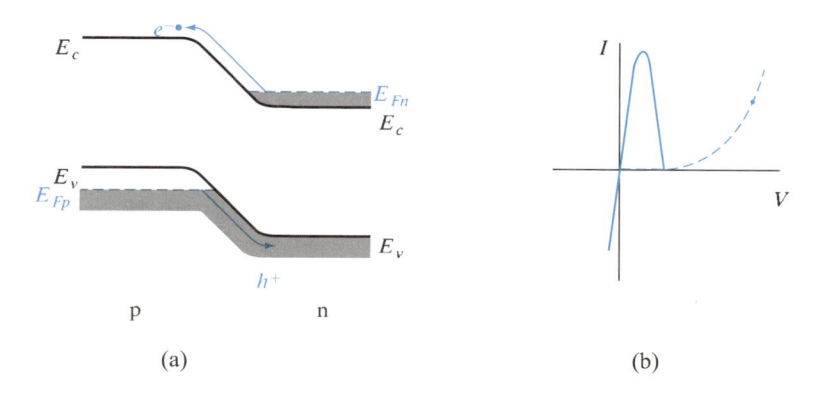

圖 10-2　超過穿隧區域後，穿隧二極體之 (a) 能帶圖與 (b) 電流電壓特性。在 (b) 中電流的穿隧成分是以實線表示，一般擴散電流則以虛線表示。

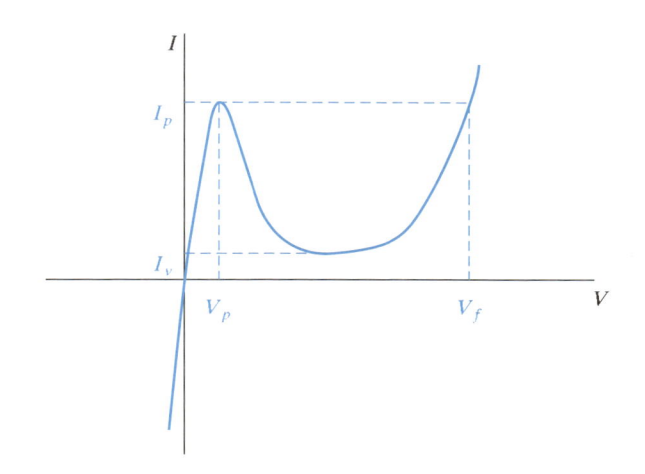

圖 10-3　穿隧二極體的整體電流電壓特性。

ance)，因為電流在某一特定電壓 (此元件的**峰值電壓** (peak voltage) V_p，對此元件而言，即穿隧效應最大的電壓) 時急劇下降。

圖 10-3 中**峰值電流** (peak tunneling current) I_p 與**最低電流** (valley current) I_v 的數值決定了負電阻的斜率，因此兩數值的比，I_p/I_v，常被用為此穿隧二極體性能的指標。同理，V_p/V_f 亦可用以標示兩正電阻區電壓差距

的指標。

　　穿隧二極體的負電阻特性可使用於振盪器和其他電路功能。因為穿隧二極體沒有一般電子元件載子漂移、擴散等所顯現的延遲，加上它可使用於上述的許多用途，穿隧二極體應可用於許多高速線路。但由於穿隧二極體較低的操作電流與其他元件的競爭，穿隧二極體並未被廣泛使用。

10.2　碰撞累增穿越延遲二極體

　　在本節中我們將討論一種同時利用載子注入與穿越時間效應來達到微波頻段負微分電阻的元件。此一元件使用具有簡單 p-n 接面，或其相關變形的半導體結構，在此結構上同時加上直流與交流偏壓以達到穿隧或累增崩潰。由穿隧或累增崩潰所產生的載子須穿越一漂移區方能達到另一電極。我們將看到，如果偏壓情況與元件結構選取得宜，則所產生的交流電流將會與所加的交流偏壓具有 180 度的相位延遲，因此就會產生負電導與共振振盪的現象。此類穿越延遲元件可以相當有效率的將直流功率轉換為微波信號，因此在許多微波功率應用中十分重要。

　　最早提出利用穿越延遲效應於微波元件的想法來自於黎得 (W.T. Read)。他所使用的結構是如圖 10-4 所示的 n^+-p-i-p^+ 結構。此元件稱為**碰撞累增穿越延遲二極體** (impact avalanche transit-time, IMPATT, diode)。雖然類似的碰撞累增穿越延遲效應可發生於較簡單的結構中，黎得的二極體結構仍是解釋此效應的最佳選擇，因此在此我們仍將利用此結構來討論。黎得的二極體結構基本上包含了兩部分，其一為產生累增崩潰的 n^+-p 區，另一則為所產生電洞需要穿越以到達 p^+ 端的 i 區。我們也可反轉摻雜的形式建造類似的 p^+-n-i-n^+ 結構以利用電子較高的載子移動率。

　　雖然對 IMPATT 元件詳細的計算分析十分複雜，且通常需要藉助於計算機，但其基本物理機制卻十分容易瞭解。基本上，獲得負電導的條

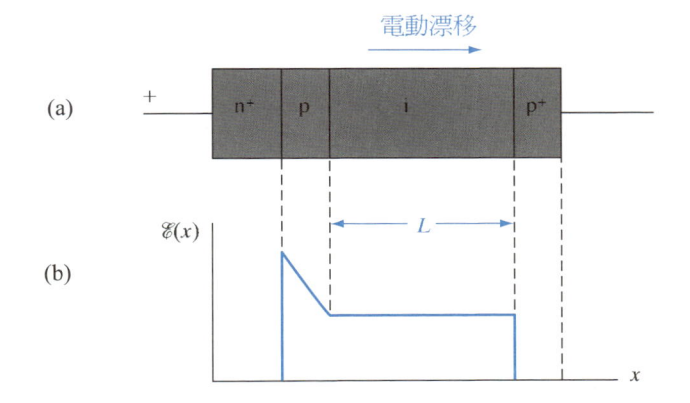

圖 10-4 逆向偏壓下，黎得二極體之 (a) 基本元件結構；(b) 電場分佈。

件是交流信號週期內，至少一部分的時間中，交流電流與交流偏壓的符號須彼此相反。因為交流電流在交流電壓後的延遲是由下列兩者構成：(1) 累增崩潰的時間延遲，與 (2) 載子通過漂移區 (即前面的本質區) 的穿越時間，因此，如果兩者的和大約等於操作頻率週期的四分之一，則負電導將會產生，而元件即可用於振盪與放大的用途。

　　從另一觀點而言，負電導產生的條件是攜帶交流電流的載子在交流電場的作用下逆向運動。舉例而言，如在上述元件結構加上圖 10-4 所示的直流偏壓，在電場的作用下，電洞將由左向右漂移移動。如果我們在此直流偏壓上加上一交流偏壓，通常我們會預期在交流電壓的負週期時，電子向右的運動將會減緩。然而在 IMPATT 操作中，我們將會發現電洞向右的運動在交流電壓的負週期時反而是增加的。欲瞭解何以會有這種現象，讓我們考慮如圖 10-5 所示在外加偏壓週期的各點，累增與載子漂移的效應。

　　為簡化我們的討論，我們假設 p 區很窄，且累增崩潰發生於 n^+-p 接面很薄的區域內。我們也假設在此很薄的 p 區內的電場是均勻的，且現在假設所加的直流偏壓剛好使 n^+-p 空乏區的電場達到累增崩潰的臨界電場，在 $t=0$ 時，累增崩潰開始 (圖 10-5a)。此時產生的電子向 n^+ 區移

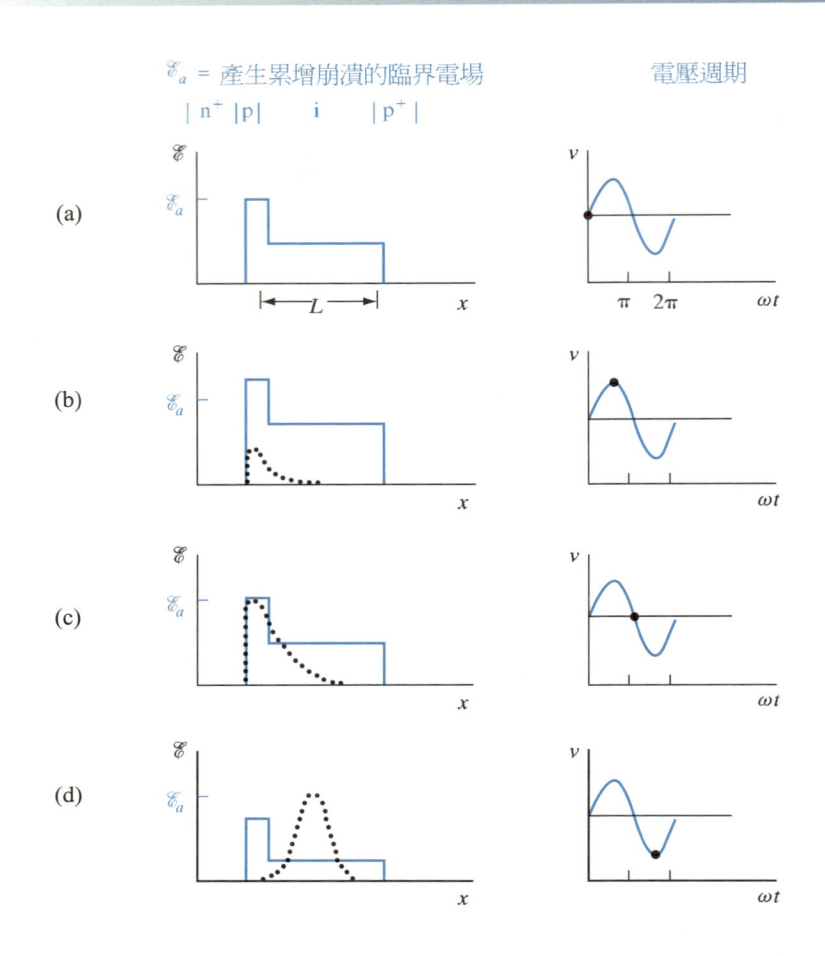

圖 10-5 黎得二極體中在不同偏壓狀態電洞數量與漂移對時間的關係：(a) $\omega t=0$；(b) $\omega t=\pi/2$；(c) $\omega t=\pi$；(d) $\omega t=3\pi/2$。在上面圖電洞濃度脈衝以點線表示。

動，而電洞進入漂移區。我們假設此元件是處於共振電路內，因此一穩定頻率的交流偏壓可以維持。當交流偏壓開始變大時，累增區內有更多的電洞產生。事實上，只要所加的偏壓使電場超過累增崩潰的臨界電場時，亦即在交流的正週期內，累增崩潰就會繼續產生電洞，因此累積的電洞數量就會增加（圖 10-5b）。我們可以證明由累增崩潰所產生的電流在交流偏壓的正週期呈現指數上升的增加。指數成長是一個重要結果，其代表當電壓達最大值時，電流脈衝的最大峰值位置並未發生於 π/2 處，而是發生於 π 處 (如圖 10-5c)，因此在累增崩潰過程中具有一個固有的相位延遲 π/2 值，而更進一步的延遲則發生於漂移區。當累增崩潰停止時，電洞"脈衝"即開始向右穿越過漂移層而移向 p^+ 端使交流電流變大 (圖 10-5d)，但此時交流電壓為負，因此我們即可得到負電導。

如果元件設計得宜，則在交流電壓的負週期結束時，所有電洞被 p^+ 端所收集，則一切週期周而復始，前述的過程可再繼續重複。假設我們所設計的漂移層厚度 L 使得電洞脈衝的漂移時間剛好等於交流週期的一半，亦即，

$$\frac{L}{v_d} = \frac{1}{2}\frac{1}{f}, f = \frac{v_d}{2L} \tag{10-1}$$

則電洞電流脈衝會在交流電壓的負週期穿越漂移層。上式中，f 為操作頻率而 v_d 為電洞的漂移速度[1]。因此，黎得二極體的最佳操作頻率為電洞在漂移層的穿越時間導數之一半。在選取共振電路時，參數 L 是非常重要的參數。舉 Si 為例來說，$v_d = 10^7$ cm/s，因此 $L = 5$ μm 時，最佳的操作頻率為 $f = 10^7/2(5 \times 10^{-4}) = 10^{10}$ Hz。通常 IMPATT 二極體在所設計最佳操作頻率上下附近皆會有負電導效應。更仔細的推導可以證明，產生負電導的最低頻率與 (10-1) 式之設計頻率處的直流電流之平方根成正比。

雖然圖 10-4 的結構最易於用來解說 IMPATT 的原理，IMPATT 效應其實可用較簡單的結構來實現，後者有時甚至效率更高。負電導在簡單的 p-n 接面或 p-i-n 接面皆可被獲得。在 p-i-n 的情形，大部分的外加偏壓皆落於 i 區，因此 i 區可同時作為均勻累增區以及漂移區。在黎得半導體中，累增延遲與漂移延遲是彼此獨立的，且分佈於 p-i-n 結構中的 i 區，此意味著電子和電洞兩者均與累增和漂移過程有關。

---

[1] 一般而言，漂移速度 v_d 為當處電場之函數。但在這些元件中，i 區之電場通常大到使電洞皆以其飽和速度 (scattering-limited velocity，圖 3-24) 運動，因此，在此元件中 v_d 與 ac 電場不太有關。

10.3 剛恩二極體

利用**轉移電子** (transferred electron) 機制來操作的微波元件常稱為**剛恩二極體** (Gunn diodes)，這是為了紀念剛恩 (J.B.Gunn)，因為他第一個展示了利用這效應產生的振盪。在轉移電子效應中，某些半導體導帶中的電子會因為高電場的效應，由高移動率的能態轉移至低移動率的能態。使用此效應於二極體中[2]，我們即可得到負電導並用之於微波線路中。

在以下我們先討論轉移電子效應以及它所產生的移動率改變現象。然後我們再討論利用此機制的二極體操作模式。

10.3.1 轉移電子機制

在 3.4.4 節中我們曾討論移動率在高電場時所展現的非線性現象。在大部分半導體中，移動率在高電場時因散射機制將達到一飽和速度 (圖 3-24)。然而在某些半導體中，電子的能量可因電場的作用而提升到足夠高的能量，因此可被轉移到導帶另外一些高能量能態。對某些能帶結構而言，負電導效應源自於電子的轉移。為了清楚呈現此過程，我們將先回顧 3.1 節的能帶討論。

圖 10-6 所畫為 GaAs 簡化的能帶結構，在此圖中我們省略了一些較不重要的細節以便將注意力集中於所需要的導帶間能帶轉移現象。現在考慮 n 型 GaAs，其價帶幾乎完全被填滿，而導帶的電子主要集中在**中央能谷** Γ (具最小能量) (**k**＝0) 處。另外尚有其他的導帶低點 L，這些又稱為**額外導帶低點** (subsidiary minima) 或**衛星能谷** (satellite valleys)[3]。通常這些額外的導帶能谷之能量都在 Γ 點許多 kT 以上，因此一般而言它們上都

---

[2] 這些元件因為是二極元件，所以稱為二極體。事實上，剛恩二極體使用的是半導體厚材的不穩定性，因此並不需如一般二極體之 p-n 接面。

[3] 在此為方便起見，我們只畫出一額外導帶能谷，其實在其他 **k** 空間的不同方向，尚有相等的能谷。0.55 之等效質量已包含了其他能谷的效應在內。

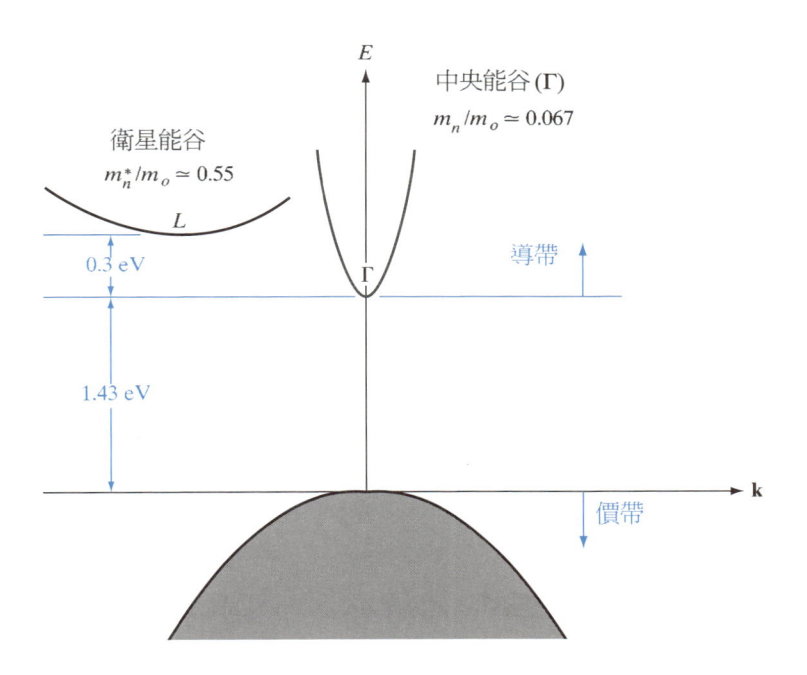

圖 10-6 GaAs 之簡化能帶圖，包含導帶最低的 Γ 能谷以及較高能量的 L 能谷。

沒有電子佔據。因此，常使用直接能隙的 Γ 能谷，其 k＝0 為能帶中央處，用以描述 GaAs 的電子傳導過程，例如，8.4 節所討論的 GaAs 雷射。然而我們將看到，這些導帶能谷對剛恩二極體的操作十分重要。在電場超過某些臨界值 (大約 3000 V/cm) 時，導帶 Γ 點的電子將獲得比能谷間能量差 (大約 0.30 eV) 來得還大的能量，因此，電子即會有足夠的機率被散射到 L 能谷。

當電子被散射到 L 能谷後，只要電場仍然超過臨界值，這些電子將會繼續保持在這些能谷能態上。深入的研究可以證明散射的機率與各能谷的能態密度有關，因為這些高能量能谷的能態密度遠大於 Γ 點處的能態密度 (以 GaAs 為例，大約 24 倍)。雖然在此我們不證明此論述，但仍可合理的認為電子介於能谷之間散射機率與可獲得的狀態密度有關。當電子由含很多狀態數目的能谷散射進入含極少狀態數目的能谷，其行為

592 半導體元件

圖 10-7 具有轉移電子效應之半導體所具有載子漂移速度與電場之關係圖示。

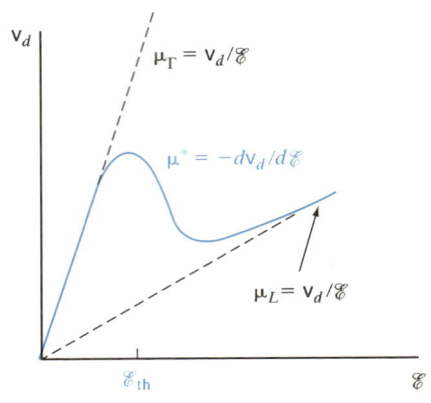

$\mu_\Gamma = \Gamma$ 能谷之電子移動率
$\mu_L = L$ 能谷之中子移動率
$\mu^* =$ 能谷轉移中之負微分移動率之平均大小

必大為不同。將上述視為合理的結果，一旦增加電場並超出其臨界值時，在 GaAs 中大多數導帶上的電子將停留在衛星能谷，如 L 能谷，且具有典型的導帶特性。較特別的，在較高 L 能谷的電子等效質量約比中央能谷的電子等效質量大 8 倍左右，此因 L 能谷的能帶具有較小的曲率，且其電子移動率亦大幅降低。此為負電導機制的重要結果：當電場增加，電子速度亦增加，但當電場超出臨界電場後，電子速度隨電場增加呈**緩慢下降**的趨勢。電子轉移過程中，電子在電場作用下可改變速度大小來獲得能量，當電流密度為 $qv_d n$，可清楚看出當電場在電流仍然下降之區域將給出一個負微分電導值 $dJ/d\mathscr{E}$。

對電子轉移能力以圖 10-7 所畫出的電子速度與電場的可能相關圖來表示。當電場很小，電子易停留於導帶中較低的 Γ 能谷，且電子的移動率 ($\mu_\Gamma = v_d/E$) 為一個較大的常數值，而對高電場而言，電子則易轉移到衛星能谷，此時，電子的速度較小且移動率較低。而在此兩區域間，電子的 v_d 對 $\mathscr{E}$ 圖將具有負斜率，因此將有一負微分移動率 $dv_d/dE = -\mu^*$。[4]

---

[4] 這是一個粗糙的近似，因為 μ^* 並不是一個常數，而且會隨著電場變化；因此當區域 (domain) 增加時，負介電鬆弛時間 (negative dielectric relaxation time) 會隨時間改變。

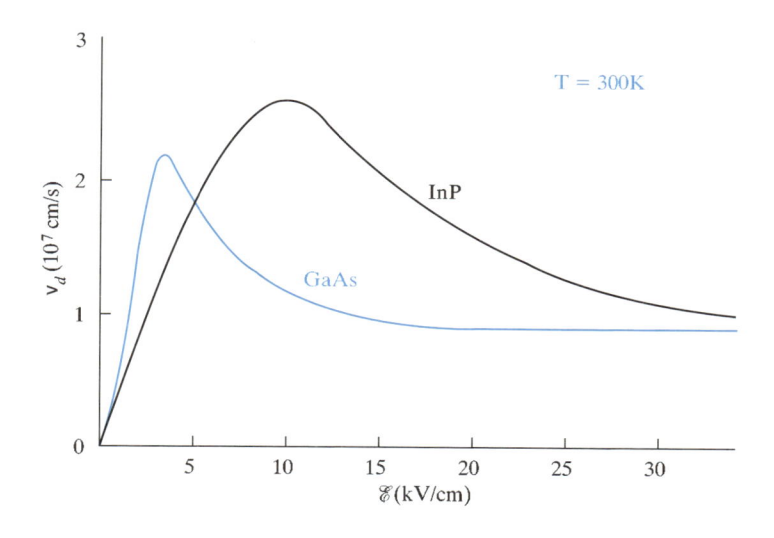

圖 10-8　GaAs 及 InP 中電子漂移速度與電場的關係圖。

圖 10-8 所示為 GaAs 與 InP 半導體電子漂移速度與電場的關係。由圖可知，InP 的臨界電場較高，但電子在轉移至低移動率能谷前電子的漂移速度較高。

電子移動率隨電場增加而下降，以及由它所導致的負電導現象，在剛恩以實驗證實前數年即已被瑞德雷 (Ridley) 及瓦特金斯 (Watkins) 與希爾森 (Hilsum) 等人所預測。轉移電子效應因此也常稱為瑞德雷-瓦特金斯-希爾森效應。此效應只與半導體本來之厚材效應有關，其中並不牽涉到接面或表面等效應。因此，它又常被稱為**厚材負微分電導** (bulk negative differential conductivity, BNDC) 效應。

10.3.2　空間電荷區域之形成與漂移

當對一 GaAs 樣品施予偏壓使其上電場達到負電導操作所需電場時，我們將發現樣品內電荷堆積造成的電場將具有不穩定性，而元件將不能維持在一穩定的直流偏壓狀況。欲瞭解此點，讓我們先考慮在一般具有正電導的樣品中，電荷電場等的變化情形。可以證明 (練習題 10.3)，在一均勻具有正電導半導體中某一處加入電荷，則因為半導體中的自由載子對此電荷的反應，所加入電荷將以指數下降的方式消失，如果一開始 ($t=0$) 所加入的電荷量為Q_0，則時間 t 電荷為

$$Q(t) = Q_0 e^{-t/\tau_d} \tag{10-2}$$

其中 $\tau_d = \epsilon/\sigma$ 稱為介電鬆弛時間 (dielectric relaxation time)。在一般半導體中，介電鬆弛時間皆相當短，比如在具有 1.0 Ω-cm 的 Si 或 GaAs，介電鬆弛時間大約為 10^{-12} s。因為介電鬆弛，因此樣品中載子濃度的隨機擾動，以及其所造成的電場，在半導體樣品中將很快的被消滅，因此在之前章節所談到的電中性原則，在一般半導體中皆是相當良好的近似。

我們現在來考慮當樣品具有負電導時，樣品中電荷與電場的變化。根據 (10-2) 式，但此時電阻率為負，我們發現這些所加入的**電荷將會指數上升的放大**，而非消失。這表示在樣品中某處若有一電荷或電場，不管此電荷是否由於載子的隨機擾動或其他因素所造成，此一電荷或電場將成長成一高電場**區域** (domain)。我們現在舉 GaAs 為例來說明此高電場如何發生。設此樣品的漂移速度對電場的變化關係如圖 10-9a 所示，假設在樣品中某處有一載子濃度的不均勻，則該處總電荷將具有如圖 10-9b 中電偶極 (dipole) 的分佈，此一分佈將使該處具有一電場 (圖 10-9b)。因為現在樣品具有負電導，因此此電場不會消失，反而增大變為一高電場區域 (圖 10-9c)。當然因為這些電場是由於載子變化所造成，而載子在外加電場中會漂移，因此，此一高電場區域會逐漸往陽極漂移且逐漸變大。最終此電場區域將會漂移到陽極而將能量給予陽極而消失。

在高電場區域成長期間，區域內之電場增加，因此跨接其上的電壓也增加。但是整體樣品的偏壓是固定的，因此區域外的電場將會減少。因為這個緣故，整體樣品中不太可能同時出現一個以上的高電場區，當一個高電場區域形成後，區域外的電場快速下降到低於負電導的臨界值。若外加直流偏壓，區域外的電場將來到圖 10-9a 中正電導區的一點，

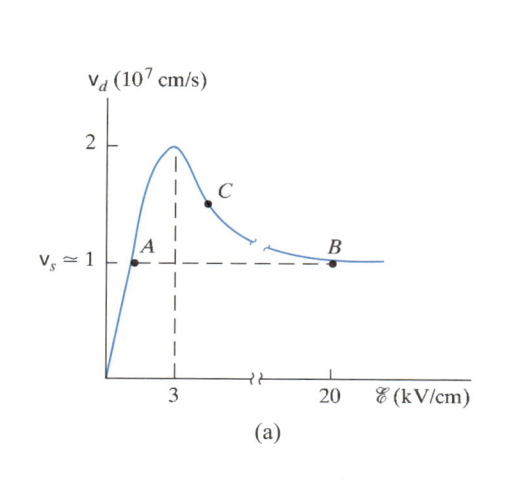

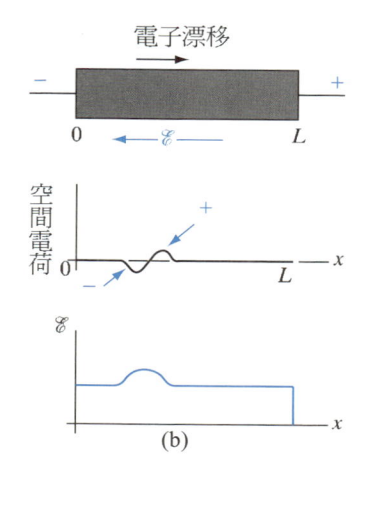

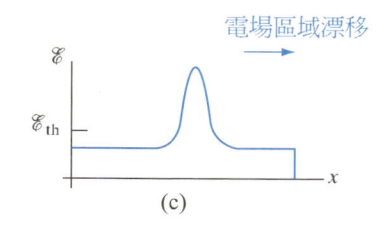

圖 10-9 GaAs 中高電場區域之形成與漂移：(a) n 型 GaAs 半導體中漂移速度與電場的關係；(b) 樣品中電偶極形成示意圖；(c) 負電導情況下電偶極區的成長與漂移示意圖。

例如 A 點，且區域內電場亦將達到圖中高電場值的 B 點位置。但是對隨機雜訊擾動所形成小的偶極 (或永久**成核位置**，諸如晶體缺陷，不均勻摻雜，或陰極本身引起)，此偶極成長和漂移於樣品內如同一個區域。穩定區域的形成不僅關係到電子轉移元件的操作模式，亦被運用到許多應用，因為它將導致電流的短脈衝，使微波功率較不具效率。此外，元件中的散熱是一個重要的課題。這些功率的散失可達 10^7 W/cm^3 或更高 (練習題 10.5)，引發樣品可觀的加熱效應。若元件未使用連續操作模式，如振盪器的脈衝操作模式其脈衝功率亦可達數百瓦之值。

10.4 P-N-P-N 二極體

功率元件常廣泛運用在開關上使元件能夠從"關閉"或阻隔 (blocking) 狀態而至"開"或傳導 (conducting) 狀態。我們已討論過電晶體在這方面的應用，即基極電流驅動元件使元件由截止 (OFF) 狀態至飽和 (ON) 狀態，同樣的，二極體其他相關元件也可以用來當做某些型式的開關。有許多重要的開關應用必須利用當元件在順向偏壓時仍然是阻隔狀態，直到有外部信號觸發才轉換成導通狀態。一些滿足我們所要求的元件已被發展出來，包含半導體控制整流器 (semiconductor-controlled rectifier，SCR)。[5] 這類元件通常在順向偏壓時具有高阻抗 ("關" 情況) 直到有切換信號才會改變其狀態。在切換之後便轉變為低阻抗 ("開" 情況)。這些切換的信號可以藉由外部來調變，因此，這些元件可經由電流的阻隔或通過來達到預期的準位。

矽控整流器 (SCR) 為一種在小信號由第三端引入使之開之前其二端點間的電流能有效的被阻隔的四層 (p-n-p-n) 結構元件。基本的 p-n-p-n 結構有許多不同的變化，但我們不會全部涉獵。我們會先行研究 p-n-p-n 元件之兩端點之電流流動情形，然後討論由第三端觸發的現象，我們會發現 p-n-p-n 結構可藉由 p-n-p 和 n-p-n 的組合來瞭解其許多的效果，此外，藉由第七章的分析，更可以幫助我們了解 p-n-p-n 之元件行為。

10.4.1 基本結構

首先，我們考慮一個四層之二極體結構，它包含了在 p 型區外的正極 (anode) 端 A 及在 n 型區外的負極 (cathode) 端 K (圖 10-10a)。我們必須

---

[5] 因為元件通常以矽為材料，故通常稱為**矽控整流器**。

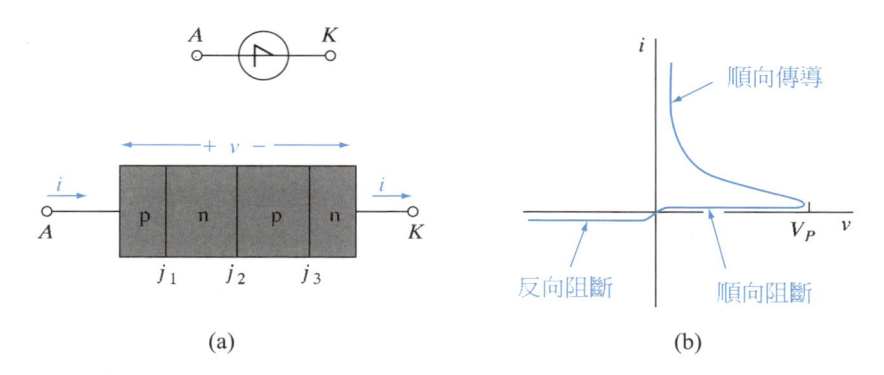

圖 10-10 二端點 p-n-p-n 元件：(a) 基本結構和電氣符號；(b) 電流-電壓特性。

指出最接近正極端的接面為 j_1，中心接面為 j_2，最接近負極端為 j_3。當正極端相對於負極端為正偏壓時 (v 正)，則元件為順向偏壓，然而，在圖 10-10b 所表示的電流-電壓特性中，二極體的順向偏壓可分成兩個狀態：包含高阻抗或稱**順向阻斷** (forward-blocking) 及低阻抗或稱**順向傳導** (forward-conducting)。在這裡所介紹元件的電流-電壓特性中，由順向阻斷切換至順向傳導的臨界順向 B 值電壓為 V_p。

我們將討論當起始正偏壓 v 作用在 j_1 和 j_3 使之順向偏壓以及中心接面 j_2 在逆向偏壓下傳導機制之電流流動情形。當 v 增加時，大部分阻斷狀態的順向偏壓會出現在逆向偏壓接面 j_2，在切換至傳導狀態之後，A 至 K 的壓降變小 (低於 1 V)，我們可以推斷在這個情況下，所有的三個接面都必須是順向偏壓。因此 j_2 由逆向偏壓切換至順向偏壓之流動機制必須要詳加討論。

在**反向阻斷** (reverse-blocking) 狀態 (v 負)，j_1 和 j_3 為反向偏壓，而 j_2 為順向偏壓。因提供至 j_2 的電子和電洞會受反向偏壓的 j_1 和 j_3 所限制，所以元件的電流會維持在一個小的飽和電流，而此小的飽和電流則是肇因於 j_1 和 j_3 接面附近的熱產生電子-電洞對。在反向阻斷狀態，電流維持在一個很小的值直到電壓增大至累增崩潰。在一個適當設計過的元件，若能避免表面崩潰，反向崩潰電壓可以達幾千伏特。我們現在考慮元件由順向阻斷切換至順向傳導的機制。此二極體通常稱為蕭克萊二極體 (Shockley diode)。

10.4.2 二個電晶體之近似

圖 10-10a 中所表示之四層結構之 p-n-p-n 二極體可以視為二個電晶體的耦合：j_1 和 j_2 形成 p-n-p 電晶體的射極和集極接面。同樣的，j_2 和 j_3 形成 n-p-n 電晶體的集極和射極接面 (注意到 n-p-n 電晶體的射極在右邊，也就是我們通常畫的相反方向)。在這個近似中，n-p-n 的集極區域和 p-n-p 的基極區域相連接，而 n-p-n 的基極區域則當作 p-n-p 的集極區。中心接面 j_2 當作兩個電晶體的集極接面。

這二個電晶體之近似表示於圖 10-11。p-n-p 電晶體之集極電流 i_{C1} 驅動 n-p-n 的基極，而 p-n-p 的基極電流 i_{B1} 則是由 n-p-n 的集極電流 i_{C2} 所控制。如果我們聯合兩個電晶體的射極至集極電流傳輸因子 α，則我們利用在第七章中的分析可以解得電流 i。利用 (7-37b) 式 $\alpha_1 = \alpha_N$，相對於 p-n-p 且其集極飽和電流為 I_{CO1}，$\alpha_2 = \alpha_N$ 相對於 n-p-n 且其集極飽和電流

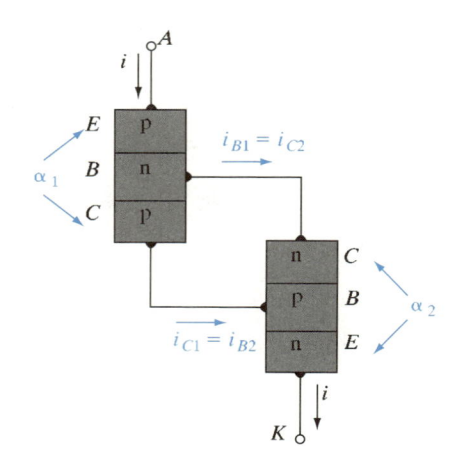

圖 10-11　二個電晶體近似之 p-n-p-n 二極體。

為 I_{CO2}，我們可以得到

$$i_{C1} = \alpha_1 i + I_{C01} = i_{B2} \tag{10-3a}$$

$$i_{C2} = \alpha_2 i + I_{C02} = i_{B1} \tag{10-3b}$$

而 i_{C1} 與 i_{C2} 之電流和即為元件之總電流

$$i_{C1} + i_{C2} = i \tag{10-4}$$

將總和代入 (10-3) 式我們得到

$$i(\alpha_1 + \alpha_2) + I_{C01} + I_{C02} = i$$

$$i = \frac{I_{C01} + I_{C02}}{1 - (\alpha_1 + \alpha_2)} \tag{10-5}$$

(10-5) 式指出，當 $\alpha_1 + \alpha_2$ 的和遠小於 1 時，通過元件的電流 i 就變小 (約二個等效電晶體之集極飽和電流之和)。當 $\alpha_1 + \alpha_2$ 約等於 1 時，電流 i 便快速增加。從 (10-5) 式中來看，電流的增加並不會有所限制。然而，由於 $\alpha_1 + \alpha_2$ 等於 1 的估算並非正確而有所限制。因為 j_2 在順向傳導狀態時變為順向偏壓，兩個電晶體在切換後都變為飽和。所以，這兩個電晶體在順向傳導狀態下均維持在飽和模式且電流維持在兩個電晶體之集極飽和電流和。

10.4.3 隨注入效應而變化之 α

因為二個電晶體近似法指出了當 $\alpha_1 + \alpha_2$ 和增加至接近 1 時的切換情形，這可以利用回想 α 值隨注入效應的變化來瞭解。在 7.2 節中提到射極至集極電流傳輸比 α 等於射極注入效率 γ 乘上基極傳輸因子 B。所以增加 γ 或 B 都可幫助提升 α 的值。在非常低電流狀況 (就像是 p-n-p-n 二極體在順向阻斷時)，γ 通常由射極接面轉換區的復合效應所決定 (7.7.4 節)。當電流增加，通過接面的注入效應則取代轉換區的復合效應的主宰

地位 (5.6.2 節)，且 γ 隨之增加。有幾個機制是因為與注入效應有關之基極傳輸因子 B 增加而產生，包含了隨額外載子濃度增加的復合中心的飽和。然而，不論是那個機制主宰，隨 p-n-p-n 二極體切換而使 $\alpha_1+\alpha_2$ 增加的動作是可自然達到的。一般來說，並未要求特別的設計使 $\alpha_1+\alpha_2$ 在順向阻斷時要遠小於 1，因為這個遠小於 1 的狀況可藉由在 j_1 和 j_3 轉換區的復合效應來在低電流狀態來達到。

10.4.4 順向阻斷狀態

當元件偏壓在順向阻斷狀態時 (圖 10-12a)，大部分的外加電壓 v 會出現在反向偏壓接面 j_2。所以 j_1 和 j_3 是順向偏壓，但是電流值卻很小，如果我們由 n_1 區獲得電子而 p_2 區獲得電洞的觀點來看的話，那麼這個現象的緣由將變得清楚多了。我們首先由 j_1 來看，讓我們先假想電洞是由 p_1 注入至 n_1。假如電洞在 n_1 區被復合(或是在 j_1 過渡區)，那麼 n_1 區需要再提供電子以維持空乏區的電中性。在這個情況提供電子是有些許的限

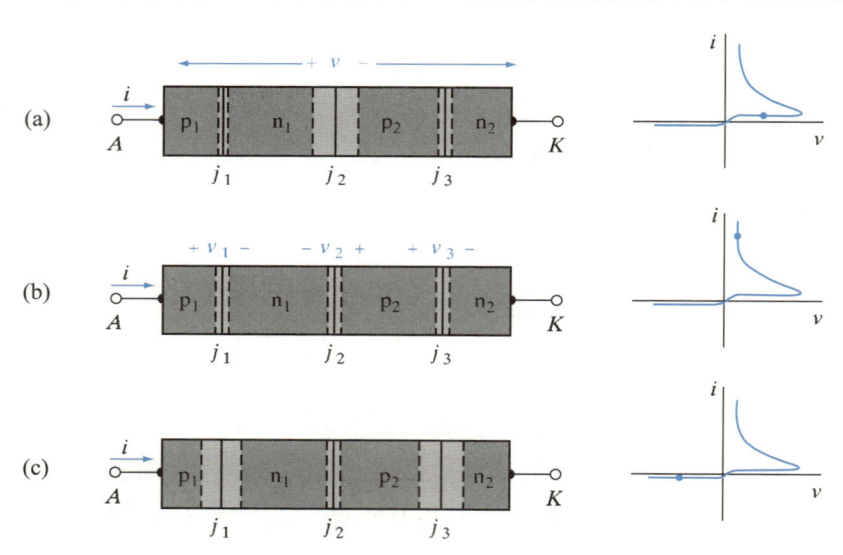

圖 10-12　p-n-p-n 二極體的三種偏壓狀態：(a) 順向阻斷狀態；(b) 順向傳導狀態；(c) 反向阻斷狀態。

制，然而，由於 n_1 的端點是反向偏壓的 j_2，這與一般正常的 p-n 二極體的 n 型區端點為歐姆接點有所不同，所以所提供之電子是需藉由對等復合 (且注入至 p) 來完成。然而，在這個情況下，電子的提供受限於只有在 j_2 擴散長度內的熱產生電子才有機會。結果使得通過 j_1 接面的電流約等於 j_2 的反向飽和電流。同樣的情況也發生在 j_3 的電洞流，電洞由 p_2 注入 n_2，而電子由 n_2 注入 p_2 並與電洞復合，因此欲維持空間電荷電中性的電洞便由 j_2 的飽和電流來提供，外加電壓 v 適當地分配在這三個接面來完成小的飽和電流在元件中流動。

在以上的討論，我們心照不宣地假設通過 j_2 的電流嚴格地限定為熱產生飽和電流。這意味著由順向偏壓接面 j_3 注入的電子並不會有可觀的量擴散通過 p_2，並由逆偏的 j_2 接面將其掃至 n_1。這是另一個說明 α_2 很小 (對於 "n-p-n 電晶體" 而言) 的方法。同樣的，提供至 p_2 的電洞主要是熱產生電洞，因為僅有少量由 j_1 注入的電洞可不被復合而至 j_2 (這意味著 p-n-p 電晶體之 α_1 很小)。現在，我們可以以物理的觀點來說明為何 (10-5) 式表示當 $\alpha_1 + \alpha_2$ 很小時，電流亦小：沒有電晶體工作所提供的傳輸電荷，僅有熱產生之電子與電洞在 n_1 及 p_2 中傳導，所以電流值很小。

10.4.5 傳導狀態

當電晶體工作狀態變換時，電荷的傳輸機制亦隨之作劇烈的變化。由上述的某一機制使得 $\alpha_1 + \alpha_2$ 的值達到 1 時，許多由 j_1 注入的電洞會被掃過 j_2 而進入 p_2。這可以提供在 p_2 的復合效應，而且提供注入 n_2 的電洞。同樣的，在電晶體中的電子，會由 j_3 注入並由 j_2 收集，然後提供至 n_1。很明顯的，通過元件的電流會較前個機制的電流來得大。通過 j_2 的注入載子傳輸會再產生，結果，大量電子會被提供至 n_1 這使得大量在 j_1 注入的電洞維持空間電荷的電中性。這些大量注入的電洞藉由電晶體的動作提供至 p_2，而且整個過程持續重複動作。

如果 $\alpha_1 + \alpha_2$ 足夠大的話，大量的電子會被 n_1 收集而大量的電洞則由

p_2 收集，在 j_2 的空乏區會變小。最後，在 j_2 的反向偏壓會消失而轉換成順向偏壓就像電晶體被完全偏壓在飽和狀態。當此一情況發生，三個小的順向偏壓會出現在如圖 10-12b 所示。這些電壓中的兩個必須被相互抵消在整個電壓 v，所以在傳導狀態下元件由正極端至負極端的壓降不會比一個單一之 p-n 接面來得大。對於矽來說，除非是高電流之歐姆損耗，否則其順向壓降均低於 1 V。

我們已經討論過在順向阻斷及順向傳導的電流傳輸機制，但我們並未指出如何由一個開始的狀態切換至另一個狀態。基本上來說，必須還要知道注入 j_1 和 j_2 的載子在那些機制上的增加才會促使通過 j_2 的傳輸載子變得有意義。正如前面提及的，整個過程中的再產生特性會使得切換變得更完全。

10.4.6 觸發機制

最常見的兩端點 p-n-p-n 二極體觸發方式卻只是簡單地提升偏壓至峰值 V_p。這種**電壓觸發** (voltage triggering) 型式主要是因為反向偏壓的 j_2 接面崩潰 (或有效的漏電流)；這也伴隨著增加了 j_1 和 j_3 之注入效應所提供的電流及切換至傳導狀態所需之傳輸。這類型的崩潰機制通常藉由**基極寬度窄化** (base-width narrowing) 及**累增崩潰** (avalanche multiplication) 的組合效應來產生。

當 j_2 發生累增效應，許多電子便被掃入 n_1 而電洞則掃入 p_2。這個過程提供了需要射極接面大量注入多數載子的區域使之獲得多數載子。因為電晶體的動作使得 j_2 接面的崩潰電壓無法達到。正如我們在 (7-52) 式所表示，當 $M\alpha = 1$ 時，$i_B = 0$ 的電晶體集極接面便會發生崩潰。在耦合電晶體 p-n-p-n 二極體的情況惟有

$$M_p \alpha_1 + M_n \alpha_2 = 1 \qquad (10\text{-}6)$$

時 j_2 接面才會發生崩潰。而 M_p 為電洞之放大因子，M_n 為電子之放大因

子。

在順向阻斷狀態下當偏壓 v 增加時，j_2 的空乏區會向外擴展以適應逆偏的狀況。這個所謂的擴展乃指中性基極區 (n_1 和 p_2) 變薄。因為 α_1 和 α_2 會隨基極寬度的減小而增加，此基極寬度窄化效應可引發觸發。一個在基極區域的確實打穿有時是必要的，因為適度窄化這些區域即可增加足夠的 α 值，使之發生切換。更進一步來說，切換可能是累增崩潰與基極寬度窄化的組合結果並伴隨著在高電壓下可能在 j_2 的漏電流。由 (10-6) 式可以明顯看出累增崩潰的存在，且當 j_2 開始崩潰時，$\alpha_1 + \alpha_2$ 並不需要是 1。就之前所提之崩潰，在 n_1 和 p_2 增加的載子藉由耦合電晶體的再產生過程而至順向傳導。當切換更完全，通過 j_2 的反向偏壓會減小，且接面的崩潰機制不再發生，因此基極窄化與累增崩潰只發生在切換過程的初始時。

如果順向偏壓迅速引入元件，切換能藉由一般所說的 dv/dt **觸發** 來完成。基本上來說，這種型式的觸發是發生在 j_2 空乏區的調整以滿足增加的電壓。當 j_2 空乏區長度增加，電子便會由接面的 n_1 端在移動，而電洞則是由接面的 p_2 端做再移動。對一個緩慢增加的電壓而言，電子朝 j_1 及電洞朝 j_3 流動的現象並無法構成有意義的電流。如果 dv/dt 夠大，再加上由 j_2 兩端載子的再移動率便可以引發電流做有意義的增加。就反向偏壓接面之接面電容 (C_{j2}) 觀點來看，電晶體電流可表為

$$i(t) = \frac{dC_{j2}v_{j2}}{dt} = C_{j2}\frac{dv_{j2}}{dt} + v_{j2}\frac{dC_{j2}}{dt} \tag{10-7}$$

v_{j2} 為瞬間通過 j_2 偏壓。這類型的電流通常稱為**位移電流** (displacement current)。C_{j2} 的改變率必須包含在電流的計算中，因為電容會隨空乏區長度變化及時間變化而改變。

藉由快速提高電壓來增加電流能夠在低於穩態觸發電壓 V_p 下做很好的切換，因此，dv/dt 變化率通常沿著 p-n-p-n 二極體及 V_p 來定義。明顯地，dv/dt 觸發會在電路應用上引起不確定的電壓轉換的缺點。

10.5 半導體控制整流器

半導體控制整流器 (SCR) 在功率切換及可變控制電路的應用上是相當有用的。這些元件能夠處理幾毫安至幾百安培電流。由於可藉由外部控制來打開元件，所以 SCR 可藉由簡單電流只通過某些在線圈部分的選擇性而做為電源傳輸至負載的調節器。一個較常見的應用就是在許多家庭中常見的光調光器。給定一個切換的設定，SCR 可以做相對的"開"和"關"，所以在每個功率循環的全部或部分可以傳送至光源。結果，光強度可以連續地由全功率至暗下來，同樣的控制理論也應用在馬達上、加熱器上及許多其他的系統。我們將在本節中討論這類型的應用，然後討論一開始建立的基本元件運作。

四層結構元件應用在功率電路上最重要便是三端點 SCR[6] (圖10-13)。這個元件與 p-n-p-n 二極相當類似，除了在其中一個基極區域接上第三端 (gate)。當 SCR 偏壓在順向阻斷時，一個由閘極所提供的小電流可在一開始使元件切換至傳導狀態。結果，正極切換電壓 V_p 會隨引入閘極電流 i_G 的增加而減少 (圖 10-13b)。這種"開"控的特性使 SCR 在切換及控制電路上變得有用且具多樣化。

為了瞭解**閘極觸發** (gate triggering) 機制，讓我們先假設元件在順向阻斷狀態並伴隨著一個由正極流向負極的小飽和電流。正閘極電流會使電洞由閘極流入 p_2 也就是 n-p-n 電晶體的基極。這些額外提供的電洞及伴隨的由 n_2 注入 p_2 的電子開啟了 n-p-n 電晶體工作。經過過渡時間 τ_{t2}，

---

[6] 這元件通常稱做**閘流體** (thyristor)，這可以類比於固態的氣體閘流管一般相同功能。閘流管為一填充氣體管體當在某一臨界火花電壓下會有電流通過其中。類比於 SCR 的閘控電流，火花電壓可藉由第三個端點引入。

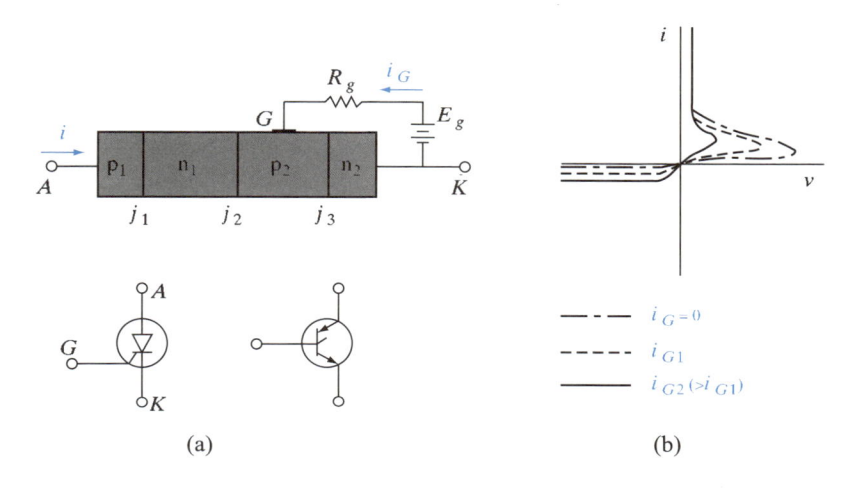

圖 10-13 半導體控制整流器：(a) 四層結構及一般電路符號；(b) $I-V$ 特性曲線。

由 j_3 注入的電子到達接面的中央並被掃入 n_1 也就是 p-n-p 的基極。這會使 j_1 的注入電洞增加，且這些電洞經過 τ_{t1} 的過渡時間擴散通過基極 n_1。因此，延遲時間約為 $\tau_{t1}+\tau_{t2}$，經過延遲時間，電晶體的動作才達到整個 p-n-p-n 元件，且被驅動至順向傳導狀態。在許多 SCR 中，延遲時間大抵少於幾個微秒，且所需打開之閘極電流只有幾毫安。因此，SCR 可由非常小之閘極電路輸入功率來打開，換言之，元件若是以大電流來驅動的話，則由元件所控制的功率可能會很大。

之前，SCR 切換至傳導狀態並不需要包含閘極電流。事實上，當電晶體開始發生再產生的動作後，閘極便無必要去控制元件了，就許多元件而言，閘極電流脈衝僅持續幾微秒便足以確定切換元件。較低高度及間距的閘極脈衝通常是應用在特殊的 SCR 元件。

10.5.1　SCR 的關閉

所謂關閉 SCR 就是指其由導通狀態至阻斷狀態，這可藉由降低電流

606 半導體元件

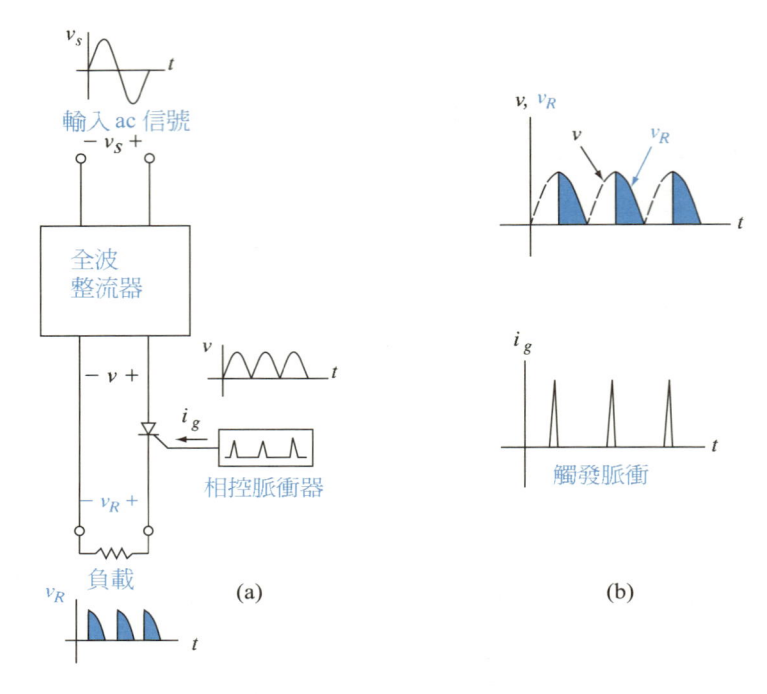

圖 10-14 以 SCR 控制傳送至負載端功率的例子：(a) 電路圖；(b) 傳送信號之波形及觸發脈衝之相變化。

至一臨界值 (通常稱做保持電流，holding current) 但以下仍需保持 $\alpha_1 + \alpha_2 = 1$ 的情況。在一些 SCR 元件中，閘極的關閉可以降低 α 值的和使之低於 1。例如，如果閘極電壓如圖 10-14 所示為逆偏，電洞便會由 p_2 基極區被萃取出來。如果因閘極電壓所萃取的電洞足以改變電晶體至飽和狀態時，元件將會關閉。然而，仍有些因為在 p_2 至閘極間之橫向電流所引發的問題；橫向電流會造成 j_3 偏壓不均勻，這使得偏壓由射極開始隨位置不同而變化。所以，SCR 元件必須明確地設計其關閉狀態，最好就是對於給定的元件能限定其操作範圍。

10.6 絕緣閘雙極性電晶體

我們在 10.5 節中發現,當 SCR 以閘極來控制元件的關閉相當地困難。我們還需要額外的電路來降低正極至負極電流使之低於處理電流,如此才能改變 SCR 由原先的傳導狀態至阻斷狀態。為了做到這些,當然會較笨重且昂貴。

因此,在 1979 年,Baliga 為了解決這個問題而發表了**絕緣閘雙極性電晶體** (insulated-gate bipolar transistor) 的文章。這個變化的 SCR 可以很容易地藉由閘極的作用而將原先的傳導狀態切換至關閉的阻斷狀態。這個元件也被命為其他名稱諸如:導電率調變型 FET (COMFET)、絕緣閘電晶體 (IGT)、絕緣閘整流器 (IGR)、增益加強型場效電晶體 (GEMFET) 及雙極性場效電晶體 (BiFET)。

n-通道元件的基本結構如圖 10-15 所示。這元件主要結合一個 SCR 及一個可以連接或不連接 n^+ 負極至 n^- 基極區的 MOSFET (取決於 MOSFET 的閘極偏壓)。MOSFET 的通道長度是取決於由受體雜質的擴散或佈質於同 n^+ 負極區域的 p 型區所決定。換言之,通道的長度並非如傳統之

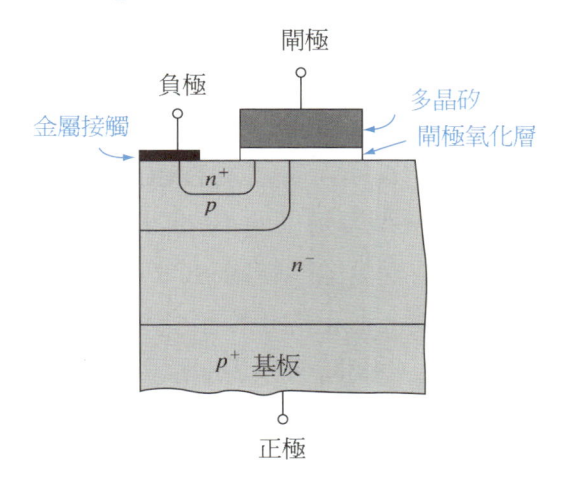

圖 10-15 絕緣閘雙極性電晶體之結構。

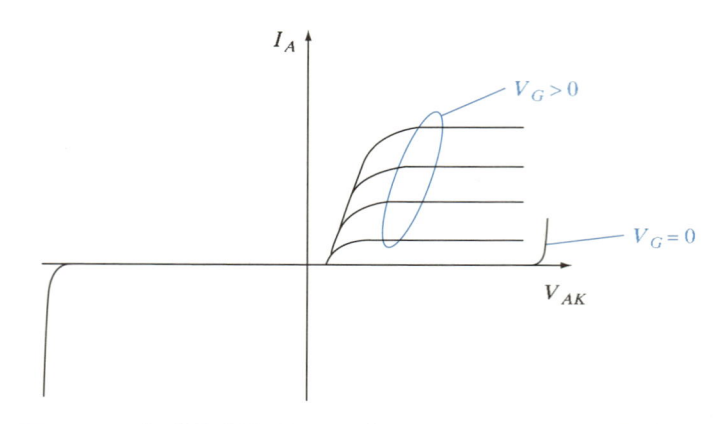

图 10-16　絕緣閘雙極性電晶體 (n-通道) 輸出電流-電壓特性。

由閘極製板術來決定而是由受體雜質的擴散來決定。諸如此類之 MOSFET 結構稱作**雙擴散型** (double-dffused) 金氧半場效電晶體 (DMOS)。而 DMOS 元件必須是一個 NMOSFET。

　　IGBT 主要部分為 n^- 區域，這個 n^- 區域就如同 DMOS 元件之汲極。這個區域通常為一薄 (~ 50 μm) 且成長在高摻雜之 p^+-摻雜基板 (連接至正極) 上的低摻雜 ($\sim 10^{14}$ cm^{-3}) 區域。這 n^- 區域能在 "關閉" 狀態下提供一個大的阻斷電壓。在 "開" 狀態下，這個輕摻雜區域的導電率可藉由 n^+ 負極區的注入電子及 p^+ 正極區的注入電洞來調變 (增益)；因此一個替代名稱，**傳導率調變型** (conductivity-modulated) 場效電晶體 (COMFET)。這個增加的導電率使得在 "開狀" 態下通過元件的壓降可降低。

　　電流-電壓特性如圖 10-16 所示。如果 DMOS 閘極為零 (或低於臨界電壓) 時，在 p 型通道區的 n 型反轉區便不會形成且 n^+ 負極至 n^- 基極區不致發生短路。使得這個結構更像傳統的 SCR，可以在任意極性偏壓下在極小的電流直至元件崩潰。在正的正極至負極偏壓 V_{AK} 下，倍增崩潰發生於 n^--p 接面，而若 V_{AK} 為負時，累增崩潰則發生於 n^--p^+ 接面。

　　當閘極偏壓引入 DMOS 時，在正偏壓 V_{AK} 情況，我們可由圖 10-17 看出一個有效電流。這個特性曲線看來與 MOSFET 相當近似，僅有一個地方不同，而這個不同的地方即是增加的電流起始值，乃是一為 0.7 V 的

第十章 高功率微波元件 **609**

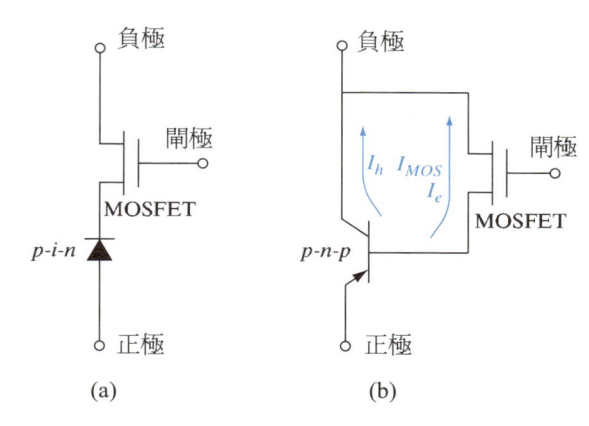

圖 10-17 IGBT 等效電路：(a) 低於偏移電壓之低 V_{AK}；(b) 高於偏移電壓之高 V_{AK}。

偏移或切入電壓正如二極體一般。這個原因可由圖 10-17a 的等效電路來理解。對於小的 V_{AK} 但高於偏移電壓，整個元件結構看來就像 DMOS 連接一個 p$^+$ 基板 (負極)，非常接近本質濃度的 n$^-$ 區域以及 n$^+$ 負極組成的順偏壓 p-i-n 二極體。在這個結構中，忽略通過 DMOS 元件的壓降，且 p-i-n 元件為順偏。由正極注入的載子與由負極注入的載子在 n$^-$ 區域復合，正如我們在第五章所看到一般，二極體的電流-電壓特性主要是由空乏區的復合所決定而成指數形式，且二極體之理想因子 **n**＝2，因此，我們可以得到在此區域之電流-電壓關係

$$I_A \propto \exp(qV_{AK}/2kT) \tag{10-8}$$

換句話說，當 V_{AK} 大於偏移電壓 (～0.7 V)，則其特性便像 MOSFET 一般，並乘上一個 p-n-p 雙極性電晶體之增益項。在這個區間的等效電路如圖 10-17b 所示。在這區間中，不再是所有的載子在本質的 n$^-$ 區域進行復合。這個電流，也就是 DMOSFET 電流 I_{MOS}，亦是由 p$^+$ 基板(正極)，n$^-$ 基極及 p$^-$ DMOS 通道所形成之垂直 p-n-p BJT 之基極電流。因此，我們可以把電流表示為

$$I_A = (1 + \beta_{pnp})I_{MOS} \qquad (10\text{-}9)$$

其特性看來相當類似 DMOS 元件。這也就是我們所說 IGBT 的操作模式。

最後，如果電流太大，則 IGBT 會被閂鎖至一個低阻抗狀態正如傳統 SCR 之 "開" 狀態。這是我們所不想要的，因為這表示 DMOS 之閘極已失去控制能力。

IGBT 很明顯可以看出是綜合了 MOSFETs 和 BJTs 部分良好之特徵，例如 MOSFET，它有高輸入阻抗及低輸入電容。換言之，在 "開" 狀態下，它具有低電阻及高電流處理能力，就像是 BJT 或 SCR。因為這些因素及它可較 SCR 更容易關閉，IGBT 逐漸地變為功率元件的較佳選擇而取代了傳統的 SCR。

總　結

10.1 穿隧 (Esaki 二極體)、轉移電子效應 (剛恩二極體) 或傳輸時間效應 (IMPATT 二極體) 都可以形成負微分電阻，進而得到高頻微波元件。

10.2 p-n-p-n 二極體、閘流體 (thyristor) 或 SCR 都可以進行高功率的切換。這些元件可以看成是兩個BJT耦合在一起，和 CMOS 中的閂鎖 (latch up) 效應類似。

10.3 現代的功率元件主要是以 IGBT 為基礎，而 IGBT 是以一個 SCR 和一個 MOSFET 所組成。

練習題

10.1 對一 p 區退化而 n 區之費米能階位於導帶最低能量的突兀 (abrupt) pn 接面，試畫其在順向與逆向偏壓時的能帶圖，以及它所具有的電流-電壓關係。此二極體常被稱為**反向二極體** (backward diode)，由上面的電流-電壓關係，你可以解釋這名稱的由來嗎？

10.2 在本題中，我們將嘗試去解釋穿隧二極體決定峰值電壓 V_p 的原因。假設穿隧二極體中有許多載子捕獲能階，則如圖 P10-2 所示，載子可由 n 區穿隧到這些能階 (A−B)，然後再掉到 p 區的價帶能態 (B−C)，此為電荷傳輸穿越接面的完整雙步驟過程。如果載子捕獲能階的能態密度很大，則當偏壓增大時，導帶電子準費米能階 E_{Fn} 以下的能態與載子捕獲能階對齊，我們將可觀察到電流的增加。如圖 P10-2 中所示，我們假設這些載子捕獲能階 E_t 位於 E_v 之上 0.3 eV 處，半導體的能隙為 1 eV，且 n 區 $E_{Fn}-E_c$ 與 p 區之 E_v-E_{Fp} 皆為 0.1 eV。

(a) 試計算通過載子捕獲能階穿隧效應發生之最小順向偏壓。

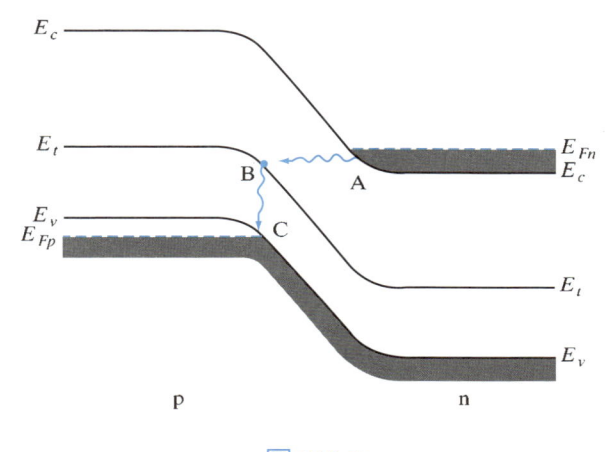

圖 P10-2

(b) 試計算通過載子捕獲能階穿隧效應發生之最大順向偏壓。

(c) 假設通過載子捕獲能階穿隧所造成的最大電流為本章內所提及導帶-價帶穿隧電流之 1/3，試畫此穿隧二極體之電流電壓關係。

10.3 (a) 試利用泊松 (Poisson) 方程式、連續方程式，以及電場所造成漂移電流的表示式，省略載子復合現象，以材料的導電率及介電係數來表示材料中電荷率。

(b) 假設在 $t=0$ 時材料內電荷為 ρ_0，試證，此電荷隨時間呈指數下降，且其時間常數為本章中所提之介電鬆弛時間。

(c) 假設樣品的厚度為 L，面積為 A，如樣品的導電率為 σ，介電係數為 ϵ，試計算樣品的 RC 時間常數。

10.4 假設在時間 t 時，GaAs 導帶最低點 Γ 能谷上的電子濃度為 n_Γ cm^{-3}，而 L 能谷上之電子濃度為 n_L cm^{-3}。試證明，產生負電導 ($dJ/dE < 0$) 的條件為

$$\frac{\mathscr{E}(\mu_\Gamma - \mu_L)\dfrac{dn_\Gamma}{d\mathscr{E}} + \mathscr{E}\left(n_\Gamma \dfrac{d\mu_\Gamma}{d\mathscr{E}} + n_L \dfrac{d\mu_L}{d\mathscr{E}}\right)}{n_\Gamma \mu_\Gamma + n_L \mu_L} < -1$$

其中 μ_Γ，μ_L 分別為 Γ 及 L 能谷中電子的移動率。注意：$n_0 = n_\Gamma + n_L$。假設移動率約與 $\mathscr{E}^{-1}$ 成正比，試討論具有負微分電導的條件。

10.5 在本題中我們來估算 GaAs 剛恩二極體上的直流功率消耗。假設二極體長度為 5 μm，且操作於本章中所提穩定高電場需成長與漂移的模式。

(a) 試估計最低電子濃度 n_0 以及所量得電流脈衝間的時間。

(b) 使用圖 10-9a 中所給定的數值，若樣品偏壓在臨界以下，且樣品具有 (a) 中所給出之電子濃度，試計算每單位體積之直流功率消耗。試說明，當操作頻率增加時，功率消耗是否增加？

10.6 (a) 試計算 GaAs 中導帶最低點 Γ 能谷上與 L 能谷上之等效能態密

度比 N_L/N_Γ (圖 10-6)。

(b) 假設波茲曼分佈 $n_L/n_\Gamma = (N_L/N_\Gamma)exp^{(-\Delta E/kT)}$，試計算 300 K 時 GaAs 導帶最低點 Γ 能谷上的電子濃度與 L 能谷上之電子濃度之比值。

(c) 若電子在導帶最低 Γ 能谷時具有 kT 的動能，試簡單的算一下，當此電子被提升到 L 能谷後，電子之等效溫度。

10.7 解釋爲何兩個分離的電晶體無法連接如圖 10-11 一般來實現如圖 10-10 中所示之 p-n-p-n 切換動作。

10.8 在 p-n-p-n 二極體中 (圖 10-12a)，當順向阻斷狀態時 j_3 爲順偏。爲何且是否由閘極至負極提供一個順向偏壓如圖 10-13 可發生切換。

10.9 (a) 畫出 p-n-p-n 二極體在平衡時；順向阻斷狀態及順向傳導狀態之能帶圖。

(b) 畫出當 p-n-p-n 二極體在順向傳導狀態時額外少數載子在 n_1 及 p_2 之分佈。

10.10 使用如圖 7-3 之圖示法來描述 p-n-p-n 二極體在順向阻斷狀態及順向傳導狀態之電洞流與電子流。解釋所繪之圖並小心定義你所使用新的符號 (例如：表示 EHP 的產生和復合)。

10.11 使用耦合電晶體模型重新寫下 (10-3) 式且需包含在 j_2 的累增崩潰，另外證明 (10-6) 式對於 p-n-p-n 二極體是有效的。

參考書目

Baliga, B. J. *Power Semiconductor Devices.* Boston: PWS, 1996.

Esaki, L. "Discovery of the Tunnel Diode." *IEEE Trans. Elec. Dev.*, ED-23 (1976).

Gentry, F. E., F. W. Gutzwiller, N. Holonyak, Jr., and E. E. Von Zastrow. *Semiconductor Controlled Rectifiers: Principles and Application of p-n-p-n Devices.* Englewood Cliffs, NJ: Prentice-Hall, 1964.

Gunn, J. B. "Microwave Oscillations of Current in III-V Semiconductors." *Solid State Comm.*, 1 (1963).

Moll, J. L., M. Tanenbaum, J. M. Goldey, and N. Holonyak. "P-N-P-N Transistor Switches." *Proc. IRE*, 44 (1956).

Read, W. T. "A Proposed High Frequency, Negative Resistance Diode." *Bell Syst. Tech. J.*, 37 (1958).

Ridley, B. K., and T. B. Watkins. "The Possibility of Negative Resistance Effects in Semiconductors." *Proc. Phys. Soc. Lond.* 78 (1961).

Shockley, W. "Negative Resistance Arising From Transit Time in Semiconductor Diodes." *Bell Syst. Tech. J.*, 33 (1954).

附錄 I
常用符號之定義[1]

a	第一章：單胞尺寸 (Å)；第六章：場效電晶體冶金通道之半寬 (cm)
a, b, c	基底向量
A	面積 (cm^2)
$\mathcal{B}$	磁通密度 (Wb/cm^2)
B	雙極接面電晶體基極傳輸因子
B, E, C	雙極接面電晶體之基極，射極，集極
c	光速 (cm/秒)
C	金氧半導體單位電容 (F/cm^2)
C_i, C_d, C_{it}	金氧半導體之絕緣，空乏，介面狀態之單位電容 (F/cm^2)
C_j	接面電容 (F)
C_s	儲存電荷電容 (F)
D, D_n, D_p	摻雜擴散係數，電子擴散係數，電洞擴散係數
D, G, S	場效電晶體之汲極，閘極，源極
e	Napierian 基底
e^-	電子
$\mathcal{E}$	電場強度 (v/cm)
E	能量[2] (J, eV)，電池電壓 (V)
E_a, E_d	受體能階，施體能階 (J, eV)
E_c, E_v	傳導帶緣，價電帶緣 (J, eV)

---

[1] 本表所列之符號不包含在各章節中已定義之符號，跟厘米相關之單位在一般半導體計算是有用的，但值得注意的是在一些公式中常使用在 MKS 制。

[2] 波茲曼因子 $\exp(-\Delta E/kT)$，ΔE 之單位隨 k 的單位 焦耳/K 或電子伏特/K 而表示為焦耳或電子伏特。

615

E_F	平衡態費米能階 (J, eV)
E_g	能隙 (J, eV)
E_i	本質能階 (J, eV)
E_r, E_t	補捉能階,復合能階 (J, eV)
$f(E)$	費米-狄拉克分佈函數
F_n, F_p	準費米電子階,準費米電洞階 (J, eV)
g, g_{op}	電子-電洞對產生率,光產生率 (cm^3-s^{-1})
g_m	互導 (Ω^{-1}, S)
h	普郎克常數 (J-s, eV-s);第六章:場效電晶體之半寬通道 (cm)
$\hbar$	普郎克常數/2π (J-s, eV-s)
$h\nu$	光子能量 (J-s, eV)
h, k, l	米勒標示
h^+	電洞
i, I	電流[3] (A)
I (subscript)	雙極接面電晶體之反轉模式
i_B, i_C, i_E	雙極接面電晶體之基極電流、集極電流、射極電流 (A)
I_{CO}, I_{EO}	射極開路之集極飽和電流,集極開路之射極飽和電流 (A)
I_{CS}, I_{ES}	射極短路之集極飽和電流,集極短路之射極飽和電流 (A)
I_D	由汲極至源極之場效電晶體通道電流 (A)
I_0	p-n 接面之反向飽和電流 (A)
j	$\sqrt{-1}$
J	電流密度 (A/cm^2)
k	波茲曼常數 (J/K,eV/K)
k_N, k_P	除以 V_D 之 N 通道金氧半場效電晶體之電導,除以 V_D 之 P 通道金氧半場效電晶體之電導 (A/V^2)
$\mathbf{k}$	波向量 (cm^{-1})
k_d	分佈係數
K	尺寸微縮因子

[3] 見本列表後之註解。

K		$4\pi\epsilon_0$ (F/cm)
l, L		長度 (cm)
L_D		德拜長度 (cm)
$\bar{l}$		隨機運動載子之平均自由路徑 (cm)
m, m^*		質量，等效質量 (kg)
m_n^*, m_p^*		電子等效質量，電洞等效質量 (kg)
m_l, m_t		垂直/水平電子等效質量 (kg)
m_{lh}, m_{hh}		輕/重電洞等效質量 (kg)
m_0		靜止電子質量 (kg)
M		累增放大因子
m, n		整數；指數
n		在傳導帶中之電子濃度 (cm^{-3})
n		n 型半導體材料
n$^+$		重摻雜 n 型材料
n_i		電子本質濃度 (cm^{-3})
n_n, n_p		n 型/p 型材料之平衡電子濃度 (cm^{-3})
n_0		平衡電子濃度 (cm^{-3})
N (subscript)		雙極性接面電晶體之正常模式
N_a, N_d		受體/施體濃度 (cm^{-3})
N_a^-, N_d^+		解離之受體/施體濃度 (cm^{-3})
N_c, N_v		傳導帶/價電帶之有效態位密度 (cm^{-3})
p		價電帶中之電洞濃度 (cm^{-3})
p		p-型半導體材料
p$^+$		重摻雜 p 型材料
p		動量 (kg-m/s)
p_i		電洞本質濃度 (cm^{-3}) $= n_i$
p_n, p_p		n 型/p 型材料之平衡電洞濃度 (cm^{-3})
p_0		平衡電洞濃度 (cm^{-3})
q		電子電荷量 (C)

Q_+, Q_-	總正/負電荷 (C)
Q_d	空乏區電荷/面積 (C/cm^2)
Q_f	氧化層固定電荷/面積 (C/cm^2)
Q_i	金氧半有效介面電荷/面積 (C/cm^2)
Q_{it}	介面補捉電荷/面積 (C/cm^2)
Q_m	移動離子電荷/面積 (C/cm^2)
Q_n, Q_p	儲存電子/電洞 (C)
Q_n	場效電晶體通道之移動電荷/面積 (C/cm^2)
Q_{ot}	氧化層補捉電荷/面積 (C/cm^2)
$R_p, \Delta R_p$	投影範圍,游走 (cm)
r, R	電阻 (Ω)
R_H	霍爾係數 (cm^3/C)
S	次臨界斜率 (mV/十倍)
t	時間 (s)
t	樣本厚度 (cm)
$\bar{t}$	散射碰撞之平均自由時間 (s)
t_{sd}	儲存電荷衰退時間 (s)
T	溫度 (K)
v, V	電壓[4] (V)
V	位能 (J)
$\mathcal{V}$	靜電位能 (V)
V_{CB}, V_{EB}	雙極接面電晶體之集-基電壓,射-基電壓 (V)
V_D, V_G	場效電晶體之汲極電壓,閘極電壓 (V)
$\mathcal{V}_n, \mathcal{V}_p$	中性 n 型/p 型材料之靜電位能 (V)
V_0	接觸電壓 (V)
V_P	第六章:場效電晶體夾止電壓;第十一章:矽控整流器之順向衝越電壓 (V)
V_T, V_{FB}	金氧半臨界電壓,平帶電壓 (V)

---

[4] 見本列表後之註解。

符號	定義
v, v_d	速度，漂移速度 (cm/s)
w	樣品寬度 (cm)
W	空乏區寬度 (cm)
W_b	雙極接面電晶體之基極寬度 (由射極邊緣至集極邊緣)
x	距離 (cm)，合金組成
x_n, x_p	中性 n 型/p 型區之長度 (cm)
x_{n0}, x_{p0}	由冶金接面至 p 型/n 型轉換區之穿透距離 (cm)
Z	原子序，z 軸方向 (cm)
α	射集電流傳輸比
$\boldsymbol{\alpha}$	光吸收係數 (cm^{-1})
α_r	復合係數 (cm^3/s)
β	雙極接面電晶體之基極至集極電流放大因子
γ	射極注入效率；在 p-n-p 中，電洞電流 i_{Ep} 在 i_E 中所佔之分率
δ, Δ	增量改變
$\delta n, \delta p$	過量電子，電洞濃度 (cm^{-3})
$\Delta n_p, \Delta p_n$	在 p 區或 n 區過渡區邊緣之過剩電子或電洞濃度 (cm^{-3})
$\Delta p_C, \Delta p_E$	由雙極性電晶體集極，射極接面過渡區邊緣算起之基極區中過量電洞濃度 (cm^{-3})
$\epsilon, \epsilon_r, \epsilon_0$	介電係數，相對介電常數，自由空間之介電係數 (F/cm)；$\epsilon = \epsilon_r \epsilon_0$
λ	光波 (μm，Å)
μ	移動率 ($cm^2/V\text{-}s$)
ν	光子頻率 (s^{-1})
ρ	電阻率 (Ω-cm)，電荷密度 (C/cm^3)
σ	導電率 $(\Omega\text{-}cm)^{-1}$
τ_d	介電鬆弛時間 (s)；在 BJT 中之延遲時間 (s)
τ_n, τ_p	電子；電洞之復合壽命期 (s)
τ_t	過渡時間 (s)
ϕ	通量密度 $(cm^2\text{-}s)^{-1}$，位能 (V)，劑量 (cm^{-2})
ϕ_F	$(E_i - E_F)/q$ (V)

ϕ_s	表面電位 (V)
Φ	功函數電位 (V)
Φ_B	金屬-半導體能障高度 (V)
Φ_{ms}	金屬-半導體功函數電位差 (V)
ψ, Ψ	非時變,時變之波函數
ω	角頻率 (s^{-1})
$\langle \rangle$	封閉數量之平均值

註:大寫符號及大寫的下標用於直流之電壓及電流,而小寫符號及下標則用於交流數量。而具大寫下標之小寫符號則表示總量 (交流+直流)。對於具有兩個下標的電壓符號而言,若 V 為正的則表示第一個下標所在之點的位能大於第二個下標點之位能。例如:V_{GD} 表示 $V_G - V_D$ 之差。

附錄 II
物理常數及常用因數[1]

亞佛加厥常數	$N_A = 6.02 \times 10^{23}$ molecules/mole
波茲曼常數	$k = 1.38 \times 10^{-23}$ J/K
	$= 8.62 \times 10^{-5}$ eV/K
電子電量	$q = 1.60 \times 10^{-19}$ C
靜止電子質量	$m_0 = 9.11 \times 10^{-31}$ kg
自由空間介電常數	$\epsilon_0 = 8.85 \times 10^{-14}$ F/cm
	$= 8.85 \times 10^{-12}$ F/m
普郎克常數	$h = 6.63 \times 10^{-34}$ J-s
	$= 4.14 \times 10^{-15}$ eV-s
室溫 (25°C) 之 kT 值	$kT = 0.0259$ eV
光速	$c = 2.998 \times 10^{10}$ cm/s

前置字：

milli-,	m-	$= 10^{-3}$
micro-,	μ-	$= 10^{-6}$
nano-,	n-	$= 10^{-9}$
pico-,	p-	$= 10^{-12}$
kilo-,	k-	$= 10^{3}$
mega-,	M-	$= 10^{6}$
giga-,	G-	$= 10^{9}$

1 Å (angstrom) $= 10^{-8}$ cm
1 μm (micron) $= 10^{-4}$ cm
1 nm = 10 Å $= 10^{-7}$ cm
2.54 cm = 1 in.
1 eV $= 1.6 \times 10^{-19}$ J

波長為 1 μm 之光子具有能量 1.24 eV。

---

[1] 因為公分常運用在半導體的長度單位，所以在計算時必須格外的小心以避免單位上的錯誤，當我們使用的公式是以 MKS 制計量時，最好所有的單位均改為 MKS 制，然後再轉換成公分來加以表示，同樣的，在使用焦耳和電子伏特作計算時亦要小心。

附錄 III
半導體材料之性質

		E_g (eV)	μ_n (cm²/V-s)	μ_p (cm²/V-s)	m^*_n/m_o (m_l, m_t)	m^*_p/m_o (m_{lh}, m_{hh})	a (Å)	ϵ_r	Density (g/cm³)	Melting point (°C)
Si	(i/D)	1.11	1350	480	0.98, 0.19	0.16, 0.49	5.43	11.8	2.33	1415
Ge	(i/D)	0.67	3900	1900	1.64, 0.082	0.04, 0.28	5.65	16	5.32	936
SiC (α)	(i/W)	2.86	500	—	0.6	1.0	3.08	10.2	3.21	2830
AlP	(i/Z)	2.45	80	—	—	0.2, 0.63	5.46	9.8	2.40	2000
AlAs	(i/Z)	2.16	1200	420	2.0	0.15, 0.76	5.66	10.9	3.60	1740
AlSb	(i/Z)	1.6	200	300	0.12	0.98	6.14	11	4.26	1080
GaP	(i/Z)	2.26	300	150	1.12, 0.22	0.14, 0.79	5.45	11.1	4.13	1467
GaAs	(d/Z)	1.43	8500	400	0.067	0.074, 0.50	5.65	13.2	5.31	1238
GaN	(d/Z, W)	3.4	380	—	0.19	0.60	4.5	12.2	6.1	2530
GaSb	(d/Z)	0.7	5000	1000	0.042	0.06, 0.23	6.09	15.7	5.61	712
InP	(d/Z)	1.35	4000	100	0.077	0.089, 0.85	5.87	12.4	4.79	1070
InAs	(d/Z)	0.36	22600	200	0.023	0.025, 0.41	6.06	14.6	5.67	943
InSb	(d/Z)	0.18	10^5	1700	0.014	0.015, 0.40	6.48	17.7	5.78	525
ZnS	(d/Z, W)	3.6	180	10	0.28	—	5.409	8.9	4.09	1650*
ZnSe	(d/Z)	2.7	600	28	0.14	0.60	5.671	9.2	5.65	1100*
ZnTe	(d/Z)	2.25	530	100	0.18	0.65	6.101	10.4	5.51	1238*
CdS	(d/W, Z)	2.42	250	15	0.21	0.80	4.137	8.9	4.82	1475
CdSe	(d/W)	1.73	800	—	0.13	0.45	4.30	10.2	5.81	1258
CdTe	(d/Z)	1.58	1050	100	0.10	0.37	6.482	10.2	6.20	1098
PbS	(i/H)	0.37	575	200	0.22	0.29	5.936	17.0	7.6	1119
PbSe	(i/H)	0.27	1500	1500	—	—	6.147	23.6	8.73	1081
PbTe	(i/H)	0.29	6000	4000	0.17	0.20	6.452	30	8.16	925

所有值均在 300 K 下量測　　　　　　　　　　*氣相狀態

第一行為半導體材料，第二行則是能帶結構型式及晶體結構。符號之定義＝i 為非直接；d 為直接；D 是尺寸；Z 為閃鋅結構；W 為纖維鋅結構；H 為鹵化物鹽類 (NaCl)。移動率的值為材料在高純度下量測。

具纖維鋅結構的晶體無法由單一晶格常數來描述，因為其單胞並非立方體一些 II-VI 族化合物結構不是閃鋅結構就是纖維鋅結構。

在這裡引用的值有許多是估計或不確定的特別是 II-VI 族和 IV-VI 族化合物。而能帶溝表示的值亦是不確定的。

對於電子而言，第一個能帶曲率之有效質量為縱向的而第二個則為橫向的，對於電洞而言，第一個為輕電洞，第二個則為重電洞。

附錄 IV
導帶之能態密度公式的推導

在此推導中我們將視導帶的電子如同自由電子一般，晶格的效應可於推導後以改變等效質量數值的方式加入。對於一自由電子而言，其所遵守的三維薛丁格方程式如下：

$$-\frac{\hbar^2}{2m}\nabla^2\psi = E\psi \qquad \text{(IV-1)}$$

其中 ψ 為電子的波函數，而 E 為電子的能量。(IV-1) 式的解為

$$\psi = \text{(常數)}\, e^{j\mathbf{k}\cdot\mathbf{r}} \qquad \text{(IV-2)}$$

為描述電子處在晶格中，我們必須加入一邊界條件。一般所採取的為週期性邊界條件，使用這條件我們即可得到電子能量的量化。週期性邊界條件的表示式如下：

$$\psi(x+L, y, z) = \psi(x, y, z) \qquad \text{(IV-3)}$$

上式所示為 x 方向之條件，y 與 z 方向者類似。為適合上述條件，電子的波函數必須如下型式：

$$\psi_n = A\exp\left[j\frac{2\pi}{L}(\mathbf{n}_x x + \mathbf{n}_y y + \mathbf{n}_z z)\right] \qquad \text{(IV-4)}$$

其中 $2\pi\mathbf{n}/L$ 因子使各方向的週期性邊界條件滿足，而 A 則為使波函數正規化 (normalization，譯者按：此即絕對值平方對全體空間積分，即電子出現在各處的總機率為一的條件) 所需的常數。將 ψ_n 帶入薛丁格方程式

623

(IV-1) 式中，我們可得

$$-\frac{\hbar^2}{2m}A\nabla^2\exp\left[j\frac{2\pi}{L}(\mathbf{n}_x x+\mathbf{n}_y y+\mathbf{n}_z z)\right]=EA\exp\left[j\frac{2\pi}{L}(\mathbf{n}_x x+\mathbf{n}_y y+\mathbf{n}_z z)\right] \qquad \text{(IV-5)}$$

現在讓我們來計算 1、2、3 維的情形下單位體積中給定能量的可容許能態數。我們採取的步驟是，先在 **k** 空間中計算能態數 $N(\mathbf{k})$，然後使用能帶結構的 $E(\mathbf{k})$ 關係，將所求得能態函數轉為能量的函數 $N(E)$。

在 3 維的情況，(IV-5) 式中 **k** 的分量有 $\mathbf{k}_x=2\pi\,\mathbf{n}_x/L$，$\mathbf{k}_y=2\pi\,\mathbf{n}_y/L$，和 $\mathbf{k}_z=2\pi\,\mathbf{n}_z/L$。因每一 **k** 皆提供一不同能態選擇，亦即，對應於一特定之 ($\mathbf{n}_x$，$\mathbf{n}_y$，$\mathbf{n}_z$) 能態，因此每一能態在 **k** 空間占據的 **k** 空間體積為 $(2\pi)^3/L^3 = 2\pi^3/V$，其中 $V=L^3$ 為 (實空間，亦即樣品的) 體積。再者，必須考慮每一 **k** 能帶可填入 2 自旋不同之電子。因此，在 3 維情況，若在 **k** 空間具有 $\Delta\mathbf{k}$ 之體積，則能態數為

$$\left\{\frac{L^3}{(2\pi)^3}\Delta\mathbf{k}\right\}\times(2)\,spin \qquad \text{(IV-6a)}$$

單位 (實空間) 體積之能態數為

$$\frac{2}{(2\pi)^3}(\Delta\mathbf{k}) \qquad \text{(IV-6b)}$$

一般而言，我們可推廣此一結果到 p-維空間

$$\text{單位體積內之能態數} = \frac{2}{(2\pi)^p}(\Delta\mathbf{k}) \qquad \text{(IV-7a)}$$

現在我們利用 $E(\mathbf{k})$ 關係，來考慮能量，而非 **k** 空間中之能態密度。依定義我們可得

$$N(E)\,\Delta E = \frac{2}{(2\pi)^p}(\Delta\mathbf{k}) \qquad \text{(IV-7b)}$$

如 3.2.2 節中所說，假設最簡單的 2 次方之能帶結構

$$E(\mathbf{k}) = \frac{\hbar^2 k^2}{2m^*} \tag{IV-8a}$$

這在能帶最低或最高點附近皆是很好的近似。利用 (IV-8a) 式，我們可得

$$k = \sqrt{\frac{2m^* E}{\hbar^2}} \tag{IV-8b}$$

$$dk = \{\sqrt{\frac{m^*}{2}} \frac{1}{\hbar}\} \frac{1}{\sqrt{E}} dE \tag{IV-8c}$$

對 $p=3$ 的 3-D 例子，一般取半導體體積。此時在 $\mathbf{k}$ 空間的體積為介於等 k 球面與等 $k+dk$ 球面之間的體積 (圖 IV-1a)：

$$\Delta\mathbf{k} = 4\pi k^2 dk \tag{IV-9a}$$

因此我們可得下列能態密度：

$$N(E)dE = \frac{2}{(2\pi)^3} 4\pi k^2 dk = \frac{\sqrt{2}}{\pi^2} \left(\frac{m^*}{\hbar^2}\right)^{3/2} E^{1/2} dE \tag{IV-9b}$$

我們可看到，如果我們畫 $N(E)$ 對 E 之關係，我們可得如圖 IV-2a 所示之 3 維能態密度關係。

在 $p=2$ 即所謂 2 維電子氣 (2-DEG) 或電洞氣時，這可在 3.2.5 節中所描述之量子井中或在與 MOSFET 反轉層中發現。

在 2 維之情形，$\mathbf{k}$ 空間的面積為介於等 k 圓與等 $k+dk$ 圓之間的圓環面積如圖 IV-1b：

$$\Delta\mathbf{k} = (2\pi k)dk \tag{IV-10a}$$

利用 (IV-7a) 式我們可得 2 維的能態密度

(a) 3-D

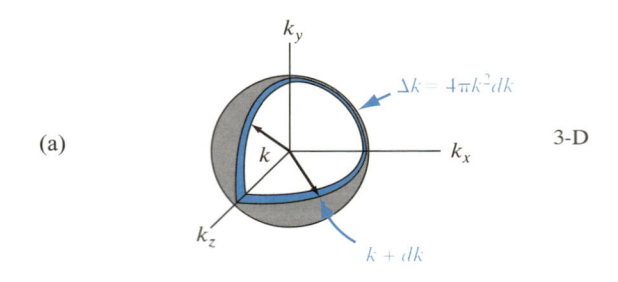

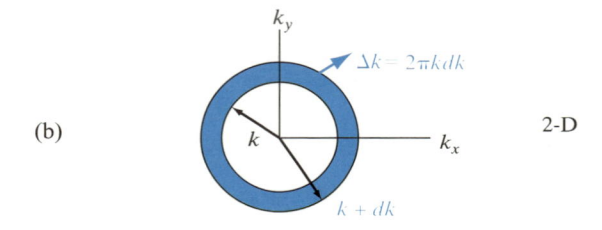

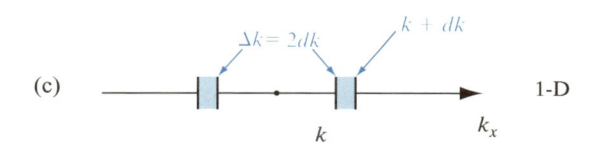

(b) 2-D

(c) 1-D

圖 **IV-1a-c**　k-空間之體積：(a) 3 維系統；(b) 2 維系統；(3) 1 維系統。

$$N(E)dE = \frac{2}{(2\pi)^2}(2\pi k)dk = \frac{m^*}{\pi \hbar^2}dE \quad \text{(IV-10b)}$$

我們可見，如圖 IV-2b 所示，3 維能態密度與能量之關係呈現拋物線曲線，而 2 維能態密度為與能量無關之常數。實際上在量子井或反轉層 (參見第六章) 中的 2 維電子雲氣 (2-DEG)，常需配合不同 2 維狀態密度值，正有如先前在 2.4.3 節和 3.2.5 節中不同 "盒中粒子" 能階的情形，此導致了所謂的 "階梯狀" 狀態密度。

(a) $N(E)$ 3D $E^{1/2}$

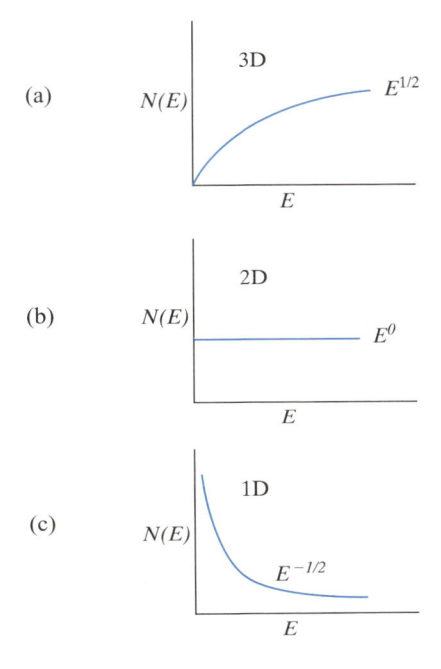

(b) $N(E)$ 2D E^0

(c) $N(E)$ 1D $E^{-1/2}$

圖 IV-2 能態密度：(a) 3 維或厚材；(b) 2 維電子或電洞氣；(3) 1 維量子線。

在 $p=1$，1 維的情形，這是所謂的量子線，這可在 MBE 或 MOCVD 所成長的一些結構上發現。此例中所謂 **k** 空間的 1 維體積是位於 k 與 $k+dk$ 之間的區域 (圖 IV-1c)：

$$\Delta \mathbf{k} = 2(dk) \tag{IV-11a}$$

利用 (IV-7a) 式我們可得

$$N(E)dE = \frac{2}{(2\pi)^1}(2dk) = \frac{\sqrt{2m^*}}{\pi\hbar\sqrt{E}}dE \tag{IV-11b}$$

仔細看上面所推得 1、2、3 維之能態密度函數，我們可發現，當我們走至較低的維度，能態密度即多一個 $1/\sqrt{E}$ 的因子。事實上，到 0 維，所謂量子點時，$N(E)$ 確實具有 $1/E$ 之型式。在 0 維及 1 維，我們發

現 $N(E)$ 在 $E=0$ 處發散，這在一些半導體應用中十分重要，但這些遠超過本書討論之範圍。

欲加入電子占據機率之考量，我們利用費米-笛拉克分佈函數：

$$f(E) = \frac{1}{e^{(E-E_F)/kT} + 1} \qquad \text{(IV-12)}$$

在 dE 能量區間之電子濃度與能態密度及其上電子占據機率之乘積成正比，因此，在 dE 範圍內電子之密度為

$$N_e dE = N(E)f(E)dE \qquad \text{(IV-13)}$$

在 3 維之情形，給定溫度，我們可對 (IV-13) 式積分，求出導帶的電子濃度值：

$$n = \int_0^\infty N(E)f(E)dE = \frac{1}{2\pi^2}\left(\frac{2m}{\hbar^2}\right)^{3/2} e^{E_F/kT} \int_0^\infty E^{1/2} e^{-E/kT} dE \qquad \text{(IV-14)}$$

在上面積分，我們定導帶最低點 (E_c) 為 0，且取了下列近似

$$f(E) = e^{(E_F - E)/kT} \qquad \text{(IV-15)}$$

因為積分區間的能量適合 $(E - E_F) \gg kT$。

(IV-14) 式中之積分可積得

$$\int_0^\infty x^{1/2} e^{-ax} dx = \frac{\sqrt{\pi}}{2a\sqrt{a}} \qquad \text{(IV-16)}$$

因此，(IV-14) 式變為

$$n = 2\left(\frac{2\pi mkT}{h^2}\right)^{3/2} e^{E_F/kT} \qquad \text{(IV-17)}$$

如果選取導帶最低點 E_c 為參考點，取代原先參考點 $E=0$，則電子濃度的表示式為：

$$n = 2\left(\frac{2\pi m_n^* kT}{h^2}\right)^{3/2} e^{(E_F - E_C)/kT} \qquad \text{(IV-18)}$$

此即為 (3-15) 式。但在此我們已考慮了晶格藉有等效質量所加予能態密度的效應。

附錄 V
推導費米-迪拉克統計

在此附錄中我們將對費米-迪拉克分佈給一簡單的推導。我們將不會討論所有的細節，主要想指出的是推導中所需的各種假設。此費米-迪拉克分佈的推導主要是，在符合褒立不相容原理下，計算將 n_k 個不可區分的電子放入 g_k 個能階為 E_k 的能態中的分佈方法數 W_k。推導的假設如下：

1. 每一個可容許能態最多只能容納一個電子 (褒立不相容原理)。
2. 每一個允許 (簡併) 的量子態被佔據之機率皆相同。
3. 電子是不可區分的。

在一特定能階 (g_k 個簡併狀態數)，放入 n_k 個電子的分佈方法數為：

$$W_k = \frac{(g_k)(g_k-1)(g_k-\overline{n_k-1})}{n_k!} = \frac{g_k!}{(g_k-n_k)!n_k!} \tag{V-1}$$

若一能帶含 N 個能階，將不同能量的電子放入的分佈方法數即所謂 "重次函數"：

$$W_b = \prod_k W_k = \prod_k \frac{g_k!}{(g_k-n_k)!n_k!} \tag{V-2}$$

現在我們應該思考，"何種分佈才是 n_k 個電子在能階 E_k (E_k 能階有 g_k 個簡併狀態數) 最可能的分佈狀況呢？" 統計力學的回答是：

熱平衡時，最無序的分佈 (即熵為最大值，或分佈發生於最大方法數

$$\ln W_b = \sum_k [\ln(g_k)! - \ln(g_k - n_k)! - \ln(n_k)!] \tag{V-9}$$

欲化簡階乘運算，我們使用史特琳近似，亦即，對大數 x，$\ln x! = x \ln x - x$ 來近似，因此我們有：

$$\ln W_b = \sum_k [g_k \ln(g_k) - g_k - (g_k - n_k)\ln(g_k - n_k) + (g_k - n_k) - n_k \ln(n_k) + n_k]$$

$$= \sum_k [g_k \ln(g_k) - (g_k - n_k)\ln(g_k - n_k) - n_k \ln(n_k)] \tag{V-10}$$

因為物理系統本身能態不隨電子佔據狀況影響，因此我們有 $dg_k = 0$。因此

$$d(\ln W_b) = \sum_k \frac{\partial[\ln W_b]}{\partial n_k} dn_k = \sum_k \ln\left(\frac{g_k}{n_k} - 1\right) dn_k \tag{V-11}$$

由前面電子數與總能量守恆的條件我們有

$$\sum_k dn_k = 0 \text{ 及 } \sum_k E_k dn_k = 0 \tag{V-12}$$

因此

$$\sum_k \left[\ln\left(\frac{g_k}{n_k} - 1\right) - \alpha - \beta E_k\right] dn_k = 0 \tag{V-13}$$

$$\ln\left(\frac{g_k}{n_k} - 1\right) - \alpha - \beta E_k = 0 \tag{V-14}$$

由此可得

$$\frac{n_k}{g_k} = f(E_k) = \frac{1}{1 + e^{\alpha + \beta E_k}} \tag{V-15}$$

由基本的熱力學可證明

$$\alpha = -\frac{E_F}{kT}, \quad \beta = \frac{1}{kT} \tag{V-16}$$

時) 即為最可能分佈。

因此，我們找出何種 n_k 可使 W_b 最大。

由電子數與總能量守恆的條件，我們有

$$\sum_k n_k = n = 常數 \Rightarrow \sum_k dn_k = 0 \qquad \text{(V-3)}$$

及

$$E_{tot} = \sum_k E_k n_k = 常數，\sum_k E_k dn_k = 0 \qquad \text{(V-4)}$$

我們採用拉格蘭日未定乘數法來處理這問題。若欲求極值的函數為 $f(x_i)$，而需遵守條件為 $g(x_i)$ 與 $h(x_i)$ 為常數，其中 x_i 為 q 個 ($i=1, \cdots, q$) 變數之簡寫，則在函數之極值點處，下列聯立方程式必須滿足：

$$df = 0 \qquad \text{(V-5)}$$
$$dg = 0, dh = 0 \qquad \text{(V-6)}$$

在拉格蘭日未定乘數法中，我們引入未定乘數 α 及 β，可證明上面的方程式與下列方程式等價：

$$\sum_i \frac{\partial}{\partial x_i}[f(x_i) + \alpha g(x_i) + \beta h(x_i)]dx_i = 0$$

$$\frac{\partial}{\partial x_i}[f(x_i) + \alpha g(x_i) + \beta h(x_i)] = 0 \qquad \text{(V-7)}$$

$i=1, \cdots, q$

$$g(x_i)=常數，h(x_i)=常數 \qquad \text{(V-8)}$$

(V-7) 與 (V-8) 式為 ($q+2$) 的未知變數，x_i 與 α 和 β 之 ($q+2$) 的方程式。

我們可應用此法來求得於前面的 W_b 之極大值，但為計算上的便利，我們將求 $\ln W_b$，而非 W_b 的極值。因為對數函數為單調漸增函數，因此兩者的極值問題完全等價。因此我們欲求極值的函數為：

代入這兩關係，我們即可得費米-迪拉克分佈函數，

$$f(E_k) = \frac{1}{\exp\left[\dfrac{E_k - E_F}{kT}\right] + 1} \tag{V-17}$$

在高能量的極限，我們有如下的近似：

$$E \gg E_F, \quad f(E) \simeq \exp\frac{E_F - E}{kT}. \tag{V-18}$$

上式即為費米-迪拉克分佈函數的古典馬克思威爾-波茲曼極限。上面所求為電子的佔據機率，若所討論為電洞，則其佔據機率函數為

$$1 - f(E) = \frac{1}{\exp\dfrac{E_F - E}{kT} + 1} \tag{V-19}$$

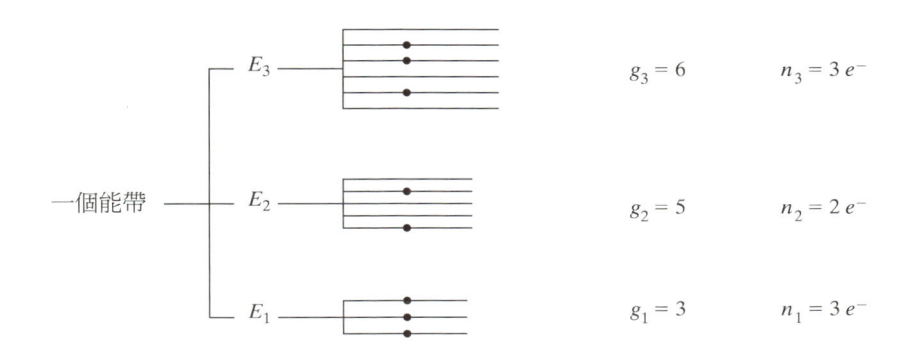

圖 V-1 包含三個具不同簡併數 (degeneracies) g_i 能階之能帶的例子。圖中黑點表電子，因此各能階有不同的電子數。

附錄 VI

在 Si(100) 上成長乾式及濕式氧化層厚度相對於時間及溫度之函數[1]

---

[1] 摘自 B‧Deal "The Oxidation of Silicon in Dry Oxygen, Wet Oxygen and Steam." *J‧Electrochem*. Soc. 110(1963): 527.

附錄 IV 在SI(100) 上成長乾式及濕式氧化層厚度相對於時間及溫度之函數

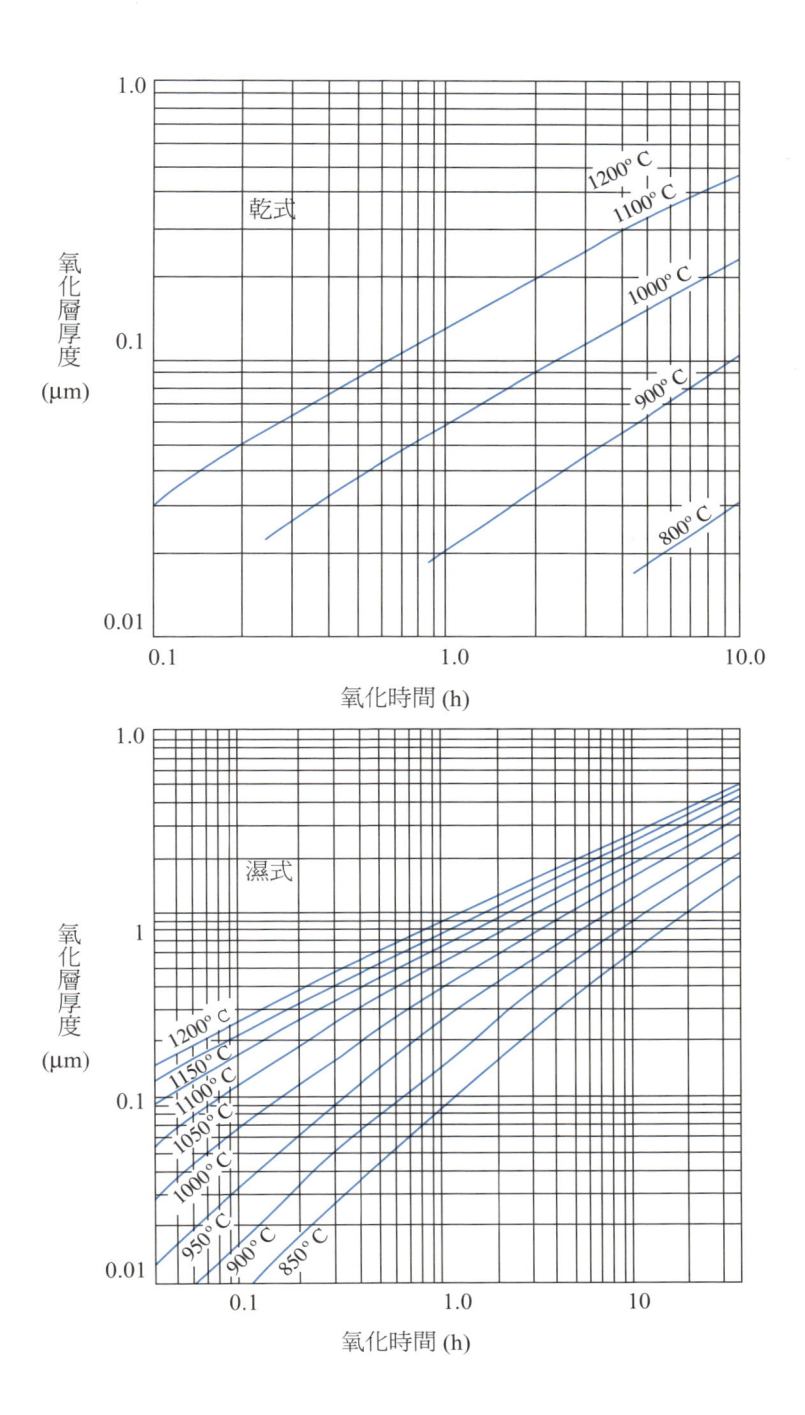

附錄 VII
矽中雜質之固溶率[1]

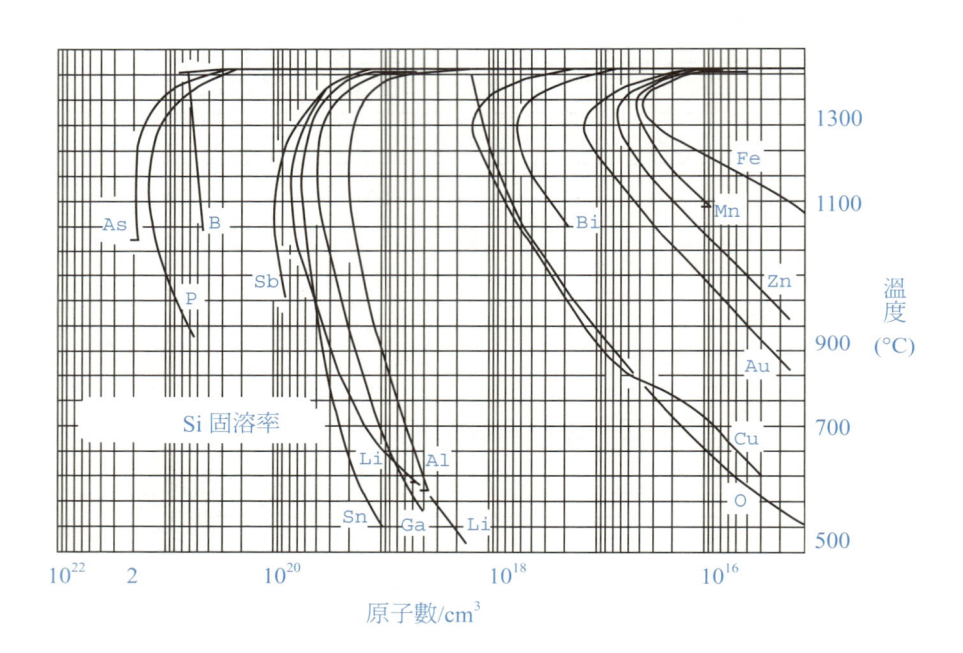

[1] 摘自 **F. A. Trumbore**. " Solubilities of Impurity Elements in Si and Ge," 貝爾系統科技月刊 39, no.1, pp. 205-233 (1 月，1960) copyright 1960. 美國電信電報公司，已取得翻印權，並加入後來之研究與變動資料。

附錄 VIII
Si 與 SiO$_2$ 中摻雜質之擴散係數[1]

---

[1] 矽的擴散係數資料摘自 **C.S.Fuller and J.A.Ditzenberger.** "Donor and Acceptor Elements in Silicon." *J. Appl. Physics*, 27 (1956), 544.

SiO$_2$ 擴散係數資料摘自 **M.Ghezzo and D.M.Brown.** "Diffusivity Summary of B, Ga, P, As and Sb inSiO₁," *J.Electrochem. Soc*. 120 (1973), 146.

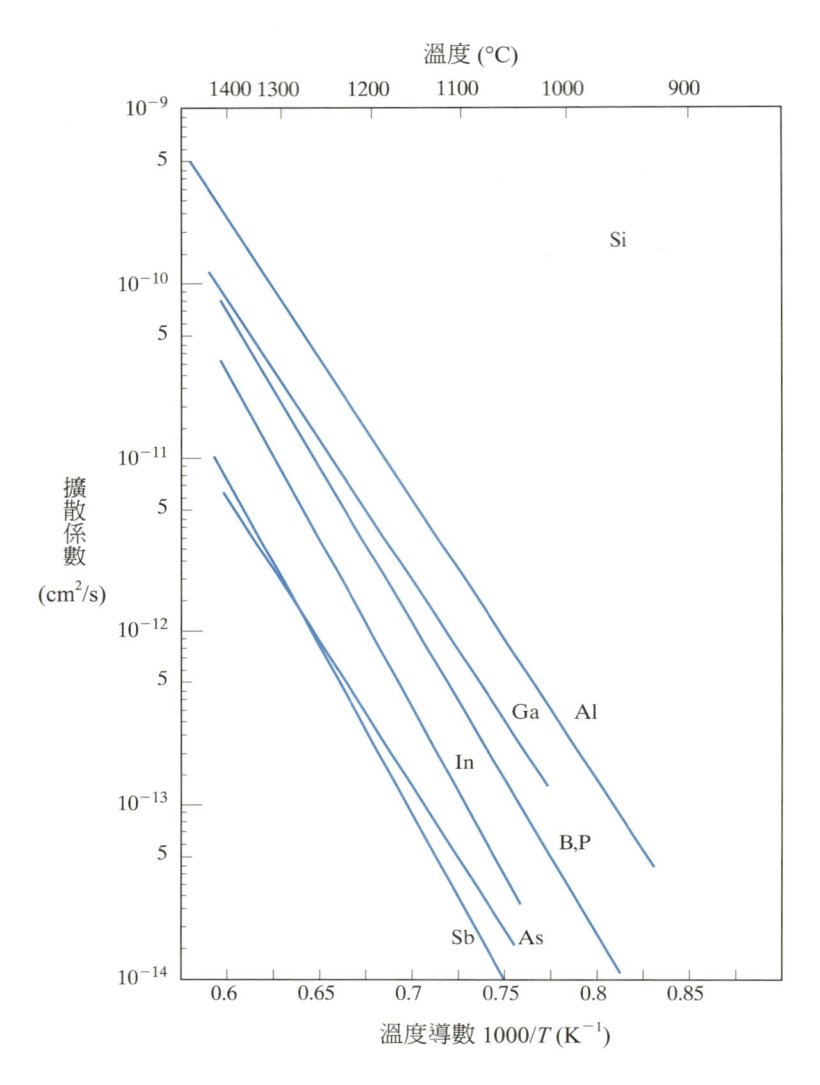

SiO2 中不同雜質之擴散係數

元素	D_O(cm2/sec)	E_A(eV)
硼	3×10^{-1}	3.53
磷	0.19	4.03
砷	250	4.90
銻	1.31×10^{16}	8.75

附錄 IX

矽中投影範圍及散落相對於佈植能量之函數[1]

---

[1] From **J. F. Gibbons, W. S. Johnson and S. W. Mylroie.** *Projected Range Statistics: Semiconductors and Related Materials. Stroudsburg*: Dowden, Hutchison and Ross, 1975. SiO_2 的投影範圍和 Si 的投影範圍非常接近。

640 半導體元件

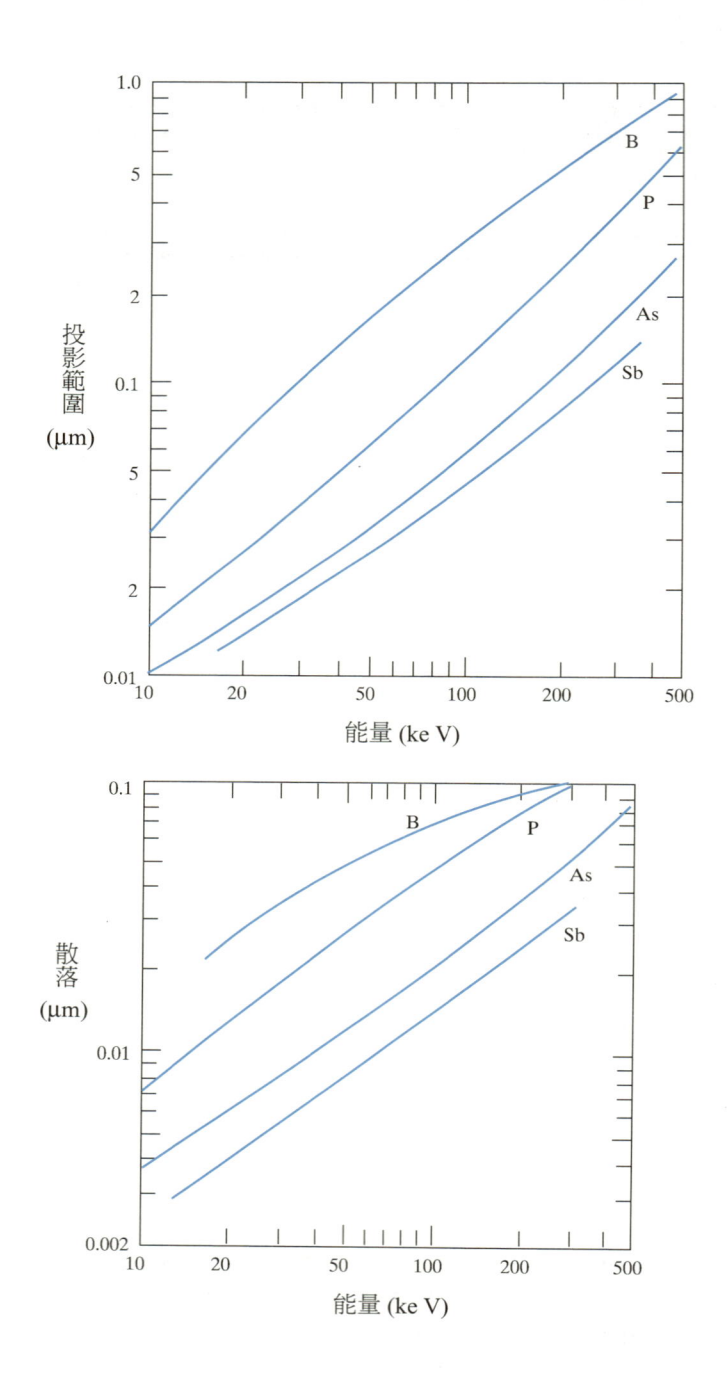

半導體特性

電子動量： $p = m^*v = \hbar k = \dfrac{h}{\lambda}$ 　　　　　　蒲郎克： $E = h\nu = \hbar\omega$

動能： $E = \dfrac{1}{2}m^*v^2 = \dfrac{1}{2}\dfrac{p^2}{m^*} = \dfrac{\hbar^2}{2m^*}k^2$　(3-4)　　有效質量： $m^* = \dfrac{\hbar^2}{d^2E/d\mathbf{k}^2}$　(3-3)

總電子能量 $= P.E. + K.E. = E_c + E(\mathbf{k})$

費米-迪拉克 e^- 分佈： $f(E) = \dfrac{1}{e^{(E-E_F)/kT} + 1} \cong e^{(E_F - E)/kT}$　for $E \gg E_F$　(3-10)

平衡狀態： $n_0 = \displaystyle\int_{E_c}^{\infty} f(E)N(E)dE = N_c f(E_c) = N_c e^{-(E_c - E_F)/kT}$　(3-15)

$$N_c = 2\left(\dfrac{2\pi m_n^* kT}{h^2}\right)^{3/2} \quad N_v = 2\left(\dfrac{2\pi m_p^* kT}{h^2}\right)^{3/2} \quad (3\text{-}16), (3\text{-}20)$$

$p_0 = N_v[1 - f(E_v)] = N_v e^{-(E_F - E_v)/kT}$　(3-19)

$n_i = N_c e^{-(E_c - E_i)/kT}, \quad p_i = N_v e^{-(E_i - E_v)/kT}$　(3-21)

$n_i = \sqrt{N_c N_v}\, e^{-E_g/2kT} = 2\left(\dfrac{2\pi kT}{h^2}\right)^{3/2}(m_n^* m_p^*)^{3/4} e^{-E_g/2kT}$　(3-23), (3-26)

平衡狀態： $\begin{aligned}n_0 &= n_i e^{(E_F - E_i)/kT} \\ p_0 &= n_i e^{(E_i - E_F)/kT}\end{aligned}$　(3-25)　　　　$n_0 p_0 = n_i^2$　(3-24)

穩態： $\begin{aligned}n &= N_c e^{-(E_c - F_n)/kT} = n_i e^{(F_n - E_i)/kT} \\ p &= N_v e^{-(F_p - E_v)/kT} = n_i e^{(E_i - F_p)/kT}\end{aligned}$　(4-15)　　$np = n_i^2 e^{(F_n - F_p)/kT}$　(5-38)

$\mathscr{E}(x) = -\dfrac{d\mathscr{V}(x)}{dx} = \dfrac{1}{q}\dfrac{dE_i}{dx}$　(4-26)

泊松： $\dfrac{d\mathscr{E}(x)}{dx} = -\dfrac{d^2\mathscr{V}(x)}{dx^2} = \dfrac{\rho(x)}{\epsilon} = \dfrac{q}{\epsilon}(p - n + N_d^+ - N_a^-)$　(5-14)

$\mu \equiv \dfrac{q\bar{t}}{m^*}$　(3-40a)　漂移： $v_d \cong \dfrac{\mu\mathscr{E}}{1 + \mu\mathscr{E}/v_s}\begin{cases}= \mu\mathscr{E} & \text{(低電場，歐姆)} \\ = v_s & \text{(高電場，飽和速度)}\end{cases}$　(圖 6-9)

漂移電流密度： $\dfrac{I_x}{A} = J_x = q(n\mu_n + p\mu_p)\mathscr{E}_x = \sigma\mathscr{E}_x$　(3-43)

傳導電流：
$$J_n(x) = q\mu_n n(x)\mathcal{E}(x) + qD_n \frac{dn(x)}{dx}$$
$$\qquad\qquad\qquad 漂移 \qquad 擴散 \qquad (4\text{-}23)$$
$$J_p(x) = q\mu_p p(x)\mathcal{E}(x) - qD_p \frac{dp(x)}{dx}$$

$$J_{總} = J_{傳導} + J_{位移} = J_n + J_p + C\frac{dV}{dt}$$

連續方程式：$\dfrac{\partial p(x,t)}{\partial t} = \dfrac{\partial \delta p}{\partial t} = -\dfrac{1}{q}\dfrac{\partial J_p}{\partial x} - \dfrac{\delta p}{\tau_p} \qquad \dfrac{\partial \delta n}{\partial t} = \dfrac{1}{q}\dfrac{\partial J_n}{\partial x} - \dfrac{\delta n}{\tau_n}$ (4–31)

穩態擴散：$\dfrac{d^2 \delta n}{dx^2} = \dfrac{\delta n}{D_n \tau_n} \equiv \dfrac{\delta n}{L_n^2} \qquad \dfrac{d^2 \delta p}{dx^2} = \dfrac{\delta p}{L_p^2}$ (4–34)

擴散長度：$L \equiv \sqrt{D\tau}$ 愛因斯坦關係式：$\dfrac{D}{\mu} = \dfrac{kT}{q}$ (4–29)

p-n 接面

平衡狀態：$V_0 = \dfrac{kT}{q}\ln\dfrac{p_p}{p_n} = \dfrac{kT}{q}\ln\dfrac{N_a}{n_i^2/N_d} = \dfrac{kT}{q}\ln\dfrac{N_a N_d}{n_i^2}$ (5-8)

$\dfrac{p_p}{p_n} = \dfrac{n_n}{n_p} = e^{qV_0/kT}$ (5-10) $\qquad W = \left[\dfrac{2\epsilon(V_0 - V)}{q}\left(\dfrac{N_a + N_d}{N_a N_d}\right)\right]^{1/2}$ (5-57)

單側陡變 p^+-n：$x_{n0} = \dfrac{WN_a}{N_a + N_d} \simeq W$ (5-23) $\qquad V_0 = \dfrac{qN_d W^2}{2\epsilon}$

$\Delta p_n = p(x_{n0}) - p_n = p_n(e^{qV/kT} - 1)$ (5-29)

$\delta p(x_n) = \Delta p_n e^{-x_n/L_p} = p_n(e^{qV/kT} - 1)e^{-x_n/L_p}$ (5-31b)

理想二極體：$I = qA\left(\dfrac{D_p}{L_p}p_n + \dfrac{D_n}{L_n}n_p\right)(e^{qV/kT} - 1) = I_0(e^{qV/kT} - 1)$ (5-36)

非理想：$\begin{array}{l} I = I_0'(e^{qV/\mathbf{n}kT} - 1) \\ (\mathbf{n} = 1 \text{ to } 2)\end{array}$ (5-74)

白光：$I_{op} = qAg_{op}(L_p + L_n + W)$ (8-1)

電容：$C = \left|\dfrac{dQ}{dV}\right|$ (5-55)

接面空乏區：$C_j = \epsilon A \left[\dfrac{q}{2\epsilon(V_0 - V)} \dfrac{N_d N_a}{N_d + N_a}\right]^{1/2} = \dfrac{\epsilon A}{W}$ (5-62)

儲存電荷指數電荷分佈：$Q_p = qA \int_0^\infty \delta p(x_n) dx_n = qA\Delta p_n \int_0^\infty e^{-x_n/L_p} dx_n = qAL_p\Delta p_n$ (5-39)

$I_p(x_n = 0) = \dfrac{Q_p}{\tau_p} = qA\dfrac{L_p}{\tau_p}\Delta p_n = qA\dfrac{D_p}{L_p}p_n(e^{qV/kT} - 1)$ (5-40)

$G_s = \dfrac{dI}{dV} = \dfrac{qAL_p p_n}{\tau_p}\dfrac{d}{dV}(e^{qV/kT}) = \dfrac{q}{kT}I$ (5-67c)

長 p^+-n：$i(t) = \dfrac{Q_p(t)}{\tau_p} + \dfrac{dQ_p(t)}{dt}$ (5-47)

MOS-n 通道

氧化物：$C_i = \dfrac{\epsilon_i}{d}$ 空乏區：$C_d = \dfrac{\epsilon_s}{W}$ MOS：$C = \dfrac{C_i C_d}{C_i + C_d}$ (6-36)

臨界電壓：$V_T = \underbrace{\Phi_{ms} - \dfrac{Q_i}{C_i}}_{\text{平帶}} - \dfrac{Q_d}{C_i} + 2\phi_F$ (6-38)

反轉：$\phi_s(\text{inv.}) = 2\phi_F = 2\dfrac{kT}{q}\ln\dfrac{N_a}{n_i}$ (6-15) $W = \left[\dfrac{2\epsilon_s \phi_s}{qN_a}\right]^{1/2}$ (6-30)

$Q_d = -qN_a W_m = -2(\epsilon_s qN_a \phi_F)^{1/2}$ (6-32)   At V_{FB}：$C_{FB} = \dfrac{C_i C_{\text{debye}}}{C_i + C_{\text{debye}}}$

德拜遮蔽長度：$L_D = \sqrt{\dfrac{\epsilon_s kT}{q^2 p_0}}$ (6-25) $C_{\text{debye}} = \dfrac{\epsilon_s}{L_D}$ (6-40)

基板偏壓：$\Delta V_T \simeq \dfrac{\sqrt{2\epsilon_s qN_a}}{C_i}(-V_B)^{1/2}$ (n 通道)   (6-63)

$$I_D = \frac{\overline{\mu}_n Z C_i}{L}\left\{(V_G - V_{FB} - 2\phi_F - \tfrac{1}{2}V_D)V_D - \frac{2}{3}\frac{\sqrt{2\epsilon_s q N_a}}{C_i}[(V_D + 2\phi_F)^{3/2} - (2\phi_F)^{3/2}]\right\} \quad (6\text{-}50)$$

$$I_D \simeq \frac{\overline{\mu}_n Z C_i}{L}[(V_G - V_T)V_D - \tfrac{1}{2}V_D^2] \quad (6\text{-}49)$$

飽和： $I_D(\text{sat.}) \simeq \tfrac{1}{2}\overline{\mu}_n C_i \dfrac{Z}{L}(V_G - V_T)^2 = \dfrac{Z}{2L}\overline{\mu}_n C_i V_D^2(\text{sat.})$ (6-53)

$g_m = \dfrac{\partial I_D}{\partial V_G}$ ； $g_m(\text{sat.}) = \dfrac{\partial I_D(\text{sat.})}{\partial V_G} \simeq \dfrac{Z}{L}\overline{\mu}_n C_i (V_G - V_T)$ (6-54)

短 L： $I_D \simeq ZC_i(V_G - V_T)v_s$ (6-60)

次臨界斜率： $S = \dfrac{dV_G}{d(\log I_D)} = \dfrac{kT}{q}\ln 10\left[1 + \dfrac{C_d + C_{it}}{C_i}\right]$ (6-66)

BJT-p-n-p

$I_{Ep} = qA\dfrac{D_p}{L_p}\left(\Delta p_E \operatorname{ctnh}\dfrac{W_b}{L_p} - \Delta p_C \operatorname{csch}\dfrac{W_b}{L_p}\right)$ (7-18) $\begin{aligned}\Delta p_E &= p_n(e^{qV_{EB}/kT} - 1)\\ \Delta p_C &= p_n(e^{qV_{CB}/kT} - 1)\end{aligned}$ (7-8)

$I_C = qA\dfrac{D_p}{L_p}\left(\Delta p_E \operatorname{csch}\dfrac{W_b}{L_p} - \Delta p_C \operatorname{ctnh}\dfrac{W_b}{L_p}\right)$

$I_B = qA\dfrac{D_p}{L_p}\left[(\Delta p_E + \Delta p_C)\tanh\dfrac{W_b}{2L_p}\right]$ (7-19)

$B = \dfrac{I_C}{I_{Ep}} = \dfrac{\operatorname{csch} W_b/L_p}{\operatorname{ctnh} W_b/L_p} = \operatorname{sech}\dfrac{W_b}{L_p} \simeq 1 - \left(\dfrac{W_b^2}{2L_p^2}\right)$ (7-26)

(基極傳輸因數)

$\gamma = \dfrac{I_{Ep}}{I_{En} + I_{Ep}} = \left[1 + \dfrac{L_p^n n_n \mu_n^p}{L_n^p p_p \mu_p^n}\tanh\dfrac{W_b}{L_p^n}\right]^{-1} \simeq \left[1 + \dfrac{W_b n_n \mu_n^p}{L_n^p p_p \mu_p^n}\right]^{-1}$ (7-25)

(射極注入效率)

$\dfrac{i_C}{i_E} = B\gamma \equiv \alpha$ (7-3) $\dfrac{i_C}{i_B} = \dfrac{B\gamma}{1 - B\gamma} = \dfrac{\alpha}{1 - \alpha} \equiv \beta$ (7-6) $\dfrac{i_C}{i_B} = \beta = \dfrac{\tau_p}{\tau_t}$ (7-7)

(共基極放大)   (共射極放大)   (若 $\gamma = 1$)